住房城乡建设部土建类学科专业"十三五"规划教材
普通高等教育"十五"国家级规划教材
高校建筑学专业指导委员会规划推荐教材

建筑构造设计（下册）
（第二版）
BUILDING STRUCTURE DESIGN

东南大学　杨维菊　主　编
　　　　　高民权　唐厚炽　主　审

中国建筑工业出版社

图书在版编目（CIP）数据

建筑构造设计. 下册/杨维菊主编. —2 版. —北京：中国建筑工业出版社，2017.6（2023.12重印）
高校建筑学专业指导委员会规划推荐教材
ISBN 978-7-112-20765-7

Ⅰ. ①建… Ⅱ. ①杨… Ⅲ. ①建筑构造-建筑设计-高等学校-教材 Ⅳ.①TU22

中国版本图书馆 CIP 数据核字（2017）第 110748 号

《建筑构造设计》一书共 22 章，分上、下两册阐述。上册讲述了民用建筑构造设计的基本原理、构造方法与使用材料，共 10 章，即建筑构造设计概论，地基与基础，墙体，楼板层、地坪及阳台雨篷，楼梯、坡道及电梯、自动扶梯，门窗构造，屋顶构造，变形缝的设计与构造，建筑防火构造，建筑防震设计。下册以专题的形式阐述了民用建筑构造的一些特殊问题，共 12 章，即建筑物的防潮防水构造，建筑声学构造设计，绿色建筑节能构造设计，太阳能利用，高层建筑构造，建筑装修构造，建筑幕墙构造，大跨度建筑及构造，天窗构造，建筑工业化，轻型钢结构建筑，地下人防工程的设计与构造。以上内容反映了我国近十年来建筑工程技术的最新成就，书中插入了大量工程构造实例。

本书内容丰富，通俗易懂，具有较强的实用性，可作为高校建筑学、城乡规划、室内设计、土木工程、建筑技术等专业建筑构造课教材，可作为相应的工程设计、施工等技术人员及成人教育师生参考用书，也可作为国家注册建筑师考试的复习参考用书。

责任编辑：王玉容 陈 桦 王 惠
责任校对：李欣慰 李美娜

住房城乡建设部土建类学科专业"十三五"规划教材
普通高等教育"十五"国家级规划教材
高校建筑学专业指导委员会规划推荐教材
建筑构造设计
下册
（第二版）
东南大学 杨维菊 主编
        高民权
        唐厚炽 主审

*

中国建筑工业出版社出版、发行（北京海淀三里河路 9 号）
各地新华书店、建筑书店经销
霸州市顺浩图文科技发展有限公司制版
建工社（河北）印刷有限公司印刷

*

开本：787 毫米×1092 毫米 1/16 印张：27¾ 插页：4 字数：686 千字
2017 年 10 月第二版 2023 年 12 月第二十六次印刷
定价：58.00 元
ISBN 978-7-112-20765-7
（33500）

编　委　会

主　编： 杨维菊

主　审： 高民权、唐厚炽

审稿人： 唐厚炽、顾伯禄、高民权、杨维菊、李大勇、马军、孙祥斌

参加编写人员名单：

上册：

第1章	建筑构造设计概论	杨维菊
第2章	地基与基础	孙祥斌
第3章	墙体	杨维菊
第4章	楼板层、地坪及阳台雨篷	顾伯禄
第5章	楼梯、台阶与坡道、电梯及自动扶梯	李　青、吴俞昕
第6章	门窗构造	高祥生、李大勇
第7章	屋顶构造	沙晓冬、杨德安
第8章	变形缝的设计与构造	黄学明
第9章	建筑防火构造	陶敬武、肖鲁江、张瀛洲
第10章	建筑防震设计	顾伯禄

下册：

第11章	建筑物的防潮、防水构造	周革利、李大勇
第12章	建筑声学构造设计	陆文秋
第13章	绿色建筑节能构造设计	杨维菊
第14章	太阳能的利用	杨维菊、陈文华、李金刚、刘奎
第15章	高层建筑构造	周　琦、方立新、张力
第16章	建筑装修构造	黄　勇、吴　俊
第17章	建筑幕墙构造	马晓东
第18章	大跨建筑及其构造	裴　峻、马　军、李海清
第19章	天窗的设计与构造	张　奕、奚江琳
第20章	建筑工业化	顾伯禄、张　宏
第21章	轻型结构构造	顾伯禄
第22章	人防工程的设计与构造	李大勇、陈保建、沈　宁

参加本书绘图及文字编辑的博士生、硕士生： 高青、符越、张华、徐斌、罗佳宁、李佳佳、张良钰、肖华杰、张洋洋、吴亚琦、王琪、黄宇宸、马建辉。

感谢： 东南大学齐康院士、钟训正院士对本书的关心和帮助，以及东南大学建筑学院王建国院士、韩冬青院长、龚恺教授与参与本书编写的各位专家和同仁的支持，并对金虹教授、康健教授等外校参与审稿的专家以及梁世格、蔡晔、黄加国等相关专家的热忱帮助，在此一并表示衷心感谢。

序

　　建筑构造课是建筑学专业的一门重要专业课程，它阐述了在建筑设计过程中，建筑、结构、设备、材料和施工之间的关系和结合方式。首先，它综合性强，既有构造的原理，又着重于构造方法，是一门方法学课程。纵向它强调一幢建筑物从基础、墙身、楼板层、楼梯、门窗直至屋顶的联系，横向强调受力的分析、结构的选型、材料的应用、施工的程序。其次，它复合性强，在不同的部位，有不同的复合，如砖墙与预制混凝土墙板，与砌块、空心砖做法在施工过程中都不相同，必须区别对待。其三，人们建房是为了防止各种自然环境、气候等的影响（如风、雨、霜、雪、沙尘等的侵袭），又要满足人们工作生活舒适的要求。构造的原理和做法很大部分是属于设计、结构、材料、施工过程中一种"防"的要求，而内部又是"力"的结合。有经验的建筑师在工程中可自如地运用构造原理和做法，同时在各种不同的复杂的环境条件中创造出新的构造做法，所以，构造这门课具有实践性、创造性的特点，要为使用者留出空间、组织空间而创造条件。现在，建筑中各种设备的组合是很重要的，"洞"，除了门、窗洞外，又是设备必需的空间，要预留，要穿越等。我们要运用自如，并熟悉做法中的"吊"、"挂"、"嵌"、"榫"、"铆"、"焊"、"卡"、"钉"等技术要点，组织物体与物体，以及空间的诸多关系的灵活运用。

　　由于地区的条件不同，构造的做法也有不少差异，特别是自然气候、地貌、地质条件的区别带来了做法的不同。如何因时因地采用可靠、适用、坚固的做法是我们学习者所必备的技能，同时对成熟的法规、规范、手册等各种相关资料亦需要通读、理解，还要注意赋予构造美学上的特征。

　　建筑是人类巨大的物质和精神财富，它既要符合建设的总经济要求，又要落实到各项经济预算中去，作为建筑师，还必须要有较强的经济预算的概念和能力。

　　建筑构造课常因关系诸多、条件复杂，要罗列诸多的案例、样品和做法，使学生们感到像是开设的"中药铺"。其实只要不断地参与工程实践，总结、熟悉，就会达到自如的境地，从简单到复杂，从低级到高级，在总的设计原则下，我们一定会取得成果，形成系统化、体系化的知识结构。

　　教材的前身是由东南大学建筑系张镛森先生主持编写，在诸多有实践经验的合作者的通力合作中完成的。教材编写起始于 20 世纪 60 年代，后经不断修订，在建筑系中作为教学用书或参考书，起到了一定作用。各兄弟院校均有丰富的教学经验、实践和总结。

　　现由东南大学建筑学院杨维菊教授传承原书，组织许多学者撰写，补充了许多新的理论和实例。大家辛勤的劳动值得称颂和学习。更希望广大师生在使用本书后提出宝贵的建议以便再版时修改。

齐康

2015.11.4.

前　言

　　21世纪是人类进步、跨入可持续发展的新世纪，也是科学技术飞速向前发展的新时代。人类更加关注我们赖以生存的地球环境的可持续性，建筑新技术给建筑带来了巨大的变革。伴随着新材料、新技术的不断涌现，更新教学观念，改革人才培养模式，改变原有状况，深化课程体系改革，使教学质量上一个新台阶，造就出适应21世纪需要的基础扎实、知识面宽、素质高的优秀人才是我们培养建筑学学生的宗旨和目标。

　　《建筑构造设计》是在原《建筑构造》的基础上，于2005年出版的更新教材。但十年来，发现内容已不适应现有形势发展的需要。为更好地为广大师生服务，我们在广泛调研的基础上，做了大量改进工作，吸收了不少工程实例，增加了很多抗震构造、防火构造、高层建筑构造、隔热保温构造、遮阳、天窗构造以及绿色建筑等方面的新技术、新内容、新成果。

　　本书分上、下两册编写。上册以建筑物的六大基本构件为重点，专供建筑学专业、城乡规划专业、室内设计专业以及土木工程相关专业低年级学生学习建筑构造知识之用，也可供有关建筑工程技术人员参考。下册则以专题的形式，为高年级学生提供技术、建筑构造相关做法及节点详图，也可供专门从事相关专题研究的工程技术人员参考。

　　全书内容丰富，图文并茂，通俗易懂，涉及面广，案例翔实，便于掌握，在教材使用的十年中，深受兄弟院校师生及广大专业技术人员的好评。

　　本书在编写过程中收集了很多相关资料和工程案例，参阅了兄弟院校的相关教材，得到了各设计院及科研单位的大力支持，谨此表示感谢。

　　由于时间问题和调查研究不够以及规范的时效性，书中还有不少疏漏和不当之处，希望读者在使用中提出批评指正，以便再版时修改。

目　　录

下　册　专　题　部　分

下册　专题部分

第11章　建筑物的防潮、防水构造

11.1　概　　述

11.1.1　防水和防潮的概念

防水是指防止液态水，如雨水、上层滞水、地下水等对建筑物的侵袭。而防潮的"潮"是汽化的水，如土壤中的潮气、空气中水蒸发产生的水蒸气。潮气在毛细作用及温差所形成的压力下，会定向地从一侧向另一侧移动。防潮就是防止汽化的水对建筑物的侵蚀。

防潮所要解决的是阻止潮气（水蒸气）进入室内或者在室内凝结的问题，而防水解决的是防止液态水渗入室内的问题，是一项隐蔽工程。

防潮材料常用的是掺有防水剂的砂浆，以及配筋混凝土。

11.1.2　防水和防潮的作用

防水工程质量的优劣，不仅关系到建筑物或构筑物的使用寿命，而且直接关系到它们的使用功能。在遵循防、排、截、堵、疏相结合，刚柔相济、因地制宜、综合治理的原则下，要防止雨水、上层滞水、地下水、土壤毛细作用以及温差所形成的压力所导致的地潮沿基础、墙基上升，使室内抹灰粉化、脱落、生霉、起碱，使建筑物减少使用年限，也严重影响日常使用。

11.1.3　建筑工程的分部分项工程

按照《建筑工程施工质量验收统一标准》GB 50300—2013 的要求，建筑工程的分部分项工程划分为地下防水、外墙防水、楼板层防水、屋面防水等几大部分。

11.2　地下室防潮、防水构造原理

11.2.1　构造原理

影响防水工程质量的因素有防水材料、防水设计、防水施工及保养与维修管理等，主要从"导"（指排水）和"堵"（指防水）两方面来采取相应的构造措施解决问题。

防水构造主要针对特定防水材料来进行恰当的防水设计，以达到防水的目的。防水工

程的整体质量要求是：不渗不漏，保证排水畅通，使建筑物具有良好的防水和使用功能。

防潮构造是对潮气产生的原因进行针对性设计。潮气产生主要有以下几种情况：①通过毛细作用，水蒸气透过结构层进入建筑物，如地下室的墙体经常会出现这种情况。②由于室内外温差大，围护结构较薄弱，水蒸气在围护结构内部产生结露现象。这种情况很常见，如冬天的汽车玻璃、眼镜片等。在建筑上，如在雨季，建筑物墙壁容易生霉等。③如室内外温差不大，但是压力差大，也会有潮气产生，对建筑物非常不利。如浴室及厨房操作间的屋顶，由于室内的蒸气压力大，水蒸气通过楼板渗透到屋面防水层，产生起鼓现象，使得防水层失效，对于这种情况，一般要求在结构层上附加一道隔汽层，起到保护防水层的作用。

11.2.2　构造层次

防水最主要是将水御于建筑物最外层，并将其顺利排走，这样的做法对于保护建筑物最有利。所以，针对防水，最常规的构造层次是（对屋面自上而下，对墙体和地下室自外而内）保护层、防水层、保温层、隔汽层（根据需要）、找平层、找坡层（针对屋面而言）、结构层。

在实践中，需要考虑施工过程中的很多实际影响因素，如屋面采用正置法时，保温材料使用时的含水率，应相当于该种材料在当地自然干燥状态下的平衡含水率。需要空气中水蒸气的含量达到特定要求方可施工，如果空气中水蒸气含量过大，保温层未干燥就进行屋面防水的封闭施工，在阳光直射的情况下，水蒸气及未排空的空气和未充分干燥的胶粘剂受热膨胀容易造成其上的防水材料起鼓。另外，从施工工艺角度，采用正置法时，需要在保温层上做找平层。一般找平层采用两种材料，一种是水泥砂浆，另外一种就是细石混凝土，由于水泥砂浆厚度较薄，而保温材料一般比较软，加之很多施工单位不重视找平层，在施工过程中，很容易把找平层踩坏，或导致找平层表面有酥松、起砂、起皮和裂缝现象，直接影响防水层和基层的粘结质量并导致防水层开裂。还有找平层未设分仓缝，在外界温度变化的情况下，找平层本身产生伸缩裂缝，也容易导致其上的防水层开裂。

11.2.3　防潮、防水措施

在建筑物防潮、防水设计中应采取以下几个主要措施：

1）避免裂缝：为防止建筑物产生裂缝，采取一系列结构、构造措施来消除和克服渗漏问题。如采用控制建筑物的不均匀沉降，加大构造截面，增加构造钢筋等方法将裂缝宽度控制在 0.2mm 之内，避免贯通裂缝。

2）减少水源：利用人工方法，将地下室外的地下水降低到地下室地面以下，排除有压水，将水的来源减到最少。

3）疏导水源：为防止内渗，将渗入建筑物外表面缝中的水引导至缝外。如地下室设有良好的排水系统，可将渗入地下室的积水引入集水井，然后用泵排出。

4）堵塞漏洞：用构造的方法和某些材料对水的通道设置障碍和堵塞水的通道。如利用各种防水材料的不渗水性挡住地下室的液态水，防止室外水渗入室内。

11.3　地下室防潮、防水构造

地下室工程以防潮、防水为主，在平原建筑中，排水导致水位变化，引起水浮力的变化，对工程稳定性有影响，排水做法在山区建筑中应用较多，做法如下（图 11-1、图 11-2）：

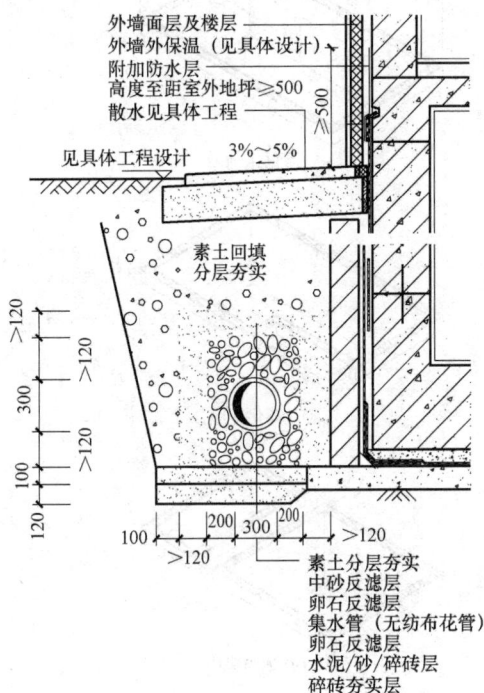

图 11-1 贴墙盲沟排水构造

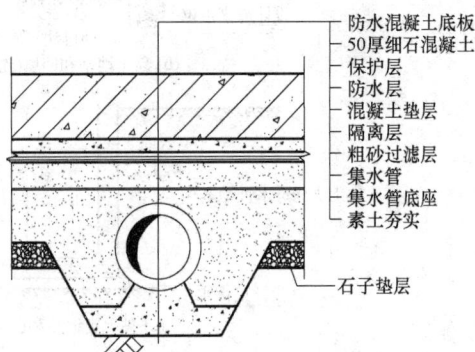

图 11-2 渗排水构造

11.3.1 地下室防潮、防水设计原则

1）当地下水位于地下室地坪以下时，地下室不受水的侵蚀，则地下室墙体应以防潮处理为主。

2）当地下水位于地下室地坪以上时，墙体受到地下有压水的侵袭，则地下室的防水设计必须考虑地坪及墙体的防水处理，考虑到地下室受到地表水、上层滞水、地下水以及毛细管水的作用，其防水层设防高度应高出室外地面 500mm 以上，根据《地下工程防水技术规范》GB 50108—2008 的规定及不同地基土性质和地下水位高度决定防潮、防水方案。

（1）当地下室周围土层属于弱透水性的土，并有滞水存在的可能的，防水层必须按有压水考虑，设防高度应在地面以上（图 11-3）。

（2）当地下室地面低于最高地下水位时，地下室外墙必须设防水层。防水层的设置高度应考虑到工程建成后地下水位上升的可能性（图 11-4）。

11.3.2 地下室防潮处理

当地下水位较低，地下室墙身仅受地潮影响时，对砖砌地下室外墙只需作防潮处理，通常做法是在外墙外侧用 15mm 厚 1：3 水泥砂浆打底，10mm 厚 1：2 水泥砂浆粉面，并刷防水涂料两道（图 11-5）。

亦可在墙体外侧粉 20mm 厚聚合物水泥防水砂浆。对混凝土墙体不必另作处理。

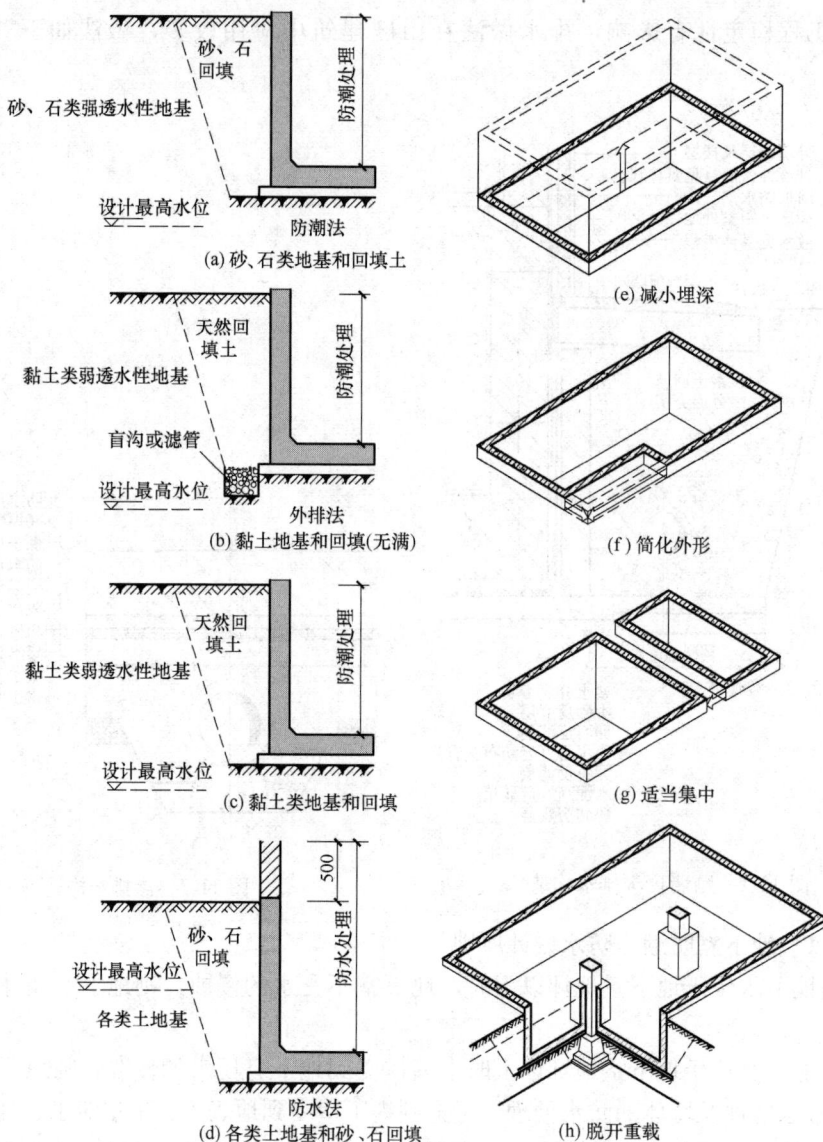

图 11-3　地基土性质和地下水位的影响

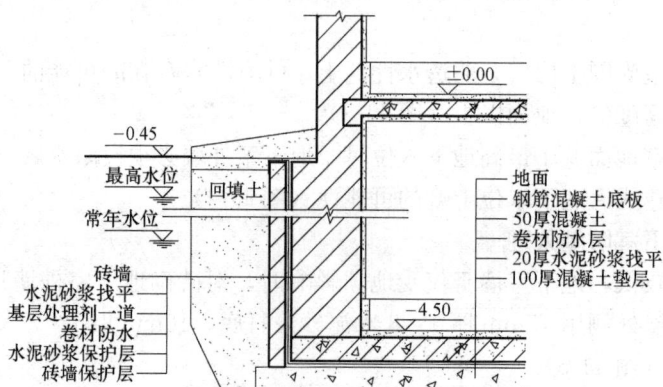

图 11-4　地下室地面低于最高地下水位时的防水层做法

11.3.3 地下室防水构造

1) 地下室防水等级和设防范围

地下室防水属隐蔽工程，往往受到地下多种因素的影响，特别是地下水的侵蚀，若不能采取有效措施，后果不堪设想。因此，在地下室设计中，必须根据工程性质、使用功能、结构形式、环境条件、材料以及有关水文资料确定防水等级、防水设防要求（表 11-1、表 11-2）。

2) 地下室的防水措施

当地下室受到地下水的侵袭时，须对地下室作防水处理（图 11-6）。

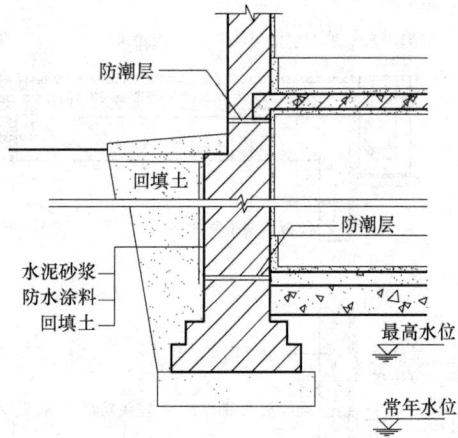

图 11-5 地下室防潮做法

地下工程防水等级标准 表 11-1

防水等级	标准
一级	不允许渗水,结构表面无湿渍
二级	不允许漏水,结构表面可有少量湿渍 工业与民用建筑:总湿渍面积不应大于总防水面积(包括顶板、墙面、地面)的 1/1000;任意 $100m^2$ 防水面积上的湿渍不超过 2 处,单个湿渍的最大面积不大于 $0.1m^2$ 其他地下工程:总湿渍面积不应大于总防水面积 2/1000;任意 $100m^2$ 防水面积上的湿渍不超过 3 处,单个湿渍的最大面积不大于 $0.2m^2$。其中,隧道工程还要求平均渗水量不大于 $0.05l/(m^2 \cdot d)$,任意 $100m^2$ 防水面积上的渗水量不大于 $0.15l/(m^2 \cdot d)$
三级	有少量漏水点,不得有线流和漏泥砂 任意 $100m^2$ 防水面积上的漏水点数不超过 7 处,单个漏水点的最大漏水量不大于 $2.5l/d$,单个湿渍的最大面积不大于 $0.3m^2$
四级	有漏水点,不得有线流和漏泥砂 整个工程平均漏水量不大于 $2l/m^2 \cdot d$;任意 $100m^2$ 防水面积的平均漏水量不大于 $4l/m^2 \cdot d$

资料来源:《地下工程防水技术规范》GB 50108—2008。

地下工程不同防水各等级的适用范围 表 11-2

防水等级	适用范围
一级	人员长期停留的场所;因有少量湿渍会使物品变质、失效的贮物场所及严重影响设备正常运转和危及工程安全运营的部位;极重要的战备工程、地铁车站
二级	人员经常活动的场所;在有少量湿渍的情况下不会使物品变质、失效的贮物场所及基本不影响设备正常运转和工程安全运营的部位;重要的战备工程
三级	人员临时活动的场所,一般战备工程
四级	对渗漏水无严格要求的工程

资料来源:《地下工程防水技术规范》GB 50108—2008。

在设计中，常采用以下措施：

（1）防水混凝土

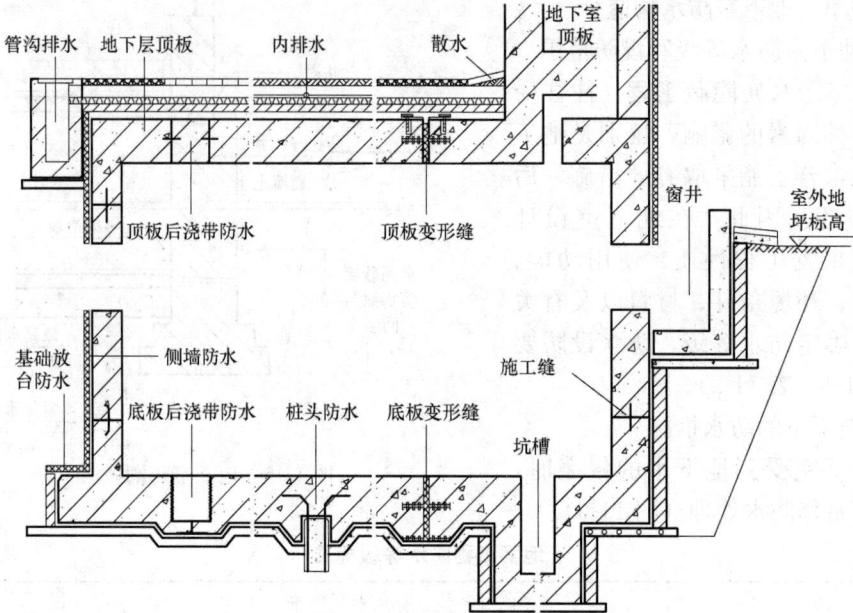

图 11-6　地下建筑防水工程涉及的范围

（来源：《建筑防水》，中国城市出版社）

　　防水混凝土是通过调整配合比或掺加外加剂、掺合料以提高混凝土的密实性和抗渗性，称为结构自防水，其抗渗等级应符合表 11-3 的要求。由于防水混凝土的抗渗性随着温度的提高而降低，因此防水混凝土的环境温度不得高于 80℃。混凝土自防水是目前应用较多的地下室防水处理方案，但由于混凝土本身性能及施工方面的不足，往往出现浇捣不足等情况，导致结构应力集中，出现裂缝，最终导致渗水。所以，除了混凝土结构自防水外，还需要额外的防水措施。

　　防水混凝土结构底板的混凝土垫层，强度等级不应小于 C15，厚度不应小于 100mm，在软弱土层中不应小于 150mm。防水混凝土材料——水泥、砂石、水及所有外加剂应符合国家有关标准规范的规定。防水混凝土应连续浇筑，宜少留施工缝和墙体水平施工缝。地下室防水混凝土施工缝构造参见图 11-7（a）～（c）。防水混凝土结构内部设置的各种钢筋或绑扎铁丝，不得接触模板。用于固定模板的螺栓必须穿过混凝土结构时，可采用工具式螺栓或螺栓加堵头，螺栓上应加焊方形止水环。拆模后应将留下的凹槽用密封材料封堵密实，并应用聚合物水泥砂浆抹平（图 11-7d）。

防水混凝土设计抗渗等级　　　　　　　　　　　　　　　　　　　　　表 11-3

工程埋置深度 H(m)	设计抗渗等级
$H<10$	P6
$10 \leqslant H<20$	P8
$20 \leqslant H<30$	P10
$\geqslant 30$	P12

资料来源：《地下工程防水技术规范》GB 50108—2008。

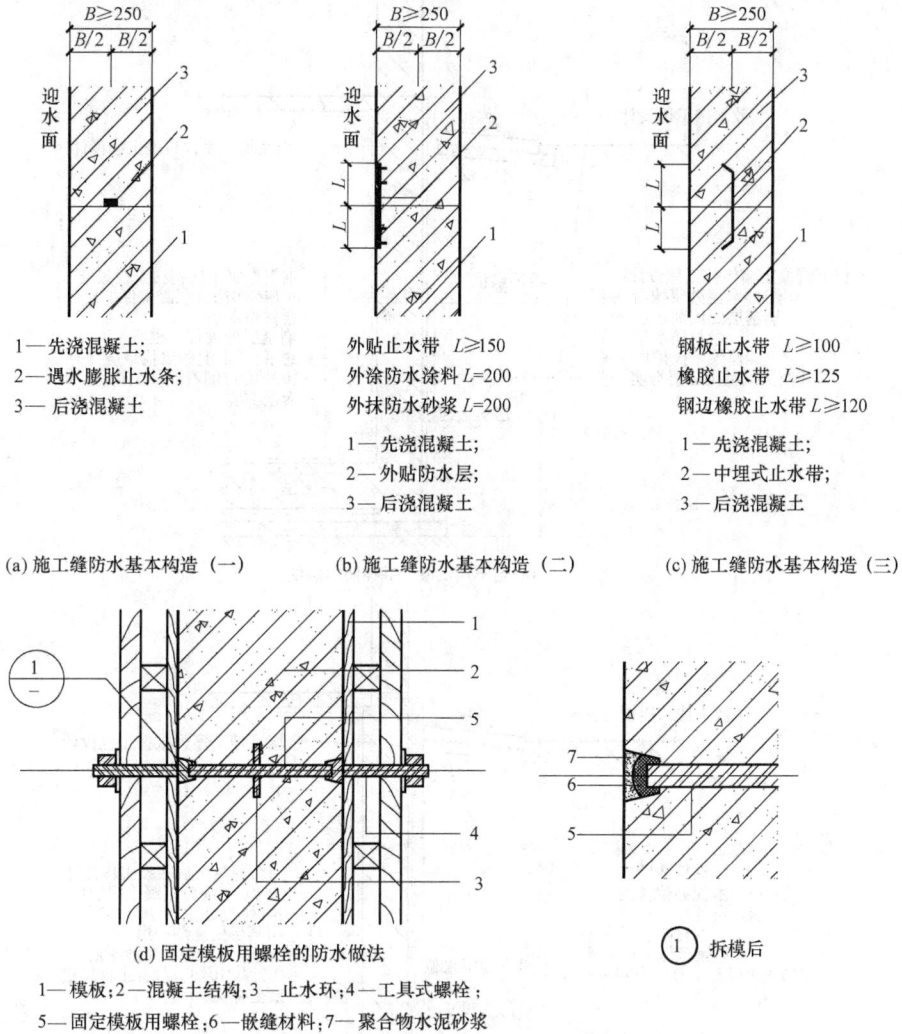

1—先浇混凝土；
2—遇水膨胀止水条；
3—后浇混凝土

外贴止水带　L≥150
外涂防水涂料 L=200
外抹防水砂浆 L=200
1—先浇混凝土；
2—外贴防水层；
3—后浇混凝土

钢板止水带　L≥100
橡胶止水带　L≥125
钢边橡胶止水带 L≥120
1—先浇混凝土；
2—中埋式止水带；
3—后浇混凝土

(a) 施工缝防水基本构造（一）　　(b) 施工缝防水基本构造（二）　　(c) 施工缝防水基本构造（三）

(d) 固定模板用螺栓的防水做法　　　　　① 拆模后

1—模板；2—混凝土结构；3—止水环；4—工具式螺栓；
5—固定模板用螺栓；6—嵌缝材料；7—聚合物水泥砂浆

图 11-7　地下室防水混凝土施工
（来源：《地下室防水技术规范》GB 50108—2008）

（2）卷材防水层

卷材防水适用于受侵蚀性介质作用、受振动作用或结构有微量变形的地下工程，卷材防水层应采用高聚物改性沥青防水卷材和合成高分子防水卷材。卷材防水层应铺设在混凝土结构主体的迎水面上，并应铺设在结构主体底板垫层至墙体上。卷材防水层可采用外防外贴和外防内贴两种方法，后者多用于场地和条件受到限制的情况。卷材防水层为 1 层或 2 层，一级防水要求 2 层，二级防水要求 1 层，防水卷材厚度要求见表 11-4。阴阳角处应做成圆弧或 45°（135°）折角，在转角、阴阳角等特殊部位，应增贴 1～2 层相同的卷材，宽度不宜小于 500mm。粘贴卷材必须采用与卷材材性相容的胶粘剂。施工时，卷材防水层的基面应平整牢固、清洁干燥，严禁在雨天、雪天施工。铺贴卷材前，应在基面上涂刷基层处理剂，当基面较潮湿时，应涂刷固化型胶粘剂或潮湿界面隔离剂。墙体卷材防水构造如图 11-8、图 11-9 所示。

卷材防水层甩槎、接槎做法见图 11-10。

散水按工程设计　5%
墙及地下室顶板按工程设计

钢筋混凝土墙体按工程设计
20厚1:3水泥砂浆抹面
刷基层处理剂一道
卷材防水层
50厚聚苯保护层
2:8灰土或黏土分层夯实
最高水位

钢筋混凝土底板按工程设计
40厚C20细石混凝土保护层
卷材防水层
刷基层处理剂一道
20厚1:3水泥砂浆找平层
100厚C15细石混凝土垫层
素土夯实

500　50　30
60

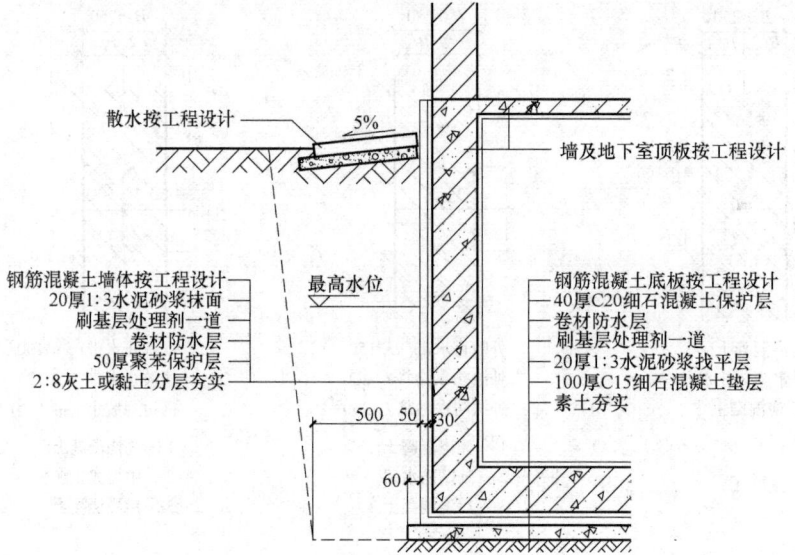

(a) 地下室混凝土墙体防水做法

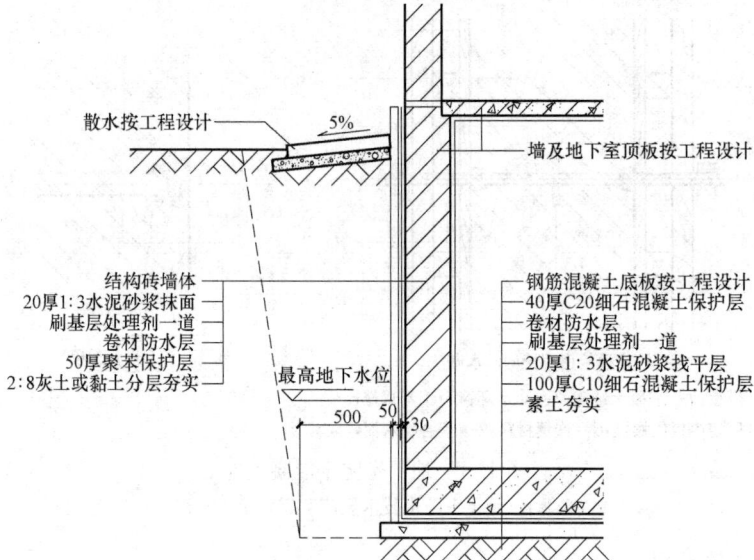

散水按工程设计　5%
墙及地下室顶板按工程设计

结构砖墙体
20厚1:3水泥砂浆抹面
刷基层处理剂一道
卷材防水层
50厚聚苯保护层
2:8灰土或黏土分层夯实
最高地下水位

钢筋混凝土底板按工程设计
40厚C20细石混凝土保护层
卷材防水层
刷基层处理剂一道
20厚1:3水泥砂浆找平层
100厚C10细石混凝土保护层
素土夯实

500　50　30

(b) 地下室砖墙体卷材防水做法

图 11-8　地下室墙体防水做法

（3）涂料防水层

涂料防水层包括无机防水涂料和有机防水涂料。无机防水涂料主要包括水泥基无机活性涂料和水泥基渗透结晶型防水涂料。它的特点是凝固快，基面有较强的粘结力，且适用于潮湿的基层，故多用于结构主体的背水面和潮湿的基面作防水过渡层。水泥基防水涂料的厚度宜为 1.5～2.0mm；水泥基渗透结晶型防水涂料的厚度不应小于 0.8mm。有机防水涂料主要包括反应型、水乳型和聚合物水泥防水涂料，它的特点是能形成无接缝的完整防水膜，有较好的延伸率和抗渗性，故多用于结构主体的迎水面。有机防水涂料，根据材料的性能，厚度宜为 1.2～2.0mm（表 11-5）。埋置较深的重要工程、有振动或有较大变形的工程宜选用高弹性防水涂料；有腐蚀性的地下环境宜选用耐腐蚀性较好的有机防水涂料并做刚性保护层。防水涂料可采用外防外涂和外防内涂两种做法（图 11-11）。

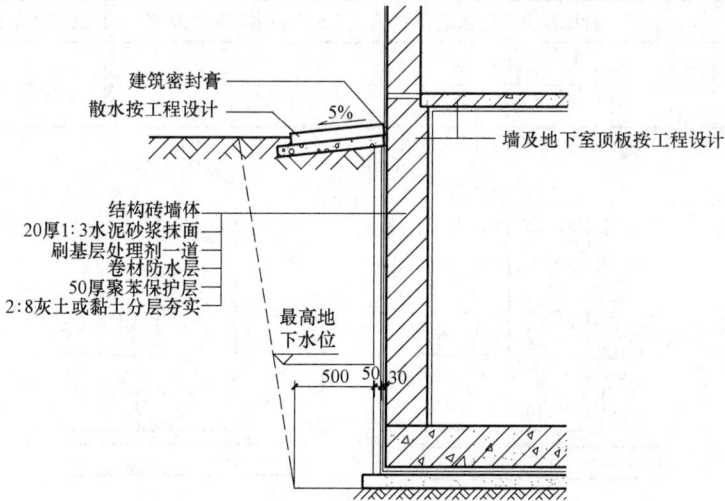

图 11-9　地下室墙体卷材防水做法（地下水位高，无地表水）

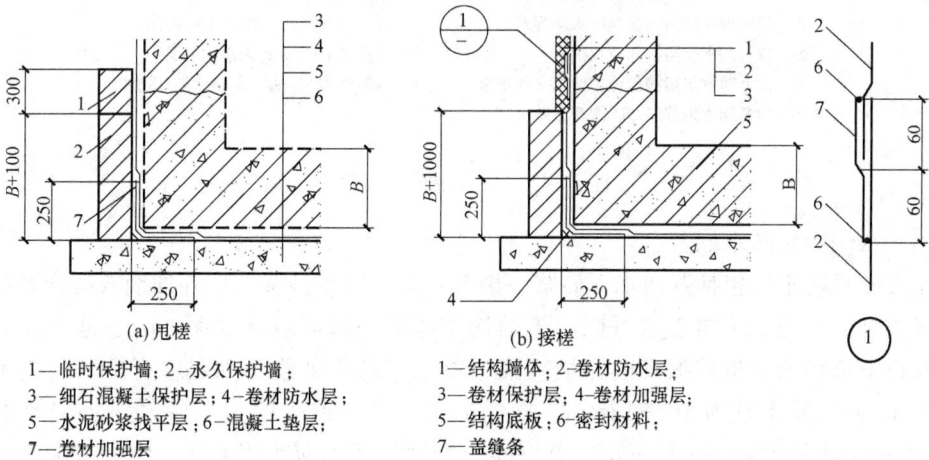

(a) 甩槎

1—临时保护墙；2—永久保护墙；
3—细石混凝土保护层；4—卷材防水层；
5—水泥砂浆找平层；6—混凝土垫层；
7—卷材加强层

(b) 接槎

1—结构墙体；2—卷材防水层；
3—卷材保护层；4—卷材加强层；
5—结构底板；6—密封材料；
7—盖缝条

图 11-10　卷材防水层甩槎、接槎做法

不同品种卷材的厚度　　　　　　　　　　　　表 11-4

卷材种类	离聚物改性沥青类防水卷材			合成高分子类防水卷材			
	弹性体改性沥青防水卷材、改性沥青聚乙烯胎防水卷材	自粘聚合物改性沥青防水卷材		三元乙丙橡胶防水卷材	聚氨乙烯防水卷材	聚乙烯丙纶复合防水卷材	高分子自粘胶膜防水卷材
		聚酯毡胎体	无胎体				
单层厚度 (mm)	≥4	≥3	≥1.5	≥1.5	≥1.5	卷材：≥0.9 粘结料：≥1.3 芯材厚度：≥0.6	≥1.2
双层总厚度 (mm)	≥(4+3)	≥(3+3)	≥(1.5+1.5)	≥(1.2+1.2)	≥(1.2+1.2)	卷材：≥(0.7+0.7) 粘结料：≥(1.3+1.3) 芯材厚度：≥0.5	—

注：1. 带有聚酯毡胎体的自粘聚合物改性沥青防水卷材应执行国家现行标准《自粘聚合物改性沥青聚酯胎防水卷材》JC 898；
　　2. 无胎体的自粘聚合物改性沥青防水卷材应执行国家现行标准《自粘橡胶沥青防水卷材》JC 840。
资料来源：《地下工程防水技术规范》GB 50108—2008。

每道涂料防水层最小厚度（mm）　　　　　　　　　　　　表 11-5

防水等级	合成高分子防水涂膜	聚合物水泥防水涂膜	高聚物改性沥青类防水涂膜
Ⅰ级	1.5	1.5	2.0
Ⅱ级	2.0	2.0	3.0

资料来源：《屋面工程技术规范》GB 50345—2012。

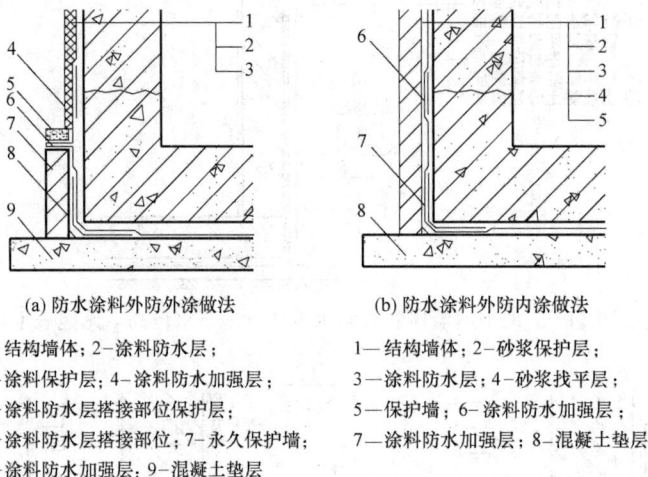

(a) 防水涂料外防外涂做法

1—结构墙体；2—涂料防水层；
3—涂料保护层；4—涂料防水加强层；
5—涂料防水层搭接部位保护层；
6—涂料防水层搭接部位；7—永久保护墙；
8—涂料防水加强层；9—混凝土垫层

(b) 防水涂料外防内涂做法

1—结构墙体；2—砂浆保护层；
3—涂料防水层；4—砂浆找平层；
5—保护墙；6—涂料防水加强层；
7—涂料防水加强层；8—混凝土垫层

图 11-11　防水涂料防水做法

（4）水泥砂浆防水层

水泥砂浆防水层包括普通水泥砂浆、聚合物水泥防水砂浆、掺外加剂或掺合料的防水砂浆等类型。水泥砂浆防水层可应用于结构主体的迎水面或背水面，由于是刚性的防水层，所以不适用于受持续振动的区域。聚合物水泥防水砂浆防水层厚度，单层施工宜为 6～8mm，双层施工宜为 10～12mm。掺外加剂、掺合料等的水泥砂浆防水层厚度宜为 18～20mm。水泥砂浆防水层基层，其混凝土强度等级不应小于 C15。施工时水泥砂浆防水层应各层紧密贴合，每层宜连续施工；必须留槎时，采用阶梯坡形槎，但距阴阳角处不得小于 200mm；接槎应依层次顺序操作，层层搭接紧密。水泥砂浆防水层未达到硬化状态时，不得浇水养护或直接受雨水冲刷，硬化后应采用干湿交替的养护方法（图 11-12）。

（5）金属防水层

金属板防水适用于抗渗要求较高的地下室，金属板包括钢板、铜板、铝板、合金钢板等。金属板防水有内防水和外防水之分。当为内防水时，防水层是预先设置的，防水层应与结构内的钢筋焊牢，并在防水层底板上预留浇捣孔，以保证混凝土浇筑密实，待底板混凝土浇筑完成后再补焊严密。当为外防水时，金属板应焊在混凝土的预埋件上，见图 11-13。金属防水板之间的接缝为焊缝，焊缝必须密实。

11.3.4　地下室防水细部构造

地下室防水，需要防水材料沿着地下室四周包括地板形成连续封闭的防水层，如果是全埋式地下室，包括顶板均需要设防水层；如果是附建式的全地下或半地下工程，其防水设防高度应高出室外地坪 500mm 以上，并与外墙防水和屋面防水形成整体。

1) 桩头

防水材料需要设置在桩头和底板（如承台）交界处，所用防水材料应具有良好的粘结性和湿固化性，桩头防水材料应与垫层防水层连为一体。一般而言，桩头部位的防水不应采用柔性防水卷材，也不宜采用一般涂膜类防水（如聚氨酯类的涂膜防水），而应采用聚合物水泥防水砂浆和水泥基渗透结晶型防水涂料等刚性防水涂层。要起到连接桩头与底板新、旧混凝土之间界面的作用，同时要保证桩基与底板结构之间的粘结强度以及桩头本身的防水密封性，应将桩基和底板垫层的大面积防水层连成一个整体，使其形成完整的防水层（图 11-14）。

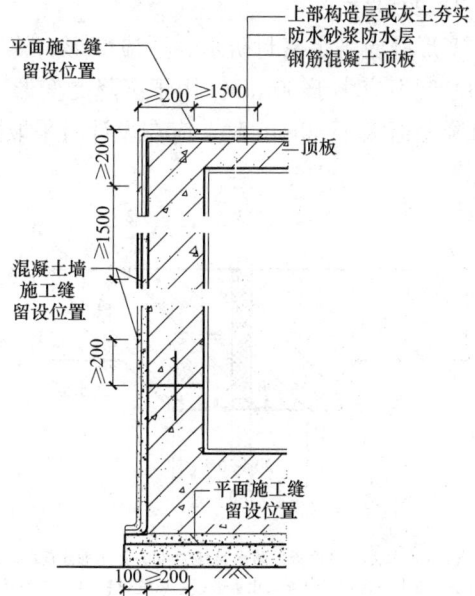

图 11-12　防水砂浆防水做法

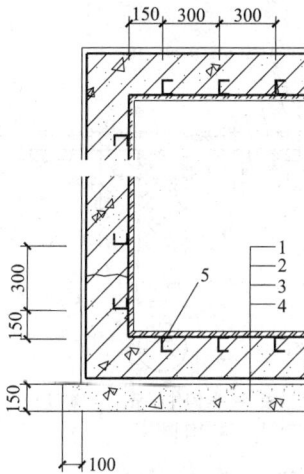

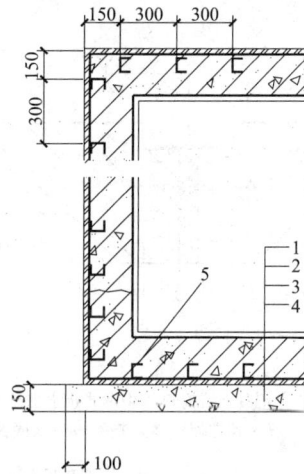

1—金属防水层；2—结构；3—砂浆防水层；4—垫层；5—锚固筋
(a) 内防水构造

1—砂浆防水层；2—结构；3—金属防水层；4—垫层；5—锚固筋
(b) 外防水构造

图 11-13　金属板防水层

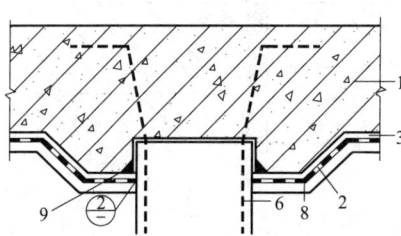

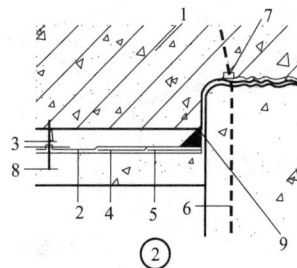

1—结构底板；2—主体结构底板防水层；3—细石混凝土保护层；4—聚合物水泥防水砂浆；
5—水泥基渗透结晶型防水涂料；6—桩基受力筋；7—遇水膨胀止水条（胶）；8—混凝土垫层；9—密封材料

图 11-14　桩头防水构造

2）变形缝

变形缝应满足密封防水、适应变形、施工方便、检修容易等要求。变形缝处混凝土结构的厚度不应小于 30mm。用于沉降的变形缝，其最大允许沉降差不应大于 30mm，当计算沉降差值大于 30mm 时，应在设计时采取措施（图 11-15）。

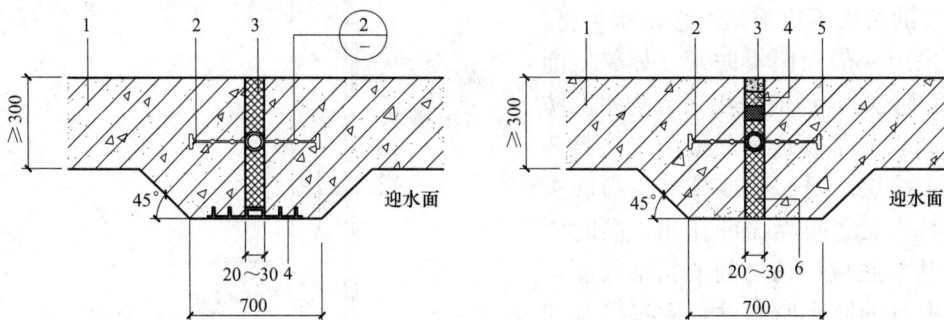

外贴式止水带L>300;外贴防水卷材L>400;外防水涂层 L >400
1—混凝土结构;2—中埋式止水带;3—填缝材料;4—外贴防水层
(a) 中埋式止水带与外贴防水层复合使用

1—混凝土结构;2—中埋式止水带;3—嵌缝材料;
4—背衬材料;5—遇水膨胀橡胶条;6—填缝材料
(b) 中埋式止水带与遇水膨胀橡胶条、嵌缝材料复合使用

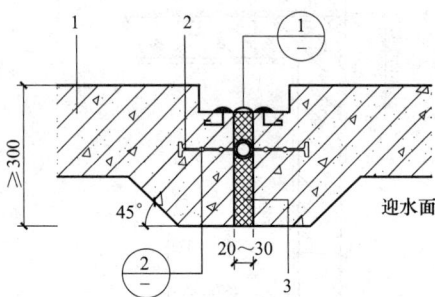

1—混凝土结构;2—中埋式止水带;3—填缝材料;4—预埋钢板;5—紧固件压板;6—螺母;
7—预埋螺栓;8—垫圈;9—紧固件压块;10—Ω形止水带;11—紧固件圆钢
(c) 中埋式止水带与可卸式止水带复合使用

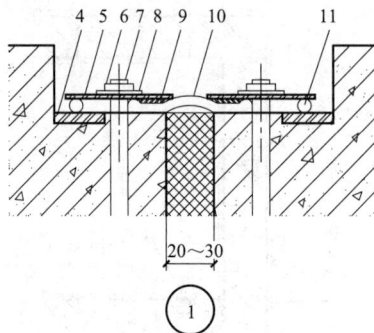

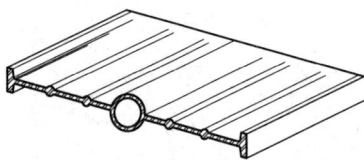

② 中埋式止水带

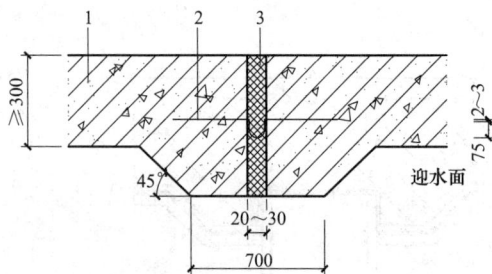

1—混凝土结构;2—中埋式金属止水带;3—填缝材料
(d) 中埋式金属止水带（环境温度高于50℃的变形缝）

图 11-15　地下室结构主体变形缝的防水做法

3）后浇带

后浇带应设在受力和变形较小的部位，间距宜为 30～60m，宽度宜为 700～1000mm。后浇带可做成平直缝，结构主筋不宜在缝中断开，如必须断开，则主筋搭接长度应大于 45 倍主筋直径，并应按设计要求设附加钢筋（图 11-16）。

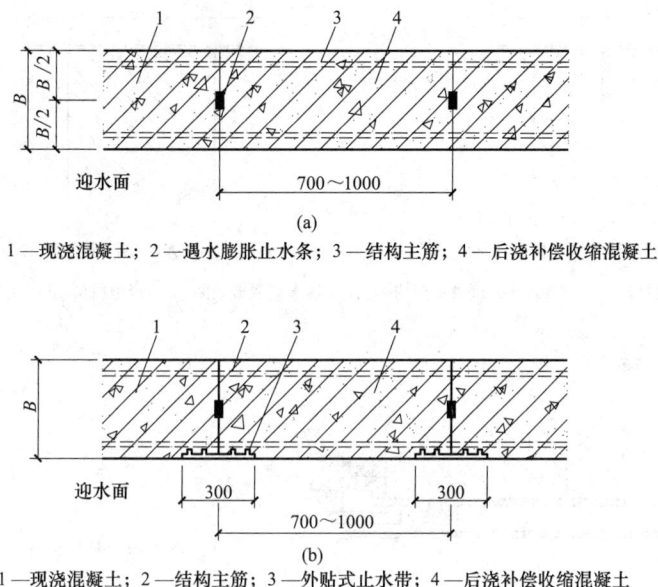

(a)

1—现浇混凝土；2—遇水膨胀止水条；3—结构主筋；4—后浇补偿收缩混凝土

(b)

1—现浇混凝土；2—结构主筋；3—外贴式止水带；4—后浇补偿收缩混凝土

图 11-16　后浇带防水构造

4）穿墙管（盒）

穿墙管（盒）应在浇筑混凝土前预埋。穿墙管与内墙角、凹凸部位的距离应大于 250mm。结构变形或管道伸缩量较小时，穿墙管可采用主管直接埋入混凝土内的固定式防水法，并应预留凹槽，槽内用嵌缝材料嵌填密实（图 11-17a、图 11-17b）。结构变形缝或管道伸缩缝较大或有更换要求时，应采用套管式防水法，套管应加焊止水环（图 11-17c）。

当穿墙管线较多时，宜相对集中，采用穿墙盒方法。

5）窗井、地坑、池

窗井的底部在最高地下水位以上时，窗井的底板和墙应作防水处理并与主体结构断开（图 11-18a），窗井或窗井的一部分在最高地下水位以下时，窗井应与主体结构连成整体，并在窗井内设集水井，无论地下水位高低，窗台下部的墙体和底板都应做防水层（图 11-18b）。

坑、池、储水库宜用防水混凝土整体浇筑，内设其他防水层，受振动作用时应设柔性防水层。底板以下的坑、池，其局部底板必须相应降低，并使防水层保持连续（图 11-19）。

由于施工工艺及材料等因素的影响，地下室仍然很难避免渗漏，目前，对于比较重要的地下室，除了采用常规的防水措施以外，还采用预埋管线的注浆法，以便在某处出现渗漏时采取弥补措施。

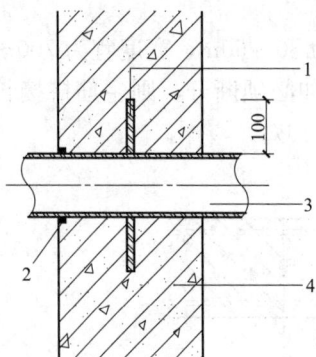

(a) 固定式穿墙管的防水构造（一）　　　　(b) 固定式穿墙管的防水构造（二）

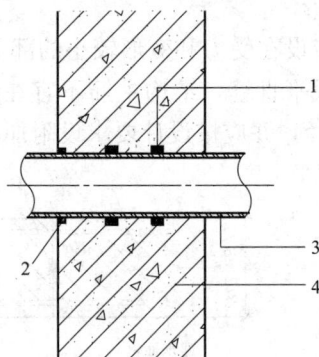

1—止水环；2—嵌缝材料；3—主管；4—混凝土结构　　1—遇水膨胀橡胶圈；2—嵌缝材料；3—主管；4—混凝土结构

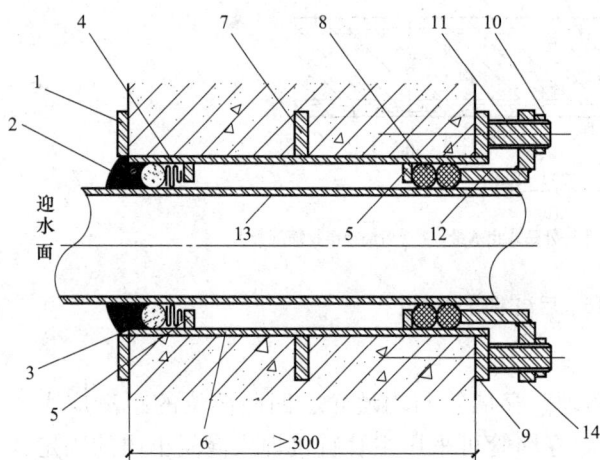

1—翼环；2—嵌缝材料；3—背离衬材料；

4—填缝材料；5—挡圈；6—套管；7—止水环；

8—橡胶圈；9—翼盘；10—螺母；11—双头螺栓；

12—短管；13—主管；14—法兰盘

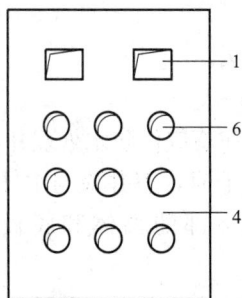

(c) 套管式穿墙管的防水构造

1—浇注孔；2—柔性材料或细石混凝土；3—穿墙管；

4—封口钢板；5—固定角钢；6—预留孔

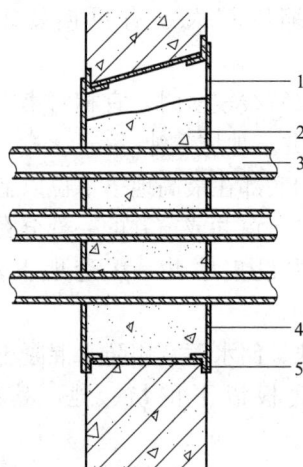

(d) 穿墙群管的防水构造

图 11-17　地下室管（盒）穿墙的防水构造

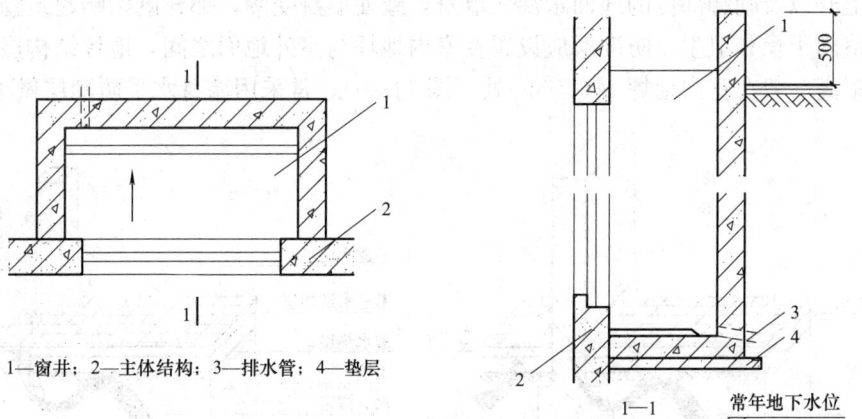

1—窗井；2—主体结构；3—排水管；4—垫层

1—1　　　常年地下水位

(a) 窗井防水构造示意图 (一)

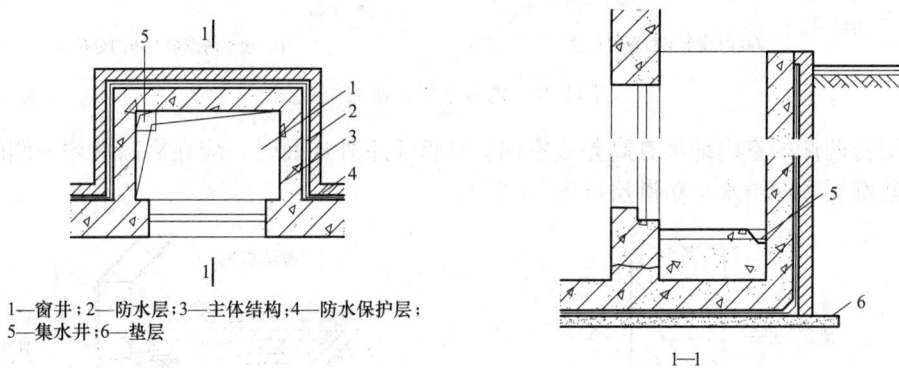

1—窗井；2—防水层；3—主体结构；4—防水保护层；
5—集水井；6—垫层

1—1

(b) 窗井防水构造示意图 (二)

图 11-18　地下室通向地面的各种孔口的构造做法

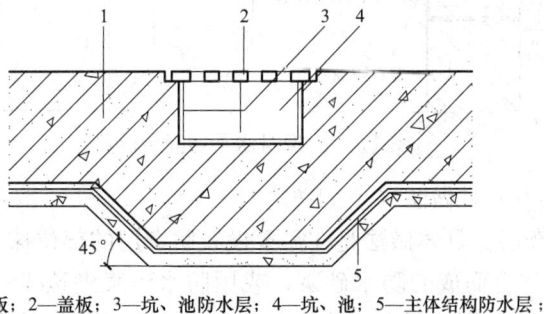

1—底板；2—盖板；3—坑、池防水层；4—坑、池；5—主体结构防水层；

图 11-19　地下室底板上的坑、池的防水构造

11.4　墙体防潮防水构造

11.4.1　墙体防潮层

在砖砌体的墙身中设置防潮层的目的是防止地表水和土壤中的水通过毛细作用沿基础

和墙基上升以及勒脚部位的地面水渗入墙身，致使墙身受潮，那样既影响建筑物的耐久性又影响室内干燥和卫生。防潮层应设置在室内地坪与室外地面之间，地坪结构层中部最为理想。标高一般在室内地坪下 0.06m 处（图 11-20）。常采用墙身水平防潮层做法。

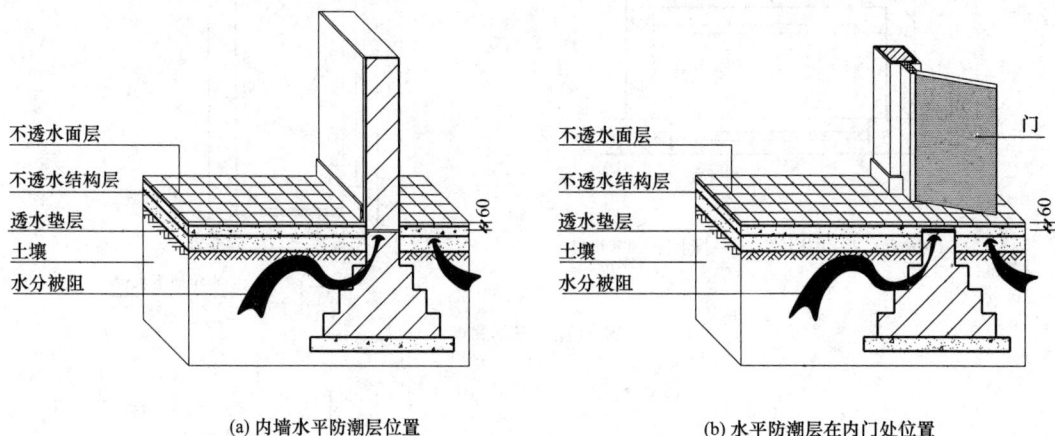

(a) 内墙水平防潮层位置　　　　　　　(b) 水平防潮层在内门处位置

图 11-20　墙身水平防潮层位置

当墙身两侧的室内地坪有高差或室内地坪低于室外地面时，应在靠高地坪一侧的墙面做垂直防潮层和两道水平防潮层（图 11-21）。

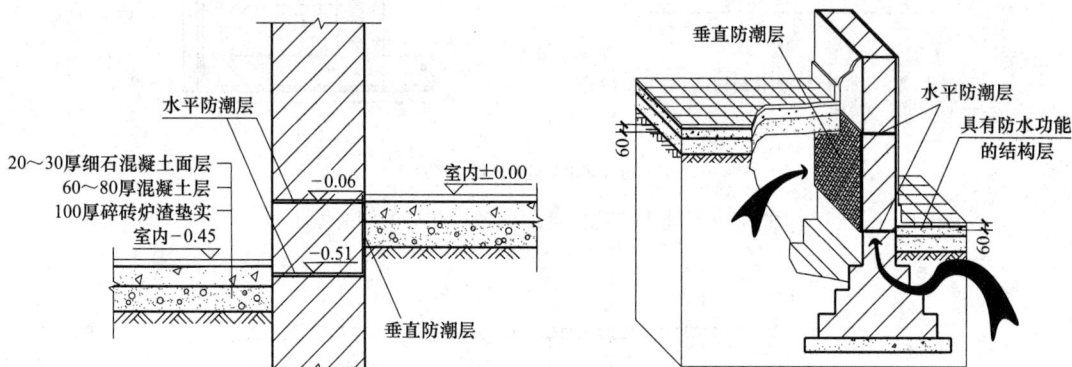

图 11-21　墙身水平防潮层位置

墙体水平防潮层有几种做法（表 11-6）：

1）防水砂浆防潮层。具体做法是在需要设置防潮层的部位抹一层 20mm 厚的 1∶3 水泥砂浆加 5％防水剂拌合而成的防水砂浆，或用防水砂浆砌筑 4～6 皮砖，位置在室内地坪上下。该做法对抗震有利，但在建筑物本身有振动的情况下不适合采用。

2）混凝土防潮层。由于混凝土本身具有一定的防水性能，常把防水要求和结构做法合并考虑，即在需要设防潮层的部位浇筑一层混凝土防潮层，其厚度可为 60mm，内设 $2\phi6$ 或 $\phi4@250$ 的钢筋网片。这种防潮层的做法既可起到防潮作用，又能使砖砌体上下连为一个整体。

当混凝土、钢筋混凝土或石砌体的墙基顶标高高于地下室标高时，可不做墙身防潮层（图 11-22）。

处于高湿度环境内的墙体，应采用混凝土砌块等耐水性好的材料，墙面应有防潮措施。

常用墙身水平防潮层做法比较 表 11-6

防水砂浆防潮层： 　施工简便，成本较低廉，防水砂浆中有防水剂，不但能防潮，而且可以防水，因此防潮效果不会差，而且能把防潮层上下墙体粘结一起，对抗震有利，故抗震地区多有使用。但它不适用于建筑物周围有振动的情况	
防水砂浆砌砖防潮层： 　施工简便，成本较低廉，防潮效果较好，适用于重要工程及震区工程	
配筋细石混凝土带防潮层： 　施工较繁，成本较高，防潮效果较好，主要适用于抗震地区且建筑物本身及周围有振动情况的砖墙	
基础圈梁代替防潮层： 　防潮效果较好，适用于设有基础圈梁且其顶标高度低于室内地坪 60mm 的工程	

　　高湿度房间（如卫浴间、厨房）的墙或直接被淋水的墙（如淋浴间、小便槽处）应做墙面防水隔离层（一般做防水涂层）。

　　特别重要的建筑，其外墙面宜用 20mm 厚防水砂浆或 7mm 厚聚合物水泥砂浆抹面再加防水涂层。凸出墙面的线脚、挑檐等上部与墙交接处做成小圆角并向外找坡不小于

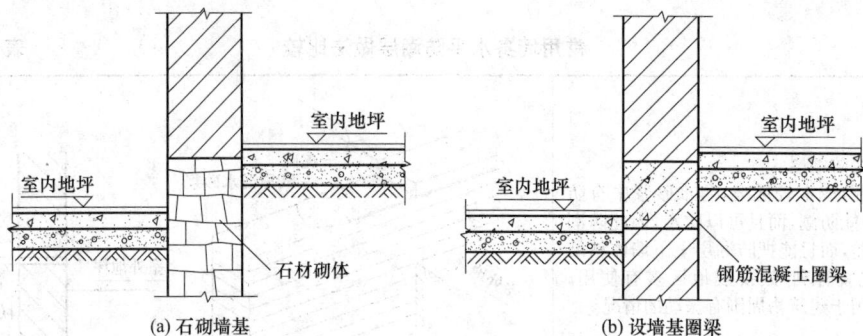

图 11-22　可不设墙身防潮层的做法

3%，以利排水，下部做滴水槽。

11.4.2　墙体勒脚

外墙墙身下部靠近室外地坪的部分叫勒脚。勒脚的作用是防止地面水、屋檐滴下的雨水的侵蚀，从而保护墙体，保证室内干燥，提高建筑物的耐久性和美化建筑的外观。勒脚的高度一般为室内地坪与室外地坪之高差，也可以根据建筑立面的需要而提高勒脚的高度（图 11-23）。

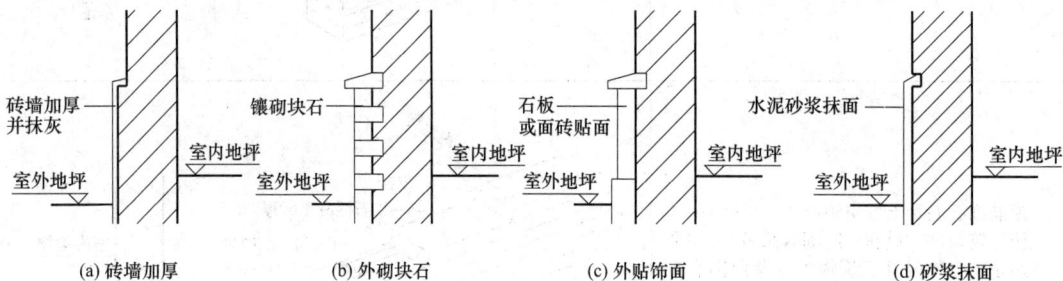

图 11-23　勒脚做法

11.4.3　外墙防水构造

主要执行《建筑外墙防水工程技术规程》JGJ/T 235—2011 及相应的规范和规程。建筑外墙防水除了外墙本身以外，其节点构造防水设防应包括门窗洞口、雨篷、阳台、变形缝、穿墙管道、女儿墙压顶、外墙预埋件、预制构件等交接部位的防水设防。无保温外墙的防水层，外墙整体可以采用普通防水砂浆，防水层的位置在找平层和饰面层之间。外保温外墙的防水层设计一般分 4 种情况：

1）采用涂料饰面时，防水层可采用聚合物水泥砂浆或普通防水砂浆。保温层的抗裂砂浆层如达到聚合物水泥防水砂浆性能指标要求，可兼做防水层，设在保温层和涂料饰面之间（图 11-24）。

2）采用块材饰面时，防水层宜采用聚合物水泥防水砂浆，厚度符合规定时，保温层的抗裂砂浆层如达到聚合物水泥防水砂浆性能指标要求，可兼做防水保护层（图 11-25）。

3）聚合物水泥砂浆防水层中应增设耐碱玻纤网格布或热镀锌钢丝网增强，并应用锚栓固定于结构墙体中。

4）采用幕墙饰面时，防水层应设在找平层和幕墙饰面之间，防水层宜采用聚合物水泥防水砂浆、聚合物水泥防水涂料、聚氨酯防水涂料或防水透气膜（图 11-26）。

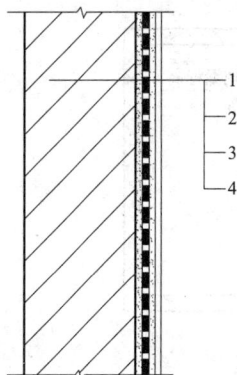

1—结构墙体；2—找平层；
3—防水层；4—涂料面层

图 11-24 涂料饰面外墙整体防水构造

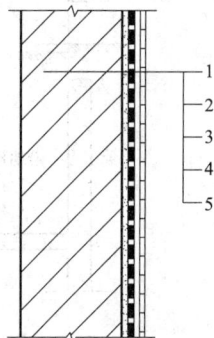

1—结构墙体；2—找平层；3—防水层；
4—防水层；5—块材饰面层

图 11-25 块材饰面外墙整体防水构造

（资料来源：《建筑外墙防水工程技术规程》JGJ/T 235—2011）

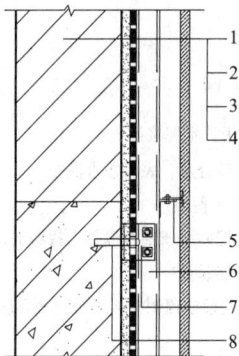

1—结构墙体；2—找平层；3—防水层；4—面板；
5—挂件；6—竖向龙骨；7—连接件；8—锚栓

图 11-26 幕墙饰面外墙整体防水构造

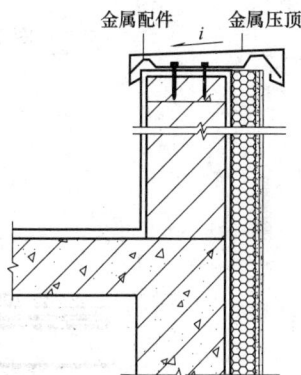

图 11-27 金属压顶女儿墙防水构造

（资料来源：《建筑外墙防水工程技术规程》JGJ/T 235—2011）

当外墙保温层选用矿物棉保温材料时，应在保温层外侧设防水层，防水层宜采用防水透气膜。上部结构与地下墙面交接部位的防水层应与地下墙面防水层搭接，搭接长度不小于150mm，防水层收头应用密封材料封严。有保温的地下室外墙防水层应延伸至保温层的深度。女儿墙压顶宜采用现浇钢筋混凝土或金属压顶，压顶应向内找坡，坡度不应小于2%。当采用混凝土压顶时，外墙防水层应上翻至压顶底部，内侧的滴水部位宜用防水砂浆做防水层。当采用金属压顶时，防水层应做到压顶的顶部，金属压顶采用专用金属配件固定（图 11-27）。

11.5 楼板层防水构造

11.5.1 有浸水可能或有给水设备的楼板层的防水构造

楼板应采用不透水材料和防水构造，常用现浇钢筋混凝土，楼面设置找坡层，在设计

排水楼地面平面

排水楼地面剖面

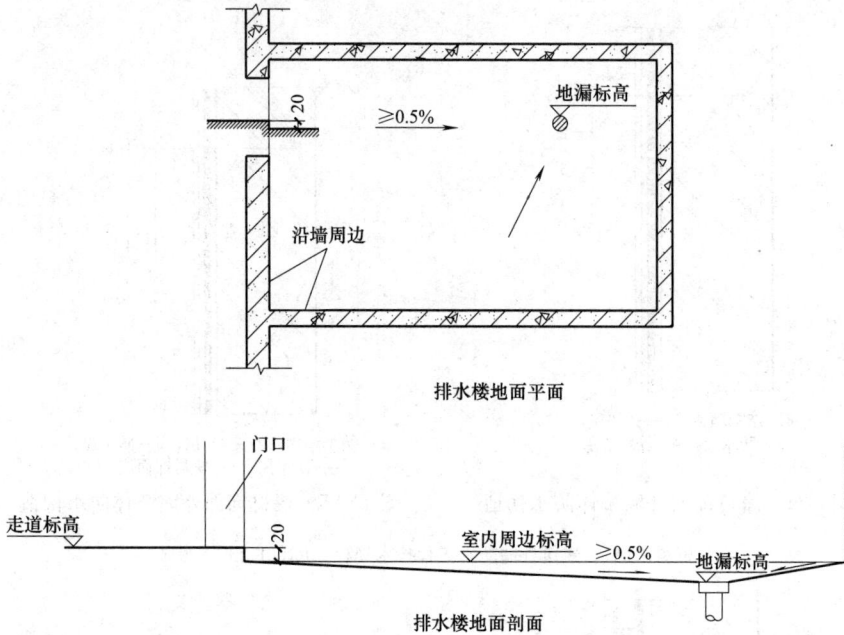

图 11-28   排水楼地面与剖面

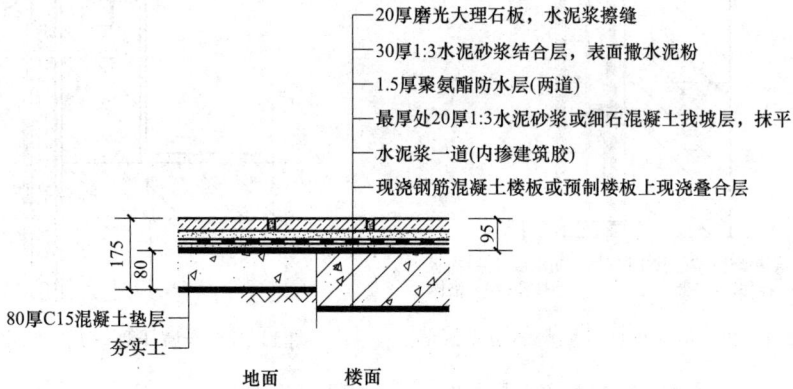

- 20厚磨光大理石板，水泥浆擦缝
- 30厚1:3水泥砂浆结合层，表面撒水泥粉
- 1.5厚聚氨酯防水层(两道)
- 最厚处20厚1:3水泥砂浆或细石混凝土找坡层，抹平
- 水泥浆一道(内掺建筑胶)
- 现浇钢筋混凝土楼板或预制楼板上现浇叠合层
- 80厚C15混凝土垫层
- 夯实土

地面　　　楼面

图 11-29   磨光大理石板楼地面

(来源：《平屋面建筑构造》12J201)

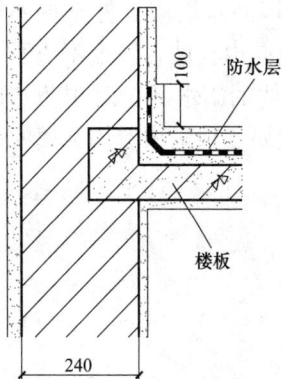

图 11-30   楼板层防水处理

中应注明主要排水坡度和最低处（即地漏表面或排水沟盖板表面）标高，坡度一般为1%，不应小于0.5%，水应排向地漏（图 11-28、图 11-29）。

防水层在墙、柱部位翻起高度应不小于 100mm（图 11-30）。

当管道穿过楼板时，应作严密的防水处理，其防水层翻起高度亦不小于 100mm，见图 11-31。

面层粗糙的楼面应采用较大坡度，以防排水不畅。有地面积水的楼面标高。一般应低于相邻房间或走道20mm或做挡水槛，以防止水流出房间，见图 11-32。

楼面防水层常用材料有高聚物改性沥青防水卷材、合成高分子防水卷材和防水涂料。防水层设置于找坡层之上，如面层厚度小于20mm，则防水层设于找坡层之下。

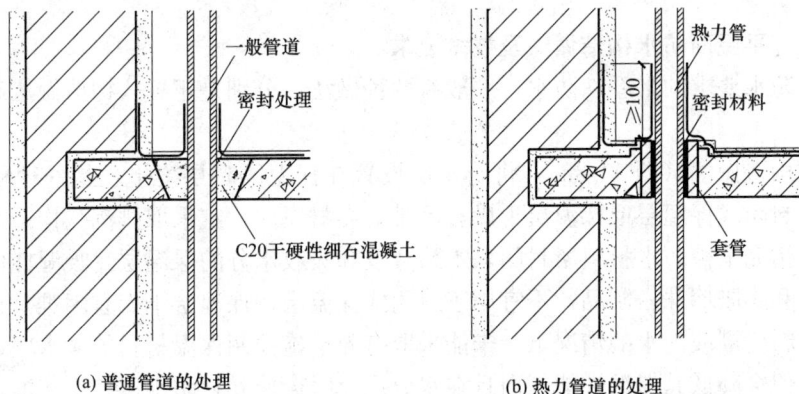

(a) 普通管道的处理　　　　　　　　　　(b) 热力管道的处理

图 11-31　管道的处理

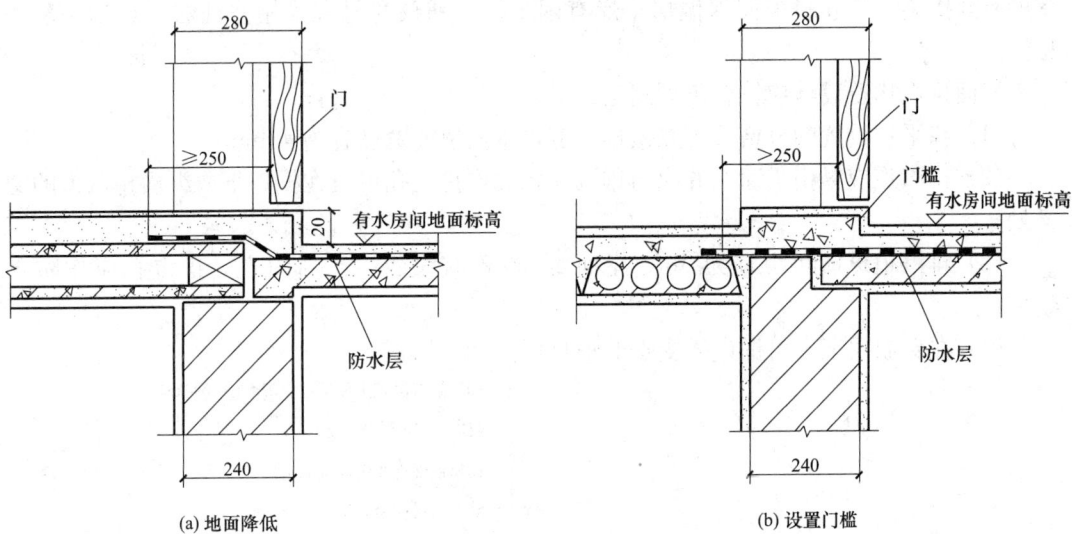

(a) 地面降低　　　　　　　　　　　　　(b) 设置门槛

图 11-32　有水房间楼板层的防水处理

需要注意的是，在用水点周围，如室内的卫生间、开水间等，在室外的露台、顶部的阳台、雨篷、设备平台等容易蓄水的地方，均应设200mm高C20细石混凝土翻边，宽度与墙同厚，可以有效避免墙体受到侵蚀。

11.5.2　楼板层的防潮构造

结露：空气中含有大量的水分，湿热的空气在遇到较冷的地面时，很容易达到露点温度。也就是说，高温的空气中的水蒸气在低温的地面上会接近或达到饱和状态，产生结露，导致地面潮湿。

对于结露，主要是做好房间地面、墙面的保温，利用结露计算公式计算出所需要的保温材料的厚度，就可以避免。

21

11.6 屋面防水构造

11.6.1 平屋面防水构造做法及技术要求

有保温防水要求的平屋面防水，一般有两种做法，分别是正置式构造做法和倒置式构造做法。

正置式构造做法（图 11-33），将防水层设置在保温隔热层之上，是一种科学合理的做法。采用封闭式保温层或保温层干燥有困难的卷材屋面，宜采取排汽孔构造措施。封闭式保温层是指完全被防水材料所封闭，不易蒸发和吸收水分的保温层。吸湿性保温材料如加气混凝土和膨胀珍珠岩制品，不宜用于封闭式保温层。保温层干燥有困难是指在雨期施工，吸湿材料受潮或泡水的情况下，未能采取有效措施控制保温材料的含水率，保温层含水率过高不但会降低其保温性能，而且在水分汽化时会使卷材防水层产生鼓泡，导致局部渗漏。因此，对于封闭式保温层或保温层干燥有困难的卷材屋面而言，当保温材料在施工使用时的含水率大于正常施工环境中的平衡含水率时，采取排汽构造是控制保温材料含水率的有效措施。当卷材屋面保温层干燥有困难时，铺贴卷材宜采用空铺法、点粘法、条粘法。

屋面排汽构造设计应符合下列规定：

（1）找平层设置的分格缝可兼做排汽道，排汽道的宽度宜为 40mm；

（2）排汽道应纵横贯通，并应与排汽孔相通，排汽孔可设在檐口下或纵横排汽道的交叉处；

（3）排汽道纵横间距宜为 6m，屋面每 36m² 宜设置一个排汽孔，排汽孔应作防水处理；

（4）在保温层下也可铺设带支点的塑料板。

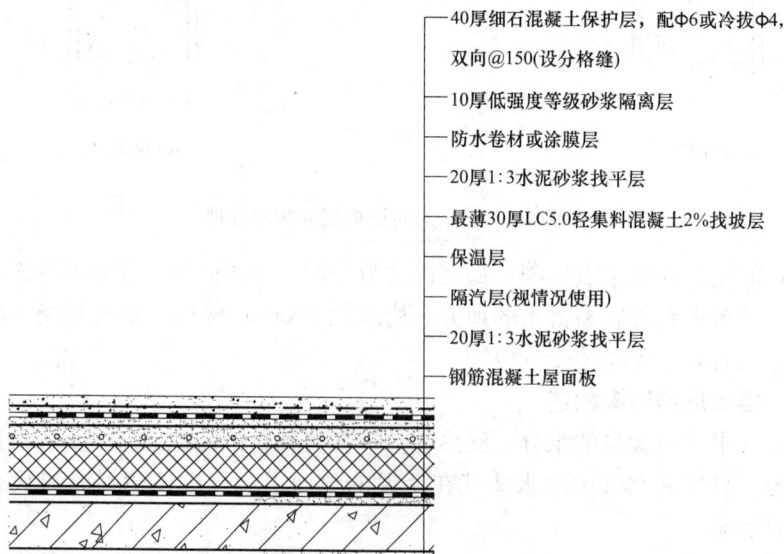

―40厚细石混凝土保护层，配Φ6或冷拔Φ4，双向@150(设分格缝)

―10厚低强度等级砂浆隔离层

―防水卷材或涂膜层

―20厚1:3水泥砂浆找平层

―最薄30厚LC5.0轻集料混凝土2%找坡层

―保温层

―隔汽层(视情况使用)

―20厚1:3水泥砂浆找平层

―钢筋混凝土屋面板

图 11-33 卷材、涂膜防水屋面构造做法

（来源：《平屋面建筑构造》12J201）

卷材、涂膜防水屋面排汽措施见图 11-34。

倒置式构造做法（图 11-35），是将保温隔热层设置在防水层之上的屋面做法，与正置式相比，其最大的好处是保温隔热层可形成对防水层的有效保护，隔绝了紫外线辐射，减缓了臭氧的侵蚀，减少了热老化及温度变化的影响，有效地延长了柔性防水层的使用寿命。

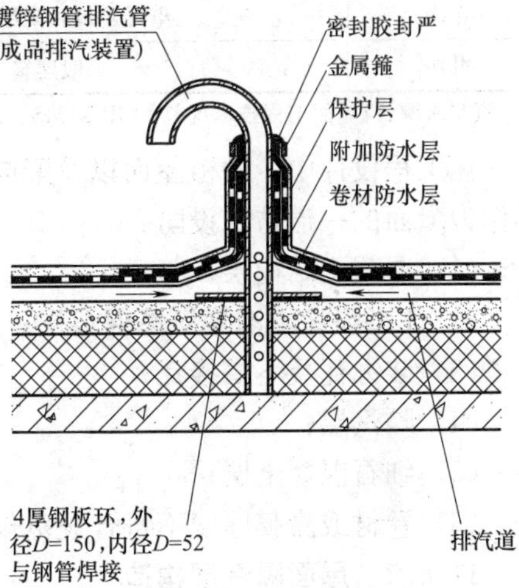

如果采用倒置式做法，需要在屋面设置压置层，一般采用开敞式，即在绝热层上只有砂浆压块、水泥砂浆及卵石 3 种选择。

屋面如果采用倒置式做法，坡度宜不小于 3%，且应优先考虑结构找坡。倒置式屋面由于不会产生水汽积聚，可不设置透汽孔或排汽槽。为了不造成板状保温材料下面长期积水，在保温层的下部应设置排水通道和泄水孔。倒置式屋面铺贴卷材宜采用空铺法、点粘法、条粘法，且选择高弹性、高延性防

图 11-34 卷材、涂膜防水屋面排汽措施
（来源：《平屋面建筑构造》12J201）

水材料。这是因为上部荷载较大，在屋面变形、结构变形等作用下，如果采用满粘法及低延性材料，受约束影响，防水层容易开裂、渗漏。

基于以上列出的一系列原因，在屋面设计或施工中，也常采用倒置式做法，就是将保温层放在防水层的上面，最根本的目的就是保护防水层，防水层直接在混凝土结构层随捣随抹找平或做完找平层后直接施工防水层。

倒置做法，防水需要提高要求：①倒置式屋面工程的防水等级应为Ⅰ级，防水层合理使用年限不得少于 20 年。②倒置式屋面保温层的设计厚度应按计算厚度增加 25% 取值，且厚度不得小于 25mm。③由于防水材料位于保温材料的下方，保温材料有可能泡在水里，故规范对保温材料有特殊要求（具体见《倒置式屋面工程技术规程》JGJ 230—2010）。一般而言，倒置式做法会增加造价，检修困难，但其可以延长防水层的使用寿命，施工方便，劳动效率高是其优势。有关屋面保温做法，详见第 7 章"屋顶构造"。

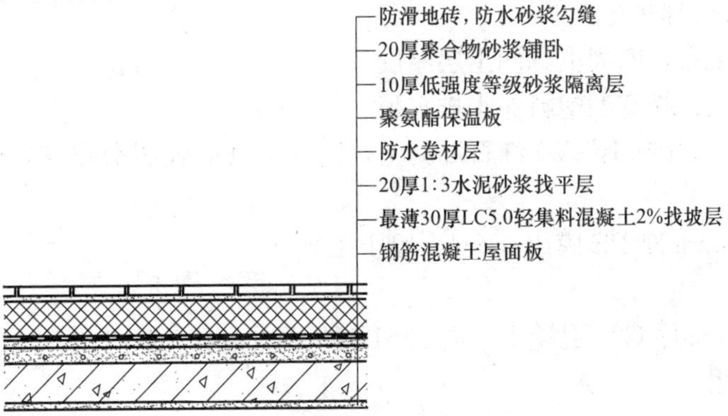

图 11-35 倒置式屋面构造做法
（来源：《平屋面建筑构造》12J201）

	屋面防水等级和设防要求	表 11-8	
防水等级	建筑类别	设防要求
Ⅰ级	重要建筑和高层建筑	两道防水设防
Ⅱ级	一般建筑	一道防水设防

资料来源:《屋面工程技术规范》GB 50345—2012。

在工程设计中,种植屋面以及配电房等屋面均采用一级防水。要特别注意下列情况不得作为屋面的一道防水设防:

(1) 混凝土结构层;

(2) Ⅰ型喷涂硬泡聚氨酯保温层;

(3) 装饰瓦及不搭接瓦;

(4) 隔汽层;

(5) 细石混凝土层;

(6) 卷材或涂膜厚度不符合规范规定的防水层。

11.6.2　屋面隔汽层构造

当严寒及寒冷地区屋面结构冷凝界面内侧实际具有的水蒸气渗透阻小于所需值或其他地区室内湿气有可能透过屋面结构层进入保温层时,应设置隔汽层。隔汽层设计应符合下列规定:①隔汽层应设置在结构层上、保温层下;②隔汽层应选用气密性、水密性好的材料;③隔汽层应沿周边墙面向上连续铺设,高出保温层上表面不得小于 150mm。隔汽层是一道很弱的防水层,却具有较好的水蒸气渗透性,它是隔绝室内湿气通过结构层进入保温层的构造层,常年湿度很大的房间,如温水游泳池、公共浴室、厨房操作间、开水房等的屋面应设置隔汽层。

11.6.3　种植屋面构造

种植屋面要求是一级防水。要根据《种植屋面工程技术规程》JGJ 155—2013 的规定,选用合适的防水层。一般有如下几种:铅锡锑合金防水卷材、铜箔胎 SBS 改性沥青防水卷材、聚乙烯胎防水卷材、复合铜胎基 SBS 改性沥青防水卷材、SBS 改性沥青耐根穿刺防水卷材、聚氯乙烯防水卷材(内增强型)、铅胎聚乙烯复合防水卷材等(图 11-36)。

常规做法:

不小于 300mm 厚种植土

过滤层:土工布,四周上翻同土层厚度

排(蓄)水层:蜂窝型塑料保水排水板

刚性保护层:50mm 厚 C30 细石混凝土,按 6m×6m 设置分格缝,内配 ϕ6 钢筋网片@200 双向

隔离层:0.4mm 厚 PE 膜或 0.8mm 厚土工布

防水层

找平层:35mm 厚 C20 混凝土,内配 ϕ4 钢丝网片@200 双向

保温层:选用

找坡层:泡沫混凝土找坡,最薄处 30mm 厚,干密度 500kg/m³

结构层:按照实际情况

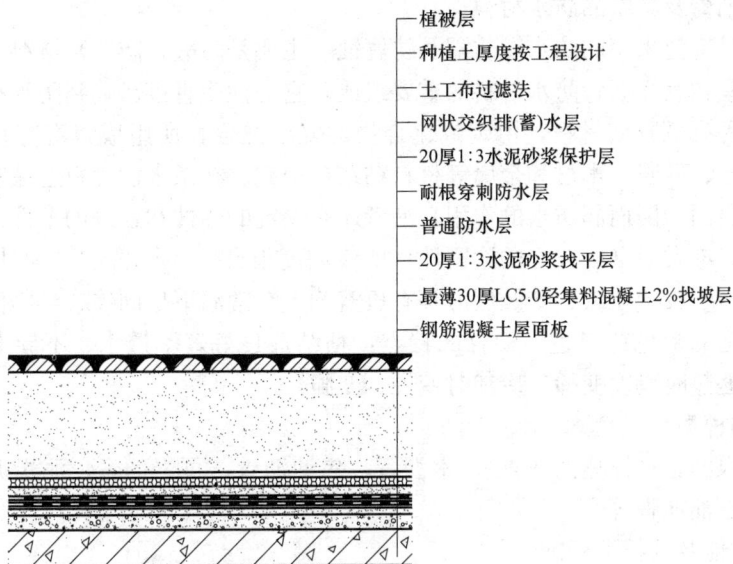

植被层
种植土厚度按工程设计
土工布过滤法
网状交织排(蓄)水层
20厚1:3水泥砂浆保护层
耐根穿刺防水层
普通防水层
20厚1:3水泥砂浆找平层
最薄30厚LC5.0轻集料混凝土2%找坡层
钢筋混凝土屋面板

图 11-36 种植屋面构造做法

(来源:《平屋面建筑构造》12J201)

11.6.4 瓦屋面构造

瓦屋面应根据瓦的类型和基层种类采取相应的构造做法。瓦屋面与山墙及凸出屋面结构的交接处,均应做不小于 25mm 高的泛水处理。在大风及抗震设防地区或屋面坡度大于 100% 时,瓦片应采取固定加强措施。在严寒及寒冷地区,瓦屋面檐口部位应采取防止冰雪融化下坠和冰坝形成等措施。

11.7 防水材料种类及选择

防水材料大致经历了沥青、水泥、合成高分子材料三个发展时期,随着科学技术的不断进步,防水材料的品种、数量越来越多,性能各异。按其材料特性,一般可分为卷材防水、涂料防水等类别(表 11-11)。

防水材料分类表　　　　　　　　　　　　　　表 11-11

防水材料							
防水卷材				防水涂料			
高聚物改性沥青类防水卷材	合成高分子防水卷材			有机防水涂料			无机防水涂料
	弹性(橡胶类)		热塑性(树脂类)	高聚物改性沥青防水涂料	合成高分子防水涂料		
1　弹性体改性沥青防水卷材	弹性(橡胶类)		热塑性(树脂类)	高聚物改性沥青防水涂料	合成高分子防水涂料	1	掺外加剂,掺合料水泥基防水涂料
	1	丁基橡胶(IIR)卷材	聚氯乙烯(PVC)卷材	水乳型	溶剂型	1　反应型固化	2　水泥基渗透结晶型防水涂料
2　塑性体改性沥青防水卷材	2	三元乙丙橡胶(EPDM)防水卷材	聚乙烯(HDPE和LDPE)卷材	水乳型SBS改性沥青防水涂料	丁基橡胶沥青防水涂料	挥发型固化聚合物水泥防水涂料	

11.7.1　沥青及其制品防水材料

沥青材料是广泛采用的防水、防潮及防腐蚀（主要是防酸、防碱）材料，也是沥青基防水材料、高聚物改性沥青防水材料的重要组成，它的性能直接影响到防水材料的质量。

沥青是一种有机胶结材料，由碳氢化合物的复杂混合物所组成，富有黏着力，能与砖、石、混凝土、砂浆、木材和金属等材料粘结在一起。在亲水性材料上涂刷沥青后，可获得憎水性的表面，因而起防水的作用。沥青还有一定的弹性和较好的塑性，有较强的防水性和耐冻性，冻融后又有较好的涂刷性（即流动度很大），因此易于渗入其他材料的空隙内。它能溶解于二硫化碳、苯及汽油等有机溶剂。在常温下呈固体、半固体或液体的状态，颜色呈灰亮的褐色或黑色。沥青的特点：粘结性良好，不透水、不导电，耐酸、耐碱、耐腐蚀，遇热时稠度变稀，冷却时变硬、变脆。

1) 沥青的种类

沥青分为煤沥青（煤焦油沥青）、木沥青、焦油沥青、页岩沥青、泥炭沥青、天然沥青、地沥青、石油沥青等。

2) 沥青性能及其技术标准

石油沥青是石油原油经提炼汽油、煤油、润滑油和柴油后的副产品，精加工处理而成。其特点是韧性较好，温度敏感性小，老化慢，稳定性好。根据用途的不同，石油沥青又分为道路石油沥青、普通石油沥青、建筑石油沥青等。天然石油沥青由含沥青的砂岩提炼而成，其性质与石油沥青基本相同。焦油沥青（俗称柏油、煤焦沥青）是指煤、木材、泥炭及油母页岩等有机物在隔绝空气条件下受热而挥发出的煤沥青、页岩沥青、木沥青和泥岩沥青等，其中煤沥青较多。煤沥青的韧性较差，冬季易脆，对温度较为敏感，加热时有刺激气味。

3) 沥青特点总结

(1) 粘结性：沥青是具有较强粘结力的一种胶结材料。尤其是凝结成薄膜时，粘结力更强，能紧密地与砂、石、金属、木材等粘结在一起。

(2) 塑性：沥青在一定温度与外力作用下变形的能力称为塑性。沥青的塑性与温度和沥青膜的厚度有关，即温度越高，塑性越大，沥青膜越厚，塑性越大。

(3) 不透水性和耐化学侵蚀性：沥青形成的薄膜能防止水的透过，是一种良好的防水材料。它对酸、碱、盐的侵蚀有一定的抵抗能力。

(4) 大气稳定性：在温度（尤其是高温）、氧气、光线等因素作用下，由于沥青的氧化、聚合、挥发作用，使沥青碳质的含量增大，油质和脂胶的含量减少，改变了沥青的原有性能，导致塑性降低，脆性增加，粘结力降低。这个过程通常称为沥青的"老化"，也可称为沥青在大气中的稳定性。如沥青保管不当，或者保护沥青的覆面材料脱落，则沥青的稳定性就差，使用的年限降低。

11.7.2　防水卷材

防水卷材为主要由沥青、改性沥青、合成高分子材料制成的致密性不透水材料，因此，在一定的水压下可有效地阻断水的通路。通过在建筑物的迎水面或背水面铺贴防水卷材以及采取相应的构造措施，可形成设计需要的均质整体的、连续的防水层，起到隔绝建筑物与水的作用。同时，各类防水卷材均有一定的耐候性和抗拉断能力，从而保证了卷材防水层在各种外力和基层变形条件下，仍具有相当的防水效果。防水卷材一般分为沥青防水卷材、高聚物改性沥青防水卷材和合成高分子防水卷材。沥青防水卷材是用原纸、纤维织物、纤维毡等胎体材料浸涂沥青，表面撒布粉状、粒状或片状防粘材料制成的可卷曲的片状防水材料。沥青防水卷材价格低廉，具有一定的防水性能。按照胎体材料的不同，可分为：纸胎油毡、纤维胎油毡，如织物类的玻璃布等；纤维毡类的玻纤、化纤等。

实际工程中，由于沥青防水卷材含蜡量高，延伸率低，温度敏感性强，所以在高温下易流淌，低温下易脆裂和龟裂。由于这些问题，目前建筑工程中已经很少使用沥青卷材了。

1）高聚物改性沥青防水卷材

沥青改性以后制成的卷材，叫作改性沥青防水卷材。所谓改性，就是改变沥青原来不耐高温、易流淌的特性。目前，沥青的改性方法主要有采用合成高分子聚合物进行改性、沥青催化氧化、沥青的乳化等。下面讲到的 SBS，APP，PVC，PE，EPDM（橡胶）等都是高聚物改性剂，使沥青耐高、低温，增强稳定性等。

主要分为三大类：弹性体改性沥青防水卷材；塑性体改性沥青防水卷材；橡塑共混体聚合物改性沥青防水卷材。

高聚物改性沥青防水卷材（以下简称改性沥青防水卷材）胎基种类：玻纤毡、聚酯毡、黄麻布、合成膜、金属箔或两种材料复合；浸涂材料：合成高分子聚合物（掺量不少于10%）改性沥青、优质氧化沥青；覆面材料种类：粉状、粒状或薄膜、金属箔。与沥青防水卷材相比，改性沥青防水卷材的拉力强度、耐热度及低温柔性均有一定的提高，并有较好的不透水性和抗腐蚀性，价格适中，是新型防水卷材。

由于屋面防水卷材要求与应用于地下工程的防水卷材的要求不完全一致，故将用于地下工程的卷材防水层的卷材品种单独列出，如表 11-12 所示。

卷材防水层的卷材品种   表 11-12

类别	品种名称
高聚物改性沥青类防水卷材	弹性体改性沥青防水卷材
	改性沥青聚乙烯胎防水卷材
	自粘聚合物改性沥青防水卷材

资料来源：《地下工程防水技术规范》GB 50108—2008。

从施工方法的角度，防水卷材的连接由两个部分组成：其一，卷材与基层的连接；其二，卷材与卷材的连接。高聚物改性沥青类防水卷材除了自粘类，不论是哪种连接，多采用热熔法。合成高分子类防水卷材与基层连接时多采用冷粘法，搭接边施工时多采用焊接法。屋面如果选用延伸率大、拉伸强度高、抗变形能力强的材料，特别是合成高分子类防水卷材，与基层的连接可以考虑采用空铺法、点粘法、条粘法（也可采用机械固定法），反之可采用满粘法。特别要注意：满粘法不适于基层变形大，或其上有重物覆盖的屋面板。外墙等侧面防水做法一般都采用满粘法，冷粘法和自粘法施工的环境温度不宜低于5℃，热熔法和焊接法施工的环境温度不宜低于－10℃。

（1）弹性体改性沥青防水卷材

弹性体改性沥青防水卷材（SBS）是一种用途广泛、性能优异的防水材料。SBS 是"苯乙烯-丁二烯嵌物段"的代号。SBS 改性沥青防水卷材是以聚酯毡或玻纤毡为胎基，以苯乙烯-丁二烯（SBS）共聚热塑性弹性体为改性剂，两面覆以聚乙烯膜、细砂、粉料或矿物粒（片）料制成的改性沥青防水卷材（简称 SBS 卷材）。SBS 的含量为 12％左右，既可单层使用，也可复层，多采用热熔法施工，玻纤毡卷材适用于多层防水的底层防水，外露采用上表面隔离材料为不透明矿物粒料的防水卷材，地下工程防水采用表面隔离材料为细砂的防水卷材。

特点如下：

① 改善了卷材的弹性和耐疲劳性。SBS 热塑性弹性体材料具有橡胶和塑料的双重特性，在常温下，具有橡胶的弹性，在高温下又像塑料一样具有熔融流动性。用经 SBS 改性后的沥青作防水卷材的浸渍涂盖层，可提高卷材的弹性和耐疲劳性，延长卷材的使用寿命。

② 提高了卷材的耐高、低温性能。将 SBS 改性沥青防水卷材加热到 90℃，观察 2 小时，卷材不起泡、不流淌；温度降到 −75℃，仍然具有一定的柔软性；−50℃，仍具有防水性能。因此，适用于寒冷和炎热的地区。

改性沥青防水卷材里有两种用途较广，需要特别说明：一种是改性沥青聚乙烯胎防水卷材，另一种是双面自粘聚合物改性沥青防水卷材。

改性沥青聚乙烯胎防水卷材：执行《改性沥青聚乙燃胎防水卷材》GB 18967—2009标准，即以高密度聚乙烯膜为胎基，上下两面为改性沥青或自粘沥青，表面覆盖隔离材料制成的防水卷材。其施工也多采用热熔法。

双面自粘聚合物改性沥青防水卷材：具有延伸性能好、粘结性能强、湿作业施工等优势。目前传统的常规防水卷材在施工后，一旦防水层有破损，水就会沿防水卷材到处流窜；而双面自粘聚合物改性沥青防水卷材利用自粘胶料层与聚合物水泥砂浆形成超强的粘结性，得到充分养护后的水泥砂浆与柔性双面自粘防水卷材刚柔结合，构成上保险式的防水效果，有效地避免了起壳、空鼓等缺陷。施工采用自粘法：自粘卷材底面设有涂硅膜的隔离纸，施工时揭去隔离纸，将卷材铺设在基层处理剂已基本干燥的基层表面，随后用压辊滚压，使其与基层或卷材粘结牢固。

（2）塑性体改性沥青防水卷材

塑性体改性沥青防水卷材的代表产品是 APP 改性沥青防水卷材。由于其具有耐热的特点，主要用于屋面工程。APP 是塑料"无规聚丙烯"的代号。APP 改性沥青防水卷材是以聚酯毡或玻纤毡为胎基、以无规聚丙烯（APP）为改性剂，两面覆以隔离材料所制成的建筑防水卷材（简称：APP 卷材）。

特点：

抗拉强度高、伸长率大，具有良好的耐热性。APP 改性沥青防水卷材适用的温度范围是 −15～130℃，尤其是耐紫外线的能力比其他改性沥青卷材都强，抗老化性能好，APP 分子结构稳定，受高温、阳光照射后，分子结构不会重新排列，老化期长（20 年以上），施工简单，非常适用于炎热地区的建筑物防水。

2）合成高分子防水卷材

合成高分子防水卷材是以合成橡胶、合成树脂或塑料与橡胶共混材料为主要原料，掺入适量的稳定剂、促进剂、硫化剂和改进剂等化学助剂及填料，经混炼、压延或挤出等工序加工而成的可卷曲片状防水材料，分为弹性和热塑性两类。

地下工程合成高分子类防水卷材种类如表 11-13 所示。

卷材防水层的卷材品种   表 11-13

类别	品种名称
合成高分子类防水卷材	三元乙丙橡胶防水卷材
	聚氯乙烯防水卷材
	聚乙烯丙纶复合防水卷材
	高分子自粘胶膜防水卷材

资料来源:《地下工程防水技术规范》GB 50108—2008。

合成高分子防水卷材的弹性体这一类多含有合成橡胶,有如下品种:丁基橡胶(IIR)卷材、氯化聚乙烯(CPE)卷材、氯磺化聚乙烯(CSPE)卷材、氯丁橡胶(CR)卷材、三元乙丙橡胶防水卷材等。弹性体两面不设无纺布。

以三元乙丙橡胶(EPDM)防水卷材为例详细说明:

定义:三元乙丙橡胶防水卷材是以乙烯、丙烯和双环戊二烯等三种单体共聚合成的三元乙丙橡胶为主体,掺入适量的丁基橡胶、硫化剂、促进剂、软化剂、补强剂和填充剂等,经过各种工序加工而成的防水卷材。

特点:耐老化性能好,使用寿命长;抗拉强度较高,延伸率大,抗裂性极佳,能适应防水基层的伸缩或局部开裂变形的需要;耐高、低温性能好,其在低温−40～−48℃下仍不脆裂,在高温 80～120℃(加热 5 小时)下仍不起泡、不粘结,可在严寒和酷热的环境下长期使用。

用途:适用于工业与民用建筑屋面工程的外露防水层及易受振动、易变形建筑工程也适用于刚性保护层或倒置式屋面以及地下室、水渠、贮水池、隧道、地铁等建筑工程防水。

施工方法:与基层连接以满粘法为主,搭接边采用冷粘法胶结的方式胶粘,在雨、雪、雾、大风天气及基面潮湿的情况下不能铺贴卷材。铺设防水卷材时,施工温度应为 5～35℃,相对湿度应小于 80%,防水基层要求坚固、平整、干净、干燥。

合成高分子防水卷材的热塑性这一类有如下品种:聚氯乙烯(PVC)卷材、聚乙烯(HDPE 和 LDPE)卷材、乙烯共聚物(如 EVA)卷材、聚丙烯-乙丙橡胶共混(TPO)卷材等。热塑性体两面可做无纺布,在满铺时特别有用。

(1)聚氯乙烯(PVC)防水卷材

聚酯纤维内增强型聚氯乙烯(PVC)防水卷材是一种热塑性的 PVC 卷材,该卷材是以聚酯纤维织物作为加强筋,通过特殊的挤出涂布法工艺,使双面的聚氯乙烯塑料层和中间的聚酯加强筋结合成为一体而形成的高分子卷材。以聚氯乙烯树脂为主要原料,加入各类专用助剂和抗老化组分,采用专门的设备和工艺制成。产品具有拉伸强度大、延伸率高、收缩率小、低温柔性好、使用寿命长等特点。产品性能稳定、质量可靠、施工方便。耐根系渗透性好,抗穿孔性好,可做成种植屋面。铺设聚氯乙烯(PVC)防水卷材时与基层连接采用粘结方式,卷材之间的接缝多采用热风焊接法施工,施工方便,焊接牢固、可靠且环保、无污染。

(2)聚乙烯丙纶复合防水卷材

聚乙烯丙纶复合防水卷材采用聚合物砂浆与基层粘贴,由于两面为无纺布,在搭接边处不能采用焊接法施工。聚乙烯丙纶复合防水卷材是在原生聚乙烯合成高分子材料中加入抗老化剂、稳定剂、助粘剂等与高强度新型丙纶、涤纶长丝无纺布经过自动化生产线一次复合而成的新型防水卷材。该产品在充分研究现有防水、防渗类产品的基础上，根据现代防水工程对防水、防渗材料的新要求研制而成，上下表面粗糙，无纺布纤维呈无规则交叉结构，形成立体网孔，可以在环境温度−40～60℃范围内长期稳定使用。它适合与多种材料可粘合，尤其与水泥材料可在凝固过程中直接粘合，只要无明水便可施工，其综合性能良好，抗拉强度高，抗渗能力强，低温柔性好，膨胀系数小，易粘结，摩擦系数小，性能稳定、可靠，是一种无毒、无污染的绿色环保产品。

（3）高分子自粘胶膜防水卷材

高分子自粘防水卷材由高分子片材（PVC、PE、EVA、ECB、TPO 等）、自粘橡胶沥青胶料、隔离膜组成，并可根据需要在高分子片材上使用复合织物加强防水。该卷材集高分子防水卷材和自粘卷材的优点于一身，大大提高了抗穿刺、耐候、自愈、耐高低温等性能，物理性能更优异，化学性能更稳定。其工作原理是新型高分子自粘防水卷材能够与混凝土结构层永久性粘结为一体，中间无窜水隐患，即使卷材局部遭遇破坏，也基本上可被混凝土结构堵塞，从中可以看出：不完美的卷材防水层和同样不完美的混凝土结构层，互为藩篱，形成了完美的防水体系，大大提高了防水层的可靠性。

特点：

① 不用胶粘剂，也不需加热烤至熔化，只需撕去隔离层，即可牢固地粘结在基层上。接缝通过热风焊接成为一体，牢固可靠，具有长期可焊性。

② 防水性能不受主体结构沉降影响，可有效地防止地下水渗入。

③ 浇筑混凝土时，水泥浆与卷材粘结层特殊的高分子聚合物湿固化反应粘结。粘结强度随混凝土抗压强度提高而提高，混凝土达到初凝期卷材的粘结层与混凝土面层就已完全湿固化，湿固化反应融合成一个新的防水层。

④ 可采用湿法施工，无需找平层，对基层要求低，不受天气及基层潮湿影响，雨季施工及赶工期时有其独特的明显的优势。

（4）其他高分子防水卷材

橡塑防水卷材：以塑料和橡胶共混为主要原料，加各种辅料，经混炼、压延而成的一种防水卷材。如氯化聚乙烯（CPE）防水卷材主要原料是以聚乙烯经过氯化改性制成的新型树脂——氯化聚乙烯树脂，掺入适量的化学助剂和填充料，采用塑料或橡胶的加工工艺，经过各种工序，加工制成的弹塑性防水材料。

11.7.3　防水涂料

主要分为无机防水涂料和有机防水涂料。

1）无机防水涂料

无机防水涂料分为掺外加剂水泥基防水涂料和水泥基渗透结晶型防水涂料两大类。无机防水涂料价格低，且无任何公害，是环保型材料。无机防水涂料一般属于刚性材料，在建筑上主要用于地下工程，多用于主体结构的背水面。

水泥基防水涂料为涂层覆盖防水涂料，具有水硬性功能，机理是以水泥为主要粘结材料，其中的成膜、憎水组分等在催化剂作用下，与水泥一起，共同在基体表面形成结构致密的薄膜，封闭表面的裂缝、空隙，从而堵塞水的通道，而且防水材料自身所具有的憎水特性，可以提高新生表面的张力，降低水的润湿能力，从而提高表面的防水性能。

缺点是此类防水材料仅限于表面处理，与基体之间无反应性行为，仅在表面形成了憎水的膜，对基体本身的修补作用弱，对一些连通的孔隙、裂缝治标难治本，涂层受到损伤就会严重影响抗渗性能。另外，此类防水材料由于封闭了基体表面，在堵塞水的通道的同时，也阻碍了水蒸气的通过，当建筑物墙体中水蒸气含量过大而无法逸出时，仍将造成混凝土的水含量过高，破坏建筑物的内部结构。

水泥基渗透结晶型防水涂料是以硅酸盐水泥、石英砂等为基材，掺入活性化学物质组成的，既可作为防水涂料使用，也可直接掺入混凝土中形成本体结构防水。通过反应堵塞内部孔隙，封闭毛细孔通道，提高混凝土的抗渗透能力，并使用了具有催化作用的物质，遇水就激活，能促使水泥产生新的晶体，把水堵住，具有自我修复的功能。特点就是抗渗性能好，自愈性好，粘结力强，可防止钢筋锈蚀，对人类无害，易于施工等。

水泥基渗透结晶型防水涂料在地下工程中使用广泛，如在防水混凝土中可掺入水泥基渗透结晶型材料，特别是在桩头，可以涂刷水泥基渗透结晶型防水涂料，具有良好的粘结性和湿固化性。

2）有机防水涂料

有机防水涂料主要包括反应型、水乳型和聚合物水泥防水涂料，是以液体高分子合成材料为主体，在常温下呈无定型状态，以涂布的方法涂刮在结构物表面，经溶剂或水分挥发，或各组分间的化学反应，形成薄膜致密物质，具有不透水性、一定的耐候性及延伸性，类似于在施工现场以基层表面为模具制成的"防水卷材"，使结构表面与水隔绝，起到防水与防潮作用。有机防水涂料宜用于地下工程主体结构的迎水面，用于背水面的有机防水涂料应具有较高的抗渗性，且与基层有较好的粘结性。

（1）特点

① 防水性能好。防水层可以由几层防水涂膜组成，也可在几层涂膜之间放置纤维网格布、玻纤毡、聚酯纤维无纺布等形成增强层。由于防水涂料在固化前呈黏稠液状态，因此，不仅能在水平面，而且能在垂直面、阴阳角及各种复杂表面，形成无接缝的连续防水薄膜，从而具有良好的防水性能。

② 施工便捷。可以刷涂、刮涂，也可以机械喷涂，特别适用于形状复杂的结构基层。

③ 相对防水卷材而言，可减少环境污染，安全性好。防水涂料大多采用冷施工，不必加热熬制，既减少了环境污染，改善了劳动条件，也可确保施工操作人员的安全。

④ 易于修补。如发生渗漏，可以根据不同材料和保护层的做法，在原防水层的基础上进行修补；如能与密封、灌缝材料配合使用，则可以收到较好的防渗效果，并延长防水工程的使用年限。

（2）分类

有高聚物改性沥青防水涂料和合成高分子防水涂料。

① 高聚物改性沥青防水涂料

分为溶剂型橡胶沥青防水涂料和水乳型沥青防水涂料。

溶剂型防水涂料是将各种高分子合成树脂溶于有机溶剂而制成的防水涂料。缺点是相对于无机防水涂料，存在污染环境、成本较高等问题。常用的树脂种类有氯丁橡胶沥青、丁基橡胶沥青、SBS改性沥青等。

水乳型沥青防水涂料是应用较多的涂料，以水为稀释剂，可有效降低施工污染、毒性和易燃性。主要有改性沥青系防水涂料（各种橡胶改性沥青），如水乳型 SBS 改性沥青防水涂料等。

② 合成高分子防水涂料

以合成橡胶或合成树脂为原料，加入适量的活性剂、改性剂、增塑剂、防霉剂及填充料等辅助材料制成的单组分或双组分防水涂料。其具有高弹性、防水性、耐久性及优良的耐高低温性能，属高档防水涂料。

合成高分子防水涂料有反应固化型和挥发固化型以及聚合物水泥防水涂料等。

a. 合成高分子防水涂料——反应固化型——以聚氨酯（PU）防水涂料为例

聚氨酯防水涂料是以甲组分（聚氨酯预聚体）与乙组分（固化剂）按一定比例混合而成的双组分型防水涂料，目前在国内应用较多。聚氨酯防水涂料分为无焦油类和焦油类。无焦油类具有橡胶状弹性，延伸性好，抗拉强度和撕裂强度高，有优异的耐候、耐油、耐磨、不燃烧性能及一定的耐酸碱性及阻燃性，与各种基层的粘结性能优良，涂膜表面光滑，施工简便。焦油类有关性能与无焦油类基本相似，但反应速度不易调整，性能指标较易波动，故不适用于外露的屋面防水工程。

b. 合成高分子防水涂料——挥发固化型——以丙烯酸酯防水涂料为例

丙烯酸酯防水涂料是以丙烯酸酯乳液为基料，添加少量表面活性剂、改性剂、增塑剂及无机填料等配制而成。分为弹性层涂膜与彩色面层涂膜两类。外观为浅黄色、棕色和多种色彩的黏稠液体。丙烯酸酯防水涂料可冷施工。

c. 聚合物水泥防水涂料——复合防水涂料——以 JS 复合防水涂料为例

J 指聚合物，S 指水泥，JS 即"聚合物水泥"。JS 复合防水涂料是由有机液料（如聚丙烯酸酯乳液）和无机填料（如水泥、石英砂、碳酸钙等）及各种添加剂复合而成的双组分水性防水涂料，既具有有机材料弹性高的特点，又具有无机材料耐久性好的优点，涂覆层可形成高强坚韧的防水涂膜，并可配置彩色层。与水泥调和后可作为聚乙烯丙纶卷材的粘结材料。

总体而言，涂料防水层对施工天气要求较高，严禁在雨天、雾天、五级及五级以上大风时施工，不得在环境温度低于 5℃ 及高于 35℃ 或烈日暴晒时施工。

在地下工程的防水构造做法中，还有采用塑料防水板、金属防水层、膨润土防水层、地下连续墙以及源自挪威的 MPS 电渗透防渗除湿系统新技术（MPS 系统是根据液体的电渗透原理，在潮湿的地下室内侧墙面和地面切槽安装正极线，在地下室外侧的土壤或水中安装负极，然后通过 MPS 电渗透控制装置产生一系列低压正负脉冲电荷并形成的电磁场，通过正电荷向负极移动将墙体中的水分子排到或引向负极方向，从而使地下结构达到干燥状态）等，由于篇幅所限，本章不作详细介绍。混凝土自防水在本书 7.3 节作了重点介绍，本章不再重复。密封材料由于内容过细，本章也不再介绍。

参 考 文 献

[1] 地下工程防水技术规范 GB 50108—2008. 北京：中国计划出版社，2009.

[2] 屋面工程质量验收规范 GB 50207—2012. 北京：中国建筑工业出版社，2012.

[3] 地下防水工程质量验收规范 GB 50208—2011. 北京：中国建筑工业出版社，2012.

[4] 屋面工程技术规范 GB 50345—2012. 北京：中国建筑工业出版社，2012.

[5] 坡屋面工程技术规范 GB 50693—2011. 北京：中国计划出版社，2012.

[6] 弹性体改性沥青防水卷材 GB 18242—2008. 北京：中国标准出版社，2009.

［7］ 塑性体改性沥青防水卷材 GB 18243—2008. 北京：中国标准出版社，2008.

［8］ 聚氯乙烯防水卷材 GB 12952—2003. 北京：中国标准出版社，2003.

［9］ 氯化聚乙烯防水卷材 GB 12953—2003. 北京：中国标准出版社，2003.

［10］ 种植屋面工程技术规程 JGJ 155—2007. 北京：中国建筑工业出版社，2007.

［11］ 倒置式屋面工程技术规程 JGJ 230—2010. 北京：中国建筑工业出版社，2011.

［12］ 建筑外墙防水工程技术规范 JGJ/T 235—2011. 北京：中国建筑工业出版社，2011.

［13］ 张鸢. 防水工程施工现场常见问题详解. 北京：知识产权出版社，2013.

［14］ 张道真. 建筑防水. 北京：中国城市出版社，2014.

相关支持单位：

1. 苏州设计研究院股份有限公司

2. 东南大学建筑设计研究院有限公司

3. 西卡渗耐防水系统（上海）有限公司

第12章 建筑声学构造设计

12.1 概　述

建筑声学有两个方面：一要有一个安静的适合工作、学习或休息的环境，需控制噪声，即噪声控制；二要有良好的听闻条件，适合交谈、开会、欣赏音乐、文艺演出，需音质设计。通过建筑声学的技术手段，如隔声、隔振、吸声等措施，可以解决上述两方面问题，即防止噪声干扰，使室内声音清晰，满足人们使用的要求。

人耳能听到声音的原理是振动的物体产生的机械波（即声波）在空气中传播并被人耳接收。因此，声学处理手段除了隔声、吸声之外，还常常需要隔振。

声音的两个基本物理参量为频率（单位：Hz）和声压（通常以声压级表示，单位：dB）。声的强弱还可以用声强或声压级（单位：dB）来表示。人耳可听频率范围为 20～20000Hz。声音在 1000Hz 处的最小可听声压级为 0dB，超过 120dB 会使人感觉不舒服，超过 140dB 使人感觉疼痛。在工程中，以 125、250、500、1000、2000、4000Hz 等六个倍频程频率作为低音、中音、高音的代表。

声音可通过空气、固体（或液体）传播，遇到墙壁等障碍时，声波将被反射、透射和吸收（图 12-1）。建筑物室内噪声主要来源于室外环境噪声和建筑物内设备噪声、人员活动噪声等（图 12-2）。

噪声主要来源于以下几个方面：

1）室外环境噪声

室外环境噪声指来源于建筑物外部的各类噪声，通过空气传声、建筑物结构固体传声等途径传入室内。

2）建筑物内部噪声

建筑物内设备用房（如风机房、泵房、制冷机房等）、人员活动等产生的噪声，其传播途径也是空气传声、固体传声等。

噪声的危害：影响听闻，干扰正常的学习、生活和工作，引起人们情绪烦躁，引起听觉疲劳甚至听力损失和其他相关疾病。

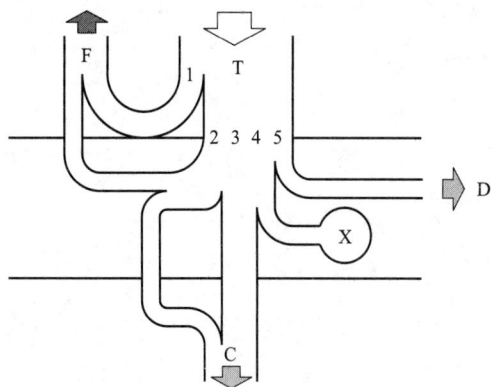

T—投射声能	1—在表面的反射部分
F—反射声能	2—使墙发生膜振动的部分
C—传透声能	3—通过缝隙孔洞部分
X—消失声能	4—转化为热能的部分
D—传导声能	5—传往别处去的部分

图 12-1 声波入射墙壁后的情况

图中标注：步行、游戏、高速道路、冷冻机、风机、地下铁

空气声
固体声

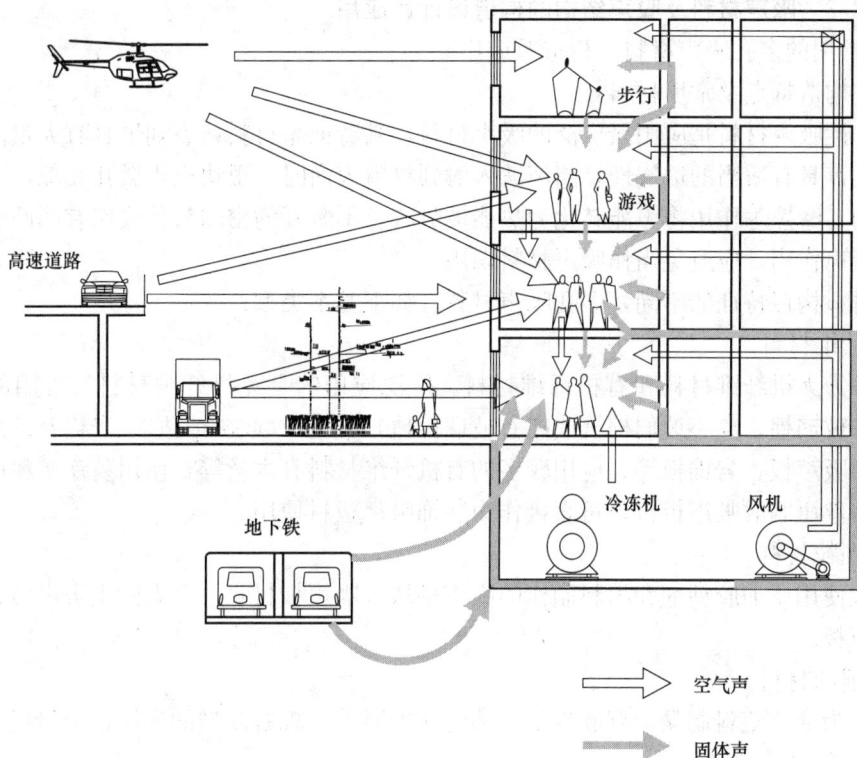

图 12-2 室内环境噪声的来源

为创造合适的工作、学习的声环境，首先要通过隔声、隔振等措施防止外界噪声的干扰，其次是通过吸声降噪等措施创造良好的听闻环境。

12.2 吸 声 材 料 及 吸 声 结 构

建筑材料的吸声性能常用吸声系数 α 表示：

$$\alpha = 1 - \frac{E_{反}}{E_{入}} = \frac{E_{入} - E_{反}}{E_{入}}$$

式中：$E_{反}$——被反射的声能；$E_{入}$——入射的声能。

建筑声学工程中常用的吸声材料的吸声系数 α 一般大于 0.3，α 与频率有关。在工程中应用时，材料的 α 值由混响室法测得。吸声材料一般被用于室内，以控制混响时间、控制反射声、消除回声、降低室内噪声级，也可用于隔声、隔振，作为隔声构件内衬材料，用以提高构件隔声量。

12.2.1 吸声材料及吸声结构的分类

根据材料的吸声机理不同，主要可分为多孔吸声和共振吸声两大类，按其构造特点，可分为多孔性吸声材料、薄板共振吸声结构、共振器吸声结构、穿孔板共振吸声结构、织物帘幕吸声结构、空间吸声体、特殊吸声结构（吸声尖劈、可调吸声结构）。其中共振器吸声结构需经严格的声学设计，应用较特殊，不作详细介绍。

12.2.2 吸声材料及吸声结构的构造设计及应用

1）常用的多孔吸声材料、构造及应用

（1）构造特点及常用材料

多孔性吸声材料是应用最广泛的吸声材料，其特征是材料从表到里具有大量的互相贯通的微孔，具有适当的透气性，当声波入射到材料表面时，很快进入微孔孔隙，利用孔中空气振动、摩擦等作用将声能转化为热能被吸收。不敞开的密闭气孔或仅有凹凸表面的材料不起吸声作用，应避免当作吸声材料误用。

按材料构造特征的不同，多孔吸声材料有如下基本类型：

① 纤维材料

可分为无机纤维材料和有机纤维材料。广泛应用的是无机纤维材料，常用的有玻璃棉、超细玻璃棉、离心玻璃棉（或离心玻璃棉毡）、矿棉（或矿棉毡）、岩棉及纤维材料制品如矿棉吸声板、岩棉板等。应用较多的有机纤维材料有木丝等，使用菱镁矿粉固粘剂将长纤维木丝压制成吸声板材，可直接作为装饰吸声板材使用。

② 颗粒材料

通常使用添加胶粘剂和填料制作的吸声砌块或吸声板材，主要有陶土吸声砖、膨胀珍珠岩吸声板。

③ 泡沫材料

通常为泡沫塑料制品，有软性聚氨酯泡沫塑料等。现有新型的泡沫铝吸声板等。

④ 织物及毛毡类

阻燃化纤毯、阻燃织物、毛毡、毛毯等。

（2）吸声性能特点及影响因素

多孔吸声材料的吸声特性：中高频吸声系数较大，一般高于 500Hz 时 α 可大于 0.5，而低频段（一般小于 250Hz）吸声系数较小。影响其吸声性能的因素，除了材料的物理特性（如孔隙率、密度）之外，其结构因素如材料厚度，构件基层、面层情况以及环境温、湿度等对材料吸声系数及其频率特性影响较大。一般地，增加材料厚度、背后空气深度，将会增加材料的低频吸收。湿度太大会堵塞微孔，降低吸声性能。

（3）多孔吸声材料构造及应用

① 纤维材料

纤维材料的使用厚度一般为 $50\sim100\text{mm}$，密度为 $15\sim30\text{kg/m}^3$。表面设玻璃丝布、金属网、阻燃织物、高穿孔率金属板、木格栅等护面材料。中频 500Hz 以上，吸声系数一般可达 0.6 以上。纤维材料一般用于会议室、报告厅、剧场等室内，吸收中高频段声音，也用于设备机房等处以吸声降噪。矿棉吸声板等常被用于制作有吸声性能的吊顶。使用纤维材料的典型构造形式如图 12-3 所示。

② 颗粒材料

陶土吸声砖等，常被用于大截面通风道内，可直接砌筑。

③ 泡沫材料

松散型泡沫材料的安装方法同纤维材料；板状型泡沫材料有较好的刚度和外观，可用龙骨直接安装。

2）板共振吸声结构构造及应用

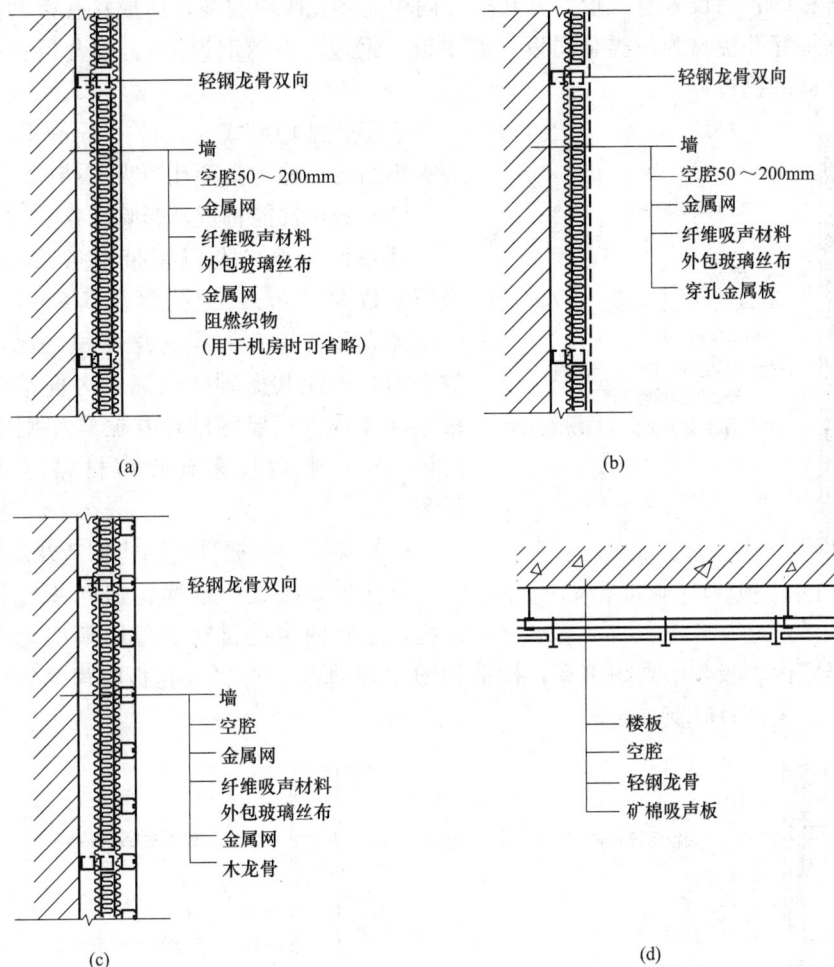

图 12-3 多孔吸声材料构造

（1）构造特点及常用材料

薄板固定于一定间距的龙骨上，与墙面等形成共振空腔，在声波作用下产生共振，将声能转化为机械能而起到吸声作用。常用材料为各类胶合板、木板、石膏板、纤维水泥板、金属板等。

（2）吸声性能特点及影响因素

薄板共振吸声结构的共振频率约在 $63～300Hz$ 范围内，其吸声系数约为 $0.2～0.5$。改变板的单位面积质量或背面空腔深度，可调整吸声的共振频率。为了在薄板共振吸声结构的共振频率范围内提高吸声系数，可在空腔内填充多孔性吸声材料。

（3）薄板共振吸声结构构造及应用

薄板共振吸声结构用于影剧院、报告厅等，为低频吸声结构，构造如图 12-4 所示，常用龙骨间距为 $450～600mm$。如用膜状材料，如聚乙烯薄膜、不透气的帆布等，也可形成共振吸声结构，但其共振频率要高些。

3）穿孔板共振吸声结构构造及应用

（1）构造特点及常用材料

穿孔薄板的背后设置空气层，并在空腔内填充多孔吸声材料，组成穿孔板共振吸声结构。常用面层穿孔板材为各类金属板（如铝板、钢板、不锈钢板等）、胶合板、木板、纤维水泥板、硅酸钙板等。

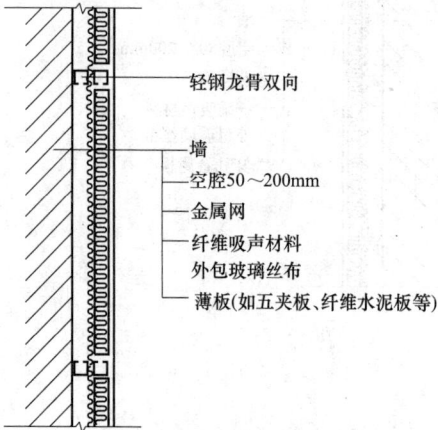

图 12-4　薄板共振吸声结构

轻钢龙骨双向
墙
空腔50～200mm
金属网
纤维吸声材料
外包玻璃丝布
薄板(如五夹板、纤维水泥板等)

其特殊结构形式为孔径在 1mm 以下的穿孔板吸声结构，称为微穿孔板吸声结构。

（2）吸声性能特点及影响因素

其共振频率、吸声频带一般大于 200Hz，吸声系数大于 0.4，穿孔率在 5%～15% 之间。提高穿孔率（穿孔面积与总面积之比，以百分数表示）可使共振频率向高频方向移动，增加板厚、背后空气层深度，共振频率则向低频方向移动。空腔内设多孔吸声材料可增大吸声系数。

（3）穿孔板共振吸声结构构造及应用

穿孔板共振吸声结构构造同薄板共振吸声结构，空腔内多孔材料也可用新型无纺吸声布取代，用于室内，吸收中高频声音，构造如图 12-5 所示。金属穿孔板吸声结构还可用于制作消声器、消声百叶窗等。

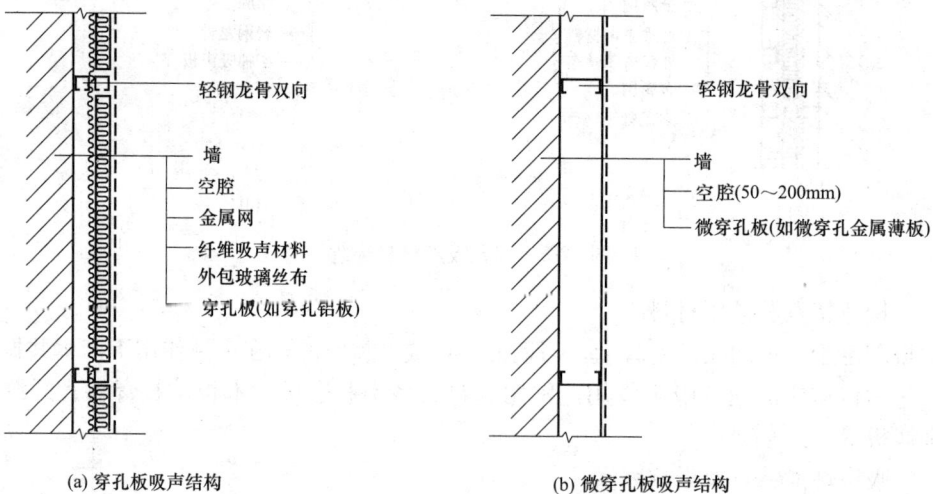

(a) 穿孔板吸声结构

轻钢龙骨双向
墙
空腔
金属网
纤维吸声材料
外包玻璃丝布
穿孔板(如穿孔铝板)

(b) 微穿孔板吸声结构

轻钢龙骨双向
墙
空腔(50～200mm)
微穿孔板(如微穿孔金属薄板)

图 12-5　穿孔板吸声结构

微穿孔板吸声结构由微穿孔金属板或微穿孔透明材料（如聚碳酸酯薄膜）与龙骨、空腔系统组成。因具有较高的吸声效率，其空腔内不需填充多孔性吸声材料，在对温度、湿度、清洁度等有特殊要求的场所（如游泳馆、高温排气口消声等）被广泛应用。

4）织物帘幕吸声结构及应用

（1）构造特点及常用材料

织物帘幕吸收波长为 4 倍于帘幕至背后刚性壁面距离的声波。织物帘幕本身吸收中高频声音，但吸声系数较小。用于制作舞台幕布、窗帘的材料，如天鹅绒、彩绒呢、棉布等，考虑防火要求时则需作防火阻燃处理。

（2）吸声性能影响因素及应用

织物吸声性能与织物面密度①和织物打褶程度成正比。当频率大于125Hz时，吸声系数随打褶程度的增加而明显提高，常用打褶程度为100%，背后空腔深度为100mm、200mm，其平均吸声系数可达0.6，起到强吸声作用。因其应用较方便、灵活，常使用可调电动吸声帘幕调节厅堂混响时间，如上海大剧院可调吸声结构即使用了可调电动吸声帘幕来调节混响时间。

5）空间吸声体构造及应用

（1）构造特点及常用材料

空间吸声体是悬挂于室内的吸声结构，由吸声材料和结构骨架等制作成各种形状，如矩形体、平板、圆柱体、圆锥体、球体、多面体及十字体等，如图12-6所示。空间吸声体预先制作，在现场直接吊装，便于施工、维修。用来制作空间吸声体的材料有穿孔铝板、穿孔镀锌钢板、钢板网、阻燃透声布等面层材料和离心玻璃棉、超细玻璃棉等内部填充的多孔性吸声材料。

（2）吸声性能特点及影响因素

空间吸声体因有两个以上的面接触声波而增加了有效吸声面积，且具有较宽的吸声频率范围，是高效率的吸声结构。影响其吸声效率的因素除了吸声结构本身的吸声性能外，还与悬挂方式、空间吸声体之间的距离有关，必须选择合适的空间吸声体间距。

（3）空间吸声体构造及应用

空间吸声体可灵活地根据建筑空间装饰及房间形体的需要，制作成各种形状。常用形状的结构形式如图12-6所示，其典型的吸声系数测量数据如表12-1所示。

上海虹口体育馆织物吸声体的实测吸声系数　　　　　　表12-1

织物吸声体形式和规格		下述频率(Hz)的吸声系数 α,吸声量 $A(m^2)$						平均吸声系数 α
		125	250	500	1000	2000	4000	
单个筒状 2m×2m×0.8m	α	0.35	0.80	1.47	1.50	1.48	1.52	1.20
	A	2.27	5.70	9.38	9.60	9.47	9.73	
平板状 2m×2m×0.075m	α	0.62	1.13	1.54	1.65	1.54	1.62	1.35
	A	2.48	4.52	6.14	6.58	6.14	6.46	
筒状和平板状组合	α	0.54	0.95	1.62	1.62	1.58	1.58	1.32
	A	5.62	9.88	16.85	16.85	16.43	16.43	

空间吸声体应用于公共建筑物内，如体育馆、工业厂房、录音场所等，应用时要考虑结构荷载、防火、美观要求等。如采用新型无龙骨空间吸声体，可减轻吸声体自重，降低对结构荷载的要求。

6）可调吸声结构

在对音质要求较高的场所，如剧场、音乐厅、录音棚等，需要可变的声学条件，往往采用可调吸声结构来控制室内声场条件，如混响时间等。常用的可调吸声结构如图12-7所示。可调吸声结构的运用需经过建筑声学设计，才能达到使用目的和要求。

---

① 面密度是指定厚度的物质单位面积的质量。

穿孔铝板
玻璃丝布
离心玻璃棉

600

1200 (600, 1800)

平板吸声体正视图

50 (100)

剖视

吊钩　1.2mm厚铝板框

80

80

600

602.0

1200 (800, 1600)

平板扩展型吸声体正视图

760

100
160　穿孔铝板

剖视

透视

(a) 平板吸声体

阻燃透声布
钢板或铝板龙骨
玻璃丝布
离心玻璃棉
玻璃丝布
(钢板或铝板龙骨)
阻燃透声布

透视

(b) 平板扩展型吸声体

600 (800)

钢板或铝板龙骨

75 (50, 100)
1200 (800, 1600)

十字形吸声体正视

穿孔铝板
玻璃丝布
75mm厚离心玻璃棉

400 (300)

75
50 (100)

400 (300)

平面

透视

(c) 十字形吸声体

外包阻燃透声布
玻璃棉管制品

190

1000 (500, 1500)

圆筒形吸声体正视

$r = 95mm$

30　130　30
190

剖视

吊钩

透视

(d) 圆筒形吸声体

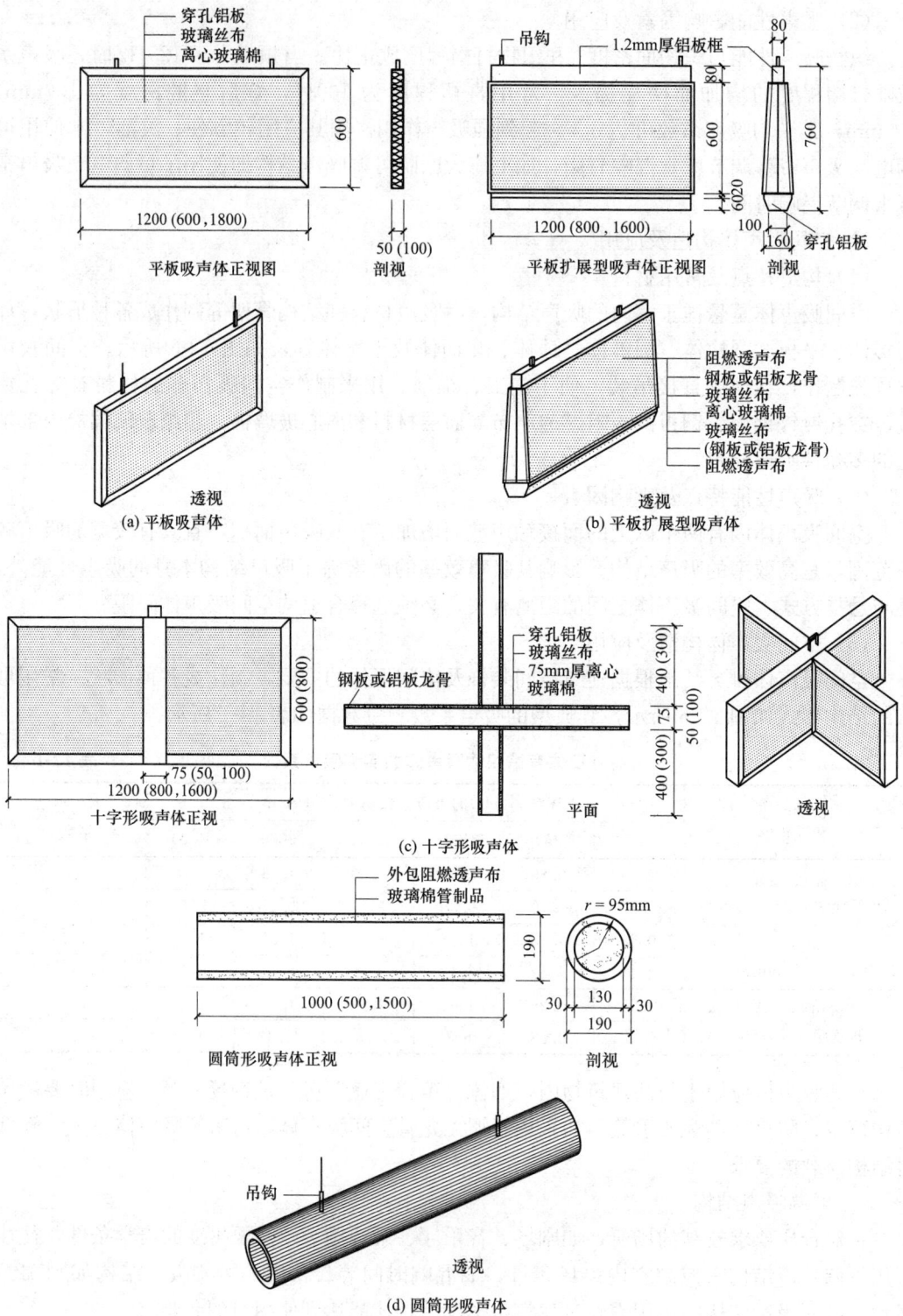

图 12-6　空间吸声体构造

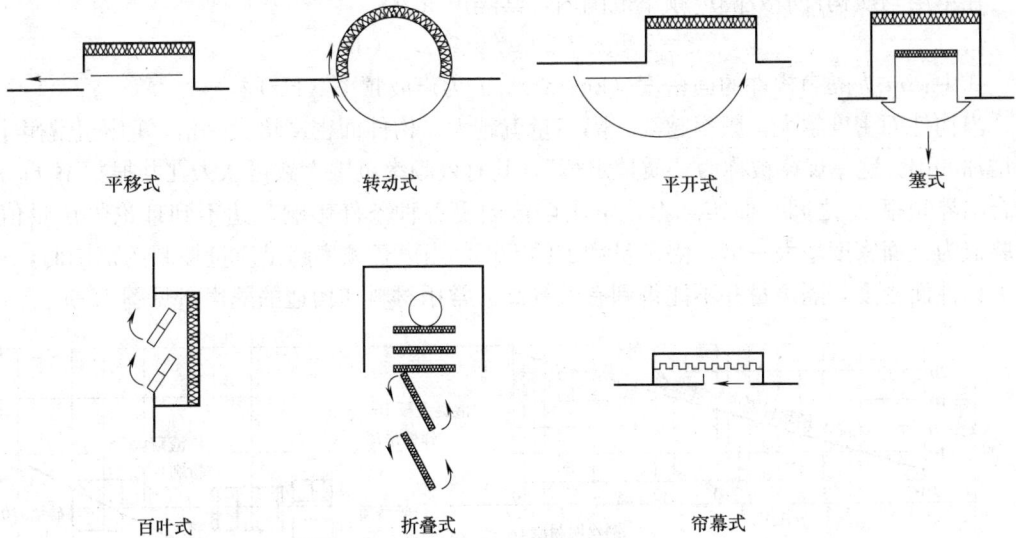

平移式   转动式   平开式   塞式

百叶式   折叠式   帘幕式

图 12-7 可调吸声结构

12.3 建筑隔声构造设计

隔声有两方面的含义：一是隔绝外来噪声的干扰，保证室内安静，如住宅、影剧院、音乐厅等；二是控制室内噪声不向外辐射，如产生大量噪声的设备机房、工业厂房等，隔声使其不影响其他房间、建筑物的使用。在建筑设计中，按国家标准《民用建筑隔声设计规范》GB 50118—2010 中的要求执行。

12.3.1 围护结构的空气声隔声构造设计

1）隔声量与质量定律

墙、楼板、门窗等建筑构件对空气传播声音的隔绝能力通常用隔声量 R 来表示：

$$R = 20\lg\frac{P_i}{P_t} \quad (dB)$$

式中：P_i 为入射至隔声构件上的声压；P_t 为经过隔声构件衰减后的声压。

隔声量 R 值越大，表明构件的隔声能力越强。隔声量含义如图 12-8 所示。

单层匀质构件的隔声性能与入射声波频率有关，取决于构件本身的面密度、劲度、材料的内阻尼以及边界条件等因素。

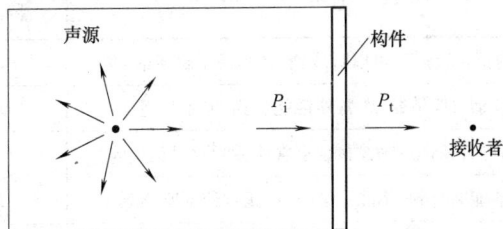

声源   构件

P_i P_t

接收者

图 12-8 构件的隔声

在单层匀质构件有效隔声频率范围内，其隔声量为：

$$R = 20\lg m + 20\lg f - 48 \quad (\text{dB})$$

式中：m 为隔声构件的面密度（kg/m²），f 为声波频率（Hz）。

当构件面密度越大，频率越高，隔声量就越大，构件面密度增大一倍，理论上隔声量可增加 6dB。这一规律被称为"质量定律"，其有效频率范围大致可认为在共振频率 $f_共$ 和吻合临界频率 f_c 之间。但实际上，常用墙体因受各种条件影响，达不到理论隔声量值，经验值为：面密度增大一倍，隔声量增加约 5dB。当声音频率超出质量控制的范围时，再增大构件面密度，隔声量并不能得到有效提高。常用材料和构造的隔声量见图 12-9。

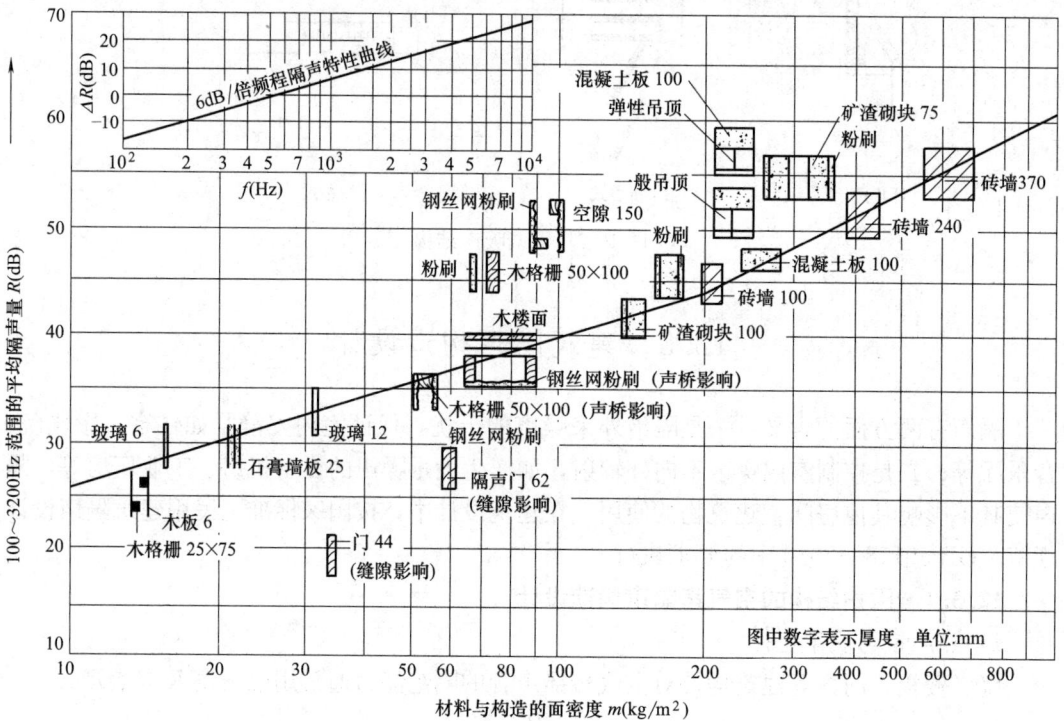

图 12-9　材料与构造的隔声量

当隔声量达到 40dB 以上时，可取得较满意的隔声效果。表 12-2 给出了隔声量与满意程度的关系。

隔声量与满意程度的关系　　　　　　　　　　　　　　　　　　　　　　表 12-2

客观平均隔声量(dB)	传入声音可闻度(背景噪声为 30dB)	主观感受隔声效果	评价指数
30 以下	隔壁房间内正常谈话声可以听清楚,且容易了解谈话内容	很差	0
30～35	大声谈话可听清楚,正常谈话能听到,但不易懂	较差	1
35～40	大声谈话可听到,但不大清楚,正常谈话听到时也很弱	一般	2
40～45	大声谈话能略听到,不能了解全意,正常谈话听不到	较好	3
45～50	大喊大叫、收音机开的最大声音仅能约略听到	良好	4
50～55	都听不到	优良	5

2）单层匀质密实墙的空气声隔声

由质量定律可知，单层墙主要靠增大面密度（选材）、增加墙厚来提高隔声量。常用外墙墙体隔声量及构造见表 12-3。

常用墙体隔声量 表 12-3

编号	构造	墙厚 (mm)	面密度 (kg/m²)	记权隔声量 R_w(dB)	频谱修正量		R_w+C	R_w+C_{tr}	附注
					C(dB)	C_{tr}(dB)			
外墙 1	钢筋混凝土	120	276	49	−2	−5	47	44	需增加抹灰层方可满足外墙隔声要求
外墙 2	钢筋混凝土	150	360	52	−1	−5	51	47	满足外墙隔声要求
外墙 3	钢筋混凝土	200	480	57	−2	−5	55	52	满足外墙隔声要求
外墙 4	蒸压加气混凝土砌块 390×190×190 双面抹灰	230	284	49	−1	−3	48	46	满足外墙隔声要求
外墙 5	蒸压加气混凝土砌块 390×190×190 双面抹灰	220	259	47	0	−3	47	45	满足外墙隔声要求
外墙 6	实心砖墙 10 厚抹灰	250	440	52	0	−2	52	50	满足外墙隔声要求
外墙 7	轻集料空心砌块	210	240	46	−1	−2	45	44	需加厚抹灰层或空腔填充混凝土方可满足外墙隔声要求
外墙 8	轻集料空心砌块 390×190×290 双面抹灰	330	284	49	−1	−3	48	46	满足外墙隔声要求
外墙 9	陶粒空心砌块 390×190×190 双面抹灰	220	332	47	0	−2	47	45	满足外墙隔声要求

3）双层匀质密实墙的空气声隔声

在双层墙之间留 50～100mm 的空气层，在隔墙总重量不变的情况下可显著提高墙体总隔声量 5～10dB。

如需进一步提高隔声量，可在双层墙内填充吸声材料，可提高 3～10dB。实际使用时可按隔声量平均增加 5dB 计算。填充的吸声材料多为多孔性吸声材料，如玻璃棉毡、岩棉毡和其他多孔性板材。对于需要高隔声量的特殊建筑，如音乐厅、剧场、录音棚等，双层墙常会采用基础分开（独立基础）的形式，隔绝固体传声，以进一步提高双层墙的隔声能力。

双层墙的设计应注意以下几点：

（1）双层墙的共振频率宜在 50Hz 以下，空气层厚度不小于 50mm。

（2）双层墙宜采用不同厚度、不同刚度的墙体，或采取增加阻尼层等措施，避免在中频段出现吻合效应降低隔声量。常采用一层重墙与轻墙组合的双层墙，在重量比单层墙增加不多的情况下可获得较高的隔声量。

（3）双层墙之间的连接、分立基础之间应避免"声桥"——刚性连接。

（4）双层墙之间可填充多孔吸声材料以提高隔声量。

（5）砖墙砌筑时要密实、满浆满缝。

（6）当双层墙搁置在混凝土楼地面上时，应采用弹性衬垫，如采用 40mm 厚的玻璃棉作弹性衬垫，可比未加衬垫时的隔声量提高 5～6dB，做法见图 12-10。

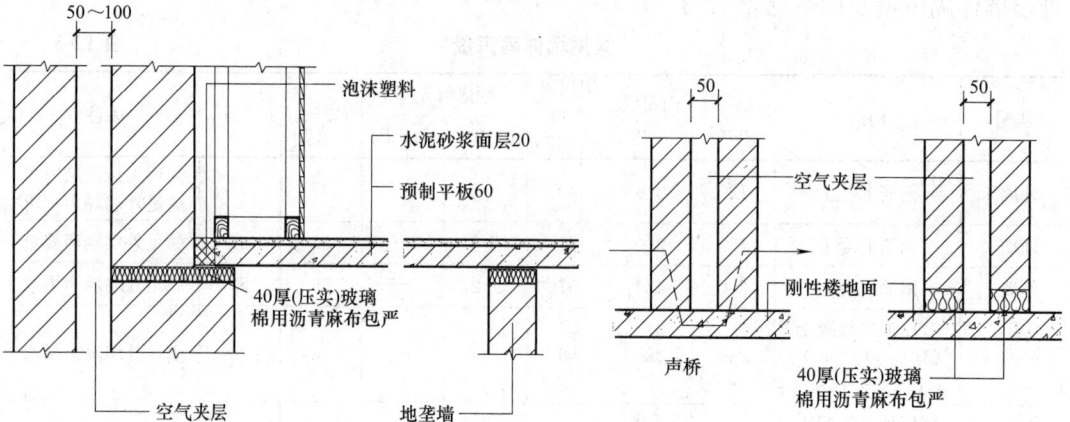

图 12-10　双层墙的搁置

4）轻质墙的空气声隔声

常用的轻质墙材料有空心砖、空心砌块、加气混凝土砌块（板）、石膏砌块、石膏板类、加压水泥板类等。轻质墙的面密度较小，按隔声的质量定律，其隔声性能比普通砖墙（如 240mm 厚砖墙）差。为提高轻质墙的隔声性能，常采取下列措施：

（1）采用双层乃至多层结构，其间留空腔或填充多孔性吸声材料。

（2）板材类轻质隔墙，可采用分立龙骨、在板材与龙骨间加弹性垫层（如弹性金属片）等措施。

采取适当的构造措施，可使一些轻质墙达到 240mm 厚砖墙的隔声量。表 12-4 为不同构造的纸面石膏板轻质隔墙的隔声量。

不同构造的纸面石膏板（厚 12mm）轻质隔墙隔声量的比较　　　　　表 12-4

墙板间的填充材料	板的层数	隔声量(dB)	
		钢龙骨	木龙骨
空气层	1 层＋龙骨＋1 层	36	37
	1 层＋龙骨＋2 层	42	40
	2 层＋龙骨＋2 层	48	43
玻璃棉	1 层＋龙骨＋1 层	44	39
	1 层＋龙骨＋2 层	50	43
	2 层＋龙骨＋2 层	53	46
矿棉板	1 层＋龙骨＋1 层	44	42
	1 层＋龙骨＋2 层	48	45
	2 层＋龙骨＋2 层	52	47

常用的 20 种轻质隔墙的构造及隔声量见图 12-11 与表 12-5 所示。

5）组合墙的隔声量

在建筑物中墙体是带有门窗等各类建筑构件的组合墙体，并且墙上还可能有各类管线

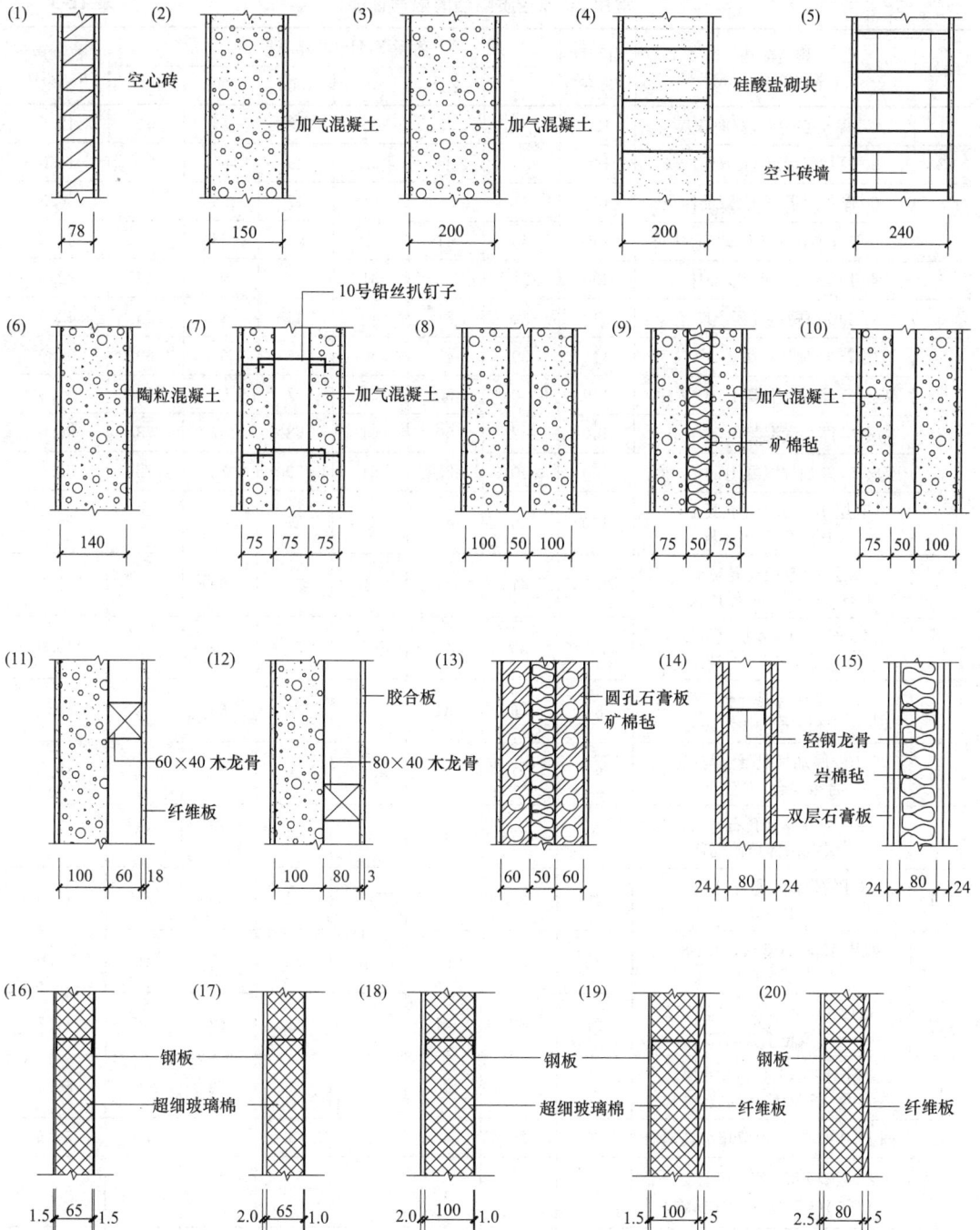

图 12-11　常用轻质隔墙构造

等的穿墙孔洞，其隔声量都低于墙体。因此，组合墙的隔声量常要低于单一材料墙体的隔声量。孤立地提高墙体的隔声能力往往不能取得最佳性能价格比的结果，在设计中应遵循"等传声量原则"——一般墙体的隔声量比门窗的隔声量高 10dB 左右就可满足要求。要提高组合墙的隔声量，最经济的办法是提高隔声性能较差构件的隔声量。

常用 20 种轻质隔墙的隔声性能　　　　　　表 12-5

编号	构造简述 (厚度单位：mm)	面密度 (kg/m²)	下述频率(Hz)的隔声量(dB)						计权隔声量 R_w(dB)
			125	250	500	1000	2000	4000	
1	78 厚空心砖墙，双面抹灰	120	30	35	36	43	53	51	42.5
2	150 厚加气混凝土，双面抹灰	140	29	36	39	46	54	55	44.0
3	200 厚加气混凝土，双面抹灰	160	31	37	41	47	55	55	44.5
4	200 厚硅酸盐砌块墙，双面抹灰	450	35	41	49	51	58	60	51.0
5	空斗砖墙 240 厚，双面抹灰	300	21	22	31	33	42	46	32.0
6	140 厚陶粒混凝土墙	240	32	31	40	43	49	56	42.5
7	双层 75 厚加气混凝土，中空 75	140	39	49	50	56	66	69	55.0
	双层 75 厚加气混凝土，中空 100	140	40	50	50	57	65	70	55.5
	双层 75 厚加气混凝土，中空 150	140	42	50	51	58	67	73	56.0
	双层 75 厚加气混凝土，中空 200	140	40	52	51	59	71	76	58.0
8	双层 100 厚加气混凝土，中空 50，双面抹灰	180	36	46	50	57	73	72	56.5
9	双层 75 厚加气混凝土，中空 50，内填 50 厚矿棉毡	180	41	48	52	58	63	73	57.5
10	75 厚与 100 厚加气混凝土复合，中空 50，抹灰	153	35	44	48	56	69	67	55.0
11	100 厚加气混凝土与纤维板复合，中空 60	84	26	34	42	56	63	65	54.5
12	100 厚加气混凝土与三合板复合，中空 80	83	31	27	31	59	57	61	46.0
13	双层 60 厚圆孔石膏板，中空 50，内填矿棉毡		37	41	38	41	47	52	42.5
14	双层石膏板(每层 2 块)，中空 80	45	35	35	43	51	56	51	43.5
15	双层 12 厚石膏板，中空 80，内填矿棉毡	29	34	40	48	51	57	49	45.0
16	双层 1.5 厚钢板，中空 65，内填超细玻璃棉	27	32	41	49	56	62	66	51.5
17	双层钢板，1.0 和 2.0 厚，中空 65，内填超细玻璃棉	26	31	40	48	55	62	66	50.5
18	同上，中空 100，内填超细玻璃棉	27	39	48	51	58	66	70	54.5
19	1.5 厚钢板和 5 厚纤维板复合，中空 100，内填超细玻璃棉	21	37	40	51	58	64	69	52.5
20	2.5 厚钢板和 5 厚纤维板复合，中空 80，内填超细玻璃棉	20	31	43	51	57	62	63	52.0

墙上的孔洞、缝隙等使中高频隔声量下降，可采取玻璃棉填充、将开孔错开不要在墙上形成通孔、尽量不要将孔洞开在两墙相交棱线附近等措施。

空调管道、水管等大的管线穿墙处必须采取隔声、隔振措施。采用套管，套管与墙之间采用沥青麻丝、玻璃纤维布等进行密封，而在管线与套管之间则可采取多孔性吸声材料如玻璃棉等填充的软连接措施，以便于隔声和隔振。

12.3.2 楼板隔绝撞击声的构造设计

楼板隔声性能包括隔绝空气声和撞击声两个方面。隔绝空气声依然遵循"质量定律"。撞击声除了直接经楼板向下辐射声能外，撞击所产生的振动经建筑物结构（固体）传向建筑物各处，而且衰减很小，可以传得很远，影响范围较广。

1）承重楼板撞击声隔声性能

面层为地砖等刚性材质的承重楼板，撞击声隔声性能达不到《民用建筑隔声设计规范》GB 50118—2010 的要求。表 12-6 所示为常用承重楼板撞击声隔声性能。

常用各类楼板的计权标准化撞击声压级（dB）　　　　　　表 12-6

构造做法	面密度（kg/m²）	记权标准化撞击声压级 Lnpw(dB)
100 厚钢筋混凝土楼板	240	80～85
20 厚水泥砂浆 100 厚钢筋混凝土楼板	270	80～82
通体砖 20 厚水泥砂浆结合层 20 厚水泥砂浆 100 厚钢筋混凝土楼板	300	82
20 厚水泥砂浆 20 厚水泥砂浆找平层 60～70 焦渣层 160 圆孔空心楼板	300	<75

2）改善楼板撞击声隔声性能的构造形式

（1）在承重楼板上铺设弹性面层材料

弹性面层材料可减弱撞击的能量和楼板的振动，从而达到改善楼板隔声性能的效果。常用的弹性面层材料有：各类地毯、塑料地面、再生橡胶、木地板（有龙骨的和实铺的）等。其做法如图 12-12 所示。

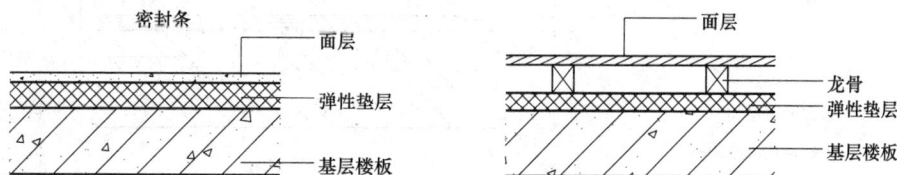

图 12-12　承重楼板上铺设弹性面层

部分弹性面层的撞击声改善效果见表 12-7。弹性面层对中高频的撞击声改善比较明显。

弹性面层楼板的撞击声声压级　　　　　　表 12-7

构造做法	面密度（kg/m²）	记权标准化撞击声压级 Lnpw(dB)
(1)地毯 (2)20 厚水泥砂浆 (3)100 厚钢筋混凝土楼板	270	52
(1)16 厚柞木木地板 (2)20 厚水泥砂浆 (3)100 厚钢筋混凝土楼板	275	63

（2）浮筑楼板

在承重楼板与面层之间铺设一层弹性材料将面层与承重楼板隔离，即把面层浮筑于楼板上，使面层所受撞击产生的振动只有一小部分传至承重楼板层而向下辐射噪声，因而改善了楼板撞击声隔声性能。其基本构造如图 12-13 所示。

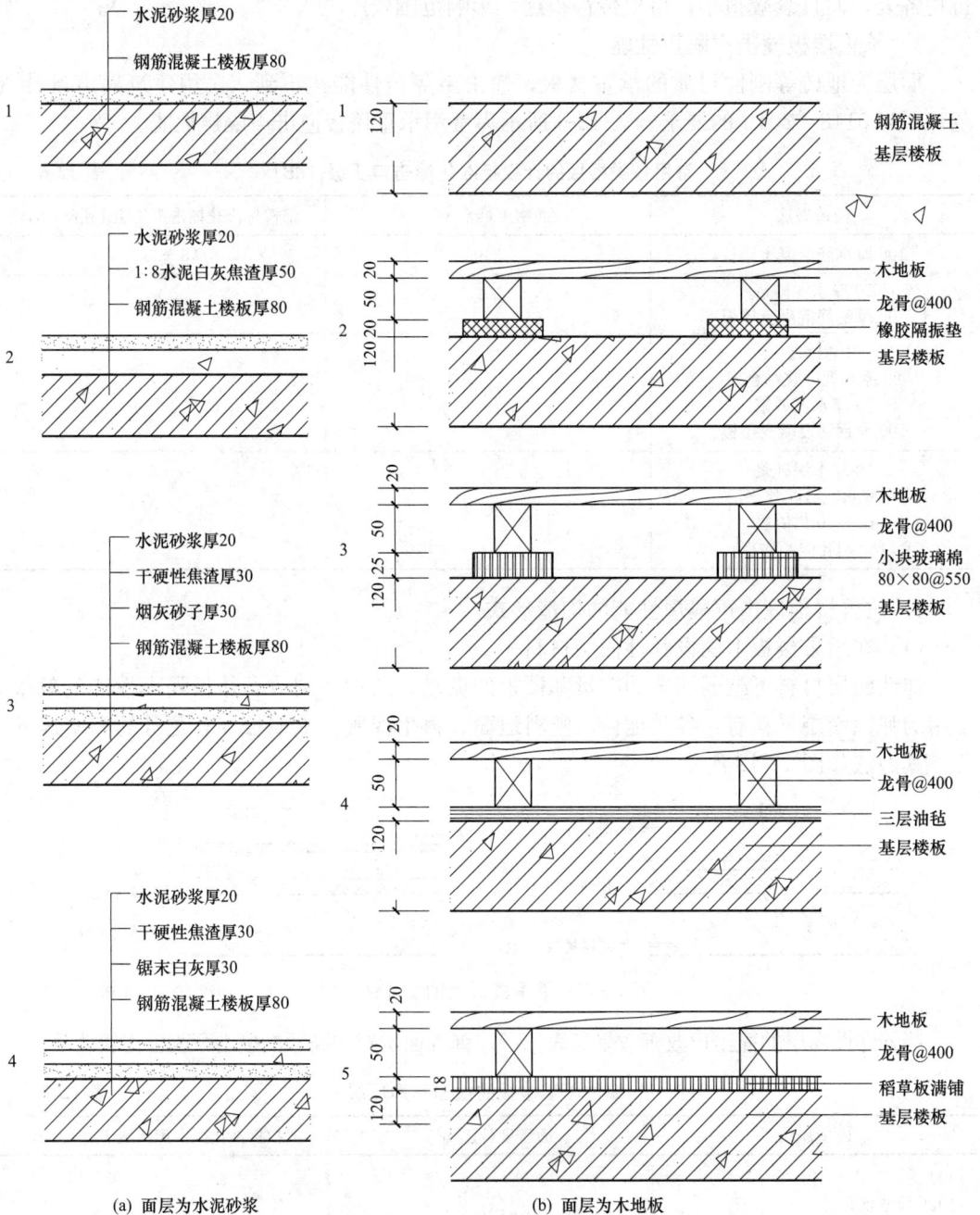

(a) 面层为水泥砂浆　　　　　　　　　(b) 面层为木地板

图 12-13　浮筑楼板构造

浮筑楼板的面层材料不宜太轻，垫层材料弹性要好，才能获得较高的楼板撞击声改善值。对于有龙骨的构造，在龙骨下面必须加垫弹性材料，否则撞击声改善量不高且易在中低频段引起副作用。

浮筑楼板的设计和施工应注意：①避免产生"声桥"；②不能超过垫层材料的允许荷载；③构造上要保证整个地面浮筑。

（3）在承重楼板下加设吊顶

在楼板下加设钢板网抹灰、纤维板、石膏板、水泥压力板等板材类吊顶，因其有一定的隔声能力（为提高隔声能力，板间接缝处应抹腻子），使撞击声级有所改善。其隔声效果取决于：①单位面积的重量越重的板材隔声性能越好；②吊顶与楼板间有一定的距离，距离大，隔声好，还可在空气层中填放吸声材料，提高隔声量；③吊顶与楼板间弹性连接，可采用弹性卡子、弹性吊钩，或在吊杆上裹毛毡，结构形式如图 12-14 所示。

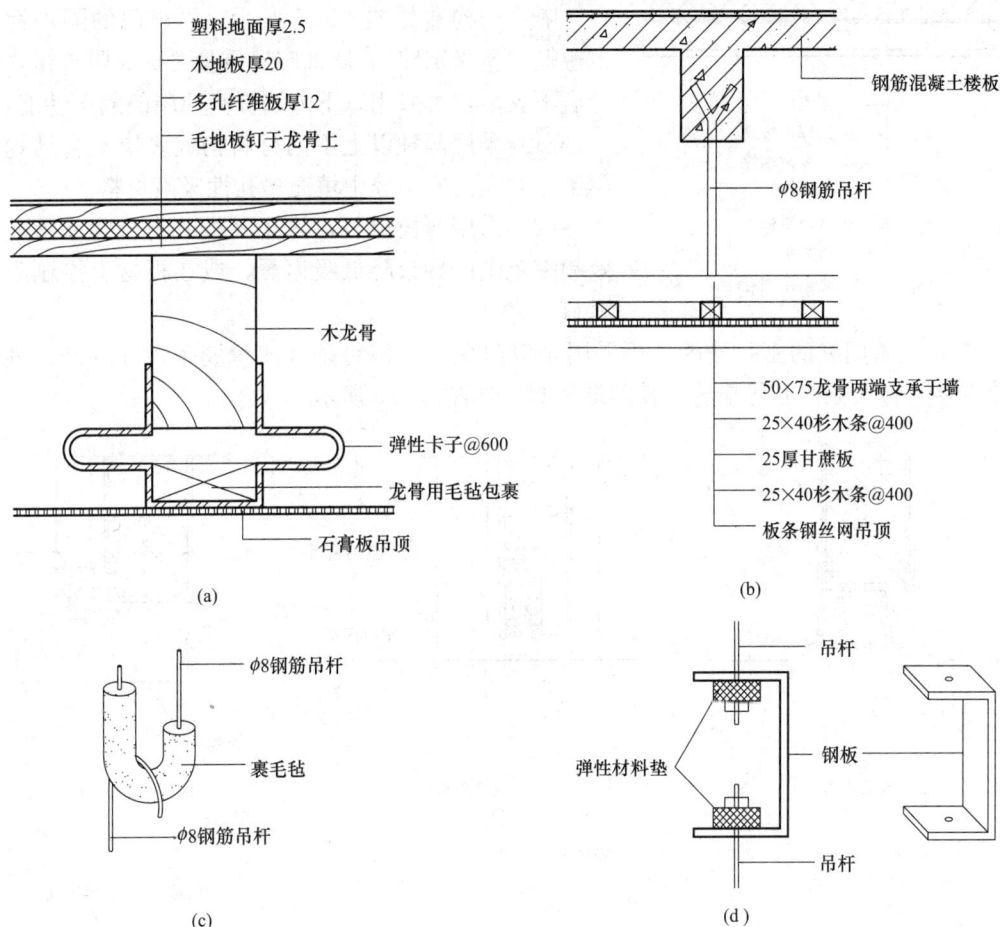

图 12-14　吊顶的弹性连接

采用弹性连接可使撞击声级降低 3～5dB，效果参见表 12-8。

吊顶弹性连接时撞击声的改善　　　　　　　　　　　　　表 12-8

构造	撞击声压级(dB)						平均撞击声压级(dB)
	75～150Hz	150～300Hz	300～600Hz	600～1200Hz	1200～2400Hz	2400～4800Hz	
构造如图 12-14(a)	72	73	69	61	55	46	62.7
同上,但非弹性卡	82	88	83	73	63	52	73.5

12.4　隔声门窗设计

在围护结构隔声"系统"中，门窗通常是隔声的薄弱环节。在对音质要求较高的场合，采用隔声门、隔声窗，以提高门窗的隔声能力，从而提高围护结构整体的隔声能力。

隔声门、隔声窗的隔声能力，除门扇、窗扇本身的隔声性能外，还受门缝、窗缝的影响。

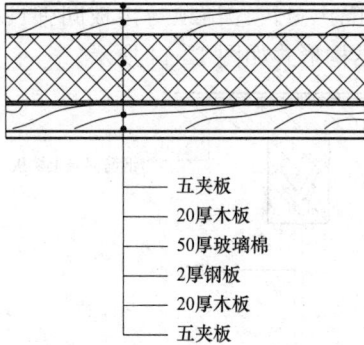

五夹板
20厚木板
50厚玻璃棉
2厚钢板
20厚木板
五夹板

图 12-15　隔声门构造

12.4.1　隔声门

1）隔声门构造设计

隔声门构造如图 12-15 所示。隔声门的隔声性能也遵循"质量定律"。增加门扇重量可提高隔声量，但开启不灵活，可采用以下方法提高门扇的隔声性能：

（1）采用两种以上不同材料构成多层复合结构的门扇，并在门扇空腔中填充多孔性吸声材料。

（2）采用薄板材料，防止面板的吻合频率落在有效频率范围内导致降低吸声量，或在板材上涂刷阻尼材料。

（3）改善门缝的密封性能。可采用企口门缝、加密封条（如橡胶条、乳胶条、硅胶条、9字形橡胶条等）等措施，使门缝密封，如图 12-16 所示。

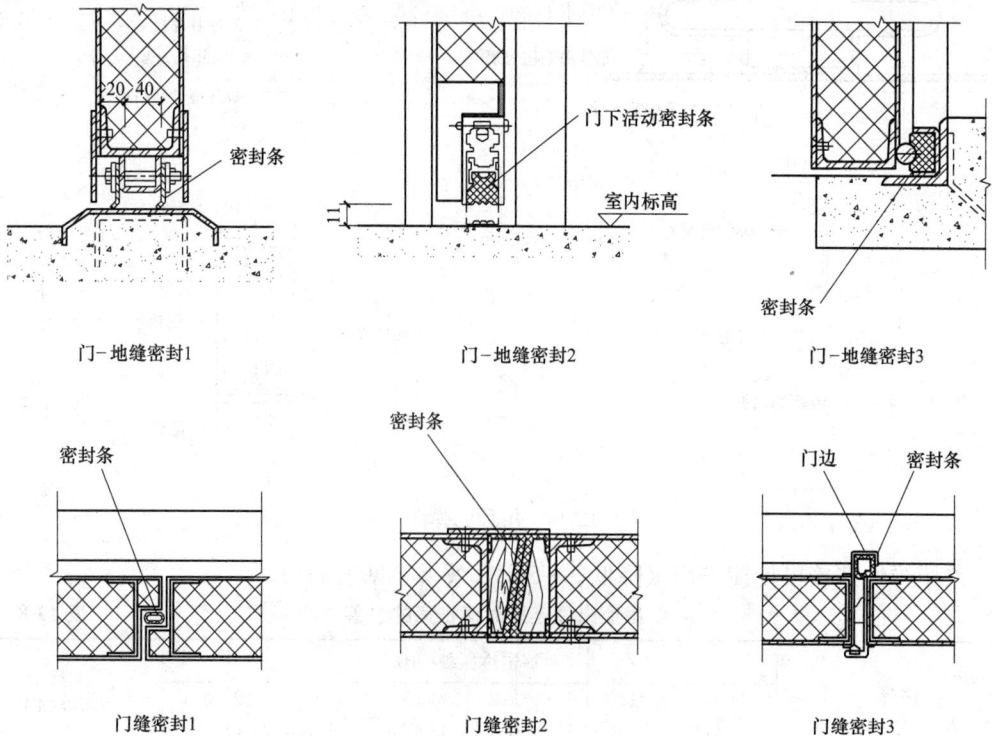

门-地缝密封1　　　　　门-地缝密封2　　　　　门-地缝密封3

门缝密封1　　　　　门缝密封2　　　　　门缝密封3

图 12-16　门缝密封构造

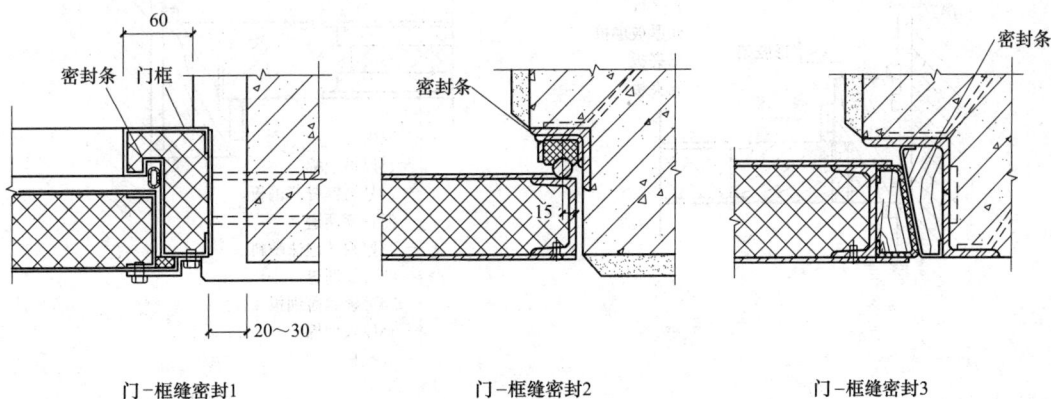

门-框缝密封1　　　　　　　门-框缝密封2　　　　　　　门-框缝密封3

图 12-16　门缝密封构造（续）

（4）门轴、门锁等五金配件不仅要求能承重、开启灵活，而且要求密封性好，应防止钥匙孔降低隔声量。

2）常用隔声门构造

常用隔声门构造形式及隔声量见图 12-17 及表 12-9。

隔声门隔声量（dB）　　　　　　　　　　　　　　　　　　表 12-9

编号	门的构造	门缝处理	倍频隔声量(dB)						R(dB)	R_w(dB)	备注
			1.25 Hz	250 Hz	500 Hz	1000 Hz	2000 Hz	4000 Hz			
1	普通保温隔声门	双9字形橡胶条	23.2	21.4	27.1	33.1	41	39.6	30.6	32	图 18(a)
2	双层复合板隔声门	双9字形橡胶条	27.8	27.5	30.3	33.7	36.5	43.8	32.8	34	图 18(b)
3	木制多层复合隔声门	毛毡压缝	31	28	38	49	58	50	43	40	图 18(c)
4	多层复合板隔声门	充气带充气	37	40	53	64	68	84	—	—	图 18(d)
5	隔声门	斜企口，有门槛	—	—	—	—	—	—		≤40	图略

3）声闸（也称为声锁）

对于有特殊声学要求的用房，如录音室、录音棚等，单道隔声门通常不能满足隔声要求；而在人流较多的地方，如剧场、影院等，即使单道隔声门能达到要求，也因门经常被开启而不能保证所需隔声量。为提高隔声量，简单易行而有效的方法是设置双道门，并在两道门之间设置吸声结构，构成声闸。常见的几种声闸形式如图 12-18 和表 12-10 所示，其平均隔声量均能达到 50dB 以上。

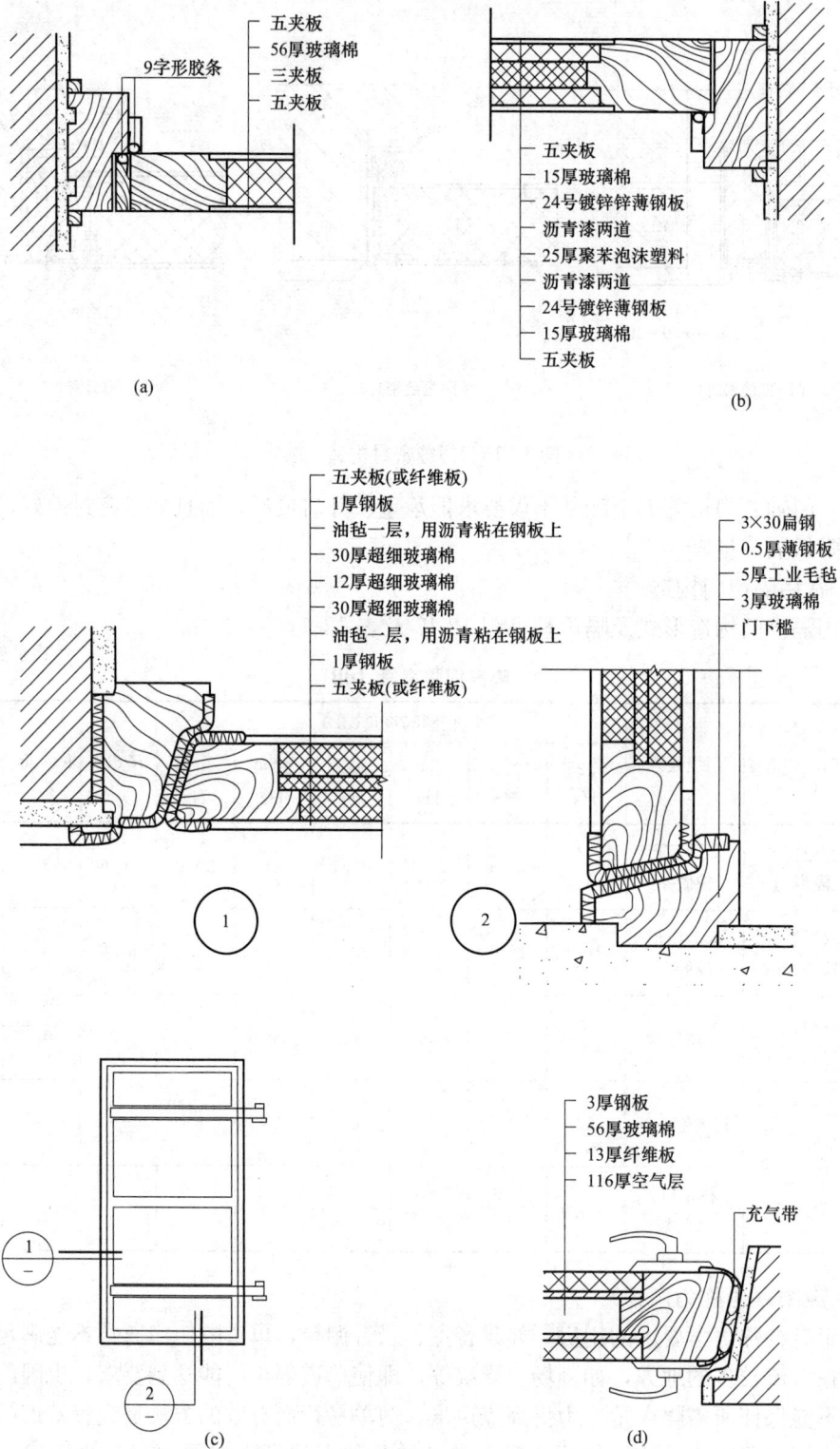

五夹板
56厚玻璃棉
三夹板
五夹板

9字形胶条

(a)

五夹板
15厚玻璃棉
24号镀锌锌薄钢板
沥青漆两道
25厚聚苯泡沫塑料
沥青漆两道
24号镀锌薄钢板
15厚玻璃棉
五夹板

(b)

五夹板(或纤维板)
1厚钢板
油毡一层，用沥青粘在钢板上
30厚超细玻璃棉
12厚超细玻璃棉
30厚超细玻璃棉
油毡一层，用沥青粘在钢板上
1厚钢板
五夹板(或纤维板)

3×30扁钢
0.5厚薄钢板
5厚工业毛毡
3厚玻璃棉
门下槛

①

②

①

②

(c)

3厚钢板
56厚玻璃棉
13厚纤维板
116厚空气层

充气带

(d)

图 12-17　常用隔声门构造形式

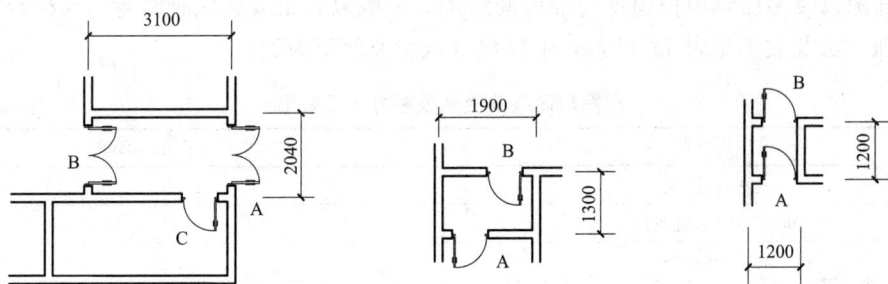

图 12-18 声闸的形式

声闸隔声量（dB）   表 12-10

序号	倍频隔声量						平均值
	125Hz	250Hz	500Hz	1000Hz	2000Hz	4000Hz	
1	51	57	63	71	78	80	66.7
2	44	50	43	47	56	64	50.7
3	44	51	60	62	57	57	55.2

12.4.2 隔声窗

1）隔声窗构造设计

普通铝合金窗、钢窗、塑钢窗等的隔声量大约在 18～22dB 之间，满足不了对隔声有较高要求场所的需要，需使用隔声量更高的隔声窗。隔声窗的设计主要是提高玻璃的隔声量，并解决好窗缝的密封处理。常用隔声窗构造形式如图 12-19 所示。

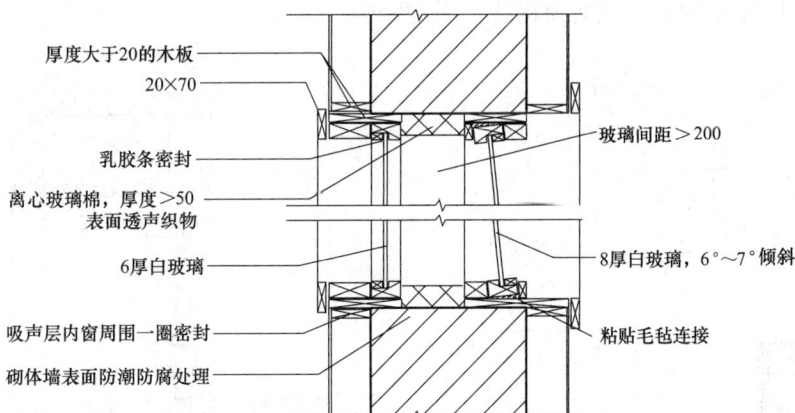

图 12-19 双层固定木隔声窗

隔声窗的玻璃面可简化视为平板，基本符合隔声质量定律的规律，增加玻璃的厚度可以提高窗的隔声量。除了提高单层玻璃的厚度，通常还采用双层叠合玻璃、夹胶玻璃等方式提高窗的隔声能力。如 6mm 厚玻璃计权隔声量为 32dB，而 3mm 和 4mm 厚叠合玻璃计权隔声量为 35dB，且可避免 200Hz 处因吻合效应而产生的隔声量曲线低谷。

2）窗缝设计

窗户缝隙是隔声窗隔声量下降的主要原因。窗户缝隙包括玻璃与窗框间缝隙、窗框与窗扇间缝隙以及多层隔声窗窗框与隔墙间缝隙，一般以胶条或玻璃胶密封。窗框与窗扇间缝隙处理方法及效果见表 12-11，表中窗户以双层玻璃窗为例。

窗框与窗扇间缝隙处理方法及效果　　　　　　　　　　　表 12-11

创缝处理	平均隔声量(dB)
全密封(固定)	37.5
Φ15、Φ10 双乳胶条	30.3
Φ15 乳胶条	27.1
Φ10 乳胶条	26.5
不处理	18.2

3）双层窗（多层窗）

当隔声量要求很高时常采用双层窗（多层窗）。因所遵循的设计原则一致，单窗框多层玻璃窗和双窗框多层玻璃窗统称为双层窗（多层窗）。双层（多层）隔声窗的设计应注意：

（1）双层窗的玻璃应采用不同厚度，避免其临界频率重合而严重降低高频段隔声性能，同时也可防止低频段出现共振。

（2）双层窗的玻璃之间的距离至少大于 50mm，才能起到增加隔声量的作用。值得指出的是，建筑常采用的中空玻璃因间距太小，其隔声效果只相当于同等厚度的叠合玻璃。

（3）双层窗的玻璃间的窗框内应设置吸声材料，常采用穿孔板护面内填离心玻璃棉结构。

（4）如果要双层窗达到很高的隔声量，窗户应采取分立式，用隔振材料将两层窗户完全隔开，无刚性连接。

4）常用隔声窗构造

（1）35dB 单层木隔声观察窗构造（图 12-20）。

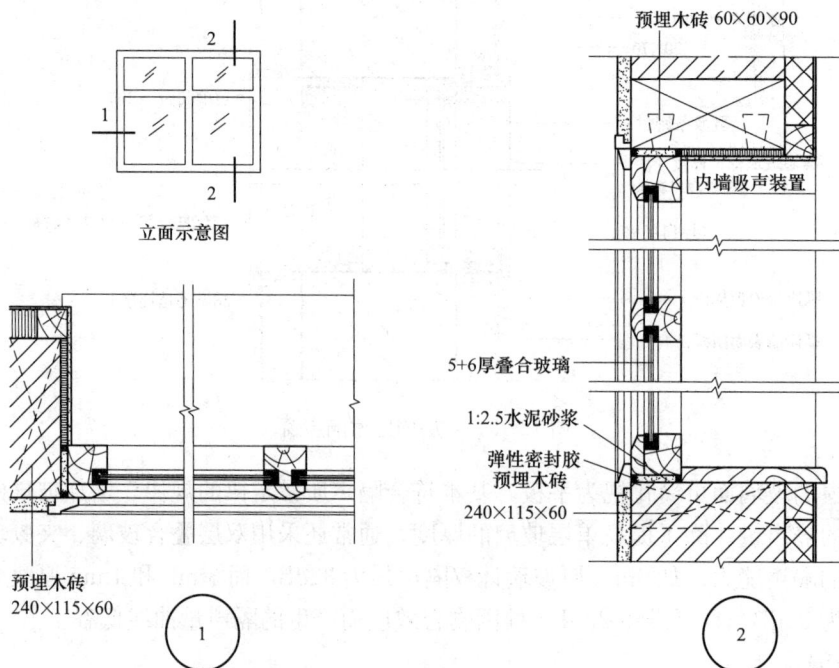

图 12-20　35dB 单层木隔声观察窗构造

（2）45dB双层木隔声观察窗构造（图12-21）。

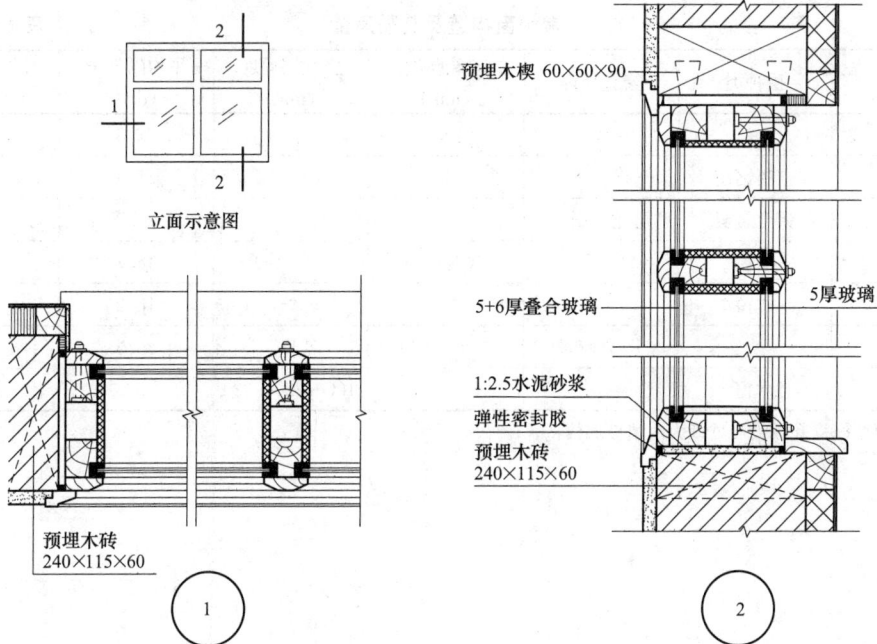

立面示意图

预埋木楔 60×60×90

5+6厚叠合玻璃

5厚玻璃

1:2.5水泥砂浆

弹性密封胶

预埋木砖
240×115×60

预埋木砖
240×115×60

① ②

图12-21 45dB双层木隔声观察窗构造

（3）50dB双层塑钢隔声窗构造（图12-22）。

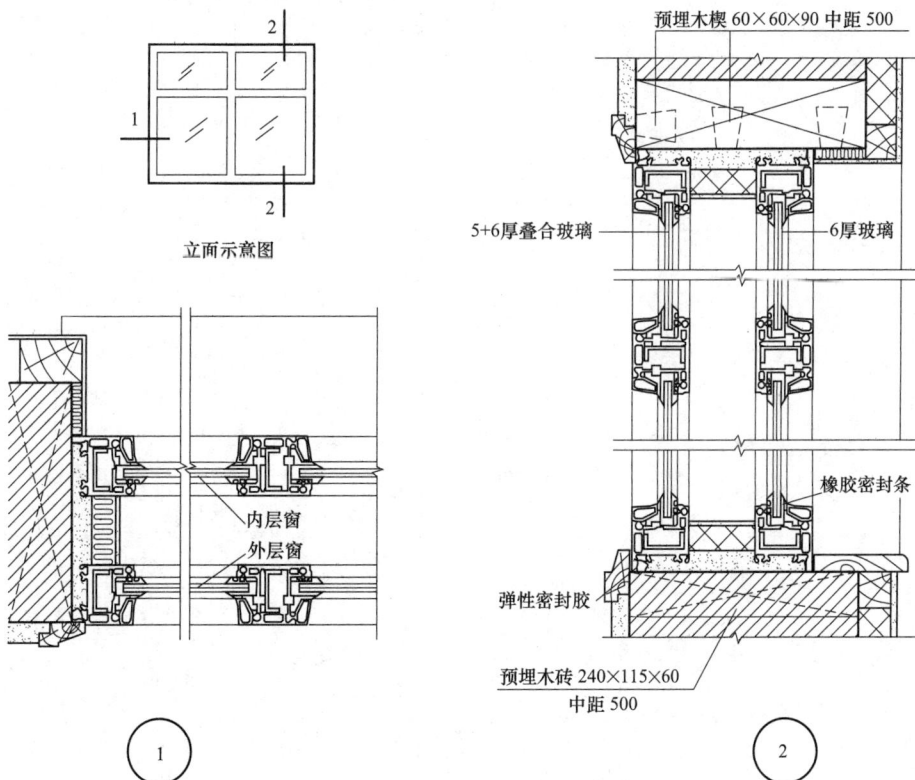

立面示意图

预埋木楔 60×60×90 中距500

5+6厚叠合玻璃

6厚玻璃

内层窗

外层窗

橡胶密封条

弹性密封胶

预埋木砖 240×115×60
中距500

① ②

图12-22 50dB双层塑料隔声观察窗构造

（4）常用窗构造及其隔声量（表 12-12）。

常用窗构造及其隔声量　　　　　　　　　　　　　　表 12-12

序号	窗种类	窗缝处理	玻璃厚度 （mm）	空气层厚度 （mm）	平均隔声量 （dB）	计权隔声量 （dB）
1	木窗	无	3	—	21.8	22
2	空腹钢窗	橡胶条	3	—	21.8	23
3	铝合金窗	尼龙毛刷条	5	—	22.5	25
4	木窗	—	5（斜）+6	80～190	45.7	48
5	木窗	无	5+5	45	18.2	19
		10 乳胶条	5+5	45	26.5	27
6	木窗	—	5+5+5	100～220～320	56	60

注：窗框间穿孔板吸声处理为内填玻璃棉毡。

第13章 绿色建筑节能构造设计

13.1 概　述

在我国《绿色建筑评价标准》中，对绿色建筑的解释是在建筑的全寿命周期内，最大限度地节约资源（节能、节地、节水、节材）、保护环境、减少污染，为人们提供健康、适用和高效的使用空间，与自然和谐共生的建筑。

13.1.1 绿色建筑节能的技术要求

随着当代建筑技术的发展，为了使建筑具有更好的舒适性、实用性，同时不增加建筑的能源消耗，除了提高建筑设备的能源效率外，节能构造设计也是实现建筑全生命周期内节约资源的重要途径。绿色建筑节能构造设计可改善建筑围护结构的热工性能，夏季可隔绝室外热量进入室内，冬季防止室内热量流失到室外，属于被动式节能措施。这样做可以使建筑室内温度尽可能接近人体所感知的舒适度，另一方面，又可降低采暖及制冷设备的用电负荷以达到建筑整体节能的目标。

本章内容主要是围护结构的隔热、保温与建筑遮阳等主要部位的构造设计与技术措施。

1）绿色建筑节能构造设计的界定

建筑围护结构是指围合建筑空间四周，能够抵御气候及环境影响的屋顶、墙体、门、窗、楼地板等构（配）件。外围护结构包括屋顶、外墙、外窗、外门等，用以直接抵御室外风、雨、雪、温度变化、太阳辐射等不利因素的影响，而内部结构主要是指分隔空间、隔声、遮挡视线的隔墙、玻璃隔断。外围护结构对保温、隔热、防潮、防水、防火以及耐久等性能有一定的要求，也是容易引起热渗透与热流失的主要部位。

2）绿色建筑节能构造设计主要措施

（1）降低建筑围护结构的传热损耗

建筑围护结构的传热损耗较大是造成建筑耗能的主要原因，因此，研究围护结构的保温、隔热技术是建筑节能的主要途径。根据相关测试报告可知，保温构造好的围护结构应是热阻值和热惰性指标较大的结构。提高围护结构热阻值的传统做法是增加围护结构的厚度，因围护结构的热阻与围护结构的厚度成正比。但这种增加墙体厚度的做法不是一个很好的方法，因这样做既增加结构重量又占用室内的使用面积，增加地基的荷载，同时材料的消耗量也增多了。从效果上看，虽然增加围护结构厚度能提高一定的热阻，但它是一种不经济的办法。这种做法过去在北方地区采用较多，南方采用较少，但现在南北方都主动采用新技术、新材料来解决这个问题。

围护结构的热阻与材料的导热系数成反比，因此，在设计中，为提高围护结构的热阻，行之有效的措施是选用导热系数小的材料来作围护结构，保温效果显著。但导热系数小的材料通常都是轻质材料，如岩棉、玻璃棉、聚苯乙烯板、泡沫挤塑板等，这些轻质材料结构强度低，不能起承重作用。可是，既能承重又可保温的单一材料很少，在这种情况下便提出了复合型保温围护结构的构造。所谓复合型围护结构，是指利用强度高的材料和导热系数小的轻质保温材料进行组合，构成既能承重又可保温的复合墙体。在这种结构中，轻质材料砖起保温作用，强度高的材料专门负责承重，让不同性质的材料各自发挥其功能。

目前，在建筑中用得较多的节能墙体材料有节能多孔砖、页岩砖、自保温砖、加气混凝土砌块、混凝土空心砌块、盲孔复合保温砌块等新型墙材，这些保温材料已成为建筑的主要墙材，并广泛用于框架结构建筑中的围护、填充以及隔墙等（图 13-1）。另外，模塑型聚苯乙烯、挤塑型聚苯乙烯、矿棉、岩棉等有机与无机轻质高强保温材料也应用于建筑承重墙体当中。通过建筑构造设计降低建筑围护结构传热耗能的同时，还需考虑保温、隔热层的构造位置对建筑结构变形应力分布的影响。选择使结构稳定的保温构造形式，既可减少温度应力对结构的不稳定性影响，也是延长结构寿命的必要保证。要注意的是，如果保温、隔热层构造位置不合理，将会使结构产生很大的温差，而由此产生的温度应力会长期影响建筑结构，所以说不合理的围护结构构造设计会带来一些麻烦，同时也会缩短建筑的寿命。

图 13-1　新型墙材

（2）避免热桥（冷桥）的产生

热桥是指在传热过程中，建筑物的局部产生热损失的构、配件，如过梁、圈梁、柱、边肋等，过去称冷桥。热桥对建筑的影响，最直接的表现就是冬季保温和夏季隔热的效果会受影响，在实际的施工过程中，普遍采用的减少热桥影响的做法就是在外墙采用外保温、门窗采用中空玻璃和隔热断桥框料（或塑钢框等），即对整个建筑进行隔热保温处理，只有这样才能很好地减少热桥的影响。据有关资料分析，通过热桥造成的耗能，多层建筑中占到建筑总能耗的 7%～20%，而在高层建筑中这一比例可以达到 20%～30%。[1] 相同条件下的试验表明，热桥墙体的综合传热系数可达到无热桥墙体传热系数的 1.1～2.1 倍。[2]

---

[1]　刘鹏飞. 高层建筑混凝土柱热桥传热分析 [D]. 哈尔滨：哈尔滨工程大学，2007.
[2]　胡平放，胡幸生. 热桥对居住建筑外墙传热性能的影响分析 [J]. 华中科技大学学报（城市科学版），2003，20（4）：31-33.

常见的热桥位置为外墙周边的钢筋混凝土构造柱、圈梁、门窗过梁、钢筋混凝土梁或钢框架梁、柱，钢筋混凝土或金属屋面板中的边肋或小肋以及金属玻璃窗幕墙和金属窗中的金属框与框料等。混凝土材料比起砌体材料有较好的热传导性，同时，由于室内通风不畅，秋末冬初室内外温差较大，冷、热空气频繁接触，使得墙体保温层导热不均匀，产生热桥效应，从而造成建筑物内墙出现结露、发霉甚至滴水。

（3）提高建筑围护结构的气密性

除了降低建筑围护结构的传热耗损、减少热桥以外，提高围护结构的气密性也对建筑性能有重要的影响。气密性是指建筑外门窗在正常关闭状态时，阻止空气渗透的能力。[1] 建筑物的气密性是影响建筑供暖能耗和空调能耗的重要因素。[2] 相关研究表明，空气渗透引起的热损失占建筑热负荷的 25%～50%。[3] 非控制性的漏风也会造成能源的浪费，例如在冬季，从室外渗透进室内的空气会给建筑带来不同的湿度，进而影响建筑的保温隔热性能。因此，加强围护结构的气密性有助于室内防潮，减少空调的除湿应用并降低能耗；另一方面，在夏季空调制冷的过程中，提高围护结构的气密性也可以起到有效的保温隔热作用，防止室外热量通过辐射、对流、传导三种方式传递至室内影响室内空调效果。此外，围护结构的气密性好也可达到隔声的效果。

另外，玻璃幕墙在建筑中使用得越来越广泛，一旦气密性不好，还可能导致玻璃松动脱落而下坠，造成安全事故。气密性好能减少建筑室内与室外的热交换，降低能耗。以下三个主要措施可加以预防：

① 在外门窗安装过程中，尽可能减小构件之间的间隙，提高装配质量，有效达到保温、隔热、隔声、减震的作用。

② 选择具有足够的拉伸强度、韧性和良好的耐热与耐老化性能的密封材料作为建筑门窗与墙体之间空隙的填充物，如聚氯乙烯（PVC）、改性聚氯乙烯、三元乙丙密封胶等，还有聚烯烃合金热塑性弹性体、热塑性橡胶材料等弹性密封条。

③ 以导热系数小的框扇型材作为门窗材料，可减少由门窗本身热传递造成的能量损失。

总的来说，绿色建筑节能构造设计是一个系统工程，需要通过提高建筑各部分的保温隔热性能和其他几个方面达到总体节能目标（图 13-2）。

13.1.2 不同气候建筑围护结构的节能设计目标

不同地区的温度和太阳辐射是影响建筑围护结构保温隔热性能的重要因素。我国地域辽阔，南北跨越热、温、寒几个气候带，从建筑热工设计方面考虑分为五个区域：严寒地区、寒冷地区、夏热冬冷地区、夏热冬暖地区以及温和地区（图 13-3），这五个区域所处位置环境不同，气候类型多种多样。但我国大部分地区属于东亚季风气候，每年 9 月、10 月至次年 3 月、4 月间，干燥寒冷的冬季风从西伯利亚和蒙古高原频繁南下，势力渐次减弱，造成我国广大地区冬季寒冷干燥，南北温差很大。但近几年，南北不同区域的气温也发生了一些变化。

---

① 《建筑外门窗气密、水密、抗风压性能分级及检测方法》GB/T 7106—2008.
② 丰晓航，燕达，彭琛，江亿. 建筑气密性对住宅能耗影响的分析 [J]. 暖通空调，2014，02：5-14.
③ Younes C，Shdid C A，Bitsuamlak G. Air infiltration through building envelopes：a review [J]. Journal of Building Physics，2012，35（3）：267-302.

```
                                          ┌─ 外保温墙体
                               ┌─ 墙体 ───┼─ 内保温墙体
                               │          ├─ 夹心保温墙体
                               │          └─ 剪力墙自保温墙体
                               │
                               │          ┌─ 保温屋面
                               ├─ 屋顶 ───┼─ 倒置式屋面
                               │          ├─ 蓄水屋面、植被屋面
                               │          └─ 架空隔热屋面
                               │
 绿色建筑节                    │          ┌─ 楼板层保温
 能构造设计 ───────────────────┼─ 楼地面 ─┼─ 底层地坪保温
                               │          ├─ 不采暖地下室顶板作为首层地面保温
                               │          └─ 低温辐射地板
                               │
                               │          ┌─ 复合节能门窗
                               ├─ 外门窗 ─┼─ 中空玻璃内充氩气
                               │          ├─ 热反射镀膜玻璃
                               │          └─ Low-E(低辐射)玻璃
                               │
                               └─ 遮阳 ───┬─ 活动外遮阳
                                          └─ 固定外遮阳
```

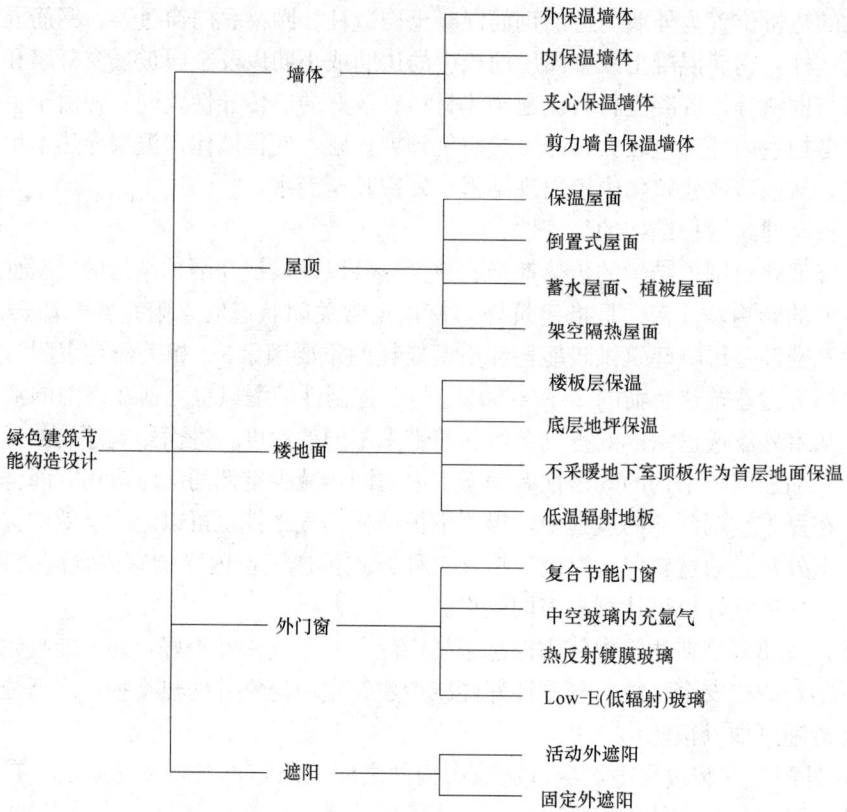

图 13-2　绿色建筑节能构造

严寒地区 典型城市：克拉玛依，乌鲁木齐，伊宁	严寒地区 典型城市：哈尔滨，呼和浩特，沈阳
寒冷地区 典型城市：敦煌，喀什，吐鲁番	
严寒地区 典型城市：格尔木，那曲，西宁	寒冷地区 典型城市：北京，兰州，西安
寒冷地区 典型城市： 康定，拉萨，林芝　温和地区 典型城市： 贵阳，昆明，西昌	夏热冬冷地区 典型城市：成都，桂林，上海
	夏热冬暖地区 典型城市：福州，海口，南宁

图 13-3　我国建筑热工设计主要分区典型城市示意图

1）温度

我国北方地区不但冬天气温较低，而且持续时间较长。在东部平原地区，一年内寒冷持续时间也相当长。一年内日平均温度不高于5℃的日数，哈尔滨达176d，沈阳达152d，北京达125d，长江中下游的武汉、合肥和南京，也分别有58d、70d和75d，这是由于这些地方冬季常有寒潮滞留。至于西部的青藏高原，北部的内蒙古高原，由于地势的关系，寒冷天数比同纬度的平原地区还要长得多。

夏季，我国北方与南方的温差较冬季小得多，这是因为北方太阳高度角虽然较低，但接受的辐射热总量少得并不很多。然而，和同纬度的世界其他地区相比，除了沙漠干旱地带以外，我国又是夏季最暖热的国家。只有华南沿海一带与同纬度的平均温度接近，其他地区都要比世界各地同纬度的平均温度高一些，一般高1.3～2.5℃。我国夏季气候还有一个特点，即极端最高气温很高，从华北平原到江南地区以至甘新沙漠戈壁地带，极端最高气温都超过40℃。[1]

2）湿度

我国气候特点，除西部和西北地区全年都相当干燥之外，整个东部经济发达地区，最热月平均相对湿度均较高，一般达75%～81%，到了最冷月，华北北部相对湿度较低，而长江流域一带仍保持较高相对湿度，达73%～83%。[2] 由此可见，伴随着冬冷夏热的气候条件，相对湿度过高会使人感到更加不适。在湿热天气里，人体排汗不易散发，使人感到闷热；而在湿冷的天气里，人体皮肤接触到较多寒凉水汽，使人感到阴冷。因此，改善我国建筑物室内热环境成为一个迫切需要解决的问题。

3）太阳辐射

在太阳辐射方面，我国占有一定优势，如北方寒冷的冬季晴天较多，日照时间普遍较长，太阳辐射强度较大。如1月份，北京的日照时数为204.7h，总辐射量为283.4 MJ/m²，兰州的日照时数为188.9h，总辐射量为253.5MJ/m²。冬季太阳入射角较低，冬至日最低，我国北方冬至日太阳入射角低至13°～30°。因此，冬季建筑物南向窗户接收的太阳辐射较多，愈是寒冷的月份，南向接收的太阳辐射量愈多，这对于外界的寒冷气候构成一种补偿。这时，由于太阳入射角较小，在窗玻璃表面反射回室外的光热所占的比例较小，透过玻璃射进室内的光热较多，而且阳光通过南向窗户射入室内的深度较大，我国建筑又多是以砖石、混凝土等重质材料构成，使太阳热能易被重质墙体和地面等吸收、蓄存，有利于节约采暖能耗和室温的稳定，因此，根据各地区气候的差异，建筑围护结构的保温隔热构造设计也相应地偏向不同的性能目标。比如说在严寒、寒冷地区，围护结构的保温是重点；在夏热冬冷地区，围护结构既要考虑冬季保温性能，又要考虑夏季隔热性能；在夏热冬暖地区，隔热和遮阳是重点。以夏热冬冷地区为例，现行《夏热冬冷地区居住建筑节能设计标准》对建筑围护结构的传热系数（K）和热惰性指标（D）的限值有着严格的规定（表13-1）。

13.1.3 建筑保温材料

1）常用保温材料

保温材料是通过对建筑外围护结构采取措施，减少建筑物室内外热交换，从而保持建

---

① 建筑构造设计（第一版）. 北京：中国建筑工业出版社，2005.

② 同上。

建筑围护结构各部分的传热系数（K）和热惰性指标（D）的限值　　表 13-1

围护结构部位			传热系数 $K[W/(m^2 \cdot k)]$	
			热惰性指标 $D \leqslant 2.5$	热惰性指标 $D > 2.5$
体形系数≤0.40		屋顶	0.8	1.0
		外墙	1.0	1.5
		底面接触室外空气的架空或外挑楼板	1.5	
		分户墙、楼板、楼梯间隔墙、外走廊隔墙	2.0	
		户门	3.0（通往封闭空间） 2.0（通往非封闭空间或户外）	
		外窗（含阳台门透明部分）	应符合此标准表 4.0.5-1、表 4.0.5-2 的规定	
体形系数>0.40		屋面	0.5	0.6
		外墙	0.80	1.0
		底层接触室外空气的架空或外挑楼板	1.0	
		分户墙、楼板、楼梯间隔墙、外走廊隔墙	2.0	
		户门	3.0（通往封闭空间） 2.0（通往非封闭空间或户外）	
		外窗（含阳台门透明部分）	应符合此标准表 4.0.5-1、表 4.0.5-2 的规定	

资料来源：《夏热冬冷地区居住建筑节能设计标准》JGJ 134—2010。

筑室内温度。在节能建筑中，保温材料对维持适宜的室内热环境和节约能源起到了重要的作用。从指标上来讲，保温材料一般是指在常温下（20℃）导热系数不大于 0.23W/m·k 的材料。目前常用的建筑保温材料包括无机材料与有机材料两大类。其中，有机材料包括模塑型聚苯乙烯泡沫塑料板（EPS）、挤塑型聚苯乙烯泡沫塑料板（XPS）、喷涂硬泡聚氨酯（SPU）、硬泡聚氨酯保温板（PU 板）、酚醛树脂板等；无机材料包括无机保温砂浆（玻化微珠保温砂浆）、泡沫玻璃、矿棉、岩棉、泡沫混凝土、泡沫砂浆、轻骨料保温混凝土（页岩陶粒、粉煤灰陶粒、浮石、火山渣、膨胀矿渣珠、煤渣混凝土等）、化学发泡水泥板、膨胀珍珠岩保温砂浆等。

2）建筑保温材料的性能

不同保温材料在导热性能、构造层次上是不同的。例如挤塑型聚苯板的导热系数在 0.030 左右，而聚苯颗粒保温砂浆、物理发泡的低碱水泥等的导热系数在 0.092～0.215 之间，为挤塑板的 3～6 倍，在不考虑修正系数的情况下，即同样的保温效果下，采用挤塑板所需的构造厚度仅为聚苯颗粒保温砂浆的 1/6～1/3。因此，采用挤塑型聚苯板的一大好处就是相同面积下使用占用的围护结构面积更小，室内的有效使用面积也就更大。常用的建筑保温材料性能如表 13-2 所示。

常用建筑保温材料性能对比　　表 13-2

名　　称	导热系数[W/m·k]	干密度 kg/m^3	抗压强度 kPa	吸水率%
XPS 挤塑保温板	≤0.030	45	150～500	≤1.5
憎水岩棉保温板	≤0.037	100～250	≥40	≤0.2
泡沫玻璃板	≤0.062	140	≥400	0.2～0.5
加气混凝土砌块	≤0.220	400～600	≥200	—
憎水珍珠岩保温板	≤0.078	200～250	≥400	≤5

资料来源：《全国民用建筑工程设计技术措施》（2009 年版）、《公共建筑节能设计标准》GB 50189—2015。

3) 建筑保温材料的防火性能

在选取建筑保温材料时，防火性能也是需要考虑的重要方面。建筑保温材料国家标准《建筑材料及制品燃烧性能分级》GB 8624—2012 中将燃烧性能分为四级：A 级为不燃材料（制品）；B1 级为难燃材料（制品）；B2 级为可燃材料（制品）；B3 级为易燃材料（制品）。《全国民用建筑工程设计技术措施》对常用建筑保温材料与防火等级有具体规定（表13-3）。

常用建筑保温材料与防火等级 表 13-3

类型	建筑保温材料防火等级	部分保温材料示例
不燃材料	A 级	岩棉、玻璃棉、泡沫玻璃、泡沫陶瓷、发泡水泥、闭孔珍珠岩、无机保温砂浆等
难燃材料	B1 级	特殊处理后的挤塑聚苯板(XPS)/特殊处理后的聚氨酯(PU)、酚醛、胶粉聚苯颗粒等
可燃材料	B2 级	模塑聚苯板(EPS)、挤塑聚苯板(XPS)、聚氨酯(PU)、聚乙烯(PE)等

资料来源：《全国民用建筑工程设计技术措施》(2009 年版)。

13.2 围护结构保温

13.2.1 墙体保温构造

外墙保温技术一般按保温层所在的位置分为外墙外保温、外墙内保温、外墙夹芯保温、外墙自保温、建筑幕墙保温。

1) 外墙外保温

外保温墙体是指在墙体的外侧粘贴保温层，再做饰面层。该墙体可以用各种节能多孔砖、页岩砖或混凝土砌块（600mm×200mm、600mm×250mm、600mm×300mm）等材料建造。外保温做法可用于新建墙体，也可用于既有建筑的节能改造。外保温墙体能有效地控制室内外热交换，是目前较为成熟的节能技术措施。外保温系统的保温层设置在墙体外侧，可保护墙体结构，并通过逐层渐变的形式消纳应变、释放应力，提高外保温系统的耐久性，与建筑结构同寿命。

外保温墙体的优点：①由于构造形式的合理性，使得主体结构所受的温差作用大幅度下降，温度变化减小，对墙体结构起到保护作用，并能有效消除或减弱部分"热桥"的影响，有利于结构寿命的延长；②由于采用外墙外贴面保温形式，墙体内侧的热稳定性也随之增大，当室内温度上升或下降时，墙体内侧能吸收或释放较多的热量，有利于保持室温的稳定，从而使室内热环境得到改善；③有利于提高墙体的防水性和气密性；④便于对既有建筑物进行节能构造；⑤避免室内二次装修对保温层的破坏；⑥不占室内使用面积。以下主要介绍几种外墙外保温的构造做法。

（1）喷涂型

现场喷涂硬泡聚氨酯外保温由基层墙体、界面层、聚氨酯硬泡保温层、现场喷涂聚氨酯界面层、胶粉 EPS 颗粒保温浆料找平层、抹面层和涂料饰面层组成。抹面层满铺玻纤网（图 13-4）。阴阳角及与其他材料交接处等不便于喷涂的部位，宜用相应厚度的聚氨酯硬泡预制型材粘贴。聚氨酯硬泡的喷涂，每遍厚度不宜大于 15mm，喷涂完工至少 48h 后再进行保温浆料找平层施工。聚氨酯硬泡喷涂抹面层沿纵向宜每楼层高处留水平分格缝，横向宜不大于 10m 设垂直分格缝。[①]

（2）粘贴型

① 粘贴保温板外保温

粘贴保温板外保温（图 13-5），基层墙体粘结层材料为胶粘剂，保温层材料可为泡沫塑料，如 EPS 板、XPS 板和 PU 板。抹面层材料为抹面胶浆，抹面胶浆中满铺增强网，增强网靠锚栓固定；饰面层材料可为涂料或饰面砂浆。保温板主要依靠胶粘剂固定在基层上，必要时可使用锚栓辅助固定，保温板与基层墙体的粘贴面积不得小于保温板面积的 40%。当以 EPS 板为保温层作面砖饰面时，抹面层中满铺耐碱玻纤网并用锚栓与基层形成可靠固定，保温板与基层墙体的粘贴面积不得小于保温板面积的 50%。XPS 板需两面使用界面剂时，宜使用水泥基界面剂。建筑物高度在 20m 以上时，在受负风压作用较大的部位宜采用锚栓辅助固定。保温板宽度不宜大于 1200mm，高度不宜大于 600mm。[②] 此外，保温层还可采用复合发泡水泥板、岩棉防火保温板等复合保温板（图 13-6、图 13-7）。

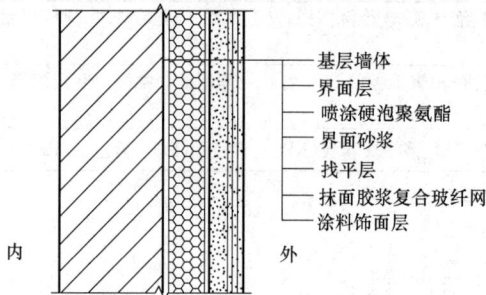

图 13-4　现场喷涂硬泡聚氨酯外保温做法

（来源：《外墙外保温工程技术规程》JGJ 144—2008）

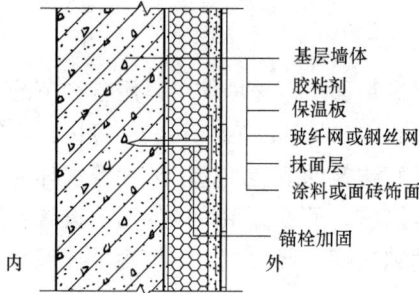

图 13-5　粘贴泡沫塑料保温板外保温做法

（来源：《外墙外保温工程技术规程》JGJ 144—2008）

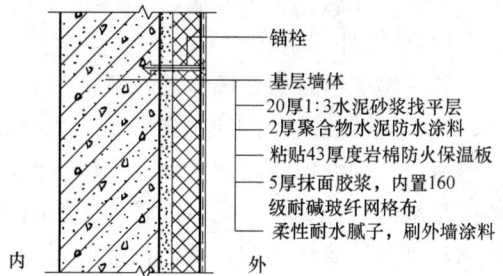

图 13-6　粘贴岩棉防火保温板外保温做法

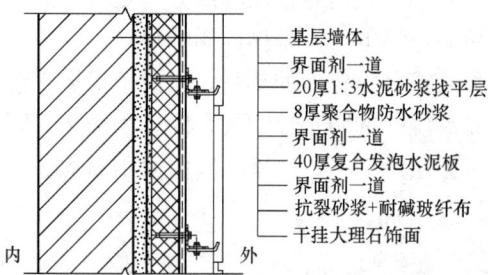

图 13-7　粘贴复合发泡水泥板外保温做法

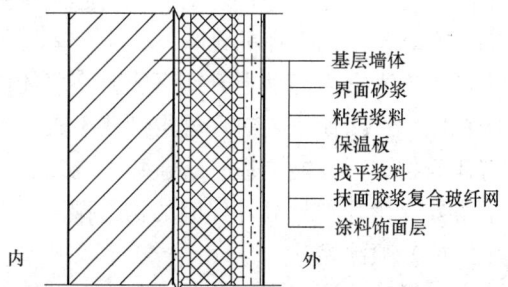

图 13-8　胶粉 EPS 颗粒浆料贴砌保温板

---

① 《外墙外保温工程技术规程》JGJ 144—2008。

② 同上。

② 胶粉 EPS 颗粒浆料贴砌保温板外保温

胶粉 EPS 颗粒浆料贴砌保温板外保温由界面砂浆层、胶粉 EPS 颗粒粘结浆料层、保温板、胶粉 EPS 颗粒找平浆料层、抹面层和涂料饰面层构成。抹面层中应满铺玻纤网（图 13-8）。保温板两面必须预喷刷界面砂浆。单块保温板面积不宜大于 $0.3m^2$。保温板上宜开设垂直于板面、直径为 50mm 的通孔 2 个，并宜在基层的粘贴面上开设凹槽（图 13-9）。贴砌保温板系统应按以下规定进行施工：

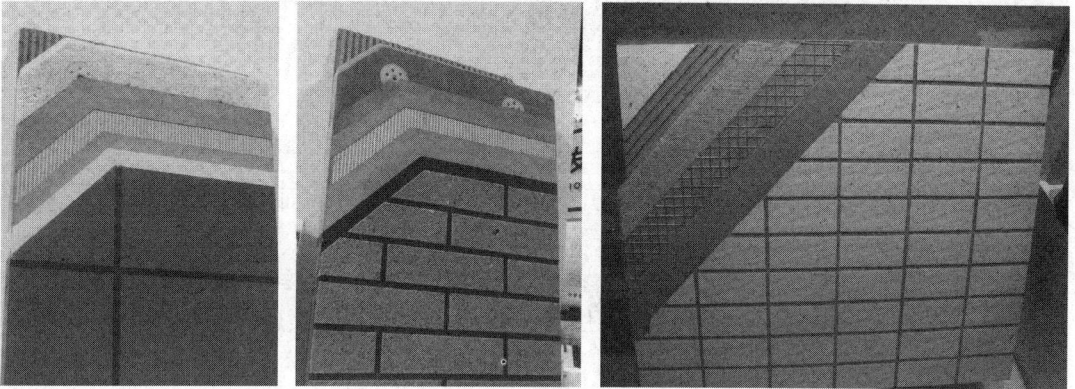

图 13-9　胶粉 EPS 颗粒贴砌保温板

a. 基层表面必须喷涂界面砂浆；

b. 保温板应使用粘结浆料满粘在基层上，保温板之间的灰缝宽度宜为 10mm，灰缝中的粘结浆料应饱满；

c. 按顺砌方式粘贴保温板，竖缝应逐行错缝，墙角处排板应交错互锁。门窗洞口四角处保温板不得拼接，外保温应采用整块保温板切割成形，保温板接缝应离开角部至少 200mm；

d. 保温板贴砌完工至少 24h 之后，用胶粉 EPS 颗粒找平浆料找平，找平层厚度不宜小于 15mm；

e. 找平层施工完成至少 24h 之后，进行抹面层施工。

③ 保温装饰板外保温

保温装饰板外保温系统（图 13-10）施工时，先在基层墙体上做防水找平层，采用胶粘剂将保温装饰板固定在基层上，并用嵌缝材料封填板缝。保温装饰板由饰面层、衬板、保温层和底衬组成。保温层材料可采用 EPS 板、XPS 板或 PU 板（图 13-11），饰面层可采用涂料或金属饰面，底衬宜为玻纤网增强聚合物砂浆。每块装饰板锚固件不得少于 4 个，且每平方米不得少于 8 个。[①]

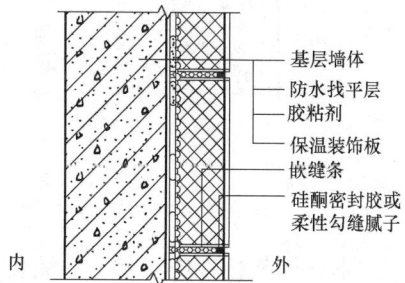

图 13-10　保温装饰板外保温

（3）现浇型

① EPS 板现浇混凝土外保温

EPS 板现浇混凝土外保温系统以现浇混凝土外墙作为基层，EPS 板为保温层。EPS

① 《外墙外保温工程技术规程》JGJ 144—2008。

图 13-11　保温装饰板

板内表面（与现浇混凝土接触的表面）开有矩形齿槽，内、外表面均满涂界面砂浆。在施工时，将 EPS 板置于外模板内侧，并安装锚栓作为辅助固定件（图 13-12）。浇灌混凝土后，墙体与 EPS 板以及锚栓结合为一体。EPS 板表面做抹面胶浆薄抹面层，面层中满铺玻纤网。外表以涂料或饰面砂浆为饰面层。EPS 板两面必须预喷刷界面砂浆。EPS 板宽度宜为 1.2m，高度宜为建筑物层高，厚度根据当地建筑节能要求，经计算确定。锚栓每平方米宜设 2～3 个。水平分格缝宜按楼层设置。垂直分格缝宜按墙面面积设置，在板式建筑中不宜大于 30m²，在塔式建筑中可视具体情况而定，宜留在阴角部位。

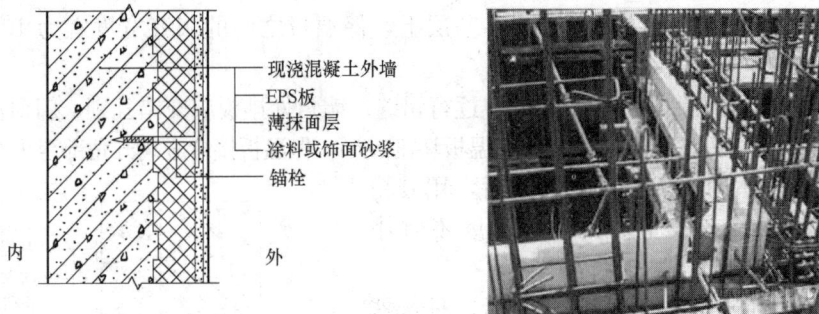

现浇混凝土外墙
EPS板
薄抹面层
涂料或饰面砂浆
锚栓

内　　　　　外

图 13-12　EPS 板现浇混凝土外保温系统
（来源：《外墙外保温工程技术规程》JGJ 144—2008）

② 钢丝网架板现浇混凝土外保温

钢丝网架板现浇混凝土外保温系统以现浇混凝土外墙为基层，钢丝网架板为保温层。钢丝网架板中的保温板一侧开有凹凸槽（图 13-13）。施工时将钢丝网架板置于外墙外模板内侧，并在保温板上穿插 φ6L 形钢筋或尼龙锚栓作为辅助固定件。浇灌混凝土后，钢丝网架板腹丝和辅助固定件与混凝土结合为一体。钢丝网架板表面抹掺外加剂和水泥砂浆的厚抹面层，外表做面砖饰面层。保温板可使用 EPS、XPS、PU 板。[①]

2）外墙内保温

外墙内保温指将保温层做在外墙内侧（高温一侧），这种做法的优点是施工较为方便，构造简单、灵活，不受气候变化的影响，而且造价也较低，所以在节能住宅和旧房改造中

---

① 《外墙外保温工程技术规程》JGJ 144—2008。

使用较多。需要注意的是，采用这种做法时必须对热桥部位做好保温处理，如框架结构中设置的钢筋混凝土梁和柱，外墙周边的钢筋混凝土圈梁和柱以及屋顶檐口、墙体勒脚、楼板与外墙连接部位等。

墙体内保温的缺点：

（1）采用内保温做法会使内、外墙体分别处于两个温度场，建筑物结构受热应力影响较大，造成结构寿命缩短、保温层易出现裂缝等；

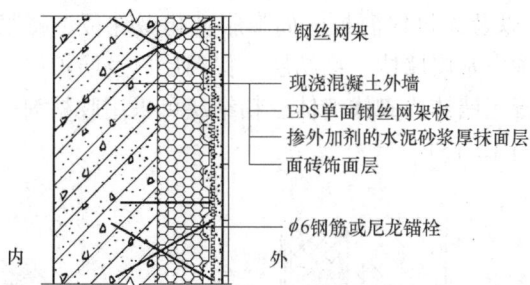

- 钢丝网架
- 现浇混凝土外墙
- EPS单面钢丝网架板
- 掺外加剂的水泥砂浆厚抹面层
- 面砖饰面层
- $\phi 6$ 钢筋或尼龙锚栓

图 13-13　钢丝网架板现浇混凝土外保温

（2）内保温难以避免热桥，使墙体的保温性能有所降低，在热桥部位的外墙内表面容易产生结露、潮湿甚至霉变现象；

（3）采用内保温，占用室内使用面积，不便于二次装修和墙上吊挂饰物；

（4）既有建筑进行内保温节能改造时，对居民日常生活干扰较大；

（5）在严寒和寒冷地区，如果处理不当，在墙体和保温层的交界面容易出现水蒸气冷凝。

下面对墙体内保温的主要构造做法进行介绍。

① 粘贴型

a. 复合板内保温系统

　　复合板内保温系统由基层墙体、粘结层、复合板（保温层、面板）与饰面层构成（图
13-14）。基层墙体为混凝土墙体或砌筑墙体，粘结层采用胶粘剂或粘结石膏与锚栓。复合
板中的保温层可采用 EPS 板、XPS 板、PU 板、蜂窝纸填充憎水型膨胀珍珠岩保温板，
面板可采用纸面石膏板、无石棉纤维水泥平板、无石棉硅酸钙板。饰面层由腻子层加涂料
或墙纸（布）或面砖组成。当面板带饰面时，不再做饰面层，面砖饰面不做腻子层。[①]

　　b. 保温板内保温系统

　　保温板内保温系统可采用有机保温板，如模塑聚苯板（EPS 板）、挤塑聚苯板（XPS
挤塑板）、硬质发泡聚氨酯或聚氨酯板等以及无机保温板，如膨胀玻化微珠板、膨胀珍珠
岩板和泡沫玻璃板等。保温板内保温系统由基层墙体、粘结层、保温层以及防护层（抹面
层、饰面层）构成。基层墙体一般为混凝土墙体或砌体墙体。粘结层可采用胶粘剂或粘结
石膏。防护层中的抹面层有两种做法（图 13-15）：

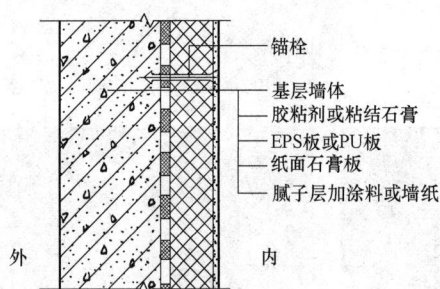

图 13-14　复合板内保温系统

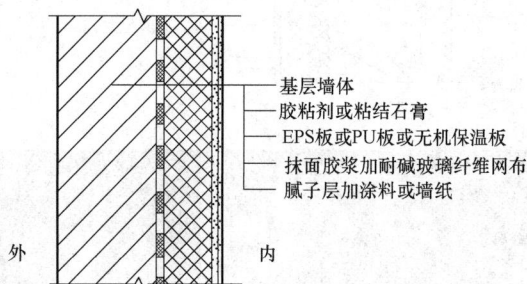

图 13-15　保温板内保温系统

　　做法一：6mm 抹面胶浆复合涂塑中碱玻璃纤维网布。

　　做法二：粉刷石膏 8～10mm 厚横向压入 A 型中碱玻璃纤维网布；涂刷 2mm 厚专用
胶粘剂，压入 B 型中碱玻璃纤维网布。

　　防护层中的饰面层采用腻子层加涂料或墙纸（布）或面砖。施工时，宜先在基层墙体
上做水泥砂浆找平层，采用粘结方式将有机保温板固定于垂直墙面。

　　无机保温板内保温系统防护层中的抹面层可采用抹面胶浆加耐碱玻璃纤维网布，防护
层的饰面层为腻子层加涂料或墙纸（布）。

　　② 龙骨型

　　龙骨型内保温系统指玻璃棉、岩棉、龙骨固定内保温做法（图 13-16）。基层墙体为
混凝土墙体或砌体墙体，保温层为喷涂硬泡聚氨酯，隔汽层为聚氯乙烯、聚丙烯薄膜、铝
箔等，龙骨采用建筑用轻钢龙骨或复合龙骨，龙骨固定件为敲击式或旋入式塑料螺栓，防
护层的面板采用纸面石膏板或无石棉硅酸钙板或无石棉纤维水泥平板加自攻螺钉，防护层
的饰面层由腻子层加涂料或墙纸（布）或面砖构成（图 13-17）。[②]

　　3）外墙夹芯保温

　　为了取得较好的保温效果，特别在北方地区，外墙可采用夹芯保温的构造做法，即把保

---

　　① 《外墙内保温工程技术规程》JGJ/T 261—2011。

　　② 同上。

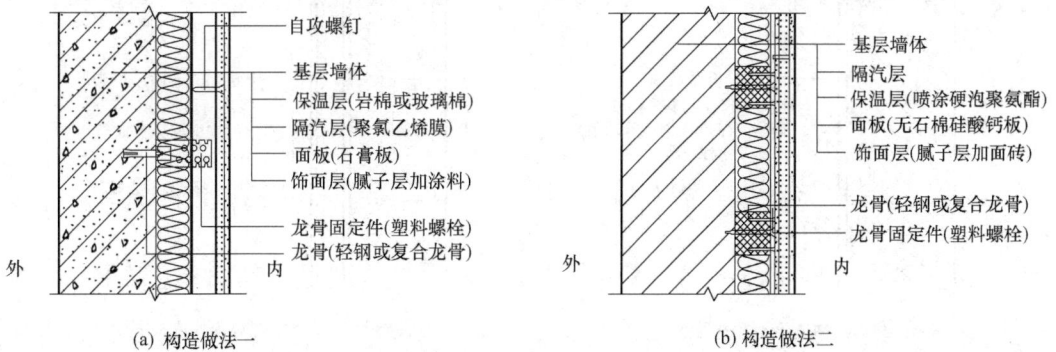

(a) 构造做法一　　　　　　　　　　(b) 构造做法二

图 13-16　龙骨型内保温系统

(来源：《外墙内保温工程技术规程》JGJ T 261—2011)

图 13-17　龙骨型内保温构造做法

温材料放在两层墙体中间，靠保温层内侧的为承重构件，靠保温层外侧的墙为保护层，常采用半砖墙或其他板材结构，从而形成夹芯墙体。这种做法对保温材料的保护较为有利。但由于保温材料把墙体分为内外两层，因此在内外层墙之间必须采取可靠的拉结措施。

（1）夹芯保温砌体墙

夹芯保温墙体一般以 120mm 砖墙为保护墙，以 240mm 砖墙为承重墙，内外之间留有空腔，边砌墙边填充保温材料。内外侧墙也可采用混凝土空心砌块，做法为内侧墙采用 190mm 厚混凝土空心砌块，外侧为 90mm 厚混凝土空心砌块，两侧墙的空腹中同样填充保温材料。保温材料的选择有聚苯板（EPS 板）、挤塑聚苯板（XPS 板）、岩棉、散装或袋装膨胀珍珠岩等。两侧墙之间可采用钢筋拉结，并设钢筋混凝土构造柱和圈梁连接内外侧墙。夹芯保温墙对施工季节和施工条件的要求不高，可冬季施工（图 13-18～图13-20）。[①]

（2）夹芯保温剪力墙

① 《夹心保温墙建筑构造》07J107。

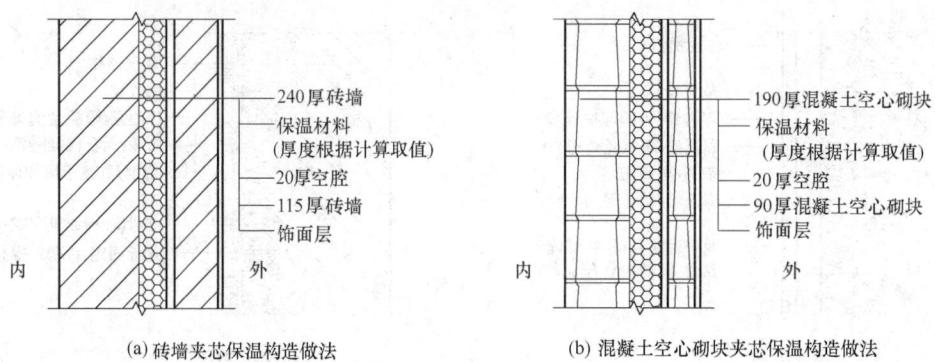

(a) 砖墙夹芯保温构造做法

- 240 厚砖墙
- 保温材料（厚度根据计算取值）
- 20 厚空腔
- 115 厚砖墙
- 饰面层

内　　外

(b) 混凝土空心砌块夹芯保温构造做法

- 190 厚混凝土空心砌块
- 保温材料（厚度根据计算取值）
- 20 厚空腔
- 90 厚混凝土空心砌块
- 饰面层

内　　外

图 13-18　夹芯保温墙纵剖面

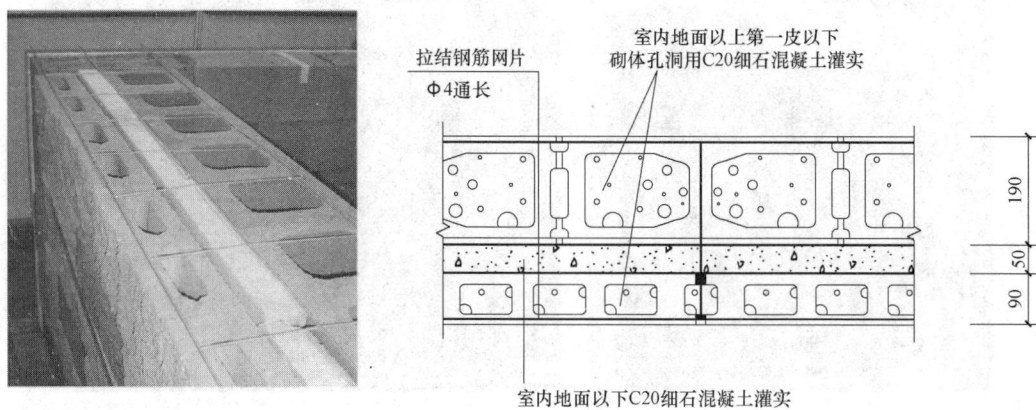

拉结钢筋网片
φ4通长

室内地面以上第一皮以下
砌体孔洞用C20细石混凝土灌实

室内地面以下C20细石混凝土灌实

190

50

90

图 13-19　夹芯保温墙横剖面

图 13-20　各种夹芯保温墙板

图 13-20 各种夹芯保温墙板（续）

高层建筑，特别是高层住宅多使用剪力墙结构。要保证高层建筑的节能性能，就必须在剪力墙的构造设计中提高建筑外墙的保温技术。目前高层建筑的外墙保温以粘贴与装饰一体化的保温板为主，如 EPS、XPS 或 PU 板。虽然具有一定的保温效果，但从长远来看，在高层建筑中使用传统的墙体外保温做法还是存在一些弊病和隐患：

① 贴挂在建筑外墙上的保温板一般寿命在 25 年左右，如聚苯保温板。如果保温板使用的年限较长，就容易出现开裂问题，保温性能也会随之降低。

② 保温板一旦出现开裂现象，处于保温板外层的面砖就容易产生裂缝，在风力作用下，甚至会从墙面上脱落下来，造成安全问题。尤其是高层建筑，修复上也比一般建筑难度更大。同时，这种情况还会造成对建筑外形的破坏。

③ 由于保温板处于外墙外侧，一旦发生火灾，极易造成火势沿耐火性能不佳的保温材料向上蔓延。

剪力墙的保温不同于一般的墙体保温，它是一种典型的保温与结构一体化做法（图13-21）。复合剪力墙保温系统通常采用空间板式钢筋网架，中间夹填保温板（XPS、EPS），然后进行剪力墙混凝土浇筑。复合剪力墙保温的构造从内至外包括内饰面层、承重层、保温层、保护层、外饰面层。内饰面层采用混合砂浆，承重层为钢筋混凝土，保温层为 XPS 或 EPS 保温板，保护层为钢丝网片，界面砂浆层为混凝土，外饰面层为水泥砂浆粘贴面砖或粉刷涂料。这种将保温板放置在内外两层混凝土之间的做法可同时满足外墙蓄热与各种外饰面对墙体基层的要求，较一般传统保温系统构造更为合理。由于保温材料处于钢筋混凝土之间，其防火性能较之普通外保温墙体更好。另一方面，这种复合体系并不限制保温板材料的选择与规格，适用于不同地区、不同建筑类型的设计。相比于外保温墙体，复合剪力墙保温体系具有更好的综合性能（图 13-22）。[①]

4）外墙自保温

外墙自保温体系是指墙体自身的材料具有节能阻热的功能，通过选择合适的保温材料和墙体厚度的调整即可达到节能保温的目的，常见的自保温材料有蒸压加气混凝土、页岩

---

① 李云峰 . CL 现浇复合混凝土剪力墙施工技术［J］. 城市住宅，2014，06：112-117.

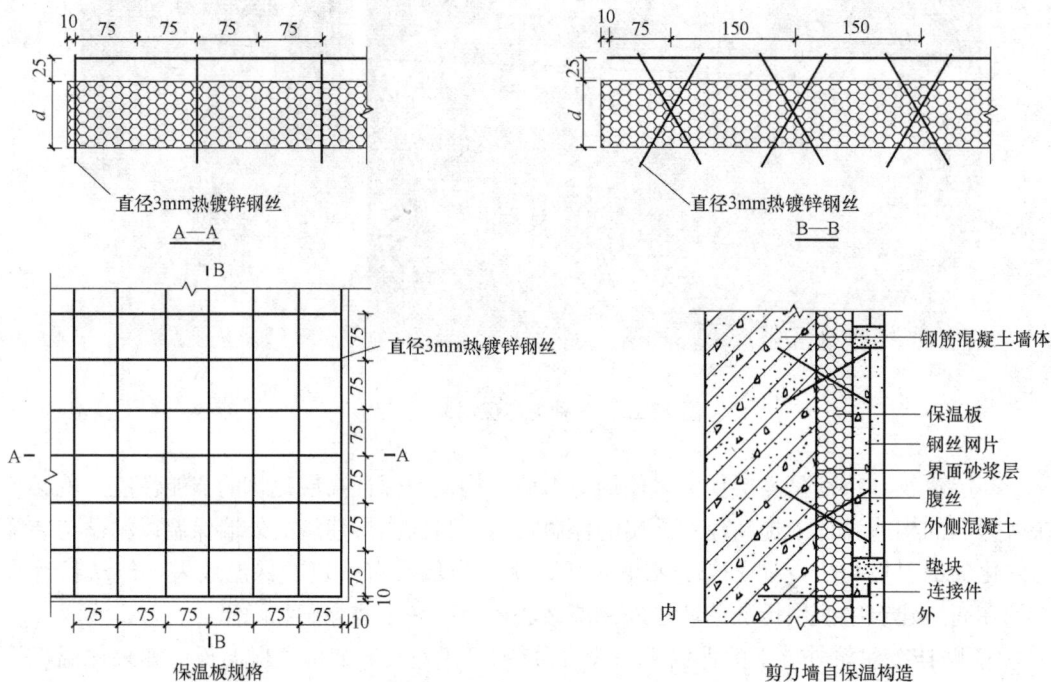

图 13-21　剪力墙夹芯保温构造
（来源：《IPS 现浇混凝土剪力墙结构自保温体系应用技术规程》DBJ 14—088）

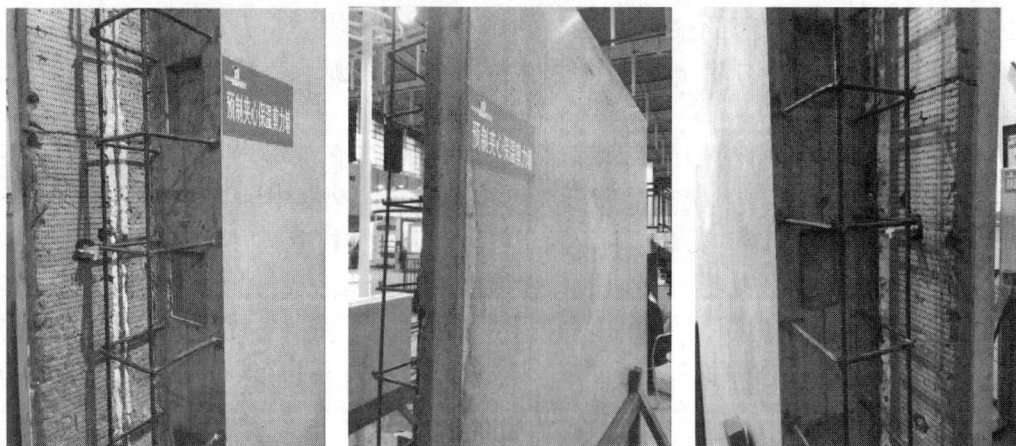

图 13-22　预制夹芯剪力墙

烧结空心砌块、陶粒自保温砌块、泡沫混凝土砌块、轻型钢丝网架聚苯板等（图 13-23）。外墙自保温体系的优点是将围护结构和保温隔热功能结合，无须附加其他保温隔热材料，能满足建筑的节能要求。同时，外墙自保温体系构造简单、技术成熟、省工省料，与外墙其他保温系统相比，无论从价格还是技术复杂程度上都有明显的优势，建筑全寿命周期内的维护成本费用更低。[①]

———————————

① 吴志敏，许锦峰，张源，黄凯．自保温墙体在夏热冬冷地区的应用 [J]．建筑节能，2009，05：8-12．

虽然外墙自保温体系具有许多优势，但就像其他新兴技术一样，在其广泛应用之前都会存在一些细节问题，诸如自保温体系的设计标准、施工规程以及新型自保温材料的开发和性能改进。其中，砌块类外墙自保温系统是由具有保温隔热性能的砌块（蒸压加气混凝土砌块和轻质陶粒混凝土小型空心砌块等）与配套专用砂浆砌筑的砌体和梁柱等热桥部位的处理措施，按照一定的建筑构造形成有机的整体，并使墙体的热工性能等指标符合相应建筑节能要求的建筑外墙保温隔

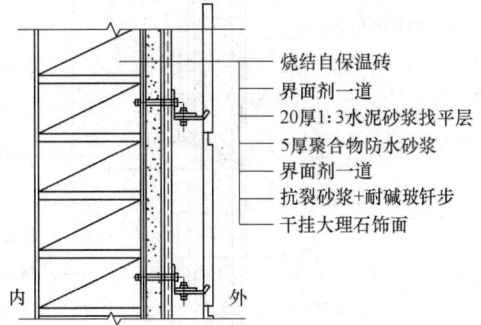

烧结自保温砖
界面剂一道
20厚1:3水泥砂浆找平层
5厚聚合物防水砂浆
界面剂一道
抗裂砂浆+耐碱玻钎步
干挂大理石饰面

图 13-23　自保温外墙构造做法

热技术体系。砌块类外墙自保温系统适用于框架结构、框剪结构等外墙热桥面积占全部外墙面积的比例小于 50% 的建筑体系。砌块类外墙自保温系统由自保温砌体、热桥处理措施（图 13-24）、不同材料连接节点处理措施三个部分组成。近年来，随着建筑工业化的发展，也出现了分体式自保温砌块墙体（图 13-25）。[①]

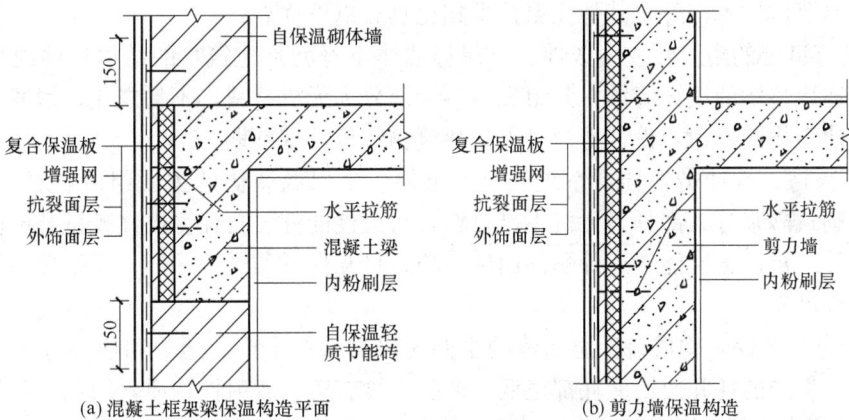

(a) 混凝土框架梁保温构造平面

(b) 剪力墙保温构造

图 13-24　自保温墙体热桥构造

图 13-25　分体式自保温砌块构造做法

---

① 许锦峰，吴志敏，张海遐，张源. 自保温墙体技术在节能工程中的应用 [J]. 建设科技，2008，18：12-16.

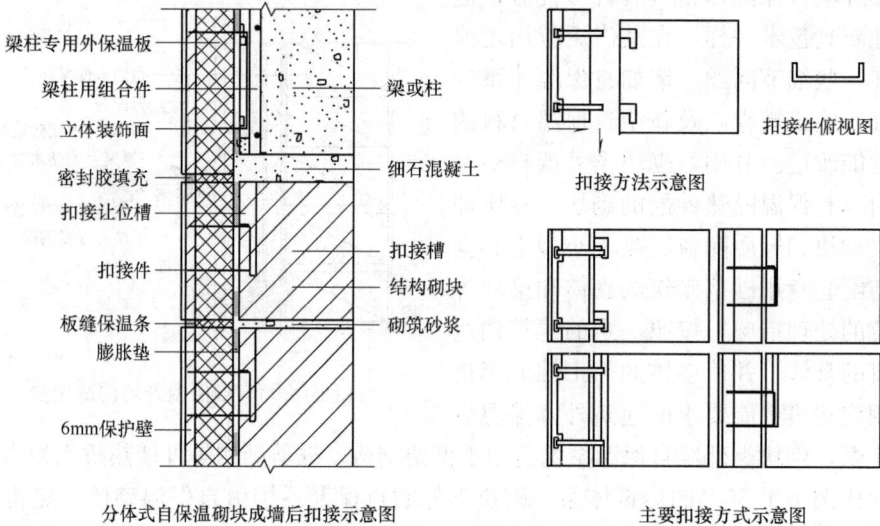

分体式自保温砌块成墙后扣接示意图　　　　主要扣接方式示意图

图 13-25　分体式自保温砌块构造做法（续）

自保温墙体技术与外墙其他保温技术相比具有以下优点：

① 具有良好的耐候性、耐久性。自保温墙体本身就是建筑物的结构构件或与建筑物主体结构连成整体的填充墙体，其组成材料大部分为无机材料，不易老化，耐候性、耐久性好，与建筑物同寿命，设计寿命可以是建筑物的设计基准期。

② 防火性、抗冲击性佳，系统安全、可靠。自保温墙体的主要组成材料——砌块、烧结砖、砌筑砂浆等大部分为无机不燃材料，防火性能佳。自保温墙体既是基层墙体，又是保温构件，抗冲击性能佳。外贴饰面砖、挂石材和传统的做法一样，不受建筑物高度等限制，安全可靠。

③ 绿色、环保。构成自保温墙体的主要无机材料在生产、运输和使用过程中不产生任何污染，生产能耗和使用能耗都很低，产品不含有害、放射性物质，绿色、环保。混凝土砌块、江湖淤泥烧结砖等还可以大量采用粉煤灰等废渣、江湖淤泥、污泥等为原料，充分利废，节能、节地、环保，实现可持续发展。

④ 施工便捷。自保温墙体中，砖、砌块类墙体的主要施工工艺为砌筑工艺，板材类的主要施工工艺为安装工艺，不存在粘贴、喷涂等工艺，施工工艺简单，施工方便、快捷，易于掌握。

⑤ 综合经济性较好。自保温墙体成本虽然比普通的砌筑墙体要高一些，但省去了外墙外保温系统的成本费用，所以综合成本更有优势。砌块类的自保温墙体可以有效地减轻建筑物的自重，减少基础和结构投入，降低施工时的劳动强度，降低建筑物综合造价。另外，自保温墙体与建筑物同寿命，在建筑物全寿命周期内无需再增加费用进行维修、改造，可最大限度地节约资源和费用。

⑥ 建筑质量通病少。外墙外保温系统施工质量较难控制，保护层开裂、空鼓、渗水，保温层脱落，面砖脱落等质量通病时有发生，贴板类的保温系统在施工中很容易引起火灾，严重者会威胁人身和工程的安全。自保温墙体则不存在这些质量通病。

5）建筑幕墙保温

建筑幕墙目前已经广泛应用于我国的许多公共建筑，但其保温性能欠佳，这也是一些公共建筑能源消耗大的直接原因。因此，应注意加强建筑幕墙的保温措施。2015 年开始实施的《公共建筑节能设计标准》GB 50189—2015 把非透明幕墙和透明幕墙的热工设计要求分别纳入外墙和外窗中，此标准对非透明幕墙和透明幕墙的传热系数以及窗墙面积比都作出了明确规定。

（1）非透明幕墙的保温

非透明幕墙包括石材幕墙、金属幕墙和人造板材幕墙等。在构造上，主体结构和幕墙板之间有一定距离，因此，其节能可以通过在幕墙板和主体结构之间的空气间层中设置保温层来实现。另外，也可以通过改善幕墙板材料的保温性能来实现，如在幕墙板的内部设置保温材料，或者选用幕墙保温复合板。新建建筑中，不建议采用内保温的方式，即将保温层设置在主体结构内侧，以免占用室内空间。非透明幕墙具体的保温做法依保温层的位置不同主要分为以下三种情况：

① 将保温层设置在主体结构的外侧表面，类同于外墙外保温做法，可采用普通外墙外保温的做法，保温板与主体结构的连接固定可采用粘贴及机械锚固方式，护面层的作用为防潮、防老化，并有利于防火。其应用厚度可根据各地区建筑节能的要求和材料的导热系数计算值，通过外墙体的传热系数计算确定。待保温构造完成后，再安装幕墙（图13-26a）。

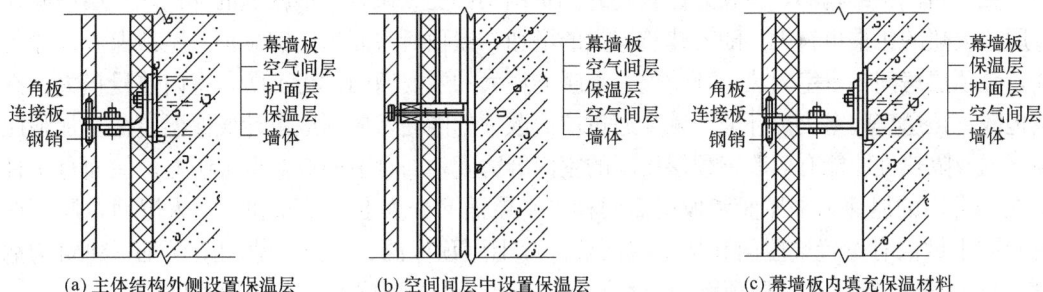

图 13-26　不同保温层位置的幕墙构造

② 在幕墙板与主体结构之间的空气层中设置保温材料。在水平和垂直方向有横向分隔的情况下，保温材料可钉挂在空气间层中。这种做法的优点是可在外墙中增加一个空气间层，提高墙体热阻。此类幕墙的保温做法通常采用面板材料如铝板、石板等内加 50mm 厚的玻璃棉，玻璃棉密度一般不小于 $16kg/m^3$（图 13-26b）。这类做法要求幕墙板与墙之间有较大距离。

③ 在幕墙板内部填充保温材料。保温材料可选用密度较小的挤塑聚苯板或膨胀聚苯板，或密度较小的无机保温板。采用这种做法时要注意，保温层与主体结构外表面间有较大的空气层（对保温不利），应该在每层都做好封闭措施（图 13-26）。

另外，目前开发应用了各种幕墙保温复合板，即在幕墙板内部置入保温芯材，如聚苯板（EPS）、挤塑聚苯板（XPS）、矿（岩）棉、玻璃棉或聚氨酯，以获得相应的热阻（图13-27）。

（2）透明幕墙的保温

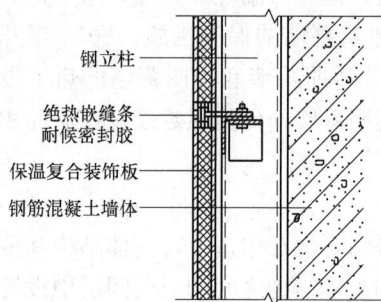

钢立柱

绝热嵌缝条
耐候密封胶

保温复合装饰板

钢筋混凝土墙体

图 13-27　幕墙保温复合板

透明幕墙主要是玻璃幕墙，此类幕墙的节能主要由玻璃的热工性能决定。普通的玻璃幕墙一般为单层，保温性能主要与幕墙的材料相关，选择热工性能好的玻璃和框材、提高材料之间的密闭性是节能的关键。玻璃幕墙的传热系数应综合考虑玻璃幕墙类型（如明框、隐框）、明框的连接方式等，如为明框幕墙，对玻璃幕墙整体的传热系数会有较大的影响。当采用隐框玻璃幕墙时，可参照玻璃的传热系数来确定玻璃幕墙的热工性，如 12mm 厚空气层的中空低辐射玻璃的隐框幕墙，其传热系数一般

为 $2.0W/(m^2 \cdot K)$。对于热工性能较高的玻璃幕墙，可采用通风式双层幕墙。此外，《公共建筑节能设计标准》GB 50189—2015 中规定，一般情况下，透明幕墙的窗墙面积比的上限是 0.7，这是已经考虑了公共建筑透明幕墙的应用需要的结果。即使立面采用全玻璃幕墙，扣除各层楼板及楼板下面梁的面积（楼板和梁与幕墙之间的空隙必须放置保温隔热材料），窗墙比一般也不会超过 0.7。[①]　有关幕墙及保温构造做法详见《建筑构造设计》（下册）第 17 章建筑幕墙构造设计。

13.2.3　屋顶保温构造

在建筑围护结构中，屋顶是建筑物外围护结构中受太阳辐射最剧烈的部位，顶层房间通过屋顶失热的比重也较大。随着建筑层数的增加，屋顶所占面积比例减少。屋顶保温性能欠佳，是顶层房间冬季室内热工环境差、采暖能耗大的主要原因。为了防止室内热量损失，有效地改善顶层房间室内热环境，减少通过屋面散失的能耗，屋顶应设计成保温屋面。加强屋顶保温及隔热性能能有效改善顶层房间的室内舒适度，而且节能效益也很明显。屋面有多种形式，常用的屋面为平屋面和坡屋面两种，平屋面又分为上人屋面和不上人屋面，屋面保温及防水做法有倒置式屋面和架空屋面等。以上屋顶保温、隔热一般构造详见《建筑构造设计》（上册）第 7 章"屋顶"，本章节重点介绍一些新型屋面保温的构造做法。

1）平屋面保温构造

平屋顶保温屋面如图 13-28 所示。此外，倒置式屋面可在檐口、檐沟等位置的防水层上铺设保温板（图 13-29）。

2）坡屋面保温构造

传统坡屋顶的保温层一般布置在瓦材和檩条之间，或铺设在吊顶棚上面（构造做法见上册第七章）。以平瓦为例，也可将保温材料铺设在屋面板之上，尤其在屋檐、檐沟部位，有利于保温的整体性（图 13-30）。常见的混凝土、金属屋顶坡屋面构造做法如图 13-31 所示。

3）金属屋顶保温构造

为了满足和适应建筑造型多元化发展的要求，金属屋面已广泛地使用在建筑工程中。金属屋面是指采用压型金属板或金属夹芯保温板，通过支撑系统将屋面荷载传递至主体结构，而且屋面板与水平方向夹角小于 75°的屋顶围护系统。支撑结构主要由焊接型钢、冷弯薄壁型钢等构成。

① 绿色建筑设计与技术．南京：东南大学出版社，2011.

40厚C30细石防水混凝土
（内配Φ4@150双向）
干铺土工布隔离层
1.5厚DTM聚酯复合卷材
20厚1:3水泥砂浆找平层
40厚挤塑聚苯板（XPS）
（燃烧性能为B1级）
隔汽层(寒冷地区加设)
20厚1:3水泥砂浆找平层
泡沫混凝土找坡层最薄处30厚
（结构找坡时取消）
屋面结构板

10厚地砖铺地,干水泥擦缝
每3m×6m留10宽缝,沥青砂嵌缝
5厚1:1水泥砂浆结合层
50厚C30细石混凝土内配Φ6@200钢筋网
每隔3m为一道分仓缝,内嵌防水油膏
10厚石灰砂浆隔离层
3+3厚自粘聚合物改性沥青防水卷材
20厚1:3水泥砂浆找平层
50厚挤塑聚苯板（燃烧性能为B1级）
隔汽层(寒冷地区加设)
LC5.0轻集料混凝土找坡层,最薄处30厚
以2%坡度找向排水纵沟
现浇钢筋混凝土屋面板

平屋顶保温屋面做法 | 平屋顶保温上人屋面做法

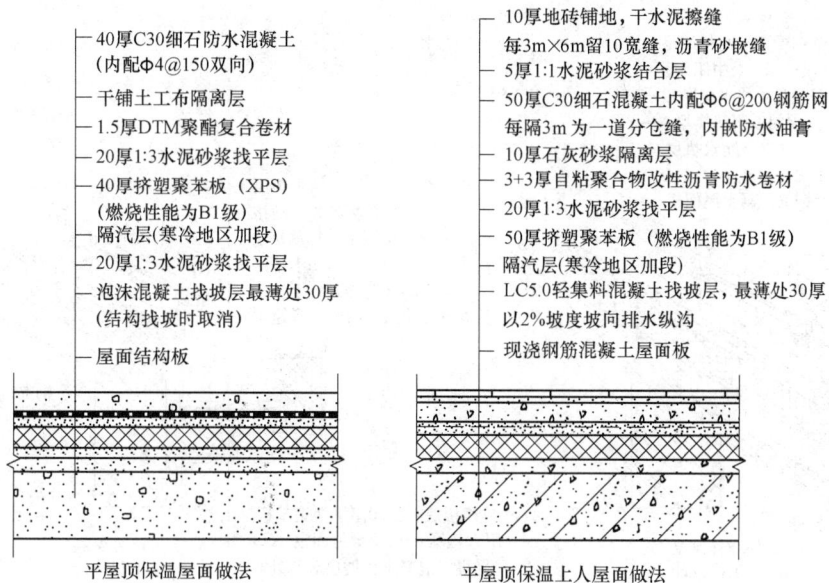

图 13-28　平屋顶保温屋面做法

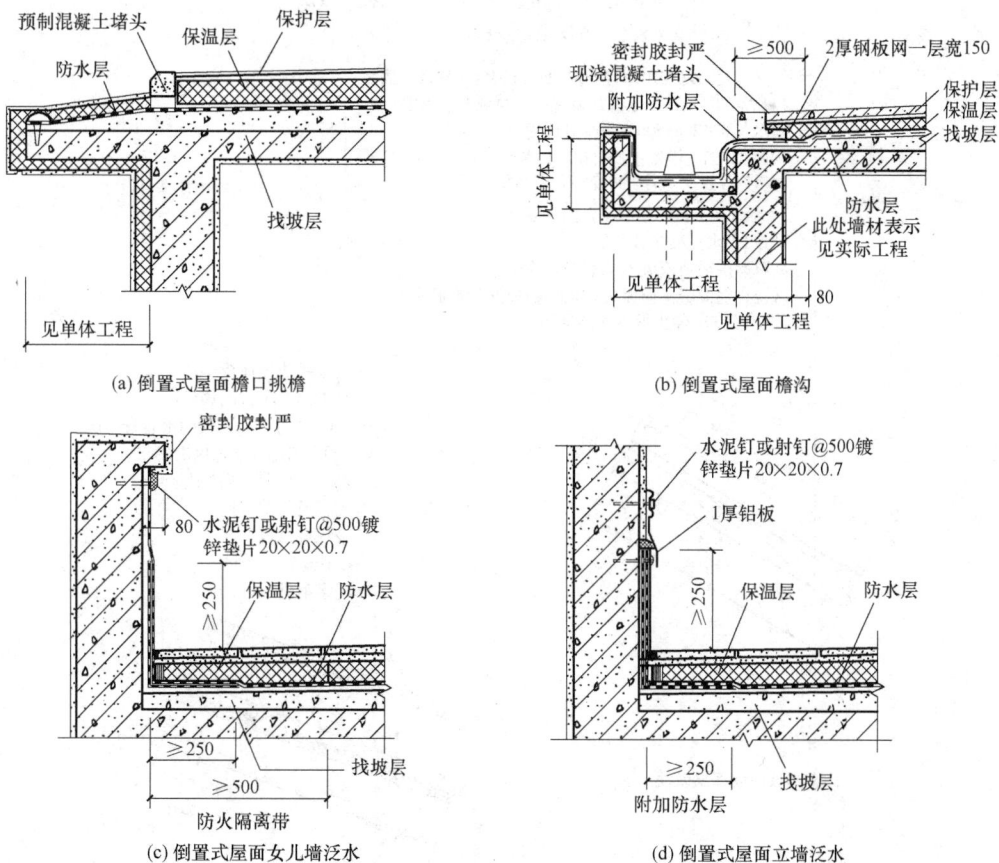

(a) 倒置式屋面檐口挑檐

(b) 倒置式屋面檐沟

(c) 倒置式屋面女儿墙泛水

(d) 倒置式屋面立墙泛水

图 13-29　倒置式屋面檐口、檐沟、女儿墙泛水、立墙泛水保温做法
（来源：《平屋面建筑构造（一）》12J201）

平瓦
挂瓦条∟30×4中距按瓦材规格
顺水条—25×5中距600
C20细石混凝土找平层厚40
保温或隔热层厚δ
防水垫层
1:3水泥砂浆找平层厚15
钢筋混凝土屋面板

≥900
(附加防水层)

70+δ

外墙外保温
见工程设计

(a) 自由落水平瓦坡屋顶檐口

附加防水垫层
聚合物砂浆粘结挤
塑聚苯板保温层
防水垫层
1:3水泥砂浆找平层20
轻集料混凝土找坡层最薄处30

≥900
(附加防水层)

见单体工程

挑檐板底粘满30厚挤塑聚苯板
用大垫圈φ5胀管螺钉固定@600
轻集料混凝土找坡层最薄处30

钢筋混凝土屋面板
内预埋φ10锚筋一排
@1500

外墙外保温
见工程设计

(b) 带檐沟的平瓦坡屋顶

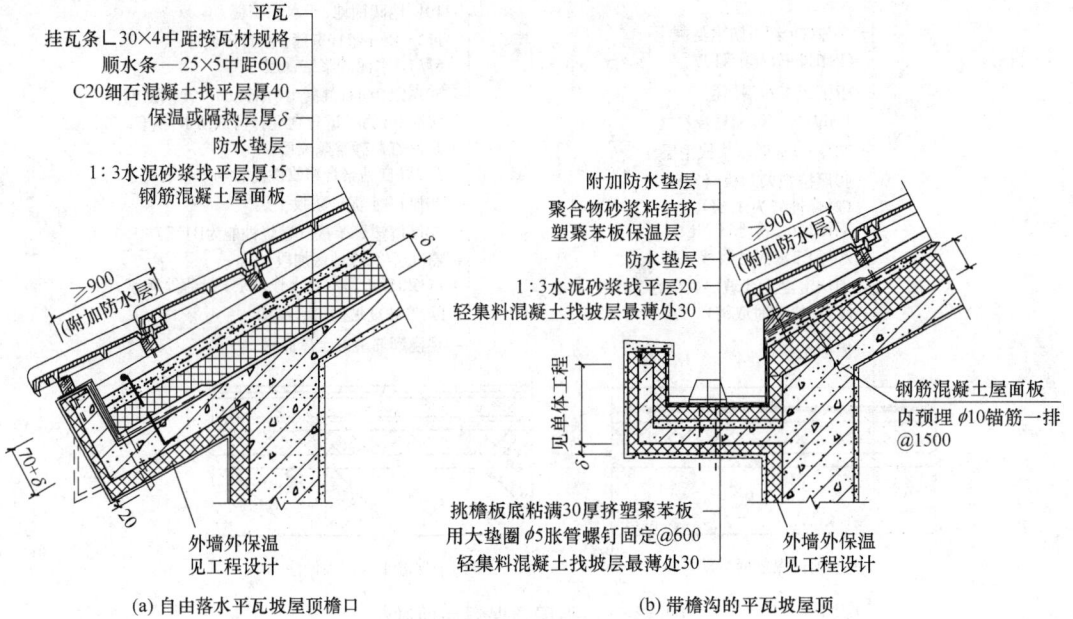

图 13-30　平瓦屋面檐口、檐沟保温做法

(来源:《坡屋顶建筑构造（一）》09J202)

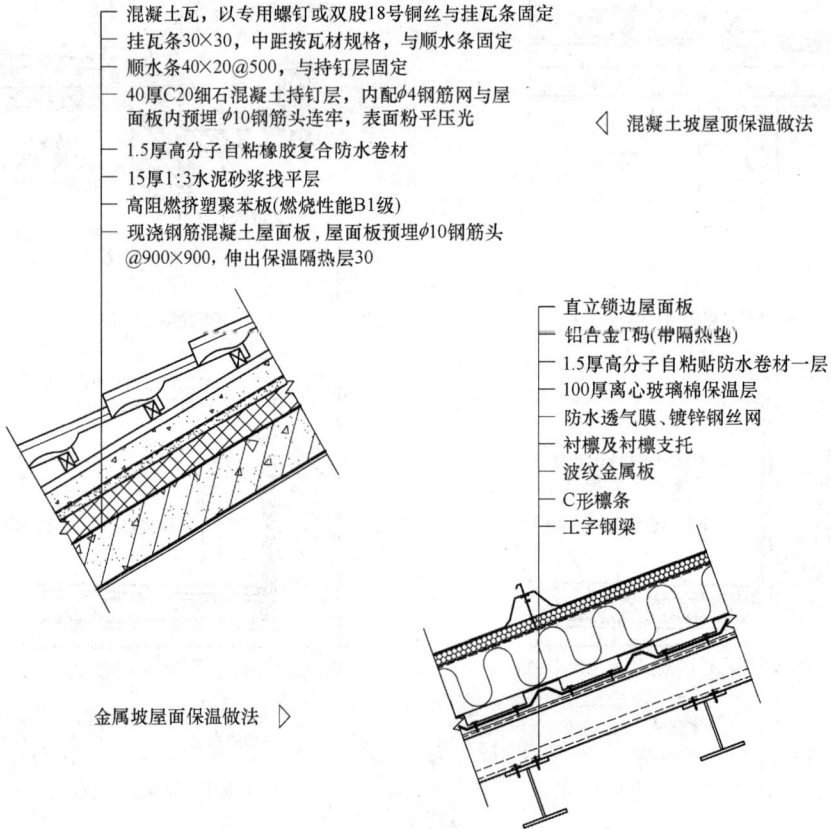

混凝土瓦,以专用螺钉或双股18号铜丝与挂瓦条固定
挂瓦条30×30,中距按瓦材规格,与顺水条固定
顺水条40×20@500,与持钉层固定
40厚C20细石混凝土持钉层,内配φ4钢筋网与屋
面板内预埋φ10钢筋头连牢,表面粉平压光
1.5厚高分子自粘橡胶复合防水卷材
15厚1:3水泥砂浆找平层
高阻燃挤塑聚苯板(燃烧性能B1级)
现浇钢筋混凝土屋面板,屋面板预埋φ10钢筋头
@900×900,伸出保温隔热层30

◁　混凝土坡屋顶保温做法

金属坡屋面保温做法　▷

直立锁边屋面板
铝合金T码(带隔热垫)
1.5厚高分子自粘贴防水卷材一层
100厚离心玻璃棉保温层
防水透气膜、镀锌钢丝网
衬檩及衬檩支托
波纹金属板
C形檩条
工字钢梁

图 13-31　坡屋顶保温构造做法

金属屋顶从构造上可分为三大类：单层金属板屋面（单层压型板屋面）、复合金属板屋面（双层压型板复合保温屋面、多层压型板复合保温屋面、压型钢板复合保温卷材防水屋面）、以压型金属板为支撑结构的单层卷材屋面（保温夹芯板屋面）。根据建筑对保温、隔热、防水的要求，金属屋面可用于不同的建筑类型（表13-4）。针对保温隔热构造做法的不同，以下对复合金属板屋面以及保温夹芯板屋面构造做法分别进行介绍。

不同金属屋面构造类型适用的建筑类型 　　　　　　　　　　　　　　表 13-4

金属屋面构造类型		适用于的建筑类型
单层金属板屋面		没有保温隔热要求的建筑
复合金属板屋面	双层压型板复合保温屋面	有保温隔热要求的普通工业与民用建筑
	多层压型板复合保温屋面	根据构造的不同，可用于有节能、气密要求的工业与民用建筑或潮湿环境的建筑和有声效要求的重要建筑,如机场航站楼、体育建筑、会展建筑等
	压型钢板复合保温卷材防水屋面	对保温、隔热、防水有较高要求的重要建筑,如机场航站楼、体育馆、会展建筑、重要生产车间和有较高要求的仓储建筑等以及有较多构件凸出的屋面
保温夹芯板屋面		有保温隔热要求的普通工业与民用建筑

资料来源：张道真，《建筑防水》，中国建筑工业出版社。

（1）复合金属板屋面

压型钢板复合保温屋面采用单层压型钢板或双层压型钢板与玻璃棉卷毡或岩棉板在施工现场复合完成，一般分为有檩型与无檩型两大类。压型金属板通常采用光面镀锌钢板、彩色涂层钢板、不锈钢板、铝合金板等金属薄板经辊压冷弯成型。绝热保温材料铺设在压型金属板与檩条之间，绝热材料在室内一侧需设置隔汽层，保温隔热层下部设置压型钢板底板或吊顶。复合保温屋面的做法较多，现介绍两种经典的构造做法。

① 多层压型板复合保温屋面

压型金属板由于自身荷载轻，被广泛用于对建筑造型要求较高的建筑中，比如机场、体育馆、展览馆等。然而，另一方面，也由于金属板轻薄，在雨天雨滴落至其表面时容易产生噪声。同时，大空间建筑屋面内侧采用金属板作为室内装饰面时，声音极易反射，造成室内空间混响时间过长，形成室内噪声。因此，为解决金属屋面在室内外噪声方面的缺陷，可采用多层压型板复合保温屋面的做法，在压型屋面板下设置吸声层（图13-32、图13-33）。

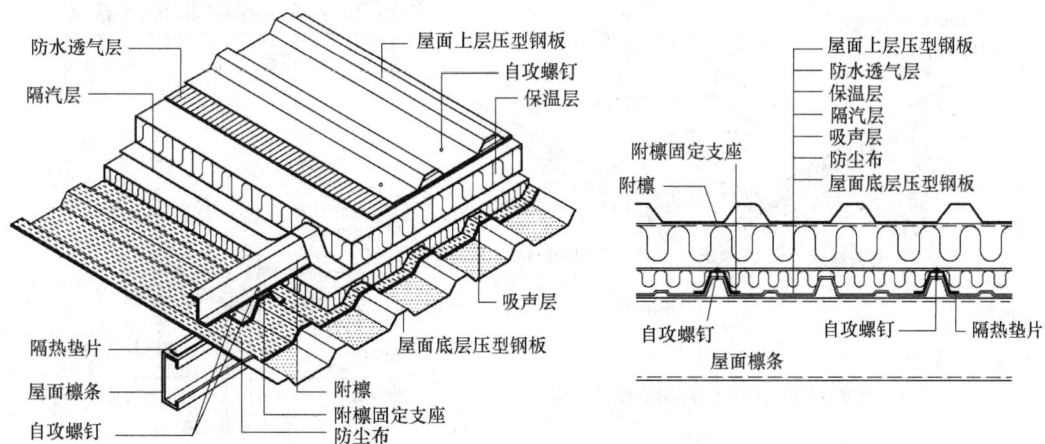

图 13-32　多层压型钢板复合保温屋面构造

（来源：《压型钢板、夹芯板屋面及墙体建筑构造（二）》06J925-2）

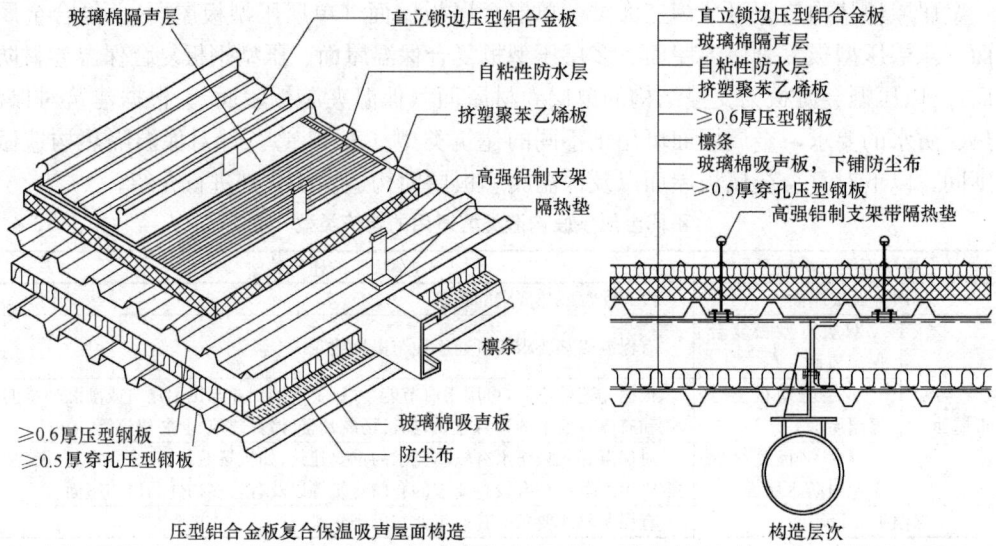

玻璃棉隔声层
直立锁边压型铝合金板
自粘性防水层
挤塑聚苯乙烯板
高强铝制支架
隔热垫
檩条
玻璃棉吸声板
防尘布
≥0.6厚压型板
≥0.5厚穿孔压型钢板

直立锁边压型铝合金板
玻璃棉隔声层
自粘性防水层
挤塑聚苯乙烯板
≥0.6厚压型钢板
檩条
玻璃棉吸声板，下铺防尘布
≥0.5厚穿孔压型钢板
高强铝制支架带隔热垫

压型铝合金板复合保温吸声屋面构造

构造层次

图 13-33　压型铝合金板复合保温吸声屋面构造
（来源：《压型钢板、夹芯板屋面及墙体建筑构造（二）》06J925-2）

② 压型钢板复合保温卷材防水屋面

压型钢板复合保温卷材防水屋面是在施工现场复合而成，其特点是将铺设在檩条上的压型钢板作为结构底板，屋面面层为防水卷材。此构造可改善压型钢板屋面的防水性能，同时提高其绝热性能和降噪性能。防水卷材满粘固定在屋面上，隔汽层、保温隔热层用专用垫片及自攻螺钉固定在底层专用压型钢板上，防水卷材采用粘结方式满粘固定在保温板上（图 13-34）。

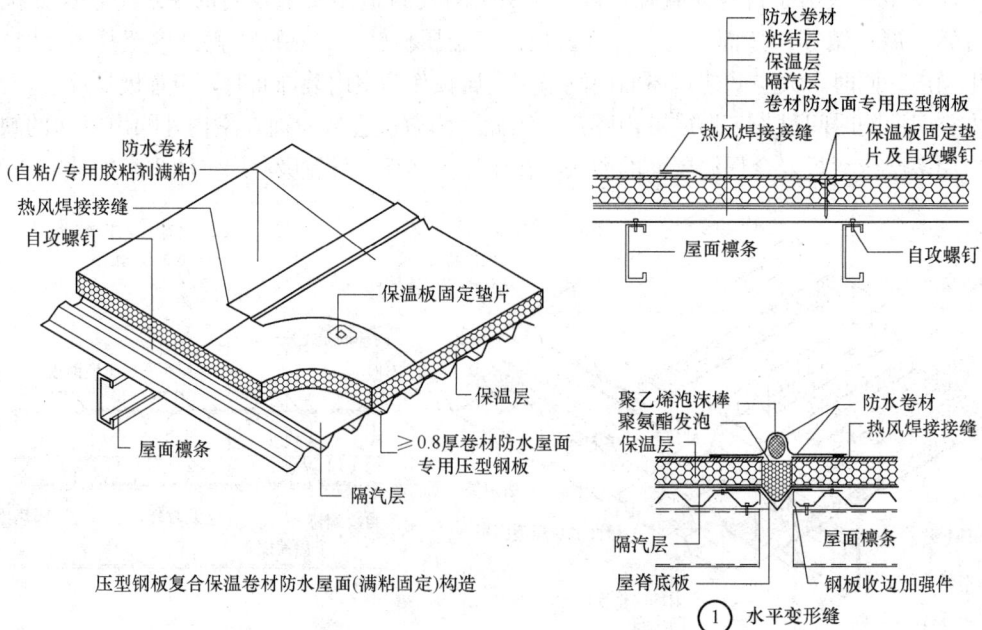

防水卷材
（自粘/专用胶粘剂满粘）
热风焊接接缝
自攻螺钉
保温板固定垫片
保温层
≥0.8厚卷材防水屋面专用压型钢板
屋面檩条
隔汽层

防水卷材
粘结层
保温层
隔汽层
卷材防水面专用压型钢板
热风焊接接缝
保温板固定垫片及自攻螺钉
屋面檩条
自攻螺钉

聚乙烯泡沫棒
聚氨酯发泡
保温层
防水卷材
热风焊接接缝
隔汽层
屋脊底板
钢板收边加强件
屋面檩条
① 水平变形缝

压型钢板复合保温卷材防水屋面(满粘固定)构造

图 13-34　压型钢板复合保温卷材屋面构造
（来源：《压型钢板、夹芯板屋面及墙体建筑构造（二）》06J925-2）

（2）保温夹芯板屋面

保温夹芯板屋面是以压型金属板为支撑结构的单层卷材屋面。所使用的金属夹芯板是将绝热芯材粘结或发泡于两层压型金属板之间的复合板材，其芯材有岩棉、玻璃丝棉、聚氨酯、聚苯板等。保温夹芯板通过自动成型机，用特制的高强度胶粘剂粘合而成。作为屋面板，保温夹芯板既是承重结构，又是围护结构，具有保温、隔声、阻燃、防震、防水等性能，并且安装简易、吊装方便、施工速度快、可多次拆装、重复使用。

① 卷材复合夹芯板屋面

卷材复合夹芯板屋面是将卷材复合夹芯板直接放置在屋面檩条上，卷材以固定垫片及自攻螺钉固定，固定点处附加通长卷材，板与板之间的连接采用热风焊接（图 13-35）。

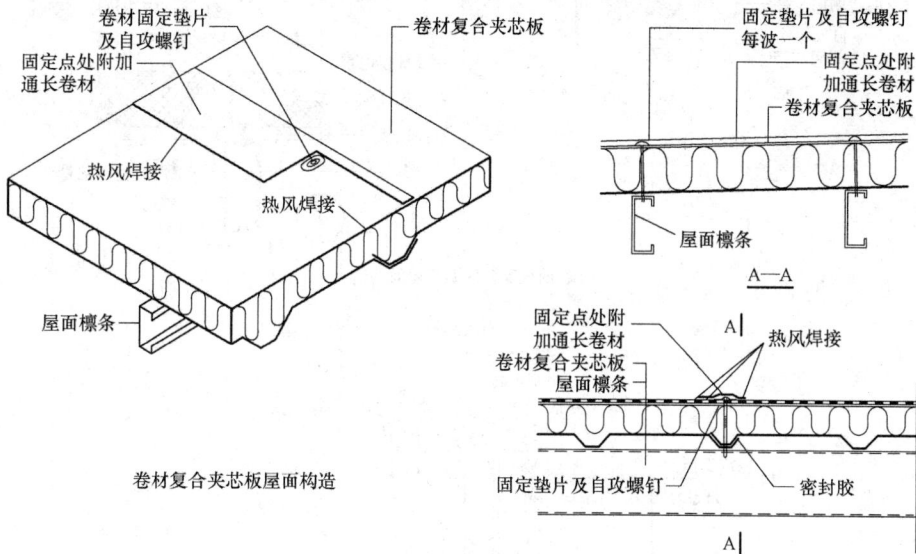

图 13-35　卷材复合夹芯板屋面构造

② 彩钢保温夹芯板屋面

彩钢保温夹芯板屋面所使用的彩钢保温夹芯板以上下两层 0.6mm 厚的彩色钢板为表层，以阻燃聚苯乙烯泡沫塑料板为芯层，板跨为 6m。在施工时，屋面、天沟及天窗防水用特制的高强度密封胶解决。其屋面支撑体系可根据设计跨度选用钢结构或混凝土框架结构（图 13-36）。

13.2.4　门窗保温构造

门窗是建筑围护结构的重要组成部分，尽管门窗面积占建筑外围护结构面积的比重不大，但采暖能耗约占建筑外围护结构热损失的 40% 左右，窗户是室内外热交换最薄弱的环节。门窗节能的好坏与所采用的门窗材料有关。因此，外门应选用隔热保温门，外窗也应选用具有保温隔热性能的窗，如中空玻璃窗、真空玻璃窗和低辐射玻璃窗等；窗框的型材主要选用断热铝合金、塑钢或铝木复合等材料。此外，增强外门窗的保温隔热性能、减少门窗能耗，是改善室内热环境和提高建筑节能水平的重要环节。

1）门窗的保温性能

通过门窗的能耗在整个建筑能耗中占很大比例。如果门窗的缝隙较大，气密性差，又

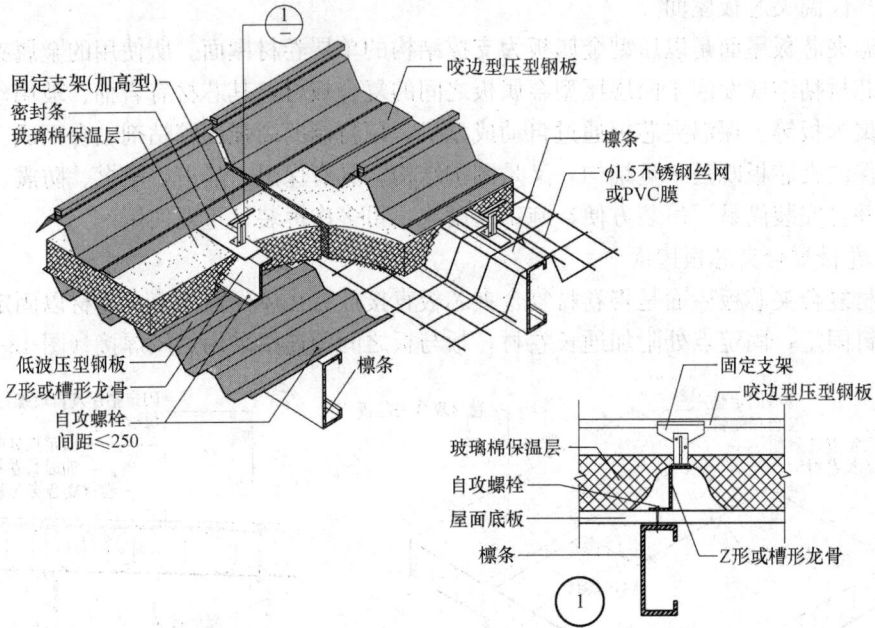

(a) 彩钢板复合保温平屋面构造

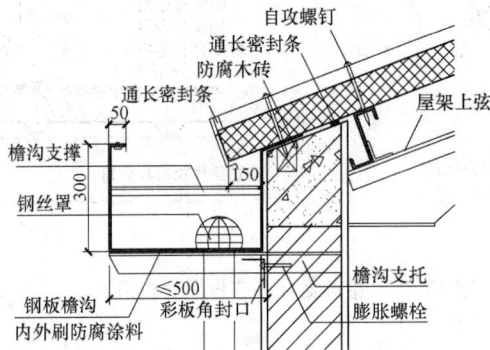

(b) 彩钢板复合保温坡屋面构造

图 13-36　彩钢板复合保温屋面构造

(来源：《压型钢板、夹芯板屋面及墙体建筑构造（二）》06J925-2)

无任何密封措施，那么冬季大量的冷空气会给室内温度带来巨大的影响，所以，首先要采取减少构件传热和空气渗透热损失的措施。另外，开窗面积不宜过大，否则，热损失将会更大。窗户和阳台门的传热系数、传热阻应符合有关的规定（表 13-5、表 13-6）。

建筑外门、外窗传热系数分级　　　　　　　　　　　　　　　　　　　表 13-5

分　　级	1	2	3	4	5
分级指标值(W/m²·K)	$K \geqslant 5.0$	$5.0 > K \geqslant 4.0$	$4.0 > K \geqslant 3.5$	$3.5 > K \geqslant 3.0$	$3.0 > K \geqslant 2.5$
分　　级	6	7	8	9	10
分级指标值(W/m²·K)	$2.5 > K \geqslant 2.0$	$2.0 >$、$\geqslant 1.6$	$1.6 > K \geqslant 1.3$	$1.3 > K \geqslant 1.1$	$K < 1.1$

资料来源：《建筑外门窗保温性能分级及检测方法》GB/T 8484—2008。

窗户的传热系数和传热阻　　　　　　　　　　　　　　　　　　表 13-6

窗框材料	窗户类型	空气层厚度 （mm）	窗框窗洞面积比 （%）	传热系数 $K[\text{W}/(\text{m}^2 \cdot \text{K})]$	传热阻 $R_0(\text{m}^2 \cdot \text{K/W})$
钢、铝	单层窗	—	20～30	6.4	0.16
	单框双玻窗	12	20～30	3.9	0.26
		16	20～30	3.7	0.27
		20～30	20～30	3.6	0.28
	双层窗	100～140	20～30	3.0	0.33
	单层＋单框双玻窗	100～140	20～30	2.5	0.40
木、塑料	单层窗	—	30～40	4.7	0.21
	单框双玻窗	12	30～40	2.7	0.37
		16	30～40	2.6	0.38
		20～30	30～40	2.5	0.40
	双层窗	100～140	30～40	2.3	0.43
	单层＋单框双玻窗	100～140	30～40	2.0	0.50

注：（1）窗户的传热系数应按国家计量认证的质检机构提供的测定值采用；如无上述机构提供的测定值，则可按表中值采用。

　　（2）本表中的窗户包括阳台门上部带玻璃部分。阳台门下部不透明部分的传热系数，如下部不作保温处理，可按表中值采用；如作保温处理，可按计算值采用。

资料来源：《民用建筑热工设计规范》GB 50176—93。

2）门窗的气密性

窗户的气密性必须良好，一般两侧空气压差为 10Pa 的情况下，窗户的空气渗透量：低层和多层建筑为不大于 $4.0\text{m}^3/(\text{m} \cdot \text{h})$，在高层和中高层建筑中为不大于 $2.5\text{m}^3/(\text{m} \cdot \text{h})$。若达不到要求，应加强气密措施。门窗的气密性能分级见表 13-7。从建筑节能的角度来说，在满足室内换气的条件下，窗户缝隙的空气渗透量过大，就会导致热耗增加，因此必须控制门窗缝隙的空气渗透量。做好扇与扇、扇与框、窗框与窗洞之间的接缝处理。

门窗气密性能分级　　　　　　　　　　　　　　　　　　表 13-7

等级	1	2	3	4	5	6	7
单位缝长指标值 $q_1(\text{m}^3/\text{m} \cdot \text{h})$	$4.0 \geqslant$ $q_1 > 3.5$	$3.5 \geqslant$ $q_1 > 3.0$	$3.0 \geqslant$ $q_1 > 2.5$	$2.5 \geqslant$ $q_1 > 2.0$	$2.0 \geqslant$ $q_1 > 1.5$	$1.5 \geqslant$ $q_1 > 1.0$	$1.0 \geqslant$ $q_1 > 0.5$
单位面积指标值 $q_2(\text{m}^3/\text{m} \cdot \text{h})$	$12 \geqslant$ $q_2 > 10.5$	$10.5 \geqslant$ $q_2 > 9.0$	$9.0 \geqslant$ $q_2 > 7.5$	$7.5 \geqslant$ $q_2 > 6.0$	$7.5 \geqslant$ $q_2 > 4.5$	$4.5 \geqslant$ $q_2 > 3.0$	$3.0 \geqslant$ $q_2 > 1.5$

资料来源：《建筑外门窗气 密、水密、抗风压性能分级检测方法》GB/T 7106—2008。

窗户的气密性与开启方式、产品质量和安装质量相关，窗型选择尽量考虑使用功能的需要，根据固定窗→平开窗→推拉窗的顺序加以选择。平开窗，其通风面积大，由于工艺原因，型材设计接缝严密，气密性能远优于推拉窗。其次，应选用合格的型材和优质配件，减小开启缝的宽度，达到减少空气渗透的目的，为提高外门窗气密水平，全周边采用高性能密封技术，以降低空气渗透热损失，提高气密、水密、隔声、保温和隔热等性能，要重点考虑密封材料、密封结构及室内换气构造。密封条和密封毛条则应考虑耐老化性。另外，应重视窗框与窗洞之间的密封性，两者接缝处除采用水泥砂浆填塞之外，还应在连接部位填充保温性能良好的发泡材料，表面使用密封膏，以保证结合部位的严密无缝。

3）窗墙面积比

窗墙面积比指窗户面积与外墙面积（含窗户面积）之比值。窗户的传热系数一般大于同朝向外墙的传热系数，因此采暖耗热量随窗墙比的增加而增加。针对不同地区的气候特点，如对采暖有要求的严寒、寒冷地区，节能标准中对窗墙面积比有严格的规定。

一般情况下，窗墙面积比应以满足室内采光要求为基本原则。但近年来，居住建筑的窗墙面积比有越来越大的趋势，这是因为商品住宅的购买者大多希望自己的住宅更加通透明亮，有时还会考虑到临街建筑立面美观的需要。但当窗墙面积比超过规定数值时，应首先考虑减小窗户（含阳台透明部分）的传热系数，如采用中空玻璃窗、断热的铝合金门窗等。

4）提高门窗保温性能的措施

（1）提高传热阻 R_0 或减小传热系数 K，以减少热损失

框料应采用导热系数小的材料，如 PVC 塑料、塑钢共挤型材以及高档产品中的铝塑复合材料等。钢、铝的传热系数太大，一般不能单独作为节能门窗的框料，应采取断热技术来提高其热阻，即采用导热系数小的材料截断金属框型材的热桥或利用空气截断钢窗的热桥，这样可显著减少普通金属门窗框传热所造成的热损失，从而提高窗户的保温性能（图 13-37）。

图 13-37　采用复合材料的保温门窗

（2）采用中空玻璃和低辐射镀膜玻璃等

中空玻璃是在两层玻璃之间形成一个相对静止的、密闭良好的空气间层，这个空气间层具有较大的热阻，保温性能好。另外，在密封间层内装有一定量的干燥剂，这样就避免了玻璃表面结露，保持窗户的洁净和透明度。中空玻璃窗户造价较高，但因其保温、隔声效果较好，在民用节能建筑中已较多采用。

5）门窗保温构造做法

门窗保温的重点是提高门窗气密性，以减少空气渗透产生的热损失；设计合理的密封构造，选用性能优良的密封胶条，固定玻璃以及在推拉窗扇上装尼龙毛条以提高门窗的气密性。其次，为了达到节能的目的，必须重视门窗洞口周围与墙的接触部位的保温和密封处理，通常是现场喷涂泡沫聚氨酯填缝，然后，外部用耐候密封胶作封缝处理（图13-38）。

另一方面，为减少晚间窗户散热，取得良好的节能效果，还可采用保温窗帘和窗盖

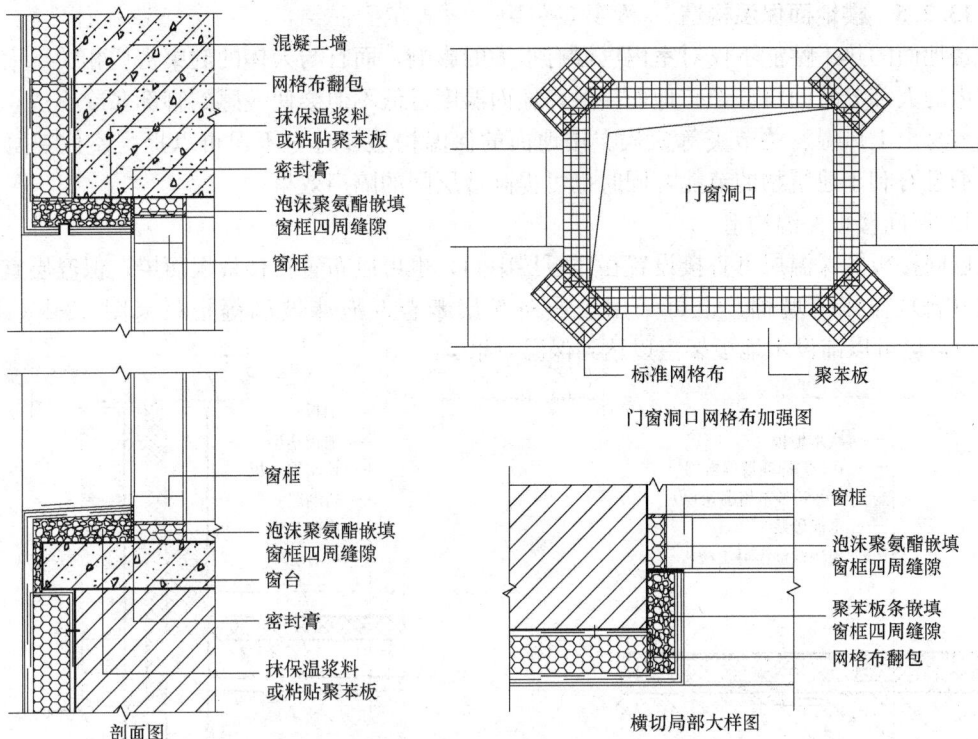

图 13-38　门窗洞口保温构造做法

（来源：绿色建筑设计与技术．南京：东南大学出版社，2011）

板，使其与窗户之间形成基本密闭的空气层，增加热阻。对于门窗的外保温而言，飘窗、跃层平台、外窗周边墙面出挑等部位的"断桥"均应采取相应的保温措施（图 13-39）。

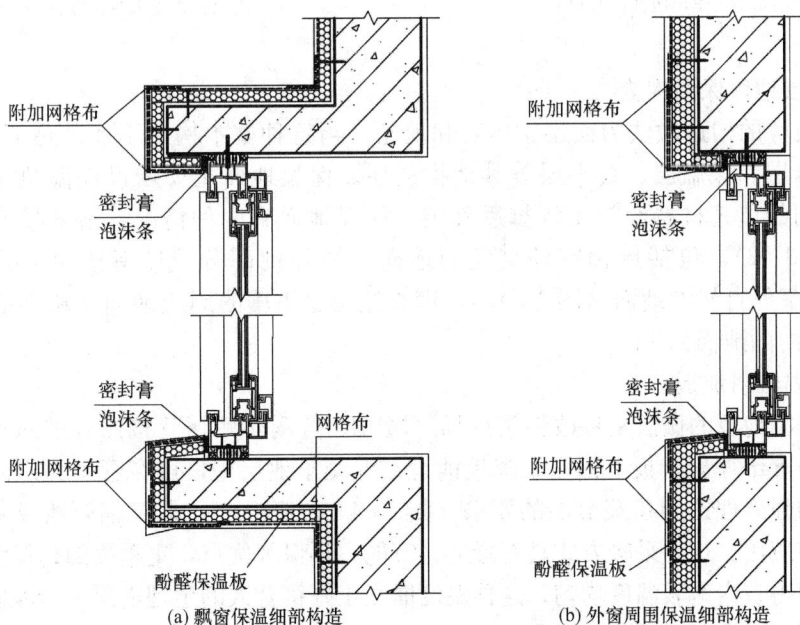

(a) 飘窗保温细部构造　　(b) 外窗周围保温细部构造

图 13-39　窗洞口保温构造

（来源：《复合酚醛泡沫板建筑外保温系统建筑构造》DJBT-068-13J01）

13.2.5 楼地面保温构造

楼地面的热工性能不仅对室内气温有很大的影响，而且与人体的健康密切相关。人们在室内的大部分时间脚部都与地面接触，地面温度过低不但会使人感到脚部寒冷不适，而且还容易患上风湿、关节炎等疾病。楼地面的保温构造设计，不但可以提高室内热舒适度，而且有利于建筑物的节能，同时也可提高楼层间的隔声效果。

1）层间楼板保温构造

层间楼板的保温层可直接设置在楼板层中间，也可以布置在楼板层面层，保温层宜采用矿（岩）棉或玻璃棉，也可采用硬质挤塑聚苯板、泡沫玻璃等板材（图 13-40、图13-41），也可以铺设木地板架空以达到保温效果。

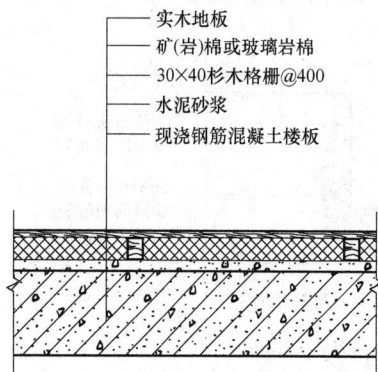

图 13-40　架空木地板保温
（来源：绿色建筑设计与技术．
南京：东南大学出版社，2011）

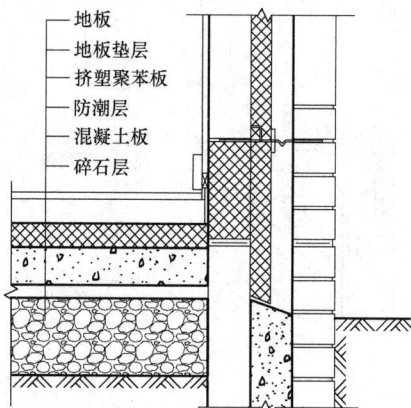

图 13-41　保温板铺在防潮层上
（来源：绿色建筑设计与技术．
南京：东南大学出版社，2011）

2）底层地坪保温构造

底层地坪的构造做法为面层、垫层和地基。当这种基本构造不能满足节能要求时，可增设结合层、保温层、找平层等其他构造层。保温地面主要增设保温填充层，厚度应根据选用的填充材料经热工计算后确定。保温地面有两种情况：不采暖地下室上部地面（图 13-42），包括接触室外空气的地面（如外挑部分、过街楼、底层架空的楼面）；接触室外自然的地面（图 13-43），即直接接触土壤的周边地面（从外墙内侧算起2.0m 范围内的地面）。

3）低温辐射地板

这种保温地板的做法是将改性聚丙烯（MPP）等耐热耐压管按照合理的间距盘绕铺设在 30～40mm 厚聚苯板上面，聚苯板铺设在混凝土地层中，可在管中分户循环供给热水，通过加强管理达到建筑节能的要求（图 13-44）。近几年，低温辐射地板采暖系统开始在建筑中应用。这种采暖方式具有舒适、节能、环保等优点，更重要的是低温辐射地板采暖系统使得室内地表温度均匀，这种温度曲线正好符合人的生理需求，给人以脚暖的舒适感受。同时，地板采暖可促进居住者足部血液循环，从而改善全身血液循环，促进新陈代谢，并在一定程度上提高免疫能力。

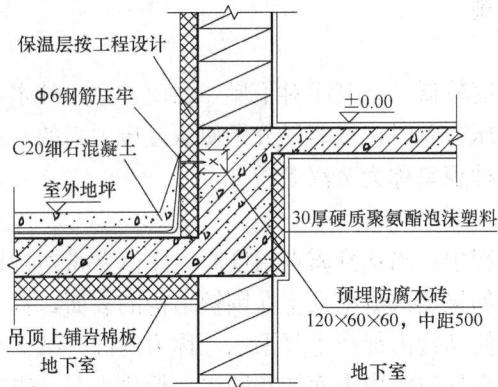

图 13-42　带地下室的底层地面

（来源：绿色建筑设计与技术．

南京：东南大学出版社，2011）

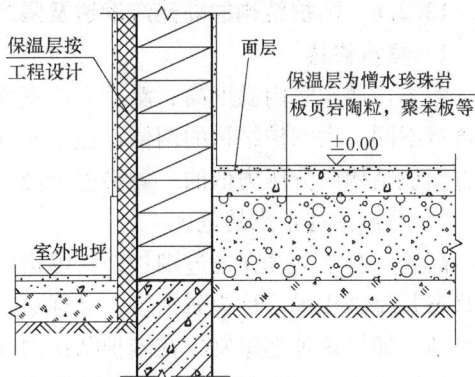

图 13-43　接触室外空气地面

（来源：绿色建筑设计与技术．

南京：东南大学出版社，2011）

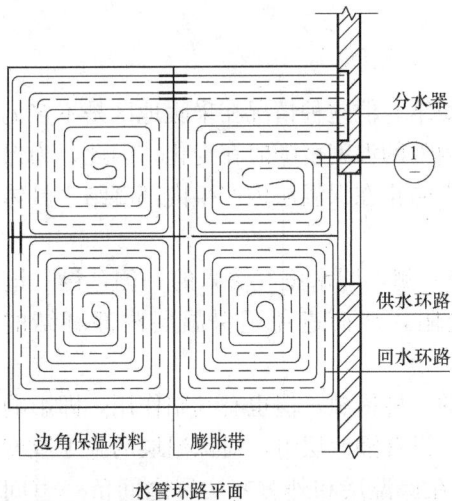

水管环路平面

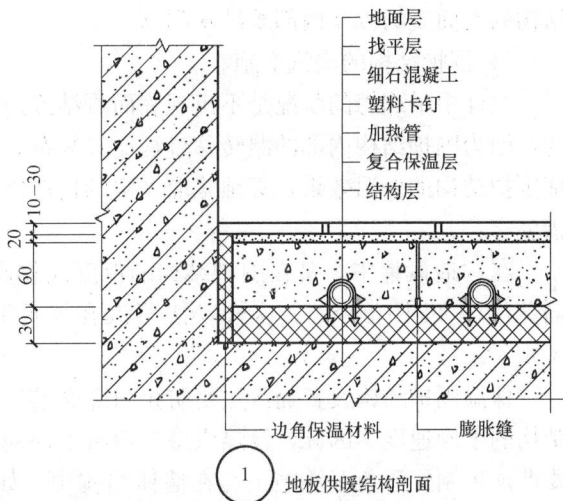

① 地板供暖结构剖面

(a) 水源地暖

(b) 空气源无水地暖产品

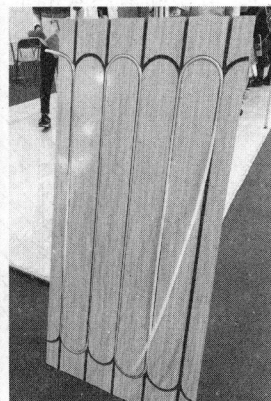

(c) 与地板一体的地暖产品

图 13-44　低温辐射地板

（来源：绿色建筑设计与技术．南京：东南大学出版社，2011.）

13.2.6 围护结构的隔蒸汽渗透及隔汽措施

1) 蒸汽渗透

冬季,通常室内温度高、湿度大,室外温度较低、空气相对干燥,因此,室内外水蒸气含量不同,当围护结构的两侧存在水蒸气分压力差时,水蒸气分子便从分压力高的一侧通过围护结构向分压力低的一侧渗透扩散,这种现象称为蒸汽渗透。

2) 蒸汽渗透带来的危害

高温一侧水蒸气在通过围护结构渗透的过程中,当达到露点温度时,蒸汽含量达到饱和状态并凝结成水,称为凝结水,又称结露。如果蒸汽凝结发生在围护结构的表面,称表面凝结;如果这种现象发生在围护结构内部,使结构内部产生凝聚水,称为内部凝结。如果围护结构出现表面凝结使其表面长期受潮,会导致室内表面抹灰脱皮、粉化生霉,影响人体健康。如果内部凝结发生在围护结构的保温层中,则会使保温材料内的孔隙中充满水分,由于水的导热系数较大(约为 0.58W/m·k),远比空气的导热系数(约为 0.023W/m·k)高,致使保温材料失去保温能力,于是围护结构保温失效。同时,保温层受潮将影响材料的耐久性,从而会带来一系列的问题。所以,在建筑构造设计中,必须重视围护结构的表面凝结以及内部凝结水问题。

3) 围护结构的隔汽措施

设计中最理想的状况是不出现表面凝结或内部凝结。但这种情况在采暖地区是不多见的,因为围护结构内部的湿转移过程比较复杂,室内外的温度也随时在变化,因此,为保证围护结构的保温效果,必须采取一定的构造措施来防止在保温层内产生内部凝结。具体措施有:

在构造设计中,常在围护结构的保温层靠高温一侧,即水蒸气渗入的一侧,设一道隔蒸汽层(图 13-45a)。这样,使蒸汽在渗透时受阻,从而避免了保温层内部凝结的产生。

保温围护结构设置隔汽层是防止内部凝结受潮的一种措施,但也有其副作用,即影响结构的干燥速度。因此,设隔汽层与否由工程确定。设置隔汽层时,对保温层的施工湿度要严加控制,避免湿法施工。在墙体结构中,如果在保温层和外侧密实层之间留一道间隙,以切断液态水的毛细迁移,对改善保温层的湿度状况是有利的(图 13-45b)。

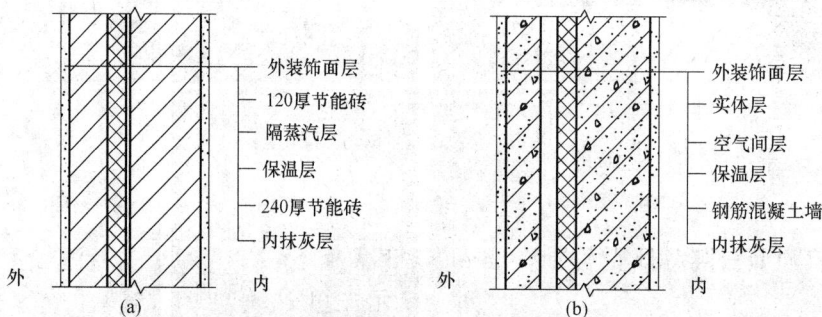

外装饰面层
120 厚节能砖
隔蒸汽层
保温层
240 厚节能砖
内抹灰层

外装饰面层
实体层
空气间层
保温层
钢筋混凝土墙
内抹灰层

图 13-45 隔汽层的设置

隔汽层一般可采用防水卷材、隔汽涂料以及铝箔等隔汽防潮材料,但必须做得十分严密,并且在做隔汽层之前严格控制构件内的含湿量,并尽量避免湿作业和雨天施工。

当围护结构由多层复合材料构成时，应将蒸汽渗透系数小的密实材料如墙体放在保温材料靠蒸汽分压力大的一侧，即放在冬季温度高的室内一侧，而将蒸汽渗透系数大的材料放在蒸汽分压力相对较小的室外低温一侧，以防止蒸汽在围护结构内部积累。

在围护结构内部设排汽间层或排汽通道。对于外侧有密实保护层或防水层的围护结构，如在保温层和密实层之间设可排汽的空气间层，则能有效排除蒸汽，防止内部受潮。

13.3　围护结构隔热

13.3.1　围护结构的隔热要求

在夏季，白天太阳辐射强烈，室外温度较高，围护结构外表面的温度大大高于室内的空气温度，热量从围护结构外表面向室内传递。在夜间，室外温度渐渐降低，而室内热量，特别是围护结构内表面温度却散失较慢，而室内温度仍较室外高。因此，夏季围护结构内的传热是以24小时为周期的波动传热。在我国南方炎热地区，太阳的辐射热使得屋顶的温度剧烈升高，此时如果围护结构的隔热性能较差，窗户的遮阳又不好，则在室外综合温度波动的作用下，围护结构内表面温度随之升高，传入室内的热量较多，结果必然导致空调能耗的增加，因此，为了保持室内较好的热环境以及降低空调能耗，就需要加强建筑物的隔热，提高其抵抗波动热作用的能力。同时，向阳面的窗户应有良好的遮阳措施。围护结构隔热考虑因素如下：

1）对于大多数自然通风的建筑，夏季主要是降低室外综合温度波和室内空气温度波对内表面的影响，使围护结构内表面温度不致过高，在夜间使室内热量能尽快散发出去。对于有空调的建筑，为了保持室内较低温度并减少空调能耗，围护结构应有较好的热工性能。

2）在干热地区，由于昼夜温差大，宜采用热惰性指标较大的厚重围护结构，增大对温度波动的衰减和延迟；在湿热地区，由于昼夜温差较小，湿度大，室内主要靠通风降温，对围护结构热惰性指标的要求便相对较低。

3）对于主要在白天使用的房间（如办公室等）以及主要在夜间使用的房间（如旅馆客房），最好将围护结构的内表面出现最高温的时间和使用时间错开。

4）建筑物各朝向所受夏季太阳辐射作用的强度不同，屋顶是隔热重点，其次是西向、东向的墙和窗。

在我国夏热冬冷和夏热冬暖地区，包括东南沿海、长江中下游地区，夏季炎热时间长，太阳辐射强烈，气温甚高，天气闷热，因此，建筑物的夏季防热应采取环境绿化、自然通风、建筑遮阳和围护结构隔热等综合性措施。建筑物的总体布置，单体的平、剖面设计和门窗的设计，应有利于自然通风，并尽量避免主要房间受东、西晒影响。

13.3.2　外墙隔热

建筑外墙隔热措施有以下几种：

1）外墙采用浅色饰面，反射太阳辐射以减少围护结构外表面对太阳辐射热的吸收，从而降低围护结构外表面温度。对同样构造的围护结构，只要将外表面颜色做成浅色，便可以取得较好的隔热效果。所以，建筑的外表面宜选择对太阳辐射的吸收率（ρ_S）小的材料作饰面。

2）复合隔热外墙：复合外墙隔热目前采用得比较多，它主要是将保温材料贴在外墙外侧，组成复合隔热体，使建筑室内受室外温度波动的影响小，而且有利于保护主体结构，避免热桥的产生，这种措施在节能建筑中有许多优点，但要合理地选择外围护结构的绝热材料（图 13-46）。

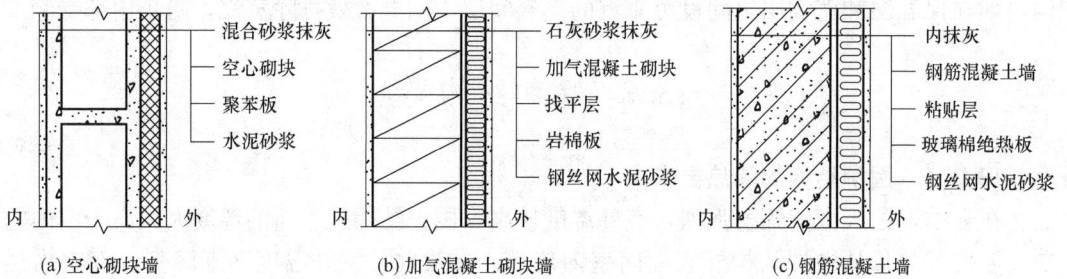

(a) 空心砌块墙　　　　　(b) 加气混凝土砌块墙　　　　　(c) 钢筋混凝土墙

图 13-46　复合隔热外墙

3）通风墙：将需要隔热的外墙做成空心夹层墙，利用热压原理，将通风墙的进风口和出风口之间的距离加大，增强通风效果以降低墙体内表面温度。通风间层厚度一般为 30～100mm。外墙加通风间层后，其内表面最高温度约可降低 1～2℃，而且太阳辐射照度愈大，通风空气间层的隔热效果愈显著，故对东西向墙效果更为明显。图 13-47 所示为通风复合轻板外墙。

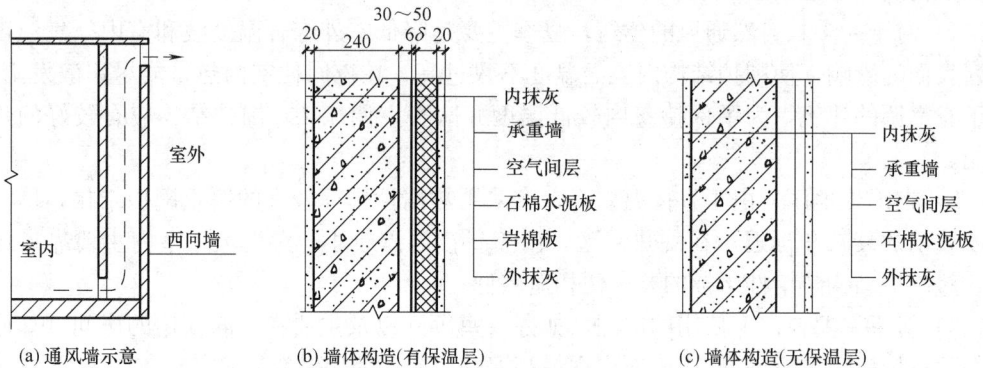

(a) 通风墙示意　　　　　(b) 墙体构造(有保温层)　　　　　(c) 墙体构造(无保温层)

图 13-47　通风复合轻板外墙

13.3.3　屋顶隔热

太阳辐射使得屋顶的温度剧烈升高，从屋顶传入室内的热量远比从墙体传入的热量多，造成顶层室内热环境差，严重影响人们的生活和工作，所以屋顶隔热设计非常重要，要采取一切措施减少作用于屋顶表面的太阳辐射热量。目前，采用的主要构造做法有利用保温材料隔热屋面、通风间层屋面、浅色反射屋面、蓄水隔热屋面和植被隔热屋面等。

1）增大围护结构的热阻和热惰性指标

和墙体一样，采用承重材料与保温材料复合的屋面，提高其围护结构的热阻、增加热惰性指标后，可使采用实体材料的隔热屋顶在太阳辐射下，室外的综合温度在其围护结构中传递时有较多的衰减，从而减低屋顶内表面的平均温度和最高温度。但这种隔热措施由于结构材料的密度大，蓄热系数高，实际上只是延长了传热的时间。到了深夜，当室内温度降低时，白天的蓄热便会向室内散发，反而会提高室内空气温度，对于夜间使用的房间，隔热效果不好，因此，夜间使用的建筑物对这种隔热办法应慎重采用。

另外，可在屋顶加铺绝热板增大热阻。屋面绝热板采用防水挤塑型聚苯板（XPS板）与特种水泥砂浆面层（厚20mm）复合而成，平面尺寸400mm×400mm，它铺设在屋面的防水层上，用于上人屋面，是倒置保温屋面的一种新型应用。制品将倒置保温屋面的保温层与保护层合二为一，施工快捷，适用于南方地区（图13-48a）。在坡屋面的应用中，绝热板取代了憎水珍珠岩制品保温材料在瓦材粘铺型坡屋面中的应用，具有构造简单、屋面厚度薄、施工方便、造价较低等诸多优点，尤其是由于屋面绝热板具有特种水泥砂浆硬质面层，无需再做细石混凝土整浇层，可解决斜面上混凝土难捣的问题。绝热板坡屋面做法见图13-48（b）。

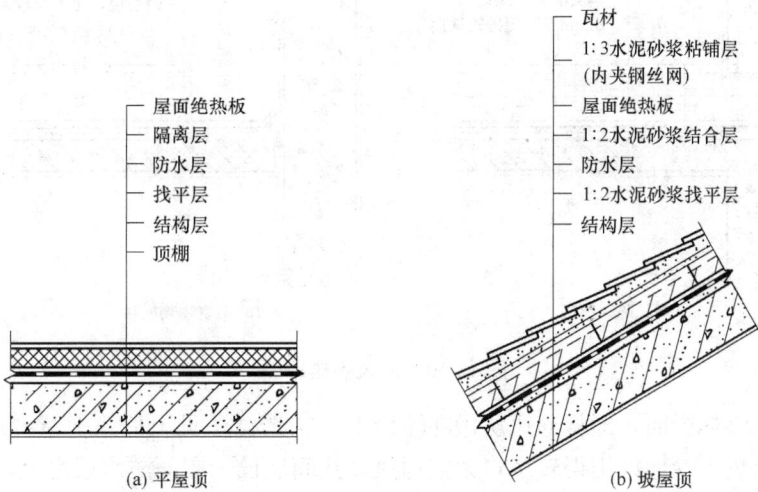

(a) 平屋顶　　　　　　　　　　　(b) 坡屋顶

图 13-48　绝热板坡屋面

2）铝箔隔热屋面

目前，在现浇坡屋顶的构造设计中，也有在挂瓦条下面铺设防水的低辐射高效材料——铝箔毡的做法，材料较一般防水卷材厚，一面是毡料，另一面贴铝箔。平屋顶隔热，从效果来看，为降低屋顶内表面的温度，常在屋面板底部设铝箔板，利用铝箔能反射高温热量的特点而隔热。这种铝箔屋面隔热做法既可隔热，又可保温，到了冬季铝箔可防止室内热量向外辐射，起到保温作用。所以它最合适于夏热冬冷地区（图13-49）。

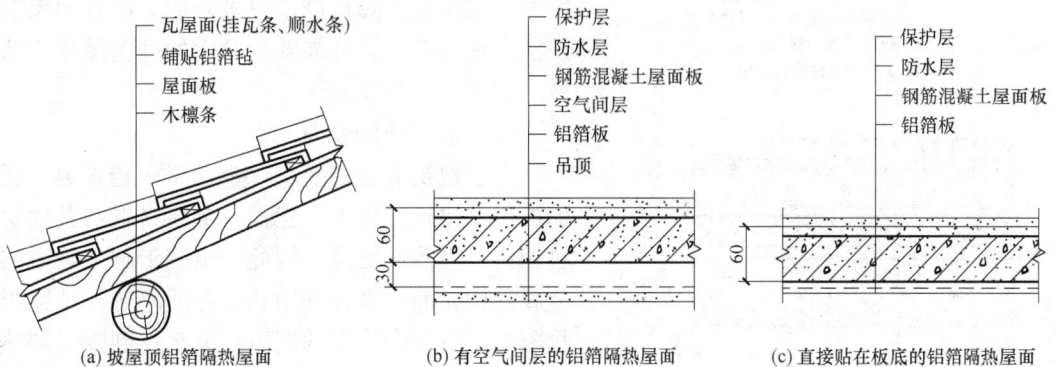

(a) 坡屋顶铝箔隔热屋面　　　(b) 有空气间层的铝箔隔热屋面　　　(c) 直接贴在板底的铝箔隔热屋面

图 13-49　铝箔隔热屋面

3）通风隔热屋面

通风隔热屋面，通常有以下四种：

（1）兜风隔热屋面，它是利用封闭的空气间层，在两端开风口形成兜风散热（图 13-50a）。

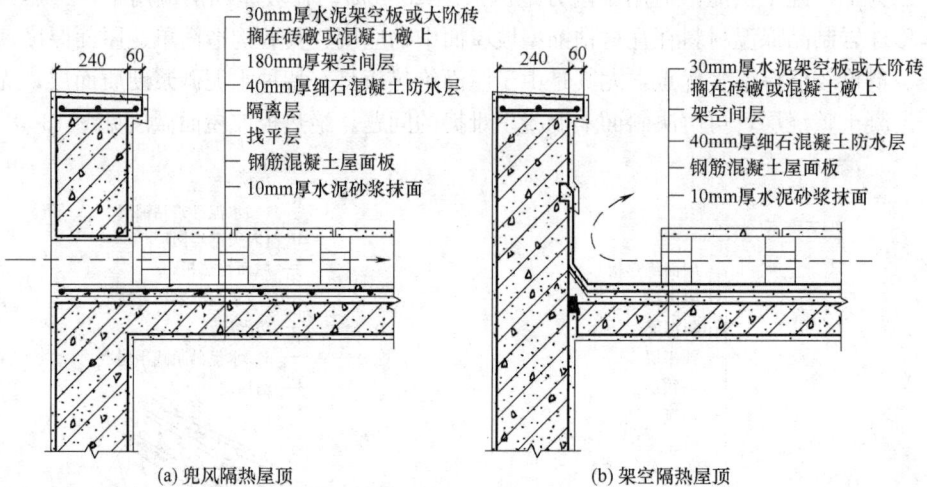

30mm厚水泥架空板或大阶砖
搁在砖墩或混凝土礅上
180mm厚架空间层
40mm厚细石混凝土防水层
隔离层
找平层
钢筋混凝土屋面板
10mm厚水泥砂浆抹面

30mm厚水泥架空板或大阶砖
搁在砖墩或混凝土礅上
架空间层
40mm厚细石混凝土防水层
钢筋混凝土屋面板
10mm厚水泥砂浆抹面

(a) 兜风隔热屋顶　　　　　(b) 架空隔热屋顶

图 13-50　通风隔热屋面

（2）架空隔热屋面，即将通风层做在屋面上（构造做法见上册第七章"屋顶构造"）。架空屋面在夏热冬冷地区用得较多，架空通风隔热间层设于屋面防水层之上，架空层内的空气可以自由流通。其隔热原理是：一方面利用架空板遮挡阳光，另一方面利用风压将架空层内被加热的空气不断排走，从而达到降低屋面内表层温度的目的。相比架空平屋顶，架空坡屋顶的隔热效果更佳（图 13-50b）。

4）植被隔热屋面

（1）种植屋面

城市建筑实行屋面绿化，可以大幅度降低建筑能耗，减少温室气体的排放，同时可增加建筑的绿地面积，既美观，又可改善城市气候环境。屋面绿化能显著降低城市热岛效应，改善顶层房间室内热环境，降低能耗。常用的种植屋顶构造做法如图 13-51 所示。

（2）金属种植屋面

为了建筑造型的要求，金属屋面越来越广泛地被用在建筑工程中。然而，金属材料与其他材料相比，吸热性更高。因此，出现了越来越多的金属种植屋面，通过利用栽培介质隔热及植物吸收阳光进行光合作用的双重功效来达到降温隔热的目的。金属种植屋面不但具有良好的节能效果，而且在净化空气、改善城市生态、美化环

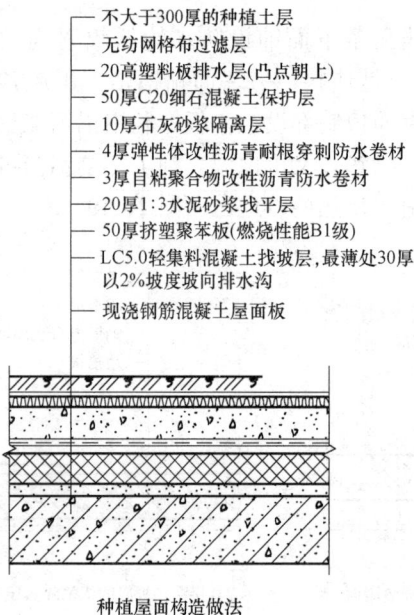

不大于300厚的种植土层
无纺网格布过滤层
20高塑料板排水层(凸点朝上)
50厚C20细石混凝土保护层
10厚石灰砂浆隔离层
4厚弹性体改性沥青耐根穿刺防水卷材
3厚自粘聚合物改性沥青防水卷材
20厚1:3水泥砂浆找平层
50厚挤塑聚苯板(燃烧性能B1级)
LC5.0轻集料混凝土找坡层,最薄处30厚
以2%坡度坡向排水沟
现浇钢筋混凝土屋面板

种植屋面构造做法

图 13-51　种植屋面构造做法

境、提高建筑综合利用效益方面发挥着重要作用。但是，金属屋面中的压型金属板与金属夹芯板均属于有缝连接材料，无论怎样的板型都无法完全隔绝水分的渗透，金属屋面中最外层的金属面板系统理论上不具有水密性，属于构造排水系统。因此，对于种植屋面而言，就需要加强防水构造设计，来帮助屋面系统提高水密性标准（图13-52）。

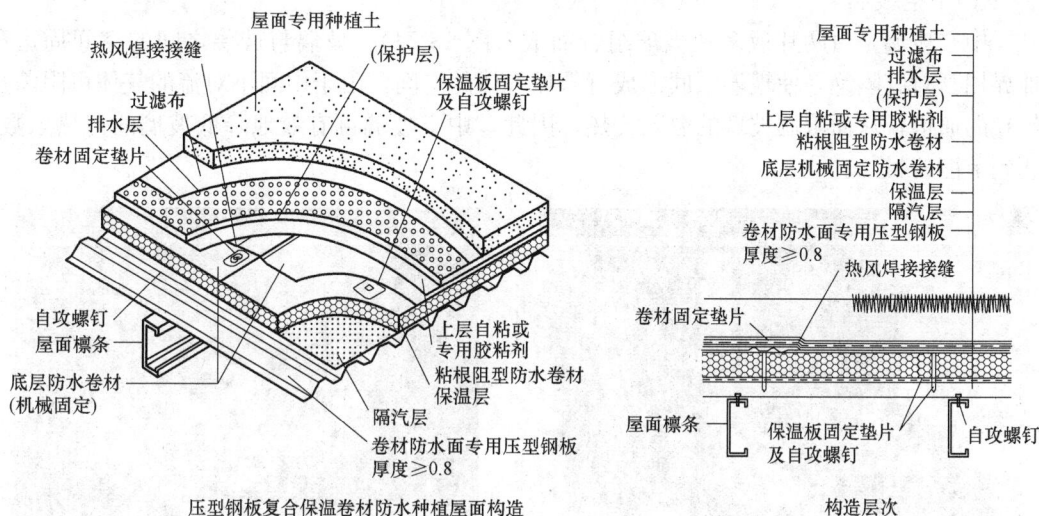

图13-52 压型钢板复合保温卷材防水种植屋面构造
（来源：《压型钢板、夹芯板屋面及墙体建筑构造（二）》06J925-2）

13.3.4 门窗隔热

1）加强门窗隔热性能

（1）对有空调要求的房间，提高窗户的气密性，可以减少换热所产生的能耗。特别是在门窗的制作、安装和加设密封材料等方面都应注意气密性问题。

（2）对于无空调房间，主要是开窗通风，另外还要加强窗户的遮阳措施，以获得一定的隔热效果。

（3）根据不同地区的气候条件和不同的朝向来确定窗墙面积比，一般南向的窗墙比大些，朝北、朝东、朝西方向的窗墙比小些，总的来讲，在设计中应满足国家节能标准中不同气候区域所规定的窗墙面积比。

2）门窗隔热材料的选用与构造

（1）门窗框、扇的材料宜选用木或塑料，因木和塑料的导热性较低，但考虑到木材短缺，目前节能门窗较多选用塑料作为框料。钢、铝材料经断热处理，进行喷塑后与PVC塑料或木材复合，亦可显著降低其导热系数。这些新型复合材料，在节能建筑中很有发展前景。门窗框一般占窗面积的20%～30%。从保温的角度看，型材断面最好设计为多腔框体，因为型材内的多道腔壁可对通过的热流起到多重阻隔作用，特别是辐射传热强度随腔数量的增加而成倍降低。对于金属型材（如铝型材），虽然也是多腔，但保温性能的提高并不理想。为了减少金属框的传热，可采用铝窗框作断桥处理，并采用导热性能低的密封条等措施，以降低窗框的传热，提高窗的密封性能（图13-53）。

（2）为了阻挡太阳辐射热进入室内，窗户的镶嵌材料宜选用如热反射玻璃、镀膜玻璃、低辐射玻璃以及中空玻璃等，均可显著提高玻璃的热阻。但在材料选择时，还要考虑到窗的采光问题，不能以损失窗的透光性来提高隔热性能。外窗透明部分可选择中空玻璃、真空玻璃和 Low-E 玻璃等，其中 Low-E 玻璃的镀膜可对阳光和室内物体所受辐射的热射线产生有效阻挡，因而可使室内夏季凉爽、冬季温暖，总体节能效果明显。

① 中空玻璃

中空玻璃是由两片或多片玻璃组合而成（图 13-54）。玻璃与玻璃之间的空间周边和外界用密封胶隔绝，使玻璃层间形成有干燥气体的空间，由于中间不对流的气体可阻断热传导的通道，从而限制玻璃的温差传热，因此，中空玻璃可有效地降低玻璃的传热系数，达到节能的目的。

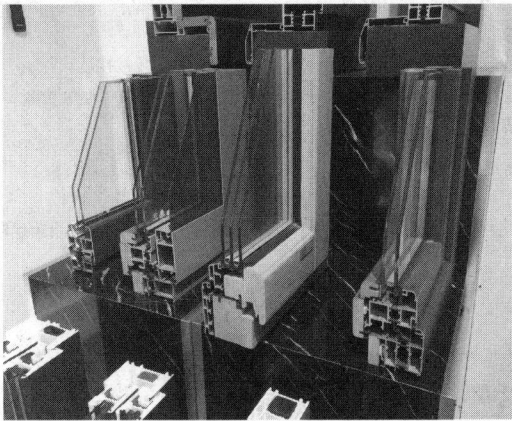

图 13-53 采用木材、断热铝合金材料的门窗

图 13-54 中空玻璃

中空玻璃的单片玻璃 4～6mm 厚，中间空气层的厚度一般以 6～12mm 为宜。能极大地提高中空玻璃的热阻性能，以降低整窗的传热系数，而且使窗户看上去更清晰、明亮。中空玻璃的特点是传热系数较低，与普通玻璃相比，其传热系至少可以降低 50%，所以，中空玻璃目前是一种比较理想的节能玻璃。

② 热反射镀膜中空玻璃

它是在玻璃表面镀上一层或多层金属、非金属及其氧化物薄膜，使其具有一定的反射效果，能将太阳能反射回大气中从而达到阻挡太阳能进入室内的目的。热反射玻璃的透光率要小于普通玻璃，6mm 厚热反射镀膜玻璃遮挡住的太阳能比同样厚度的透明玻璃高出一倍。所以，在夏季，白天和光照强的地区，热反射玻璃的隔热作用十分明显，能有效限制进入室内的太阳能（图 13-55）。

③ Low-E 玻璃

Low-E 玻璃又称低辐射镀膜玻璃，是利用真空沉积等技术，在玻璃表面沉积一层低辐射涂层，一般由若干金属或金属氧化物和衬底层组成，因其所镀的膜层具有极低的表面辐射率而得名（图 13-56）。

与热反射镀膜玻璃一样，Low-E 玻璃的阳光遮挡效果也有多种选择，而且在同样可见光透过率的情况下，它比热反射镀膜玻璃多阻隔太阳热辐射 30% 以上。与此同时，

图 13-55　热反射镀膜中空玻璃的试验

图 13-56　Low-E 玻璃

Low-E 玻璃具有很低的 U 值，故无论白天或夜晚，它都可阻止室外大量的其他热量传入室内。

（3）粘贴门窗的密封带，宜采用橡胶或橡塑密封条，将外窗、阳台门密封。

本章保温隔热构造做法中，所选用的保温材料应符合国家及省级相关的节能与防火标准和防范要求。

13.4　建筑遮阳

13.4.1　建筑遮阳的发展现状

现今建筑遮阳已成为节能建筑的一种常用措施，技术的发展和研究已经比较成熟，应用十分普遍，建筑设计和建筑遮阳技术也已经融为一体。在建筑设计领域，对建筑遮阳的认知也正在逐步提高，不仅注重遮阳在建筑外形方面的重要作用，而且遮阳构件和产品也向着多元化、多功能、高效率以及轻盈、精致的方向发展，同时也十分注重满足节能标准的要求。为了规范建筑遮阳市场，我国对建筑遮阳标准体系也在不断进行完善。

建筑遮阳的目的是阻止阳光透过玻璃进入室内，防止阳光过分照射和加热建筑围护结构，防止眩光，以消除或缓解室内高温，降低空调的用电量。因此，针对不同朝向，在建筑设计中采取适宜、合理的遮阳措施是改善室内环境、降低空调能耗、提高节能效果的有效途径，而且良好的遮阳构件和构造做法是反映建筑高技术和现代感的重要因素。从效果上看，遮阳设计是不可缺少的一种适用技术，具有很好的节能和提高室内舒适性的作用。特别是在夏热冬冷地区，夏季强烈的太阳辐射是高温热量之源，而建筑遮阳是隔热最有效的手段。有关资料表明，窗户遮阳所获得的节能收益为建筑能耗的 10%～24%，而用于遮阳的建筑投资则不足 2%。[①]

建筑采取遮阳措施，不但可降低夏季外窗的太阳辐射透过率，同时也可大幅度降低空调设备的能耗，还可明显地改善自然通风条件下的室内热环境。据资料统计，有效的遮阳可以使室内空气最高温度降低 1.4℃，平均温度降低 0.7℃，使室内各表面温度降低 1.2℃，从而减少使用空调的时间，获得显著的节能效果。尤其对于炎热地区，窗户外遮

---

① 邓可祥，谢华. 透光型围护结构对建筑能耗的影响 [J]. 新型建筑材料，2008（12）：68-69.

阳是建筑节能最主要的技术措施之一。夏季，当外窗的辐射透过率不大于 0.3 时，再辅以墙体隔热和提高空调设备能效比等措施，就可以达到国家建筑节能 65% 的指标要求。但在冬天，太阳辐射得热又是提高室内热环境质量的一个有利因素。因此，选择合适的建筑开窗朝向、增加外窗的遮阳是减少外窗得热的最直接有效的手段。[①]

在古代，人们就已学会在营造建筑时利用物体遮挡阳光来形成阴影以获得舒适的室内外环境。在中国传统建筑中，出挑的屋檐就兼顾着排水与遮阳的功能。不论是南方的干阑式建筑还是北方的四合院，都考虑了夏季遮挡直射阳光和冬季保证充足日照的要求（图 13-57）。在建筑群体组合上，传统院落式的布局方式能够利用院落四周建筑的阴影，在院子中间形成荫凉的小天井，起到遮阳通风的作用。我国院落的布局和开间进深大小因所处地区不同而各异，体现了传统设计手法中人们对当地气候特点和太阳高度角变化的回应（图 13-58）。

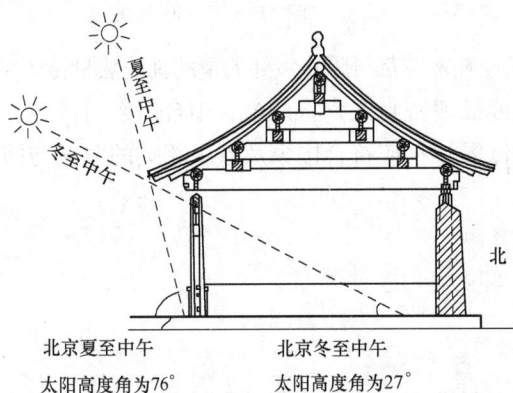

北京夏至中午　　　　　　　　北京冬至中午
太阳高度角为76°　　　　　　太阳高度角为27°

图 13-57　传统建筑屋顶兼具遮阳采暖之用

（来源：徐燊．太阳能建筑设计［M］．北京：中国建筑工业出版社，2015)

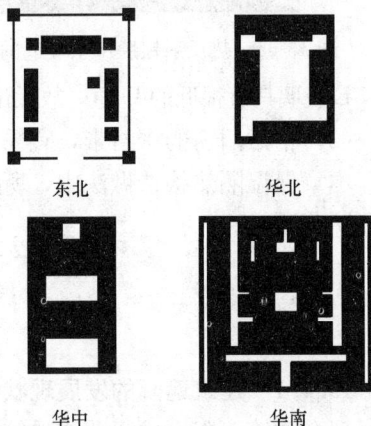

东北　　　华北

华中　　　华南

图 13-58　不同地区的院落布局

（来源：http://www.51arch.com)

20 世纪初，赖特（Frank Lloyd Wright）率先关注建筑遮阳设计。在罗比住宅（Robie House）和威利茨住宅（Willits House）中，赖特根据当地春、秋分等特定时间的太阳高度角以及各房间对阳光的需求设计了错落有致、深浅不一的挑檐，这些造型舒展的屋顶不仅成就了"草原住宅"（Prairie Houses），而且引起了其他建筑师对建筑遮阳设计的关注。不过，赖特设计的作品多为别墅，他的建筑遮阳设计理念没有传播到当时正蓬勃发展的大量现代工业化建筑（如多层、高层建筑）中，其挑檐也不是严格意义上的遮阳板。

13.4.2　建筑外窗遮阳构造

就建筑遮阳系统本身而言，按位置来分，包括"外遮阳"（如遮阳板）、"自遮阳"（如特种玻璃）和"内遮阳"（如内卷帘）。如果按功能性质分，建筑遮阳系统还可分为专用的遮阳构件，除百叶窗、遮阳板之外，还有其他兼顾遮阳的功能性构件，如挑檐、外廊、凹廊、阳台等，包括绿化遮阳。

1）建筑外窗外遮阳

从阻挡太阳辐射热进入室内和建筑节能的角度来讲，外遮阳的性能要远远优于内遮阳，因此建议优先采用建筑外遮阳。按照适用方位可分为水平式、垂直式、综合式、挡板

---

① 杨燕萍．夏热冬冷地区既有建筑门窗的节能改造［J］．新型建筑材料，2007（09）：42.

式等（图13-59）。

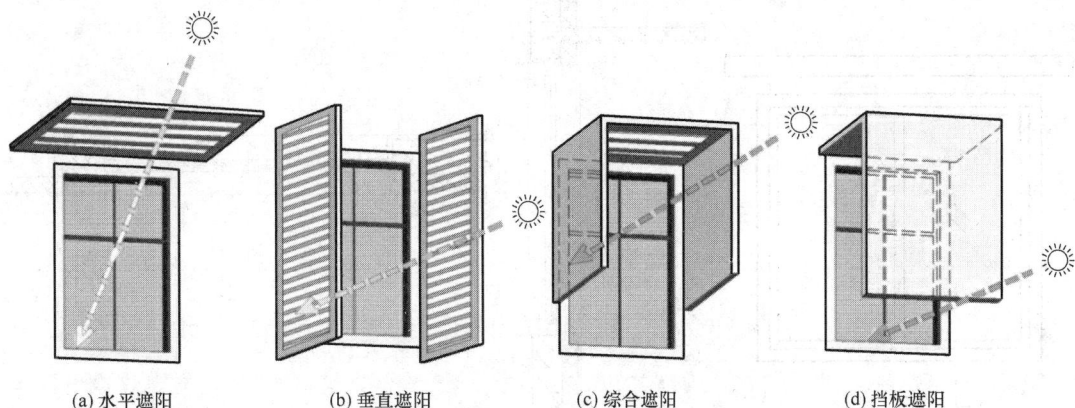

| (a) 水平遮阳 | (b) 垂直遮阳 | (c) 综合遮阳 | (d) 挡板遮阳 |

图 13-59　外遮阳形式示意图

（1）水平式外遮阳

水平式遮阳能有效遮挡高度角较大的、从窗口上方投射下来的阳光，故适宜布置在南向或接近南向的窗口上，此时能形成较理想的阴影区。水平式遮阳的另一个优点是：经过合理设计，遮阳板的出挑及布置位置能有效地遮挡夏季日光而让冬季日光最大限度地进入室内。如果遮阳板相对位置较高，就需要较大的出挑来满足遮阳需求。如果将遮阳板的位置下移，则可以减小遮阳板的挑出，从而节省材料。将遮阳板下移后，可将太阳辐射反射至顶棚，经过顶棚的二次反射进入室内，从而提高室内深处的亮度，也提高了室内光环境的均匀度（表13-8、图13-60、图13-61）。

水平式外遮阳形式与构造　　　　　　　　　　　　　　　表 13-8

形 式	构 成	效 果	组 成	范 围
整体板式	钢筋混凝土薄板,轻质板材	遮阳效果好,但影响采光	与建筑整体相连	南立面
固定百叶	钢筋混凝土薄板,轻质板材	遮阳同时可以导风或排走室内热量,较少影响采光	与建筑整体相连	南立面
拉蓬式	高强复合布料,竹片,羽片	遮阳效果好,对通风不利,适用范围广,要维修	建筑附加构件	南立面,东立面
可调节羽板式	钢筋混凝土薄板,轻质板材,PVC塑料,竹片,热反射玻璃	遮阳好,不影响采光,导风佳,适用广,是一种宜推广的遮阳方式	与建筑整体相连,建筑附加构件	任何立面

（2）垂直式外遮阳

可以弥补水平遮阳的不足，控制低角度光线的入射，特别对偏东、西方向的光线有较好的遮挡效果，但反光能力不如水平遮阳构件（表13-9、图13-61、图13-62）。

垂直式外遮阳形式与构造　　　　　　　　　　　　　　　表 13-9

形 式	构 成	效 果	组 成	范 围
整体板式	钢筋混凝土薄板等	遮阳效果不佳	与建筑整体相连	南立面
可调节羽板式	钢筋混凝土薄板,轻质板材,吸热玻璃等	遮阳好,利于导风,不影响视觉与采光,适宜推广的遮阳方式	建筑附加体(整体相连)	东西立面

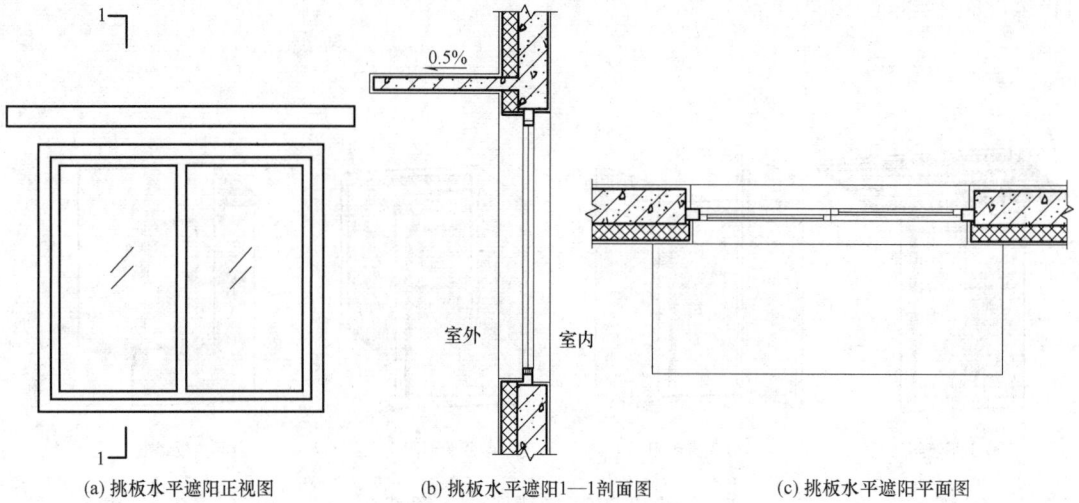

(a) 挑板水平遮阳正视图　　　　　(b) 挑板水平遮阳1—1剖面图　　　　　(c) 挑板水平遮阳平面图

图 13-60　挑板水平遮阳（外带保温）构造节点

图 13-61　水平遮阳实例

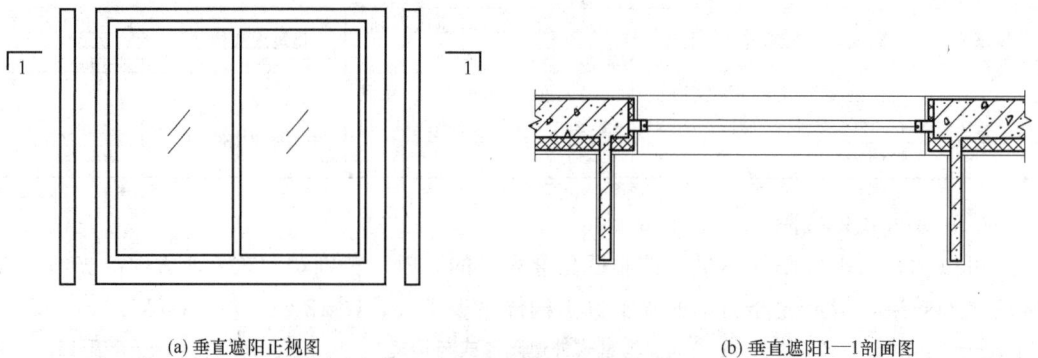

(a) 垂直遮阳正视图　　　　　　　　　　　　　(b) 垂直遮阳1—1剖面图

图 13-62　挑板垂直遮阳（外带保温）构造节点

（3）综合式外遮阳

可以根据窗口的朝向和方位而定，能有效地遮挡中等高度角的阳光，主要用于西南和东南向遮阳，其次用于东北或西北向（表 13-10、图 13-64、图 13-65）。

图 13-63 垂直遮阳实例

综合式外遮阳形式与构造 表 13-10

形 式	构 成	效 果	组 成	范 围
整体固定	钢筋混凝土薄板等	遮阳效果好,但影响视线	与建筑整体相连	任何立面
局部可调节	竖向固定	遮阳极好,造价高	与建筑整体相连	东西立面
	横向固定	遮阳较好,易于导风	与建筑整体相连	南向立面

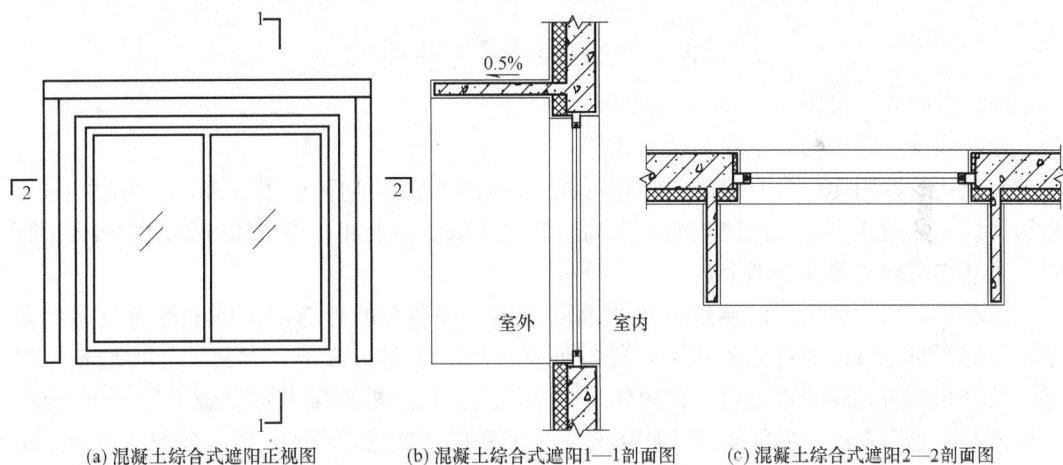

(a) 混凝土综合式遮阳正视图　　(b) 混凝土综合式遮阳1—1剖面图　　(c) 混凝土综合式遮阳2—2剖面图

图 13-64 混凝土综合式遮阳(外带保温)构造节点

图 13-65 混凝土综合式遮阳

（4）挡板式外遮阳

这种形式的遮阳能够有效地遮挡高度角较小的、正射窗口的阳光，故它主要用于东、西向附近的窗口。挡板式外遮阳在遮挡太阳辐射的同时会影响室内采光，故多使用可调节的活动式挡板，固定式挡板外遮阳的使用受到一定限制（图 13-66）。

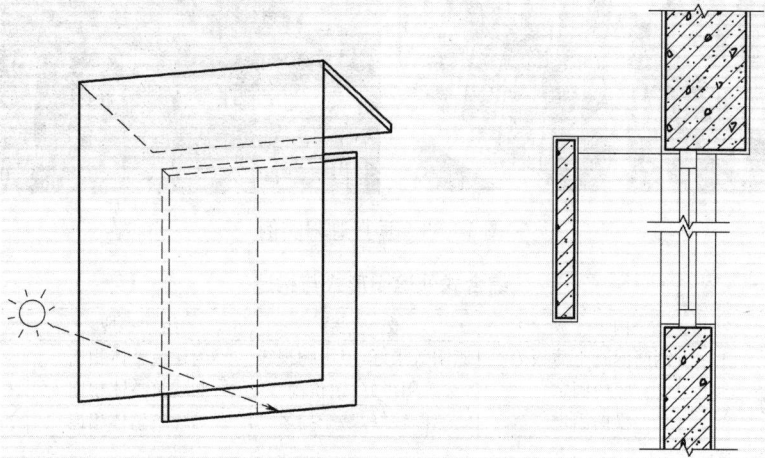

图 13-66　挡板式外遮阳构造图

（5）百叶式外遮阳

百叶式外遮阳分为固定式与活动式。

固定式外遮阳构件具有很好的外观可视性，对于阻挡直射阳光很有效，但是阻挡散射光和反射光的效果不好。固定式遮阳在高度角比较低的早上和下午不能有效地阻挡太阳辐射，尤其在东向和西向立面上。

活动式遮阳一般指可以调解或可收缩的遮阳。可调节的外遮阳设施能够有效阻挡阳光，但需要时也可以允许阳光进入，能够使室内照度不过分降低，尤其在处理低角度直射、散射和反射光时非常有效。民用建筑中常用的活动式外遮阳有铝合金百叶遮阳系统、铝合金卷帘遮阳系统、面料轨道式遮阳系统、面料摆臂式遮阳系统、面料曲臂式遮阳系统等（表 3-11，图 13-67～图 13-69）。

常用活动式外遮阳　　　　　　　　　　　　表 13-11

名称	铝合金百叶外遮阳	铝合金卷帘外遮阳	面料轨道式外遮阳	面料摆臂式外遮阳	面料曲臂式外遮阳
定义	以可翻转的叶片为遮阳物，通过叶片翻动控制室内采光的外遮阳	铝合金型材内填化学发泡剂，将型材片相连形成遮阳面，可卷于上端卷轴的外遮阳	以面料为外遮阳，以金属框架支撑，底杆沿着轨道上下滑动的外遮阳	以面料为遮阳物，以金属框架支撑，底杆可以 135° 上下摆动的外遮阳	以面料为遮阳物，以金属曲臂作支撑，靠曲臂的伸缩来实现遮阳的产品
优点	适用范围广，人性化设计，性能稳固，使用年限长，且外形美观，采光控制手段灵活	适用范围广，遮阳防晒，安全防盗，隔声降噪，有一定的保温效果	遮阳的效果很好，色彩丰富，价格便宜，使用方便	造型优美，在遮阳的同时不妨碍窗户的开启，色彩丰富，价格便宜，使用方便	遮阳的有效面积较大，面料色彩丰富，可用于门面、露台、阳台等，使用范围较广泛

续表

名称	铝合金百叶外遮阳	铝合金卷帘外遮阳	面料轨道式外遮阳	面料摆臂式外遮阳	面料曲臂式外遮阳
缺点	安装要求高,价格高	遮阳方式单一,安装效果差,自身较重,安装要求高	面料有一定的使用年限,在遮阳的同时不利于通风	面料有一定的使用年限,抗风压能力相对较弱	造价较高,抗风压性能较弱
适用范围	低层、多层和小高层建筑等	非高层建筑、厂房等	预算费用较低的楼盘。但是,别墅楼盘因其环境要求同样适用	适用于中、低层建筑	适用于小别墅、商业门面等

图 13-67 南京图书馆外墙百叶式遮阳

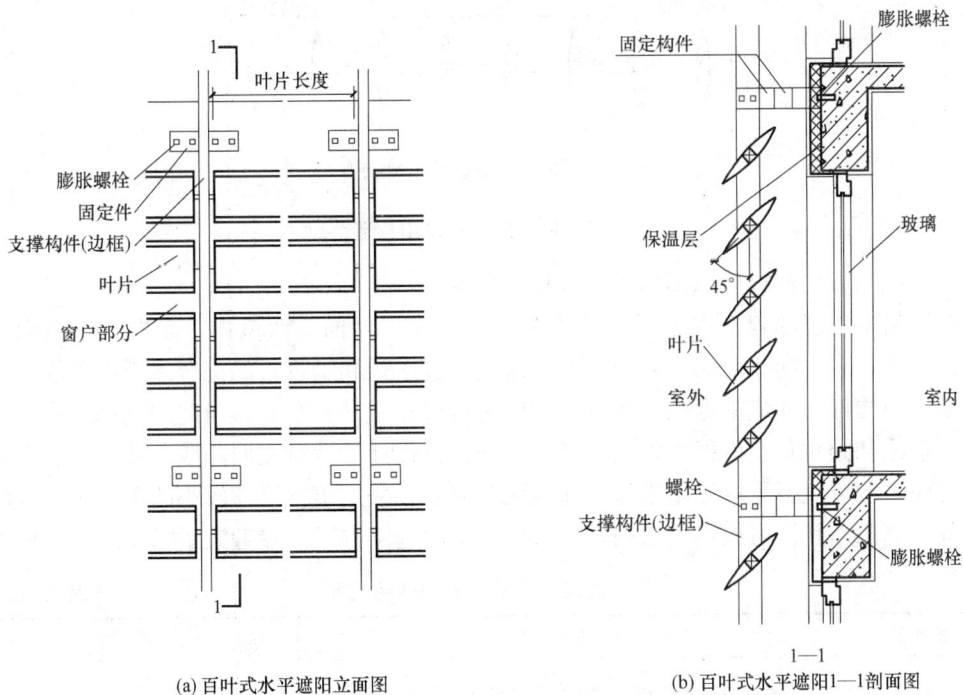

(a) 百叶式水平遮阳立面图   (b) 百叶式水平遮阳1—1剖面图

图 13-68 百叶式水平遮阳构造节点

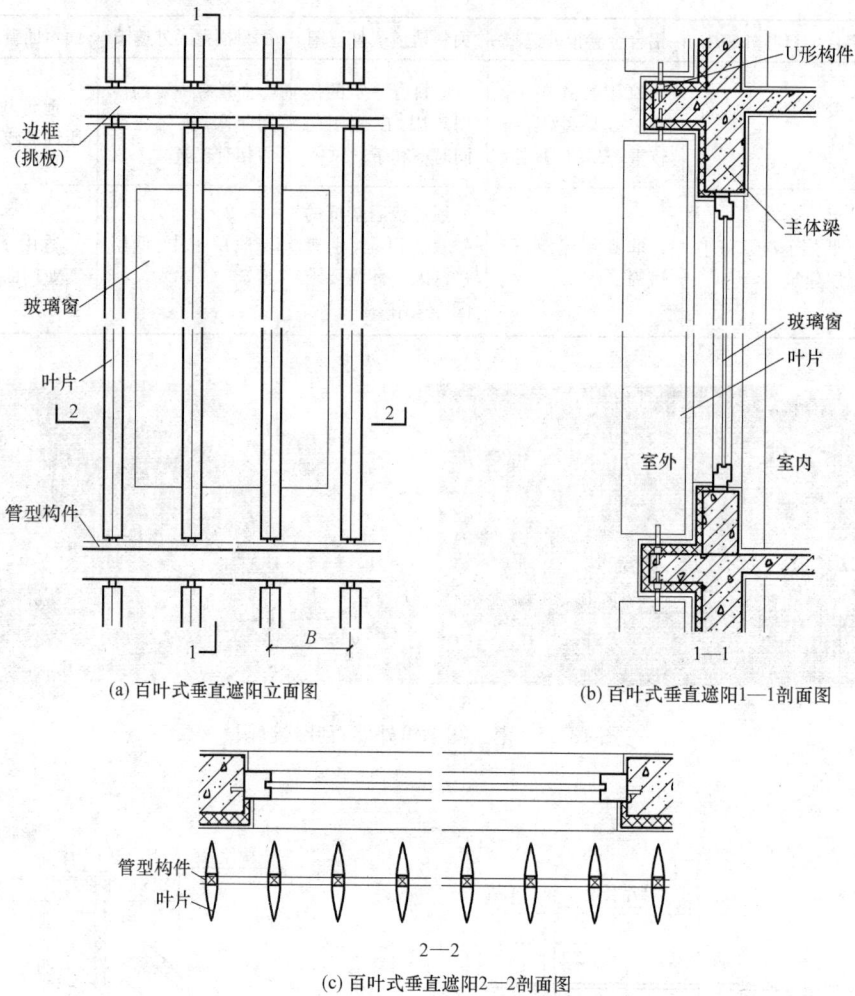

(a) 百叶式垂直遮阳立面图　　(b) 百叶式垂直遮阳1—1剖面图

(c) 百叶式垂直遮阳2—2剖面图

图 13-69　百叶式垂直遮阳构造节点

（6）不同方位窗口外遮阳形式的选择

遮阳需求程度的建筑方位排序依次为水平屋顶、西向、西南向、东向、东南向、南向、西北向、东北向、北向。东南、西南向结合水平式和垂直式的综合遮阳可以取得较好的效果，但构件尺寸应根据朝向角度的不同进行精心设计。东北、西北向选择垂直遮阳板较好，板距和倾斜角度应根据朝向角度的不同进行设计。针对北回归线以北，夏热冬冷地区，北向一般可以不采取遮阳措施，如果确有需要，采用出挑尺寸较小的垂直遮阳板就可以有效地遮阳。具体可根据洞口的朝向选择适宜的遮阳方式，参考表 12-12 进行选择。

不同遮阳方式的特点和适用状况　　　　　　　　　　　表 13-12

遮阳方式	特　　点	适 用 情 况
水平式遮阳	水平式遮阳板用于控制太阳高度角比较大的直射太阳辐射。为了保持通风，遮阳板常做成百叶式，使空气能够自由通过立面	主要适用于南向立面上的窗口遮阳

遮阳方式	特　点	适　用　情　况
垂直式遮阳	垂直式遮阳板用于控制太阳高度角比较小的直射太阳辐射,能有效遮挡从窗侧向斜射进来的直射阳光	主要适用于东北、西北向立面上的窗口遮阳,如北向有需要,采用出挑尺寸较小的垂直遮阳板就可以有效地遮阳
综合式遮阳	是垂直式遮阳与水平式遮阳的组合,可以根据朝向而定,设计成对称或不对称的,能有效遮挡太阳高度角中等的直射太阳光、从窗口前方斜射下来的阳光,遮阳效果均匀	主要适用于东南向、西南向的立面上的窗口遮阳,也适用于东北或西北向窗口遮阳
挡板式遮阳	挡板式遮阳板特别利于遮挡太阳高度角小、从正面平射过来的阳光	主要适用于东向、西向的窗口遮阳
百叶式遮阳	根据叶片角度的调整来控制入射光线,使其达到最适合状态。可以是固定百叶式遮阳,也可以是活动百叶遮阳	遮阳形式灵活性大,遮阳效果显著

2）建筑外窗内遮阳

内遮阳是建筑外围护结构内侧的遮阳。内遮阳因其安装、使用和维护保养都十分方便而应用普遍。内遮阳的形式和材料很多,包括百褶帘、百叶帘、卷帘、垂直帘、风琴帘等多种款式,有布、木、铝合金等多种材质,用户可选择的样式很多。相比较而言,浅色的内遮阳卷帘的遮阳效果较好,因为浅色反射的热量多而吸收少。

但是,内遮阳的隔热效果不如外遮阳,因为热辐射可以直接到达玻璃表面,并透过玻璃进入室内,还会使遮阳构件升温,并以长波辐射和对流的形式向室内散热。

当然,室内窗在实用功能上不仅考虑遮阳,而且还有私密性的需要,即遮挡外来视线,而且窗帘还是改善室内空间品质的重要手段之一,因此,在居住建筑中室外遮阳不可能完全代替室内窗帘。办公建筑与居住建筑相比,从隐私性上来说,办公空间是一个半公开半私密的空间,窗帘等内遮阳设施就可以根据需要进行设置。事实上,建筑常把内外遮阳结合使用,既达到了良好的节能效果,又满足了室内空间使用的需求。

3）玻璃自遮阳

玻璃自遮阳利用窗户玻璃自身的遮阳性能,阻止部分阳光进入室内。玻璃自身的遮阳性能对节能的影响很大,应该选择遮阳系数小的玻璃。遮阳性能好的玻璃常见的有吸热玻璃、热反射玻璃、低辐射玻璃。这几种玻璃的遮阳系数低,具有良好的遮阳效果。值得注意的是,前两种玻璃对采光有不同程度的影响,而低辐射玻璃的透光性能良好。此外,利用玻璃进行遮阳时,窗户必须是关闭的,会给房间的自然通风造成一定的影响,使滞留在室内的部分热量无法散发出去。所以,尽管玻璃自身的遮阳性能是值得肯定的,但是还必须配合百叶遮阳等措施,才能取长补短。

13.4.3　建筑屋面遮阳

建筑屋面的遮阳包括建筑中庭的遮阳、建筑天窗的遮阳以及建筑屋顶（不透明）的遮阳等多种形式。建筑中庭是一种在公共建筑中广泛应用的空间形式,冬季充沛的阳光透过大片玻璃可使中庭迅速升温,在创造了优良室内环境的同时还降低了建筑冬季采暖负荷。但同样的热过程若发生在夏季,就会造成中庭过热,因此,建筑中庭需考虑遮阳设计。中庭的内遮阳能将直达中庭底层的直射光转换为散射光，使室内热环境更加均匀（图13-70）。但内遮阳会使室内热量无法及时排出，从而引起中庭温度升高，造成夏季空调能耗加大。相比之下，外置式遮阳板能更为有效地阻止阳光的入射，降低中庭的夏季能耗，但同时会减弱冬季中庭的温室效应（图13-71）。

图 13-70　国外某建筑中庭内遮阳
（来源：徐燊. 太阳能建筑设计 [M].
北京：中国建筑工业出版社，2015）

图 13-71　南海意库中庭的光伏板外遮阳

建筑天窗可以增加大房间深处的室内自然光照度，对大进深和大跨度建筑而言，良好的天窗采光非常必要。由于同等面积的光线由天窗进入要比由侧窗进入在水平工作面上形成的立体角大，而且天窗对应的天空亮度要高，所以对水平工作面而言，天窗比侧窗采光效率要高得多。但建筑天窗也可能会带来眩光和过热等严重问题，因而天窗结合遮阳措施是两全其美的办法。

建筑屋顶（不透明）会获得比建筑墙面更多的太阳辐射，造成建筑顶层室内过热。采取遮阳措施，能有效遮挡太阳对屋面的直接辐射。有研究表明，通过遮阳技术控制屋顶的太阳辐射照度，则屋顶的传热负荷可消减近 70%，节能效果十分显著，而且通过对建筑屋顶的遮阳，可以减小屋顶日温度波幅，降低其产生热裂的可能性。屋顶遮阳也能结合整体造型，如屋顶构件和屋顶花园等，创造出独具个性的建筑形象。建筑屋顶遮阳在热带和亚热带地区较为常见，如印度建筑师查尔斯·柯里亚（Charles Correa）的大量作品以及马来西亚杨经文（Ken Yeang）的自宅、梅纳拉商厦、IBM 大厦等。

13.4.4　建筑绿化遮阳

1）周围种植

建筑东、南、西向墙体、窗口附近种植高大落叶乔木或设置植物藤架，遮挡窗口、墙面，降低墙体热传导和辐射得热（图13-72）。建筑东、南、西向种植地被植物可降低地面的反射辐射和空中的长波辐射，建筑北向密植耐阴乔木、灌木，降低冬季寒风速度。空调冷却器附近植物，可降低周边的温度，以减少用于制冷使用的电能。

2）墙面绿化

宜采用地栽攀缘植物对墙体进行绿化。西向墙体采用成品绿化墙面，增加墙体隔热性能。向阳墙面外挂组合式直壁花盆或种植槽对墙体进行遮阳，降低墙面辐射得热（图13-73）。

图 13-72　植物遮阳系统

图 13-73　2010 年上海世博会阿尔萨斯馆立面绿化系统

13.4.5　各种遮阳措施遮阳系数比较

一般米讲，室内百叶只可挡去 17％的太阳辐射热，而室外南向仰角 45°的水平遮阳板可轻易遮去 68％的太阳辐射热，两者的遮阳效果相差甚大（图 13-74）。装在窗口内侧的布帘、软百叶等遮阳设施，其所吸收的太阳辐射热，大部分将散发给室内空气。如果装在外侧，则吸收的辐射热大部分将散发给室外的空气，从而减轻对室内温度的影响。显然，外遮阳和玻璃遮阳是外墙节能的重要手段，玻璃材质中，高反射率的反射玻璃和吸热玻璃效果较好（但反射率太大的反射玻璃会造成眩光污染的公害），相比之下，遮阳板、遮阳百叶等外遮阳的效果更好。

遮阳的种类繁多，在做建筑设计时应该根据建筑所在的地区气候特征、墙体的朝向选择不同的遮阳方式，同时对各种遮阳方式的遮阳效果、视觉和通风影响、经济性等因素进行综合对比和考虑（表 13-13）。外遮阳是一种较为理想的遮阳方式，是建筑节能的第一步，是可持续性建筑设计的首选。在具体的工程中，建筑遮阳的设计可以统一考虑，尤其是外遮阳的整体设计与安装，要做到既能达到很好的遮阳效果，又可增加建筑的整体现代感。

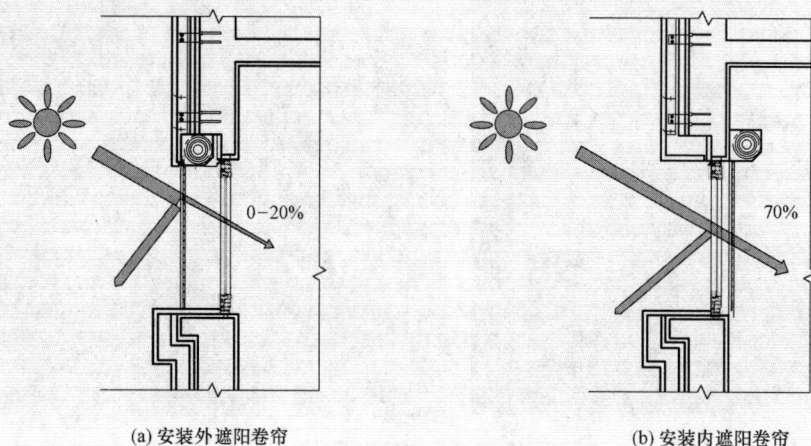

(a) 安装外遮阳卷帘　　　　　　　　　　　　(b) 安装内遮阳卷帘

图 13-74　外遮阳与内遮阳对比

外遮阳、内遮阳、玻璃自遮阳优缺点比较　　　　　　　　　　　表 13-13

类型	优　点	缺　点	常用材料
外遮阳	将太阳辐射直接阻挡在室外,节能效果好,为推广技术	直接暴露在室外,对材料以及构件的耐久性要求比较高,价格相对较高,操作、维护不便	钢筋混凝土薄板、玻璃钢、金属、木质或 PV 硬塑料
内遮阳	将入射室内的直射光漫射,降低了室内阳光直射区内的太阳辐射,对改善室内温度不平衡状态及避免眩光有积极作用。不直接暴露在室外,对材料及构件耐久性要求较低,价格相对便宜,操作、维护方便	遮阳构件位于建筑室内,无法避免遮阳材料本身的吸热储热,并在夜间放热,遮阳效果不明显	窗帘,卷帘,活动百叶
玻璃自遮阳	通过镀膜、着色、印花或贴膜的方式降低玻璃的遮阳系数	造价高,有可能影响室内采光。不影响立面造型,维护成本较高	选用遮阳系数较大的玻璃,玻璃可调节系统

13.4.6　遮阳构件与建筑形体设计一体化与复合化

很多当代建筑大师的经典建筑中都有遮阳的身影,可见遮阳设计在建筑立面处理中的历史地位。随着建筑技术日臻成熟,建筑遮阳系统呈现出新的发展趋势。

结合建筑整体设计,合理设置屋檐、阳台、外廊、墙面的凹凸等进行遮阳,没有专门负责遮阳的遮阳构件,主要通过建筑自身的凹凸来完成这一目的。可以通过窗口表皮缩进、建筑表皮局部缺失、檐口表皮外挑、建筑凸出的阳台等来实现建筑自身的遮阳。或利用表皮自身的结构或构件来产生阴影形成遮阳,并达到减少建筑表皮受热的目的。造型上,强调板面结合、虚实对比,或将遮阳构件作为一种独特的设计元素使遮阳构件与建筑浑然天成。打破原有建筑功能构件框架的遮阳综合设计,集遮阳、通风、排气、检修等物理功能和外廊、阳台等过渡空间于一身的思维模式,是建筑遮阳的主要发展方向,得到了大多数建筑师的认同。如沙特阿拉伯国家图书馆,利用预应力的外层钢结构支撑起非常之立体的菱形纺织物遮阳篷外表皮,遮阳篷通过立体的布局,优化进入图书馆的折射光并有效降低温度,为内部提供最舒适的温度和光照环境。图书馆同时采用了外表皮分层通风和地板进行热交换的技术，这种技术在使得环境更为舒适的同时，还能显著降低能源消费（图 13-75～图 13-77）。

图 13-75　沙特阿拉伯国家图书馆及其细部图

（来源：http://www.51arch.com）

图 13-76　阿拉伯 albahar 大厦

（来源：http://bbs.zhulong.com/）

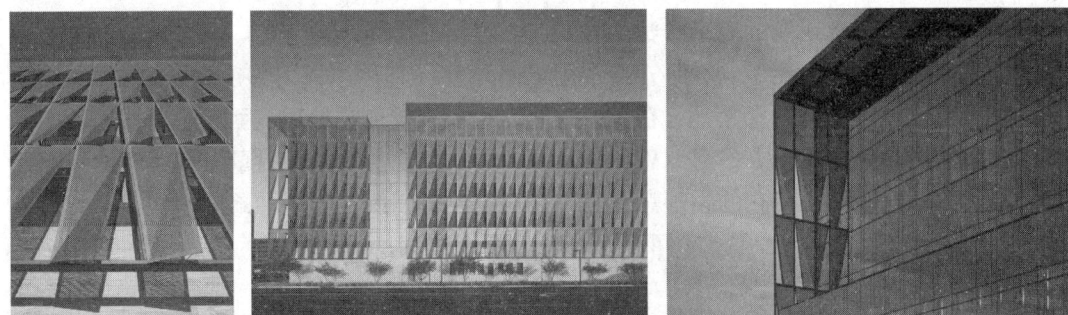

图 13-77　美国亚利桑那州大学癌症中心

（来源：http://www.archdaily.cn）

第 14 章　太阳能利用

14.1　概　述

太阳能是一种洁净的、无污染且取之不尽、用之不竭的自然能源。建筑耗能已与工业耗能、交通耗能并列，成为我国的三大"耗能大户"，尤其是建筑耗能，伴随着建筑总量的攀升和居住舒适度的提升，呈急剧上扬趋势。太阳能在建筑上具有很大的利用潜力，通过对太阳能的光热转换和光电转换等技术加以利用，可以减少采暖、空调和照明以及提供生活热水所使用的常规能源。

21 世纪以来，太阳能产品的转化效率和生产水平不断提高，成本大幅降低，使得太阳能大规模应用于建筑成为可能，这将进一步促进"低能耗"、"超低能耗"、"零能耗"建筑的技术发展，从而把太阳能的利用作为建筑节能的有效手段。在我国应用较为广泛的中国绿色建筑认证体系和在国际上应用较多的 LEED 美国绿色建筑认证体系中，明确规定了可再生能源和绿色电力在建筑能耗中的占比，而科学合理地利用太阳能是实现这一目标的有效手段。本章将重点讲述太阳能系统在建筑上的应用形式和设计方法。

14.1.1　太阳辐射能的表示参数

为了衡量太阳辐射能量的大小，通常用辐照强度（亦称"辐射强度"）来表示太阳辐射的能量密度。它的物理意义是：在单位时间内，垂直投射在地球表面某一单位面积上的太阳辐射能量，通常用 W/m^2 或 kW/m^2 表示。另一个度量太阳辐射量大小的单位是辐照度（亦称"辐射通量"），它的物理意义是：在规定的时间内，投射在地球表面某一单位面积上太阳辐射能的量值。计量单位可以用 $kW \cdot h/m^2$ 或 MJ/m^2，换算关系是 $1kW \cdot h/m^2 = 3.6MJ/m^2$。

14.1.2　我国太阳能资源的分布

我国幅员辽阔，有着十分丰富的太阳能资源。根据《太阳能资源评估方法》QX/T 89—2008，我国大致上可分为最丰富带、很丰富带、较丰富带和一般带，共四类地区（表 14-1）。

太阳能资源分布表　　　　　　　　　　　　　　　　　　表 14-1

资源等级	年总辐量（MJ/m²）	年总辐射量（kWh/m²）	地　区
一类地区（资源最丰富）	≥ 6300	≥ 1750	青藏高原、甘肃北部、宁夏北部、新疆南部、河北西北部、山西北部、内蒙古南部、宁夏南部、甘肃中部、青海东部、西藏东南部等地

续表

资源等级	年总辐射量 （MJ/m²）	年总辐射量 （kW·h/m²）	地　　区
二类地区 （资源很丰富）	5040～6300	1400～1750	山东、河南、河北东南部、山西南部、新疆北部、吉林、辽宁、云南、陕西北部、甘肃东南部、广东南部、福建南部、江苏中北部和安徽北部等地
三类地区 （资源丰富）	3780～5040	1050～1400	长江中下游、福建、浙江和广东的一部分地区
四类地区 （资源一般）	<3780	<1050	四川、贵州两省

我国经济发达、人口集中、建筑密集而且能耗较高的东南沿海地区和中东部地区，主要位于我国的太阳能二类和三类地区，太阳能资源丰富。由于这些地区土地资源极其珍贵，太阳能的利用与建筑集成是必由之路，能量的就地使用大大提升了太阳能的利用效率，实现了建筑的直接节能，是建筑节能的可靠措施，应用前景广阔。

14.1.3　太阳能系统的主要利用形式

建筑中利用太阳能的方式大致分为被动式和主动式两种。

1）被动式太阳能利用

被动式太阳能建筑是指不借助任何机械设备和动力，仅利用自然通风、采光、建筑朝向、建筑构造和周围环境的合理配置，内部空间和外部形式的巧妙处理以及建筑材料、建筑结构的适当选择等手段来集取、蓄存和分配太阳热能并创造一定的室内温度条件，以满足冬季采暖要求，同时在夏季又能有效地遮蔽太阳辐射、散发室内热量，甚至可以使建筑降温。

（1）直接接收太阳能

直接得热是最简单的被动采暖方法，其工作原理是让太阳从外窗直接射入房间内部，即通过透光材料直接进入室内，其形式简单，投资较小，易于推广使用（图14-1）。图14-1所示为直接接收太阳能的示意图，此时室内的地面、墙壁和家具设施等为吸收和储热体，吸收太阳热能而使温度升高，并向室内散发。被围护结构内表面吸收的太阳能，一部分以辐射和对流的方式在室内空间传递，一部分导入蓄热体内，当室温低于储热体表面温度时，这些物体就像一个大的低温辐射器那样向室内供暖。为使太阳能采暖房在冬季有较高的室内平均温度和较小的室内温度波动，采用这种方法时，建筑南向应先安装较大面积的玻璃窗，同时要求窗扇的密封性能较好，窗户夜间必须用保温窗帘或保温板覆盖。夏季白

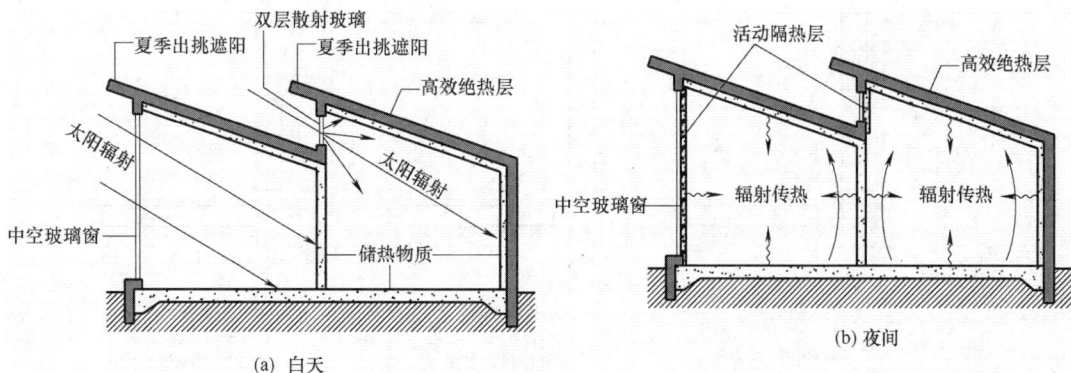

图 14-1　直接得热太阳房

天，窗户要有适当的遮阳措施，以防室内过热（图 14-2）。另外，要求外围护结构具有较大的热阻，室内要有足够的蓄热性能好的重质材料，以便蓄存较多热量，减少热损失。

图 14-2　巴黎贝桑库尔被动式节能房屋直接得热

直接得热的建筑要想获得成功，在建筑设计前期的场地规划阶段就要考虑当地的纬度、太阳高度角、太阳方位角、地形、高差等相关资料，以期在规划中可以因地制宜，结合环境，处理好道路的走向，建筑的体形、朝向和绿化的配置等。对于单体建筑技术措施，要保证建筑外围护结构的保温效果好，南向设有足够大的集热玻璃窗，同时室内要布置尽可能多的储热体。

（2）集热蓄热墙

被动式太阳房要获得良好的室内热环境，除了阳光采集之外，储存太阳辐射热的蓄热墙体的构造也很重要。良好的蓄热墙体可以保持室内的气温稳定，减少昼夜温差。常见的蓄热墙一般以重质材料（如混凝土、砖石等）制成，厚度不小于 240mm，并用深色将墙体表面涂匀，再在外面加上一层玻璃窗，形成通风空腔，两者之间应留有不小于 150mm 的空隙，用于采光、保温。墙体上下设通风口，墙体外窗上设夏季通风散热孔。在冬季，当阳光照在墙体上时，一方面，墙体开始储存热量，另一方面，处于玻璃和墙体之间的空气被加热，上升的热气流通过墙体上的开口进入室内，同时带动室内的冷空气自墙体下方开口进入风腔（图 14-3），如此不断循环，为室内加热。在夏季，关闭墙体上风口，打开

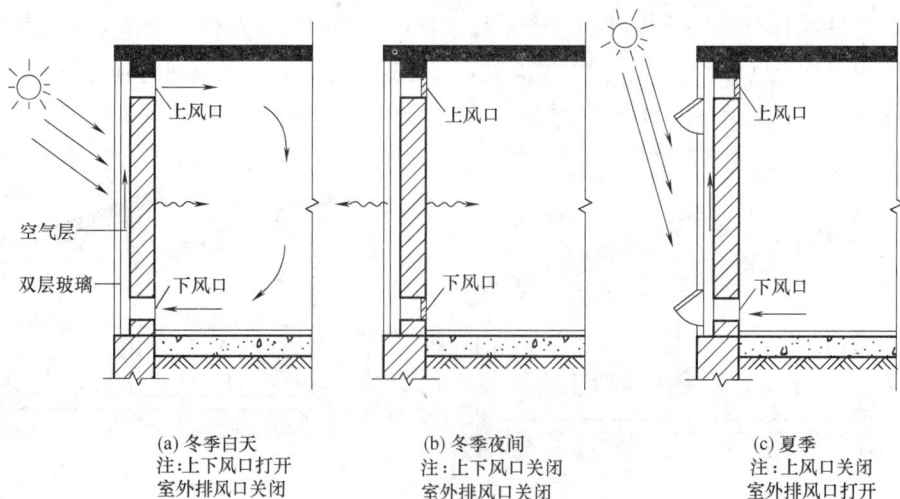

(a) 冬季白天
注：上下风口打开
室外排风口关闭

(b) 冬季夜间
注：上下风口关闭
室外排风口关闭

(c) 夏季
注：上风口关闭
室外排风口打开

图 14-3　集热储热墙式被动式太阳房示意图

外玻璃窗上的散热孔，向室外通风散热。这种墙体的基本形式由法国人特郎伯（Trombe）发明，所以称为特郎伯墙，构造见图 14-4。这种蓄热墙的特点是简单、经济、实用，容易与建筑结合，因此运用较广。特郎伯墙使用示意图如图 14-5 所示。

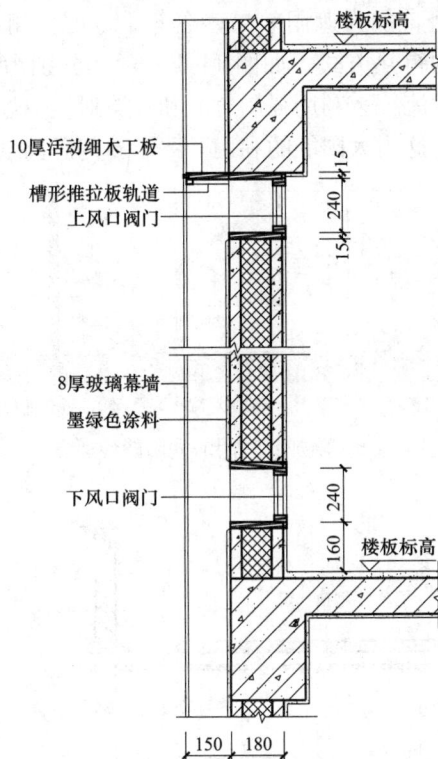

图 14-4　集热墙剖面图

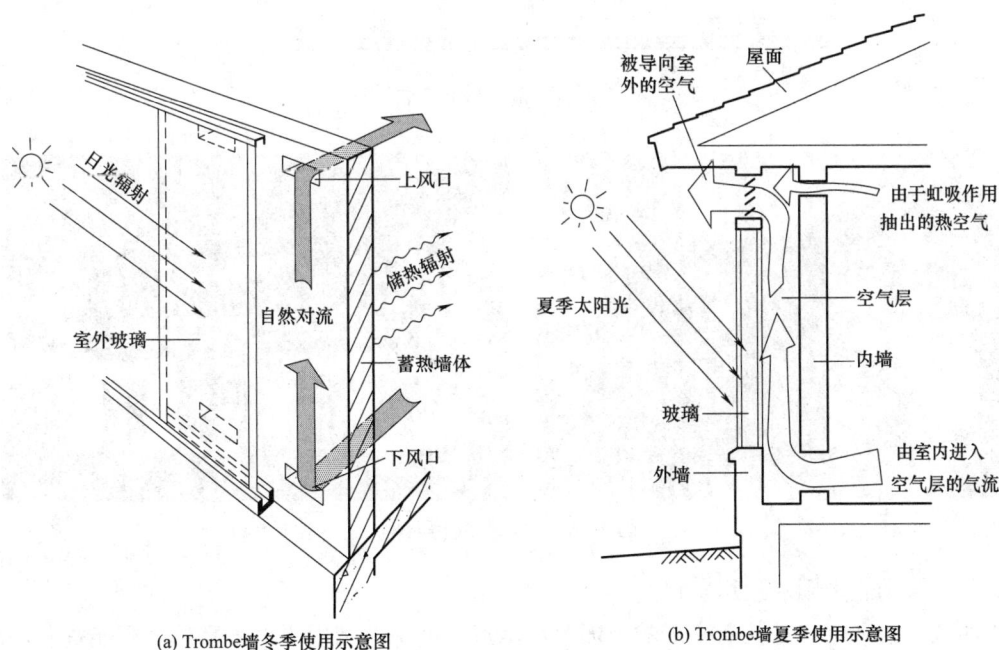

(a) Trombe墙冬季使用示意图　　　　　　(b) Trombe墙夏季使用示意图

图 14-5　Trombe 墙使用示意图

（3）附加日光间

此种太阳房的基本结构是将日光间附建在建筑物的南侧，中间用一堵墙带门、窗或通风孔把房间与阳光间隔开。在夏季，日光间可以考虑全部打开变成敞廊，以利夜间通风，同时也要考虑夏季隔热问题，加强遮阳效果；在冬季，可关闭或设计成可局部移动的形式。有关附加日光间系统的得热方式，如图 14-6 所示，分别为直接辐射、热压对流、强制对流、墙体传导、环路对流等。利用强制对流和环路对流可以把热量转移到无直接日照的房间，以提高室内温度，这为太阳能的利用开辟了新的思路（图 14-7、图 14-8）。

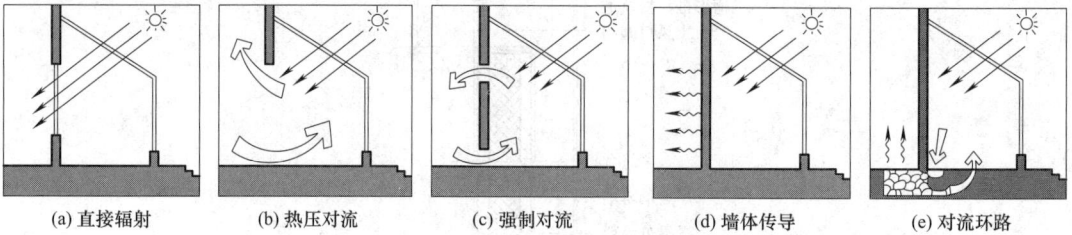

(a) 直接辐射　　(b) 热压对流　　(c) 强制对流　　(d) 墙体传导　　(e) 对流环路

图 14-6　附加日光间的太阳能传递方式

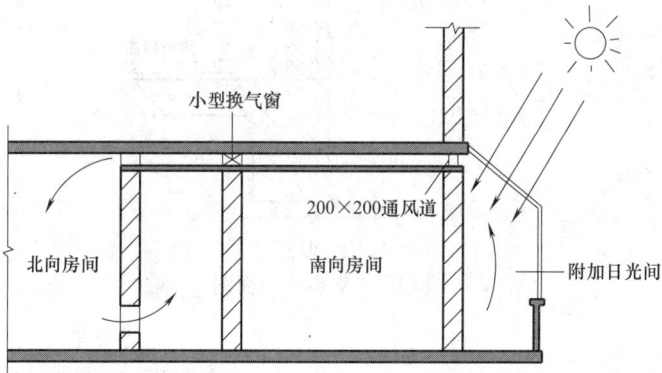

图 14-7　热量转移方法

图 14-8　附加阳光房实例

（4）被动式太阳能运用实例

西藏自治区定日县扎西宗乡的节能改造示范农宅中，利用当地丰富的太阳能资源，同时考虑到使用者的经济状况，使用了被动技术进行改造，包括：①阳光间；②集热蓄热墙；③卵石蓄热太阳能炕等。

a. 阳光间

阳光间位于建筑南侧，充分利用阳光直射获取太阳的热能，并将热能储存在与之相邻的墙体和蓄热体之中。在阳光间内设置通往卧室和起居室的门和窗。冬季白天，阳光间内温度高于客厅与卧室温度时开门，利用空气的自然对流提高卧室和客厅的温度，其余时间关闭形成空气缓冲层，起到保温作用。另外，阳光间设置上下两排可开启的窗户，在夏天可以将窗户全部打开流通空气，避免阳光房内温度过热（图14-9）。

b. 集热蓄热墙

示范农宅还采用了平板空气集热器技术。在冬季，关闭集热器表面的洞口，阳光照射在集热器的表面，腔内空气温度上升并进入室内，提高室内温度。在夏季和过渡季，关闭墙体上方洞口，打开墙体下方洞口和集热器上方洞口形成热压通风（图14-9）。

图 14-9　西藏节能改造示范农宅附加
阳光间与空气集热器实景
（来源：《绿色建筑设计与技术》）

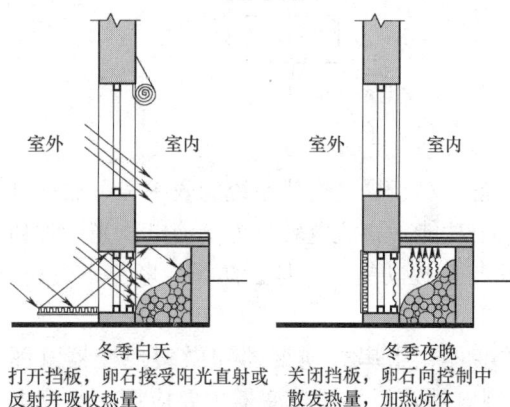

c. 卵石蓄热太阳能炕

在建筑中采用蓄热性能好的卵石材料作为蓄热体放置在炕内（炕是中国寒冷地区农村特有的采暖工具）。在墙体上开采光用的小窗洞，并在窗洞处设置可开关的挡板，上附保温材料和反光材料。白天，阳光经小窗洞的直射和挡板的反射照到卵石上，卵石开始蓄热；夜晚，关闭挡板来保温，随着气温下降，卵石开始释放热量，加热炕板（图14-10）。

改建后的建筑内热舒适性上升，采暖能耗下降，室内热环境有所改善。

(a) 示范农宅蓄热炕工作原理图

冬季白天
打开挡板，卵石接受阳光直射或
反射并吸收热量

冬季夜晚
关闭挡板，卵石向控制中
散发热量，加热炕体

(b) 示范农宅蓄热炕实景

图 14-10　西藏节能改造示范农宅卵石蓄热太阳能炕
（来源：《绿色建筑设计与技术》）

2）主动式太阳能利用

太阳能系统是收集利用不同形式的太阳能量的装置，在不同的地区有着不同的应用形式，种类繁多。按太阳能的利用原理可分为太阳能光伏系统、太阳能热水系统和太阳能光伏热系统。

（1）太阳能光伏系统

太阳能光伏系统是根据光生伏特效应将太阳辐射能直接转化为电能的清洁能源发电系统（图 14-11）。其中，太阳能电池板（PV Module）是系统中进行光电转化的核心部件，其转化效率直接决定了系统的发电能力。此外，太阳能光伏系统还包括逆变器、汇流箱、配电柜、计量保护装置等部分，统称 BOS（Balance of System）。从应用形式上，太阳能光伏系统主要分为与公共电网连接进行工作的并网发电系统和不与公共电网连接进行工作的离网发电系统。在智能微电网中光伏系统常与储能电池一同使用，构成了光伏储能系统，这是太阳能光伏系统的应用方向（图 14-12）。

图 14-11　太阳能光伏应用实例

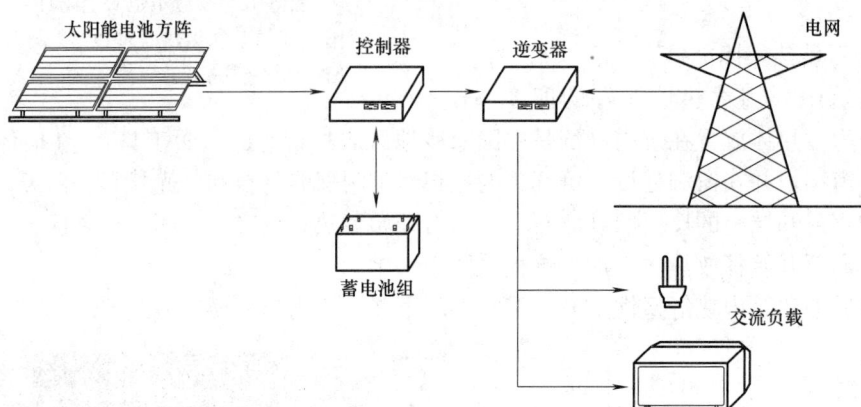

图 14-12　电网作为补充的独立光伏发电系统概要

① 逆变器

光伏并网逆变器是光伏发电系统中的关键设备，对于提高光伏系统的效率和可靠性具有举足轻重的作用。光伏并网逆变器一般具有以下功能：直流电转化为交流电；光伏阵列自动最大功率点跟踪；机体显示功能；远程通信与监控功能；接地、防雷、断路、过压、欠压等保护功能。

光伏并网逆变器根据容量可分为集中式逆变器、组串式逆变器和微型逆变器（图14-13～图 14-15）。集中式逆变器主要应用于大型电站，组串式逆变器主要应用于小型电站，微型逆变器主要应用于单片组件的直接发电。鉴于建筑光伏系统的容量较小，故在建筑光伏系统应用中多采用组串式逆变器。在特殊的建筑光伏项目中，若光伏系统容量较小，光伏组件朝向差异较大，不便于串、并联，可采用微型逆变器将光伏组件分别接入电网系统。

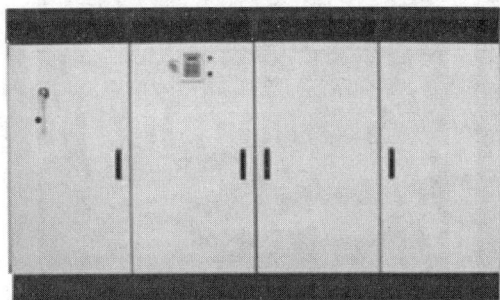

图 14-13 集中式光伏并网逆变器

图 14-14 组串式光伏并网逆变器

图 14-15 微型光伏并网逆变器

② 配电箱

在太阳能光伏发电系统中，光伏阵列的输出线缆在接入逆变器之前，一般使用直流汇流箱，对光伏直流线缆进行汇流合并，进而减少输出线路（图 14-16）。

在光伏逆变器后端，接入市电电网时，需要安装交流配电箱作为市电系统的接入点。交流配电箱中，除安装接线端子、浪涌保护器、交流熔断器和断路器外，还需要安装符合电网公司要求的电力计量表，作为光伏系统电费计量的依据（图 14-17）。

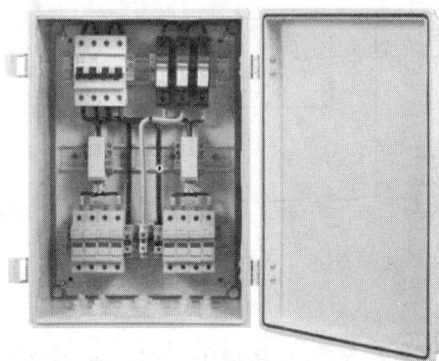

图 14-16 光伏直流汇流箱

图 14-17 光伏交流配电箱

③ 储能装置

在具备断电续用和"谷电峰用"功能的光伏系统中，需要配置相应容量的储能系统。储能系统可选用铅酸蓄电池、锂离子蓄电池、机械储能电池等（图 14-18）。

（2）太阳能热水系统

太阳能热水系统的集热原理是太阳照射在带有选择性高效吸收涂层的集热器吸热体表面，热量通过集热器直接加热水或传递给间接导热介质，介质将热量传递给水箱内部的水，进而将水逐渐加热。太阳能热水系统是目前太阳热能应用发展中最具经济价值、技术最成熟且已商业化的一项应用产品。

太阳能热水系统主要由集热系统和热水供应系统构成，主要包括太阳能集热器、储热水箱、循环管道、支架、控制系统、热交换器和水泵等设备和附件。集热系统是太阳能热水系统特有的组成部分，是太阳能否得到合理利用的关键。热水供应系统的设计与常规的生活热水供应系统类似，可以参照常规的建筑给水排水手册进行设计（图 14-19）。

(a) 铅酸蓄电池　　　　　　　　　　　(b) 磷酸铁锂蓄电池

图 14-18　蓄电池

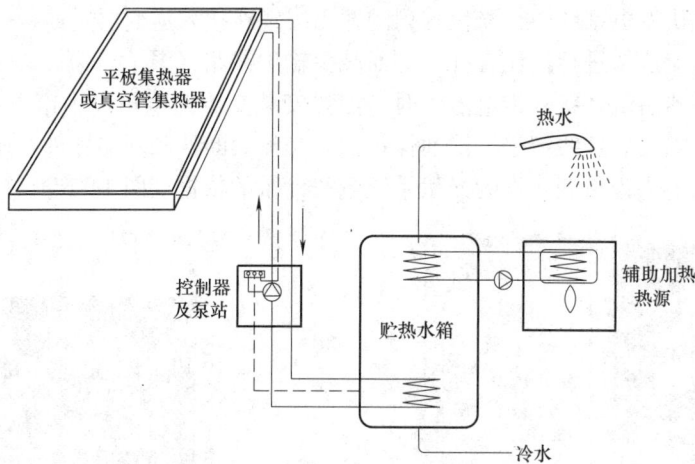

图 14-19　太阳能热水系统原理示意图

① 太阳能集热器

太阳能集热器是太阳能热水系统重要的核心部件，是负责将太阳辐射能量高效吸收并传递出去的关键。根据吸热体及结构形式的不同，太阳能集热器主要分为真空管式与平板式。真空管式太阳能集热器的主要特点是单位吸热体面积热损失小、效率高，而平板式太阳能集热器坚固可靠、外形美观，更易于与建筑结合，经过特殊设计，还可以作为建筑物围护结构的一部分，成为建筑构件，与建筑物有机结合起来，实现太阳能与建筑一体化（图 14-20、图 14-21）。

图 14-20　真空管型太阳能集热器

图 14-21　平板型太阳能集热器

② 储热水箱

太阳能热水系统中的储热水箱是用来存储热水的，它要能满足太阳能集热系统的运行要求，同时保证热水供应及热量损失指标。根据是否承压，储热水箱可分为开式非承压水箱和闭式承压水箱。随着控制技术的提高，对于闭式承压水箱供水系统能达到的指标（用水点压力、温度、流量等），开式非承压水箱也能达到（图 14-22、图 14-23）。

图 14-22 开式非承压水箱

图 14-23 闭式承压水箱

③ 换热器与控制系统

间接式太阳能热水系统中，换热器是必备结构或部件。换热器主要有水箱内置盘管式（图 14-24）与外置板式（图 14-25）两种类型。水箱内置盘管式换热器，由于其在水箱内部，加工工艺较复杂且表面易结水垢，影响换热效率，维修不便。外置板式换热器所需水箱结构简单，其与内置式换热器相比，有许多优点：其一，板式换热器的换热面积大，传热温差小，对系统效率影响小；其二，板式换热器设置在系统管路之中，灵活性较大，便于系统设计布置；其三，板式换热器已商品化、标准化，质量容易保证，可靠性好。

图 14-24 内置盘管式换热   图 14-25 外置板式换热器   图 14-26 太阳能热水系统控制器

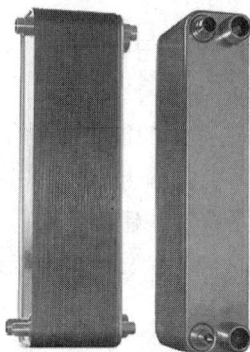

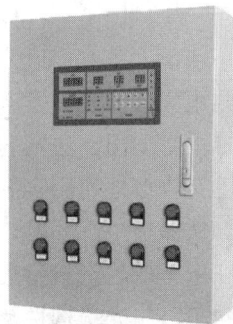

太阳能热水系统在控制系统的智能控制下，可自动运行，无需干预，控制系统也具有手动干预功能，在特殊和紧急情况下可人工干预系统的运行。控制系统的基本功能为温差循环和定温出水，控制器可根据太阳能热水系统的不同形式及设计，添加功能（图 14-26）。

（3）太阳能光伏热系统

太阳能光伏热系统将太阳能光伏系统与太阳能热水系统联合起来，实现了电热联用，既能发电，又能提供热水，并且提高了光伏系统的发电效率，从而提高了整个系统的综合能量效率。

太阳能光伏热系统的核心部件是太阳能光伏热收集器，它是太阳能光伏组件与太阳能集热器的一体化，在利用太阳能发电的同时，将光伏组件无法吸收的能量和光伏组件工作时产生的热能吸收，并且可为光伏组件降温。该系统的设计结合了太阳能光伏系统与太阳能热水系统的主要部件。光伏部分主要包括逆变器、配电箱以及储能装置（如有需要）；光热部分主要包括循环管路、水箱、泵等设备（图 14-27）。

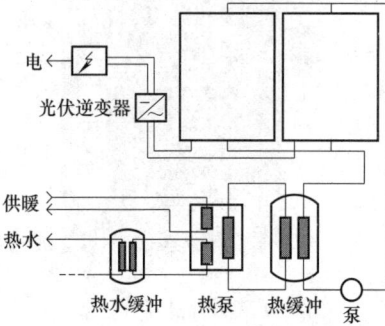

图 14-27　太阳能光伏热系统原理图

图 14-28　安装于澳大利亚第一个实用型太阳能光伏热系统

太阳能光伏热系统与太阳能光伏系统和太阳能热水系统最主要的区别在于太阳光收集装置，即光伏热组件（PVT 组件），又称光伏热集热器（Photovoltaic/Thermal Collector）。光伏热组件是通过将光伏组件与集热构件结合，使光伏组件实际应用中产生的热量通过集热构件传递给介质，加热水箱内部的水，热量被介质有效地带走，降低光伏电池温度，提高发电性能（图 14-28）。

14.2　太阳能光伏系统

利用太阳能光伏发电系统为建筑提供能源，是近年来兴起的一项重要节能技术。美国、日本、德国、法国、意大利、荷兰、瑞士等国家，在生态建筑、试验性建筑和居住建筑中已有较多地使用实例。国内也正在一些建筑上进行应用探索，有关技术正在快速发展之中。从保护生态环境、节约能源的角度出发，太阳能光伏发电将成为重要的建筑节能措施，在未来的建筑中应提倡使用。

14.2.1　光伏构件及其特性

太阳能光伏发电系统是通过太阳能电池吸收阳光，将光能直接变成电能输出。但是单体太阳能电池输出电压较低，电池本身容易破碎、易被腐蚀、易受环境影响，不能直接用来发电，需要进行封装才可以应用，封装完成的光伏产品称为光伏组件（Solar Module 或 PV Module）。光伏组件的种类繁多，目前实用化的光伏组件主要有晶体硅电池光伏组件和薄膜电池光伏组件。

1) 晶体硅光伏电池

晶体硅光伏电池主要有单晶硅电池和多晶硅电池，其主要区别在于原材料的纯度和晶体结构。晶体硅电池主要有 125mm×125mm 和 156mm×156mm 两种标准规格，厚度一般为 $200\mu m$ 左右，正面呈深蓝色或黑色，背面一般呈银灰色（图 14-29～图 14-31）。

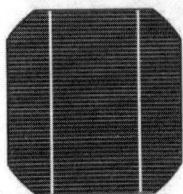

图 14-29　单晶硅电池的外观　　图 14-30　多晶硅电池的外观　　图 14-31　晶硅电池的背面

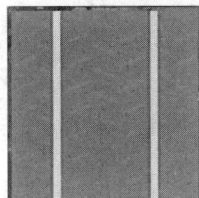

2) 薄膜电池

现有薄膜电池主要有硅基薄膜电池、碲化镉（CdTe）薄膜电池、铜铟镓锡（CIGS）薄膜电池等。

（1）非晶硅薄膜电池，其外观一般呈茶色，不透明或半透明，外表美观，既能遮挡光线又允许部分光线通过，而且在弱光下其发电能力也较好，很适合用在建筑幕墙、窗户等的部件。薄膜电池的生产工艺是镀膜，薄膜电池在颜色和外观方面有很大的变化空间，可真正实现光伏建筑一体化（图 14-32）。

（2）碲化镉（CdTe）薄膜电池是通过近空间升华的方法将碲化镉薄膜沉积在玻璃衬底上的，由于碲化镉材料的特性，电池外观主要呈黑色（图 14-33）。

图 14-32　非晶硅薄膜光伏组件　　　　　图 14-33　碲化镉薄膜光伏组件

（3）铜铟镓硒薄膜太阳能电池具有生产成本低、污染小、不衰退、弱光性能好等显著特点，具有柔和、均匀的蓝黑色外观，主要应用于对外观有较高要求的场所。

3) 太阳能电池的封装形式

根据太阳能电池的不同用途，可以采用不同的封装形式。主要用于光伏发电站的晶体硅电池多采用前面板钢化玻璃加聚氟乙烯复合膜（简称 TPT）背板的封装形式，中间采用聚醋酸乙烯酯（简称 EVA）作为粘结材料，然后辅以铝合金边框增加整个面板的机械强度；用于建筑材料的晶体硅电池，前、后板均可以采用钢化玻璃，中间采用光伏专用聚乙烯酯缩丁醛（简称 PVB）作为粘结材料（图 14-34、图 14-35）。

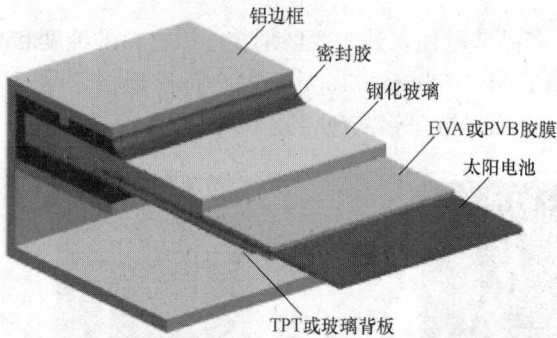

图 14-34　晶体硅标准光伏组件结构图

图 14-35　晶体硅标准光伏组件

　　薄膜电池一般需要以玻璃或金属片作为衬底材料进行制作，可以封装成刚性或柔性组件。刚性组件多采用前、后板均为玻璃的夹胶玻璃形式，柔性组件一般用非常薄的不锈钢带或铜带作衬底材料，并用柔性封装材料进行层压合成。由于其能够弯曲，可应用在一些需要曲面安装的特殊场合（图 14-36）。

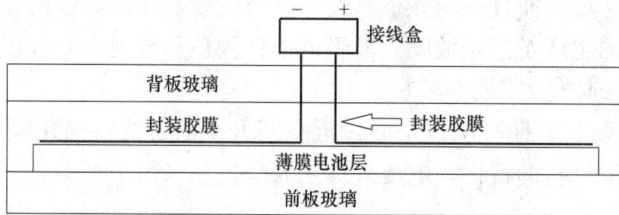

图 14-36　一种典型硅基薄膜光伏组件结构示意图

　　当光伏组件作为建筑材料使用时，为满足建筑需要，可对光伏组件进行二次加工，增加中空保温层、Low-E 膜等（图 14-37）。

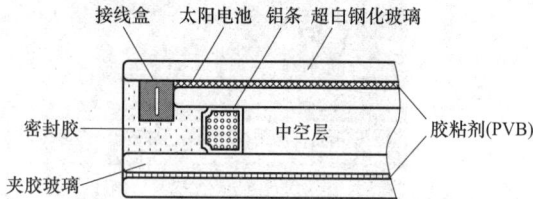

图 14-37　中空玻璃光伏组件结构示意图

　　当光伏电池采用夹胶玻璃封装形式时，如有透光要求：晶体硅电池，可以采用调节晶体硅电池之间的距离实现；薄膜电池，可以通过激光刻划去除部分电池膜层来实现。晶体硅电池之间的互连条（电极连接线）一般难以隐去，会与电池一起呈片状或条状的遮光带；薄膜电池通过激光的均匀刻划，呈现出良好的均匀性。

　　光伏组件应用于建筑外围护结构时，需根据安装地点的气候条件和相关的设计规范，采用适合的玻璃配置结构。当应用于风压小、安装高度低，且无特殊安全性要求的项目时，满足强度和挠度要求的双玻封装光伏组件可直接应用（图 14-38）。

　　另外，对于有特殊颜色要求的项目，薄膜电池可以通过控制膜层的厚度，调节颜色的深浅，同时，使用不同颜色的 PVB 胶片和不同的激光刻划宽度来实现薄膜组件不同的外观（图 14-39、图 14-40）。

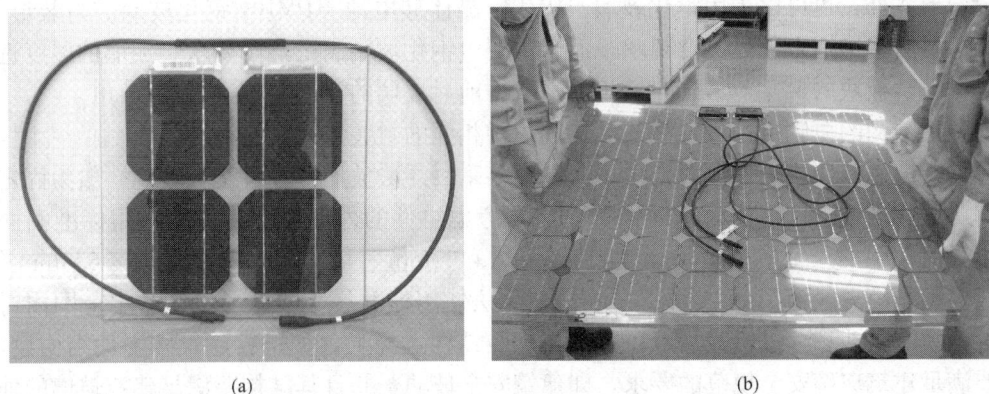

(a)　　　　　　　　　　　　　　　　(b)

图 14-38　晶体硅夹胶玻璃光伏组件
(来源：SUNTECT)

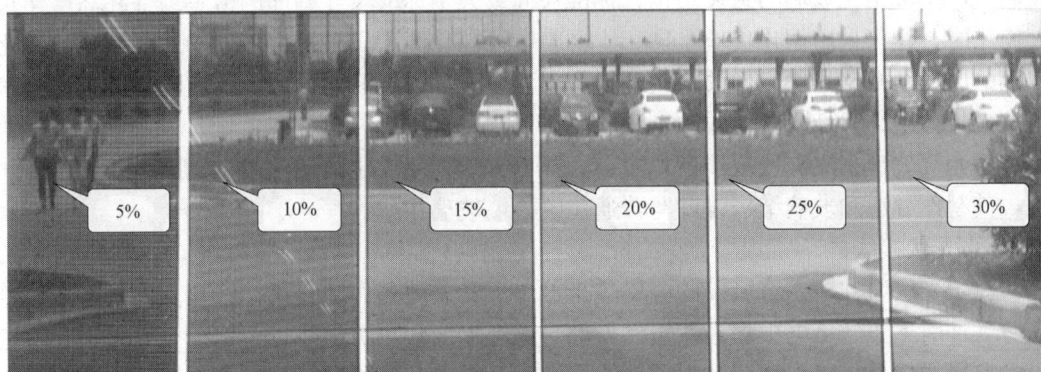

图 14-39　不同透光率的硅基薄膜光伏组件
(来源：http：//www. HANERGY. com)

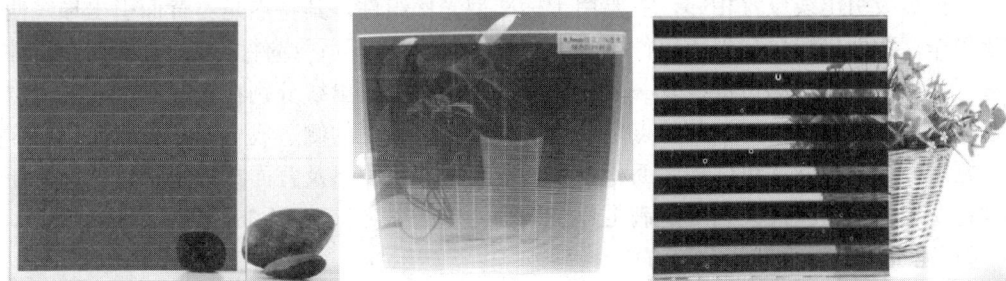

图 14-40　薄膜组件彩色透光和激光刻划效果
(来源：http：//www. HANERGY. com)

4）光伏组件封装结构的设计方法

建筑光伏构件与光伏标准组件是有区别的，各项要求的侧重也不一样。标准组件追求单位面积转化效率最高，其次是成本最优；而建筑光伏构件则更注重安全性和建筑美学。

对于晶体硅电池，当作为建筑构件使用时，需要使用满足建筑安全要求的材料进行封装，除采用钢化玻璃＋EVA＋晶体硅电池＋EVA＋TPT，并在四周安装铝边框的常规组件封装形式外，也可以采用钢化玻璃＋PVB＋晶体硅电池＋PVB＋钢化玻璃的封装形式。前者主要由铝边框来满足挠度要求，后者主要由钢化玻璃满足挠度要求。玻璃的厚度选择需根据玻璃板块的尺寸，结合建筑规范选取。前后玻璃的厚度差不宜超过 3mm。

薄片结构的薄膜组件可选择与晶体硅组件相同的封装形式。

对于玻璃基薄膜组件而言，由于其基板多采用浮法玻璃，并且基板玻璃一般为固定尺寸，所以在进行组件结构设计时，首先需要考虑组件的外形尺寸，优先选用标准幅面尺寸。目前常用的尺寸有 1300mm×1100mm、1400mm×1100mm、1245mm×635mm 等，基板玻璃厚度一般为 3mm 或 3. 2mm。如无法使用标准尺寸幅面，可在一定范围内对镀有电池膜的电池芯片进行裁切或拼接。在封装结构选择上，如进行建筑外围护结构设计，需要满足建筑玻璃安全规范的要求，即建筑安全玻璃，并且其结构要满足建筑玻璃的强度和挠度要求。

标准尺寸或小于标准尺寸幅面的薄膜光伏组件在低层建筑上使用时，可采用薄膜光伏玻璃＋PVB＋钢化玻璃的封装结构；标准尺寸或大于标准尺寸幅面的薄膜组件在高层建筑上使用时，建议采用钢化玻璃＋PVB＋薄膜电池芯片＋PVB＋钢化玻璃的封装结构。钢化玻璃的厚度须根据光伏组件的使用环境和安装方式进行选择，可参照《玻璃幕墙工程技术规范》JGJ 102—2013。

由光伏玻璃制成夹胶玻璃后，可以根据建筑节能要求进行镀 Low-E 膜和中空玻璃加工，其制作方法和玻璃结构设计与普通建筑幕墙玻璃相似。

5）光伏接线盒

对于光伏组件，要将所发的电能进行输出，其关键部件为光伏接线盒。光伏电池通过串并联，引出正、负电极到光伏组件外部，通过接线盒对引出线进行保护，并采用光伏电缆引出接线盒外。除引线功能外，接线盒中一般会安装旁路二极管，与电池组串形成电路上的并联，在光伏电池被局部遮挡时，对被遮挡的电池串进行旁路保护。

光伏接线盒主要有背面接线盒和侧边接线盒两种。背面接线盒一般呈扁平矩形或其他形状，正负极引出线位置相邻，主要用于标准型光伏组件。其特点是：背面引出导线便于安装操作；背面接线盒与光伏组件接触面积较大，安装牢固；组件之间的连线均在组件背后进行，易于操作。侧边接线盒一般为窄条形，正负极引出线分别在接线盒的两端，主要用于建筑构件型光伏组件。其特点是：可安装在光伏组件的侧边或背面；安装操作难度较大；侧边接线盒与光伏组件接触面积较小，安装牢固程度不及背面接线盒；体积小，便于隐藏在安装结构中，最大程度上满足建筑结构外形的美观（图 14-41、图 14-42）。

6）建筑用光伏组件的发展方向

随着光伏组件技术的成熟和产品的逐渐丰富，为满足建筑的应用要求，建筑用光伏组件呈现出多样化的发展方向：

（1）标准化（可拆卸模块，如光伏幕墙、光伏瓦等）：便于生产与安装，可大规模地应用于各类建筑；

（2）智能化：与智能建筑完美融合，自动一体化；

（3）多媒体化：由白天发电、美化建筑的原始功能，向夜间发光、装饰建筑的多媒体化发展；

（4）定制化：特殊形状、不同透光率、不同色彩等。

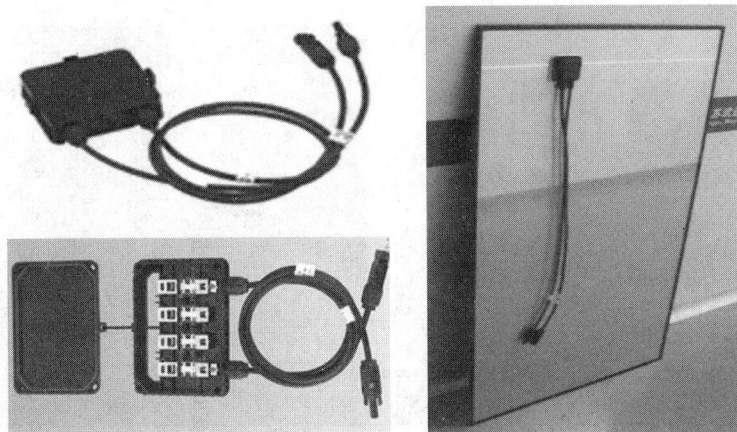

图 14-41 背面接线盒及光伏组件
(来源：http://www.HANERGY.com)

14.2.2 光伏构件在建筑上的主要安装形式

建筑应用是太阳能光伏发电的重要途径。将太阳能电池板与建筑物屋顶、外立面、围栏、采光窗等相结合，每个建筑就形成了一座小型发电站，满足建筑内生活/办公用电需求，实现自发自用，有结余可并入电网，不用占地，不需要远距离传输。太阳能光伏系统按照在建筑上应用方式的不同，可以分为光伏与建筑一体化系统（Building IntegratedPhotovoltaic，简称 BIPV）和光伏与建筑相结合系统（Building Attached Photovoltaic，简称 BAPV）。

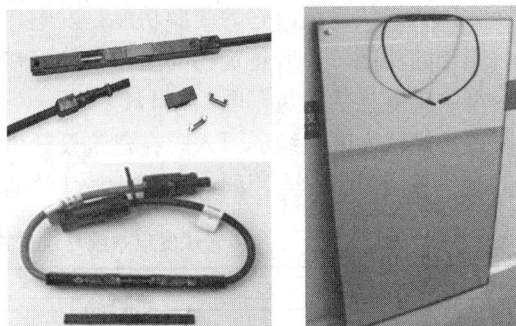

图 14-42 侧边接线盒及光伏组件
(来源：：http://www.HANERGY.com)

1）光伏与建筑一体化系统

光伏与建筑一体化，是把光伏组件作为建筑材料，集成安装在建筑物上，使其成为建筑物不可分割的一部分，既能满足光伏发电，又具有遮风、挡雨、隔热等建筑外围护的功能。常见形式有幕墙、屋顶、玻璃窗、雨篷等。BIPV 的优点是扩展了建筑外观材料种类和美学设计潜力，使零能耗绿色建筑的理念成为可能（图 14-43）。

图 14-43 BIPV 光伏建筑一体化的应用

123

图 14-44 BAPV 光伏发电系统的应用

2）光伏与建筑相结合系统

光伏与建筑相结合是太阳能光伏发电系统附着在建筑物上的应用形式，也称为"安装型"太阳能光伏建筑。它的主要功能是发电，与建筑物功能不发生冲突，不破坏或削弱原有建筑物的功能。一般建筑物的屋顶，均可在简单改造后安装太阳能光伏发电系统，成为安装型太阳能光伏建筑（图 14-44）。

由于光伏发电系统的引入，在建筑设计中应该充分考虑光伏系统的影响因素，采用合适的光伏系统类型。常用的光伏系统与建筑的结合形式如表 14-2 所示。

光伏发电系统与建筑结合的几种主要形式　　　　　表 14-2

结合形式	适用光伏组件	安装方式	功能性特点（除发电）
建筑外围护结构上的应用			
光伏玻璃幕墙	玻璃组件	建筑幕墙玻璃	玻璃幕墙功能、遮光性突出
光伏金属板幕墙	玻璃组件、柔性薄膜组件	专用支架或直接粘贴	金属板幕墙功能
光伏窗户	玻璃组件	窗户玻璃	普通窗户功能、遮光性突出
光伏遮阳板、百叶	玻璃组件、柔性薄膜组件	专用支架或直接粘贴	调节室内采光
建筑屋顶上的应用			
混凝土屋顶光伏阵列	常规组件、柔性薄膜组件	专用支架或直接粘贴	减少屋面接收太阳辐射量
金属屋面光伏阵列	常规组件、柔性薄膜组件	专用支架或直接粘贴	减少屋面接收太阳辐射量
陶土瓦屋面光伏阵列	常规组件、柔性薄膜组件	专用支架	减少屋面接收太阳辐射量
柔性材料屋面光伏阵列	柔性薄膜组件	直接粘贴	减少屋面接收太阳辐射量
光伏瓦形式	光伏瓦组件	同普通瓦片	瓦片功能
光伏玻璃采光顶	玻璃组件	建筑采光顶玻璃	玻璃功能和遮阳功能
其他建筑形式			
光伏膜结构	柔性薄膜组件	直接粘贴	防水、遮阳
广场遮阳篷、车棚	玻璃组件、柔性薄膜组件	专用支架或直接粘贴	防水、遮阳
玻璃栏杆	玻璃组件	栏杆安全玻璃	安全防护

3）光伏阵列在建筑上的布置

建筑一体化型光伏构件的布置，主要考虑光伏构件的用途和安装位置，首先要满足建筑材料功能，其次应考虑光伏系统的发电效率优化。对于安装型光伏系统，其主要功能是发电，对光伏阵列安装的基本要求是不破坏建筑的基本结构与功能。

光伏阵列在建筑上的布置，可以采用沿建筑面铺设和采用特定倾角铺设，其分别追求的是装机容量的最大化和单位装机容量发电输出的最大化；安装位置的选择应考虑全天候或全年，避开建筑阴影区域；光伏阵列之间应设置不小于1m宽的检修通道。

光伏发电系统在建筑上的应用，应在建筑规划期就充分考虑，争取在最大程度上做到与建筑的一体化融合，使其具备建筑材料功能，同时实现建筑的主动节能，是最高水平的光伏利用形式。

4）常见的建筑安装方式

（1）混凝土平屋顶光伏阵列的安装构造

混凝土屋面阵列是最容易施工、最容易大量推广的项目。混凝土平屋顶结构安装最重要的是基础的施工。图14-45、图14-46是两种不同形式的支架基础：配重式支架基础和柱墩式支架基础。

图 14-45　配重式支架基础
（来源：http://www. HANERGY.com）

图 14-46　柱墩式支架基础
（来源：http://www. HANERGY.com）

配重式支架基础容易施工简便，其支架固定点位置受土建结构梁柱影响小，但会造成屋面增加的额外重量，且屋面防水层压在配重下面，影响屋面的防水维修。柱墩固定支架的方法，需要将柱墩处屋面的原防水层、保温层去除，在可以加柱墩处增加柱墩，施工复杂，时间长，但对于屋面后期的防水维修影响小，且额外增加的重量比配重方式的小。

在建筑设计中，事先考虑预留光伏支架基础是最理想的设计形式，可以消除二次基础制作对屋面的影响，并且与建筑结构和防水设计进行整体考虑（图14-47、图14-48）。

（2）金属屋面光伏阵列的安装构造

金属板屋面以其自身重量轻，防水、保温功能出色而得到广泛认可。金属板屋面系统常见的有铝镁锰合金直立锁边屋面系统、压型钢板屋面系统等。此类屋面对光伏组件和系统重量要求严格，且对于连接方式要求严格，必须使用专用夹具把支架和屋面板材连接到一起。

在直立锁边屋面系统上安装光伏支架，需要采用专用的连接件，最大限度上不破坏金属屋面层的情况下，将支架安装到屋面上（图14-49～图14-51）。

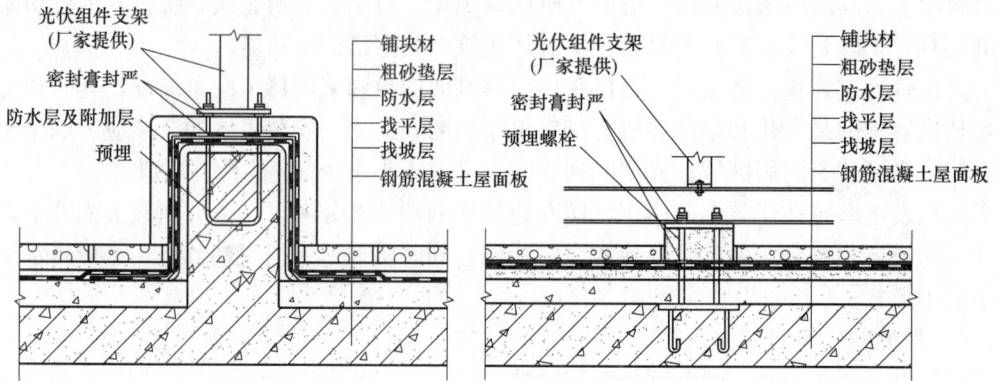

图 14-47　典型的建筑预留光伏阵列安装基础的构造

图 14-48　混凝土平屋顶光伏阵列

（来源：http://www.HANERGY.com）

图 14-49　直立锁边屋面光伏阵列

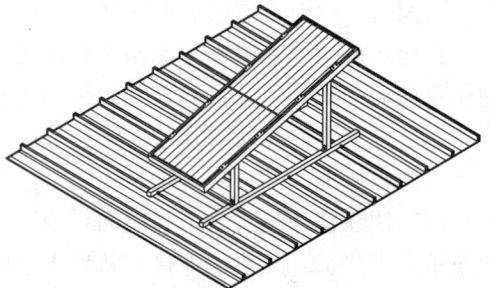

图 14-50　直立锁边屋面光伏支架安装典型做法

图 14-51 直立锁边屋面专用夹具
（来源：http://www.HANERGY.com）

在压型钢板屋面系统上安装光伏支架，需要采用专用的连接件，最大限度保护金属屋面层的情况下，将支架安装到屋面上（图 14-52、图 14-53）。

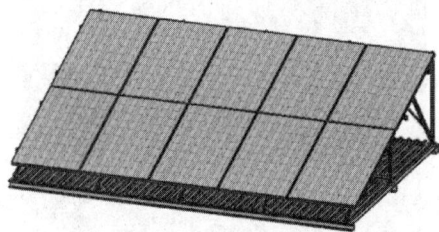

图 14-52 压型钢板屋面光伏阵列
（来源：http://www.HANERGY.com）

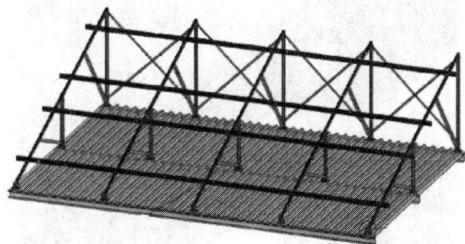

图 14-53 压型钢板屋面光伏支架典型做法
（来源：http://www.HANERGY.com）

（3）瓦屋面光伏阵列的安装构造

对于瓦屋面建筑，光伏阵列安装时，安装支架与屋面的连接方式是该安装系统的关键，目前多采用专用结构件，下端固定于瓦片下方的木质檩条上，上部端头与安装支架的主结构相连接。目前市场上有成熟的连接件可供选用（图 14-54～图 14-59）。

图 14-54 屋面光伏阵列的布置
（来源：http://www.HANERGY.com）

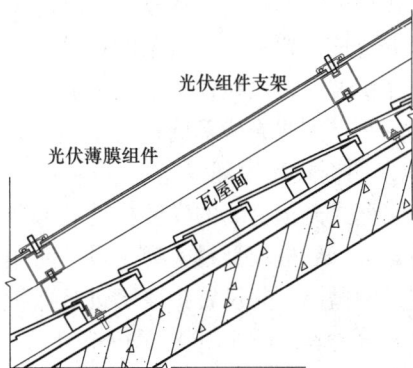

图 14-55 瓦屋面光伏阵列的安装结构
（来源：http://www.HANERGY.com）

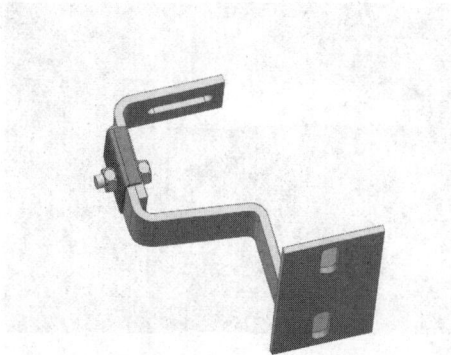

图 14-56　光伏支架连接件

（来源：http：//www. HANERGY. com）

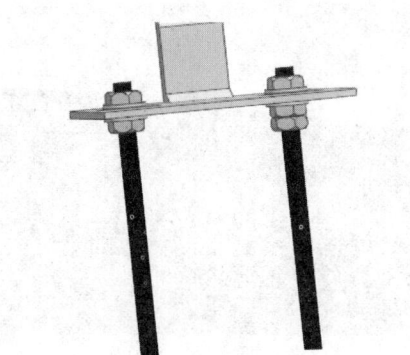

图 14-57　连接件固定螺栓

（来源：http：//www. HANERGY. com）

图 14-58　瓦屋面专用连接件

（来源：http：//www. HANERGY. com）

图 14-59　瓦屋面光伏阵列

（来源：http：//www. HANERGY. com）

瓦屋面光伏系统在安装时，需要先将安装区域的瓦片揭掉，然后在屋面檩条上固定支架连接件，将瓦重新铺好，再进行光伏支架和光伏组件的安装施工。

（4）光伏玻璃幕墙

光伏玻璃幕墙是使用光伏玻璃组件作为幕墙玻璃的一种幕墙类型，是建筑和光伏一体化的典型应用形式。光伏玻璃幕墙除具有发电功能外，同时具备一定的遮阳功能，在建筑立面上合理布置采光与遮阳的比例，可对建筑节能起到辅助作用。

光伏玻璃可以在建筑幕墙系统上使用的主要形式有：①框架式光伏幕墙：明框式、隐框式；②点支式光伏幕墙；③干挂式光伏幕墙；④外遮阳光伏系统；⑤单元式光伏幕墙。

① 明框式光伏幕墙

明框式光伏幕墙的安装构件有部分显露于光伏组件的外表面，对于玻璃的固定和线路的隐藏可以靠框架型材实现。设计时主要考虑线缆在型材腔体内的走线，穿线孔尽量选择在型材凹槽内，并设置护线套进行保护。光伏组件外框架尺寸以不遮挡组件内部电池发电有效部分为宜（图 14-60、图 14-61）。

② 隐框式光伏幕墙

隐框式光伏幕墙的安装构件完全不显露在幕墙系统的外表面，光伏组件通过背面的附框和安装压块与幕墙主框架系统连接。设计时主要考虑光伏组件的接线盒和引出线缆的隐

图 14-60　明框式光伏幕墙实际案例

图 14-61　明框式光伏幕墙实际案例

藏，组件接线盒可安装于光伏组件的背面边缘部位，也可置于组件附框内部，以便于在幕墙系统安装后，组件之间的连接和维护方便（图 14-62）。

③ 点支式光伏幕墙

点支式光伏幕墙的安装结构主要由点式驳接件穿过光伏组件上的预开孔与主体结构连接固定。光伏组件预开孔设计时，在满足光伏组件强度和安全要求的前提下，需要考虑组件内部电池不受开孔影响或将影响降至最低。对于玻璃基板薄膜组件，需要对组件开孔位置的一定区域内的电池进行激光划线隔离，以免造成光伏组件的漏电或电池膜的腐蚀。另外需要注意，点式螺栓或装饰盖板不应遮挡光伏组件的有效发电部分。点支式光伏组件的接线盒可以采用背面式接线盒和侧边式接线盒，位置应靠近点式驳接件，宜采用保护套管进行光伏组件的穿线。

④ 干挂式光伏幕墙

干挂式光伏幕墙，需要在光伏组件背后预装干挂扣件，光伏组件接线盒应采用背面式接线盒或侧边式接线盒在光伏组件背后安装。在设计时，需要注意光伏组件的接线盒厚度与安装位置，以保证组件安装后线缆连接的方便和美观（图 14-63）。

图 14-62　隐框式光伏幕墙实际案例

图 14-63　干挂式光伏幕墙实际案例

⑤ 外遮阳光伏系统

光伏遮阳板或光伏百叶，是光伏发电与建筑完美结合的一种典型应用形式。这种结构是用光伏组件替代原来使用的百叶材料，使建筑百叶在满足遮阳要求的同时，具备发电功能。这类构件在后期更换和电气系统的维护上比光伏幕墙玻璃更加方便（图 14-64～图 14-68）。

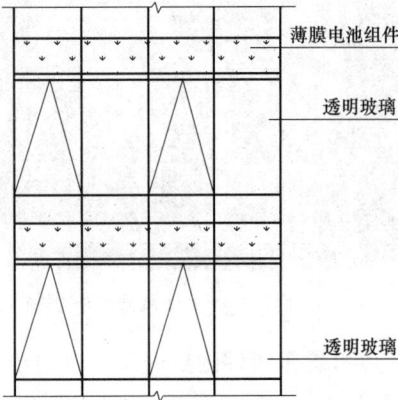

图 14-64　固定式光伏遮阳板
（来源：http://www.HANERGY.com）

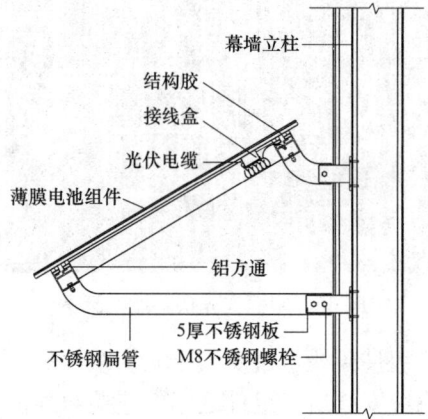

图 14-65　固定式光伏遮阳板典型安装结构
（来源：http://www.HANERGY.com）

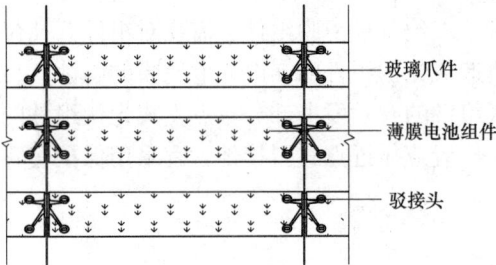

图 14-66　太阳跟踪式光伏遮阳板
（来源：http://www.HANERGY.com）

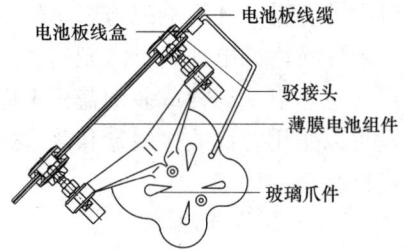

图 14-67　太阳跟踪式光伏遮阳百叶典型安装结构
（来源：http://www.HANERGY.com）

(a)

(b)

图 14-68　外遮阳光伏系统实际案例

⑥ 单元式光伏幕墙

单元式光伏幕墙，由于框架系统与光伏组件的组装在工厂中完成，光伏线缆事先在框架系统中布置完成，在设计时需要考虑光伏组件线缆的引出和在主体结构上的走线槽的布置，应保证线缆的隐藏和维护的方便。

⑦ 光伏幕墙应用于双层幕墙的系统

光伏幕墙采用薄膜或晶硅光伏组件作为发电系统应用在双层幕墙系统中，双层幕墙作为主体结构，融合了热通道技术和光伏发电技术，具有明显的隔热、隔声、通风、节能和装饰等功能，还可将太阳能转化成电能，与环境有着很好的相容性（图14-69）。

另外，晶体硅光伏组件和薄膜型光伏组件因外观的不同特点，安装效果不同。薄膜组件颜色均匀，整体呈统一的平面效果；晶体硅光伏组件因电池片的阵列排列，呈"马赛克"效果。薄膜型光伏组件在建筑一体化设计中较有优势，宜采用与建筑屋面、墙面和玻璃幕墙相结合的方式，同时，应考虑地区特点，选择太阳能光伏组件与建筑的结合形式（图14-70）。

图14-69　光伏幕墙应用在双层幕墙的实际案例
（来源：http：//www. HANERGY.com）

图14-70　晶体硅光伏组件发电幕墙
（来源：http：//www. HANERGY.com）

（5）光伏瓦片

光伏瓦片是替代常规建筑瓦片的应用形式，不仅可代替原有常规屋面瓦材料，减少屋顶得热，同时具有发电功能，是建筑一体化应用的理想材料。在采用光伏瓦片进行建筑设计时，需要重点考虑瓦片的固定、瓦片之间的搭接与瓦片系统的排水，瓦片之间的线路连接与走线形式也是设计考虑的重点内容（图14-71、图14-72）。

5）建筑光伏系统应用的设计方法

（1）环境条件因素

由于光伏系统的工作与周边环境存在着密切的关系，环境因素将直接决定光伏系统是否适合安装，因此，环境条件成为光伏建筑一体化项目规划设计首要考虑的内容。环境条件所包含的主要因素有：地理位置、海拔高度、气温、降水、日照、风速、高大物体、落灰情况、大气成分、雪载荷、风载荷等。

（2）建筑与光伏一体化设计原则

① 建筑外观的设计

根据建筑物外观的需要，考虑光伏组件的尺寸规格以及光伏组件本身的颜色特点，来

图 14-71　光伏瓦片屋顶建筑外观
（来源：http://www. HANERGY.com）

图 14-72　光伏瓦片屋顶典型安装方式
（来源：http://www. HANERGY.com）

总体设计建筑的外观。晶体硅光伏电池本身不透光，组件的透光性可以由电池的间距来进行调整。非晶硅光伏组件的电池之间一般没有明显的接缝，透光率可根据实际需要定制，一般在 10%～30%左右。颜色方面，晶硅蓝色、黑色的较多，也有几种彩色可选；非晶硅颜色一般为棕色，也可以根据需求定制颜色。在建筑幕墙设计中，还需要考虑光伏组件的尺寸规格与建筑分格的匹配，最好做到幕墙的横竖缝与光伏组件的横竖缝对应。

②　总容量的大小

应该根据建筑物能安装光伏组件的区域先划出范围，再根据周围建筑和其他构件的遮挡情况、建筑采光要求、线缆桥架布置要求、检修通道等因素具体划分实际可安装的区域。然后，在此区域中按光伏组件的尺寸规格和安装角度要求，进行合理布置，统计出实际安装的总片数，计算出光伏组件总容量的数值。

③　光伏系统安装结构的设计

光伏组件作为建筑材料应用在建筑幕墙中，应结合光伏发电的特点，同时满足建筑幕墙的所有要求，遵守建筑幕墙、采光顶、屋面的相关国家规范。

玻璃幕墙、金属板幕墙、石材幕墙应用，需要根据《玻璃幕墙工程技术规范》JGJ 102—2013 和《金属与石材幕墙工程技术规范》JGJ 133—2013 的相关要求，在满足各规范对板材配制要求的情况下，按《建筑结构荷载规范》GB 50009—2012 的规定，根据当地气候条件进行取值，计算玻璃组件的强度和挠度是否满足要求。玻璃采光顶应用，需要按《采光顶与金属屋面技术规程》JGJ 255—2012 的各项规定，来计算玻璃组件的强度和挠度是否满足要求。门窗应用，需要根据《铝合金门窗工程技术规范》JGJ 214—2012 等相关规范的结构方面的要求进行考虑。

光伏组件以附着的方式安装在建筑物上时，需要考虑光伏系统的自重荷载、风荷载、地震荷载、雪荷载等各种参数，同时结合安装固定的方式，由建筑相关专业人员对建筑原有的构造进行强度校核，进行防水、保温等方面的综合分析，来确定合理方案。

光伏系统安装在传统混凝土屋面上，需要保证光伏组件和专用支架自身结构的安全，要根据建筑结构的梁、柱位置确定光伏支架固定的具体位置。建筑结构梁、柱不能满足支架固定点布置要求时，需要在屋面增加辅助梁或条板分散固定点的荷载。同时，建筑屋面是非常重要的防水和保温结构，需要根据具体情况，确定光伏阵列的基础形式。

金属板屋面应用，可根据金属板屋面的排板方向、材质、板形确定采用支架安装还是直接粘贴。如果采用支架安装，在保证自身结构安全的同时，也要提供自重荷载、风荷载、地震荷载、雪荷载等各种参数，按相应的建筑设计规范，由金属屋面专业人员对金属屋面板和结构檩条的承载能力进行校核。将柔性薄膜组件直接粘贴在金属屋面板上或TPO/PVC柔性屋面上时，因为柔性薄膜组件的重量为 $3\sim5kg/m^2$，所以只要保证组件自身与屋面板可靠粘接即可。

在安装到其他建筑物或建筑构件上时，也要满足建筑物或建筑构件本身对结构方面的要求。

④ 光伏系统电气设计

建筑光伏系统的特征在于，太阳能光伏组件作为建筑的外围护结构，其电气防护要求远高于建筑内部设备要求。从电气结构来看，光伏系统作为发电设备，其线路走向与建筑物原有供配电线路方向相反，需要考虑其布线、安全等要求。从电气系统的构成来看，建筑物光伏系统包含直流线缆和交流线缆，室内外穿越走线，布线条件复杂。

综上，建筑光伏系统的电气要求主要体现在以下几个方面：

a. 太阳能电池组件排布要根据光照条件、建筑美学进行功率匹配，同时也要充分考虑到组件安装的风载荷、绝缘、接地、防水等性能要求。着重注意组件阵列汇流盒、预分支电缆的耐老化、防漏电设计。

b. 直流线缆遍布整个太阳能电池铺设阵列，应根据建筑物内外侧布线条件进行走线，在达到建筑美观性要求的同时，应对线缆压降、电热积累、放火等性能要求进行充分考量；在交流线路中也应注意组件阵列与逆变器、逆变器与并网点/用户负荷的距离，提高系统效率。

（3）建筑光伏系统应用的热问题

当光伏组件温度升高时，光伏组件的发电效率会随之降低。温度每升高 $1℃$，晶体硅光伏组件的发电效率下降约 0.4%，非晶硅薄膜光伏组件下降约 0.2%。因此，光伏组件应用在建筑系统中时，建筑的结构设计应考虑光伏组件散热的问题，主要是通过表面通风，靠气流带走热量。

当光伏发电系统应用在建筑幕墙上，宜安装在建筑外层。当光伏组件应用在各类型屋面上时，如果使用支架，应在组件和屋面之间留有空隙，设计合适的安装倾角，便于光伏组件背面通风散热；当柔性光伏组件直接粘贴在金属屋面板上时，因为金属板是热的良导体，可以利用金属板进行辅助散热。

光伏组件在太阳暴晒下，将同时出现阳光的直接加热和组件工作发热。因此，在设计光伏玻璃幕墙时，要重新考虑玻璃与框架间隙的设计，根据当地的气候环境，重新考虑玻璃幕墙室外部分铝型材的伸缩缝设计。以哈尔滨为例，按年最低温度 $-40℃$，玻璃最高工作温度 $80℃$，层高 $3m$，玻璃分格尺寸 1200×1500（mm）为例，计算每一层室外铝型材、玻璃长边伸缩量如下。

$$\Delta L_{玻璃}=\Delta T\times L_{玻璃}\times\alpha_{玻璃}=(80+40)\times1500\times1.0\times10^{-5}=1.8mm$$

$$\Delta L_{铝材} = \Delta T \times L_{铝材} \times \alpha_{铝材} = (80 + 40) \times 3000 \times 2.35 \times 10^{-5} = 8.5mm$$

综上所述，室外层间铝型材伸缩缝应不小于 9mm，玻璃与金属框之间的最小间隙不小于 2mm。

（4）建筑光伏系统的线缆与电气设备的安装

① 光伏组件安装结构的线缆隐藏结构设计

为避免光伏组件的接线盒与连接线影响系统的美观，可采用以下措施：

光伏组件采用侧边安装型接线盒（图 14-42），安装于光伏组件的侧面或背面玻璃的边缘，在设计安装结构时，在接线盒的位置预留槽口，并保证光伏组件的引线可以进入安装结构的墙体内部（图 14-73～图 14-75）。

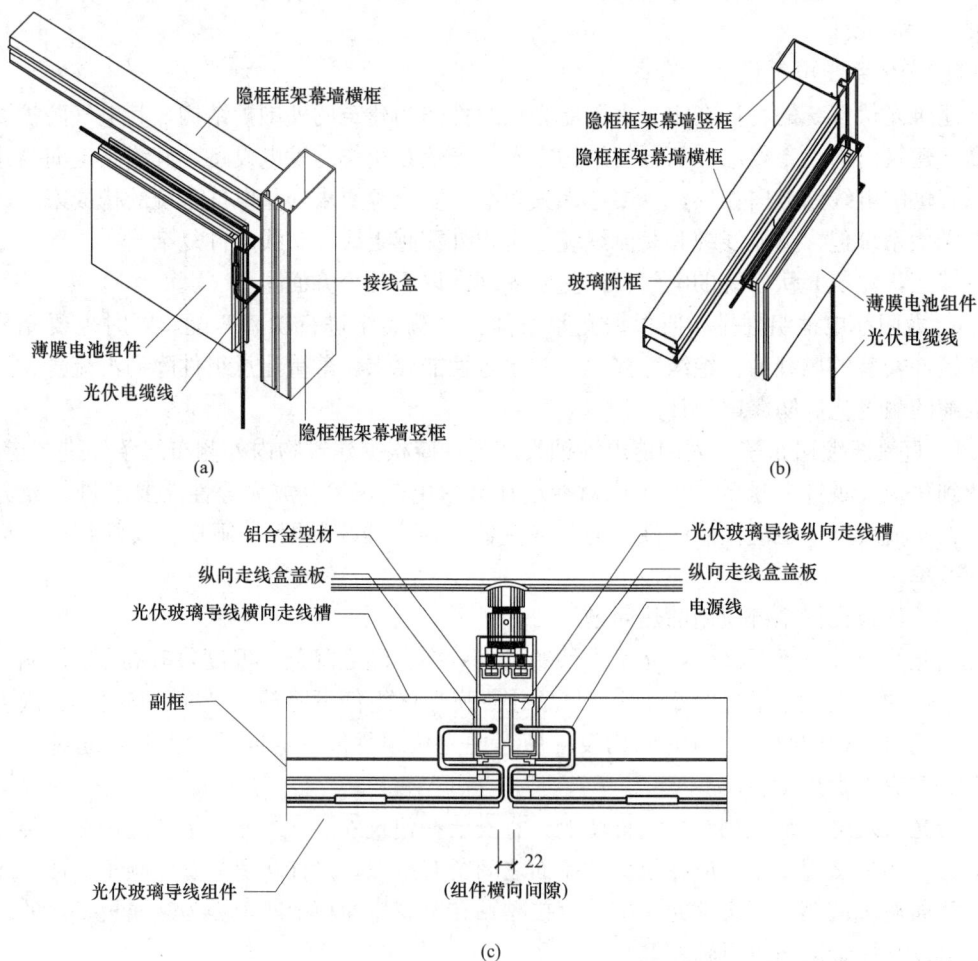

(a)

(b)

(c)

图 14-73 光伏组件在幕墙结构中的纵向走线方式

（来源：http://www.HANERGY.com）

安装结构的腔体宜设计为扣盖式，便于光伏线缆的布线与日常检修工作。

注意：在光伏线缆通过安装结构的孔洞或边缘时，需要在安装结构上设置线缆保护套管，以防线缆磨损漏电（图 14-76）。

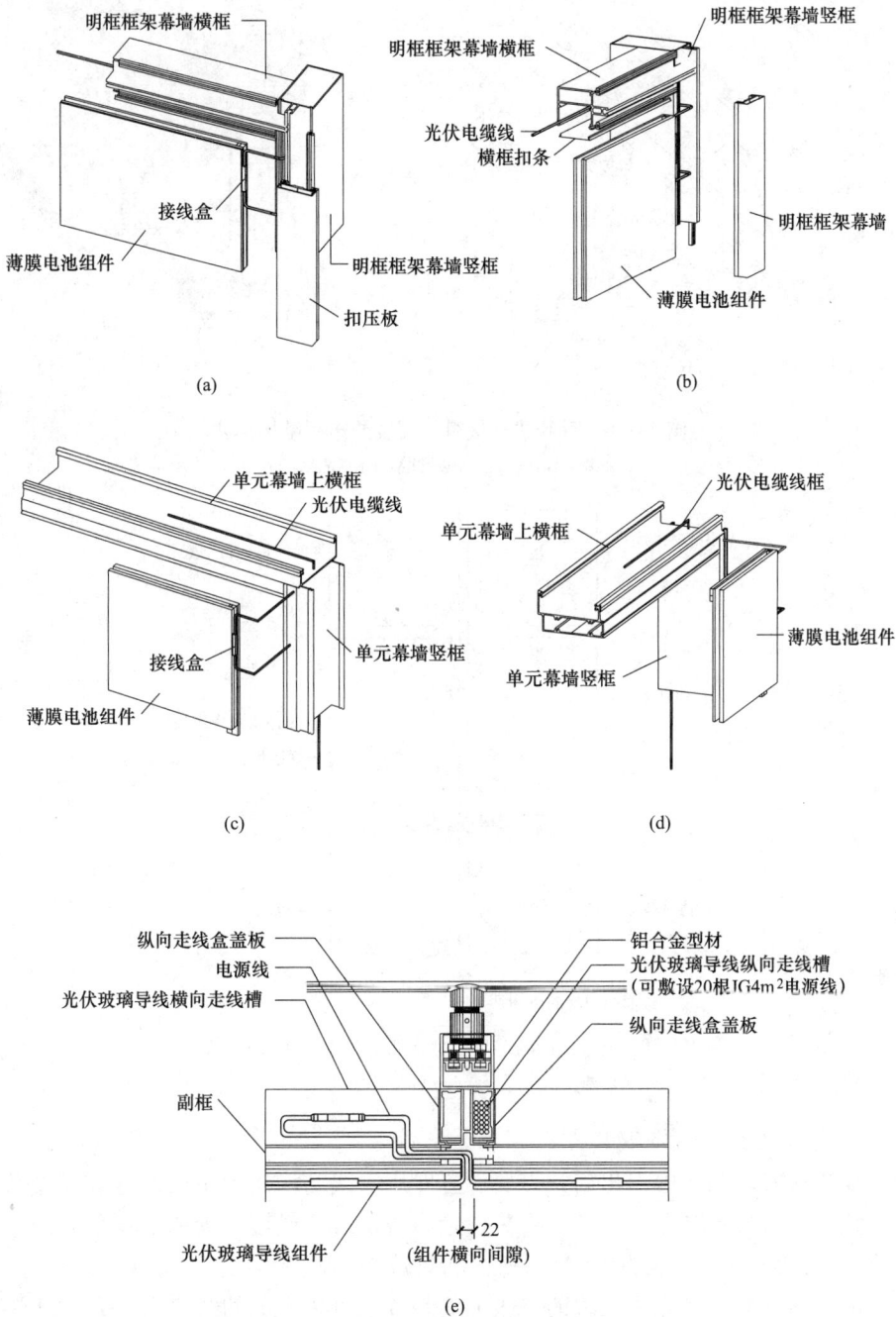

(a)

(b)

(c)

(d)

(e)

图 14-74　光伏组件在幕墙结构中的横向走线方式

（来源：http://www.HANERGY.com）

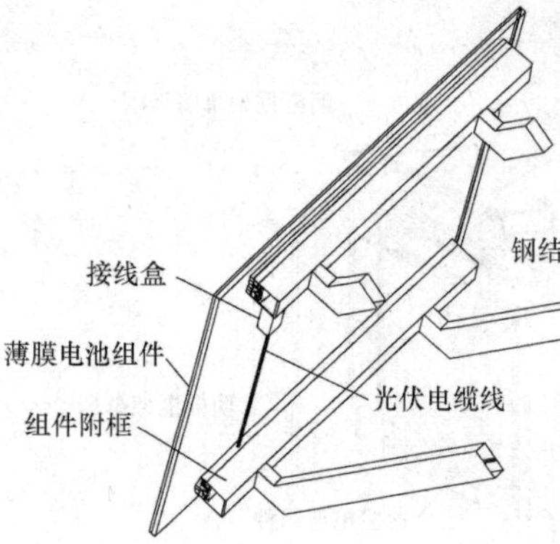

接线盒
钢结构支撑件
薄膜电池组件
组件附框
光伏电缆线

(a) 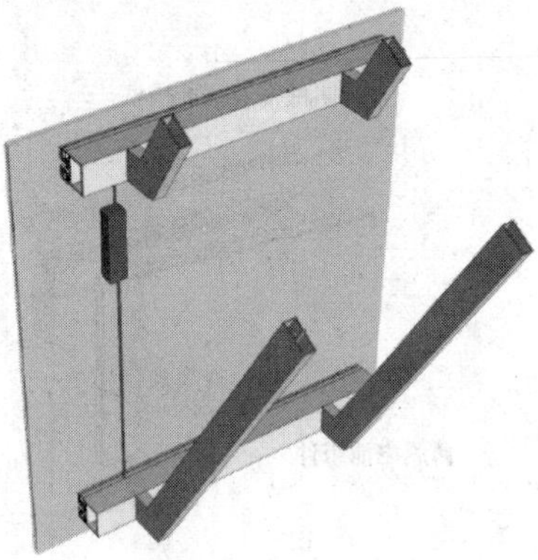   (b)

图 14-75　百叶式光伏组件安装的布线结构形式
（来源：http：//www. HANERGY. com）

铝型材走线口
横向铝型材框架
组件纵向间隙
光伏组件
组件安装中压板
橡胶护圈
组件纵向间隙
组建接线盒
电源线
纵向铝型材框架　组件横向间隙

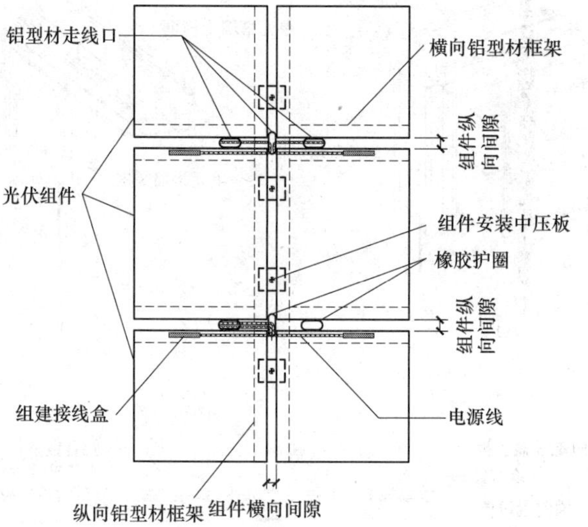

图 14-76　光伏组件安装结构上的穿线孔与保护套设置
（来源：http：//www. HANERGY. com）

② 安装结构外部的线缆安装方式

光伏线缆从安装结构中引出后，需要设置专用引线结构作为布线通道。可选用的材料为有机材料或金属材料线管、桥架。安装位置应遵从线路最短原则和隐蔽原则。

③ 其他电气设备的安装方式（设备管线的布置）

光伏汇流箱（盒）是光伏线缆的一级汇流装置，可将分散的线缆汇集为一级总线，通向更高层级的汇流柜（箱）。光伏汇流箱可设置在安装结构的隐蔽处及方便检修的位置。光伏汇流箱体多为有机材料或金属材料，可采用背面开孔的螺栓固定方式与安装结构连接（图 14-77）。

光伏并网逆变器一般为金属箱体，根据机体的体积和重量选用落地式布置和壁挂式布置，一般安装在电气专用设备间（图 14-78）。

图 14-77　汇流箱的安装

图 14-78　光伏并网逆变器的安装

　　由于光伏系统在建筑结构中属于带电体系，并且多为直流高电压，因此，无论应用在 BIPV 项目，还是 BAPV 项目中，其安装结构必须谨慎设计，保证光伏发电系统与建筑结构结合的安全性与可靠性。当光伏组件安装在 BAPV 项目中时，可以利用光伏组件的专用支架，建筑的其他结构龙骨等，固定线缆桥架，来保证电气系统的安全。当安装在建筑幕墙和采光顶上时，设计最为复杂，还要考虑电气部分的接线盒、线缆、接头、桥架等隐蔽的工作。在设计时，必须考虑每个电气配件的布置、走线方法和隐蔽等问题。

　　由于光伏组件之间需要进行电气串并联，并且在最大程度上保证连接线走线的美观，因此，在光伏组件的安装结构设计中，需要考虑：①保证组件安装结构的强度满足要求；②安装结构内部具有充分的空间，保证光伏组件可以顺利通过型腔完成走线；③在光伏组件电源线通过安装结构时，需要设计良好的绝缘保护套，对线缆进行保护，以免造成线缆的破损而导致安装结构带电；④尽量使线缆能够隐藏在安装结构中；⑤尽量采用可开启式设计，便于检修与维护（图 14-79）。

图 14-79　光伏组件布线结构的实际应用

（来源：http://www.HANERGY.com）

（5）建筑光伏电气走线桥架设计要求

建筑光伏电气走线一般采用槽式电缆桥架，可以用于全封闭型电缆敷设。槽式电缆桥架在屏蔽干扰和重腐蚀环境中对电缆都有较好的防护作用。

槽式电缆桥架设计要点：

① 槽式电缆桥架及其支吊架使用在有腐蚀性的环境中，应采用耐腐蚀的刚性材料制造，或采取防腐蚀处理，防腐蚀处理方式应满足建筑内外部环境的耐久性要求。

② 电缆桥架在有防火要求的区段内，应在电缆梯架、托盘内添加具有耐火或难燃性能的板、网等材料构成封闭或半封闭式结构，并采取在桥架及其支吊架表面涂刷防火涂层等措施，其整体耐火性能应满足国家有关规范或标准的要求。

③ 在工程防火要求较高的场所，不宜采用铝合金电缆桥架。

④ 槽式电缆桥架宽度和高度的选择应符合填充率的要求，电缆的梯架和托盘内的填充率，一般情况下，电力电缆可取 40%～50%，控制电缆可取 50%～70%，且宜预留 10%～25%工程发展裕量。

⑤ 在选择电缆桥架的荷载等级时，电缆桥架的工作均布荷载不应大于所选电缆桥架荷载等级的额定均布荷载，电缆桥架的支吊架的实际跨距不等于 2m 时，则工作均布荷载应满足要求。

⑥ 各种组件及支吊架在满足相应荷载的条件下，其规格尺寸应与托盘、梯架的直线段、弯通系列相匹配。在选择槽式电缆桥架的弯通或引上、引下装置时，不应小于电缆桥架内电缆最小允许弯曲半径（表 14-3）。

电缆最小弯曲半径

电 缆 种 类	最小弯曲半径
无铅包钢铠护套的橡皮绝缘电力电缆	$10D$
有钢铠护套的橡皮绝缘电力电缆	$20D$
聚氯乙烯绝缘电力电缆	$10D$
交联聚氯乙烯绝缘电力电缆	$15D$
多芯控制电缆	$10D$

注：D 为电缆外径。

⑦ 对于跨距大于 6m 的钢制电缆桥架和跨距大于 2m 或承载要求大于荷载等级 D 级的铝合金电缆桥架，应按工程条件进行强度、刚度及稳定性的计算或试验验证。几组电缆桥架在同一高度平行敷设时，各相邻电缆桥架之间应考虑维护、检修距离。

14.3　太阳能光伏热系统

14.3.1　太阳能光伏热技术的原理概述

在长期的光伏发电应用中，半导体电池的负温度效应给电池性能和发电系统的正常工作带来了极为不利的影响，尤其在热带和亚热带地区，夏季太阳辐射强、环境温度很高，电池产生的热难以散发，其温度经常会超过 70℃，工作电压和输出功率下降十分严重。为了降低太阳能电池的工作温度和提高发电效率，并将废热变为有用的热能，提高太阳能利用的综合效能，国内外科研机构与高校对太阳能电池的散热方式及热转换与利用问题进行过不少理论和试验研究，提出了不同结构模式的光伏（PV）与热能联合利用的光伏光热（Photovoltaic/Thermal，简称 PVT）一体化组件和不同传热工质的综合应用系统，取得了很多具有较好参考价值的成果。

PVT 技术自发展以来，多数研究单位采用晶体硅技术为基底制备 PVT 产品，试验所得的综合效能虽实现了 PVT 技术的预期，但尚未将 PVT 技术的优势充分发挥。相比于晶体硅技术，薄膜技术自身光谱特性导致更多的近红外、红外光线无法得到有效利用，近红外区域（650～750nm）非晶硅薄膜电池的透光率为 32.1%，而在 290～1100nm 之间的太阳光谱能量集中区域，透光率达到 25%，比晶体硅对于太阳光的利用率低了很多。然而，换个角度来看，采用薄膜技术与 PVT 结合将带来更多热量的产生，得到的太阳能综合利用效能高于晶体硅 PVT 技术，更适合在分布式光伏与建筑一体化的特定市场上发挥重要作用。

14.3.2 建筑物中太阳能光伏热系统的构造

建筑物屋顶和表面安装的太阳能光伏热系统，其结构由光伏热电池组件（阵列）、固定支架、热循环系统、电气系统组成。其中光伏热电池组件吸收太阳能，并将其转化为电能和热能。电气系统的构造与太阳能光伏发电系统类似。流体循环系统将热能送往用户侧。

1）光伏热系统的分类

根据热媒种类的不同，一般将光伏热系统分为空气冷却型和液体冷却型（图 14-80）。

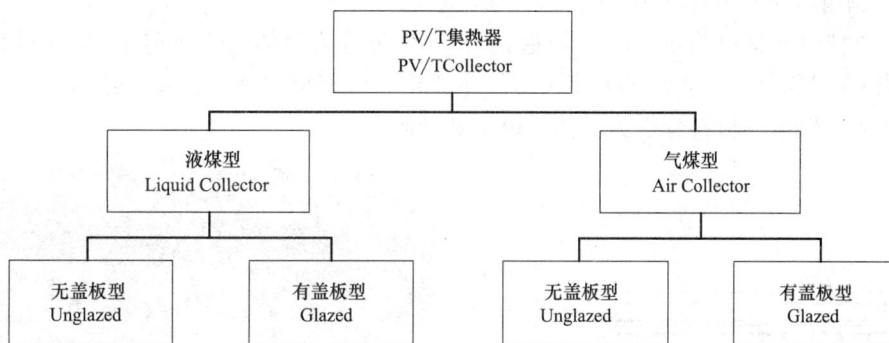

图 14-80 光伏热系统的分类

液体冷却型系统主要包括 PVT 集热器和蓄水箱，辅助热源为水箱提供能量，使水箱的热水保持在负荷所需的某一最低温度。PVT 热水系统可分为自然循环和强制循环两种。在自然循环系统中，水箱位于集热器的上方，当集热器中的水吸收了太阳能，从而建立了密度梯度时，水就通过自然对流进行循环。强制循环热水系统与自然循环热水系统的区别在于系统中需要一个水泵，为此，水箱不必置于集热器上方，水泵通常由一个差动控制器进行控制，当上联箱中的水温比水箱底部的水温高若干度时，控制器就启动水泵。系统若为并网发电，光伏发出的电能优先供用户负载使用，多余的电力并入市电电网（图 14-81）。

空气冷却型系统包括建筑物墙体、光伏组件模块、模块与墙体间的通风流道以及流到两端的空气进出口。其热循环系统通过光伏组件背面的热接触进行自然或强制对流换热。

根据不同流道结构可以分为单向背面流道式、单向表面流道式、单向双流道式和回路流道式，其中回路流道式的总体性能较佳。热效率取决于太阳电池的面积、集热板面积、流道长度、空气质量、流道高度与空气路径长度比、上下流道高度比和空气流速等因素。增加流道换热面积和表面褶皱可有效提高系统热效率。此种系统常用于民用冬季采暖、生活热水、工农业烘干等预加热应用。其电力系统与液体冷却型 PVT 系统相同（图 14-82）。

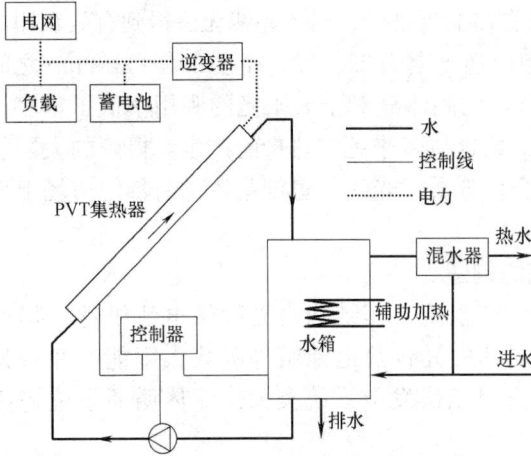

图 14-81　液体冷却型系统框图

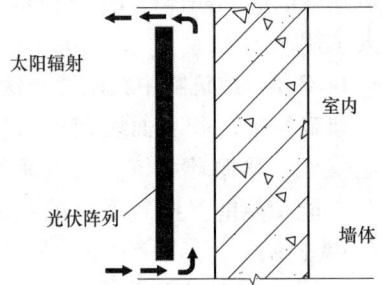

图 14-82　空气冷却型系统结构图

2）太阳能 PVT 组件（图 14-83、图 14-84）

根据光伏电池材料的划分，太阳能 PVT 组件可分为晶体硅太阳能 PVT 组件以及薄膜太阳能 PVT 组件。二者结构基本一致，主要由光伏部分以及集热部分组成。所不同的是使用的太阳能电池材料分别为晶体硅电池和薄膜电池。

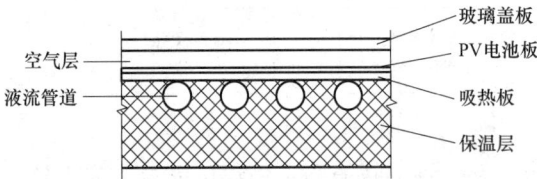

图 14-83　太阳能光伏热（PVT）组件原理示意图

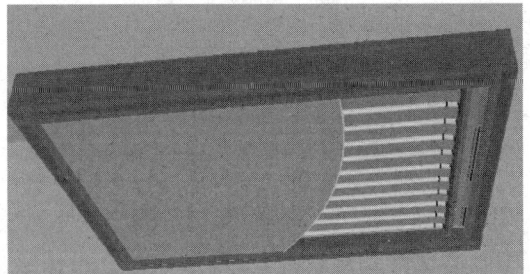

图 14-84　太阳能光伏热（PVT）组件剖面图

太阳能光伏热（PVT）系统的核心部件是太阳能 PVT 组件，其结构的变化将直接影响整个系统的光电效率、光热效率以及太阳能综合利用率。PVT 组件设计可采用晶硅、非晶硅光伏材料以及多种流道、集热结构。其中，管板式集热器具有水容量小、承压能力强等显著优势，同时更利于与斜坡外立面和屋顶的结合，利于最佳光照倾角的设计，有效形成热媒的虹吸效应，适合于建筑领域的大规模应用，在示范应用中最为普遍。

太阳能 PVT 组件以盖板结构来划分，可分为有盖板型和无盖板型。有盖板型 PVT 组件，由于玻璃盖板的影响，组件光电转化效率降低，但盖板型组件由于盖板与组件之间空气层的存在，能够很好地降低整体组件的热损值，使得组件的热利用得以保障。无盖板型 PVT 组件，虽然光电转化效率不受影响，但是整体组件的热损值很高，组件产热很容易散失到外部环境中，降低 PVT 系统的实际应用效果。

以盖板型薄膜太阳能 PVT 组件为例，其具体结构主要由超白钢化玻璃、非晶硅太阳能光伏板、铝制吸热板、热媒介质、铜盘管、隔热背板等部件组成。超白钢化玻璃盖板和光伏组件之间具有空气间隙；铜盘管通过激光点焊的方式焊接在铝制吸热板背部；进出水口分别布置在 PVT 组件的上下横管两端。

3）热水蓄集装置

热水蓄集装置主要包括蓄水箱、泵、混水器、二次加热装置等，是辅助太阳能 PVT 组件进行工质热传输、交换、存储的装置。泵由控制器控制，将太阳能 PVT 组件产生的热，通过热媒循环作用不断地送至水箱进行储存（图 14-85）。

图 14-85　储水箱和混水器

14.3.3　光伏热系统在建筑上的安装与应用

1）光伏热系统一般安装形式

光伏热系统与建筑物的结合可分为立面与屋顶两种形式。相比于建筑物的立面安装，系统安装于屋顶可发挥其最大效能。根据不同的屋顶形式，系统安装又可分为平屋顶应用和坡屋顶应用。

平屋顶应用，光伏热系统在平屋顶安装时应当尽量减少水平管道的长度，以提高热能的利用效率。将 PVT 组件安装在屋面的中央位置，利用屋顶女儿墙的遮挡，减少了 PVT 组件对建筑外观造成的影响，减少了风荷载，提高了系统的安全性，而且组件安装后，使屋顶的隔热作用有所加强，从而降低了顶层住户的夏季室内温度。在屋顶施工时需要预埋铁件，以便与支架焊接或螺栓连接，固定太阳能热水器，可避免在后期安装时对屋面的破坏（图 14-86、图 14-87）。

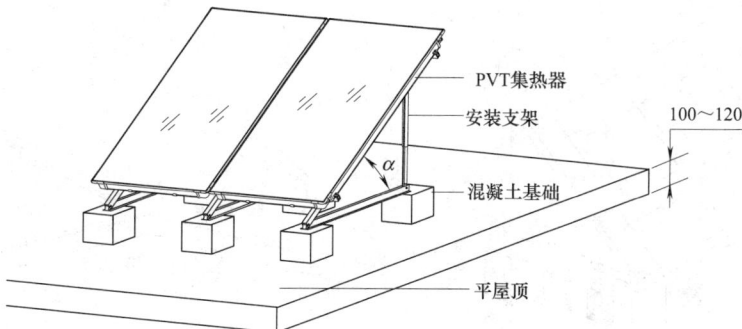

图 14-86　平屋顶支架安装形式

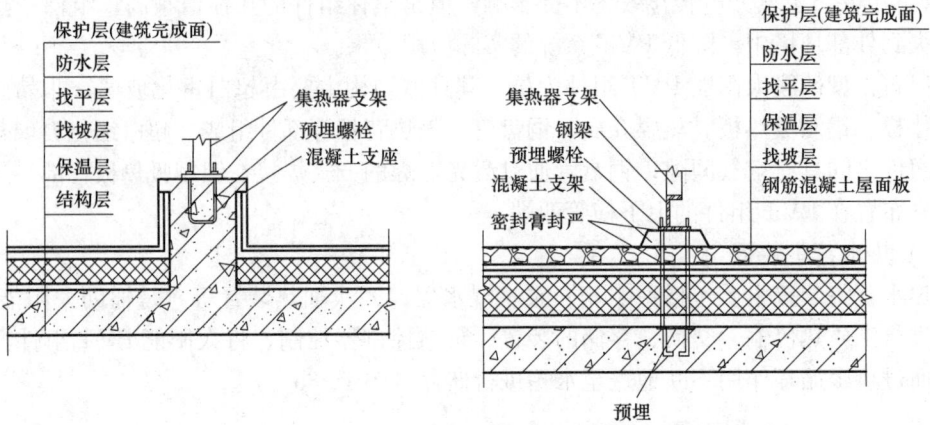

图 14-87　带预埋件混凝土基础做法

坡屋顶应用，光伏热系统在坡屋顶安装时最好选择 PVT 组件与储水箱分离的热水系统。将储水箱及相关循环管道控制阀、水泵等都安装在吊顶内，可以减少屋面的荷载。PVT 组件可根据屋面坡度的不同，直接将 PVT 组件安装在屋顶，也可以用支架安装。在屋顶施工时，预埋铁件，与支架焊接或螺栓连接以固定 PVT 组件。由于对屋面外观影响较大，可在做好防水处理的屋面上铺设防渗漏保温层（图 14-88～图 14-93）。

图 14-88　坡屋顶 PVT 组件安装实例

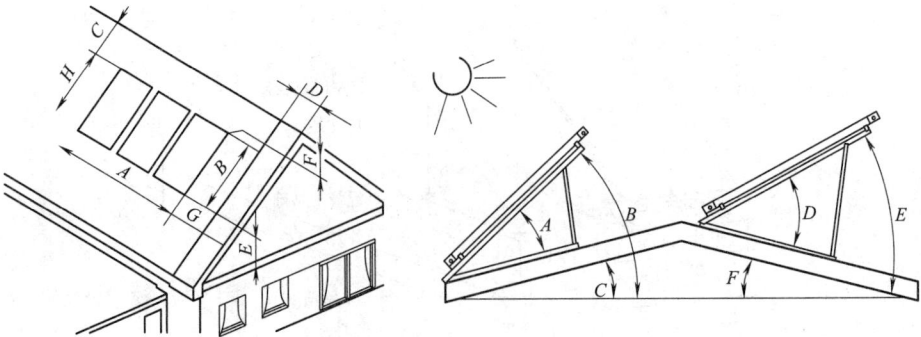

图 14-89　坡屋顶 PVT 组件平行于屋面安装及支架安装

槽钢
钢筋混凝土屋面
防水卷材
瓦片

L(根据集热器尺寸确定)

预埋固定件

(a)

防水砂浆封口
外刷与瓦色相同的涂料
>100
瓦现场打孔

防水砂浆封口
>100
穿防水层处加贴树脂布
涂料现场刷
瓦现场打孔

(b)　　　　　　　　　　(c)

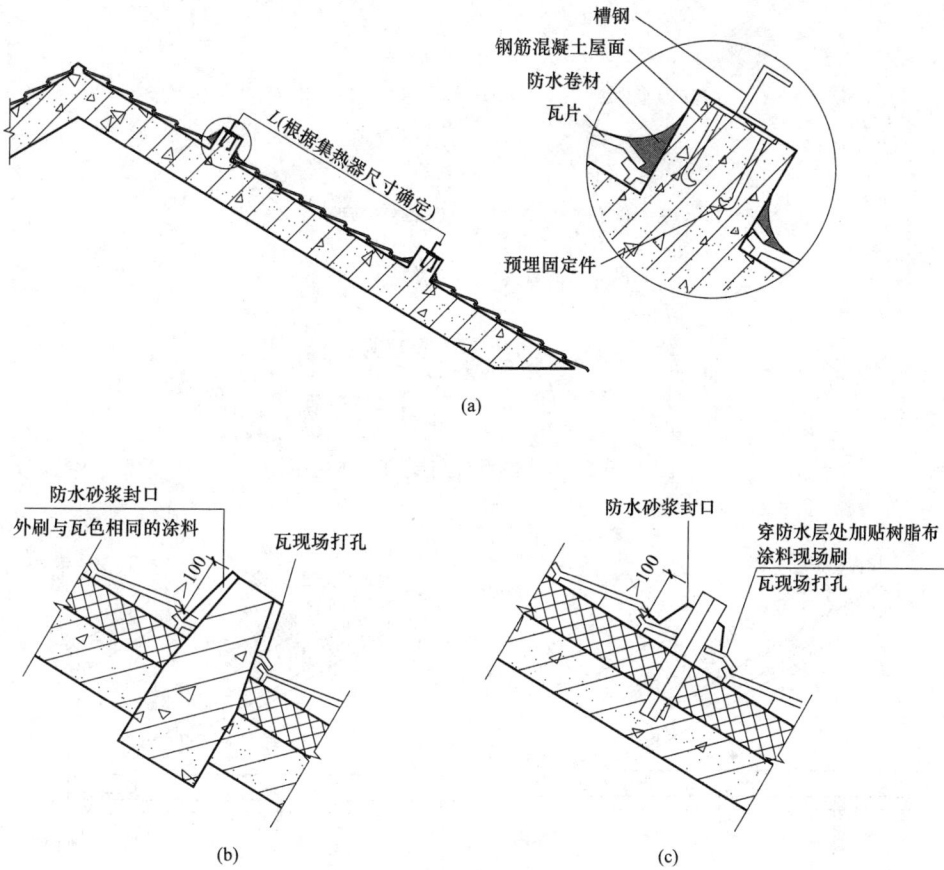

图 14-90　坡屋顶混凝土基础做法

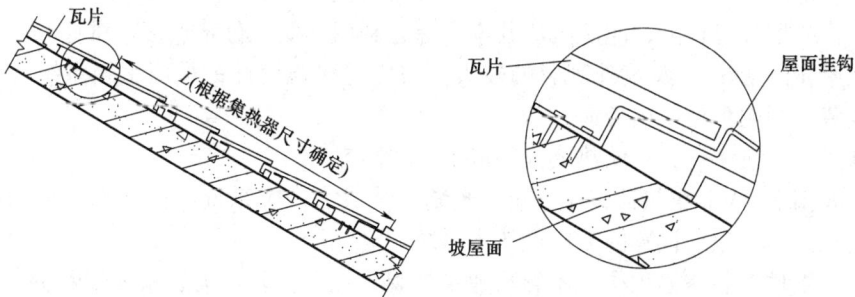

瓦片

L(根据集热器尺寸确定)

瓦片
屋面挂钩

坡屋面

图 14-91　带瓦坡屋顶混凝土基础做法

2) 光伏热系统的应用形式

光伏热系统的发电应用形式与光伏系统相似,形式较为灵活。对于热的应用形式需要多方面考虑,所以光伏热系统宜采用集热为主的应用形式。

(1) 分户集热——分户储热式太阳能 PVT 系统

指终端用水点以户为单位,每户独立设置太阳能集热器、储水箱、发电辅热设备及相关管路的户用独立系统。在住宅中,安装形式一般为阳台壁挂式。

优点:安装管路短,节水效果好;产权独立,无需物业;系统独立,互不影响;安装

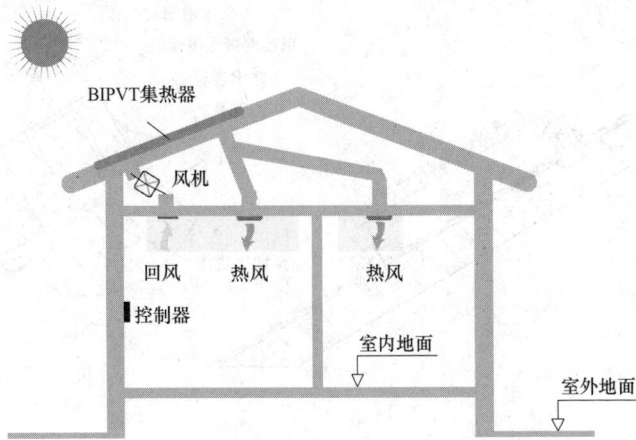

图 14-92　光伏热系统与屋顶一体化结构

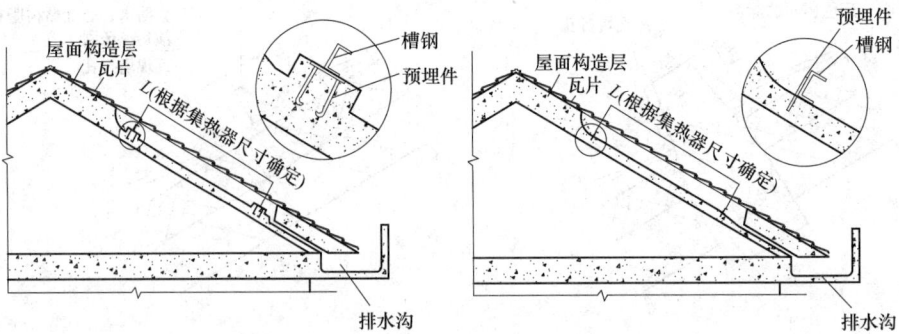

图 14-93　坡屋顶嵌入式一体化安装基础做法

不受楼层高低的影响。

缺点：初期投资较高；能源无法共享，综合利用率低；分布点多，维修频率高；低层住宅存在遮光问题；对建筑外观影响较大，需优化建筑设计；承压水箱系统，压力的波动造成疲劳，影响水箱使用寿命。

（2）集中集热——分户储热式太阳能 PVT 系统

指将太阳能 PVT 集热器集中、统一规划安装成为一个系统，储水箱、辅助保障系统以终端用户为单位独立设置的太阳能热水系统。

优点：组件安装在楼顶层，不影响建筑外观；统一安装，集热循环管路少，水箱容积小，占用公共空间面积小；热水系统供应为分户式，储水、辅助加热均在户内，减少了辅助系统、供水系统的运行费用及热损失；热水系统分户供应，无热水计费、辅助电费计量收取问题；系统水泵运行时间短，总体运行成本较低。

缺点：太阳能系统热量分配不均，热计量较难，造成集热系统运行费用无法计量、分配；产权归属不完全明确，在管理、维护等问题方面易造成物业与业主之间发生纠纷；间接式系统，效率较低，初期建设规模增大；占用住户室内有效空间；投资较高。

（3）集中集热——集中储热式太阳能 PVT 系统

指太阳能集热系统、储水箱及辅助部分全部集成化，统一安装集热器，设置集中储水箱及辅助加热设备，然后将热量再次分配至各用水终端的太阳能系统。该系统一般安装在屋顶。

优点：热水资源共享性高，后期运行费用较低；太阳能量及发电设备的有效利用率更高，初期建设规模相对较小，物业部门集中管理，集中维护，维修率较低；集热器安装在楼顶层，不影响建筑外观；系统投资低，后期发电易于利用。

缺点：需分户计量，管理复杂；集中水箱需要占用公共空间作为设备间；承重等问题；供水成本增高；安装面积受建筑物高度影响。

14.3.4 太阳能光伏热系统的建筑应用前景

太阳能光伏热（PVT）系统是太阳能在建筑上应用的重要发展方向，高集成度、高太阳能利用率、多能源混合利用是其显著特点。太阳能光伏热（PVT）系统将朝着发电发热综合效率高、热传导率高、源—荷调节自适应等方向发展，在绿色建筑、智慧建筑等领域的利用前景广阔。

基于薄膜光伏电池材料的太阳能光伏热（PVT）系统具有较高的质量—能量比、长寿命、弱光发电性能强、透光性佳、高温效率高等优势，薄膜材料的可弯曲性也使太阳能光伏热（PVT）组件异形化成为可能，使BIPV光伏建筑外立面、屋顶有了更广阔的设计空间。

太阳能光伏热（PVT）系统可广泛应用在建筑的楼顶、外立面、采光玻璃窗等位置。这种无需额外占用土地的发电技术，对于土地昂贵的城市建筑尤其重要。夏天是用电、用水高峰季节，也正好是日照量最大，太阳能光伏热（PVT）系统利用率最高的时期，对电网可以起到调峰作用。此外，光伏阵列吸收太阳能转化为电能和热能，缓解城市热岛效应，间接降低了建筑外环境综合温度，减少了墙体隔热/得热，降低了室内空调冷负荷，直接起到建筑节能作用。在冬季，太阳能光伏热（PVT）系统可为建筑内用户提供持续热水，通过热交换、新能源发电以及聚光式集热装置等的二次辅助加热，针对性地解决了建筑物生活热水和采暖等多种热负荷的问题。

太阳能光伏热（PVT）系统最大程度地利用了太阳能，提高了单位面积的太阳能转化效率，将传统光伏发电过程中产生的废热转化为热能源，同时降低了光伏组件实际运行温度，实现了发电效率的提高，保证了系统使用寿命。嵌入现代城市建筑的太阳能光伏热（PVT）系统与建筑物本身高度结合，可以减少遮阳、隔热等方面的建筑材料成本，同时降低供热供暖方面的电力能耗，使大规模实现低碳/零能耗的智能能源建筑成为可能。太阳能光伏热（PVT）系统的建筑应用兼顾了区域内的能源需求和建筑物的美观，将在未来智慧城市建设中扮演重要角色。

第 15 章　高层建筑构造

15.1　概　　述

15.1.1　高层建筑的发展与现状

近代高层建筑是城市化、工业化和科技发展的产物。随着社会经济的迅速发展，城市人口的日益增长和建设用地的日渐紧张促使建筑向空中延伸，而各式新材料、新技术、新工艺的不断涌现使得人们在高空居住和工作变成可能。此外，由于建筑的高度代表了经济实力和声望，因此商业的竞争也是高层建筑不断发展的重要动力。

近代高层建筑始于 19 世纪美国的芝加哥学派。1873 年一场大火烧毁了市区大部分的木构建筑，1880 年起芝加哥市开始进行全面重建。为解决当时市区人口密集和地价上涨的问题，建筑师开始采用增加建筑层数的方式来扩大建筑的面积，而结构方面则由更加坚固的钢铁框架取代了此前的木质结构。在垂直交通的问题上，也由于采用了 1853 年奥的斯（OTIS）发明的载人升降机而得以成功解决。自此，钢铁框架体系和电梯开始成为建设高层建筑的必备条件。1883 年，詹尼设计的家庭保险公司大楼（Home Insurance Building）（图 15-1a）在芝加哥开始建造，这栋采用铸铁框架、部分钢梁和砖石自承重外墙的 10 层办公建筑被认为是近代高层建筑的真正起点，而芝加哥也成为世界高层建筑之乡。此后，高层建筑迅速覆盖了芝加哥、纽约等地，成为一种"独特的美国艺术形式"。1891 年，在芝加哥建造的共济会神殿大楼（Masonis Temple Building）（图 15-1b）是首个全部以钢作为结构框架的高层建筑。1903 年，辛辛那提的英格尔大楼（Ingall Building）（图 15-1c）首次采用钢筋混凝土框架。1931 年，纽约帝国大厦（Empire State Building）（图 15-1d）建成，高 381m，共 102 层，容纳 65 部电梯，成为当时世界上最高的建筑物，并保持了 40 年之久。1973～1974 年，世界贸易中心双子塔（World Trade Center Twin Towers）（图 15-1e）和西尔斯大厦（Sears Tower）（图 15-1f）相继在纽约和芝加哥建成，以其 415m、417m 和 443m 的高度，成为当时最高的建筑物，直至 1995 年。

随着结构和材料技术的日益发展，高层建筑的突破不局限于高度的增加，造型的多样化方面也逐渐有了更多的发展。早期的高层建筑受钢铁框架结构的制约，难以实现细长的体形，而新结构体系的发展创新、幕墙技术的日渐臻熟以及电梯和设备技术的不断改良等都为高层建筑尝试不同造型风格提供了条件。不仅如此，由于现代社会环境观念的日益增强，人们对于高层建筑的安全性、舒适性和节能性等要求不断提高，对高层建筑的追求不局限于高度的雄伟和造型的美观，而呈现出追求生态技术和智能化人性设计的多元发展趋势。如代表高技派趋向的劳埃德大厦（Lloyd Building）（图 15-1g），展现生态技术的瑞士再保险大楼（Swiss Re Building）（图 15-1h）以及以螺旋结构闻名的马尔默 HSB 大楼（Turning Torso）（图 15-1i）等都引领了当代高层建筑发展的潮流。

国内的高层建筑起步较晚。1949 年以前，上海超过 10 层的建筑仅有 28 幢。而在新

(a) 家庭保险大楼　　　(b) 共济会神殿大楼　　　(c) 英格尔大楼

(d) 帝国大厦　　　(e) 原纽约世界贸易中心　　　(f) 西尔斯大厦

(g) 劳埃德大厦　　　(h) 再保险大楼　　　(i) 马尔默HSB大楼

图 15-1　高层建筑案例

中国成立后近 30 年间，百业待兴，没有过多的财力物力进行建设。70 年代中后期开始，随着改革开放的不断深化，大量对外贸易需要进行相应的基础建设，高层建筑开始迅速发展，尤以香港、上海和深圳等经济发达城市最为显著，产生了以广州宾馆、白云宾馆和北京饭店等为代表的大量优秀高层建筑。当前，得益于国内外设计市场的不断交流和促进，国内的高层建筑不论是在高度、规模还是设计理念上，都取得了丰富的成果，中国也跻身于世界高层建筑大国行列，上海中心大厦、广州周大福中心、台北 101 大厦、上海环球金融中心、香港环球贸易广场以及南京紫峰大厦等更是位居世界最高建筑排名的前列。

15.1.2　高层建筑的分类

1）按建筑层数及高度分类

1972 年在美国宾夕法尼亚州伯利恒市召开的国际高层建筑会议上，来自世界各国的专家对高层建筑的定义形成了较为统一的认识，按层数和高度划分，将 9 层作为多层和高层建筑的分界线（表 15-1）。

高层建筑分类表　　　　　　　　　　　　　　　　　　表 15-1

高层建筑类别	层数	高度/m	高层建筑类别	层数	高度/m
1 类高层建筑	9～16	<50	3 类高层建筑	26～40	<100
2 类高层建筑	17～25	<75	4 类高层建筑（超高层建筑）	>40	>100

目前，我国对于高层建筑的定义规定如下：

《民用建筑设计通则》GB 50352—2005 中规定，10 层及 10 层以上居住建筑和高度超过 24m 的非单层公共建筑为高层建筑，建筑高度大于 100m 的民用建筑均为超高层建筑。而在《高层建筑混凝土结构技术规程》JGJ 3—2010 中则将划分高层建筑的起始高度定为 28m，与上述稍有出入。在 2015 年开始实施的《建筑设计防火规范》GB 50016—2014 中，则对高层建筑按照层数和高度进行了更为详细的划分，具体见表 15-1。

应当注意的是，有关规范中的建筑高度是指建筑物室外地面至其檐口或屋面面层的高度，而屋顶水箱、机房及屋顶楼梯间等均不计入建筑高度内。

2）按建筑功能要求分类

我国高层建筑按建筑功能可分为民用和工业两个大类，而在民用建筑大类中又可分成若干小类，其中包括高层办公楼（包括行政和办公两类）、高层旅馆、高层病房楼、高层住宅和公寓以及高层综合体等多种类型。其中高层办公楼（包括高层综合体）、高层旅馆和高层住宅是最主要的三种类型，在已建成的高层建筑中所占大致比例分别为 35%、15% 和 40%～50%。

3）按建筑体形分类

（1）板式高层建筑：建筑平面呈长条形的高层建筑，一般长宽比例在 2 及以上。

（2）塔式高层建筑：建筑平面长宽比相近的高层建筑，一般长宽比在 2 以下。

4）按防火要求分类

目前对高层建筑的普遍划分主要是以城市登高消防车及消防设备的供水能力为主要依据。"2005 高层建筑消防安全国际会议"对高层建筑的定义是任何高度对建筑内部消防疏散产生影响的建筑均为高层建筑。

在我国，综合考虑建筑的使用性质、火灾危险性和疏散及扑救难度等因素，《建筑设计防火规范》GB 50016—2014 将高层民用建筑按防火要求分为一类建筑和二类建筑（表 15-2）。

高层民用建筑分类　　　　　　表 15-2

名称	一类	二类
住宅建筑	建筑高度大于 54m 的住宅建筑（包括设置商业服务网点的住宅建筑）	建筑高度大于 27m，但不大于 54m 的住宅建筑（包括设置商业服务网点的住宅建筑）
公共建筑	(1)建筑高度大于 50m 的公共建筑 (2)任一楼层面积大于 1000m² 的商店、展览、电信、邮政、财贸金融建筑和其他多种功能组合的建筑 (3)医疗建筑、重要公共建筑 (4)省级及以上的广播电视和防灾指挥调度建筑、网局级和省级电力调度建筑 (5)藏书超过 100 万册的图书馆、书库	除一类高层公共建筑以外的其他高层公共建筑

15.1.3 高层建筑发展中存在的问题

现代社会，高层建筑在城市建设中扮演的角色越发重要，它们改变了城市的天际线，丰富了城市的空间和景观，有的甚至代表了一座城市的形象。当然，高层建筑最为突出的优势就是提高了土地利用率，节约了土地资源，而且高层建筑的建设也促进了新的结构、材料和技术的不断发展，也成为城市发展的重要推动力。

美国 SOM 建筑事务所著名结构工程师法兹勒·康说过："今天建造 190 层的建筑已经没有任何实际困难。要不要盖摩天大楼或在城市里如何处理摩天楼，已经不是工程问题，而是个社会问题"。本来是为了节省土地、充分利用垂直空间，却为城市环境带来了不可忽视的问题。

一方面，随着玻璃幕墙愈发普遍地应用，城市整体风貌特色也愈发趋于雷同，城市个性在逐渐丧失。不仅如此，玻璃幕墙所带来的光污染、高层建筑巨大体量覆盖下的阴影区、热岛效应等一系列城市疾病不仅破坏了城市原有的生态环境，同时也困扰着城市居民的日常生活，居住质量难以保证。

另一方面，随着高层建筑高度的不断刷新，火灾救援工作的难度也越来越大。普通的消防设备越发难以处理严重的突发事件，往往需要借助直升机的协助才能完成扑救工作。这不仅是摆在消防部门面前的困难，对于建筑师而言，在设计高层建筑时也应更加谨慎。

这些高层建筑与城市及环境之间的问题，促使建筑师和相关政府部门对自己的工作不断研究改进，相信今后的高层建筑必将会向着更加人性化、智能化的方向发展。

15.2　高层建筑结构

高层建筑一般需要根据建筑的用途及功能、建筑高度、荷载情况、抗震等级、建造材料和所具备的物质与施工技术条件等因素选择合适的结构形式。以建筑材料分类，高层建筑主要包括钢筋混凝土结构、钢结构、钢-混凝土组合结构这三种类型，在低层住宅最常见的砌体结构很少用于高层建筑，虽然在国内有部分高层项目利用配筋砌体建造完成，但多带有试验性质，而且数量很少，大量的高层建筑是利用钢筋混凝土材料和钢结构材料完成的。这两种结构材料用于建造高层建筑各有优缺点，钢筋混凝土高层建筑具有刚度大、用钢量小、造价低、防火性能好等优点，但其构件断面和自重都比较大，而钢结构具有截面小、工期短、抗震性能好、使用空间大等优点，缺点则是耐火性能较差，同时用钢量很大会导致造价较高，因此结合了这两种材料优点的钢-混凝土组合结构，在高层建筑实践中受到广泛欢迎，具有长远的发展潜力。

15.2.1　高层建筑结构布置的基本原则

高层建筑的简化结构模型可以设想成一根支撑在地面上的竖向悬臂构件，承受着以重力为代表的竖向荷载和以风荷载及地震力为代表的水平荷载作用。与低层建筑相比，高层建筑的内力与变形有如下变化：水平荷载成为决定因素，竖向荷载对结构设计的影响下降，侧移成为设计控制指标；结构不仅要有足够的承载力，还要有足够的侧向刚度，确保高层建筑的侧向位移变形满足设计要求以安全使用。

高层建筑设计应遵循合理的抗震设计原则，其结构布置应尽量减少其在地震下的扭转变形，同时结构还应具有足够大的延性和耗能能力。具体而言，高层结构体形应简单规则，结构受力和传力途径清晰而直接，在此基础上以结构的承载力、刚度和延性为设计目标，通过设置多道抗震防线以及刚柔结合等抗震技术措施，依据优秀的抗震概念设计，从根本上确保建筑结构在地震作用下的安全性和可靠性。

为了保证高层建筑可靠的抗震能力，各国的高层建筑设计规范都对其结构布置提出了一些明确的要求：

1) 结构平面布置

结构平面布置要有利于抵抗水平和竖向荷载，受力明确，传力直接。高层建筑不应采用严重不规则的平面结构布置，由于偏心较大的结构扭转效应大，会加大端部构件的位移，导致应力集中，故结构平面宜简单、规则、均匀、对称以减少扭转的影响，当建筑平面复杂时，应通过设置变形缝来划分结构平面单元，简化结构单元，减少震害。

2) 结构竖向布置

结构竖向布置最基本的原则也是规则、均匀。历次地震震害表明：结构刚度沿竖向突变、外挑、内收等都会在某些楼层产生大的变形和应力集中，出现严重的震害和破坏，因此，结构竖向布置应力求自下而上刚度变化均匀，体形规则、匀称、不突变，立面尽量减少外挑、内收等。

上述结构布置属于高层建筑抗震概念设计的范畴，它对建筑设计的限制约束是有现实意义的，需引起建筑师的高度关注。对高层建筑而言，刚度和质量分布均匀，体形仅作有规则的渐变，是被实践证明行之有效的设计准则，这种概念设计比单纯计算能更可靠地确保高层建筑在大震下的安全性。例如著名美籍华裔结构工程师林同炎设计的尼加拉瓜美洲银行大楼，18 层 61m 高，形体规则而简单，同时，设计中考虑了多道抗震防线并提出了刚柔结合抵抗大震的设计概念，通过在总体结构体系中预设薄弱环节作为强烈地震作用下可被破坏但不影响整体安全的耗能构件来保证结构"大震不倒"，该楼在 1972 年马那瓜强烈地震作用下仅出现少量裂缝，经过简单维修加固后至今仍可使用，而周围大量建筑物倒塌（图 15-2），这个案例证明了高层建筑在结构布置方面须强调基本结构原则进行概念设计的重要性。

15.2.2　高层建筑结构体系

高层建筑最突出的外部作用是水平荷载，故其结构体系常称为抗侧力结构体系。基本的高层建筑抗侧力结构单元有框架、剪力墙、筒体等，由它们可以组成各种结构体系。在高层建筑结构设计中，正确地选用结构体系是非常重要的。合理的结构体系选择与建筑的使用功能有密切关系，如商场办公楼、宾馆等需要大空间，常采用框架或框架—剪力墙结构，而住宅常采用剪力墙结构等。建筑高度也是选择合理结构体系的主要因素之一，如 10 层以下的建筑通常采用框架结构，10 层以上的建筑常选择框架—剪力墙结构形式，而 30 层以上的建筑宜选择框筒结构体系等，表 15-3 为高层建筑各典型结构体系的适合高度列表。

1）框架结构体系

框架结构由梁、柱构件通过节点连接构成，如整幢建筑均采用这种结构形式，则称为框架结构体系或框架结构建筑，图 15-3 是框架结构房屋几种典型的结构平面布置和其中一个剖面示意图，需要说明的是，其中图 15-3（e）显示的单跨框架（不包括门式刚架），在汶川地震后，国内相关规范已不建议使用。

框架结构由于没有结构承重墙体的限制，其结构平面布置十分灵活，立面设计受到的结构约束也非常少，为建筑外立面开大窗或者采用整体的玻璃幕墙创造了条件，但纯框架结构体系的侧向刚度一般偏小，水平位移较大，不建议随意用于高烈度地震区。

图 15-2　大地震后的美洲银行
（来源：blog. sina. com. cn/cao chikang）

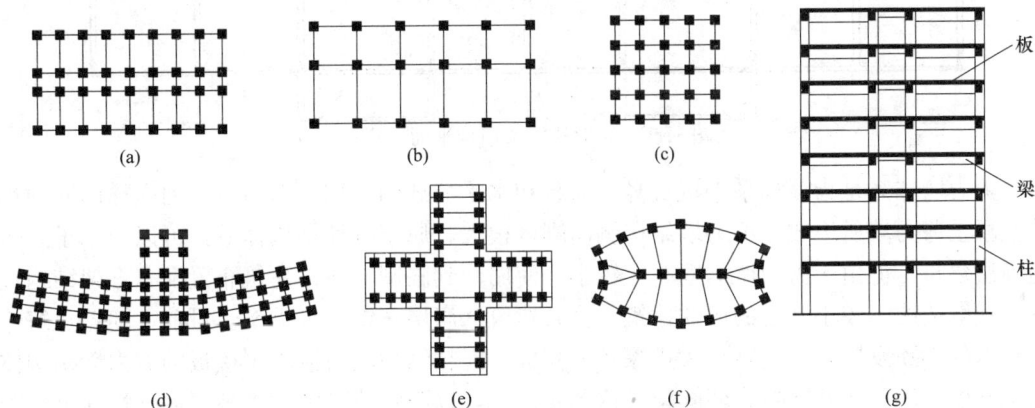

图 15-3　框架结构平面及剖面示意图

框架结构的柱网布置应满足建筑的使用功能要求，力求使建筑形状规则、简单整齐，结构合理、受力明确，施工方便，符合建筑模数协调统一标准，建筑构件类型和尺寸规格尽量减少。框架结构根据性能的综合比较，可选择不同的楼板布置方式，形成横向框架承重、纵向框架承重和纵横向框架承重等三种框架布置方案。其中纵向框架方案由于其结构横向刚度较差，在实际工程中较少采用（图 15-4）。

由于普通框架的柱截面一般大于墙厚，室内出现棱角，影响房间的使用功能及观瞻，所以，近十多年来，由 L 形、T 形、Z 形或十字形截面柱构成的异形柱框架结构被不断采用。

这种结构的柱截面宽度与填充墙厚度相同，使用功能良好。图 15-5 所示为异形柱框架结构平面示意图。

2）剪力墙结构体系

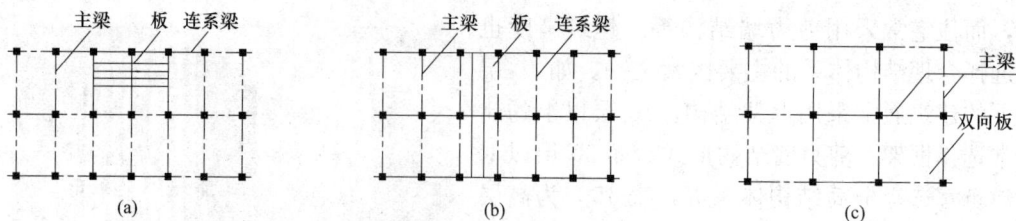

图 15-4　框架结构的承重方案

高层建筑典型结构体系的适宜高度范围　表 15-3

体系名称	框架	框架-剪力墙	剪力墙	框架-核心筒	框架-核心筒-伸臂	筒中筒	束筒	巨型框架
适宜范围	多层至20层 60m	8~20层 80m	10~40层 120m	30~50层 200m	50~100层 400m	50~100层 400m	50~110层 450m	30~150层 500m
适宜高宽比	≤4	≤5	≤6	≤6	≤8	≤7	≤8	≤10

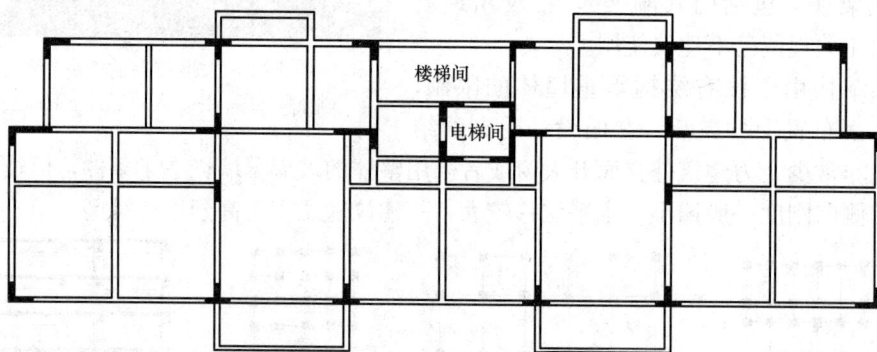

图 15-5　异形柱框架结构平面示意图

剪力墙体系是指该体系中抵抗竖向荷载和水平荷载的结构全部由一系列纵横两向的钢筋混凝土剪力墙所组成，剪力墙结构侧向刚度很大，属于刚性结构体系，可以应用于建造超高层建筑，但由于剪力墙的间距比较小，使用受到限制，所以建筑布置没有框架结构灵活，一般适用于较小开间的居住建筑、公共建筑（高层宾馆）等类型。目前，随着建筑施工技术的不断发展，大间距、大进深、大模板、无粘结预应力混凝土楼板的剪力墙结构体系也开始采用，每开间剪力墙间距可达到6~8m，以满足建筑师对多种用途下空间灵活隔断的需要（图 15-6）。

对剪力墙结构的布置一般作如下要求：

（1）剪力墙宜沿主轴方向或其他方向双向或多向布置，不同方向的剪力墙宜分别连接在一起，应尽量拉通、对直，以具有较好的空间工作性能。抗震设计中，应避免仅单向有墙的结构布置形式，宜使两个方向侧向刚度接近，两个方向的自振周期宜相近，剪力墙墙肢截面宜简单、规则。

（2）剪力墙的侧向刚度及承载力均较大，为充分利用剪力墙的能力，减轻结构自重，增大结构的可利用空间，剪力墙不宜布置得太密，使结构具有适宜的侧向刚度。若侧向刚度过大，不仅加大自重，而且会吸收较多地震荷载，对结构受力不利。

（3）剪力墙宜自下到上连续布置，避免刚度突变，允许沿高度改变墙厚和混凝土强度等级，或减少部分墙肢，使侧向刚度沿高度逐渐减小。剪力墙沿高度不连续，将造成结构

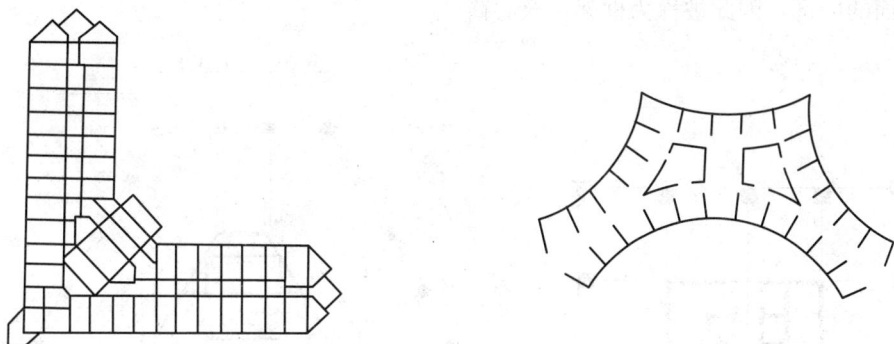

图 15-6　剪力墙结构平面布置案例

刚度沿高度突变,对结构抗震不利。

(4)剪力墙洞口的布置,会极大地影响剪力墙的力学性能,故剪力墙的门窗洞口宜上下对齐,成列布置。在纵横墙交叉处,应避免在几面墙上同时开洞,开洞时应尽可能形成门垛,避免结构局部严重削弱。

3)框架-剪力墙结构体系

框架-剪力墙结构是在框架的某些柱间布置一系列横向与纵向的钢筋混凝土剪力墙
(图 15-7),并使剪力墙与框架通过楼盖结构联系在一起协同工作,这样就结合了框架与剪力墙两种结构类型的优势,协调了剪力墙结构的弯曲型变形和框架结构的剪切型变形,保证整体结构的承载能力与抗侧刚度能满足

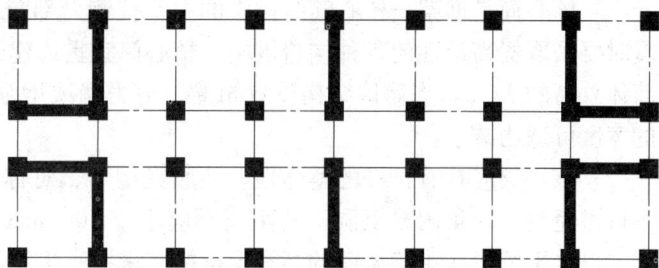

图 15-7　框架-剪力墙结构平面布置示意

要求,同时建筑布置也较为灵活。

结构布置要求:

(1)框架—剪力墙结构应设计成双向抗侧力体系,两主轴方向均应布置剪力墙,剪力墙的布置宜使结构各主轴方向的侧向刚度接近。

(2)剪力墙的数量要适当,梁与柱或柱与剪力墙的中线宜重合,以避免剪力墙或者梁对柱子产生扭转的不利影响。

(3)每个方向的剪力墙布置应满足分散、均匀、周边、对称等抗震要求。

4)筒体结构

筒体结构是指由一个或几个竖向筒井作为主要抗侧力构件的结构类型,具有很高的空间刚度,由于超高层建筑对结构的抗侧弯能力与抗震能力的需求更加突出,因此,筒体结构在超高层建筑中得到了广泛的应用。筒体一般可分为实腹式筒体和空腹式筒体。实腹式筒体是板式墙组成的筒体,一般是由建筑内部的楼梯间、电梯间以及设备管道井的钢筋混凝土墙体围合而成,称为墙筒;空腹式筒体则由密集立柱和深梁围合而成,通常称为框筒。

无论是实腹式墙筒还是空腹式框筒,一般很少单独使用,最常见的是类似框架-剪力墙结构,筒体与框架协同作用,形成框架—筒体结构(图 15-8),多数情况下,筒体位于

建筑平面的中部，因此被称为框架—核心筒。

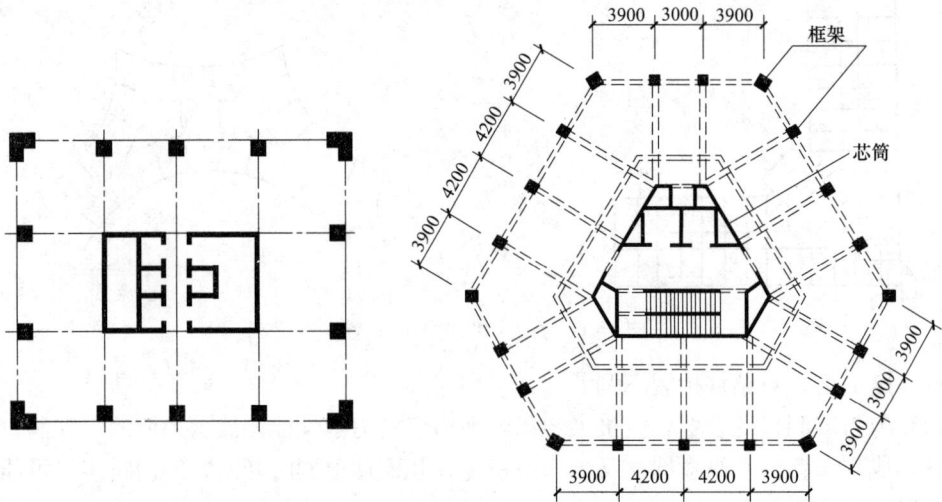

图 15-8　框架—核心筒结构平面示意及其典型案例

框架—核心筒结构的布置除须符合高层建筑的一般布置原则外，还应遵循以下原则：

（1）核心筒是框架—核心筒结构中的主要抗侧力部分，承载力和延性要求都应更高，抗震时要采取提高延性的各种构造措施。核心筒宜贯通建筑物全高。核心筒的宽度不宜小于筒体总高的 1/12，当筒体结构设置角筒、剪力墙或增强结构整体刚度的构件时，核心筒的宽度可适当减小。

（2）核心筒应具有良好的整体性，墙肢宜均匀、对称布置；筒体角部附近不宜开洞，当不可避免时，筒角内壁至洞口的距离不应小于 500mm；抗震设计中，宜通过配置交叉暗撑、设水平缝或减小梁截面的高宽比等措施来提高连梁的延性。在核心筒延性要求较高的情况下，可采用钢骨混凝土核心筒，即在纵横墙相交的地方设置竖向钢骨，在楼板标高处设置钢骨暗梁，钢骨形成的钢框架可以提高核心筒的承载力和抗震性。

（3）框架—核心筒结构的周边柱间必须设置框架梁。框架可以布置成方形、长方形、圆形或其他多种形状，框架—核心筒结构对形状没有限制，框架柱距大，布置灵活，有利于建筑立面多样化。结构平面布置尽可能规则、对称，以减小扭转影响，质量分布宜均匀，内筒尽可能居中。核心筒与外柱之间距离一般以 10～12m 为宜，如果距离很大，则需要另设内柱，或采用预应力混凝土楼板，否则楼层梁太高，不利于减小层高。沿竖向结构，刚度应连续，避免刚度突变。

（4）当周边柱与内筒相距较远时，可采用更能充分发挥周边柱作用的框架—核心筒—伸臂结构方案，即当框架—核心筒结构的侧向刚度不能满足设计要求时，可沿竖向利用建筑避难层、设备层空间，设置适当刚度的水平伸臂构件，构成带加强层的高层建筑结构。水平伸臂构件的形式采用刚度很大的斜腹杆桁架、实体梁、整层或跨若干层高的箱形梁、空腹桁架等水平伸臂构件，在平面内将内筒和外柱连接。由于水平伸臂构件的刚度很大，在结构产生侧移时，它将使外柱拉伸或压缩，从而承受较大的轴力，增大外柱抵抗的倾覆力矩，同时使内筒反弯，减小侧移。

框架—核心筒—伸臂结构可沿建筑高度根据需要布置多道水平伸臂构件，但伸臂位置和数量要合理有效，其原则是：当布置 1 个加强层时，位置可在 $0.6H$ 附近；当布置 2 个加强层时，位置可在顶层和 $0.5H$ 附近；当布置多个加强层时，加强层宜沿竖向从顶层向下均匀布置（不宜多于 4 个）；其中 H 为结构总高度。案例天津塔分别在 15、30、45 和 60 层设置了伸臂结构（图 15-9）。

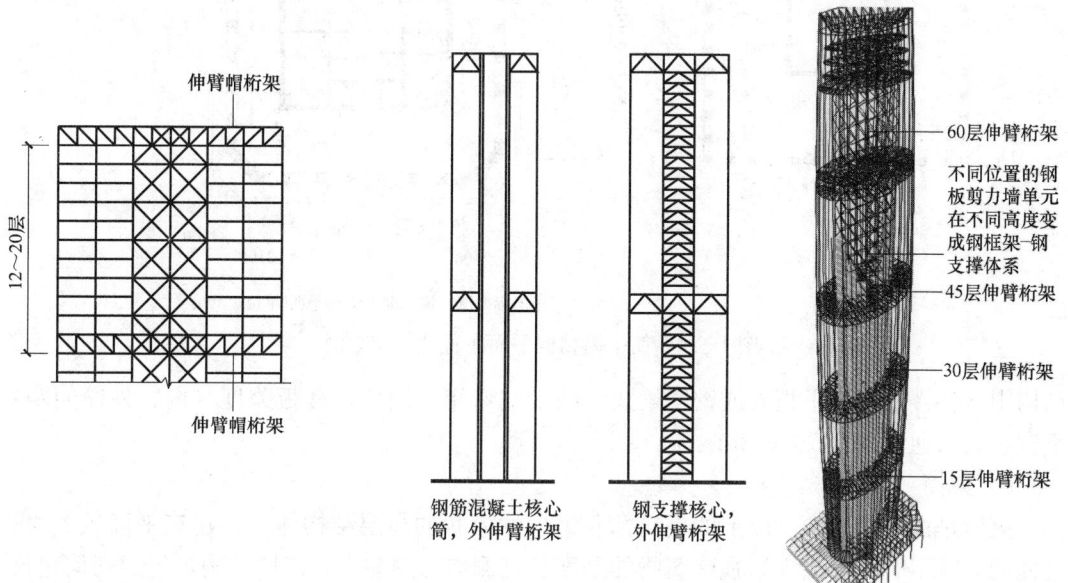

图 15-9　框架—核心筒—伸臂结构示意

5）筒中筒

筒中筒是由内筒（通常是实腹式墙筒）与外筒（通常是空腹式框筒）共同组成的筒体结构。筒中筒（图 15-10）与框架—核心筒结构（图 15-8）在平面形式上可能相似，但受力性能却有很大区别。筒中筒的空腹式框筒必须做成密柱深梁，因为密柱深梁能使窗裙梁的跨高比较小，减少翼缘框架中梁的弯曲及剪切变形，减少柱中剪力滞后现象。根据经验，一般情况下柱距为 1～3m，最大为 4.5m；窗裙梁跨高比约为 3～4；一般窗洞面积不超过建筑立面的 60%。

筒中筒结构布置要求：

（1）框筒的平面宜选用圆形、正多边形、矩形、椭圆形等平面，内筒应居中。如为矩形平面，则长短边的比值不超过 2，否则在较长的一边，剪力滞后现象会比较严重，长边中部的柱子轴力很小，利用程度不高。

（2）结构总高度与总宽度之比（H/B）大于 3 时，才能充分发挥框筒的作用，因此在矮而胖的结构中不宜采用框筒或筒中筒体系。

（3）内筒面积不宜过小，通常内筒边长为外筒边长的 1/3～1/2 较为合理。一般情况下，内、外筒之间不再设柱。内筒的高宽比（H/B）可为 12～15。

（4）筒中筒结构中的楼板不仅承受竖向荷载，它在水平荷载作用下还起刚性隔板作用，一方面，内、外筒通过楼板联系并协同工作，另一方面，它维持筒体的平面形状，保证沿竖向筒体不变形，因此，楼板是筒中筒结构中的重要构件。但是楼板（包括楼板和梁）的高度不宜太大，要尽量减小楼板与柱子之间的弯矩传递。在多数钢筋混凝土筒中筒

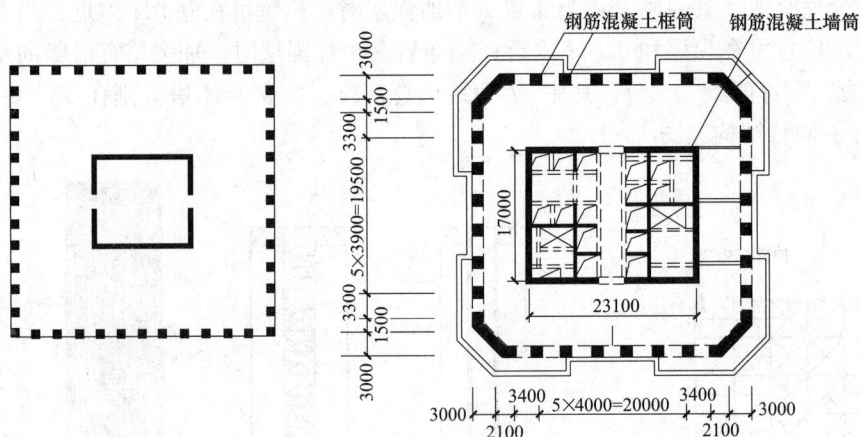

广东国际大厦主楼标准层结构平面(单位：mm)

图 15-10　筒中筒结构平面布置及相应案例

结构中，将楼板做成平板式或密肋梁式以减少端弯矩。因此，楼板跨度（内、外筒间距）不宜过大，通常约为 10～12m。

6）束筒

束筒是由两个或两个以上的框筒并联组成的束状的高层结构体系，建筑平面较大时，这样的束状组合就可大大增强建筑物的刚度和抗侧向力的能力。束筒结构可组成任何建筑平面外形，组成束筒的每一个框筒也可以有多种形状，如半圆形或者多边形等。图 15-11（a）所示是美国芝加哥的 The Magnificent Mile，束筒平面为狭长的 L 形；图 15-11（b）则是美国联合银行塔楼，高 296m，平面由两个 1/4 圆形框筒反对称组合而成。

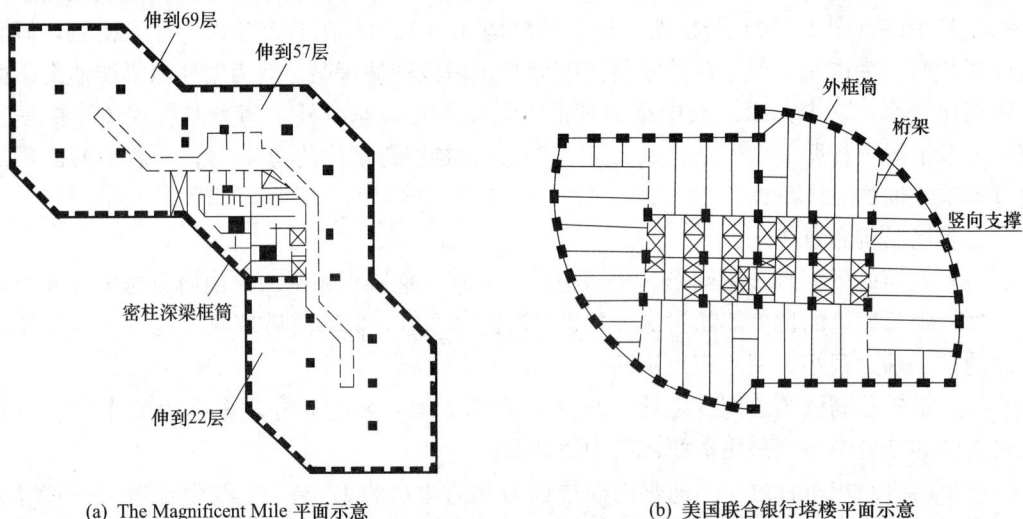

(a) The Magnificent Mile 平面示意

(b) 美国联合银行塔楼平面示意

图 15-11　束筒结构案例

通常，束筒也能适应不同高度的体形组合需要，即每一个单筒都可以根据具体的设计需要确定各自的结构高度，这丰富了高层建筑的外观。如著名的芝加哥西尔斯大厦（图 15-12）采用了 9 个在不同高度终止的框筒集束而成。该建筑高达 443m，底部平面

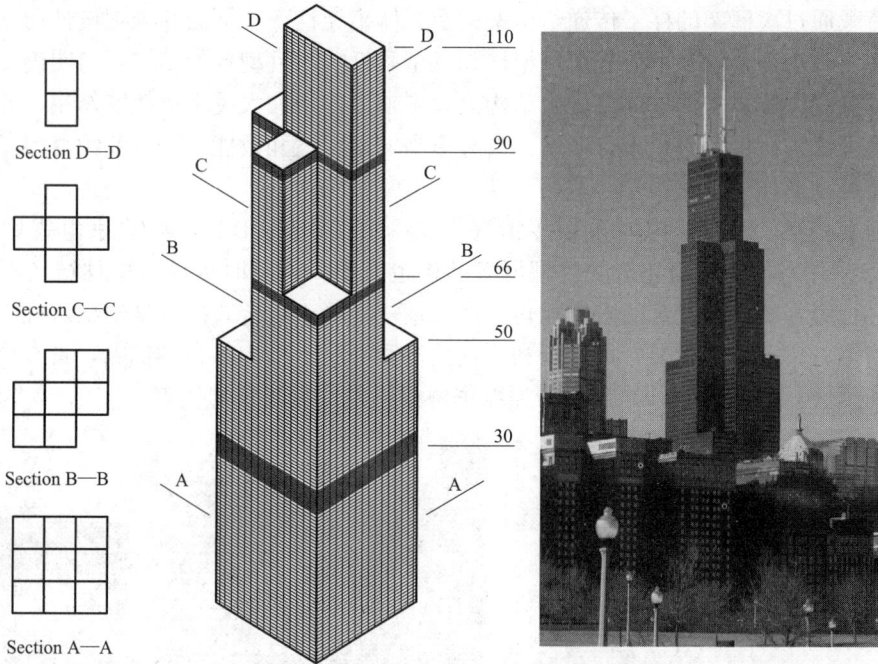

图 15-12 芝加哥西尔斯大厦的束筒结构案例

68.7m×68.7m，其平面由 9 个 22.9m 见方的正方形竖筒组成，大厦的外形是逐渐上收的，9 个竖筒分别截止在不同的高度上，1～50 层由 9 个竖筒组成正方形平面，51～66 层为截去对角的两个竖筒，67～90 层为截去了另一组对角的两个竖筒组成一个十字形平面，91～110 层则截去三个边形竖筒，只剩两个竖筒直达顶点。因此，大厦的造型有如 9 个高低不一的方形空心筒子集束在一起，挺拔利索，简洁稳定，不同方向的立面，形态各不相同，突破了一般高层建筑呆板对称的造型手法，是建筑设计与结构创新高度结合的成果。

7) 巨型框架

巨型框架体系是另一种新型结构体系，典型的巨型框架一般由立体桁架柱及桁架梁构成（图 15-13），即通常说所说的巨型柱和巨型梁，立体桁架柱一般布置在建筑平面的周边，桁架梁一般 10 层或 15 层设一道，在两层空间桁架之间设置次框架结构，以承担空间桁架层之间的楼面荷载，并将这

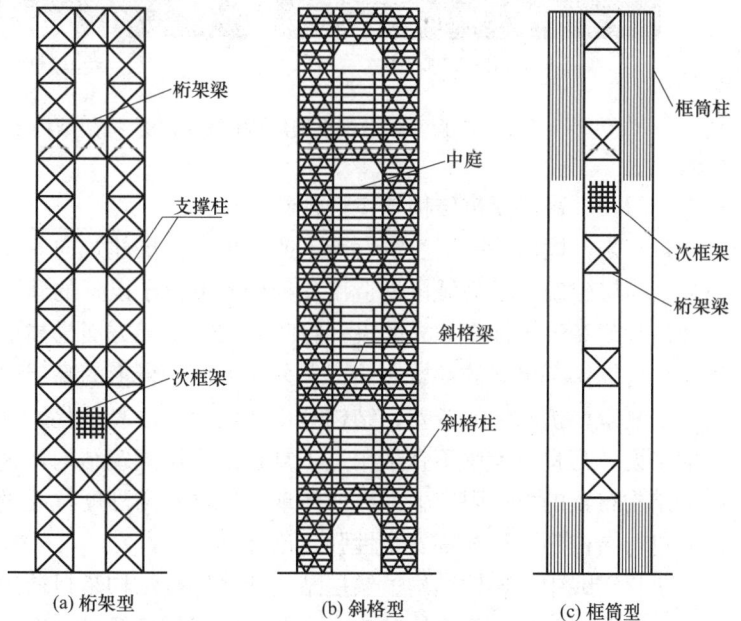

图 15-13 三种典型钢结构的巨型框架形式

157

些楼面荷载通过次框架的柱子传递给桁架梁及立体桁架柱，次框架并未被设计用于承担整个结构的侧向水平力，水平荷载由巨型柱和巨型梁抵抗。巨型框架结构传力明确。主框架为主要的抗侧力体系和承重体系。次结构只起到辅助作用和大震下的耗能作用，并负责将荷载传给主结构，传力路径十分明确，具有更高的稳定性和效能，并可节约材料，降低造价，使建筑物更加经济适用。

工程实践中，巨型结构体系较多情况下会采用钢结构形式，如北京电视中心（图15-14a），采用混凝土材料建造的巨型框架结构也有不少，有时也可将多种结构形式及不同材料进行组合，实现建筑的多功能化，例如钢—混凝土组合式的巨型框架，柱采用钢筋混凝土筒体，梁采用钢桁架，可综合利用钢结构和混凝土结构各自的优点，具有更高的承载能力和延性，图 15-14（b）所示新加坡华侨银行是这类建筑的代表。

(a) 北京电视中心工程　　　　　　　　　　　(b) 新加坡华侨银行

图 15-14　巨型钢框架结构体系和组合框架结构体系典型案例

15.2.3　高层建筑结构与造型创新

近年来，国内外高层建筑发展迅速，现代高层建筑向着体形复杂、功能多样的综合性发展，高层建筑不断为城市创造出各种传统方盒子以外的新颖建筑形态，这种潮流也与部分建筑师刻意追求标新立异的设计趣味有关。这一方面为高层建筑带来了创新的造型，也给使用者提供了更好的环境体验；但另一方面，异形的高层建筑形态可能会使建筑结构受力更加复杂、抗震性能变差、结构分析和设计方法复杂化，因此，从结构受力和抗震性能方面来说，工程设计中不宜采用过于复杂的高层建筑结构，这在各国高层建筑设计规范对相关结构布置的多方限定上都有所体现，通常在高烈度抗震设防地区，复杂高层建筑往往需要进行结构超限审查等安全性强化论证。

工程实践中，连体结构、错层结构和多塔楼结构是目前出现频率较高的复杂高层建筑形式。图 15-15（a）为连体结构示意图，在高层建筑设计中，为建筑美观和方便两塔楼之间的联系，常在两塔楼上部用连廊或天桥相连，形成连体高层建筑。震害经验表明，地震区的连体高层建筑破坏严重，主要表现为连廊塌落，主体结构与连接体的连接部位破坏严重。两个主体结构之间设多个连廊的，高处的连廊首先破坏并塌落，底部的连廊也有部分塌落；两个主体结构高度不相等或体形、面积和刚度不同时，连体破坏尤为严重。因此，连体高层建筑是一种抗震性能较差的复杂结构形式。图 15-15（b）是错层结构，从结构受力和抗震性能来看，错层结构属竖向不规则结构，楼板分成数块，且相互错置，削弱了楼板协同结构整体受力的能力，由于楼板错层，在一些部位形成短柱，形成许多短柱与长柱混合的不规则体系，剪力墙结构错层后，会使部分剪力墙的洞口布置不规则，形成错洞剪力墙或叠合错洞剪力墙，对结构抗震不利。图 15-15（c）为大底盘多塔楼的结构布置示意图，即底部几层布置为大底盘，上部采用两个或两个以上的塔楼为主体结构，这种多塔楼结构的主要特点是在多个塔楼的底部有一个连成整体的大裙房，形成大底盘，这种结构在大底盘上一层突然收进，使其侧向刚度和质量突然变化，故这种结构也属竖向不规则结构，由于大底盘上有两个或多个塔楼，结构振型复杂，并会产生不利的扭转振动，引起结构局部应力集中，如果结构布置不当，则竖向刚度突变、扭转振动反应及高振型的影响将会加剧。因此，高层建筑应尽量不采用上述三种结构形式。

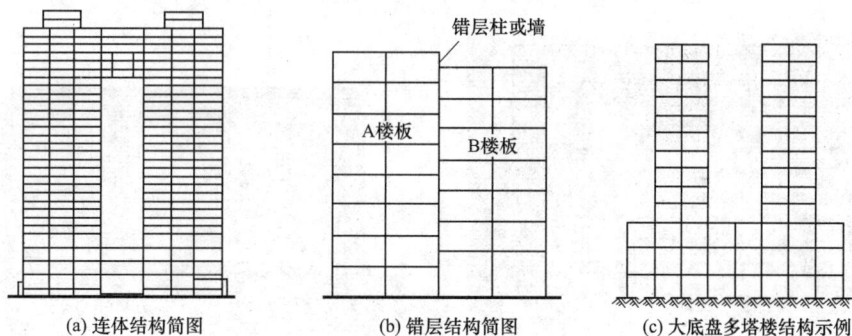

(a) 连体结构简图　　　　(b) 错层结构简图　　　　(c) 大底盘多塔楼结构示例

图 15-15　连体、错层和多塔高层建筑

悬挂结构有时也会用于高层建筑，这是一类非主流的高层建筑结构体系形式，它原本用于中大跨的桥梁结构，建筑师将桥梁结构体系用于抵抗侧向水平力为主的高层建筑有多方面考虑，但往往不是出于对建筑经济指标的选优控制，而表现高技派设计风格的技术符号表达是重要原因之一。四座高层建筑分别应用到了桥梁中的斜拉桥、撑架梁桥、拱桥和悬索桥的结构形式，建筑的立面也刻意强调了这种结构符号的表达（图 15-16）。

除了高技派建筑风格，当代生态设计理念也对高层建筑设计产生了明显的影响，当高层建筑引入空中花园等功能时，结构布置常相应作出调整。例如法兰克福银行大楼的巨型框架体系，利用空腹巨型桁架确保每个立面方向均可设置空中花园，显示了巨型框架结构体系结构布置的灵活性；深圳的珠江城在横贯建筑前后的风亭通道内加设了风力涡轮发电设备，以引入高效的可再生自然能源，也是通过结构的镂空开洞来实现的（图 15-17）。

现代材料技术的发展，为高层建筑的抗风抗震设计突破常规的技术措施和手段提供了某些可能性，例如在结构的某些部位（如支撑、剪力墙、节点、连接缝或连接件等）设置消能阻尼装置或元件，通过消能装置产生滞回耗能来耗散或吸收地震能量以减小主体结构的地震反应从而避免结构产生破坏或倒塌，或者通过协调质量阻尼系统的抗风阻尼器来减

(a) 香港汇丰银行　　　　　　　　　　(b) 东京世纪大厦

(c) 英国伦敦证券交易大楼　　　　　(d) 美国明尼阿波立斯联邦储备银行

图 15-16　高层建筑中的结构表达范例

缓高层建筑的风振响应。如位于日本名古屋的 MODE 学园螺旋大楼，工程师在其结构的钢支撑上设置了一系列的减振消能阻尼器（图 15-18a）；而著名的台北 101 大楼则应用了抗风阻尼器（图 15-18b），工程师为减小该高层建筑在风力下的振动幅度，在第 92 层楼悬挂了一个直径 5.5m、重达 800 吨的悬浮阻尼球，作为大楼吸收风力的装置，当强风出现时，阻尼球会摆动，大楼其他部分就可保持稳定。对建筑师而言，这些新技术的应用在某些情况下可以让结构布置的自由度获得一定程度的释放，给高层建筑的设计创新带来积极影响。

英国伦敦的瑞士再保险大厦（图 15-19a）和美国赫斯特大厦（图 15-19b）均应用了菱形钢网格的三角形斜肋结构，反映了当前高层建筑竖向抗侧体系趋于支撑化、周边化和空间化的倾向，部分建筑师认为该类结构形式有助于应对日益增多的不规则形态高层建筑的结构设计挑战，但实践证明，即便采用三角形斜肋结构，也并非可以随心所欲地给高层建筑设计提供无限自由，仍有必要从基本结构设计原则上保证结构设计的安全、合理和经济性，图 15-19（c）所示为采用菱形钢网格的 CCTV 大楼，在抗震概念设计上并非未来

(a) 法兰克福银行

(b) 深圳珠江城大厦

图 15-17 高层建筑中的生态设计理念

(a) 日本MODE学园大厦的减振消能阻尼器

(b) 台北101大厦悬浮抗风阻尼球

图 15-18 高层建筑中的新技术

高层建筑设计的榜样。

当前随着参数化设计的大行其道，类似 CCTV 大楼的不规则结构布置要求不断被提出，造型的尺度也不断被突破，如超常的形体悬挑、折叠、扭转等。建筑师和工程师应该

| (a) 伦敦瑞士再保险大厦 | (b) 美国赫斯特大厦 | (c) CCTV大楼 |

图 15-19　高层建筑中的不规则结构

深刻思考，共同协作，完成创新，但无论如何，尽量从结构效率与合理性角度出发进行相关设计探索仍应是双方共同的努力方向。图 15-20 中对高层建筑扭转造型的不同处理方式实际上导致了不同的结构效率和代价，其中图 15-20（a）所示的迪拜卡延塔是依靠倾斜角柱和每层上下错开不对通的错位柱实现建筑外轮廓的形体扭转，而图 15-20（b）所示的芝加哥螺旋塔则是基于均匀规则布置的结构柱网，仅仅以每层楼板旋转 2°的渐变悬挑转动来形成扭纹，实现了"建筑扭转结构不扭转"的效果，其结构传力路径更为直接，结构效率和抗震可靠性更为出色，对建筑师也更有实践借鉴价值。

| (a) 迪拜卡延塔 | (b) 芝加哥螺旋塔 |

图 15-20　高层建筑扭转造型的不同处理手法

15.3　高层建筑垂直交通体系及构造

15.3.1　高层建筑垂直交通体系概述

1843 年，奥的斯发明了带有安全装置的垂直升降机，使得建筑物的高度不再受楼梯的约束，促使 1884 年的芝加哥出现了第一座现代意义上的高层建筑——芝加哥家庭保险大楼（图 15-21），可以说电梯的发明是高层建筑得以实现的首要原因。在高层建筑里，垂直交通体系是最重要的组成部分，它是高层建筑不同楼层间相互联系的枢纽，是高层建筑成为可能的关键。垂直交通体系设计的合理与否直接关系到高层建筑是否能够安全、高效、便捷地运作。

高层建筑垂直交通体系最主要的功能是输送建筑内的人群到目标楼层，另外还担负着在发生紧急状况时疏散人群和运送消防及救援人员的责任。从组成上看，垂直交通体系由电梯和楼梯构成。其中电梯按照功能分为客用电梯、消防电梯以及货用电梯，楼梯应为疏散楼梯，具备防烟防火等功能。因高度高、楼层多，高层建筑垂直交通体系的日常运作主要依靠电梯系统，楼梯作为辅助，并在火灾等紧急状况时起到最主要的疏散作用。

电梯和楼梯功能互补，关系紧密，一般共同布置在高层建筑核心筒内部，占核心筒 60%左右的面积，是核心筒内主要的功能空间。核心筒在高层建筑标准层面积中占 40%甚至更高，因此，合理的垂直交通体系设计不仅关系到高层建筑的高效运行，还关系到高层建筑的经济性，是高层建筑设计非常重要的环节。

15.3.2　高层建筑垂直交通体系的构成

高层建筑垂直交通体系由电梯和楼梯组成。其中电梯作为主要的运输工具，楼梯作为主要的疏散渠道，两者相互关联，共同构成一个完整的交通体系。

1）电梯

高层建筑垂直交通主要依靠电梯，合理地组织电梯可以实现垂直交通的快捷化和平面得房率的最大化。电梯的组织主要依据建筑高度、建筑面积、使用人数以及使用功能等因素确定，在高层建筑设计之初，就应该大致明确这些因素，才能真正得到科学合理的电梯设计。

（1）电梯的基本构造

电梯是一个相当复杂的机械升降系统，一部完整的电梯由曳引系统、导向系统、轿厢、门系统、重量平衡系统、电力拖动系统、电气控制系统以及安全保护系统组成，各个部分协同工作，才能确保电梯的顺畅、安全运行（图 15-22）。

① 曳引系统：主要功能是输出与传递动力，使电梯运行，由曳引机、曳引钢丝绳、导向轮以及反绳轮组成。

② 导向系统：主要功能是限制轿厢和对重的活动自由度，使轿厢和对重只能沿着导轨进行升降运动。导向系统主要由导轨、导靴和导轨架组成。

③ 轿厢：运送乘客和货物的箱体，是电梯的工作部分。轿厢由轿厢架和轿厢体组成。

④ 门系统：主要功能是封堵层站入口和轿厢入口。门系统由轿厢门、楼层门、开门机和门锁装置组成。

图 15-21　世界第一座高层
建筑芝加哥家庭保险大楼

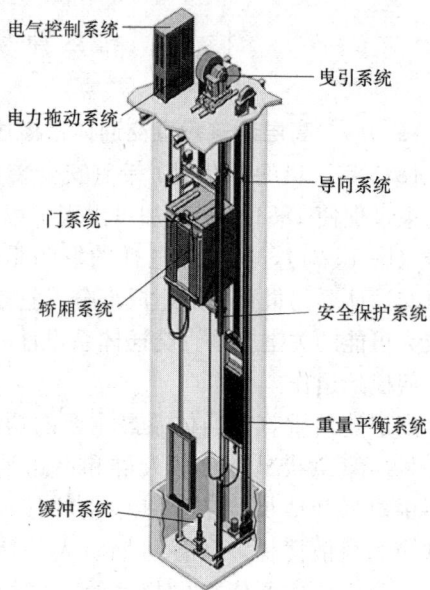

图 15-22　电梯的基本组成系统

⑤ 重量平衡系统：主要功能是相对平衡轿厢重量，在电梯工作时能使轿厢与对重间的重量差保持在限额之内，保证电梯的曳引传动正常。系统主要由对重和重量补偿装置组成。

⑥ 电力拖动系统：主要功能是提供动力，控制电梯速度。电力拖动系统由曳引电动机、供电系统、速度反馈装置、电动机调速装置等组成。

⑦ 电气控制系统：主要功能是对电梯的运行进行操纵和控制。电气控制系统主要由操纵装置、位置显示装置、控制屏、平层装置和选层器等组成。

⑧ 安全保护系统：主要功能是保证电梯的安全运行，防止危及人身安全的事故发生，由电梯限速器、安全钳、夹绳器、缓冲器、安全触板、层门门锁、电梯安全窗、电梯超载限制装置以及限位开关装置组成。

每部电梯应至少有一台专用的曳引机，曳引机及其附属设备应放在一个专用的机房里。该房间应有实体的墙壁、房顶、门。当设置在作其他用途的房间里时，必须有一道高度至少为 1.8m 的围封与房间的其他部分隔开。机房最好设置在井道的上面，并用经久耐用和不易产生灰尘的材料建造。机房必须通风，以保护电动机、设备以及电缆等，使它们尽可能地不受灰尘、有害气体和潮气的损害。

轿厢内部最小净高为 2m，使用人员正常出入的轿厢进口的净高度应至少为 2m。轿厢壁、地板和顶板必须具有足够的机械强度，以承受在电梯正常运行、安全钳动作或轿厢碰撞其缓冲器时所作用的力。无孔门轿厢应在其上部或下部设通风孔。进入轿厢的井道开口处应装设无孔的层门，门关闭时在门扇之间或门扇与立柱、门楣或地坎之间的间隙不应超过 6mm。

另外，电梯井道作为容纳整个电梯系统的建筑结构，也是电梯的重要组成部分。电梯井道应具有足够的机械强度，应采用坚固、非易燃材料制造，而这种材料本身不应助长灰尘产生，一般为钢筋混凝土结构。每一电梯井道均应由无孔的墙、底坑和顶板完全封闭起来，只允许有下述开口：

    a. 层门开口；

    b. 通往井道的检修门、安全门以及检修活板门的开口；

    c. 火灾情况下，排除气体与烟雾的排气孔；

    d. 通风孔；

    e. 井道与机房或与滑轮间之间的永久性开口。

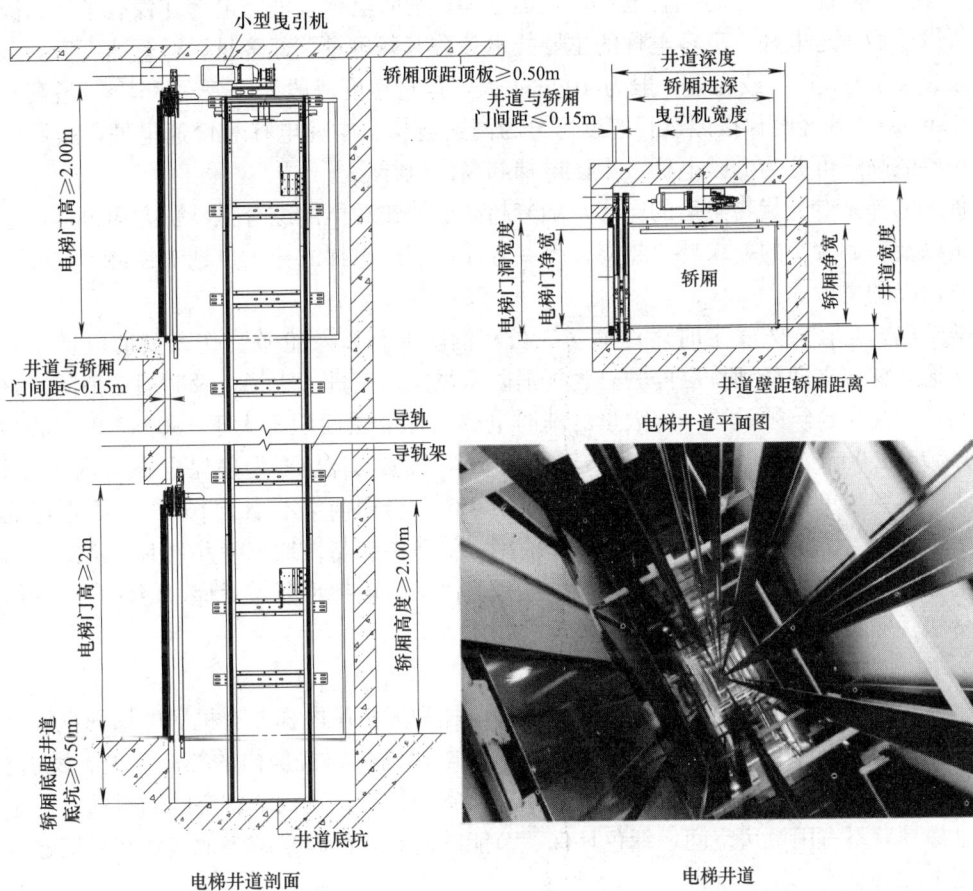

图 15-23　电梯井道构造

    井道内应适当通风，除为电梯服务的房间外井道不得用于其他房间的通风。在井道顶部应设置通风孔，其面积不得小于井道水平断面面积的 1%。通风孔可直接通向室外，或经机房或滑轮间通向室外。通往井道的检修门、安全门以及检修活板门除由于使用者的安全原因或维修的需要外，一般不准设置。当必须设置时，检修门的高度不得小于 1.4m，宽度不得小于 0.6m。安全门的高度不得小于 1.8m，宽度不得小于 0.35m。检修活板门的高度不得大于 0.5m，宽度不得大于 0.5m。检修门、安全门和检修活板门均不得朝井道里开启，并且应是无孔的，具有与层门一样的机械强度。

    另外，井道墙与轿厢地坎或轿厢门框架或轿厢门（对滑动门指门的最外边沿）之间的水平距离不得超过 0.15m，目的是防止人跌入井道，或在电梯正常运行期间，将人夹进轿厢门和井道中间的空隙中。

轿厢运行至最高位置时与井道顶板之间应有足够的空间。该空间的大小以能放进一个不小于 0.5m×0.6m×0.8m 的矩形体为宜。井道下部应设置底坑，除缓冲器、导轨、底板以及排水装置外，底坑的底部应光滑平整。当轿厢完全压实在它的缓冲器上时，底坑底与轿厢最低部分之间的净空距离应不小于 0.5m（图 15-23）。

(2) 电梯的分类

① 按照电梯的功能分类

电梯按照功能可以分为载客电梯、货运电梯、消防电梯，消防电梯在没有紧急情况的时候可以兼做货运电梯。载客电梯的主要技术参数有载重量、载客量、运行速度等，载重量一般为 1.0~1.8t，载客量一般为 10~24 人，运行速度一般为 1.5~13m/s（最高速度可达 18m/s）。载客电梯按照运行速度可分为高速电梯、中速电梯和慢速电梯，按照电梯停靠楼层的高度可分为低区电梯、中区电梯和高区电梯。

货运电梯是专为货物搬运的电梯，随着超高层建筑功能的综合化，一方面对货运电梯的载重以及轿厢大小的要求越来越高，另一方面，货运电梯的分工也越来越细，均需要根据实际情况酌情考虑。

消防电梯是在火灾发生时运送消防人员和消防器材以及抢救受伤人员的电梯。火灾时，普通客梯应立即降到首层停驶。为了消防队员能迅速进入火场，及时运送消防器材和救护伤员，高层建筑须设置一定数量的消防电梯（标准层面积不大于 1500m² 时，设置 1 台，1500~4500m²，设置 2 台，不小于 4500m²，设置 3 台）。为确保电梯井内不灌烟，应设防烟前室（单独设置时，公共建筑不小于 6m²，合用前室不小于 10m²）。根据建筑设计要求，也可与防烟楼梯相邻并合用一个前室。消防电梯与普通电梯并列时，消防电梯与普通电梯之间应用防火墙分隔开，并设独立机房。消防电梯可兼做货梯，但注意适当加大载重量和轿厢大小，以满足货运电梯的要求。

② 按照电梯主机的位置分类

电梯按照牵引系统的位置可以分为有机房电梯和无机房电梯。有机房电梯的主机、控制系统等放置在电梯井道上方的机房内。无机房电梯则将原机房内的控制系统、曳引机、限速器等移至井道内，或用其他技术取代，进而省去机房，达到节省空间的目的。由于无机房电梯具有不占用机房空间、绿色环保、节能等优点，已越来越多地应用在高层建筑领域（图 15-24）。

③ 按照单个井道内电梯的数量分类

电梯按照单个井道内电梯的数量可以分为单轿厢电梯、双层轿厢电梯以及双子电梯。单个井道内只运行一部轿厢的电梯为单轿厢电梯。单轿厢电梯最为常见，在高层建筑中普遍应用。在同一个电梯井道里，两个轿厢叠加在一起同时运行的电梯类型，称为单井道双层轿厢电梯，在高层建筑中多用于运行于底层大堂与空中大堂间的穿梭电梯，运行效率较高。在同一个井道里，通过智能化调控系统，使两个轿厢独立运行而不发生碰撞的电梯，称为单井道双子电梯。它与单井道双层轿厢电梯的区别在于两个电梯是相互独立的，而后者相互叠加同时运行。双子电梯能够极大地提高电梯的运行效率，在日趋智能化的现代办公高层建筑中经常被选用（图 15-25）。

（a）有机房电梯　　　　　　　　（b）无机房电梯

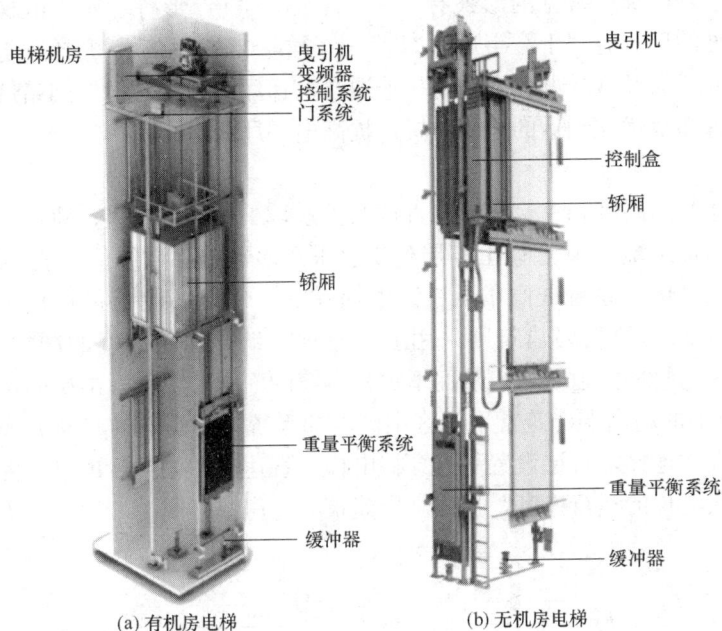

图 15-24　有机房电梯和无机房电梯构造

图 15-25　双子电梯构造

（3）电梯的布局

高层建筑电梯的布局分为平面布局和垂直方向上的布局，电梯布局是否合理直接关系到垂直交通的运行效率和平面得房率的高低。在满足建筑的垂直运输需求的前提下，高层建筑电梯的使用效率最大化和日常运行成本的最小化，是电梯布局设计的目标。电梯的平面布局是指每层电梯的布置数量，相互位置关系以及电梯厅的形式。电梯的垂直布局是指电梯及井道在高度方向上的数量增减和位置的改变。

①　电梯的平面布局

电梯的平面布局和每层电梯的数量关系紧密，考虑到平面各个区域的可达性，一般都采用对称的形式布置在核心筒的中央。电梯外设置电梯厅作为等候和疏散区域。电梯厅的进深不应小于电梯轿厢深度的 1.5 倍。当两排电梯相对设置，共用电梯厅时，电梯厅的进深还应适当增加，一般在 3.5～4m 之间，以保证人流疏散顺畅和等候时的舒适度。

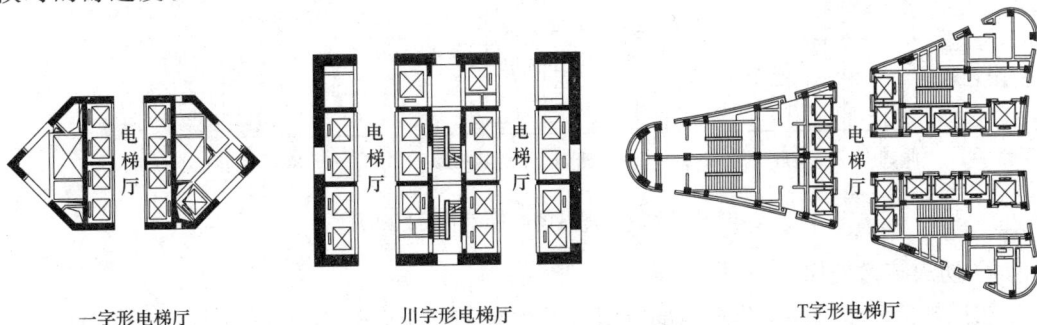

一字形电梯厅　　　　　　川字形电梯厅　　　　　　T字形电梯厅

图 15-26　常见的电梯厅形式

对于电梯数量较少的楼层，电梯厅常见的形式有"一"字形、"T"形等。对于电梯数量较多的楼层，电梯厅常见的形式有"十"字形、"川"字形等（图 15-26）。电梯厅与核心筒外圈走道宜直接连通或者与开敞式办公空间直接连通。电梯厅门附近宜设置到站灯等提示装置，方便电梯乘坐者知晓优先到达的电梯位置，提高电梯厅的运行效率。

② 电梯的垂直布局

电梯的垂直布局与高层建筑的高度和建筑面积有直接的关系，一般层数不多、建筑面积不大的高层建筑采用单区电梯系统，20 层以上高层建筑宜采用多区电梯系统。一般 40 层以下超高层建筑采用高低二区电梯系统或高中低三区电梯系统，40 层以上超高层建筑采用四区电梯系统，60 层或更高的超高层建筑则采用五区电梯系统。随着高度的增加，过多的电梯分区会增加低层区的电梯井道数量，从而增加核心筒的面积，降低标准层的得房率。因此，一般 50 层及以上的超高层建筑常采用区中区电梯系统，将建筑的竖向分成若干大区，大区之间以空中大堂连接，首层设置高速穿梭电梯，直达空中大堂后再以此为出发层到达目标层，从而加快电梯的运行速度，提高高层建筑的得房率（图 15-27）。

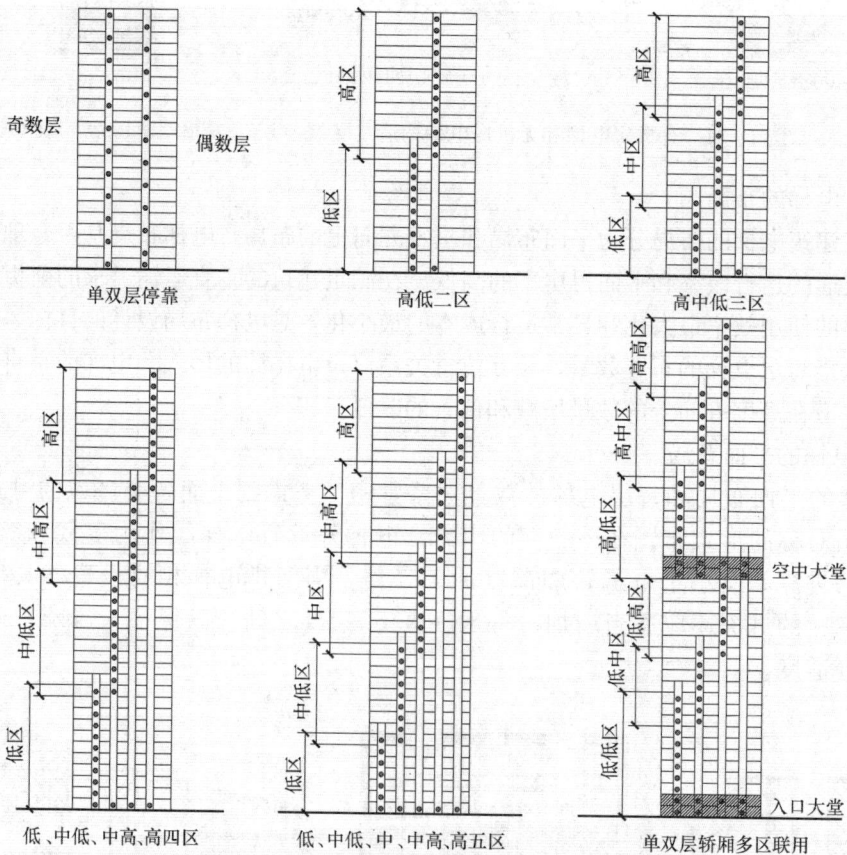

图 15-27　常见的电梯垂直分区布局

2）防火疏散楼梯

按照规范要求，高层建筑内部应用防火墙等划分防火分区，每个防火分区的面积，一类高层建筑不应超过 1000m²，二类高层建筑不应超过 1500m²（设有自动灭火系统的防火分区，其最大允许建筑面积可增加 1.00 倍）。每个防火分区的安全出口不应少于两个，而消防电梯宜设在不同的防火分区内，因此，消防电梯的布置和疏散楼梯紧密相连。

疏散楼梯是超高层建筑中避难逃生系统的重要组成部分。疏散楼梯的个数应保证标准层中每个防火分区至少有两个安全疏散出口。疏散楼梯在核心筒中应尽可能地分散布置，确保疏散距离满足《建筑设计防火规范》GB 50016—2014 的要求（表 15-4）。

高层建筑安全疏散距离   表 15-4

高层建筑		房间门或住宅户门至近的外部出口或楼梯间的大距离(m)	
		位于两个安全出口之间的房间	位于袋形走道两侧或尽端的房间
医院	病房部分	24	12
	其他部分	30	15
旅馆、展览楼、教学楼		30	15
其 他		40	20

当发生火灾时，人员通过疏散楼梯迅速地逃离至安全的室外区域或疏散到避难空间等待救援。高层建筑的核心筒中，疏散楼梯应设计为防烟楼梯间，并设置前室，前室的面积不小于 $6m^2$，当前室与消防电梯前室合用时，前室面积不小于 $10m^2$。楼梯间与前室应分别设置加压送风系统，以保证疏散楼梯和前室时刻保持正压状态，防止烟气进入。

疏散楼梯间及其前室的门的净宽应按通过人数每 100 人不小于 1.00m 计算，最小净宽不应小于 0.90m。前室和楼梯间的门均应为乙级防火门，并应向疏散方向开启。楼梯间及防烟楼梯间前室的内墙上，除开设通向公共走道的疏散门外，不应开设其他门、窗、洞口。楼梯间及防烟楼梯间前室内不应敷设可燃气体管道和甲、乙、丙类液体管道，且不应有影响疏散的凸出物。除通向避难层的错位的楼梯外，疏散楼梯间在各层的位置不应改变，首层应有直通室外的出口。疏散楼梯和安全出口处应设灯光疏散指示标志，疏散应急照明灯宜设在墙面上或顶棚上。安全出口标志宜设在出口的顶部，应急照明灯和灯光疏散指示标志应设玻璃或其他不燃烧材料制作的保护罩。应急照明和疏散指示标志可采用蓄电池作为备用电源，且连续供电时间不应少于 20 分钟；高度超过 100m 的高层建筑连续供电时间不应少于 30 分钟。

由于高层建筑人员集中，疏散距离较长，疏散极为困难，为确保人员安全疏散，迅速逃离着火层到达安全场所，凡建筑高度超过 100m 的高层建筑均应设置避难层或避难间供火灾时人员临时避难用。避难层的净面积应为人均停留面积不小于 $0.2m^2$。高层建筑首层至第一个避难层或两个避难层之间，不宜超过 15 层。

避难层按其围护方式可分为以下三种形式：

（1）敞开式避难层：四周不设围护构件的避难层，一般设于建筑顶层或屋顶上。这种避难层结构简单，投资小，但防护能力较差，适用于温暖地区。

（2）半敞开式避难层：四周设有高度不低于 1.2m 的防护墙，上部开设窗户和固定的金属百叶窗。这种避难层既能防止烟气侵入，又具有良好的通风条件，可以进行自然排烟。因为仍然是开敞式的，所以不适用于寒冷地区。

（3）封闭式避难层：封闭式避难层四周及隔墙采用耐火防护墙，室内设有独立的空调系统和防排烟系统，外墙及隔墙一般不开门窗；如开门窗，则采用甲级防火门窗。这种避难层不仅防护能力强，而且不受室外环境的影响，适用范围广。

避难层的设计要求：

(1) 避难层建筑构件要有较好的耐火性和不燃性。楼板宜采用现浇钢筋混凝土板，耐火极限不应低于 2.00h，并宜设不燃隔热层，四周围墙及内部隔墙的耐火极限不应低于 3.00h，墙上的门窗应采用甲级防火门窗，其内部装修材料均应采用 A 级材料。

(2) 为了保障人员在火灾时安全而迅速地到达避难层，同时减弱楼梯间的烟囱效应，通向避难层的防烟楼梯应在避难层分隔、同层错位或上下层断开，人员必须经避难层方可上下。避难层应至少设有两个不同疏散方向的通道。

(3) 避难层可与设备层兼用，但设备管道应集中布置，并用耐火极限不低于 1.00h 的防护墙围护起来。当竖向管道穿过避难层时，应用不燃材料将缝隙堵塞密实。严禁输送甲、乙、丙类液体或可燃气体的管道穿过避难区域。

(4) 避难层应设消防电梯出口，普通客、货梯严禁在避难层停靠。

(5) 避难层内应设置消防专用电话、应急广播、疏散指示标志和应急照明。应急照明供电时间不应小于 1.00h，照度不应低于 1.00lx。避难层还应设置室内消火栓、消防卷盘和自动喷水灭火系统。

15.4　高层建筑外墙构造

15.4.1　高层建筑外墙概述

高层建筑外墙即外围护体系，一般由面板与支承结构组成，通过支承结构向建筑主体传递自重以及风荷载，而不承担主体结构所受作用，在高层建筑中起到气候边界、外表形态以及围挡保护的作用。

与建筑设计的三要素相同，高层建筑外墙设计的关键在于坚固、实用、美观。首先，高层建筑的外墙必须坚固耐久，能够经受风荷载和其他自然外力的考验；其次，高层建筑的外墙应满足建筑对采光遮阳、保温隔热、通风、隔声等功能的需求，是一个多功能的构件体系；再者，高层建筑外墙作为建筑的表皮，是展现高层建筑美学特征最有力的部位，也是体现一个高层建筑的与众不同之所在。出于耐久性和美观的考虑以及减轻自重的需要，高层建筑外墙多采用轻质薄壁的板材和骨架。考虑到施工存在高空作业，多采用标准化、定型化、预制装配的构造方式，以减少现场作业量，加快施工进度。

15.4.2　高层建筑外墙的分类

高层建筑外墙按照构造方式可以分为填充墙和幕墙两种。填充墙多使用砌块砌筑，由于自重较大，同时存在湿作业，施工质量难以保证，因此多用于层数不多的高层住宅建筑。幕墙则是将轻质板材悬挂于主体结构上的一种外墙体系，由于自重轻，安装快，施工质量容易保证，目前广泛应用在高层建筑上，也是现代建筑标志性的外墙建造方式。

幕墙按照面板材料可以分为玻璃幕墙、金属幕墙、石材幕墙以及复合板材幕墙。由于自重较大，安装相对困难，石材等重质幕墙很少大面积地用在高层建筑上。本节主要讲解在高层建筑外墙上最常用的玻璃幕墙和金属幕墙。

1) 玻璃幕墙

　　由于玻璃特有的通透性以及外观的现代感，使得其在对采光、视线以及视觉效果有较高要求的高层建筑上被广泛应用，目前，世界上绝大多数的高层建筑都采用玻璃幕墙作为外墙，比如目前世界最高的迪拜哈利法塔、台北最高建筑 101 大厦、上海中心大厦以及北京人民日报社大厦（图 15-28）。

　　玻璃幕墙用在高层建筑上有很多优势，当然也有它的局限性，比如能耗过高，容易造成光污染等，随着新材料和新技术的出现，这些弊端也将会得到解决。

　　玻璃幕墙按照构造方式又可分为框支承玻璃幕墙、点支承玻璃幕墙以及全玻璃幕墙。其中框玻璃幕墙因其造价低、施工快捷，在高层建筑上运用得较多，而点支承玻璃幕墙和全玻璃幕墙则更多地运用在空间尺度较大的单层或多层公共建筑上（点支承玻璃幕墙和全玻璃幕墙构造见本书第 17 章）

　　框支承玻璃幕墙按照支承结构的位置可分为：

　　（1）明框玻璃幕墙：支承框架暴露在玻璃外表面的框玻璃幕墙（图 15-29a）；

　　（2）半隐框玻璃幕墙：支承框架部分暴露在玻璃外表面的框玻璃幕墙（图 15-29b）；

　　（3）全隐框玻璃幕墙：支承框架隐藏在玻璃内表面的框玻璃幕墙（图 15-29c）。

(a) 迪拜哈利法塔　　　(b) 台北101大厦　　　(c) 上海中心　　　(d) 人民日报社大厦

图 15-28　高层建筑上的玻璃幕墙

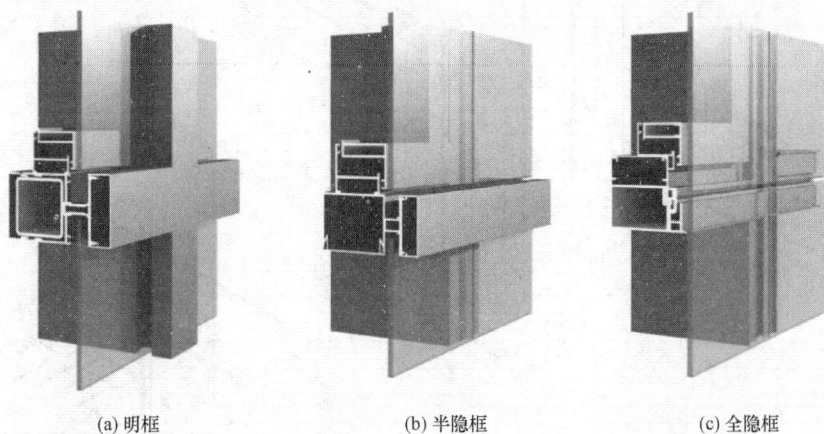

(a) 明框　　　　　　(b) 半隐框　　　　　　(c) 全隐框

图 15-29　玻璃幕墙按支承结构位置分类

　　按照施工方式，框支承玻璃幕墙又可分为单元式玻璃幕墙和构件式玻璃幕墙。单元式玻璃幕墙是由各种面板与支承框架在工厂制成完整的幕墙基本结构单元，直接吊装在主体结构上的建筑幕墙（图 15-30）。由于施工效率高、现场作业量少、工厂加工质量有保证，单元式玻璃幕墙是目前高层建筑上使用较多的幕墙方式（图 15-31）。

图 15-30　单元式玻璃幕墙与主体结构固定大样

图 15-31　单元式玻璃幕墙吊装

　　构件式玻璃幕墙是在主体结构上依次安装立柱、横梁和各种面板的建筑幕墙。由工厂加工生产构件，先将金属型材骨架用连接件和紧固件固定在主体结构上，然后再将面板通过配件及密封材料安装到骨架上，完成幕墙安装（图 15-32）。由于现场施工作业量大，效率相对单元式幕墙低，构件式玻璃幕墙在高层建筑上使用较少，常见于多层和单层的公共建筑。

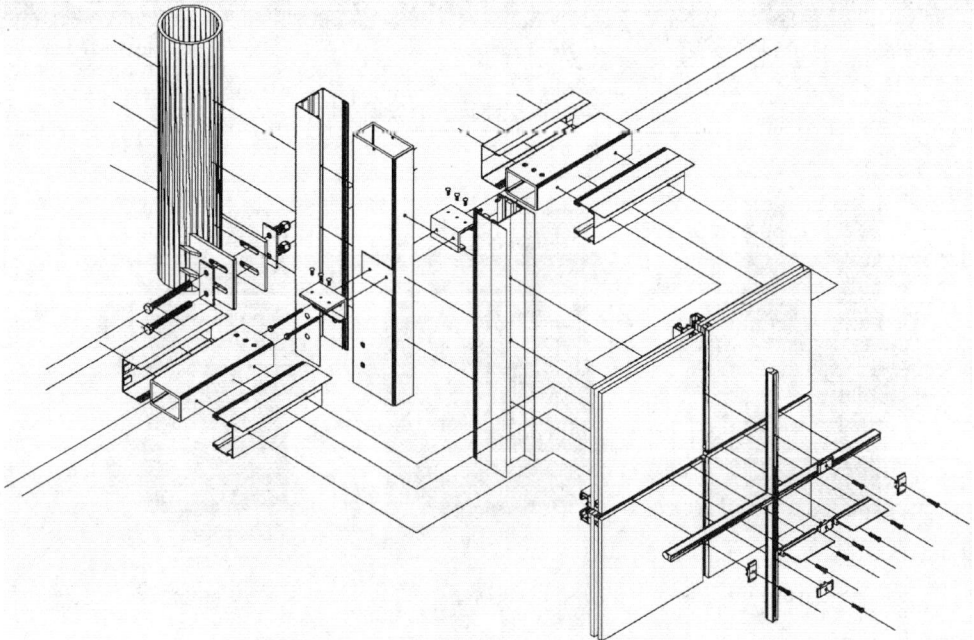

图 15-32　构件式玻璃幕墙构造解析图

2) 金属幕墙

轻质高强、耐候性好的金属材料也常常用在高层建筑的外墙面上，成为高技术和现代性的体现。除了轻质高强、安装快捷外，金属板材光洁的表面也易于清洁，在现代工业高度发达的今天，结合先进的计算机技术，金属板材可塑性强的特点也被发挥到了极致。计算机技术使得建筑师的想象力不再受常规几何的约束，日趋复杂的高层建筑形体对施工精度和构造都提出了极高的要求，而金属则是满足这一系列要求的最佳材料（图 15-33）。

金属幕墙按照面板材料可分为铝合金板幕墙、钢板幕墙、铜板幕墙、钛锌板幕墙等。因质量轻、耐候性强、造价相对较低、易加工、易回收等特点，铝合金板幕墙在高层建筑上应用得最为广泛。

图 15-33 人民日报社新大楼顶部金属板造型

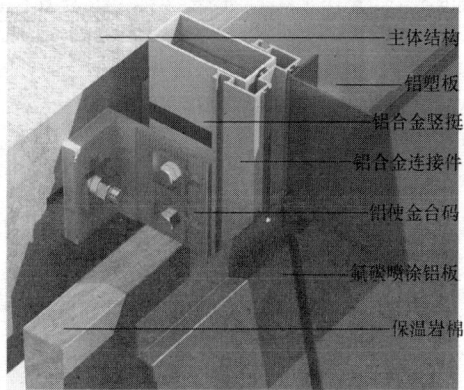

主体结构
铝塑板
铝合金竖挺
铝合金连接件
铝镁金合码
氟碳喷涂铝板
保温岩棉

图 15-34 高层铝板幕墙常见构造大样

与单层、多层建筑不同的是，高层建筑金属幕墙作为外墙，背后一般都不会再有实体墙面可附着，支承龙骨需要固定在楼板边缘的圈梁或者是空间钢桁架上；同时在分隔室内外空间的金属板材背后要求设置防火、保温岩棉，金属板材的衔接也以脱缝胶密封，起到隔绝空气和雨水的作用（图 15-34）。

大面积的金属幕墙在排布时需要考虑板材的尺寸和形状分割，以尽量减少板材规格和异形板材的数量（图 15-35）。

（1）铝合金单板幕墙

铝合金单板幕墙（简称铝单板幕墙）是高层建筑上应用较广的一类金属幕墙（图 15-36）。幕墙用单层铝板厚度不小于 2.5mm。单层铝板四边折弯成直角，角边均焊接在一起，避免雨水从铝板的接缝隙进入。为加强单层铝板的板面强度，按需要在铝板背面设置边肋和中肋等加劲肋。加劲肋用相同铝合金材质的铝带或角铝制成，打孔后以铝合金螺栓与单板相连，铝合金螺栓则以电栓焊接在单层铝板背面，使单块单层铝板能够做到较大的尺寸，并保持足够的刚度和平整度。按照材料的力学特征，铝合金单板的宽度应控制在 1600mm 以内，高度可根据建筑层高来定。

（2）钢板幕墙

钢板幕墙按照面板的材料可分为不锈钢板幕墙、耐候钢板幕墙、搪瓷钢板幕墙等。与铝合金单板幕墙相比，钢板幕墙的优点在于表面更加光洁，平整度更高，因此，外观效果优于铝单板幕墙（图 15-37）。同时，相同厚度下，钢板的刚度大于铝板，因此，板材的尺寸可以做得更大，对于高层建筑而言，用在立面上可以得到整体感更强的效果。钢板的缺点在于自重大、造价高，因此，在高层建筑中，往往用在重要的出入口空间或者人们可直观感受到的底层立面上（图 15-38）。

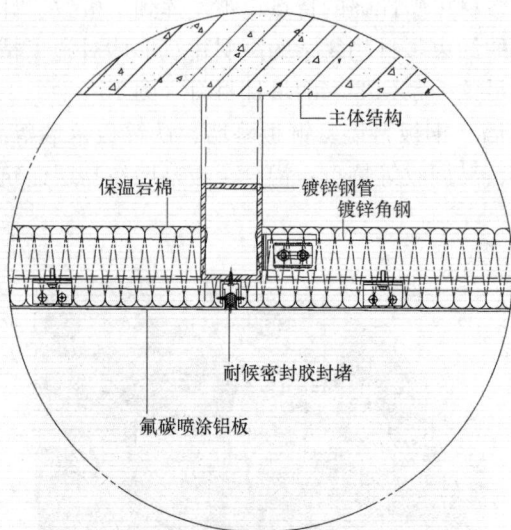

图 15-35　铝板幕墙构造详图

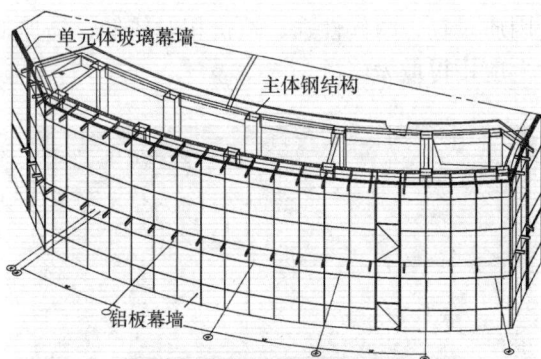

图 15-36　高层金属幕墙三维排布图

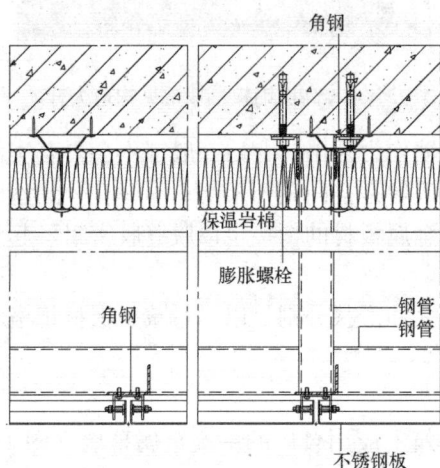

图 15-37　钢板幕墙构造详图

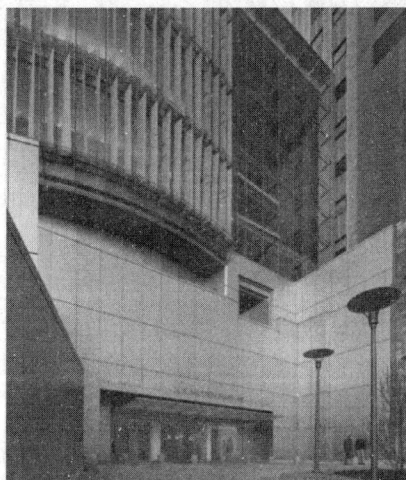

图 15-38　钢板幕墙外观

15.4.3　高层建筑外墙构造设计要点

高层建筑外墙的设计是高层建筑设计中非常重要的环节，因为外墙作为建筑的外围护结构，其面积占总建筑面积的 30%～40%，其造价占工程总造价的 30%～50%，是高层建筑最重要的组成部分。同时，高层建筑最终呈现给人的效果最直观的也是外墙，可以说，外墙的设计是整个高层建筑设计的成功与否的重要因素之一。

由于产业分工的日趋完善，高层建筑的幕墙设计目前基本上都有专业的幕墙公司参与深化，很多具体而细致的问题已不再需要建筑师来考虑，但很多关键性的要点问题是高层建筑外墙设计时需要把握和掌控的。

跟单层和多层建筑相比，高层建筑的外墙具有如下几个问题：

（1）体形系数大，能耗高

高层建筑的体形系数较高，外墙散热面积大，而为了采光和视线的通透，又常常使用隔热性能较低的玻璃幕墙作为围护结构，不利于保温和隔热，因此，空调能耗高是高层建筑的一个大问题。

（2）自然通风受限

出于安全和节能的考虑，高层建筑外幕墙开启扇的面积很有限，甚至常常采用全封闭式幕墙，自然通风较差，进而加大了人工通风的能耗，且室内空气较差。

（3）日常维护清洗困难

高层建筑外墙面积大，高度高，日常维护和清洗都比较困难，特别是造型不规则的高层建筑，在设计之初就应该考虑将来使用时日常维护和清洗的问题。

（4）外幕墙面积大，易单调、呆板。

图 15-39　伦敦瑞士再保险公司大楼利用双层幕墙形成螺旋状拔风通道

高层建筑的外墙面较多层建筑要大很多，如果只是单纯地平铺直叙，会显得单调呆板，在设计时需要适当增加细节、层次，以丰富整个建筑的外观效果。

针对以上 4 个问题，在高层建筑外墙设计中需要通过多种构造措施来一并解决。能耗高和通风受限是一个相互矛盾的问题，为自然通风而开窗面积过大肯定会造成室内能耗增加。解决这一矛盾最有效的构造措施是设置双层幕墙体系，两层幕墙中间的空气夹层可起到既增加通风又保温隔热的作用。就像热水瓶中的夹层一样，双层幕墙间的空腔可避免室内外直接进行热交换，采暖和制冷的能耗比单层幕墙要降低 50% 左右。除通风和热工性能得到改善外，还能提高隔声性能，控制室内采光，丰富建筑立面效果等（图 15-39）。

1）双层幕墙

根据构造特点及通风原理，双层幕墙可分为自然通风型（外循环）、机械通风型（内循环）及混合通风型等多种形式。其中适用于高层建筑的是自然通风型双层幕墙。

自然通风型双层幕墙的工作原理是：其外层幕墙由单层玻璃与非断热型材组成，内层幕墙由中空玻璃与断热型材组成。内外两层幕墙形成的通风换气层的两端装有进风和排风装置，通道内还可设置百叶等遮阳装置（图 15-40）。

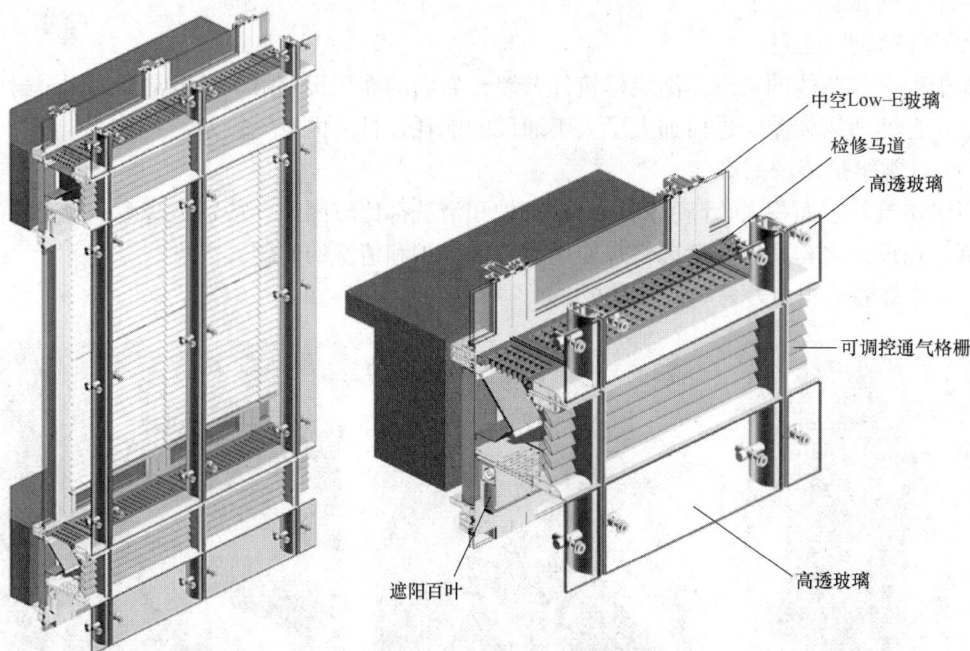

图 15-40 双层玻璃幕墙构造

冬季，关闭通风层两端的进、排风口，换气层中的空气在阳光的照射下温度升高，形成一个温室，提高内层玻璃的温度，减少建筑物的采暖费用。夏季，打开换气层的进、排风口，在阳光的照射下，换气层空气温度升高而自然上浮，形成自下而上的空气流，由于烟囱效应而带走通道内的热量，可降低内层玻璃表面的温度，减少制冷费用。另外，通过对进、排风口的控制以及对内层幕墙结构的设计，达到由通风层向室内输送新鲜空气的目的，从而达到高层建筑自然通风的目的。

在节能上，双层通风幕墙由于换气层的作用，比单层幕墙在采暖时节约能源 42％～52％，在制冷时节约能源 38％～60％。在环保上，外层玻璃选用无色透明玻璃或低反射玻璃，可最大限度地减少镀膜玻璃反射带来的"光污染"。

在舒适度方面，双层通风幕墙具有很好的隔声性能，让室内生活与工作的人们有一个清静的环境；无论天气好坏，换气层都可将新鲜空气传至室内，从而提高室内的舒适度，并有效地解决高层建筑单纯依赖暖通设备进行机械通风而带来的问题（图 15-41）。

2）特种玻璃和构造

尽管双层玻璃幕墙具有诸多优点，可以消除很多高层建筑外墙的弊端，但是同样存在缺点：一是造价问题，双层通风幕墙具有双层结构，一次性投资比单层幕墙高，同时双层幕墙比单层幕墙重，增加结构荷载，进而增加主体结构的造价。二是面积问题，采用双层通风幕墙，实际有效建筑面积要损失 2.5%～3.5%。在无法设置双层幕墙的情况下，同样有很多方法来解决高层建筑外墙存在的各种问题。

（1）特种玻璃

想通过单层玻璃幕墙解决高层外墙能耗高、难清洗等诸多问题，最有效的方法就是改变玻璃材料本身的特性，利用经过特殊处理的特种玻璃，来达到保温隔热、遮阳甚至发电等功效。实际上，目前的高层建筑外墙上使用的玻璃基本上都是特种玻璃，在设计时需要根据高层建筑所处的地理位置、气候条件，选择相应的特种玻璃来达到想要的功效。

① 镀膜玻璃

镀膜玻璃也称反射玻璃，是在玻璃表面涂镀一层或多层金属、合金或金属化合物薄膜，以改变玻璃的光学性能，满足某种特定要求的玻璃。镀膜玻璃按其不同特性，可分为热反射玻璃、低辐射玻璃（Low-E）。

a. 热反射玻璃是在普通浮法玻璃的表面覆盖了一层具有反射热、光性能的不锈钢、铬、钛等金属膜的节能玻璃。其透光率可任意调整，一般小于 40%，常见的透光率为 15%、20%、32% 等，反射率为 6%～40%。由于具有很好的遮阳和防紫外线效果，热反射玻璃常用在炎热地区的高层建筑外墙面上，起到隔热的作用（图 15-42）。

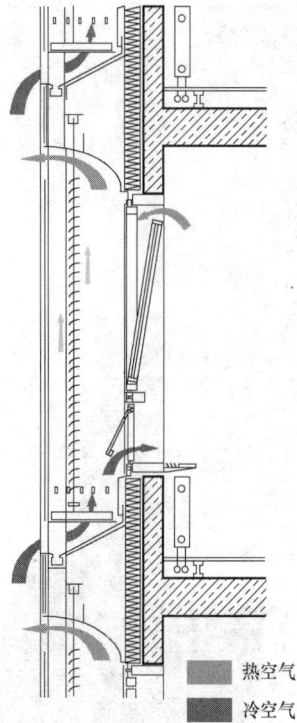

热空气
冷空气

图 15-41 双层玻璃幕墙通风原理

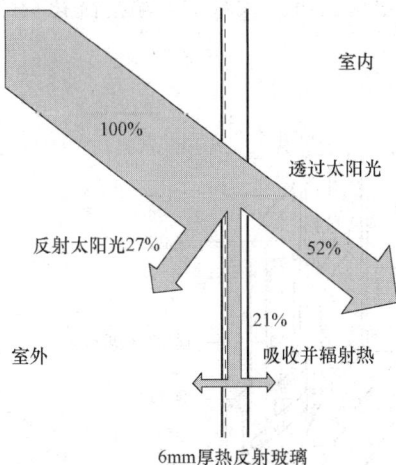

100%
室内
透过太阳光
反射太阳光27%
52%
21%
室外
吸收并辐射热
6mm厚热反射玻璃

图 15-42 热反射玻璃原理

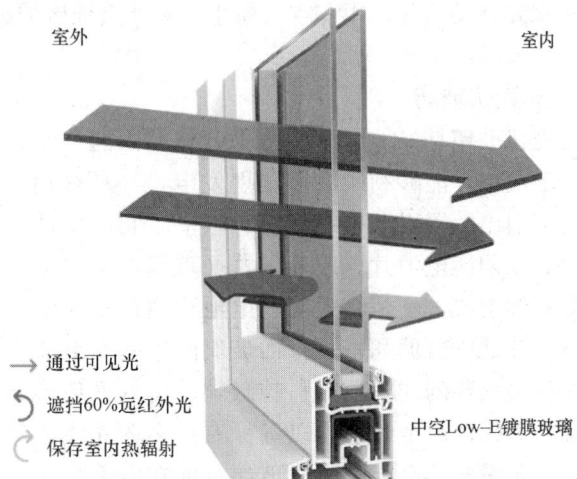

室外
室内
→ 通过可见光
↖ 遮挡60%远红外光
↻ 保存室内热辐射
中空Low-E镀膜玻璃

图 15-43 中空 Low-E 玻璃原理

b. 低辐射玻璃（Low-E）是在浮法玻璃表面镀金属银膜的节能玻璃。镀膜降低了玻璃的辐射率，具有较高的可见光透射率、较高的太阳能透过率和远红外线反射率，所以采光性极佳，保温隔热性能优良，是目前高层建筑幕墙上最常用到的特种玻璃（图 15-43）。

图 15-44　彩釉玻璃高层幕墙

② 中空玻璃

中空玻璃是由两片或多片玻璃合成，其周边用空腹金属框形成隔层空间（标准空气层厚度为 6～12mm），边框内加入干燥剂，周边粘结密封，玻璃层间充入干燥洁净空气或惰性气体制成的玻璃制品。中空玻璃具有良好的保温、隔热和隔声性能，因此广泛应用在高层建筑外墙上。

③ 彩釉玻璃

彩釉玻璃是将无机釉料通过丝网印刷等工艺印刷到玻璃表面，然后经烘干、钢化或热化加工处理，将釉料永久烧结于玻璃表面而得到的装饰性玻璃产品。彩釉玻璃具有抗酸碱、耐腐蚀、永不褪色、安全高强等优点，并具有反射和不透视等特性，利于遮阳。彩釉玻璃可以设计处理成不同的颜色和装饰性花纹，具有很强的表现力，因此可用在高层建筑上以形成丰富的立面效果（图 15-44）。

④ 自洁玻璃

自洁玻璃又称自净玻璃，属于生态环保型"绿色玻璃"，它是在平板浮法玻璃表面涂覆一层透明的二氧化钛，即光催化剂薄膜而制成的玻璃。当被称为光触媒的二氧化钛光催化剂薄膜遇到太阳光或荧光灯、紫外线照射时，在外界光的激发下会使附着在表面的有机物、污染物变为二氧化碳和水并自动消除，用在空气粉尘污染严重地区的高层建筑上可大大减少幕墙清洗花费的人工。

⑤ 光伏玻璃

光伏玻璃是一种通过层压工艺将太阳能电池置入玻璃中，能够利用太阳辐射发电，并具有相关电流引出装置以及电缆的特种玻璃。它由低铁玻璃、太阳能电池片、胶片、背面玻璃、特殊金属导线等组成，它是将太阳能电池片通过胶片密封在一片低铁玻璃和一片背面玻璃的中间而形成的一种最新颖的建筑用高科技玻璃。将低铁玻璃覆盖在太阳能电池片上，以确保有更多的光线透过，产生更多的电能。光伏玻璃目前在欧美发达国家的公共建筑上已有较为广泛的应用，但由于造价高昂的原因，在国内应用得还很少，相信随着技术的发展，光伏玻璃将会广泛应用在高层建筑外幕墙上的（图 15-45）。

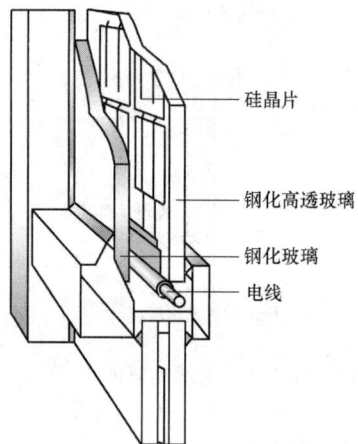

硅晶片

钢化高透玻璃

钢化玻璃

电线

图 15-45　光伏玻璃构造

（2）特殊构造

① 遮阳格栅

高层建筑由于大多采用玻璃幕墙作为外墙，所以对太阳光射入的控制是很有必要的，特别是在日照强烈的地区。最经济的办法是在幕墙内侧设置透光性强的布质窗帘或金属百叶，但也有很多高层建筑结合立面的外观设计，在幕墙外侧设置遮阳构件，在丰富立面效果的同时又起到遮阳的作用（图 15-46）。

图 15-46 巴塞罗那阿格巴塔

图 15-47 水平遮阳及电动式水平遮阳

遮阳格栅按照构造的形态分为水平遮阳和垂直遮阳两种，水平遮阳常用于太阳高度角较大的低纬度地区以及主要立面朝南的高层建筑上，垂直遮阳多用在太阳高度角较小的高纬度地区以及主要立面朝西的高层建筑上。在构造形态上，水平遮阳和垂直遮阳有着明显的区别。

常见的水平遮阳是在高层玻璃幕墙层间分隔的位置设置水平的遮阳出挑构件，出挑长度不宜过大，出挑构件与幕墙主体结构应该牢固连接。较复杂的水平遮阳系统设置有电动装置，可以根据需要调整遮阳的角度和范围（图 15-47）。

垂直遮阳在高层建筑上常以双层幕墙的形式出现，即在玻璃幕墙的外部再设置一层遮阳格栅幕墙，遮挡水平角度的阳光。格栅的间距不宜过密，既要起到遮阳的作用，又不能遮挡室内的视线，同时还要避免玻璃幕墙反射造成的光污染，丰富建筑外立面效果（图 15-48）。

② 镂空格栅

镂空格栅是在高层建筑幕墙外设置一层镂空构件，主要目的是实现建筑师在外观效果上的设计理念。用在玻璃幕墙外时，兼有遮阳的功能，由于镂空格栅对室内视线遮挡较为严重，遮阳效果显著，因此主要用于气候炎热、日照极强的地区（图 15-49）。用在金属幕墙外时，可以使立面形成丰富的层次感，同时，结合灯光设计，为高层建筑的夜景创造更多的可能。

陶棍遮阳垂幕

中空
Low-E玻璃

金属幕墙

室内

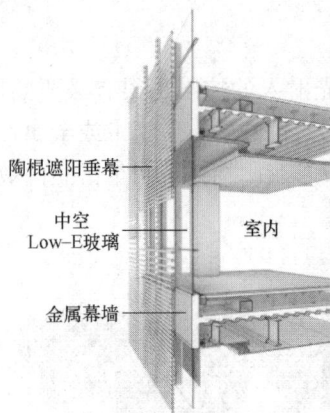

图 15-48　纽约时报大楼外幕墙水平遮阳

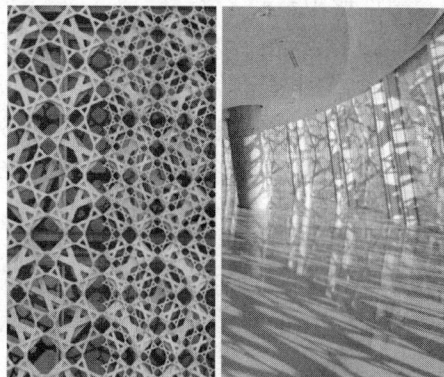

图 15-49　多哈大厦外幕墙金属格栅

15.5　高层建筑楼板体系及构造

15.5.1　高层建筑楼板体系概述

高层建筑楼板体系是一个复杂的综合体系，楼面除作为动静荷载的承载面外，还是通风、采光、喷淋、通信等设备管线的附着体。所以，在讨论高层建筑楼板体系时，不能够简单地分析其结构层，还应当考虑结构层以上和以下的构造问题。

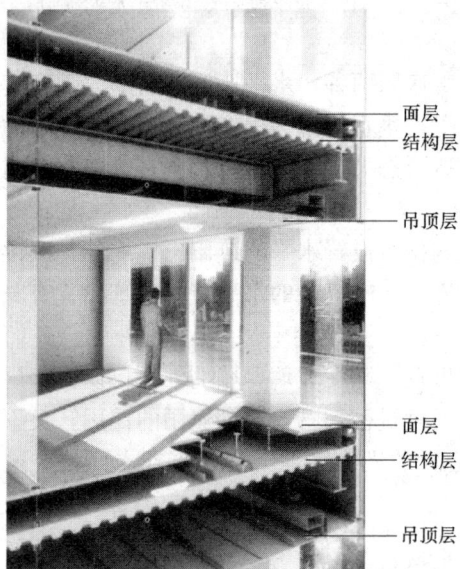

面层
结构层

吊顶层

面层
结构层

吊顶层

图 15-50　高层建筑楼板体系构成

高层建筑楼板体系可分为结构层、面层和吊顶层三个部分（图 15-50）。结构层承受其上的动静荷载，并将其传递到梁、柱和剪力墙结构上。

高层建筑楼板结构层，一般应具有轻质高强的特性。常见的高层建筑楼板形式有钢筋混凝土楼板和压型钢板混凝土组合楼板两种。钢筋混凝土楼板常用于高度不高、主体结构同为钢筋混凝土结构的高层住宅，受支模板的限制，施工周期较长。压型钢板混凝土组合楼板常用于高度较高、主体结构为钢结构或钢骨混凝土结构的办公和商业高层建筑。因压型钢板既是受力结构，又可作为模板，因此不受支模限制，可以多层同时施工，效率高，成型快，是目前高层建筑上广泛采用的楼板结构形式。

作为与建筑内的人直接接触的面层，应具有平整舒适、耐磨、易清洗、美观的特性。高层住宅建筑的楼面层可采用铺贴瓷砖、大理石或铺设木地板的方式。而高层办公建筑和商业建筑由于地面一般都铺设有大量线管，中空部分铺设强弱电线盒，所以常采用架空地板的形式。

作为高层建筑的吊顶层，应具有平整美观、牢固安全、设备布置合理等特点。常见的吊顶构造方式有板材吊顶、格栅吊顶以及局部造型吊顶。吊顶面层和结构楼板之间的空间布置通风、照明和消防等设备管线，应方便日常检修更换。

一般来说，公共高层建筑楼面所占的空间可以达到整个高层建筑的30%，而有效使用高度一般只有70%甚至更少。因此，合理的楼面构造设计应该是减小楼面高度，增加可使用空间高度，进而达到节约成本的目的。

15.5.2 高层建筑楼板体系构造要点

高层建筑楼板体系分为结构层、面层和吊顶层。结构层部分介绍高层公共建筑中最常见的压型钢板混凝土组合楼板的构造要点。面层部分介绍架空地板的构造要点。吊顶层部分介绍铝板吊顶的构造要点。

1）结构层——压型钢板混凝土组合楼板构造

压型钢板混凝土组合楼板是一种压型钢板和混凝土相互契合、协同受力的组合式楼板。其构造是在钢梁上焊接抗剪栓钉固定压型钢板，再在压型钢板上浇筑混凝土形成整体结构。除以抗剪栓钉固定压型钢板和混凝土外，还需通过在压型钢板上压槽、设置缩口槽以及焊接钢筋等方式使压型钢板和混凝土牢固契合，协同受力（图15-51）。

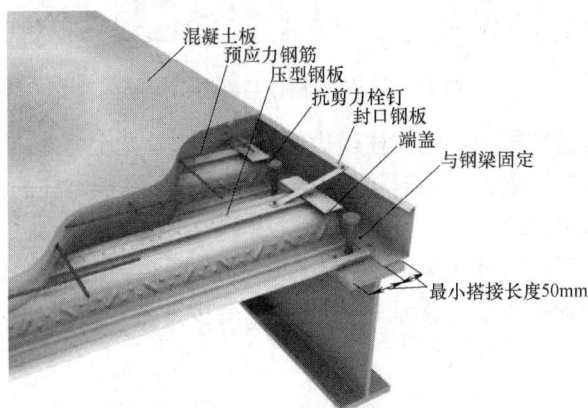

混凝土板
预应力钢筋
压型钢板
抗剪力栓钉
封口钢板
端盖
与钢梁固定
最小搭接长度50mm

图15-51 压型钢板构造图

（1）压型钢板混凝土组合楼板的优势和缺点

压型钢板组合楼板与钢筋混凝土楼板相比有以下优点：

① 压型钢板作为现浇混凝土模板，易于铺设，不需要拆除，因此节省了施工工序且可以多层同时开展施工，极大缩短了楼板施工周期。

② 压型钢板作为抗拉结构和混凝土协同受力，结构性能更优，且钢板设计为凹凸形状，在一定程度上减小了楼面的厚度，节省了空间。

③ 压型钢板凹槽可以兼作吊顶内线槽，或铺设保温、隔噪材料。在设置吊顶时，底面易于固定挂钩。

压型钢板混凝土组合楼板的缺点是用钢量大于钢筋混凝土楼板，结构造价有所增加。同时，钢板暴露在空气中，需要采取相应的防腐和防火保护措施，这也会增加造价。但总的来说，在高层建筑上采用压型钢板组合楼板，更加合理和经济。

（2）压型钢板混凝土组合楼板的节点构造

① 压型钢板与梁、柱和剪力墙连接处构造

压型钢板以焊接的方式与钢梁连接，与钢梁的搭接宽度不能小于 50mm。铺设前应清扫钢梁顶面的杂物，并对有弯曲和扭曲的压型钢板进行矫正，使板与钢梁顶面的最小间隙控制在 1mm 以下，以保证焊接质量。每一片压型钢板两侧沟底均需以 15mm 直径的熔接焊头与钢梁熔焊在一起进行固定，焊点的平均最大间距为 300mm（图 15-52）。

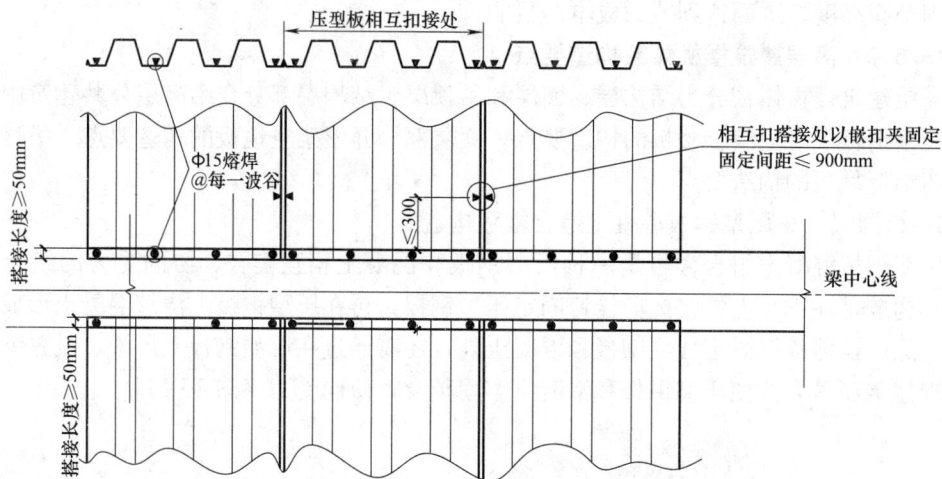

图 15-52　压型钢板与梁搭接构造

压型钢板与结构柱交接处，应在柱周边的钢梁上设置支承角铁，加强钢板在柱子周围的衔接强度。压型钢板根据柱子的形状作现场裁切，保证钢板与柱的衔接紧密，防止现浇混凝土时出现渗漏（图 15-53）。

压型钢板与核心筒剪力墙交接处，应在钢板所在水平位置沿剪力墙周围用螺栓固定角钢，压型钢板与角钢焊接固定，保证钢板与墙体衔接紧密，防止现浇混凝土时出现渗漏（图 15-54）。

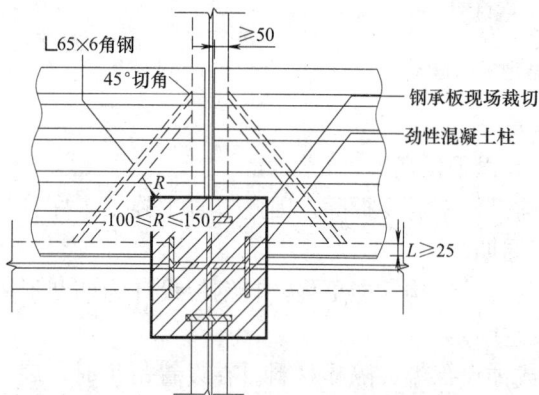

图 15-53　压型钢板与柱交接构造图

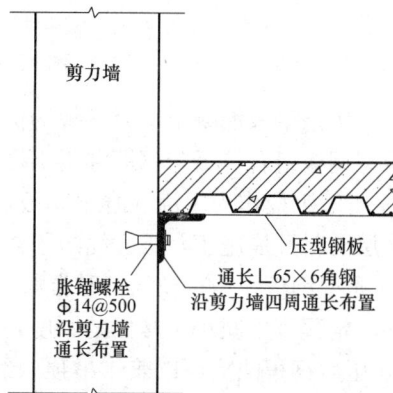

图 15-54　压型钢板与墙交接构造图

② 压型钢板悬挑构造

在高层建筑中一般会沿建筑周围设置圈梁，但因立面造型存在渐变或者不规则时，高层建筑采用压型钢板楼板出挑钢梁的情况。当出挑长度不大于 300mm 时，无须设置支撑结构，选择适当厚度的镀锌钢板做边模即可，镀锌钢板与梁搭接长度不小于 50mm（图 15-55）。当出挑长度不小于 300mm 时，应在出挑梁上沿建筑周圈焊接槽钢，并在出挑端部沿槽钢焊接通长角钢作为支撑，槽钢间距不大于 2500mm。悬挑长度不大于 700mm（图 15-56）。

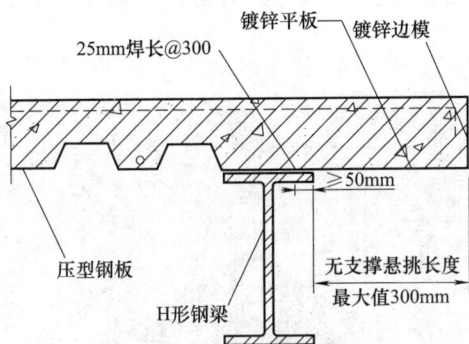

图 15-55 压型钢板悬挑不超过 300mm 做法

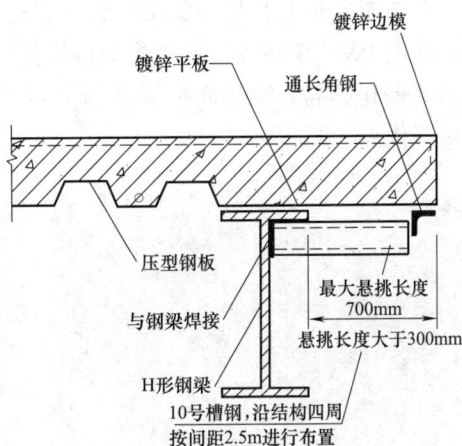

图 15-56 压型钢板悬挑超过 300mm 做法

③ 压型钢板开洞加固措施

高层建筑中很多垂直管穿过楼板，需要在楼板上开洞。当压型钢板上需要开设洞口时，必须沿洞口周边作结构加固。

开洞为圆形，孔径不大于 800mm，或长方形开孔双向的尺寸均不大于 800mm 者，可以先行围模，待楼板混凝土浇筑完成，并达到设计强度的 75％以上后再进行切割开孔。开孔角隅及周边应依照钢筋混凝土结构开孔补强的方式，配置补强钢筋（图 15-57）。

当开孔直径或任何一向的尺寸大于 800mm 时，应于开孔四周设置围梁。围梁与结构钢梁焊接，压型钢板沿洞口四周与围梁焊接（图 15-58）。

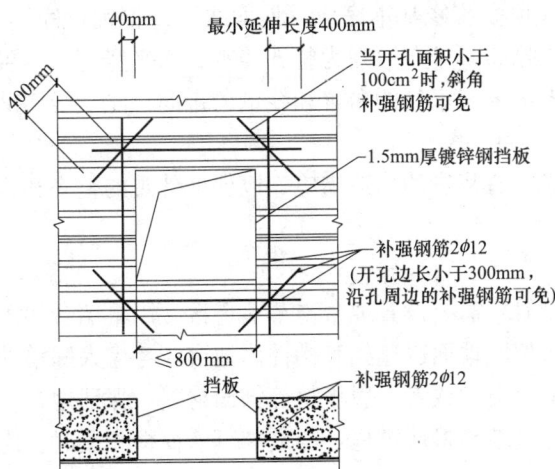

图 15-57 开洞尺寸小于 800mm 加固措施

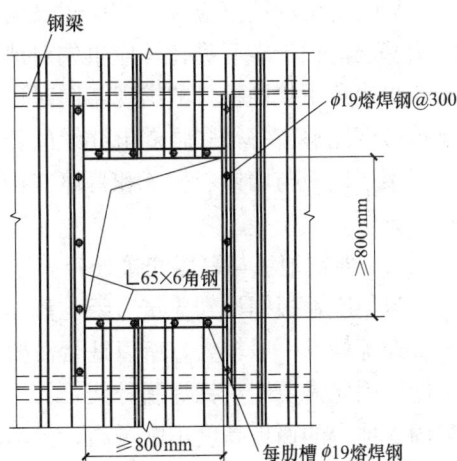

图 15-58 开洞尺寸超过 800mm 加固措施

2) 面层——架空地板构造

高层建筑上使用的架空地板也称活动地板，它是由金属支座、基层板、桁条以及面层组合拼装而成，架空高度在一定范围内可自由调节。每一块地板都可以自由活动，便于地板下各类光纤线缆的维护更换。在适当部位开设风口，还可以满足静压送风等空调方面的需求，因此在公共高层建筑上得到广泛使用。

在高层建筑上常见的面层材料有普通 PVC 面层、橡胶面层、防静电 PVC 面层等。其中防静电 PVC 在线缆设备密集的机房使用较多，可有效防止静电对计算机及各种设备原件的损害和影响。橡胶面层和普通 PVC 面层常用在办公区域，具有舒适、防滑、静音、美观等优点（图 15-59）。

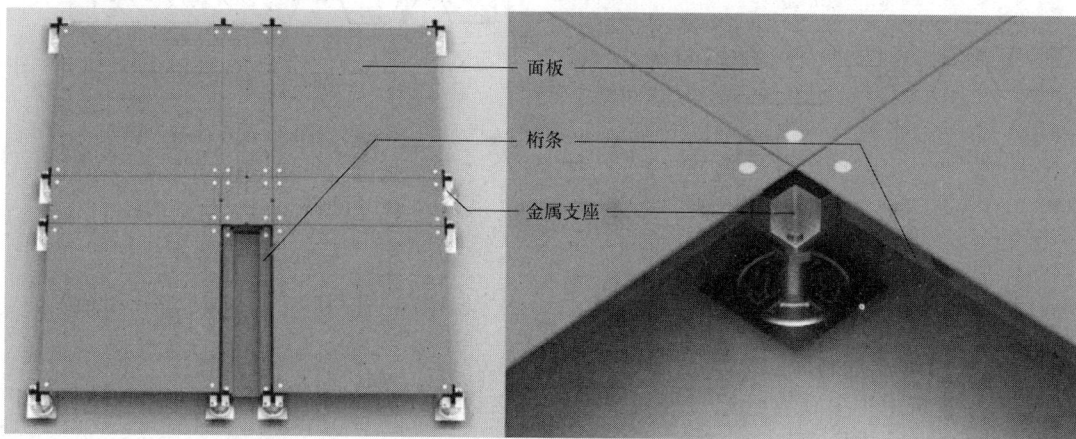

面板

桁条

金属支座

图 15-59　架空地板构造

在高层建筑上常见的基层板材有钢板、铝板及硫酸钙板，标准板规格为 600mm×600mm×30mm。作为基层板，应具有轻质高强的特点，还应与面层材料牢固粘接。常见的桁条材料有角钢、锌板、冷轧钢板等。常见的支架有铝合金支架、铸铁支架以及优质冷轧钢支架等。支架的高度根据地面线槽的高度而定，不宜过高而影响可使用高度。

架空地板的铺设应该在高层建筑墙面和顶面装修基本完成，地面线缆线槽铺设完毕，结构基层清扫干净后进行。应事先对地板作排布，排布原则为整齐美观、横平竖直，尽可能减少边角不规则板材的出现，同时还应考虑未来家具的布置和线槽的走向，减少线槽的弯折长度能够节省很多强弱电线缆的费用。

架空地板与墙体、柱子和幕墙交接处需要有特殊的构造措施，以保证外观的整齐和清扫的方便。

（1）架空地板与幕墙交接处

当架空地板铺设到建筑边缘与幕墙相接时，需要设置地台与幕墙连接。因幕墙骨架固定螺栓等构件一般较大，所以地台需要高出架空地面以遮挡其构件。地台应考虑人踩踏的可能，因此需要用角钢焊制骨架，其上再铺设石材或者金属板材等饰面材料，保证地台的牢固。地台的面板高度不宜过高，且不能超过玻璃幕墙窗框，与玻璃幕墙窗框相接时，应使用密封胶对缝隙进行封堵（图 15-60）。

（2）架空地板与隔墙交接处

当架空地板与隔墙相接时，应让架空地板伸入到墙体饰面材料内，并在踢脚板等装饰线脚与架空地板的脱缝处做金属压条，这样，地板和墙面的缝隙不会积灰尘，且边缘整齐美观、易于清扫（图 15-61）。

（3）架空地板与其他地板相交时

当架空地板与同层其他类型地面铺装相交时，应保证两种材料完成面高度一致，并脱开 1～2mm 的微缝，在其上设置金属压条密封，防止灰尘落入（图 15-62）。

3）吊顶层——铝板吊顶构造

在如今的公共高层建筑里，吊顶的设置是声光电等所有现代化设备的依附面，这要求吊顶面板不仅要坚固平整美观，而且面板布置要结合灯具、喷淋、风口等设备端口的位置一起考虑。高层公共建筑里常见的吊顶形式有铝板吊顶、石膏板吊顶和金属格栅吊顶。因铝板经久耐用，光洁美观，而且加工自由度大，因此使用得最为广泛（图 15-63）。

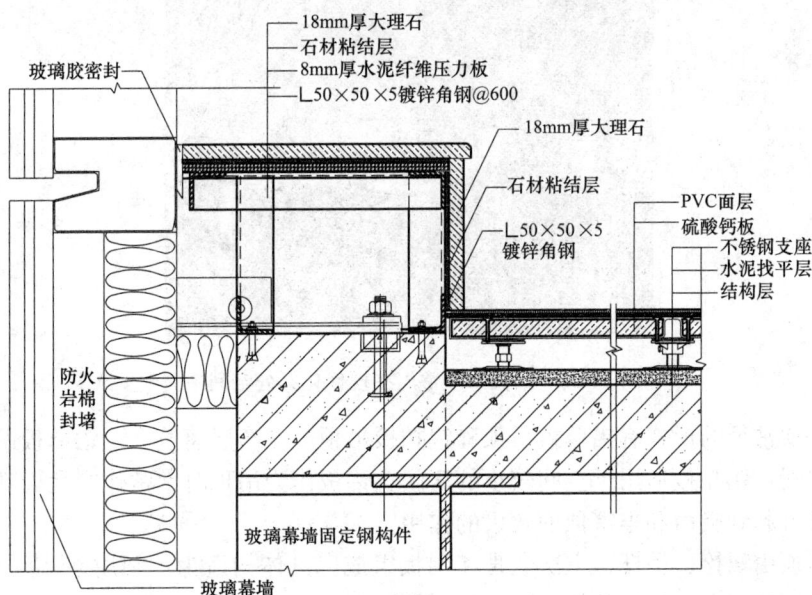

图 15-60 架空地板与玻璃幕墙交接处构造

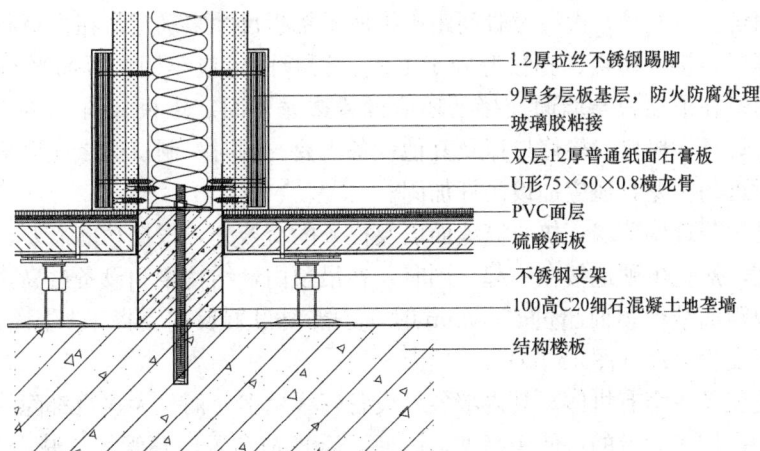

图 15-61 架空地板与室内隔墙交接处构造

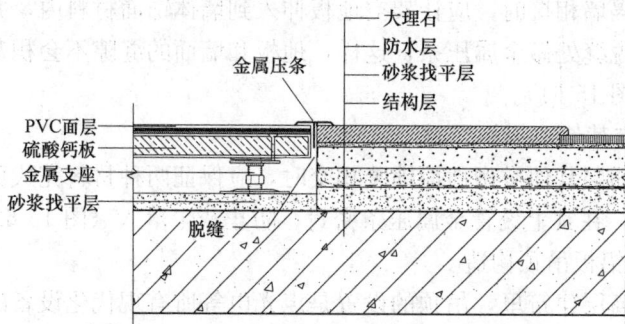

图 15-62　架空地板与室内隔墙交接处构造

图 15-63　铝板吊顶常用在现代化办公空间中

铝板吊顶常见的形式有铝单板吊顶和铝扣板吊顶。在高层建筑上，铝单板吊顶适用于开敞的大空间，铝扣板适用于空间较小的房间。铝板作为吊顶时常常作穿孔处理，在减轻自重的同时可起到吸声和丰富顶面效果的作用。

铝板吊顶由螺栓、吊杆、主次龙骨和铝板组成。具体构造为：利用 φ8 膨胀螺栓将吊杆固定在结构楼板上，吊杆选用 φ8 圆钢，间距不大于 1200mm；选择与主龙骨配套的吊件将主龙骨固定在吊杆下端，主龙骨一般选择 C50 轻钢龙骨，间距控制在 1200mm 以内；在主龙骨下固定次级龙骨，次级龙骨间距根据所吊铝板尺寸来确定；在次级龙骨下固定铝板，一般有螺栓连接、铆接、扣接等固定方式。铝板固定应牢固，板面平整，无明显翘曲，板缝均匀；在吊顶板与墙面交接处还应设置边龙骨固定铝板（图 15-64）。当顶面上设置有大尺寸灯具、风口、检修口以及其他设备需要开洞时，洞口边缘应设置封边横撑龙骨，检修口附近的主龙骨还应加设吊杆加固。

在铝板吊顶与玻璃幕墙、核心筒墙面以及柱子的交接处，根据功能需要，一般会有特殊的构造措施，避免生硬地接在一起。同时，在吊顶内，结构梁和设备过高，或者有特殊造型，吊顶板距离结构顶面超过 1500mm 时，还需要设置反向支撑来加固铝板，防止在水平力作用下发生晃动（图 15-65）。

高层建筑就像一个有机体，其内部各种设备管线繁多，而且大多数都隐藏在吊顶和结构楼板中间，占用了大量的可使用高度，因此，合理地布置设备管线，减少吊顶层高度，是高层建筑上非常重要的节约手段。在建造之初，就应该对结构梁高进行优化，同时水暖电各个专业之间应该相互配合，进行管线综合优化排布，尽可能将顶面设备管道所占空间压缩化、最小化，是整个高层建筑楼面体系合理化的关键所在。

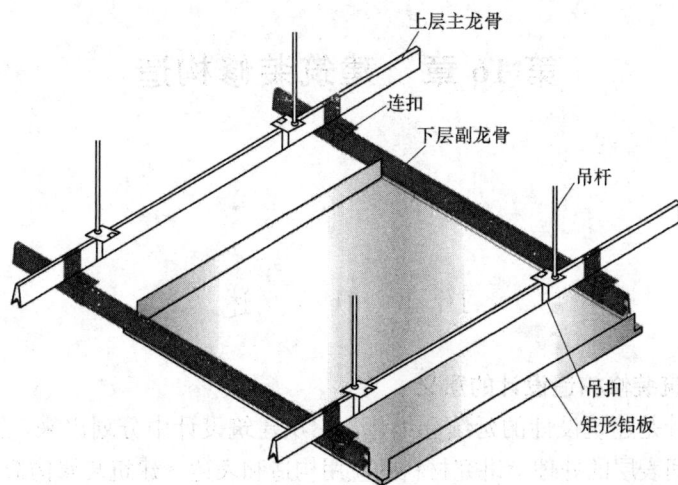

图 15-64　铝板吊顶系统的组成构造

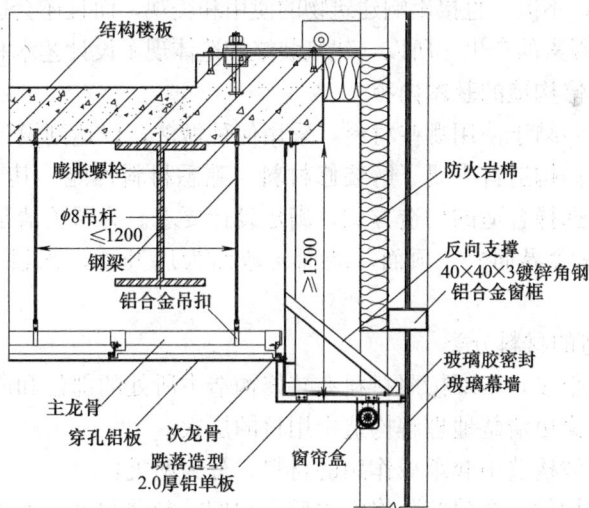

图 15-65　铝板吊顶与幕墙交接处及反向支承构造

参 考 文 献

[1]　陈保胜. 建筑结构选型. 上海：同济大学出版社，2008：07.

[2]　樊振和. 建筑结构体系及选型. 北京：中国建筑工业出版社，2011：07.

[3]　刘建荣. 高层建筑设计与技术. 北京：中国建筑工业出版社，2005：05.

[4]　徐培福. 复杂高层建筑结构设计. 北京：中国建筑工业出版社，2005：02.

第 16 章 建筑装修构造

16.1 概 述

16.1.1 建筑装修构造设计的意义

建筑装修设计是建筑设计的延续和细化，它从建筑设计中分划出来，又不同于建筑设计，而更强调空间表层的处理，讲究材料的应用构造和表达。建筑装修构造是建筑装饰设计落到实处的具体细化处理，是将抽象概念转化为现实的过程和技术手段。没有细部构造设计，施工便没有依据，会使施工产生很强的随意性，很难保证设计方案完美地落实到位。若构造处理得不够合理，不但会直接影响建筑物的使用和美观，而且还会造成维修困难，缩短使用寿命乃至不安全因素的产生。所以，建筑装修构造体现了设计艺术和技术的双重性。

16.1.2 建筑装修构造的基本内容

装修构造基本上归结于使用哪些材料，采用何种做法，以达到设计的使用功能和艺术效果。因此，学习装修构造首先要了解装修材料，熟悉材料性能。其次要了解施工工艺，知道做法。这样才能选择合适的构造方式，满足设计要求。为了更清楚地理解基本构造内容，本章以建筑的三大界面——顶面、墙面、地面为展开点，来讲述各个具体的构造类型。

1) 建筑装修构造的材料分类

材料的分类方法很多，本章按照材料在装修构造中所处的部位和所起的作用的不同来分类编写，以便使大家更清楚地理解构造中用材的层次。

结构材料，在整体构造中起承载作用的材料，分为两类：

（1）隐蔽性结构构件。在建筑装修完之后，它们被隐藏起来，不为外界所看见。有木质的、金属的、合成塑料的，如木龙骨、钢支架、硬塑料卡子等，因为隐藏在构造之内，所以在防火、防潮、防腐、防锈等方面均需按各类规范要求进行处理。比如木构件要刷防火涂料，钢架要刷防锈漆或防火涂料，此外可以采用性能稳定的铝材、不锈钢或表层镀锌的钢材等制作隐蔽构件。

（2）露明构件。此类构件部分或全部暴露在外，除受力外，还表现其装饰艺术。固定玻璃的金属夹具、金属螺杆、干挂板等，不锈钢制的螺杆，栏杆上的金属立杆等，是构造技术美的体现。

功能材料，满足各种功能要求的材料，如能够防潮的防水剂，在木龙骨表面刷的防火涂料，在隔墙的空腔内填上具有吸声效果的玻璃棉等。

装饰材料，俗称面层材料或终饰材料，是建筑装修的目的材料，最终产生效果的部分，如石材、板材、墙布、涂料等。

辅助材料，在构造中需对不同材料进行粘结和加固，或为了使材料能很好地完成其受力过程，必须利用另外一些材料来辅助加固，如水泥、密封胶、胶粘剂、钉子等。

2）建筑装修构造的基本做法

一个完整的构造基本包含三个层次（图 16-1）：

（1）面层：构造的饰面部分；

（2）基层：构造所附着的部分，通常是面层的结合体；

（3）结构层：又称基体，构造赖以固定的部分。

这三个层面又通过不同的方法进行连接和固定。根据材料本身的性能和特点可分为以下四种方法（图 16-2）：

（1）粘结法：采用具有胶粘性或可凝性的材料，如胶粘剂、水泥砂浆、墙纸粉等将不同材料结合在一起的方法。

（2）机械固定法：利用外部紧固件，如钉、螺栓、铆钉等通过机械操作的方法将不同材料连接和固定在一起的方法。

（3）焊接法：利用特制工具和配套材料，如焊枪、焊条等，将金属、塑料等可熔材料结合在一起的方法。

（4）钩咬法：利用材料本身的结合能力，按照所需的形式，互相咬合在一起，达到固定的目的，如木质的榫接、金属薄板的卷口扣接等。

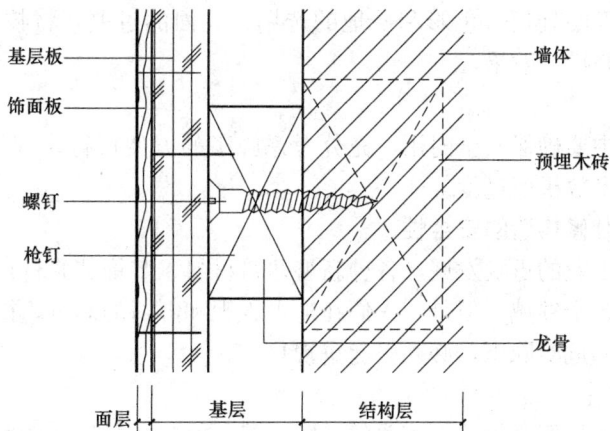

图 16-1 装修基本构造

16.1.3 建筑装修构造的设计原则

装修设计中用材丰富，形式多样，因此，构造设计需要多方面综合考量，不能简单抄用。本章中总结一般设计原则，供为参考。

1）适用

既能满足建筑空间的使用要求，又能对建筑结构主体起到保护作用。同时，还要综合考虑与建筑内各种设备设施的协调使用，如消防设施、水暖通风设施、电气设施等，尽量做到互补影响。

2）适宜

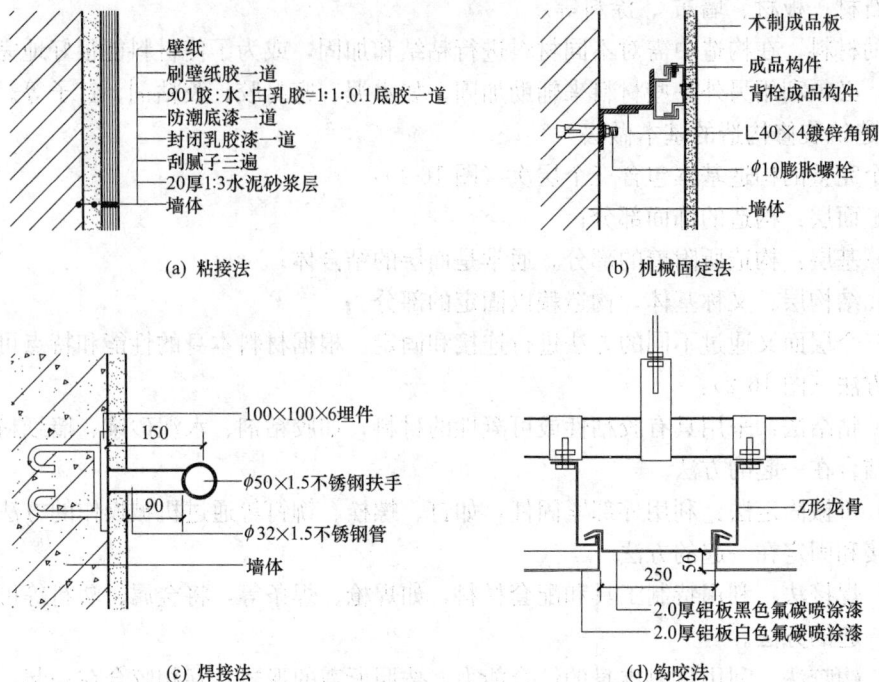

(a) 粘接法	(b) 机械固定法
(c) 焊接法	(d) 钩咬法

图 16-2　装修的连接和固定方法

通过对细部尺度的处理、色彩和质地的选用、界面的过渡，将技术和艺术融合在一起，达到合适的装修设计效果。

3）适度

装修构造设计中要确保安全耐用，充分考虑施工的方便可行，满足经济的合理要求，不能为片面追求艺术效果而过度。

16.1.4　建筑装修构造的安全性

随着我国建材工业的迅猛发展，各种新型建筑材料、装饰装修材料大量涌现，并广泛应用于国民经济的各个领域。但是，人们在追求美观和舒适的同时，往往会忽视建筑使用的安全，留下很多的危险隐患，必须引起重视！

1）重视消防安全

装饰装修材料的使用必须符合相关的消防规范，材料的燃烧性能和耐火极限一定要满足防火要求（表 16-1）。装修构造设计中还要注意处理好与消火栓、烟感、喷淋及疏散指示等消防设施之间的关系，既要注意美观，又不能遮挡和影响设施的使用。

2）重视环保安全

目前的装饰装修材料绝大部分是经过再加工的，加工过程中添加了各种化学用剂，难免会产生一些副作用。因此，选材时一定要了解用材的绿色指标，构造设计中尽量少用或不用易污染的胶粘剂等辅材，创造良好的室内环境。

3）重视结构安全

装修构造是与原建筑结构发生关系的，对原结构会产生一定影响，所以在构造设计中要符合建筑的相关规范要求，要仔细考虑新装修的部分产生的荷载以及相互间连接的牢固度，消除安全隐患。

常用建筑内部装修材料燃烧性能等级划分举例　　　　**表 16-1**

材料类别	级别	材 料 举 例
各部位材料	A	花岗石、大理石、水磨石、水泥制品、混凝土制品、石膏板、石灰制品、黏土制品、玻璃、瓷砖、陶瓷锦砖、钢铁、铝、铜合金等
顶棚材料	B1	纸面石膏板、纤维石膏板、水泥刨花板、矿棉装饰吸声板、玻璃棉装饰吸声板、珍珠岩装饰吸声板、难燃胶合板、难燃中密度纤维板、岩棉装饰板、难燃木材、铝箔复合材料、难燃酚醛胶合板、铝箔玻璃钢复合材料等
墙面材料	B1	纸面石膏板、纤维石膏板、水泥刨花板、矿棉板、玻璃棉板、珍珠岩板、难燃胶合板、难燃中密度纤维板、防火塑料装饰板、难燃双面刨花板、多彩涂料、难燃墙纸、难燃墙布、难燃仿花岗石装饰板、氯氧镁水泥装配式墙板、难燃玻璃钢平板、PVC 塑料护墙板、轻质高强复合墙板、阻燃模压木质复合板材、彩色阻燃人造板、难燃玻璃钢等
墙面材料	B2	各类天然木材、木制人造板、竹材、纸制装饰板、装饰微薄木贴面板、印刷木纹人造板、塑料贴面装饰板、聚酯装饰板、复塑装饰板、塑料板、胶合板、塑料壁纸、无纺贴墙布、墙布、复合壁纸、天然材料壁纸、人造革等
地面材料	B1	硬 PVC 塑料地板，水泥刨花板、水泥木丝板、氯丁橡胶地板等
地面材料	B2	半硬质 PVC 塑料地板、PVC 卷材地板、木地板氯纶地毯等
装饰织物	B1	经阻燃处理的各类难燃织物等
装饰织物	B2	纯毛装饰布、纯麻装饰布、经阻燃处理的其他织物等
其他装饰材料	B1	聚氯乙烯塑料、酚醛塑料、聚碳酸酯塑料、聚四氟乙烯塑料、三聚氰胺、脲醛塑料、硅树脂塑料装饰型材、经阻燃处理的各类织物等，另见顶棚材料和墙面材料中的有关材料
其他装饰材料	B2	经阻燃处理的聚乙烯、聚丙烯、聚氨酯、聚苯乙烯、玻璃钢、化纤织物、木制品等

资料来源：《建筑内部装修设计防火规范》GB 50222—2001。

16.2 室内顶棚装饰构造

16.2.1 顶棚装修的类型和基本组成

顶棚是构成室内空间的重要部分，它的主要功能有：遮挡不宜暴露的结构或设备等；围合空间，创造合宜的空间形态及尺度要求；辅以饰物、灯光等，提升室内空间的表现力。

若结合建筑功能、艺术、声学、照明、热工、设备敷设、维护检修、防火安全等方面考虑，可做成多种造型。

尽管顶棚形式多种多样，可根据顶棚面层与建筑结构面的位置关系，可归纳为两种类型：直接式顶棚和悬吊式顶棚（又称吊顶）。

16.2.2 直接式顶棚的分类和构造设计

直接式顶棚一般是指在室内混凝土顶面上直接进行喷浆、抹灰、喷涂涂料或粘贴装饰材料。其构造简单，能充分利用空间，施工方便，造价较低，但需要保证顶棚与基层的粘结牢固。一般分为直接喷抹式和直接粘贴式顶棚。

直接喷抹式顶棚，是在屋面板或楼板底部直接喷涂或抹灰（图 16-3）。

直接粘贴式顶棚，是将块体饰材、墙纸等饰面材料直接粘贴在抹平的顶板上（图16-4）。

16.2.3　悬吊式顶棚的分类和构造设计

悬吊式顶棚是将顶棚面悬吊于顶部结构层下，可按需求遮盖梁板和屋架以及管道设备，并结合灯具、窗帘盒、风口、音响及喷淋等消防设施等进行整体设计，改善室内的空间形态及装饰效果，使房间更显整洁、美观，但构造复杂，施工技术要求高，造价较高。

悬吊式顶棚一般由吊杆、龙骨基层和面层三部分组成。吊杆的作用主要是承受顶棚基层和面层的重量，并将这些重量传递给上部结构层，其另一作用是根据设计需要确定顶棚的空间形状。龙骨基层一般是由主龙骨、次龙骨和横撑龙骨以及各种连接件所形成的单层或多层网格体系。面层的作用是装饰室内空间，主要有固定式和活动式两种面层。面层的设计还要结合灯具、风口、喷淋水头、烟感器等的布置。通常，不同的龙骨体系对应不同的面层形式，其构造做法分别介绍如下：

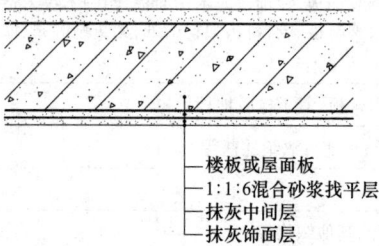

- 楼板或屋面板
- 1:1:6混合砂浆找平层
- 抹灰中间层
- 抹灰饰面层

图 16-3　直接喷抹式顶棚

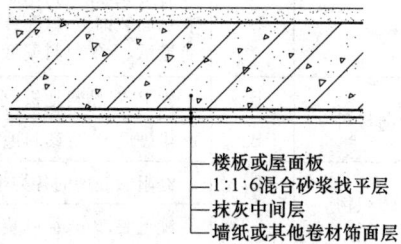

- 楼板或屋面板
- 1:1:6混合砂浆找平层
- 抹灰中间层
- 墙纸或其他卷材饰面层

图 16-4　直接粘贴式顶棚

1）轻钢龙骨顶棚

将轻钢龙骨基层骨架（由主龙骨、次龙骨、横撑龙骨、吊挂件、接插件和挂插件等组成的龙骨体系）用吊杆悬吊于上部结构层下，然后将面层覆盖在骨架上（图 16-5）。

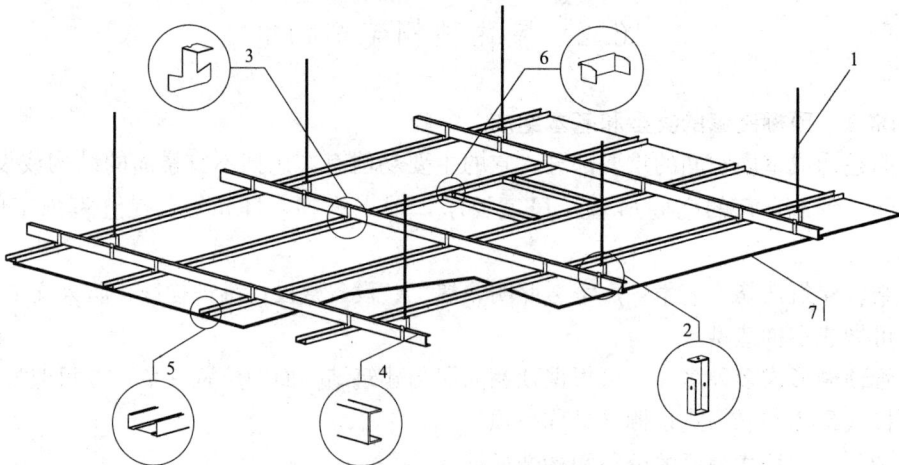

1—吊杆；2—吊挂件；3—挂件；
4—主龙骨(双层骨架吊顶为U形承载龙骨，单层骨架吊顶为C形覆面主龙骨)；
5—次龙骨(双层骨架吊顶为C形覆面龙骨，单层骨架吊顶为C形横撑覆面龙骨)；
6—龙骨支托(挂插件)；7—固定式罩面板

图 16-5　轻钢龙骨顶棚基本构造

（1）吊杆的安设

吊杆（又称吊筋）是连接龙骨和上层结构的承力构件。常用吊杆有钢筋、镀锌钢丝、木吊杆，也有扁钢、型钢等。吊杆安装设置方式有如下几种：

① 预制板上吊杆的安置

在预制板上安设吊筋一般有通筋法和短筋法。

通筋法（图16-6a）：当预制板板缝较宽时，可沿板缝放置一根 $\phi8\sim\phi12$ 通长钢筋，将吊杆固定于钢筋上并从板缝中伸出，最后在板缝中现浇细石混凝土。吊杆的直径和伸出长度，要视情况而定。若吊杆直接与龙骨连接，一般用 $\phi6$ 或 $\phi8$ 钢筋，伸出长度可按板底到龙骨的高度再加上绑扎或结合件的尺寸确定。

短筋法（图16-6b）：在两块预制板的板顶，跨缝横放一长400mm的 $\phi12$ 钢筋段，间距1200mm左右，将吊杆与此钢筋段焊接后用细石混凝土在缝中灌实。

若要在吊杆上另接吊筋，则多用 $\phi12$ 钢筋，伸出板底100mm左右，这种做法方便，但费材料（图16-6c）。

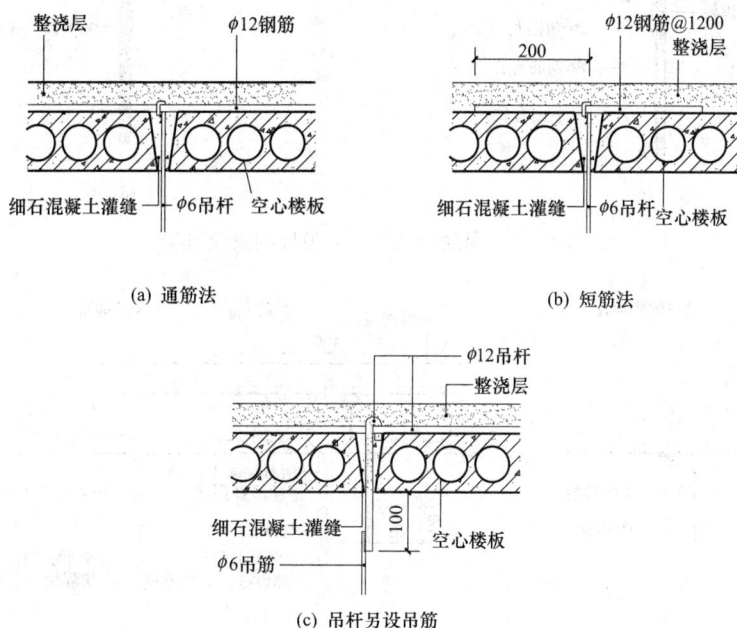

(a) 通筋法

(b) 短筋法

(c) 吊杆另设吊筋

图16-6 预制板吊杆的安置方法

② 现浇板上吊杆的安设

一般有三种方法：其一，是预埋法，即在现浇混凝土楼板时，将定位好的吊杆上部与受力钢筋固定，预埋在现浇混凝土中（图16-7a、图16-7b）；其二，是在现浇板底用膨胀螺栓或射钉固定角钢，然后在角钢上连接或焊接吊杆（图16-7c）；其三，采用螺杆固定吊杆，它是目前推广的吊杆形式（图16-7d），安装快捷，可提高施工效率。

③ 受顶棚荷重影响，吊杆、吊点变化的设置

顶棚有不上人顶棚和上人顶棚之分。一般情况下，上人顶棚宜用不小于 $\phi8$ 的钢筋吊杆（图16-8），下端用重型吊挂件箍住主龙骨，而不上人顶棚则可采用不大于 $\phi6$ 的钢筋（或10号镀锌钢丝）来做吊杆，下端用轻型吊挂件固定主龙骨（图16-9）。吊点间距，一

(a)

φ6钢筋

(b)

预埋件

电焊

φ10钢筋吊环

电焊或钢丝扎牢

φ6钢筋下端套丝

(c)

膨胀螺栓或射钉

上端焊接

L40角钢长70

φ6钢筋吊杆

下端套丝

(d)

镀锌膨胀头

φ6镀锌全牙螺杆

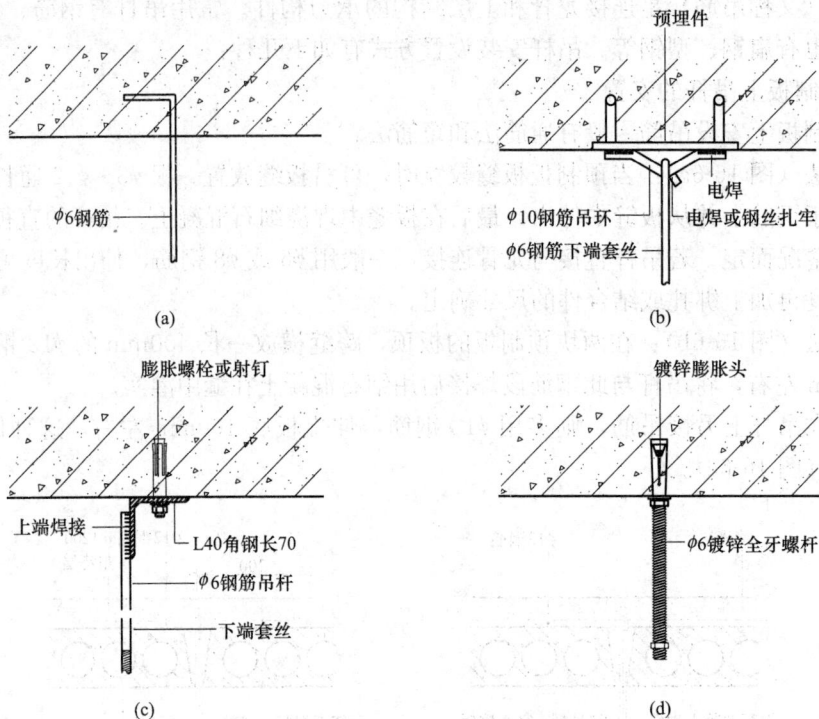

图 16-7　现浇板（梁）上吊杆的安设方法

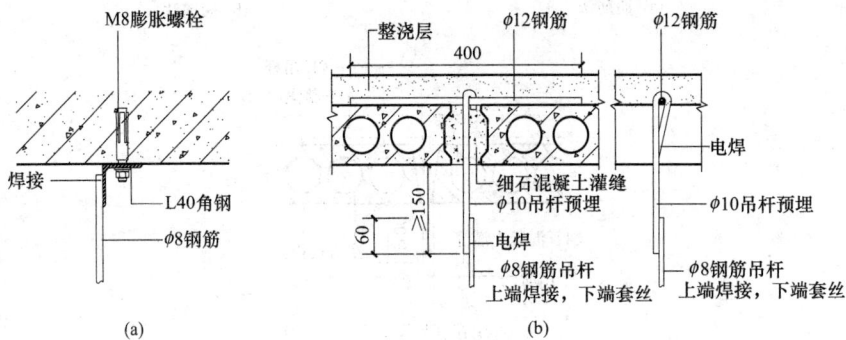

(a)

M8膨胀螺栓

焊接

L40角钢

φ8钢筋

(b)

整浇层

400

φ12钢筋

φ12钢筋

电焊

细石混凝土灌缝

φ10吊杆预埋

电焊

φ8钢筋吊杆
上端焊接，下端套丝

φ10吊杆预埋

φ8钢筋吊杆
上端焊接，下端套丝

60

≥150

图 16-8　上人吊顶吊杆锚固节点

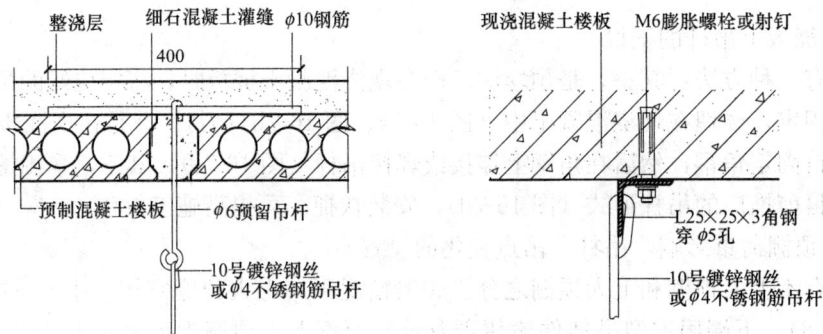

整浇层

细石混凝土灌缝

400

φ10钢筋

预制混凝土楼板

φ6预留吊杆

10号镀锌钢丝
或φ4不锈钢筋吊杆

现浇混凝土楼板

M6膨胀螺栓或射钉

L25×25×3角钢
穿φ5孔

10号镀锌钢丝
或φ4不锈钢筋吊杆

图 16-9　不上人吊顶吊杆锚固节点

般不上人顶棚为 $900 \sim 1200mm$，上人顶棚为 $1200 \sim 1500mm$，主要考虑在顶棚内设马道（即人行道）供工作人员及检修之用。

(2) 轻钢龙骨的安装构造

轻钢龙骨由薄壁镀锌钢板压制成型，其断面形式有 U 形、C 形等（图 16-10）。

主龙骨、次龙骨、横撑龙骨之间由专门的连接件和挂插件进行连接。U 形轻钢龙骨配件见图 16-11。

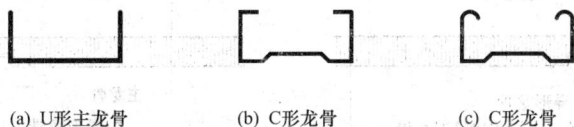

(a) U形主龙骨　　　　(b) C形龙骨　　　　(c) C形龙骨

图 16-10　顶棚轻钢龙骨

图 16-11　U 形轻钢龙骨及其配件

吊顶构造见图 16-12。构成的顶棚龙骨体系通过吊杆与上部结构相连。龙骨的基本布置方法，是在吊杆下方水平方向设置主龙骨，间距一般为 $900 \sim 1200mm$。在主龙骨布置完毕后，按照主龙骨与次龙骨、次龙骨与横撑龙骨之间互为垂直关系进行布置。次龙骨（包括横撑龙骨）间距一般为 $400 \sim 600mm$，准确的尺寸取决于饰面板的长宽尺寸，应保证板材的端边必须落在龙骨上。上人与不上人顶棚的区别，除吊杆外，主要体现在所选用的主龙骨及主龙骨与吊杆之间连接吊件的不同上，上人顶棚的主龙骨截面尺寸和壁厚均大于不上人顶棚的主龙骨。

接缝先以石膏腻子填铺，磨平表面，再使用其他饰面材料。

应该注意的是，顶棚主龙骨通过专用吊件与吊杆相连，如果吊点距主龙骨端部超过 300mm，应增设吊杆，避免主龙骨下坠。当吊杆与设备相遇时，应调整吊点构造或增设吊杆。当吊杆长度大于 1.5m 时，应设置反支撑加强稳定性（图 16-13）。顶棚龙骨体系应在短向跨度上适当起拱，起拱的幅度一般在 $3/1000 \sim 5/1000$ 范围内。

(3) 轻钢龙骨顶棚的面层

轻钢龙骨顶棚的面层板有纸面石膏板、水泥加压板、各类胶合板以及各种预制饰面板材，石膏板厚 9.5mm、12mm，胶合板厚 3mm、5mm、9mm、12mm，单张板长宽一般为 $1220mm \times 2440mm$。

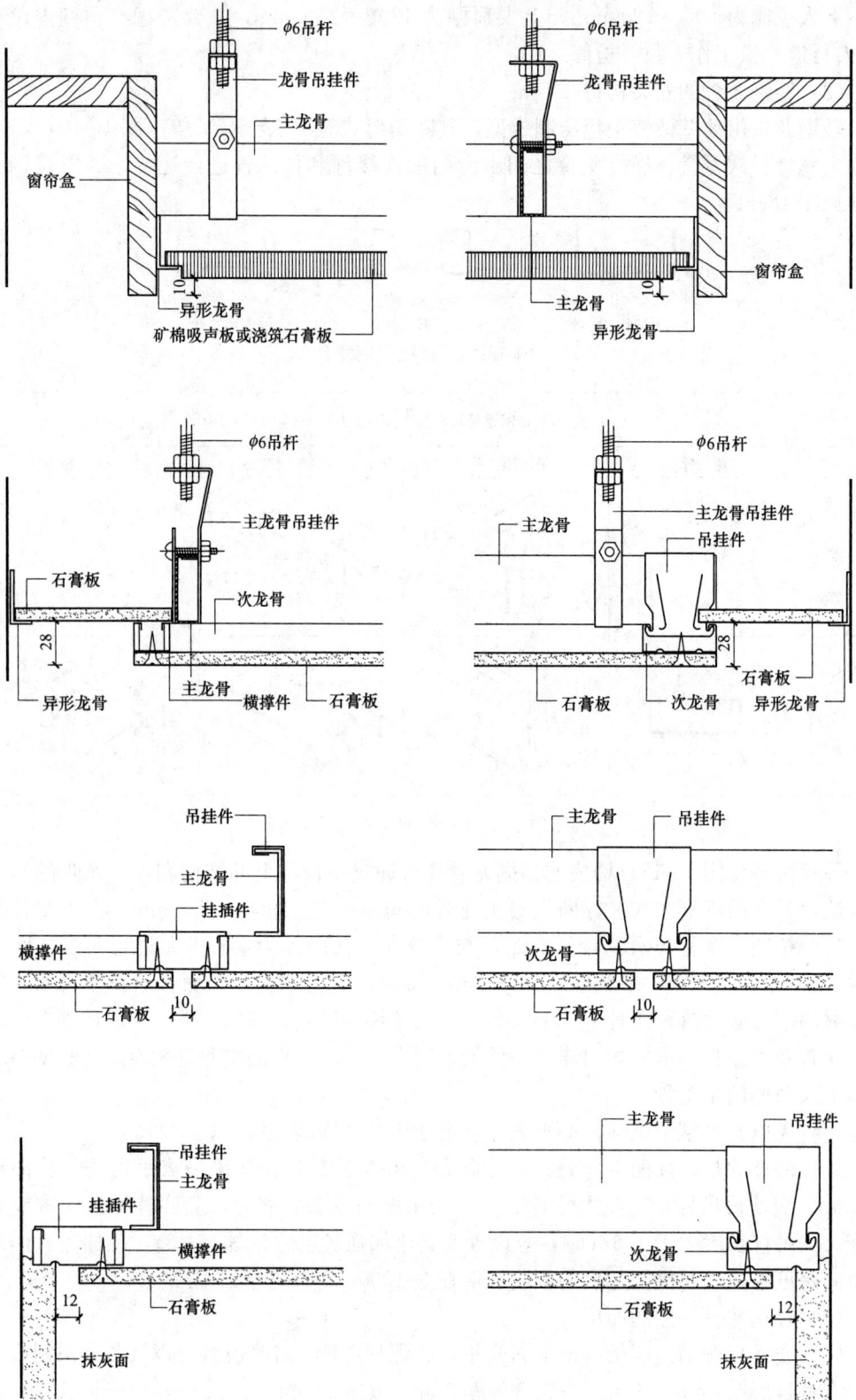

图 16-12　U 形轻钢龙骨吊顶构造

　　面层板与轻钢龙骨连接，通常采用螺钉接合方式，属于固定式面层。安装石膏板和胶合板时应使板的长边与主龙骨平行，与次龙骨呈垂直的十字交叉，从顶棚的一端开始向另一端错缝安装，逐块排列（图16-14）。面层板的端边必须落在次龙骨或横撑龙骨中心线上，靠墙一端超过顶棚边缘处，与墙面之间应留6mm间隙，用自攻螺钉固定在次龙骨或横撑龙骨上，按150～200mm中距对钉，螺钉距面纸包封的边10～15mm，距切割边15～20mm。钉眼应作防锈处理，并用腻子抹平。图16-15为罩面板与轻钢龙骨的连接构造示意。

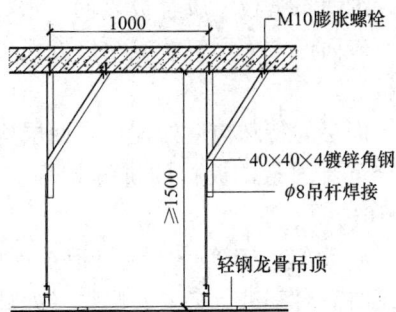

图 16-13　反向支撑构造

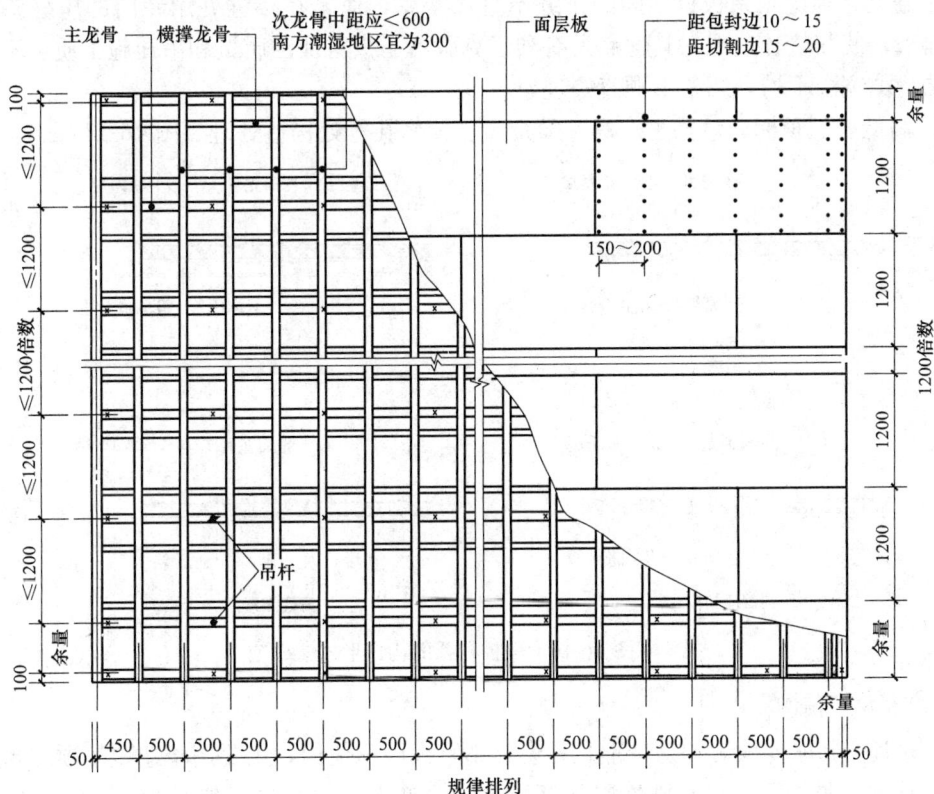

图 16-14　龙骨及板材布置

(a) 纸面石膏板　　　　(b) 胶合板

图 16-15　罩面板与轻钢龙骨的连接构造

　　纸面石膏板、胶合板表面一般作糊裱墙纸、涂刷涂料等处理。胶合板（作为依附面层）表面通常采用钉接或粘接方式再覆一层具有装饰纹理的花式胶合板、塑铝板或装饰耐火板等。

　　面层的特殊构造处理：在面层构造设计中，饰面板的拼缝是影响顶棚面层装饰效果的一个重要因素，板材的拼缝处理应根据所用面层材料而定，主要有三种拼缝形式（图16-16）。

　　a. 密缝：密缝是指板与板在覆面龙骨处对接，其缺点是拼缝处不易平整且易开裂，施工时需对其进行必要的修整（如贴穿孔接缝纸带、腻子修平）。

　　b. 离缝：由于面板厚度不统一或由于设计需要而利用面板的形状、厚度所做出的矩形或 V 形拼接缝。凹缝可采用金属嵌条、勾缝等方法处理，以强调顶棚的线条整齐及立体感。

　　c. 盖缝：盖缝是指板材之间的拼缝不直接暴露，而是在接缝处用专门的压缝条将板缝盖起来，使其整齐美观。其优点是有利于克服由于板材加工质量和吊顶施工质量不好所造成的缝隙宽窄不均，线条不顺直等现象。

　　d. 高低叠层顶棚、灯槽、灯具、窗帘盒、检修孔等处构造处理（图16-17）。

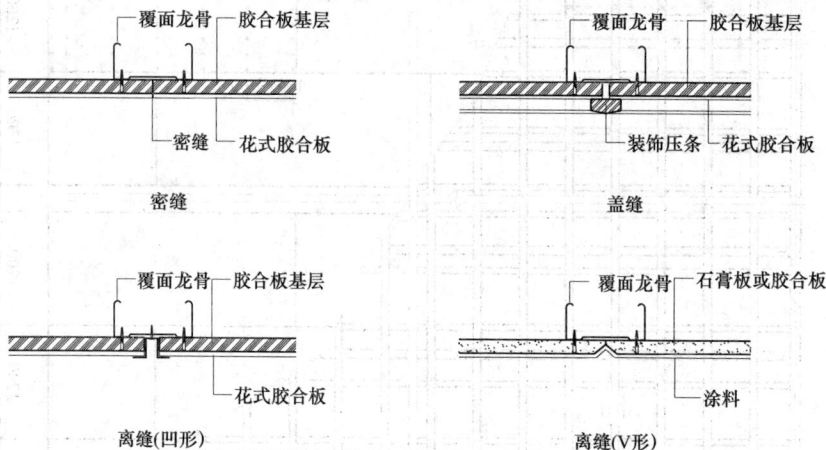

图 16-16　面板板缝的构造形式

　　2）木龙骨顶棚

　　木龙骨受膨胀伸缩影响易变形且易燃，不宜大面积使用，主要用于造型吊顶。当采用木龙骨时应采取一定的技术措施以保证防火、防变形。主龙骨一般采用 60mm×100mm 或 50mm×70mm 截面尺寸的木方材，次龙骨为 50mm×50mm 或 40mm×60mm 的木方材，次龙骨底口需刨光。主龙骨中距一般为 900～1200mm，次龙骨为 400～600mm。主龙骨与吊杆的连接采用图 16-18 所示的形式，图 16-19 所示为木龙骨安装构造。

　　传统的木龙骨顶棚，常采用灰板条或金属网抹灰，再作饰面。人造板材问世后，多采用纸面石膏板、各种装饰面板等。其面层构造基本同轻钢龙骨顶棚，通常采用钉接，特殊情况下，龙骨上直接连接装饰面板时，可采用粘接方式，这样在面板上不留钉眼（图16-20）。

　　木龙骨顶棚由于具有可连接性强，易于固定和安装等特点，作为辅助手段，可与多种

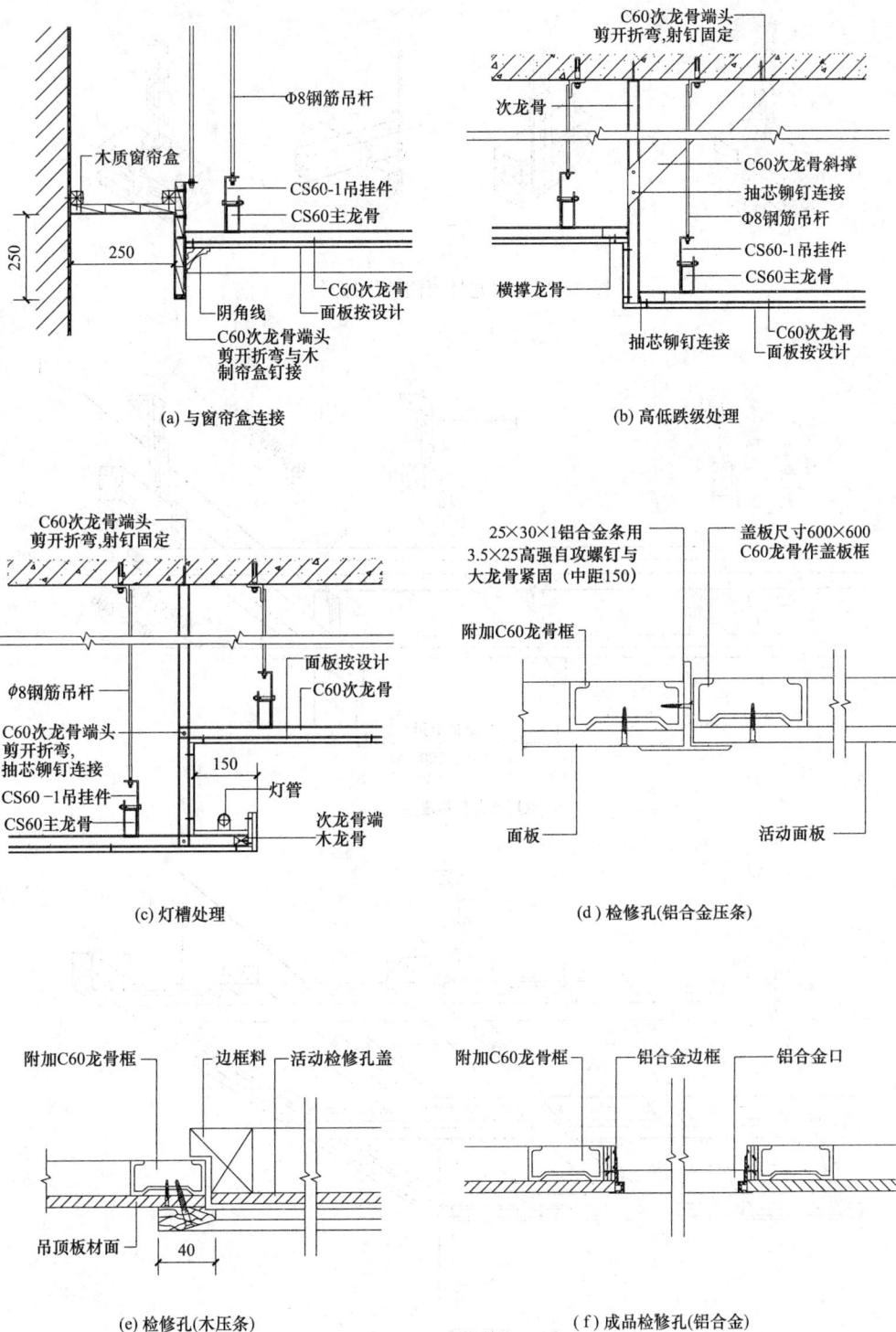

(a) 与窗帘盒连接

(b) 高低跌级处理

(c) 灯槽处理

(d) 检修孔(铝合金压条)

(e) 检修孔(木压条)

(f) 成品检修孔(铝合金)

图 16-17　轻钢龙骨顶棚特殊部位构造

不同材料的顶棚结合。轻钢龙骨和铝合金龙骨顶棚的造型复杂、转折面较多时，可局部采用木龙骨结构，有利于造型的塑造和连接固定。

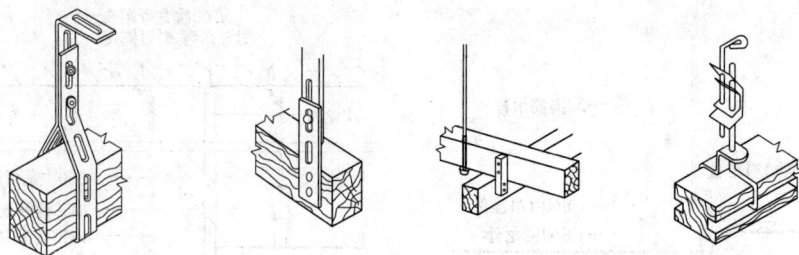

图 16-18 木龙骨顶棚的吊挂形式

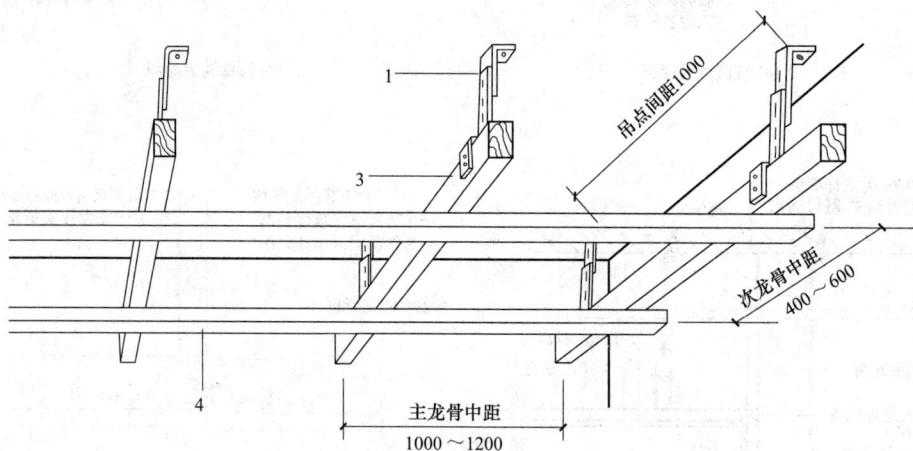

(a) 双层木龙骨构造

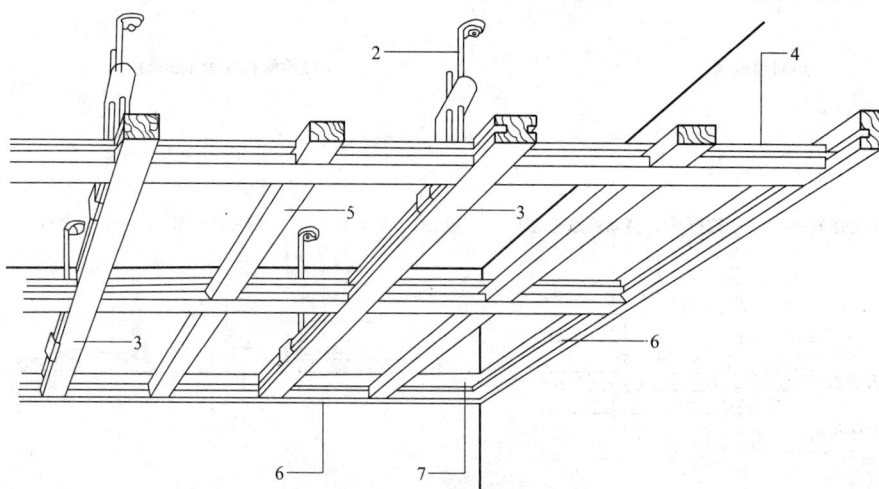

(b) 单层木龙骨构造

1—吊挂件；2—弹性吊件可伸缩吊杆；3—主龙骨
4—次龙骨；5—间距龙骨；6—边龙骨；7—角接榫板

图 16-19 木龙骨构造形式

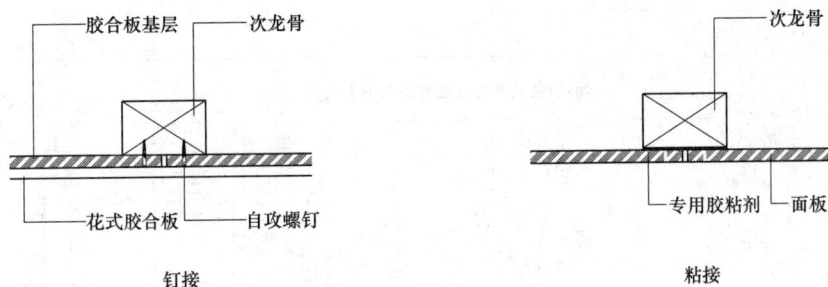

图 16-20 木龙骨顶棚面板构造

3）铝合金龙骨顶棚

铝合金龙骨是以铝带冷弯或冲压而成的型材骨架，或以轻钢为内骨，外套铝合金的骨架支承材料。目前常用龙骨有 T 形铝合金龙骨、金属卡条式龙骨、金属夹嵌式龙骨。

（1）T 形铝合金龙骨顶棚

常用的 T 形龙骨矿棉板顶棚属片材类，具有轻质、防火、吸声、施工快捷、便于管线维修等优点。主次龙骨断面通常为 T 、L 形龙骨（图 16-21），T 形铝合金龙骨配件（图 16-22）及吊顶构造做法见图 16-23。T 形铝合金龙骨多用于不上人顶棚，龙骨多用镀锌钢丝、ϕ4 吊杆与可调节吊挂件悬吊，直接以 T 形铝合金龙骨构成单层网格。如有上人需要，则可另加承载主龙骨，做成上人顶棚。

面板主要有矿棉吸声板、装饰石膏板、珍珠岩吸声板等，常用规格为 600mm×600mm、600mm×1200mm。面板安装方式一般分明架式和暗架式两种，其构造如图16-24所示。

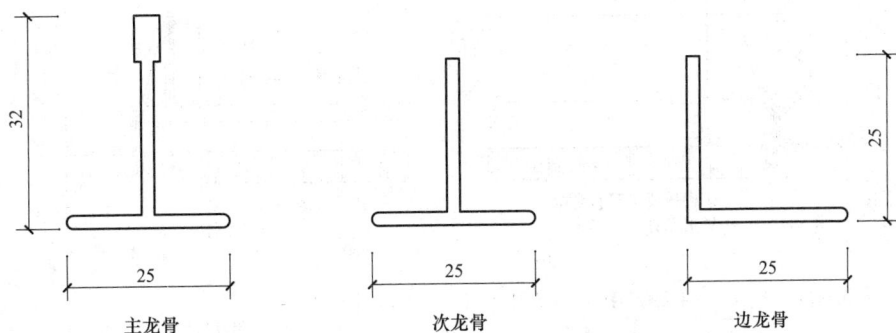

图 16-21 铝合金 T 形龙骨断面形式（mm）

（2）金属条板吊顶棚

金属条板吊顶系采用 Ω 形龙骨，与金属条板配套使用。与 T 形铝合金龙骨相比，安装时无需更多的连接固定件，直接将条形面板卡扣在卡条式龙骨卡脚上。吊杆可直接与 Ω 形龙骨连接形成不上人顶棚骨架，也可增加 U 形龙骨形成上人顶棚骨架。典型金属吊顶构造见图 16-25。

图 16-22　T形铝合金龙骨及配件

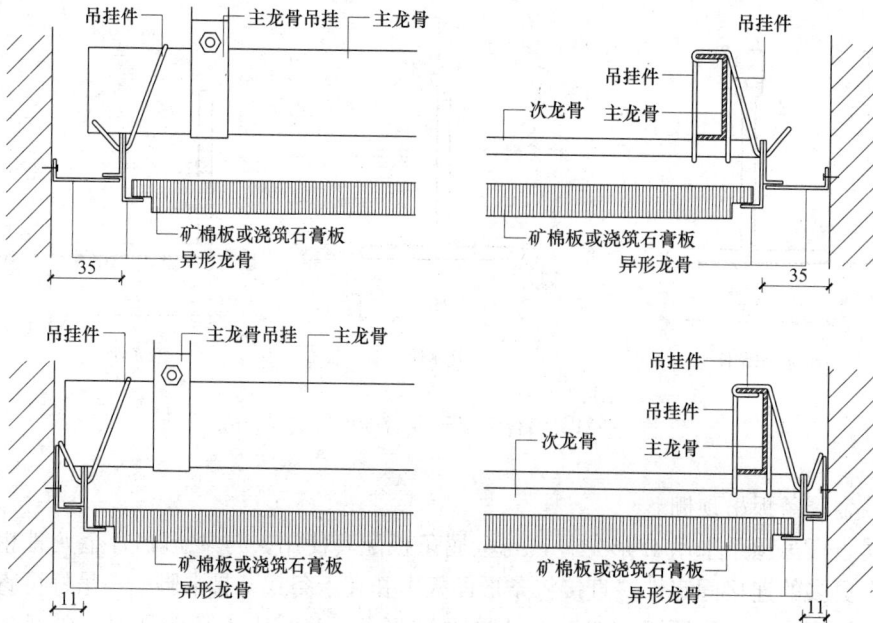

图 16-23　T形铝合金龙骨吊顶构造

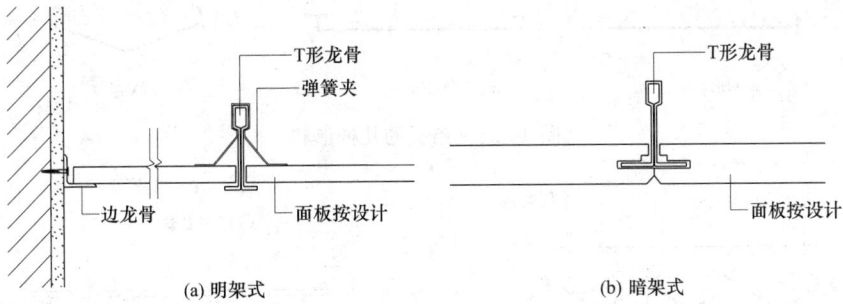

(a) 明架式　　　　　　　　　　　　(b) 暗架式

图 16-24　T 形龙骨与面板安装形式

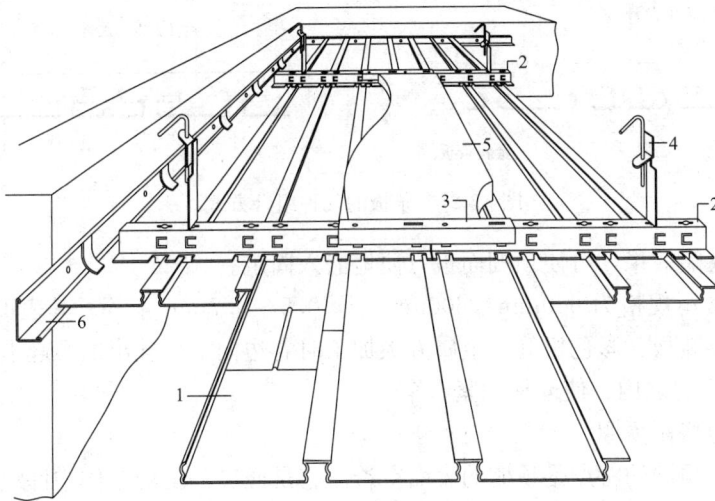

(a) 透视图

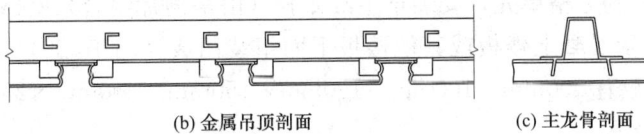

(b) 金属吊顶剖面　　　　　　　(c) 主龙骨剖面

1—条形金属面板；　2—主龙骨；　3—连接龙骨；
4—蝶形挂钩；5—保温材料；6—L形角线(带弹簧压片)

图 16-25　典型金属吊顶构造

　　根据金属条板断面形状及配套材料的不同，装配后的顶棚可以有各式各样的变化效果。面板多呈长条形，根据断面形状主要有 C 形、V 形、F 形三种（图 16-26）。但根据条板之间的板缝处理形式，可将其分为离缝型条板、封闭型条板顶棚和有送风口的条板顶棚，如离缝型条板与条板的间隙内加设配套嵌条后，即成为封闭型条板顶棚（图 16-27）。条形金属面板一般由铝合金或镀锌钢板加工成型，常用宽度规格有 75mm 、150mm、200mm、300mm，厚度一般为 0.5～0.7mm。表面分无孔和有孔两种形式。

　　（3）金属夹嵌式（V 形）龙骨顶棚

　　金属夹嵌式（V 形）龙骨与金属方块板配套使用。夹嵌式龙骨断面呈 V 形，与方块

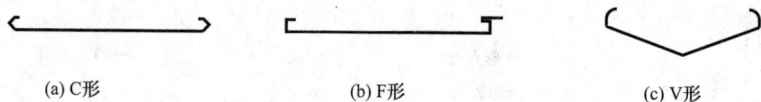

(a) C形　　　　　　　(b) F形　　　　　　　(c) V形

图 16-26　条板的几种形状

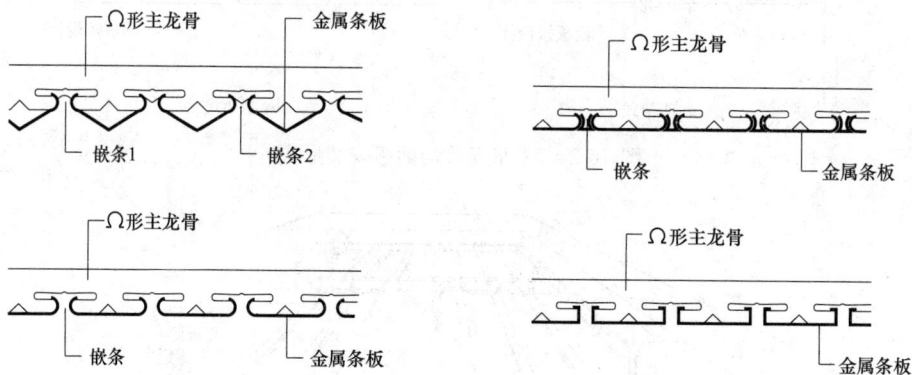

图 16-27　条板的几种组合方式

板结合处形成夹簧效果，可使顶棚面板方便地嵌入固定。

金属方板常用规格为 600mm×600mm，厚 0.5～0.7mm 不等。其表面效果有平板、穿孔板、凹凸浮雕板、彩色板等。金属方板加工时卷边向上，轧出的凸起卡口可以精确地嵌入 V 形龙骨夹缝之内，使面板扣紧卡牢。

（4）铝合金格栅顶棚

铝合金格栅顶棚的特点是顶棚的表面空透。它是通过一定的单体构件组合而成的，可形成一定的韵律感。按其形状可分为方块形、挂片式、圆筒形、藻井式等。

① 方格铝合金格栅顶棚，系以 U 形铝合金格栅片纵横连接组合成 1200mm×600mm 或 600mm×600mm 的方格单元，安装于主次龙骨（由格栅片组合）网格体系上，龙骨用 $\phi 4$ 吊杆及吊挂件吊于混凝土楼板或其他楼板下面组装而成（图 16-28）。格栅片由铝合金制成，方格尺寸一般有 100mm×100mm、150mm×150mm、200mm×200mm、500mm×500mm 等。

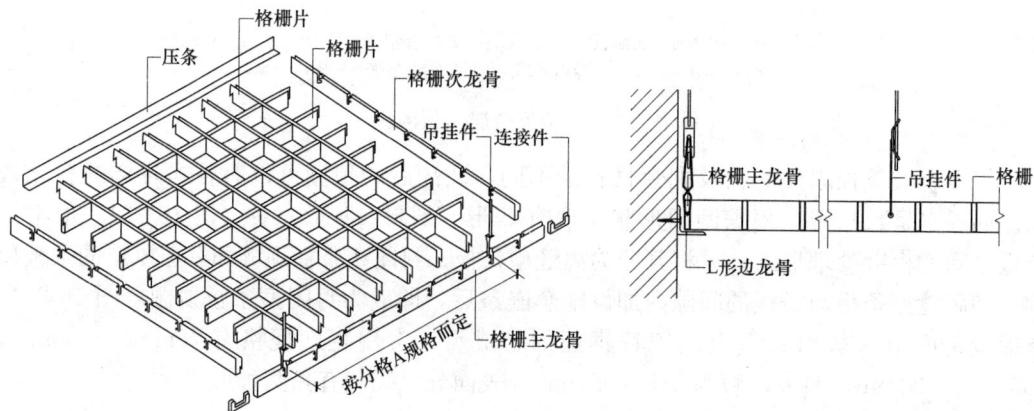

图 16-28　铝合金方块形格栅顶棚基本构造

② 挂片式铝合金格栅类似于卡条式顶棚，龙骨兼备卡具作用，有夹吊铝挂片的卡齿，间距为 100mm、150mm、200mm，常用于风口处。龙骨吊牢后铝挂片垂直顶棚面卡条扣在龙骨上（卡条式顶棚条形面板为水平卡扣），其构造做法见图 16-29。铝质挂片高度有 101mm、200mm 两种。

铝合金格栅顶棚是敞口的，上部空间的设备、管道及结构情况是可见的。通常通过控制灯光向下照射，同时将上部混凝土板及设备管道刷成深色，借以模糊人的视线，突出顶棚的艺术效果。

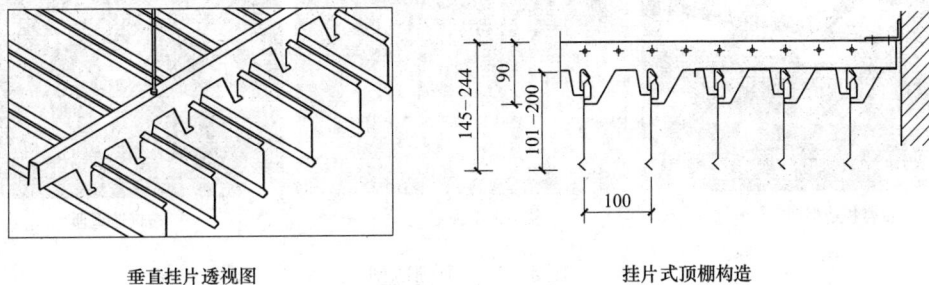

垂直挂片透视图　　　　　挂片式顶棚构造

图 16-29　铝合金挂片式顶棚基本构造

（5）细部构造处理

① 顶棚补强处理

铝合金龙骨顶棚，属于轻型不上人顶棚。对于荷重较大的或需要上人检修的顶棚，采用上人顶棚的处理方式，加设一层吊挂系统满足设备、检修通道等的承重要求。

② 特殊部位的构造

灯具与送风口的处理，应将其作为影响装饰效果的一个因素，从设计上加以解决。对于龙骨兼卡具的轻型铝合金吊顶，较大的灯具等设备一般不宜在普通龙骨上直接悬吊，应直接与上部建筑结构进行固定，或采用加设大龙骨或增强龙骨的方法（图 16-30）。

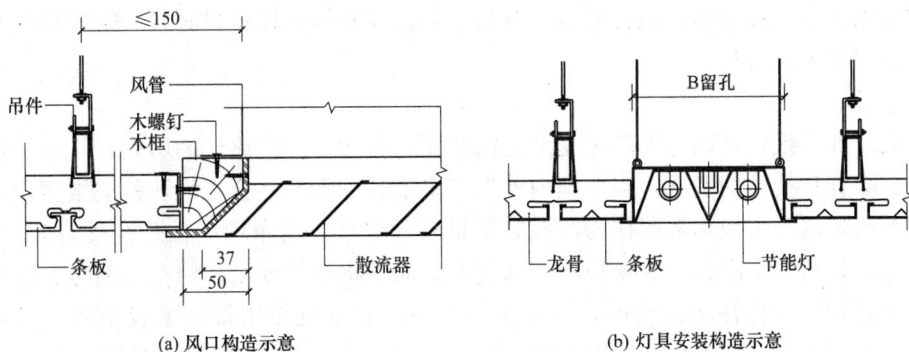

(a) 风口构造示意　　　　　(b) 灯具安装构造示意

图 16-30　金属板顶棚特殊部位构造

③ 关于吸声问题

铝合金龙骨顶棚的多种面层很容易与声学要求相配合，吸声矿棉板本身就具有吸声作用，不同穿孔率的金属板通过在板背面放置吸声材料（岩棉或超细玻璃棉），可以很好地解决吸声问题（图 16-31）。

石膏板造型顶　　　　　　　铝板造型顶　　　　　　　格栅造型顶

图 16-31　顶棚造型

16.3　室内墙面装修构造

16.3.1　墙面装修的类型和基本组成

室内墙面的装饰装修是在建筑物墙、柱面上进行的，包括建筑各个立面及其上的装修构件，立柱、隔断、固定家具等的处理。

墙面装饰材料种类繁多，做法各异，除了上册介绍的涂抹类、贴面类、铺钉类等基本类型外，高级装修中常见的有卷材类和贴板类饰面。

16.3.2　卷材类墙面的分类和构造设计

卷材类饰面包括壁纸、墙布和织物、软包等，为无公害、对室内环境无污染的"绿色"产品，如无毒 PVC 环保墙纸、不含毒素的荧光壁纸、金属壁纸、薄木质墙纸以及纤维织物如无纺布、锦缎等，品种繁多，各具特点。在我们选择材料时，一定要选择不会导致污染的无毒无害材料。

1）壁纸

壁纸，即墙纸，是以各种彩色花纸装饰墙面，在我国已有悠久的历史，具有一定的艺术效果。随着新技术的发展，当今国内外生产出了各种新型复合墙纸，种类繁多，适应性更强。墙布是以纤维织物直接作为墙面装饰材料。壁纸、墙布均应粘贴在具有一定强度，表面平整、光洁、干净、不疏松掉粉的基层上。通常将每种壁纸、墙布的型号、规格、使用性能用各种符号标注予以说明，供选用时参考，其常见使用符号见表 16-2。另外，在粘贴时，对于要求对花的壁纸或墙布，在剪裁尺寸上，其长度需相对墙高放出 100～150mm，以适用对花粘贴的要求。

根据所依附的墙体的不同，构造上略有差别。本节中以常见的抹灰基层（一般采用混合砂浆抹灰）、石膏板墙基层、阻燃型胶合板基层等三类墙体为例，图示说明此类构造设计（图 16-32）。

壁纸使用符号标志   表 16-2

符　　号	代表内容	符　　号	代表内容
⊢	水平对花	↙	底面可分离
⊢○	不需对花	∿	可抹
		≈	可洗
⊣	高低对花	⌇	可擦
⇊⇈	头尾对调	☀	不褪色

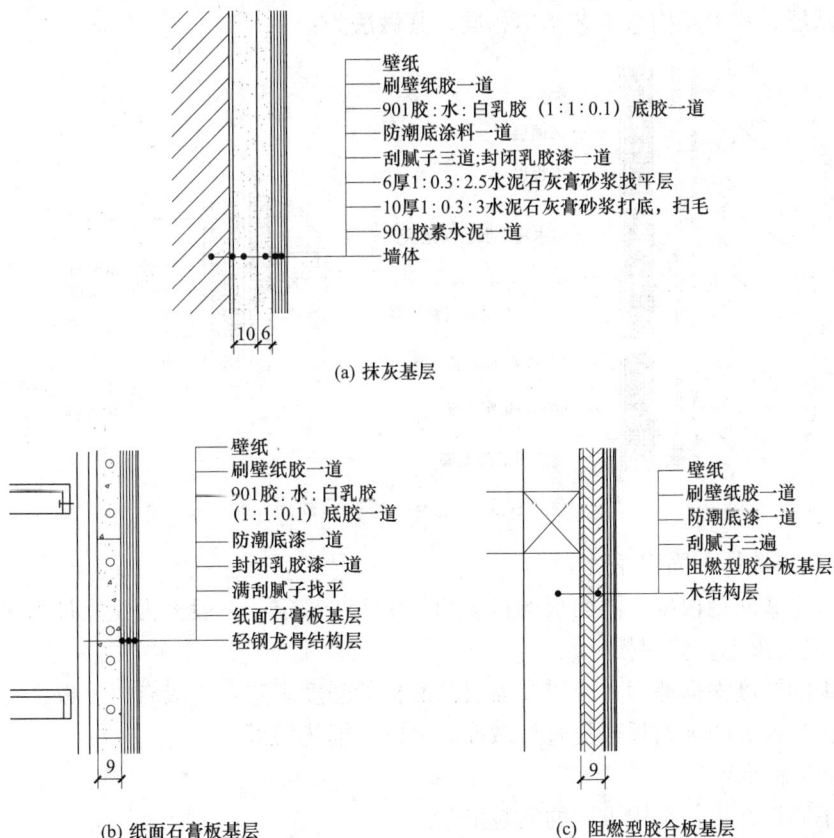

壁纸
刷壁纸胶一道
901胶:水:白乳胶 (1:1:0.1) 底胶一道
防潮底涂料一道
刮腻子三道;封闭乳胶漆一道
6厚1:0.3:2.5水泥石灰膏砂浆找平层
10厚1:0.3:3水泥石灰膏砂浆打底,扫毛
901胶素水泥一道
墙体

(a) 抹灰基层

壁纸
刷壁纸胶一道
901胶:水:白乳胶
(1:1:0.1) 底胶一道
防潮底漆一道
封闭乳胶漆一道
满刮腻子找平
纸面石膏板基层
轻钢龙骨结构层

(b) 纸面石膏板基层

壁纸
刷壁纸胶一道
防潮底漆一道
刮腻子三遍
阻燃型胶合板基层
木结构层

(c) 阻燃型胶合板基层

图 16-32 墙面壁纸构造

　　金属壁纸属于当代室内高档装修材料,是以特种纸为基层,将金属箔或粉压合于基层表面加工而成的壁纸,因而对墙体基层平整度要求较高,一般裱糊在被打底处理过的阻燃胶合板或石膏板上。这样可保证其设计效果 (图 16-33)。

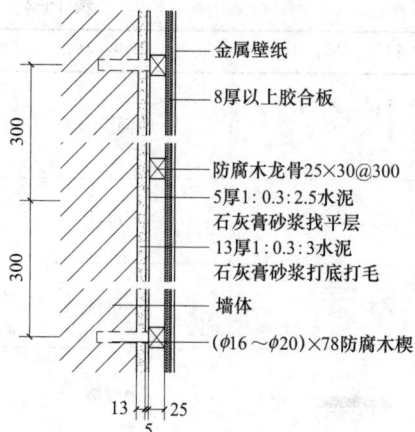

图 16-33　墙面金属壁纸构造

2）织物软包

织物软包墙面属于室内高级装修，它具有吸声、保温、防碰伤等作用，质感舒适，美观大方，一般分为两类；一类是无吸声层软包墙面，如一般会议室、儿童卧室、住宅起居室、娱乐厅等；另一类是有吸声层软包墙面，如会议厅、多功能厅、消声室、影剧院等。

软包墙面的基本构造，基本上可分为底层、隔声层和面层三大部分。

（1）无吸声层软包饰面如图 16-34 所示。

（2）有吸声层软包饰面如图 16-35 所示。

16.3.3　贴板类墙面的分类和构造设计

贴板类饰面是用各类木质板材、金属薄板、玻璃板材以及各种复合板材等通过镶嵌、钉合、拼贴等方法制成的。虽然面层材质各有不同，但是基层、找平层构造工艺基本相同。其做法为：

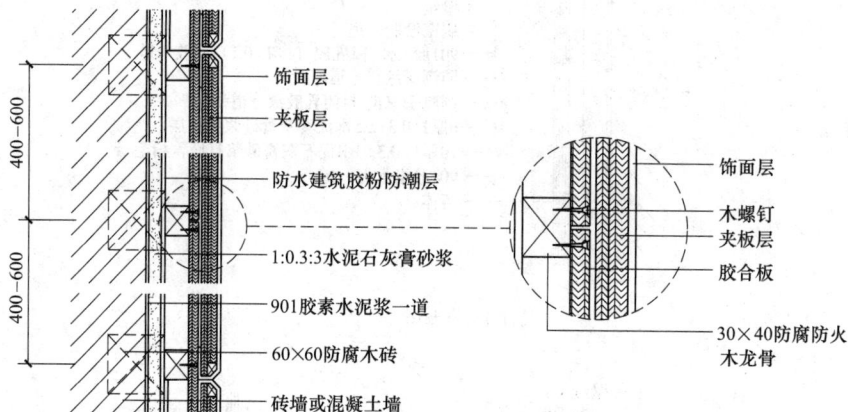

图 16-34　无吸声层软包饰面

1）在建筑墙体上固定龙骨

龙骨大小和间距根据不同面板的自重和分块大小来定。一般分为主龙骨和次龙骨。

2）在龙骨上铺设垫层板

垫层板的厚度根据墙面大小以及面层饰面板的强度来定，一般有木工板、密度板、多层夹板等。强度高的金属板或复合板做饰面可以不铺垫层板。

3）铺装饰面板

根据不同饰面板，采用不同的安装工艺。

（1）木质板材一般采用胶贴或枪钉固定（图 16-36）。

（2）金属薄板一般采用干挂法固定，板与板接缝用胶封填（图 16-37）。

（3）复合板材一般采用胶贴或干挂法（图 16-38）。

（4）玻璃板材一般采用螺钉或镜钉固定，或者用胶结材料粘贴。如玻璃周边可做压条，也可采用嵌压或托压的办法固定（图 16-39）。

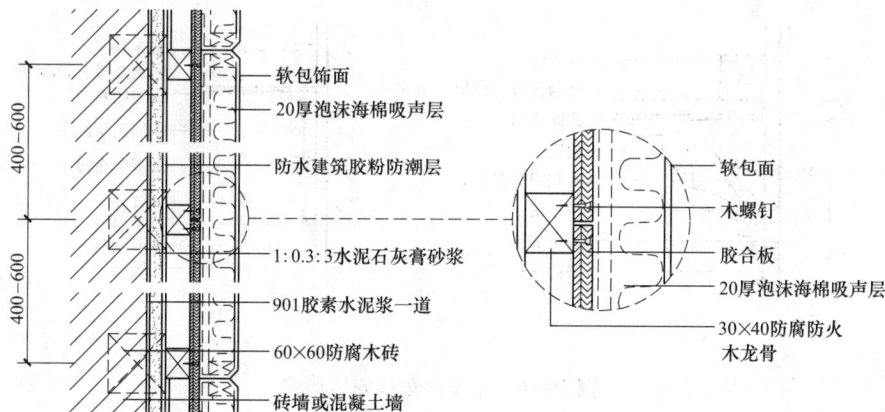

图 16-35　有吸声层软包饰面

16.3.4　特殊部位的构造做法

在室内墙面的装饰中，细部构造的好坏往往直接影响到工程质量和装修美感。常见的基本设计为阴角、阳角、踢脚、门套、窗套和窗帘盒，这里列出它们的一般做法。

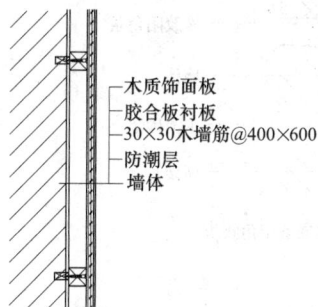

图 16-36　木质板材固定

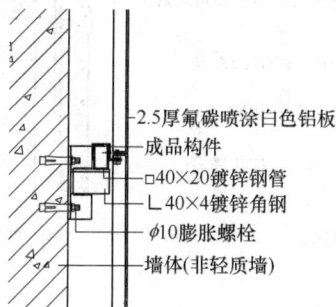

图 16-37　金属薄板固定

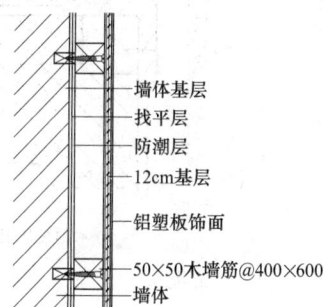

图 16-38　复合板材固定

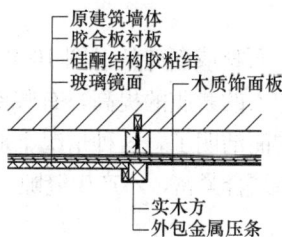

(a) 嵌条固定

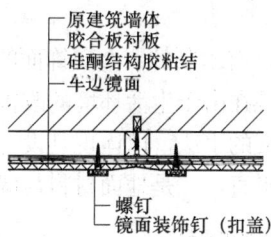

(b) 嵌钉固定

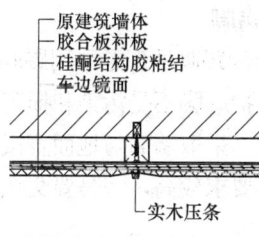

(c) 粘贴固定

图 16-39　玻璃板材固定

1) 阴角

阴角是面与面相交处内凹的部分，一般特指墙与顶棚相交处。由于墙面和顶棚常用不同材料饰面，因此，在交结处需进行处理。在装修中，常用的方法是压阴角线法（图 16-40），阴角线有石膏线、实木线及玻璃钢线。总的来说，阴角作为墙顶交界处，其位置是值得重视的。

2) 阳角

面与面相交，凸出的部位即为阳角。阳角处于凸位，因此易受到撞击和碰伤，所以近

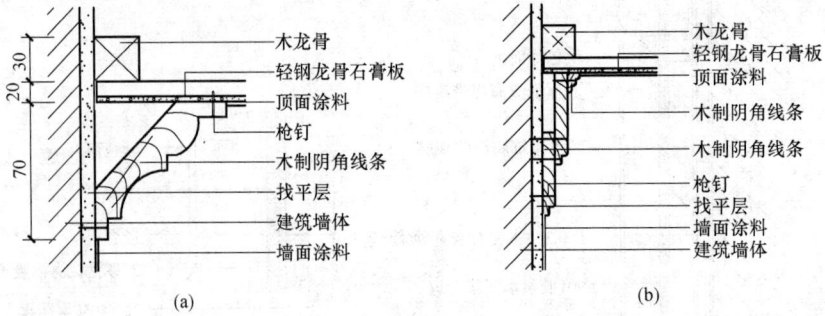

图 16-40　常见阴角线安装形式

年来，阳角保护在装修中越来越被重视。在特殊场合，如医院、幼儿园、儿童房等地，还需注意阳角的伤害性。一般来说，保护阳角可采用木制阳角条（图 16-41a）、成品橡胶条（图 16-41b）或金属护角条来处理。

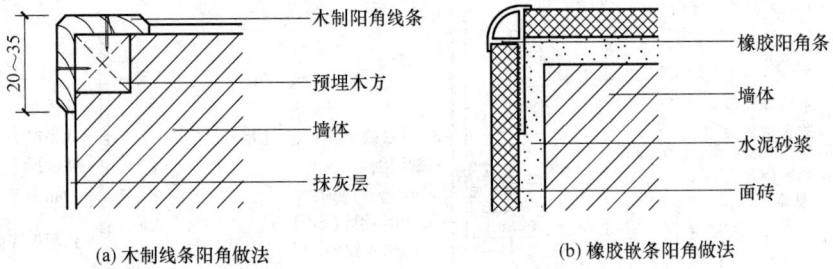

(a) 木制线条阳角做法　　　　(b) 橡胶嵌条阳角做法

图 16-41　阳角做法

　　3）踢脚

　　传统的踢脚处理是采用踢脚线，有木制的、金属饰面的、石材或面砖的（图 16-42），目的主要是保护墙脚不受污染和损害，现在由于生活环境的改善和人的素质的提高，有些室内空间无踢脚线，采取墙面与地面直接相交的手法，以体现其设计的简洁明了，这种情况下对施工及保洁工作要求较高，一是要交接线平直，二是地面材料与墙面结合紧密，不产生缝隙。

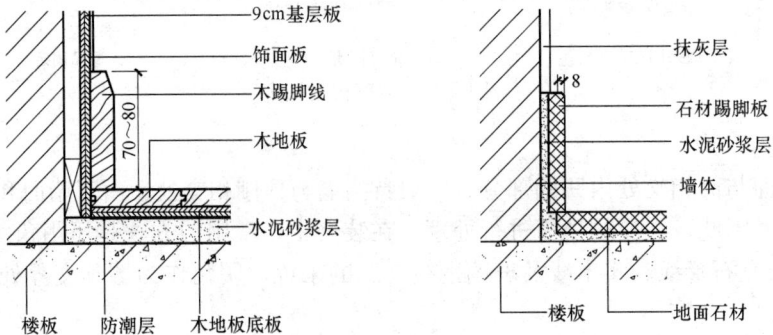

图 16-42　踢脚做法实例

4）墙体变形缝

内墙变形缝按所处位置分为平墙变形缝、阴角变形缝和门洞变形缝三种，常用做法如图 16-43 所示。

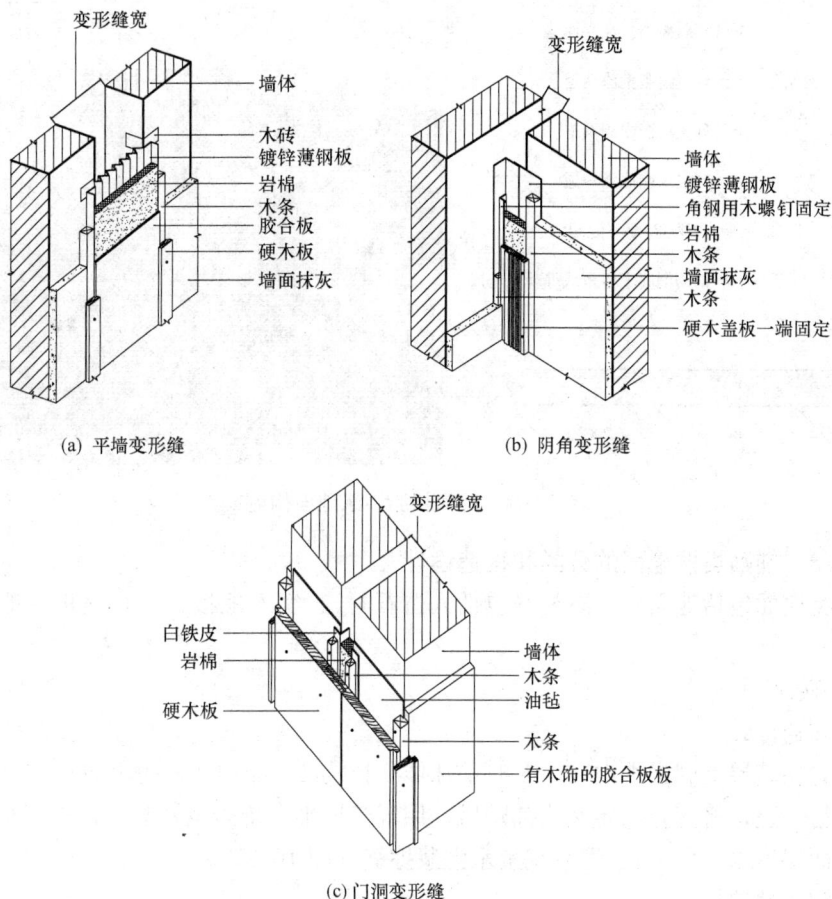

(a) 平墙变形缝

(b) 阴角变形缝

(c) 门洞变形缝

图 16-43 变形缝

16.4 室内楼地面装修构造

16.4.1 楼地面装修的类型和基本组成

室内楼地面装饰系指建筑底层地面和楼层地面的装饰。楼地面的基本装饰构造分为建筑结构层、中间基层和饰面层三个部分。建筑结构层一般指建筑已完成的夯土面或楼板面。中间基层主要是垫层、找平层、防水防潮层、填充层、结合层等，根据不同的建筑条件和饰面层用材，中间层的内容可以作相应调整。饰面层应满足耐用、防滑、节能、耐污染等要求以及装饰效果。楼地面装饰根据施工工艺可分为整体类、铺贴类、特殊地面三类。

16.4.2 整体类地面的分类和构造设计

整体地面采用无缝式施工，目前常用的是涂布地面。主要是用合成树脂代替水泥或部分代替水泥，再加入填料、颜料等混合调制而成的胶浆材料，在现场涂抹施工，硬化以后形成的整体无接缝地面。突出特点是易于施工，无接缝，整体性好，易于清洁，有良好的物理力学性能和更新方便，价格便宜等。整体地面用于一般的公共场所、工业用房等。常用的有环氧树脂涂布地面、聚醋酸乙烯乳液塑化地面、聚氨酯涂布地面、水泥固化剂地面等（图 16-44）。

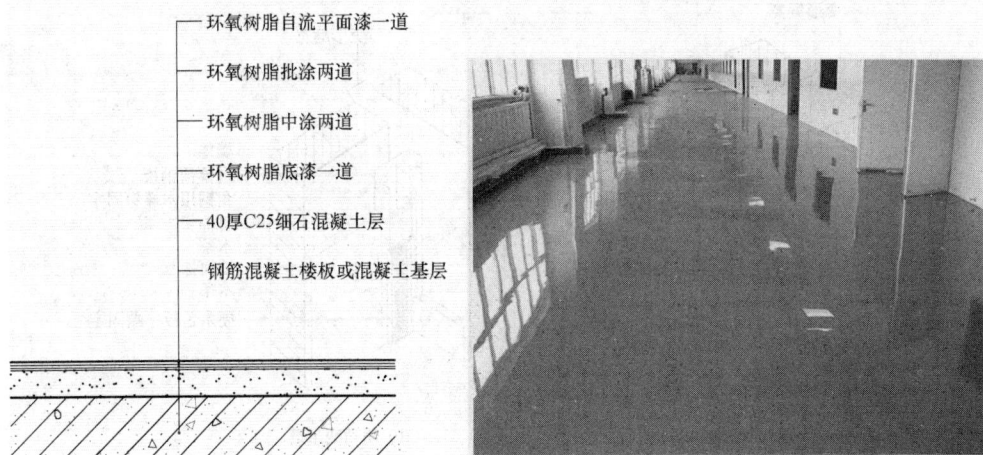

图 16-44　环氧树脂砂浆地面构造

16.4.3　铺贴类楼地面的分类和构造设计

铺贴类地面包括地面砖、石材（包括人造石材）、实木地板、复合地板、地毯等材料的地面。

1）锦砖地面

（1）陶瓷锦砖

一般先在基层上刷素水泥浆后及时铺抹体积比为 1：4～1：3 的水泥砂浆结合层，然后撒水泥粉一道，将陶瓷锦砖逐张铺贴后，用辊筒压平。待砂浆初凝后，洗去牛皮纸，用草酸清洗面层后以 1：1 白水泥浆或素水泥浆擦缝（图 16-45）。

（2）陶瓷地砖

陶瓷地砖（又称地面砖）表面致密光滑，质地坚硬，耐磨，耐酸碱，防水性好，抗折性能强，质感生动，色彩艳丽，目前有普通陶瓷地砖、全瓷地砖、玻化地砖等类型。陶瓷地砖的基本构造见图 16-46。

2）石材地面

石材地面有花岗石、大理石、人造石、碎拼大理石等几类。天然大理石有美丽的天然纹理，表面硬度不大，化学稳定性和大气稳定性较差，一般用于室内；天然花岗石硬度高，耐磨、耐压、耐腐蚀，适用于室内外地面；人造石花纹图案可以人为控制，花色可以模仿大理石、花岗石，抗污力、耐久性及可加工性均优于天然石材；碎拼大理石是以各种花色的高级大理石边角料，经挑选分类，稍加整形后有规则或无规则地拼接铺贴于地面之上，具有美观大方、经济实用等优点。

石材地面的基本构造：先在混凝土基层表面刷素水泥浆一道，随即铺 15～20mm 厚 1：3 干硬性水泥砂浆找平层，然后按定位线铺石材，待干硬后再用白水泥稠浆或填缝剂嵌实，面层用干布擦拭干净（图 16-47）。

薄板石材地面：薄板石材一般加工成 300mm×300mm、400mm×400mm，厚 10mm

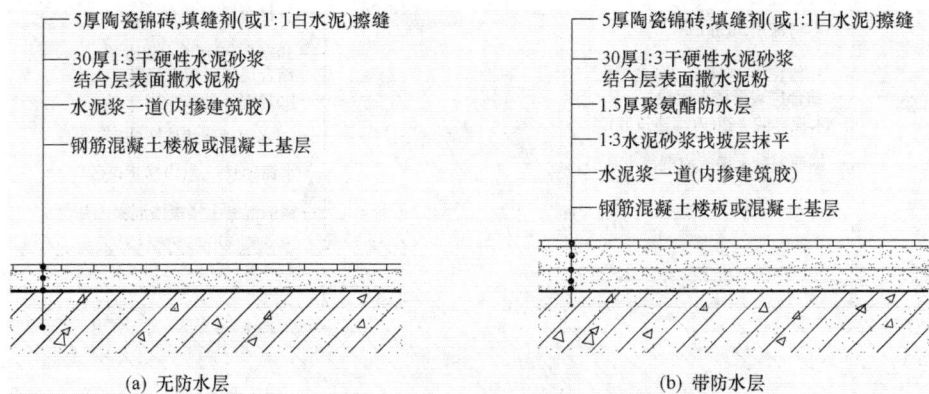

- 5厚陶瓷锦砖,填缝剂(或1:1白水泥)擦缝
- 30厚1:3干硬性水泥砂浆结合层表面撒水泥粉
- 水泥浆一道(内掺建筑胶)
- 钢筋混凝土楼板或混凝土基层

(a) 无防水层

- 5厚陶瓷锦砖,填缝剂(或1:1白水泥)擦缝
- 30厚1:3干硬性水泥砂浆结合层表面撒水泥粉
- 1.5厚聚氨酯防水层
- 1:3水泥砂浆找坡层抹平
- 水泥浆一道(内掺建筑胶)
- 钢筋混凝土楼板或混凝土基层

(b) 带防水层

图 16-45　陶瓷锦砖地面构造

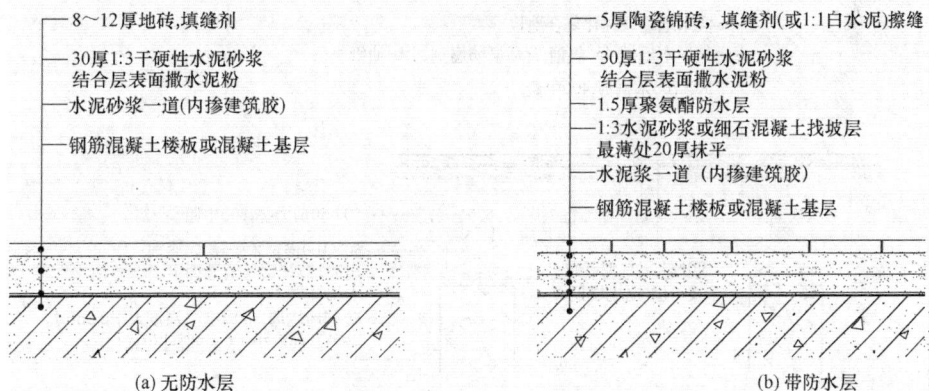

- 8~12厚地砖,填缝剂
- 30厚1:3干硬性水泥砂浆结合层表面撒水泥粉
- 水泥砂浆一道(内掺建筑胶)
- 钢筋混凝土楼板或混凝土基层

(a) 无防水层

- 5厚陶瓷锦砖,填缝剂(或1:1白水泥)擦缝
- 30厚1:3干硬性水泥砂浆结合层表面撒水泥粉
- 1.5厚聚氨酯防水层
- 1:3水泥砂浆或细石混凝土找坡层最薄处20厚抹平
- 水泥浆一道(内掺建筑胶)
- 钢筋混凝土楼板或混凝土基层

(b) 带防水层

图 16-46　陶瓷地砖地面构造

左右,其构造做法同地面砖。

3）木地板地面

木地板地面是一种传统的地面装饰,具有自重轻、保温性能好、有弹性以及易于加工等优点,为中高档地面装修之一。

（1）木地面的基本类型

按面层使用材料的不同,木地面可分为实木地板、强化复合地板、软木地板和竹材地板等。

按构造形式可分为架空式和实铺式两种。架空式木地面就是有龙骨架空的木地板地面;实铺式木地面是将面层地板直接浮搁、胶粘于地面结构层之上。

（2）木质地面的基本构造

① 架空式木地面构造

根据基层标高与设计标高之间的差值,选择图 16-48 所示的两种构造形式。其中图 16-48（a）一般用于有较大的标高变化（如会场主席台、舞台等）的地面。图 16-48（b）和图 16-48（c）目前应用比较广泛,其构造如下：

a. 木龙骨的安装：将梯形或矩形截面的木龙骨（又称木格栅）铺于钢筋混凝土楼板或混凝土垫层上,间距一般为 300~400mm。在木龙骨之间,为增强整体性,应设横撑,间距为 800~1200mm。木龙骨与基层应有牢固的连接,可通过在找平层中预埋镀锌钢丝、

(a) 无防水层　　　　　　　　　　　　　(b) 带防水层

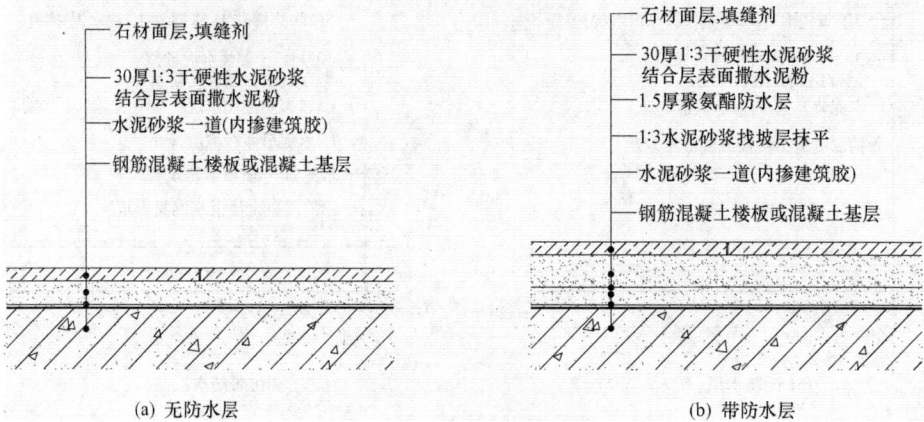

图 16-47　石材地面构造

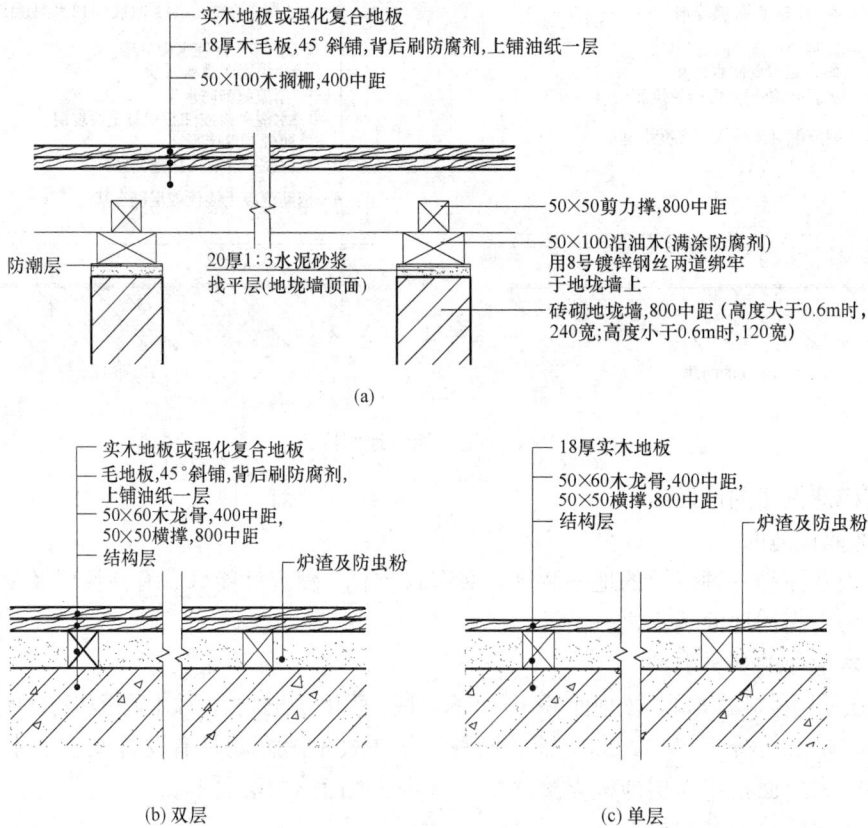

(a)

(b) 双层　　　　　　　　　　　　　(c) 单层

图 16-48　架空式木地面构造

细钢筋或螺栓进行固定，固定点间距不大于 600mm。为使木龙骨达到设计标高，必要时可以在龙骨下加垫块，方法如图 16-49 所示。

为了改善保温、隔声等效果，可在龙骨之间填充轻质材料，如干焦渣、矿棉毡、石灰炉渣等。为防虫害，须加铺防虫剂等。

木地板拼缝一般有企口缝、截口缝、压口缝等（图 16-50）。

b. 面板有实木板和复合板两类。实木板以硬质杂木为主，常见的有樱桃木、柳桉、水曲柳、柞木等。实木板面层的固定方式主要是钉接固定，可分为单层铺钉和双层铺钉两种。单层钉接式，是将面层板条直接钉在木龙骨之上；而双层钉接式，是先将毛地板与龙骨以 30°或 45°铺钉在木龙骨上，然后再以 45°将面板铺钉在毛板上。毛板采用普通木板，如松木、杉木等。面板铺钉采用暗钉法（不宜明钉，图 16-51），钉子以 45°或 60°钉入，可使接缝进一步靠紧，并增强了地板的坚固程度，防止使用时钉子向上翘起。

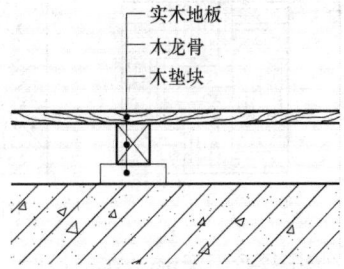

实木地板
木龙骨
木垫块

图 16-49 架空木地面垫块构造

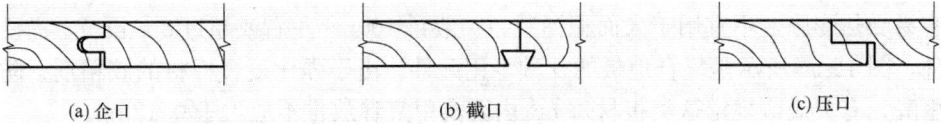

(a) 企口　　　　　　　(b) 截口　　　　　　　(c) 压口

图 16-50 木地板的拼缝形式

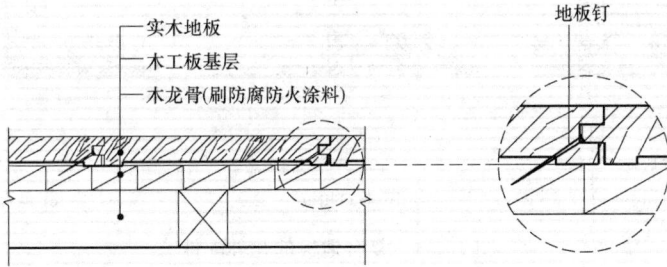

实木地板
木工板基层
木龙骨(刷防腐防火涂料)

地板钉

图 16-51 企口暗钉固定

除复合地板、免漆免刨实木地板外，普通木地板面板铺装后，一般需经刨平、磨光、油漆三道加工工序。但对于某些不希望过滑的地面（如演出舞台地面），则不必上油漆，只需打蜡保护。

② 实铺式木地板构造

实铺式木地板无龙骨（图 16-52），可分为拼花地板和复合地板两种。

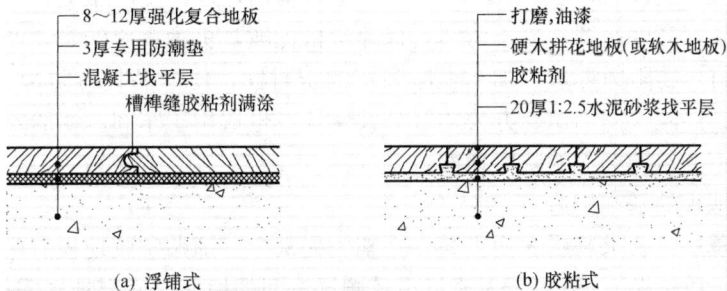

8~12厚强化复合地板
3厚专用防潮垫
混凝土找平层
槽榫缝胶粘剂满涂

打磨,油漆
硬木拼花地板(或软木地板)
胶粘剂
20厚1:2.5水泥砂浆找平层

(a) 浮铺式　　　　　　　(b) 胶粘式

图 16-52 实铺式木地板

实木拼花地板采用厚 18~20mm，宽 30mm、40mm、50mm，长 300mm 的条木，用防水防菌地板胶粘贴。由于条木长度较短，可拼出各种花纹（图 16-53），也称拼花地板。

复合板采用强化复合板，是以硬质纤维板，中、高密度纤维板或刨花板为基材的高度耐磨面层、装饰层以及防潮层复合而成的企口板材，一般厚 8mm，宽 80~200mm。复合

图 16-53　实木拼花地板的几种形式

木地板多采用浮铺。在铺设时，常在基层找平层的基础上，先铺一层聚乙烯泡沫塑料垫，以增加弹性。对有防潮、防静电要求的，还可在垫层上贴一层铝箔纸。复合地板采用浮铺式很容易受热膨胀，不宜用于大面积铺装，一般每 $100m^2$ 左右或超过 8m 长度，需要用过渡扣件，图 16-54 所示是复合地板的几种专用配件。由于强化复合板材的胶粘剂、防腐剂含有甲醛，有关规范规定这类板材每 m^3 内游离甲醛释放量不应大于 0.12mg。

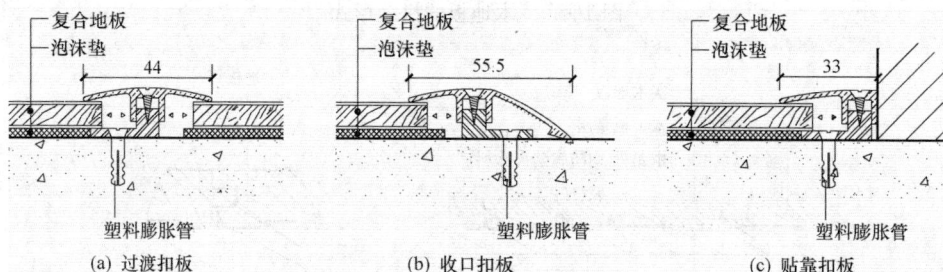

图 16-54　复合地板的几种配件

③ 与墙面接口处理

地板与墙面之间应留 8～10 mm 的缝隙，利用墙面踢脚线盖缝处理，参见墙面装修有关构造处理。常用方法是同质木材的踢脚板收边。

4）塑胶地板

（1）塑胶地板的性能及应用

塑胶地板，其底层由高密度发泡 PVC 层组成，表层具有防火性支架，以极耐磨的透明 PVC 覆盖，加之表面层经过聚氨酯（PU）涂布特别处理，使产品富有弹性，行走舒适且吸声性能明显，高度耐磨，易于清洁，保养价格低廉，更为重要的是，产品在生产的整体过程中均进行生物阻力处理，加上表层独特的密封性，使产品具有防菌、抗菌的特性，适用于展览馆、医院、图书馆、办公楼等公共建筑，也适用于车间、实验室的绝缘地面以及游泳馆、浴室、运动场等的防滑地面。

（2）塑胶地板的基本构造

塑胶地板基层，要求基层表面干燥、平整、无灰尘。铺贴塑胶地板有两种方式：一种是直接干铺（无胶铺贴），适用于人流量小及潮湿房间的地面（底层地坪需做防潮层）。大面积铺贴塑料卷材要求定位裁切、足尺铺贴。另一种方式是胶粘铺贴，采用胶粘剂与基层固定，胶粘剂应根据地面材料的种类、基层的情况等因素来选择。铺贴后，应以橡胶辊筒辊压，压去气泡，使表层平整、挺括，最后清理、打蜡、保养。图 16-55 所示为塑胶地面构造。软质塑胶地板需经过坡口下料和焊缝（拼缝焊接）两个工序连成一个整体（即无缝塑胶地板）（图 16-56）。

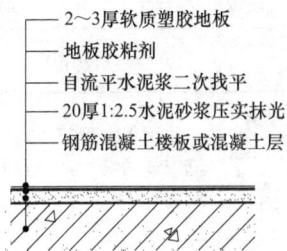

图 16-55 塑胶地板构造

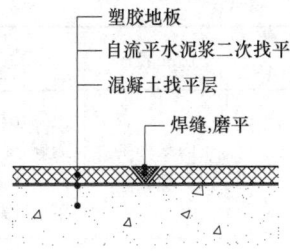

图 16-56 塑胶地板焊缝示意

5）地毯地面

地毯铺地装修，安全舒适、隔热保温、隔声、美观，适用于中高档建筑楼地面装修。

（1）地毯的种类与选用

地毯根据面层用料可分为纯毛地毯（羊毛地毯）和化纤地毯两大类。化纤地毯有纯化纤地毯和化纤混纺地毯（表 16-3），根据编织方法可分为机织和手工两大类，高级室内地面装饰常用机织地毯；按结构又可分为圈绒、割绒等不同的编织结构。

地毯由于所用的材料不同，其性能特点也不相同，选择使用时应从材质、编织结构、地毯的厚度、衬底的形式、面层纤维的密度、毛长以及性能等多方面综合考虑。地毯的断面形状见图 16-57。

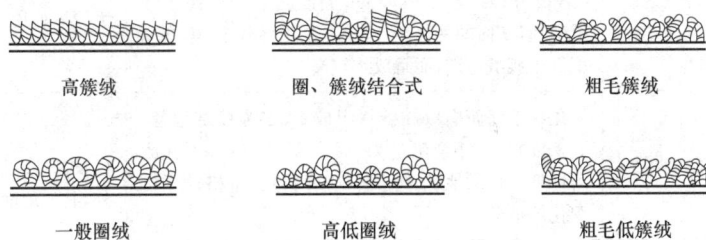

高簇绒   圈、簇绒结合式   粗毛簇绒

一般圈绒   高低圈绒   粗毛低簇绒

图 16-57 地毯的断面形状图

（2）地毯铺设构造

① 地毯的铺设可分为满铺与局部铺设两种，铺设方式有固定与不固定两种。

地毯产品品种、性能特点及适用范围   表 16-3

总称	分类根据	产品名称	说明及特点	适用范围
羊毛地毯	根据加工工艺分类	手工羊毛地毯	手工羊毛地毯是我国传统手工艺品之一，历史悠久，驰名中外，图案优美，色泽鲜艳，质地厚实，柔软美观，缺点是耐磨性较化纤地毯差，价格较高，易藏污纳垢，不防火阻燃，不易清洗	适用于舞台、会堂、住宅、客房以及人流较少处的建筑铺地装修
		机织羊毛地毯	机织羊毛地毯以纯羊毛经加工，以不同编织方式机织而成，花色有北京式、彩花式、东方式、风景式、素色式、古典图案式等，具有花色多样、质地厚实、柔软美观、价格较手工羊毛地毯低等特点，缺点同上，但较手工羊毛地毯耐磨	适用于会堂、艺术厅、展览厅、宾馆、住宅以及有艺术铺地装修要求的公共民用建筑，但不适用于人流众多之处

总称	分类根据	产品名称	说明及特点	适用范围
化纤地毯	根据地毯面层用料分类	丙纶纤维地毯	丙纶纤维地毯由簇绒工艺加工而成,具有耐磨、耐碱、耐湿性较羊毛地毯好,耐燃性较好等特点,缺点是手感略硬,回弹性及防静电性均较差,在阳光下老化较快等	适用于走廊、过道及其他人流较多的场所,不适用于室外及有防静电要求的地面等处
		腈纶纤维地毯	腈纶纤维地毯简称腈纶地毯,系以腈纶纤维通过机织或簇绒工艺加工而成,除抗静电性及染色优于丙纶地毯外,其他同丙纶地毯	基本同上,商场、厅堂、宾馆、起居室、会议室等亦可使用
		尼龙纤维地毯	尼龙纤维地毯简称尼龙地毯,系以合成纤维通过机织或簇绒工艺加工而成。手感柔和,极似羊毛,耐磨而富有弹性,不怕日晒、不易老化,耐腐、耐菌、耐虫蛀性能均优于其他化纤地毯,抗静电性好,且易于清洗,缺点是价格较贵,高于其他化纤地毯	适用于会堂、艺术厅、展览厅、宾馆、办公、住宅等较为高级的场所
	根据地毯面层纺织工艺分类	机织地毯	化纤地毯面层的纺织工艺,在我国目前只有两种,一种是机织法,一种是簇绒法。以机织法制成的地毯名为机织地毯,纤维用量为 1.4～1.6kg/m²,甚至 1.9kg/m²,因此其耐磨性高于簇绒地毯,毯面的平整性好,缺点是工序较多,编织速度低于簇绒地毯,而且成本较高	多用于商场、影剧院、宾馆等人流量较大的场所,因此被称为商用地毯
		簇绒地毯	化纤地毯面层以簇绒法制成者,名为簇绒地毯,其密度较小,纤维用量为 0.8～1.2kg/m²,因此耐磨性低于机织地毯,但加工速度较快,价格低于机织化纤地毯	除商场、影剧院、通廊、楼梯以及其他人流较多之处不适用外,其他地面均可使用
	根据地毯面层的形状分类	圈绒地毯(又名毛圈地毯)	圈绒化纤地毯面层纤维呈毛圈形状,虽提高了耐磨性能,但弹性较差,脚感较硬,足下缺乏舒适感	适用于过道、厅堂、通廊、楼梯以及其他人流较多之处,不适用室外,其他地面均可使用
		切绒地毯(又名割绒地毯、剪绒地毯)	切绒化纤地毯面层纤维呈绒毛状,弹性较好,脚感舒适,柔软,但耐磨性较圈绒化纤地毯差	适用于卧室、办公室、客房、书房、会议厅以及其他人流较少的场所

a. 不固定铺设

将地毯铺设在基层上,不需要将地毯同基层固定,此铺设方法简单,更换容易,适用于一般性装饰和临时性装饰。

b. 固定式铺设

固定式铺设有两种方式,一种是用倒刺条固定,另一种是用胶粘剂固定。如果采用倒刺条固定,一般在地毯的周边下面钉以倒刺条,加设一层垫层。垫层一般采用波纹状或泡状海绵胶垫,波纹垫一般是泡沫塑料,厚度在 10～20mm 左右,加设垫层,增强了地面的柔软性、弹性和防潮性,并使地毯更易于铺设。

整体式地毯用倒刺条固定,倒刺条一般采用条形五夹板,在上面平行钉两行专用钉即可,钉子按同一方向与板面成 75°角,倒刺条详见图 16-58。另一种常用的是铝合金倒刺收边条，这种收边条既可用于固定地毯，也可用于两种不同材质的地面有相接的部位，或是在室内地面有高差的部位起收口作用，成品铝合金挂毯条及其他配件详见图 16-59。倒刺条的固定，通常是沿墙的四周边缘、地毯的接缝及地面高低转折处，以间距 400mm 顺长布置。采用合金钢钉将挂毯条固定在水泥地面上。踢脚线与倒刺条的固定与地毯、地毯垫层的关系见图 16-60。

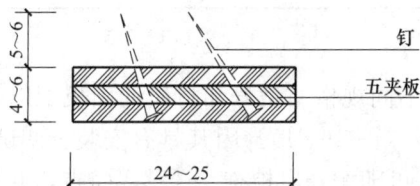

(a) 铝合金端头压条   (b) 铝合金接缝压条

(c) 铝合金门槛压条   (d) 铝合金门槛压条

图 16-58 倒刺板断面示意图   图 16-59 铝合金挂毯条示意图

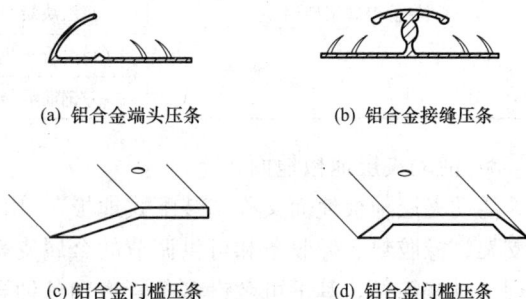

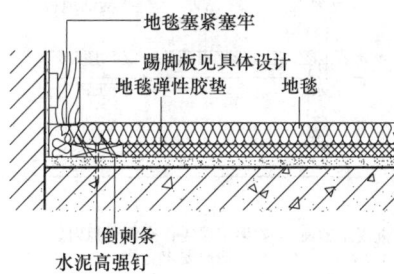

(a) 地毯沿墙压边构造   (b) 地毯收口构造

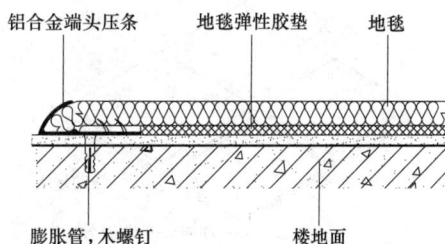

图 16-60 地毯构造图

当采用胶粘剂固定时，地毯一般要具有较密实的基底层，常见的基底层是在绒毛的底部粘上一层厚 2mm 左右的胶，可采用橡胶、塑胶或泡沫胶层，此种固定方式宜用于 600mm×600mm 的地毯（一般称为块毯）。

16.4.4 特殊地面构造

1）防射线地面

在装饰医院和医疗中心的放射室、测试中心的同位素室及有关理化实验室时，均应考虑设置防射线地面，以减少或杜绝放射性物质对人体的危害。面层材料选择以易清洗、易更换为原则，一般采用两种地面材料：一是环氧树脂及聚酯胶地面，这种地面封闭性好，防射线能力较强，一旦被污染，可立即清洗或替换；另一种是塑胶卷材地面，铺设塑胶薄卷材，接缝用塑料焊条焊接封闭，如被污染，可从焊接处拆除，并重新铺塑料薄板或卷材，再焊接处理。

2）导静电地面

在使用可燃性瓦斯、溶剂的工厂和医疗卫生机构的手术室、纺织工厂、制粉工厂，为防止静电产生各种各样的事故及效率降低等问题，往往采用导静电地面。将乙炔经特殊处理成乙炔炭黑，将炭黑掺加在塑胶 PVC 地块、水磨石、砂浆、瓷砖等材料中制成导静电地面。一般有 PVC 防静电地板；瓷砖导静电地面、水磨石导静电地面、金属网导静电砂浆地面等。表 16-4 所示为导静电砂浆地面的基本构造。

<table>
<tr><td colspan="2">导静电地面构</td><td>表 16-4</td></tr>
<tr><td rowspan="5">导静电砂浆地面</td><td colspan="2">(1)加入铁粉的砂浆，压光抹平</td></tr>
<tr><td colspan="2">(2)满铺 40～110mm 网眼的镀锌金属网、铜丝网</td></tr>
<tr><td colspan="2">(3)乙炔炭黑砂浆</td></tr>
<tr><td colspan="2">(4)混凝土找平层</td></tr>
<tr><td colspan="2">(5)钢筋混凝土楼板</td></tr>
</table>

3）活动夹层地板地面

活动夹层地板地面又称"装配式地板"，由各种不同规格、型号和材质的面板配以金属支架、橡胶垫、橡胶条和可供调节的金属支架组成（图 16-61），因其具有安装、调试、清理、维修简便，其下可敷设多条管道和各种导线并可随意开启检查、迁移等特点，并且有独特的防静电、防辐射等功能，广泛用于计算机房、医院等建筑。

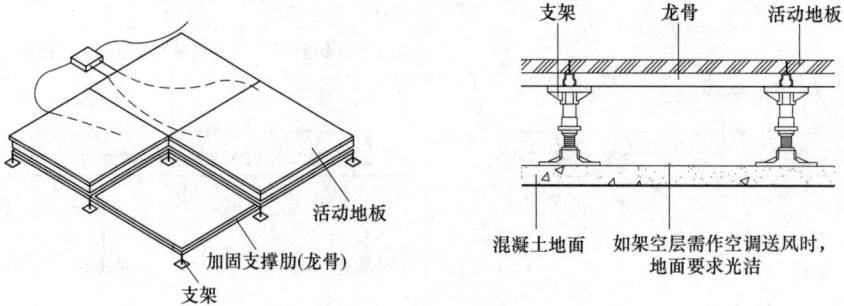

图 16-61　活动夹层地板的组成

活动夹层地板构造简单，尺寸有 475mm×475mm、600mm×600mm、762mm×762mm。支架有拆装式、固定式、卡锁格栅式和刚性龙骨支架 4 种（图 16-62）。活动夹层地板安装一般与其他地面保持一致的标高或在室内保持一定的过渡空间。

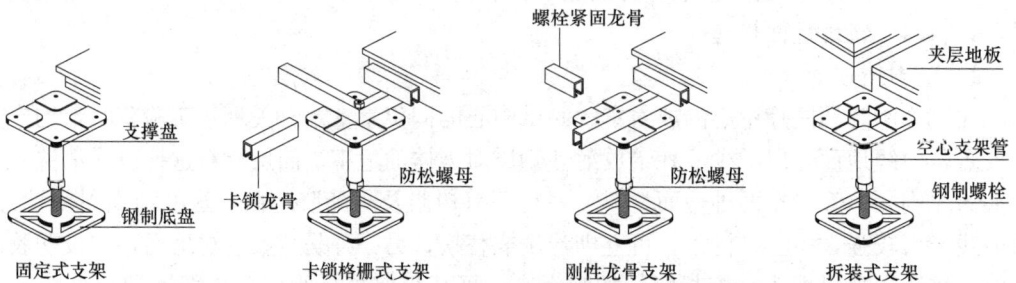

图 16-62　活动夹层地板支架的形式

4）透光地面

透光地面是适应特种演出功能、舞厅的舞台、舞池、科技馆、演播厅和歌舞剧院及大型高档建筑局部地面的特种要求而产生的一种地面形式，它主要是采用透光材料使地面架空，让变幻光线由架空地面内部向外透射（图 16-65），以达到演出需要的光效果。其构造包括架空支承结构、格栅、面层等几个部分，其中面层透光材料有安全玻璃、幻影玻璃地砖、镭射钢化玻璃等，架空支承结构一般有混凝土支墩、钢结构支架等。格栅采用型钢、T 形铝型材作为固定和承托层，架空层内应考虑电气布线、通风和进行降温消防技术处理，以保证安全。

5）弹簧地面

弹簧地面主要用于电话间和其他一些特殊场所地面，是由弹簧支承的整体式骨架地面。弹簧木地面具有很好的弹性，常与电子开关连用，具有智能化的特点。图 16-63 为某电话间弹簧木地面构造。

6）康体场馆工程地面

康体场馆工程地面主要指体育、康体休闲等场所使用的地面，一般为两层，底层地板常用面积较大的胶合板或木工板，面层则按功能需求铺设适合场馆功能的条形或拼合式的面层板。地面要求具有良好的防滑性、耐磨性、抗震性和耐久性。

16.4.5　楼地面不同材质的过渡构造设计

楼地面不同材质之间的交接，需注意材质特性及各自构造厚度之间的相互影响、视觉上的过渡和施工工艺上的衔接。构造设计上可采用坚固材料如硬木、金属条、石材等做衔接处理，避免产生起翘或不齐现象。常见的做法见图 16-64。

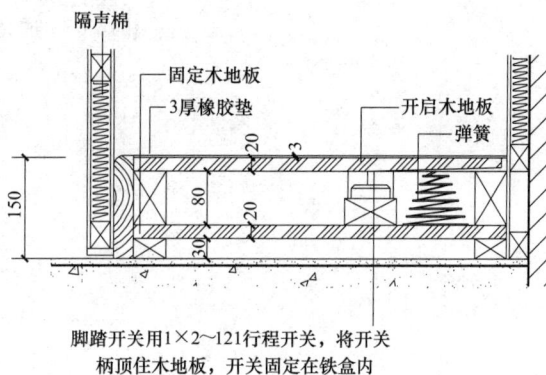

图 16-63　弹簧木地面构造图

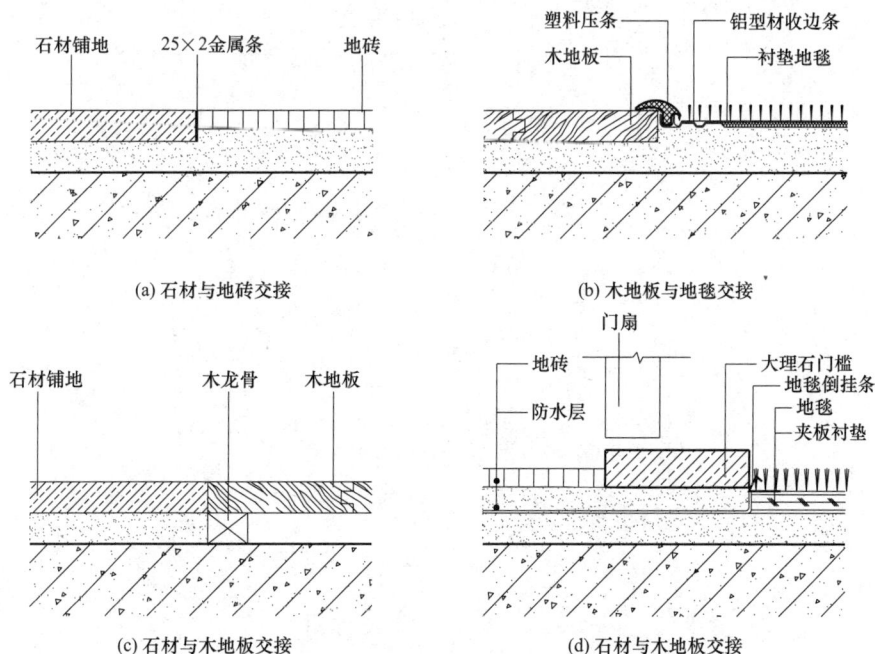

(a) 石材与地砖交接

(b) 木地板与地毯交接

(c) 石材与木地板交接

(d) 石材与木地板交接

图 16-64　楼地面不同材质的过渡构造设计

石材地面

透光地面

图 16-65　透光地面

第 17 章　建筑幕墙构造

17.1　概　　述

17.1.1　幕墙的概念

建筑幕墙是由面板与支承结构组成的，相对于主体结构有一定位移能力的，除向主体结构传递自身所受荷载外不承担主体结构任何重量的建筑外围护体系。

在这个建筑外围护体系中，玻璃、石材、金属等幕墙面板是建筑的"表皮"，而支承结构是用于支承"表皮"的构部件，如支承框架、玻璃肋、钢拉索和钢拉杆等。支承结构由连接件与主体结构相连接。幕墙构造设计的关键在于面板与支承结构的恰当组合。

17.1.2　幕墙的发展

幕墙自 1851 年第一个采用玻璃幕墙的建筑——英国伦敦工业博览会水晶宫开始在国际上已有上百年的发展历史。伴随着现代建筑的兴起与发展，幕墙这一独特的外墙形式，以其不同的材质，多变的造型、光影和肌理效果，得到了广泛的应用，并且已成为现代建筑的建造特征之一。随着建筑科学技术的进步、建筑设计理念的更新以及新材料、新工艺的不断发展，新型的幕墙形式还将不断涌现。

在人类进入 21 世纪后，围绕着合理利用资源、保护生态环境和建筑可持续发展的主题，人们对现代幕墙的功能赋予了更新更高的要求。在充分发挥幕墙特性的基础上，应用现代高新技术，引导幕墙的功能向建筑生态、节能和智能化方向发展。同样，在建筑美学方面，从整体到细部，强调现代技术、工艺、材料与建筑美学的结合与统一，也成为建筑师倾心关注的课题。

我国于 20 世纪 80 年代从国外引进了建筑幕墙技术，在 1985 年建成了第一幢玻璃幕墙建筑——北京长城饭店。改革开放以来，我国国民经济的高速发展带动了建筑业的巨大发展以及建筑幕墙技术的进步。特别是近十年，我国在建筑幕墙方面的技术水平有了质的飞跃，主要表现在幕墙新的表现形式、新型材料、新的幕墙系统的应用以及幕墙标准规范的编制等几个方面。

17.1.3　幕墙的特点

幕墙作为建筑的外围护体系，具有诸多特点：

（1）重量轻、抗震性能好：铝合金型材玻璃幕墙的自重一般为 $35\sim50\mathrm{kg/m^2}$，不仅大大减轻了建筑物的自重，降低了基础等结构成本，而且幕墙结构的整体性好，抗震性能明显优于其他外围护体系的建筑（图 17-1）。

（2）施工周期短：幕墙工业化生产加工程度较高，且干作业施工，可以大大缩短现场

图 17-1　幕墙

施工安装周期。

（3）可更换性强、维护简便。

（4）建筑形式特征强：幕墙通过各种不同光学性能和色彩的玻璃以及不同质感、肌理的金属板材、石板等材料，使建筑更富有表现力，具有现代感（图 17-2）。

幕墙也存在一些缺点，如玻璃幕墙会造成光反射、光污染等问题。

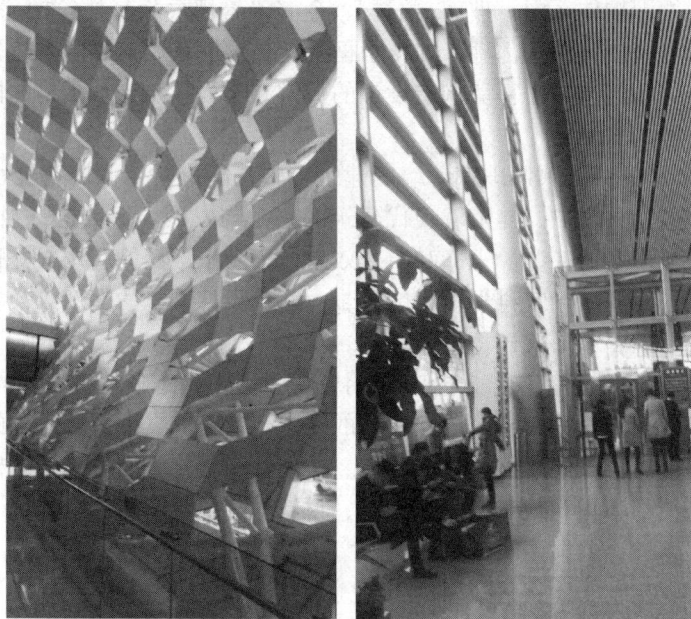

图 17-2　幕墙

17.2　幕墙的类型与材料

17.2.1　幕墙的类型

对幕墙进行分类的方法繁多，一般从材料、构造体系、施工方法等几方面进行分类。

1）按材料分类

按面板材料的不同，幕墙可分为玻璃幕墙、金属幕墙、石材幕墙、人造板材幕墙、复合板材幕墙以及上述不同材料组合的幕墙。

玻璃幕墙根据支承结构设计形式的不同又可分为明框玻璃幕墙、隐框玻璃幕墙、半隐框玻璃幕墙、点支承玻璃幕墙、全玻璃幕墙、双层（通风）玻璃幕墙、光伏幕墙等类型。

金属幕墙根据板材的不同，又可分为铝合金板幕墙、不锈钢板幕墙、耐候钢板幕墙、搪瓷涂层钢板幕墙等类型。其中以铝合金板幕墙最为常见，铝合金板幕墙又分为铝合金单板幕墙和铝塑及铝蜂窝复合板幕墙。

石材幕墙包括纯天然石材幕墙以及超薄石材铝蜂窝复合板幕墙。

2）按构造体系分类

按构造体系分类，幕墙分为构件式幕墙和单元式幕墙（图17-3）。这两种幕墙设计原理相同，施工制作、安装的方法不同，前者为元件（构件）式组装，而后者为预制单元式安装。

（1）构件式幕墙

构件式幕墙是在主体结构上依次安装立柱、横梁和各种面板的建筑幕墙。由工厂加工生产构件（元件），先将金属型材骨架利用连接件和紧固件固定在主体结构上，然后再将面板通过配件及密封材料安装到骨架上，完成幕墙安装。其特点是加工制作与安装大部分在工地上完成。

（2）单元式幕墙

在工厂将各种面板与支承框架制成完整的幕墙基本结构单元，直接安装在主体结构上的幕墙。由于安装精度与施工效率高，单元式幕墙多用于高层及超高层建筑的幕墙设计与施工。根据单元件组成和安装方法的不同，单元式幕墙还可再分为整体单元式幕墙和半单元式幕墙。

① 整体单元幕墙

整体单元幕墙是在工厂内将支承结构和各种面板组装成一个层间高度或数个层间高度的整体单元板块，然后运至工地进行整体吊装。在与主体结构预埋的挂接件精确连接与调校后即完成幕墙安装。特点是直接支承在主体结构上，其施工方式为预制单元安装。

② 半单元式幕墙（立柱＋分片单元组合幕墙）

半单元式幕墙是介于构件式幕墙与单元式幕墙之间的一种幕墙结构。面板材料与部分主龙骨在工厂内组装，在施工现场将组装好的板块安装到与主体结构连接的主要构件上，从而完成幕墙的安装。

17.2.2 幕墙的材料

幕墙使用的材料可分为如下类型：用于幕墙支承结构的骨架材料（钢、不锈钢、铝合金等），呈现表面形式的幕墙面板材料（玻璃面板、金属面板、石材面板、人造面板、复合面板等），连接骨架与主体结构、骨架与骨架、骨架与面板的金属连接件与紧固件以及密封填缝材料、结构粘结材料与其他辅助材料。

建筑幕墙所选用的材料应符合现行国家标准、行业标准的规定。尚无相应标准的材料应符合设计要求，并经专项技术论证。对幕墙材料有如下一般规定：应满足结构安全性、耐久性和环境保护要求；应采用耐火极限满足设计要求的材料，并符合消防规定；不应采用在燃烧或高温环境下产生有毒有害气体的材料；积极采用鉴定合格的环保、节约资源及可循环利用的新材料。另外，幕墙材料还应具有产品合格证、质量保证书及相关性能检测报告，而进口材料应符合国家商检规定。

有关建筑幕墙的类型示意如图 17-3。

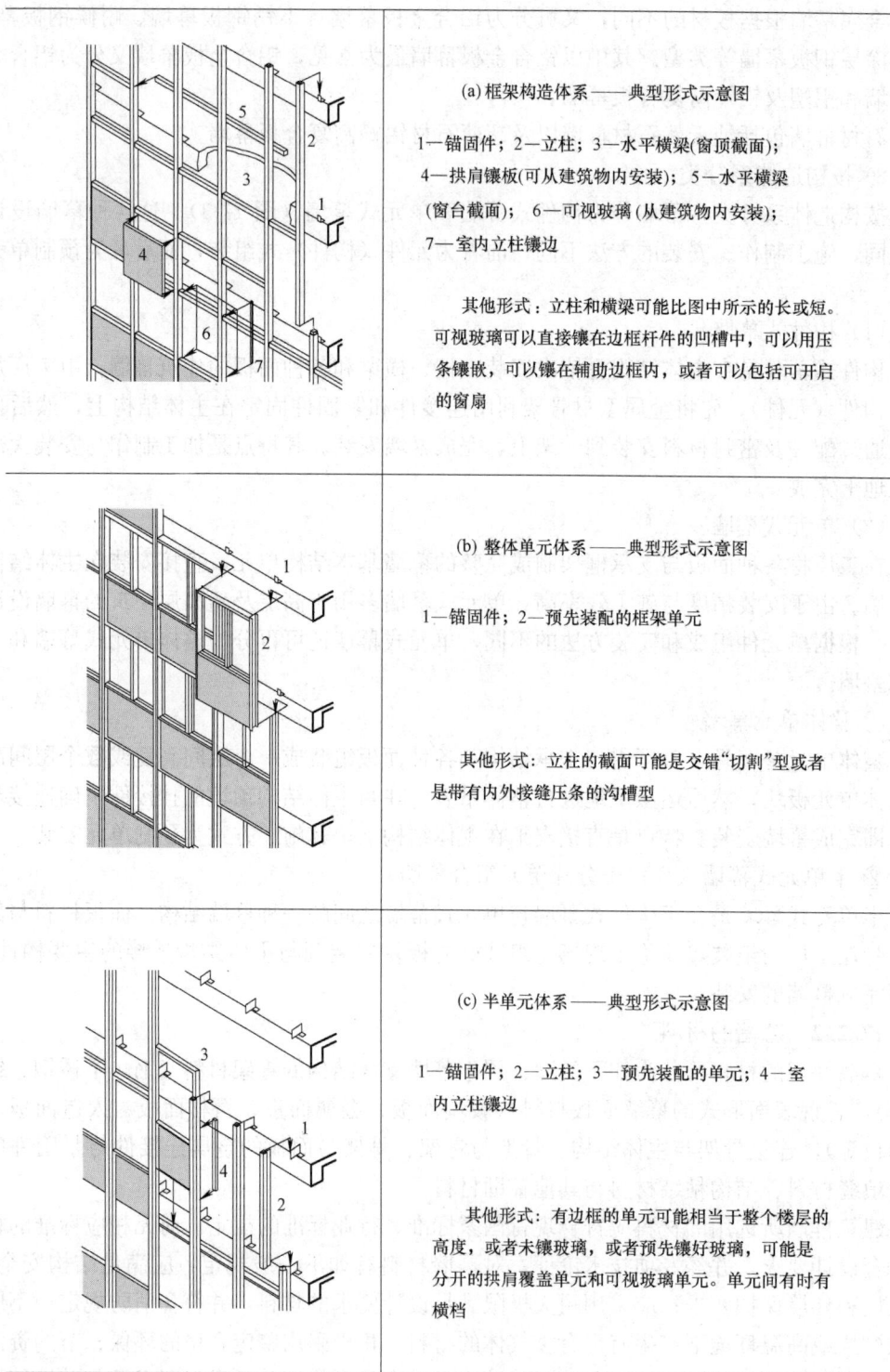

(a) 框架构造体系——典型形式示意图

1—锚固件；2—立柱；3—水平横梁(窗顶截面)；
4—拱肩镶板(可从建筑物内安装)；　5—水平横梁
(窗台截面)；　6—可视玻璃(从建筑物内安装)；
7—室内立柱镶边

其他形式：立柱和横梁可能比图中所示的长或短。
可视玻璃可以直接镶在边框杆件的凹槽中，可以用压
条镶嵌，可以镶在辅助边框内，或者可以包括可开启
的窗扇。

(b) 整体单元体系——典型形式示意图

1—锚固件；2—预先装配的框架单元

其他形式：立柱的截面可能是交错"切割"型或者
是带有内外接缝压条的沟槽型

(c) 半单元体系——典型形式示意图

1—锚固件；2—立柱；3—预先装配的单元；4—室
内立柱镶边

其他形式：有边框的单元可能相当于整个楼层的
高度，或者未镶玻璃，或者预先镶好玻璃，可能是
分开的拱肩覆盖单元和可视玻璃单元。单元间有时有
横档

图 17-3　幕墙按体系分类

1）骨架材料

幕墙骨架即幕墙的支承结构，是用于支承幕墙面板的构、部件，如支承框架、钢拉索和钢拉杆等，由连接件与主体结构相接。大部分类型的幕墙通常使用铝合金材料及钢材制作成骨架，其他材料如玻璃也可作为支承结构构件，如全玻璃幕墙的玻璃肋。

（1）铝合金材料

铝合金材料具有良好的延伸性和适应性，可制作成具有各种复杂断面的铝合金型材。型材按尺寸允许偏差有普通级、高精级和超高精级之分，幕墙应选用高精级。

为防止大气中的酸性物质腐蚀铝合金型材表面，保证铝型材的外形美观和使用寿命，幕墙用铝合金型材应进行表面防护处理。常用的处理方法有阳极氧化、电泳涂漆、粉末喷涂和氟碳喷涂层四种，不同的表面处理方法具有不同的耐腐蚀性能。幕墙工程设计中，可根据幕墙的使用环境、腐蚀介质、侵蚀性作用和使用年限合理选择。

为了减少铝型材热传导，还有一种隔断热桥的铝合金型材，一般用于有节能要求的幕墙。此类型材采用强化聚酰胺尼龙作为隔断（图17-4），既保留了铝合金型材强度高、重量轻、寿命长的优良特性，又使得铝材导热性能大幅度降低。

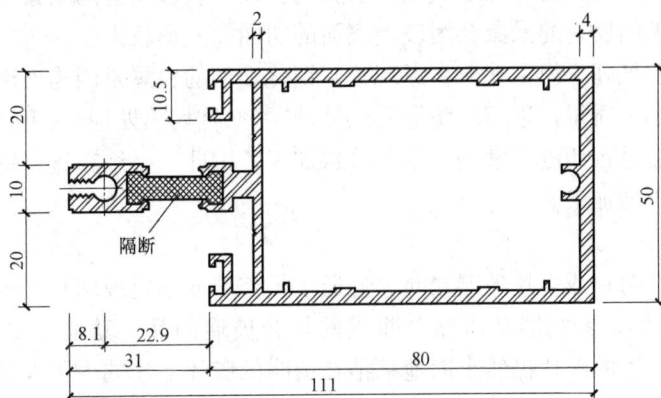

图 17-4　隔断热桥铝合金型材

（2）钢材、钢制品

作为幕墙支承结构的骨架材料，钢材具有足够的强度，但暴露在大气环境中易生锈，需在其表面进行热浸镀锌或涂刷防腐涂料等防腐处理。

不同金属之间的接触性腐蚀，如铝型材与钢材相接触，在潮湿条件下，会发生电化学腐蚀，设计时应放置合成橡胶、尼龙、聚乙烯等绝缘垫片进行隔离，可以避免该现象发生。使用时，还应防范该部位漏水及产生冷凝水，并应做好防锈处理。

不锈钢材料含有镍铬成分，具有很强的防锈能力，适于制作对耐腐蚀性有特殊要求或腐蚀性环境中的幕墙结构钢材与钢制品。其屈服强度、抗拉强度、伸长率、硬度等物理性能，都优于其他类型钢材。

2）面板材料

（1）玻璃

玻璃是幕墙的主要材料，其性能直接影响着幕墙的形式及使用功能。目前，玻璃种类有：普通平板玻璃、钢化玻璃、热反射镀膜玻璃、中空绝热玻璃、夹层玻璃、低辐射镀膜玻璃（Low-E 玻璃）、U 形玻璃、彩釉玻璃等。其中热反射镀膜玻璃、中空玻璃、Low-E玻璃等属于节能玻璃，U 形玻璃属于型材玻璃，而钢化玻璃、夹层玻璃、防火玻璃等均属安全玻璃。安全玻璃是经特殊工艺处理后提高使用安全性的玻璃制品。与普通玻璃比较，在发生破碎时能减少对人体产生伤害的可能性。

① 平板玻璃

平板玻璃有手工、机械、浮法三种制作工艺。用浮法成型工艺制作的平板玻璃亦称浮法玻璃，其厚度均匀，平整度好，光畸变小，透光率平均为 88%～90%，反射率约为7%，紫外线通过率为 50%。以浮法玻璃作为原片进行再加工可生产出各种类型的玻璃。

② 钢化玻璃

钢化玻璃是经过热处理后的玻璃，在玻璃表面形成永久压应力层，机械强度和耐热冲击强度得到提高，破裂时具有特殊的碎粒状态。钢化玻璃又分全钢化和半钢化两种。

全钢化玻璃和半钢化玻璃的强度分别比普通玻璃高 4 倍和 2 倍。全钢化玻璃破坏时，破裂成蜂窝状小颗粒，对人体的伤害较小，适用于高层建筑玻璃幕墙。

半钢化玻璃（又称强化玻璃）破裂后飞散出来的玻璃碎片较大，容易伤人。由于半钢化玻璃表面平整、美观，将其加工成热反射玻璃，玻璃表面反射的景象变形较少；而用全钢化玻璃时，其表面反射的景象会因玻璃表面的扭曲而变形较大。

钢化玻璃强度虽高，但存在着自爆现象。钢化玻璃的自爆是因为玻璃中存在杂质硫化镍微粒。若提高加工质量，进行"防爆质热处理"（亦称均热处理），可降低自爆概率。

钢化玻璃不能进行切制、磨削、钻孔等再加工，因此，必须在进行钢化处理前确定其规格尺寸并完成机械加工。

③ 夹层玻璃

夹层玻璃是在两片或多片玻璃之间（普通平板玻璃或钢化玻璃）夹入透明或彩色的化学膜片（PVB 胶片），经高温高压黏合而成的复合玻璃制品。其最主要特点是安全性能好，玻璃破裂所产生的碎片仍然牢固地粘结在透明的胶片上，减少了人员受伤的危险，故又称安全玻璃。另外，夹层玻璃还具有透光、隔声、耐久、耐火、耐热、耐湿、耐寒等优点，缺点是重量较重、造价较高。

普通夹层玻璃中内夹 PVB 胶片的厚度为 0.38mm，可根据所采用的玻璃尺寸、厚度等要求多层复合使用。当用于点支承玻璃幕墙时，PVB 胶片不得少于两层。

④ 热反射镀膜玻璃

热反射镀膜玻璃是在普通浮法玻璃的表面覆盖了一层具有反射热、光性能的不锈钢、铬、钛等金属膜的节能玻璃。玻璃幕墙采用热反射镀膜玻璃时，应采用离线真空磁控阴极溅射或在线热高温喷涂两种工艺制作的镀膜玻璃。

镀膜玻璃透光率可任意调整，一般小于 40%，常见的透光率为 14%、20%、32%等。反射率为 6%～40%，具有很好的遮阳和防紫外线效果，因此隔热性能好。

⑤ 低辐射镀膜玻璃

低辐射镀膜玻璃，又称低辐射玻璃或"Low-E"玻璃，是在浮法玻璃表面镀金属银膜的玻璃制品。镀膜降低了玻璃辐射率，具有高透射性和良好的绝热性能。在大量通过可见光的基础上，能够阻挡相当部分的红外线和几乎全部的远红外线，保温隔热性能优于普通热反射镀膜玻璃。离线镀膜 Low-E 玻璃不能单独使用，必须制作成中空玻璃或夹胶玻璃。

⑥ 中空玻璃

中空玻璃是由两片或多片玻璃合成，其周边用空腹金属框形成隔层空间（标准空气层厚度为 6~12mm），边框内加入干燥剂，周边粘结密封，玻璃层间充入干燥洁净空气或惰性气体制成的玻璃制品（图 17-5），具有良好的保温、隔热和隔声性能。

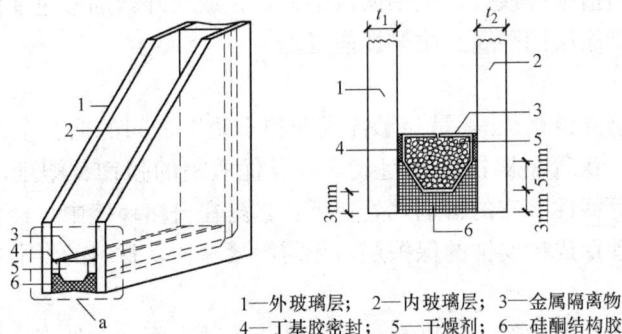

1—外玻璃层； 2—内玻璃层； 3—金属隔离物
4—丁基胶密封； 5—干燥剂； 6—硅酮结构胶

图 17-5 中空玻璃构造

⑦ 防火玻璃

指能够满足相应耐火性能要求的特种玻璃。具有防火性能的玻璃有高强度单片铯钾防火玻璃和复合防火玻璃。高强度单片铯钾防火玻璃在 1000℃ 火焰作用下能保持 84~183 分钟不炸裂，有较好的安全性，但价格比较昂贵。该防火玻璃具有高强度性能，高耐候性和加工性，可加工成为夹层安全玻璃、中空玻璃、镀膜玻璃，还可用作室内的防火玻璃隔断。复合防火玻璃是在多层普通玻璃或钢化玻璃之间凝聚一种透明而具有阻燃性能的凝胶，在遇到高温时，凝胶发生分解吸热反应，吸收大量热能，变成不透明、有良好隔热作用的玻璃，其耐火极限可达 1.5 小时左右，并且炸裂后碎片不掉落，隔断火焰，防止火势蔓延。

⑧ U 形玻璃

U 形玻璃亦称槽形玻璃，是一种型材玻璃，具有独特的建筑效果。U 形玻璃由碎玻璃和石英砂等原料制成，使用先压延后成型的方法连续生产而成。因其横截面呈"U"形，故得名，已有近 40 年的生产应用历史。

与普通平板玻璃相比较，U 形玻璃具有较高的机械强度，因此能节省大量金属材料，方便施工。U 形玻璃透光不透视，具有较好的隔声、保温隔热性能。U 形玻璃品种较多，颜色有无色与着色的差异，表面肌理有平面与压花的区别，强度上有夹丝与无夹丝之分。

⑨ 彩釉玻璃

彩釉玻璃是将无机釉料通过丝网印刷等工艺印刷到玻璃表面，然后经烘干、钢化或热化加工处理，将釉料永久烧结于玻璃表面而得到的装饰性玻璃产品。这种产品具有抗酸碱、耐腐蚀、永不褪色、安全高强等优点，并有反射和不透视等特性。彩釉玻璃可以设计处理成不同的颜色和装饰性花纹，具有丰富的表现力。

（2）金属板材

① 铝合金板材

幕墙使用的铝合金板材为单层铝合金板（简称单层铝板），表面通常采用氟碳喷涂，氟碳树脂含量应不小于 70%。单层铝合金板具有轻量化、刚性好、强度高、易加工、易回收、利于环保等特点，在金属幕墙中是应用最为广泛的金属面板。

② 其他金属板材

a. 钢板

钢板在现代民用建筑中多用作屋面材料而较少用作幕墙板材。作为幕墙板材，钢板造价较低。钢板的防腐措施有镀锌、镀铝或镀铝锌，在镀层外增加彩色油漆涂层可做成彩色钢板，增加氟碳树脂涂层则防腐、耐候性能更佳。

b. 耐候钢板

即耐大气腐蚀钢（锈钢板），是介于普通钢和不锈钢之间的低合金钢系列。耐候钢由普碳钢添加少量铜、镍等耐腐蚀元素组成，具有优质钢的强韧、塑延、成型、焊割、磨蚀、高温、抗疲劳等特性。它的特别之处在于：暴露在自然环境中，经与空气、雨水等作用，钢材表面会自动形成抗腐蚀的保护层，无需涂漆保护，材料的寿命在 80 年以上。

c. 不锈钢板

不锈钢板耐腐蚀性能良好，强度高，可以进行多种表面工艺处理，如表面高反射或无光泽，光面或压花，或者在表面蚀刻图案。因不锈钢不耐污染，需用透明树脂烤漆饰面。

d. 铜板

铜板是一种高稳定、低维护的屋面和幕墙材料，易于加工并极具抗腐蚀性。铜板有多种表面处理方式，可满足不同的建筑设计需求，如氧化铜板、铜绿板、原铜板、锡铜板等。处理后的铜板具有稳定的保护层，使铜板的使用寿命超过 100 年。

e. 钛锌板

钛锌板可作为屋面与幕墙板材，是以高纯度金属锌与少量的钛和铜熔炼而成的合金材料，钛可以改善合金的抗蠕变性，铜用以增加合金的硬度。锌是一种卓越耐久的金属材料，具有天然的抗腐蚀性。钛锌板暴露在大气中，其表面形成浅灰或蓝灰色的铜绿碳酸锌自然保护层，保护锌金属不受腐蚀，保证钛锌金属板有极佳的使用寿命。钛锌板另一个重要特征是自保性能，能自动愈合面层划痕，长期使用能保持金属光泽，寿命长，无需涂层保护。作为建筑材料，它最大的问题是造价高。

钛锌板材料有三种不同颜色的选择：原锌（类似不锈钢）和预钝化锌（经过预钝化处理，表面形成蓝灰色保护膜和铜绿色保护膜两种）。

f. 钛合金板

钛合金与普通金属相比有很多优越的性能，轻质高强，热膨胀系数低，耐腐蚀性极强，使用寿命长，耐火性能好。钛合金板具有优良的自然光泽和丰富的质感。由于钛金属材料提炼成本过高，加上较高的机械与加工技术要求导致其价格昂贵，除极少数大投资项目外，在建筑中的应用较为有限。

（3）石材板材

幕墙应用最为广泛的天然石材为花岗石板材。花岗石质地坚硬，具有耐酸碱腐蚀、耐高温、耐磨、量多且色泽、质感丰富等特点，耐用年限长，但是，花岗石属于脆性材料，具有天然石材的不均匀性，有肉眼看不见的空隙，属于多孔材料，吸水、吸油性强，较易被污染，石板重量大。近年来，砂石、大理石、洞石等强度较低的非花岗岩石材也被普遍应用。非花岗岩石材要求表面进行防水处理，背面加贴玻璃布，宜采用背部连接。

从适应建筑物结构和经济方面考虑，幕墙规范规定用于幕墙的花岗岩石材应采用厚度不小于 25～30mm 的薄板。

幕墙石材的表面处理有粗面和细面两大类型。

粗面板材表面平整粗糙，具有较规则的加工条纹肌理。根据加工方式的不同，分为如下几种：

剁斧面板——用斧剁加工成的粗面饰面板；

锤击板材——用花锤加工成的粗面饰面板；

烧毛板材——指用高温火焰法加工成的粗面饰面板；

机刨板材——指用机刨法加工成的有规则条纹的粗面饰面板。

细面板材有：

细面板材（磨光板）——表面平整、光滑的板材；

镜面板材（抛光板）——表面平整，具有镜面光泽的板材。

（4）人造板材

建筑幕墙饰面板材除玻璃、金属、石材外，尚可选用新型人造板材，如微晶玻璃、瓷板、陶板、玻璃纤维增强水泥板（GRC）、高压热固化木纤维板（千思板）等。

① 微晶玻璃

微晶玻璃是一种由适当的玻璃颗粒经烧结与晶化制成的微晶体和玻璃的混合体。其质地坚硬、密实、均匀，且生产过程中无污染，产品本身无放射性污染，是一种新型的环保绿色材料。微晶玻璃各项质量指标（高硬度、耐腐蚀、抗压、抗冲击、不吸水、少沾尘、无辐射）均优于天然石材板材。

在原料中加入不同的无机着色剂，可生产出多种色调均匀一致或色彩斑斓的产品。经抛光后的板材表面具有仿天然石材的花纹或彩色纹路。它具有玻璃和陶瓷的双重特性，而且外表上的质感更倾向于陶瓷。微晶玻璃比陶瓷的亮度高，比玻璃韧性强。与天然石材相比，微晶玻璃还具有强度均匀、工艺简单、成本较低等优点。

② 玻璃纤维增强水泥板（GRC）

玻璃纤维增强水泥板是以水泥为胶凝材料，以耐碱玻璃纤维为增强材料，加细集料和水制成的一种无机、环保的人造板材。它的突出特点是具有很好的抗拉和抗折强度以及较好的韧性，适合制作复杂形体幕墙面板。通过在配料中加入颜料、彩色骨料和外加剂，玻璃纤维增强水泥板还可表现多种不同的饰面材质与肌理。

③ 陶板

陶板是以天然陶土为主要原料，添加少量石英、浮石、长石及色料等其他成分，经过高压挤出成型、低温干燥及 1200℃ 的高温烧制而成，绿色环保、无辐射、耐久性好。陶板的颜色是陶土经高温烧制后的天然本色，颜色丰富，色泽柔和、自然、均匀、不褪色。

陶板常规厚度为 15～30mm 不等，陶板可以根据不同的安装需要进行任意切割，以满足建筑风格的需要。

④ 高压热固化木纤维板

该板材是由热固性树脂与木质纤维经高温高压聚合而成的均质板材，树脂经电子束固化处理，形成一体化着色树脂装饰面层。

高压热固化木纤维板具有极强的耐撞击性能和耐刻划、耐磨性能，防潮湿、易清洗，防紫外线，面板色彩稳定性好，温度适应性强，为阻燃材料，板材无有毒及腐蚀性气体，为环保型材料。高压热固化木纤维板表面色彩丰富，具有光面、镜面、石纹面等不同表面肌理，亦可表现金属质感，加工、安装方便，维护费用低、使用寿命长，适于用作建筑幕墙板材以及室内装修板材。

⑤ 复合板材

利用金属与石材等自然板材的特性可将自然板材制作成幕墙用复合板材。复合板材常采用"三明治"构造方式，通常面层与背板采用很薄的自然板材，而中间夹层采用与之物理性能相近的人造材料。复合板材还可将原本不适于幕墙工艺的小型块材通过复合工艺复合成为适用于幕墙工艺的面板，如可将面砖、薄型清水砖与玻璃纤维增强水泥板（GRC）复合，体现出材料应用技术的创新。

幕墙采用复合板材可以增强面板的整体强度，同时减轻面板自重、节约自然板材资源、弥补自然板材不足、降低幕墙工程造价。与同类型材料面板相比较，复合板材不改变材料原有视觉特征，并且易加工。

常见幕墙复合板材有如下几种类型：

① 铝塑复合板

铝塑复合板是以塑料（PE）为夹层材料，两面粘合铝合金板的复合板材，质轻、平整度好、美观、造价较低，广泛应用于建筑外墙装饰工程中。铝塑复合板有普通型和防火型两类。普通型铝塑复合板由两层 0.5mm 厚铝板中间夹一层 2～5mm 厚聚乙烯塑料经热加工或冷加工而成；防火型铝塑复合板由两层 0.5mm 厚的铝板中间夹一层难燃或不燃材料制成。

② 铝蜂窝复合板

铝蜂窝复合板是以铝蜂窝为芯材，两面粘合铝合金板的复合板材。外侧面板厚度一般为 1.0～1.5mm，内侧背板厚为 0.8～1.0mm。具有较好的保温、隔热、隔声功能。铝蜂窝复合板中间的蜂巢夹层可采用铝箔巢芯、玻璃钢巢芯、混合纸巢芯等不同类型的材料，而以夹铝箔巢芯为最好。

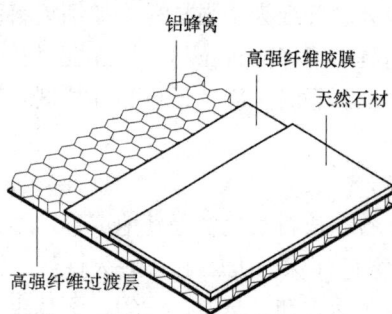

图 17-6　蜂窝石板构造

③ 超薄石材铝蜂窝复合板

a. 超薄型石材铝蜂窝复合板以 3～5mm 厚切片天然石材为面板，以铝蜂窝芯复合板为背板，以经黏合而成的板材。中间层和内、外表层之间为玻璃丝网载体胶膜（图 17-6）。它具有以下优点：

b. 重量轻：标准板每平方米仅重 16kg，与6mm 厚玻璃的重量相当，仅是外墙干挂用石材重量的 1/5；

c. 抗冲击：抗冲击强度比 30mm 厚的石材高 10倍以上；

d. 安全性好：受强力冲击后，表面局部破裂，不会产生辐射状裂纹、整体破裂及脱落。

e. 加工性好：使用普通加工工具，可以轻易地进行切割、安装，能制成各种不同类型的造型，线型流畅、美观大方；

f. 选择性强：可选择任意的石材面料，保持了天然石材的主要性能指标，耐用年限长；

　　g. 节约天然石材：由于表面石材仅为 3～5mm 厚，大大提高了天然石材的利用率，减少了石材色差，节约了自然资源；

　　h. 力学性能好：采用专利复合技术及专用胶粘剂，复合板整体强度高，韧性好；

　　i. 具有隔热、隔声性能。

　　3）金属连接件与紧固件

　　金属连接件与紧固件主要用于支承结构之间、幕墙面板与支承结构以及支承结构与主体结构的连接与固定，包括紧固件螺栓、螺钉、螺柱、锚栓、背栓等配件。

　　连接件、紧固件、组合配件宜选用不锈钢或铝合金材料，应符合国家现行标准的规定，并具备产品合格证、质量保证书及相关性能的检测报告。

　　锚栓可采用碳素钢、不锈钢或合金钢材料。化学螺栓和锚固胶的化学成分、力学性能应符合设计要求。

　　4）密封填缝材料

　　（1）橡胶密封条

　　当前国内明框幕墙玻璃的密封，主要采用合成橡胶密封条，依靠胶条自身的弹性在槽内起密封作用。要求胶条具有耐紫外线、耐老化、耐永久变形、耐污染等特征。

　　（2）硅酮耐候胶

　　硅酮耐候胶，又称为硅酮耐候密封胶，主要用于各类幕墙表面的密封嵌缝，具有耐水性和耐候性好，耐紫外线照射，且在低温时弹性好，高温时不流淌，耐污染和低透气率等特点。

　　5）结构粘接材料

　　（1）结构硅酮密封胶

　　利用结构硅酮密封胶将幕墙面板粘结到支承结构上。结构硅酮密封胶既起结构受力作用，又起密封作用。因此，在幕墙设计中，如何选用合适的结构硅酮胶产品对确保幕墙的安全性和耐久性是至关重要的。

　　幕墙所用各种胶料均应与被胶结材料进行相容性试验和性能检测，并出具试验检测报告。

　　（2）低发泡间隔双面胶带

　　低发泡间隔双面胶带的作用与结构硅酮胶相同。目前国内使用的双面胶带有聚氨基甲酸乙酯低发泡间隔双面胶带和聚乙烯低发泡间隔双面胶带两种产品，要根据幕墙承受的风荷载、高度和玻璃大小、重量，铝型材的重量以及注胶厚度来选用双面胶带。

　　6）其他辅助材料

　　（1）聚乙烯发泡材料

　　幕墙可采用聚乙烯发泡材料（小圆棒）作为填充材料，在用硅酮密封胶嵌缝之前，用小圆棒垫衬空隙，然后再进行注胶（图 17-7）。

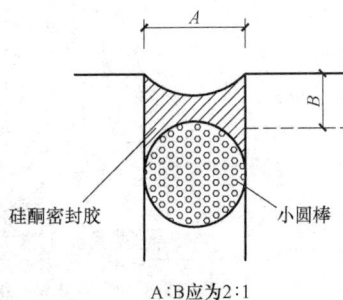

A:B 应为 2:1

图 17-7　氯乙烯发泡填充料（小圆棒）

（2）保温隔热材料

在幕墙中应采用岩棉、矿棉、玻璃棉、防火板等不燃烧性或难燃烧性材料作为隔热保温材料。松散类的保温隔热材料采用铝箔等进行包封处理，以防水和防潮。粘接、固定保温隔热层的材料还应符合防火设计要求。

（3）垫片隔绝材料

根据规范，在建筑结构与幕墙结构之间，应加设耐热的硬质有机材料垫片；幕墙立柱与横梁之间的连接处，加设橡胶片，安装严密；不同金属材料接触处，应设置绝缘垫片或其他防电化学腐蚀措施。

幕墙受多种因素的影响会发生层间位移，影响幕墙质量和安全。因此，在幕墙的安装施工过程中，除焊接外，凡是用螺栓连接的，应加设耐热的硬质有机材料垫片，垫片既要有一定的柔性，又要有一定的硬度，还应具备耐热性、耐久性和防腐、绝缘性能。

17.3　幕墙建筑设计

17.3.1　一般规定

1）幕墙选型应依据面板材料的不同，在设计幕墙时综合考虑建筑的形式、功能、造价，以及建筑幕墙在技术上的合理性与安全性。

2）幕墙的立面分格设计处理应注意不同材料的产品规格与有效尺寸，以减少材耗。对于玻璃幕墙，还应注意，立面划分不能遮挡人的视线。

3）玻璃、金属与石材幕墙的色调、线形等立面构图应与建筑物立面其他部位相协调。

4）玻璃幕墙宜采用明框或半隐框构造。如采用隐框玻璃幕墙，应有可靠的安全技术措施。隐框玻璃幕墙和高层半隐框玻璃幕墙应经专项技术论证。外倾式斜幕墙不应采用隐框玻璃幕墙。

5）玻璃幕墙作为外围护构件，要求具有密封性能。大面积幕墙应考虑一定的开启面积和开启方式，以满足室内卫生要求。玻璃幕墙开启面积不宜大于玻璃幕墙面积的 15%。

6）幕墙的设计应能满足维护和清洗的要求，幕墙面板应便于更换。幕墙高度超过 50m 时，宜设置清洗设备，并应便于操作（图 17-8）。

7）幕墙建筑周边宜设置安全隔离带，主要出入口上方应有安全防护设施，人员密集处可采取设置绿化带、挑檐、有顶棚的走廊等措施。

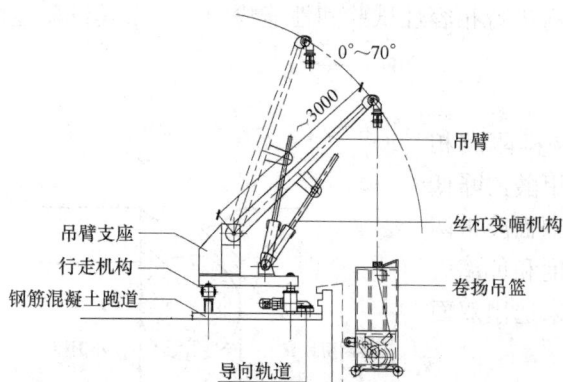

图 17-8　轨道式清洗机

17.3.2　性能要求

幕墙的性能包括风压变形、雨水渗漏、空气渗透、保温、隔声、平面内变形、耐撞击等七个方面。对建筑幕墙性能的要求与建筑物所在地的地理、气候条件有关。例如在台风地区，幕墙的风压变形性能和雨水渗漏性能应达到较高的等级。在寒冷地区，对保温性能要求较高。性能等级要求的高低还和建筑物设计特点有关，如建筑物的高度、造型、功能要求等。

1）幕墙抗风压性能

幕墙抗风压性能系指建筑物的幕墙在与其平面相垂直的风压作用下，保持正常工作状态与使用功能，不发生任何损坏的能力。此项被列为幕墙检测的重要性能之一。

高空中的风速本来就比地面风速大，对于高层建筑的幕墙设计而言，遇大风、强风吹袭时，幕墙的骨架不会产生变形、脱落或飞散等状态。按规范规定，在风压值的作用下，主要受力杆件的相对挠度值必须小于 $L/180$（L 为该受力杆件的计算长度），绝对挠度值不应超过 20mm，且两者都应满足。

2）幕墙平面内变形性能

幕墙平面方向的变形主要是建筑物受地震力作用产生的。建筑物各楼层间发生相对位移，形成幕墙层间变位，使幕墙构件水平方向产生强制位移。

计算楼层的水平移位量，旨在控制幕墙面板与金属骨架间的变形性能；而对于轻质复合外墙挂板而言，则以安装预埋铁件的变位处理性能为对象。

3）幕墙雨水渗透性能（水密性）

雨水渗透性能系指构件接缝处的水密性要求。幕墙漏水是雨水、缝隙和使水透过缝隙移动的某种力量等三种因素所造成的。幕墙的开启部位常常是薄弱环节，在其周边要做好密封措施。在周边构造内渗入的少量雨水，应采用构造排水措施导出。对于面板开缝（开放）式构造的幕墙的水密性能不作要求。

幕墙的水密性设计有两种方式：一是填缝方式，采用成型填缝材料；二是根据压力平衡原理，将排放渗漏水的路径设计成等压空间，以形成二次排水构造。

4）幕墙空气渗透性能（气密性）

空气渗透性能系指在风压作用下，幕墙可开启部分处于关闭状态中的空气透过幕墙的性能。幕墙空气渗透性能也称气密性，包括开启部分的密闭性，这是影响冷暖气负荷的重要性能。因此，该性能也需通过检测中心进行测试。

5）幕墙保温性能

幕墙的保温性能与建筑能耗（冷暖气负荷）直接有关。设计时应结合当地的气候条件，选择合适的玻璃和结构形式，以达到建筑物正常的冷暖负荷效果。

如选用中空玻璃，空气层厚度应不小于 6mm，对提高幕墙保温作用明显。

6）幕墙隔声性能

规范规定幕墙的隔声要求不宜小于 32dB，以提高幕墙的隔声性能，一般采用复合型玻璃，如夹层玻璃、中空玻璃等。

7）幕墙耐撞击性能

幕墙的耐撞击性能是指幕墙对来自自然界的外力撞击的耐力。其性能应按建筑设计准期内（如 50 年）预计的可能性来确定。这也是幕墙安全性设计的一个方面。

17.3.3 安全措施

1）玻璃幕墙安装玻璃的要求

各类型的玻璃幕墙均须采用钢化玻璃、夹层玻璃等安全玻璃。

2）玻璃幕墙防撞要求

当玻璃幕墙为落地形式，建筑楼地面外沿无实体窗下墙时，建筑室内沿幕墙应设置防护设施，如栏杆、栏板。

3）幕墙的防火要求

建筑幕墙的防火应符合现行国家规范的有关规定：

（1）玻璃幕墙窗间墙、窗下墙的填充材料应采用岩棉、矿棉、玻璃棉等不燃材料。其外墙面采用耐火极限不低于 1.00h 的不燃材料时（如轻质混凝土墙面），其墙内填充材料也可采用阻燃泡沫塑料等难燃材料。

（2）为防止和限制火灾在垂直方向上迅速蔓延，对无窗间墙和窗下墙的玻璃幕墙，必须在每层楼板外沿幕墙内侧设置高度不低于 0.80m 的由不燃材料制成的实体墙裙，其耐火极限不低于 1.00h。此外，还可在玻璃幕墙内侧每层设自动喷淋保护，其喷头间距不宜大于 2m。

（3）幕墙与建筑主体结构内的墙板、房间隔墙之间存在着缝隙，必须用不燃材料严密填实，形成防火层，以免火灾经由幕墙后空腔延烧至上下楼层（图 17-9a）。高层建筑采用铝塑复合板作幕墙时，应选用防火或阻燃芯层的复合板。

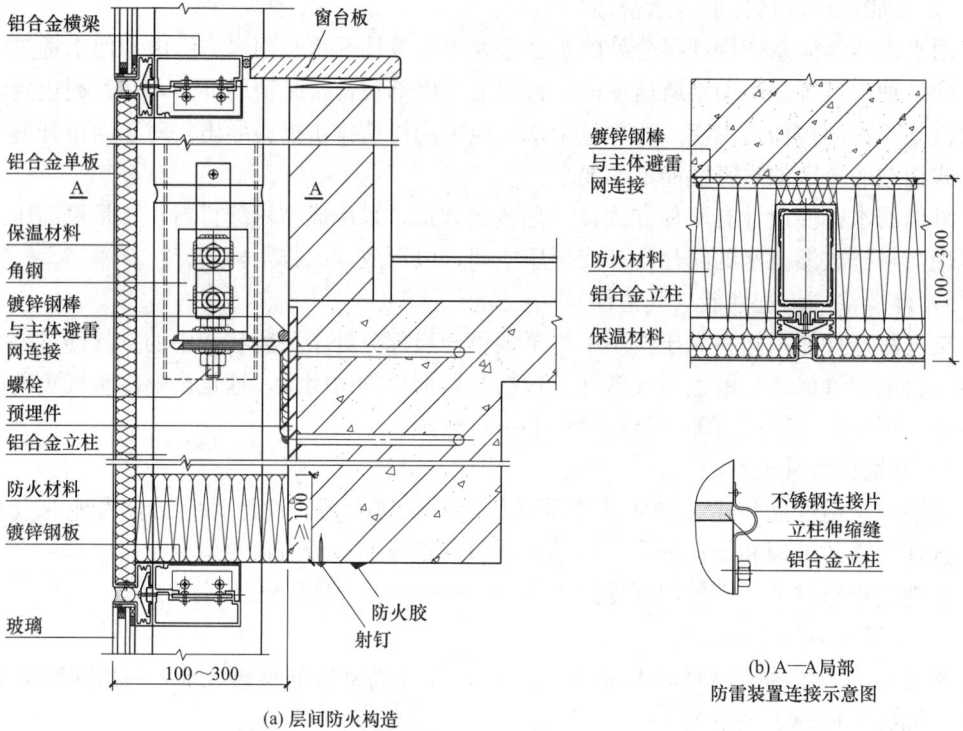

图 17-9　某建筑幕墙层间防火构造示意及防雷装置

4）幕墙的防雷措施

建筑幕墙使建筑外围包裹上了金属骨架。建筑物原防雷装置由于幕墙的屏蔽作用而不能直接起到防雷作用，往往变成闪电对建筑幕墙的雷击，造成对建筑及人员、设备的损伤。

通常，建筑物的防雷装置有三部分：接闪器（如避雷针、避雷网、避雷带等）、引下线和接地装置。在建筑幕墙的防雷设计中，自幕墙女儿墙的盖板至幕墙的立柱、横梁，幕墙结构应自上而下地安装防雷装置，幕墙金属骨架与防雷装置的连接应采用焊接或机械连接，形成导电通路（图 17-9b）。连接点水平间距不应大于防雷引下线的间距，垂直间距不应大于均压环的间距，使两部分成为一个防雷体系（图 17-10）。

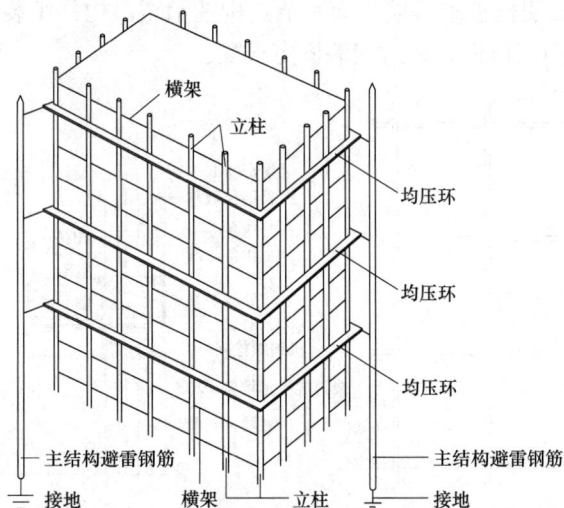

图 17-10　幕墙避雷系统原理示意图

17.4　幕墙构造设计

17.4.1　玻璃幕墙

1）明框玻璃幕墙

明框式玻璃幕墙是金属框架构件（立柱与横框）均显露在外表面的玻璃幕墙。它以特殊断面的铝合金型材为框架，玻璃面板周边均嵌入型材的凹槽内。其特点在于铝合金型材本身兼有骨架结构和固定玻璃的双重作用。框格式玻璃幕墙，其受力构件（立柱、竖框）悬挂在主体结构上，斜玻璃幕墙，可悬挂或支承在主体结构上，幕墙的自重与风荷载、地震作用、温度作用则通过柔性连接传递给主体结构（图 17-11）。这类幕墙按其制作和安装方法分为构件组装式和单元组装式两种。施工方法的不同，带来细部构造的区别。

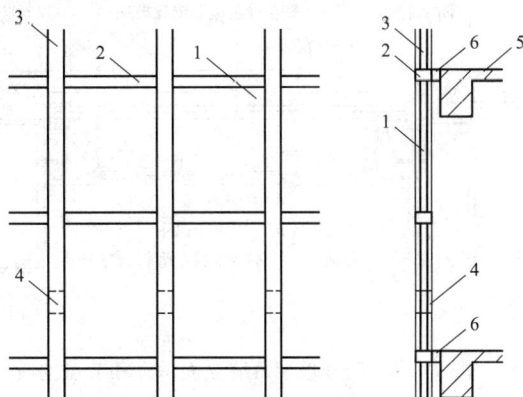

1—幕墙玻璃；2—横梁；3—立柱；4—立柱接头；5—主体结构；6—立柱悬挂点

图 17-11　幕墙组成示意图

237

（1）构件组装式明框玻璃幕墙

图 17-12 为典型的明框玻璃幕墙立面和节点构造示意。构件组装式明框玻璃幕墙首先安装固定立柱，其次固定横框，最后安装固定玻璃。

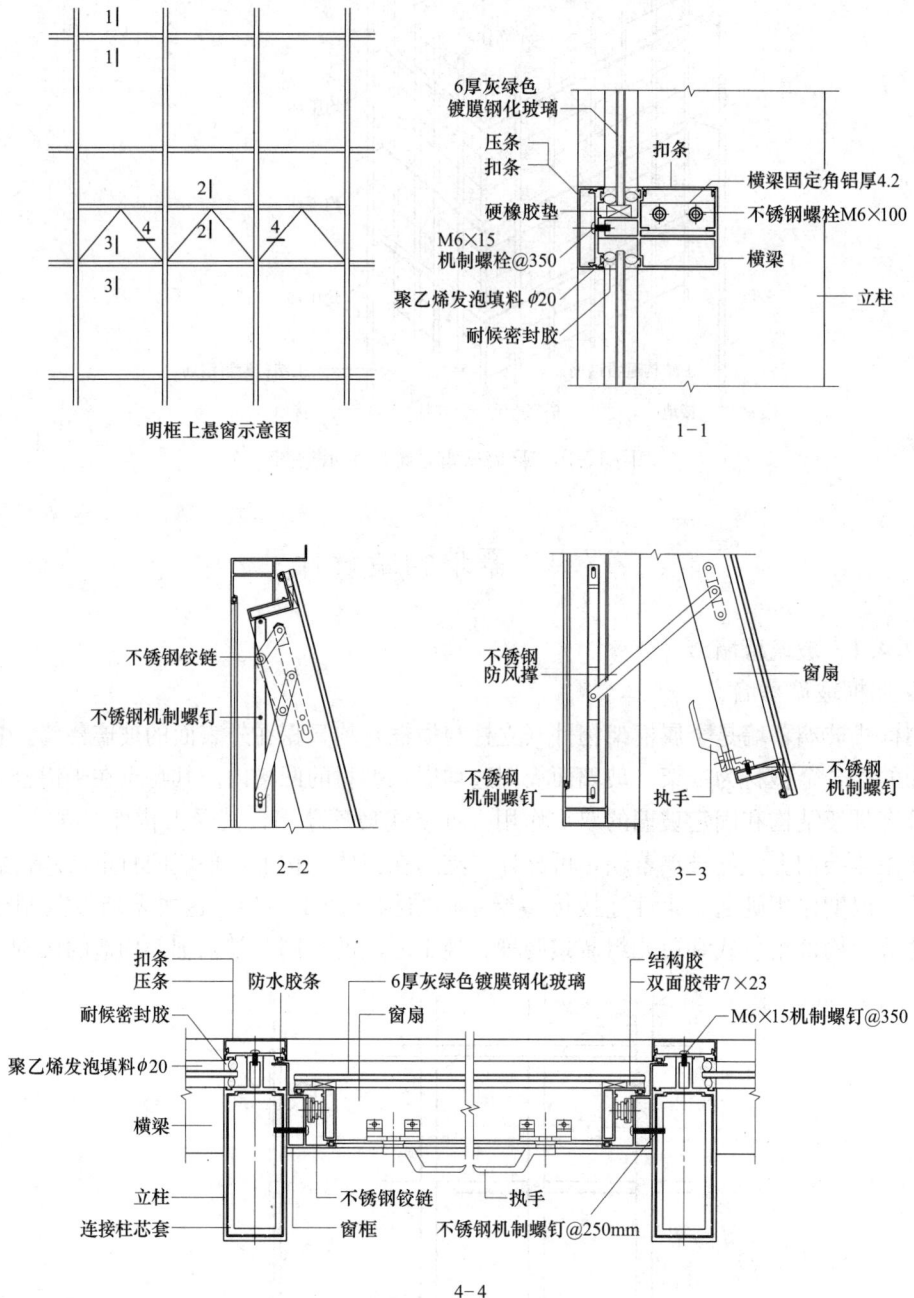

明框上悬窗示意图

1-1

6厚灰绿色镀膜钢化玻璃
扣条
压条
扣条
横梁固定角铝厚4.2
硬橡胶垫
不锈钢螺栓M6×100
M6×15机制螺栓@350
横梁
聚乙烯发泡填料φ20
立柱
耐候密封胶

不锈钢铰链
不锈钢机制螺钉

2-2

不锈钢防风撑
窗扇
不锈钢机制螺钉
执手
不锈钢机制螺钉

3-3

扣条
压条
防水胶条
6厚灰绿色镀膜钢化玻璃
结构胶
双面胶带7×23
耐候密封胶
窗扇
M6×15机制螺钉@350
聚乙烯发泡填料φ20
横梁
立柱
不锈钢铰链
执手
连接柱芯套
窗框
不锈钢机制螺钉@250mm

4-4

图 17-12　明框玻璃幕墙立面示意和节点构造

① 立柱与主体结构的连接

玻璃幕墙的立柱与主体结构的边梁或楼板连接，首先将幕墙的立柱与支座托板连接件相连接，然后与主体结构的预埋件（角钢支座）用螺栓加以连接，安装时进行调整。幕墙的固定支座与连接件应具有上下、左右、前后的三维调节余量（图17-13）。连接用的螺栓、铆钉等主要部件，每处不应少于2个。

玻璃幕墙立柱与钢筋混凝土结构宜通过预埋件连接，预埋件应在主体结构混凝土施工时埋入。如没有条件采用预埋件，可使用后置锚固螺栓（化学锚栓）连接。

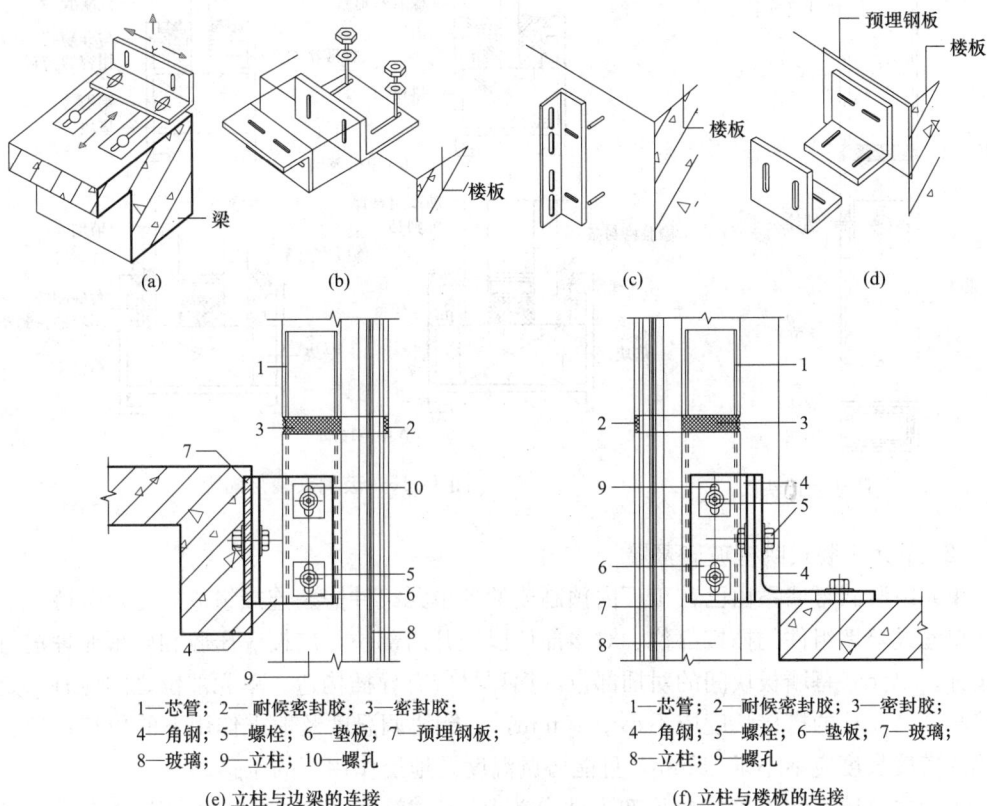

(a)　　　　　　(b)　　　　　　(c)　　　　　　(d)

1—芯管；2—耐候密封胶；3—密封胶；
4—角钢；5—螺栓；6—垫板；7—预埋钢板；
8—玻璃；9—立柱；10—螺孔

(e) 立柱与边梁的连接

1—芯管；2—耐候密封胶；3—密封胶；
4—角钢；5—螺栓；6—垫板；7—玻璃；
8—立柱；9—螺孔

(f) 立柱与楼板的连接

图 17-13　幕墙固定支座可三维调节的连接件

② 立柱自身的连接

幕墙立柱之间的接头处采用与竖框型材配套的铝合金或空腹钢制芯管连接，如图17-14所示，将芯管插入上、下立柱的端部，然后用不锈钢螺栓固定。上下柱之间应留有不小于10mm的温度伸缩用空隙。

③ 立柱与横框的连接

幕墙的横框在立柱间用分段的嵌入连接。横框与立柱通常借助L形铝型材角码以螺栓连接。铝角码的两边分别与横框和立柱固定。在横框两端与立柱连接处应设置弹性橡胶垫，以适应横向温度变形的影响。

与铝合金接触的螺栓、金属配件均应采用不锈钢或铝合金制品，自攻螺栓应有防脱落措施，禁止使用镀锌自攻螺栓。

④ 玻璃的安装与固定

玻璃的安装采用弹性连接法。为防止因温度变化引起材料伸缩，玻璃四周与构件凹槽底保持一定间隙，玻璃下部应设两个弹性支承垫块，在建筑变形和温度变形时，能使玻璃在垫块或支承块的夹持下竖向和水平方向滑动，同时也对玻璃起定位作用（图 17-15）。

玻璃与铝框之间的空隙用弹性材料（橡胶密封条）填充，然后用硅酮密封胶（耐候胶）予以密封以防橡胶条弹出。

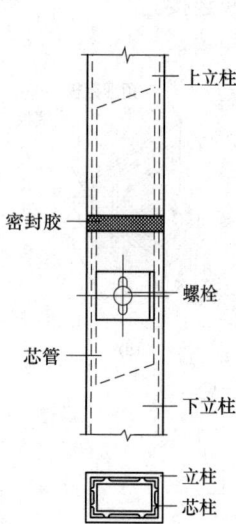

图 17-14　立柱活动接头

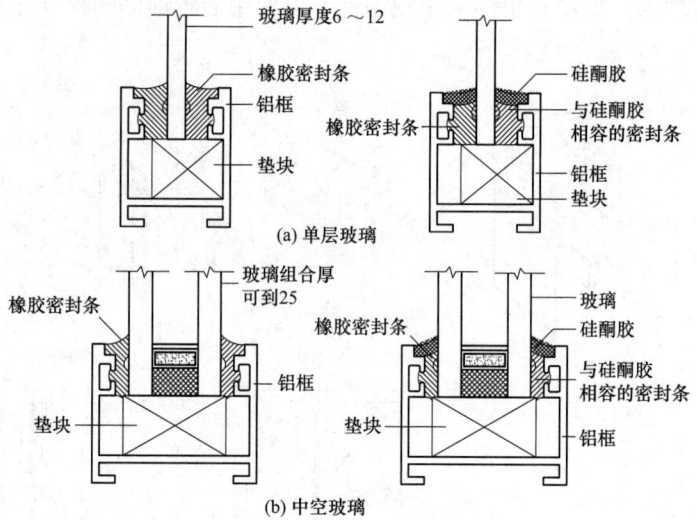

图 17-15　玻璃安装与固定

（2）单元组装式明框玻璃幕墙

单元组装式幕墙系由已在工厂内预制成的各单元组件嵌装连接组成的建筑幕墙。

单元式幕墙组件的插接部位、对接部位以及开启部位，应按等压腔和雨幕原理进行构造设计。单元式幕墙板块间的对插部位，铝型材应有导插构造。单元部位之间应有一定的搭接长度，立柱的搭接长度应不小于 10mm，且能协调温度及地震作用下的位移；顶、底横梁的搭接长度应不小于 15mm，且能协调温度及地震作用下的位移。

单元式幕墙嵌装连接接口构造方法分为契合连接法、附垫连接法和嵌胶连接法三种（图 17-16）。

① 契合连接法

幕墙单元的外框由一组凸凹形截面铝合金型材契合而成。契合强度高且形成多腔，雨水不易浸入幕墙内部，并设排水构造将雨水排到幕墙外部。

② 附垫连接法

幕墙单元间用一组高性能弹性附垫碰压形成密封而防止渗水、透气。利用等压原理，以提高幕墙水密性能。

③ 嵌胶连接法

幕墙单元间外框连接接口处，由外部的第一道和内部第二道密封胶嵌缝而形成防止渗水和透气的密封屏障。

2）全隐框、半隐框玻璃幕墙

所谓隐框玻璃幕墙，系指金属骨架（竖向与横向）全部或者部分不显露在玻璃外表面的幕墙（图 17-17）。当骨架全部隐藏玻璃背后时，称之为全隐框玻璃幕墙。根据建筑立面造型设计的需要，将金属骨架竖向或横向构件部分显露在玻璃外表面的幕墙则称之为半

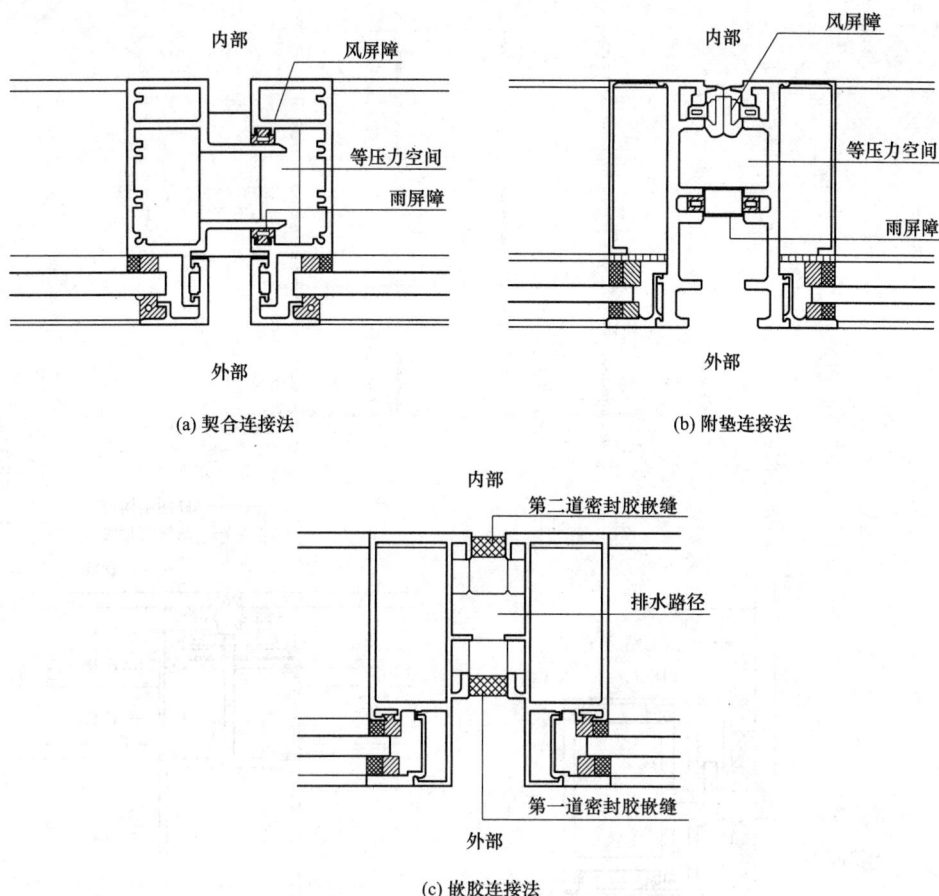

(a) 契合连接法   (b) 附垫连接法

(c) 嵌胶连接法

图 17-16　单元式幕墙嵌装连接构造

隐框玻璃幕墙（图 17-18）。

隐框幕墙构造特点是：玻璃在铝框外侧，用硅酮结构密封胶把玻璃与铝框粘结，幕墙的荷载主要靠密封胶承受。图 17-19 为隐框幕墙玻璃与铝框粘结构造示意。玻璃可为单层玻璃或中空玻璃；双面贴胶条的作用在于控制结构密封胶的深度。注胶宽度和厚度由计算确定，但宽度不得小于 7mm，厚度不得小于 6mm，因此，采取切实的技术措施保证粘结质量是关键。

隐框和半隐框玻璃幕墙也有工地原件组装和单元组装两种制作和安装方式。

3）点支承玻璃幕墙

点支承玻璃幕墙又称点式玻璃幕墙、点式无框玻璃幕墙等。点支承玻璃幕墙利用玻璃材料通透的特性，使建筑物内外空间融为一体，扩大了建筑物内部的空间感，可透过玻璃清楚地看到支承玻璃的整个结构系统，结构系统从单纯的支承作用转向表现其可见性。巴黎罗佛尔宫玻璃金字塔（图 17-20）、法国拉·维莱特科学城、德国莱比锡展览中心等建筑堪称点支承玻璃幕墙应用的典范。

（1）分类与结构特征

第一代点支承玻璃幕墙为夹板式或补丁式装配体系。其基本结构是在玻璃四角打孔，

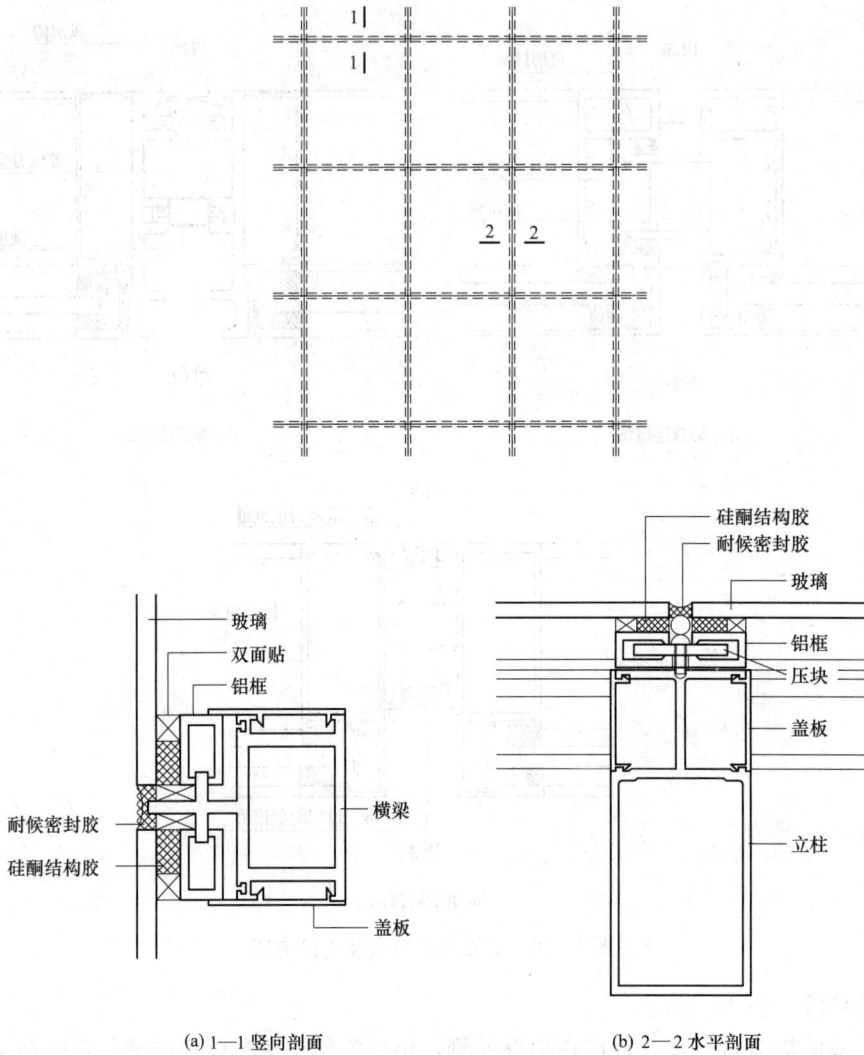

玻璃
双面贴
铝框
耐候密封胶
硅酮结构胶
横梁
盖板

硅酮结构胶
耐候密封胶
玻璃
铝框
压块
盖板
立柱

(a) 1—1 竖向剖面　　　　　　　　(b) 2—2 水平剖面

图 17-17　全隐框玻璃幕墙立面示意和节点构造

以方形金属板及螺栓内外夹紧固定，位于内侧的金属板再与支承结构连接，玻璃通过夹板承接并将自重和其他荷载传至支承结构及建筑结构上（图 17-21）。

第二代点支承玻璃幕墙为平式装配系统。其基本结构为在玻璃四角钻孔，然后用螺栓固定，为了减少钻孔部位的附加应力，在支承结构连接处设置柔性垫片，并用弹簧支撑螺栓安装（图 17-22）。此种结构对外立面效果有很大的改进作用，但因其四角用螺栓直接与板后的支承结构固定，螺栓连接处的自由位移空间较小，使钻孔边缘仍产生较大的附加应力。

第三代点支承玻璃幕墙为铰接螺栓连接固定方式，在玻璃四角钻孔，用螺栓固定。与平式装配系统不同的是，连接螺栓采用球铰状螺栓，球铰螺栓可在一定角度范围内转动，其转动中心与玻璃板中心一致（图 17-23）。这种结构体系可大大减少连接处的附加弯矩，减少了因附加弯矩产生局部应力集中造成的玻璃破裂现象，使整个墙面在风压作用下更趋近于一种柔性体系，缓和了风压对幕墙造成的破坏。法国拉·维莱特科学城首次运用了这种体系（图 17-24）。

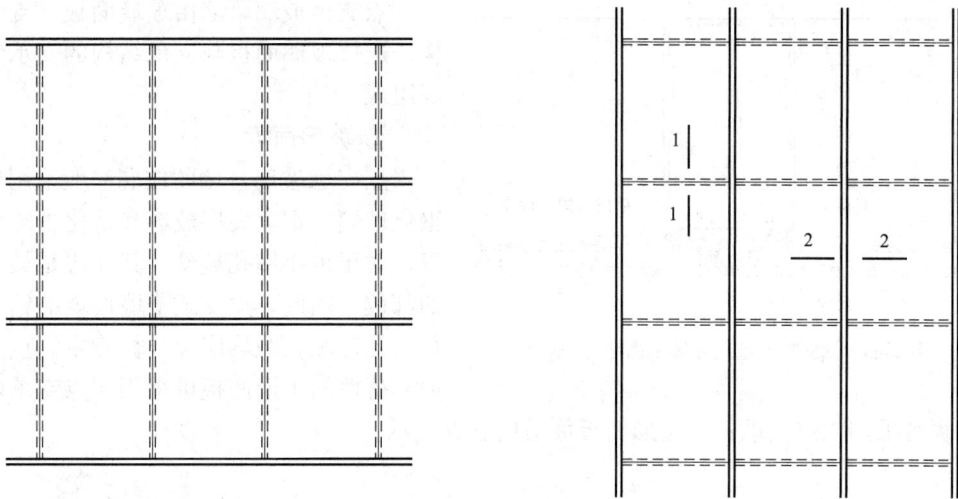

(a) 竖隐横明

(b) 竖明横隐

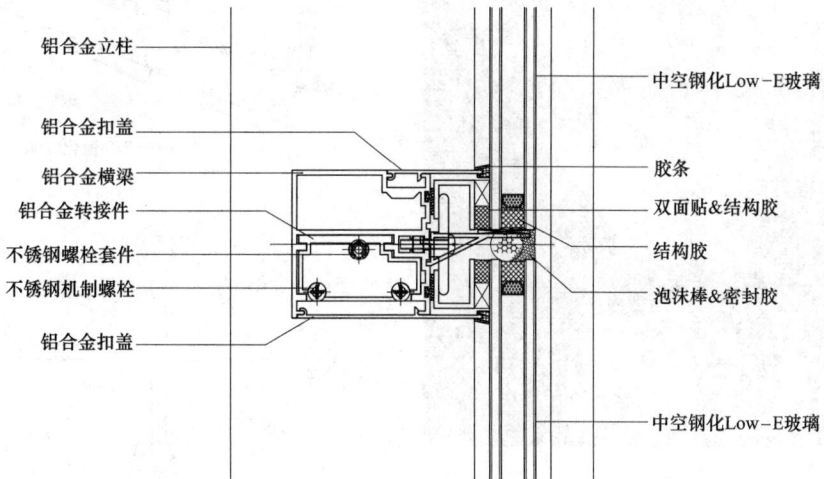

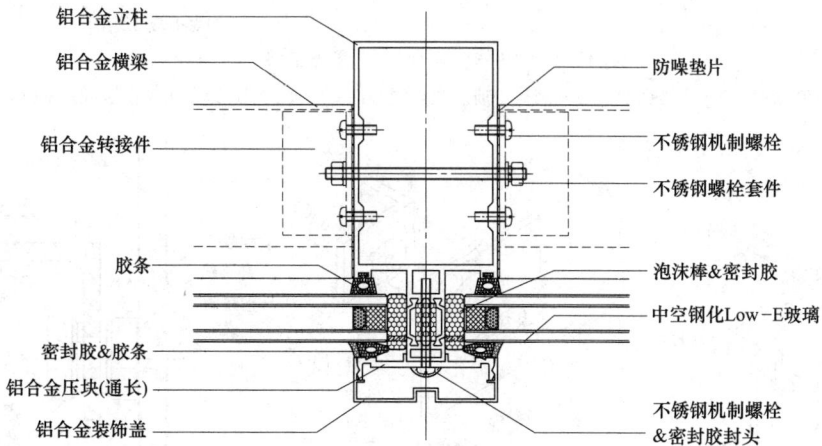

图 17-18 半隐框玻璃幕墙立面示意和节点构造

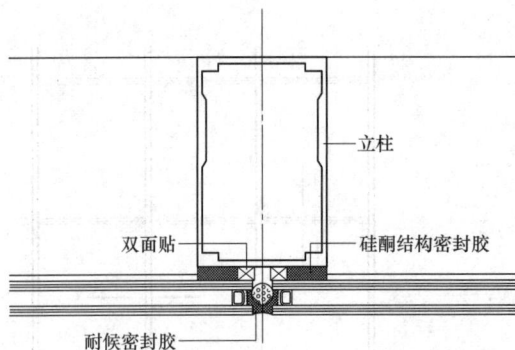

图 17-19　隐框玻璃与铝框粘结构造示意

（2）材料及结构体系

点支承玻璃幕墙由玻璃面板、支承结构、连接玻璃面板与支承结构的支承装置等组成。

① 玻璃面板

点支承玻璃幕墙的玻璃一般采用单层钢化玻璃、钢化夹层玻璃和钢化中空玻璃等。对于钢化钻孔玻璃，其孔边是最危险的部位。因此，点支式幕墙玻璃的钻孔孔径、孔位和孔距均应经计算确定。点支承玻璃幕墙的矩形面板可采用四点支承，必要时也可采用六点支承；三角形面板可采用三点支承。

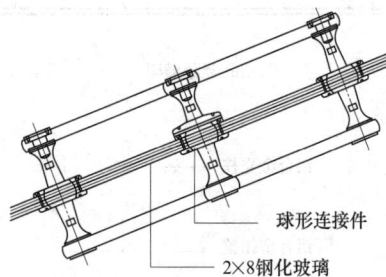

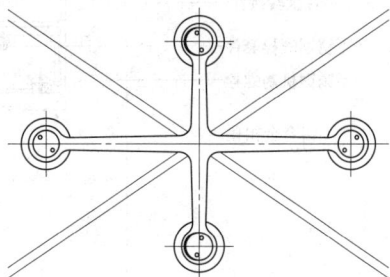

图 17-20　巴黎罗佛尔宫玻璃金字塔

（来源：（德）克里斯蒂安·史蒂西等．玻璃结构手册．白宝鲲等译．大连：大连理工大学出版社，2004：183．）

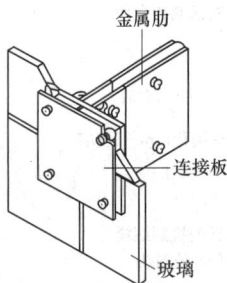

图 17-21　补丁式装配系统示意

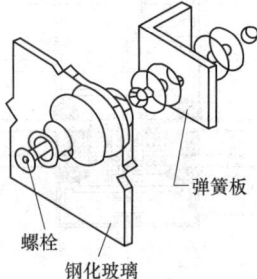

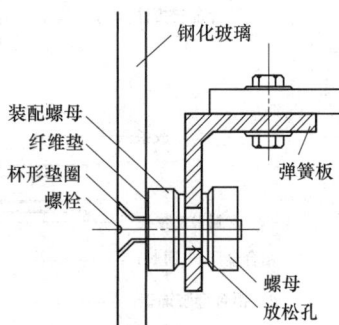

图 17-22　平面装配系统示意

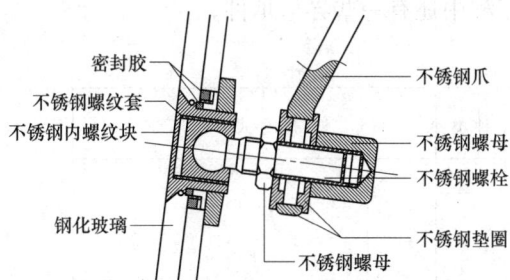

图 17-23 带球铰的支撑头

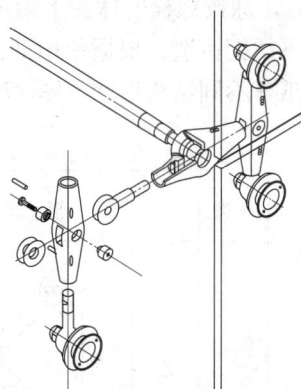

图 17-24 铰接螺栓连接系统示意

点支承幕墙玻璃单片厚度应不小于 8mm，组成夹层玻璃和中空玻璃的单片厚度也应符合此要求。点支承玻璃幕墙面板间的接缝宽度与玻璃的实际厚度，应根据具体计算来确定，以满足平面内发生最大控制位移时面板间不挤压碰撞。面板的接缝则应采用耐候硅酮密封胶嵌实，以防渗漏。连接支承玻璃的不锈钢爪件与玻璃孔的接口必须密封防水。

② 支承装置

支承装置包括螺栓和钢爪，玻璃板通过螺栓固定在钢爪上，钢爪与后面的支承结构连接，使玻璃的受力通过螺栓、钢爪传递到支承结构上。

注：L 为螺杆的长度，W 为玻璃的总厚度。

图 17-25 连接件的形式

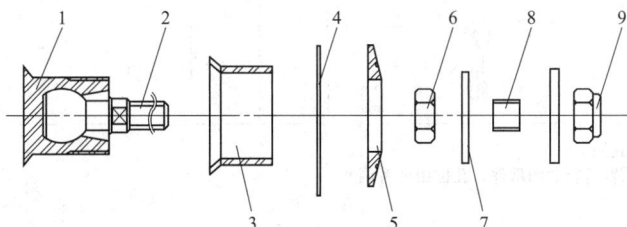

1—连接件主体；2—球铰螺栓；3—隔离衬套；4—隔离垫圈；
5—主体配合螺母；6—调节螺母；7—调节垫圈；8—金属衬套；9—锁紧螺母

图 17-26 沉头式连接件的零件

连接螺栓用不锈钢制作，分为活动式、固定式两类，其外形有沉头式和浮头式（图17-25），球铰螺栓的球头上镶配有不锈钢和特殊铝合金材质的铰座和衬垫（图17-26）。钢爪用不锈钢铸造。根据使用部位的不同，钢爪又分为单点爪、两点爪、三点爪、四点爪、多点爪等不同结构形状（图17-27），在实际工程中还有一些异形爪件。

种类		形　式	种类		形　式
四点	X形	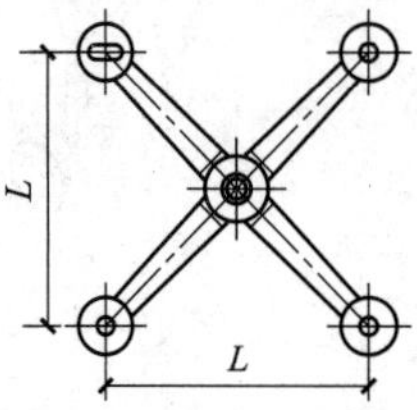	三点	Y形	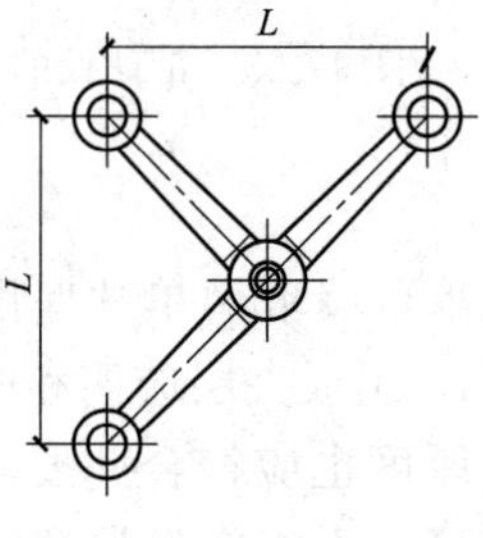
	H形	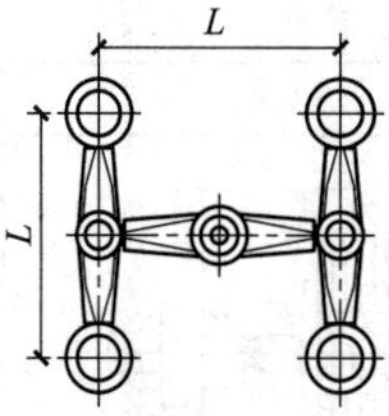			
二点	V形	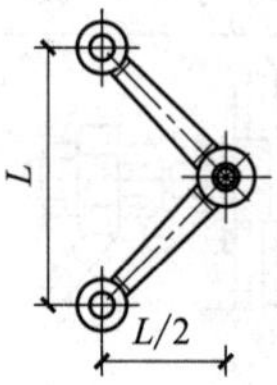	单点	V/2形	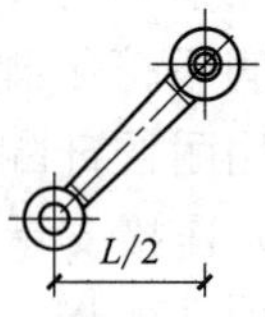
	U形	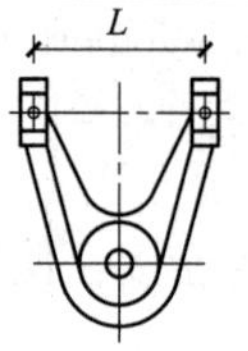		I/2形	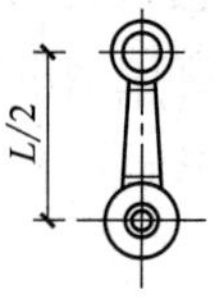
	I形	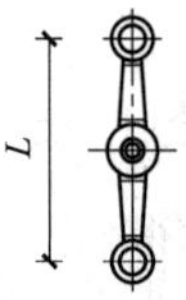			

注：(1) L为爪件的孔距。
　　(2) H形爪为爪臂可转动的爪件，孔位由爪臂调节。

图 17-27　常用爪件结构形式

③ 支承结构

支承结构有钢结构和玻璃肋。主体钢筋混凝土结构可以是支承结构的一部分。

a. 钢制支承结构

可分为杆件体系和索杆体系两种。杆件体系是由刚性构件组成的结构体系。索杆体系是由拉索、拉杆和刚性构件等组成的预应力结构体系。

杆件体系可分为单杆件、桁架、空腹桁架等几种形式。

单杆结构通常用单根钢管（圆形或方形）或 H 型钢制造，结构简单，其受力状态不论是横梁还是立柱均处于受弯状态。单杆结构通常用于空间高度较小的点支承玻璃幕墙（图 17-28）。

当空间高度较大时，一般采用空腹桁架或鱼腹桁架支承结构。桁架通常用钢管相贯式焊接而成（图 17-29）。

索杆体系的受拉杆件采用高强度钢索或圆钢代替，结构上简单美观又能满足幕墙支承结构的力学要求，在点支承玻璃幕墙中也有较广泛的应用（图 17-30、图 17-31）。

玻璃幕墙中常用的张拉索杆支承结构形式主要包括索桁架、自平衡索桁架、张弦结构、平面索网、曲面索网、单向竖索等。

b. 玻璃肋支承结构

采用较厚的钢化玻璃制成肋板，利用金属连接件通过钢爪与玻璃面板垂直柔性连接，承受玻璃面传来的外力。因玻璃材料脆性较大，抗弯强度低，因此，只用于高度及跨度较小的点支承玻璃幕墙（图 17-32）。

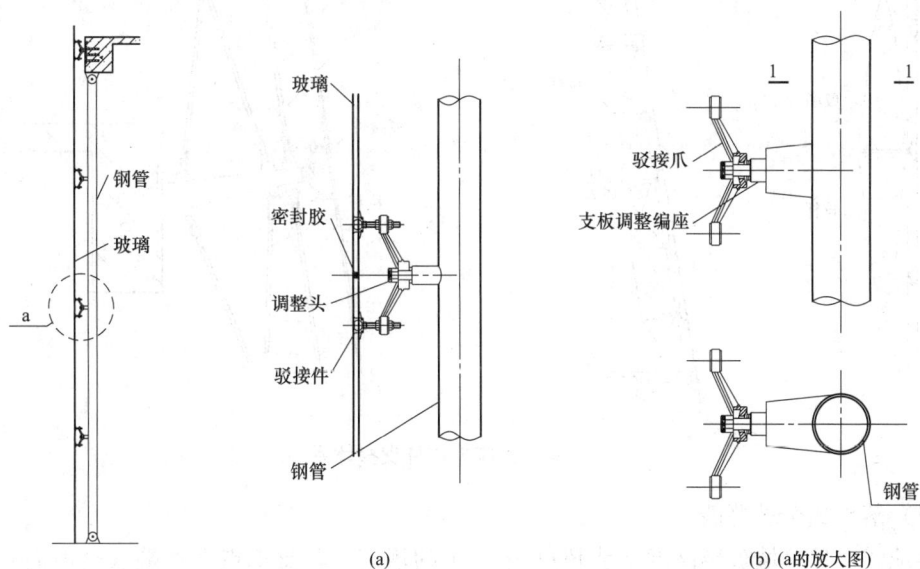

(a)　　　　　　　　　(b) (a的放大图)

图 17-28　单杆支撑结构

4）全玻璃幕墙

全玻幕墙是由大面积全透明的玻璃面板和竖向玻璃肋组成的玻璃幕墙。与构件式体系幕墙不同，玻璃肋起结构支承作用，代替了金属立框，故又称为"结构玻璃幕墙"。这种安装方式能够承受作用于外表面板上的风荷载，形成大型连续通透的玻璃幕墙，对视觉有利。根据支承构造方式的不同，全玻璃幕墙可分为落地式和吊挂式两种。

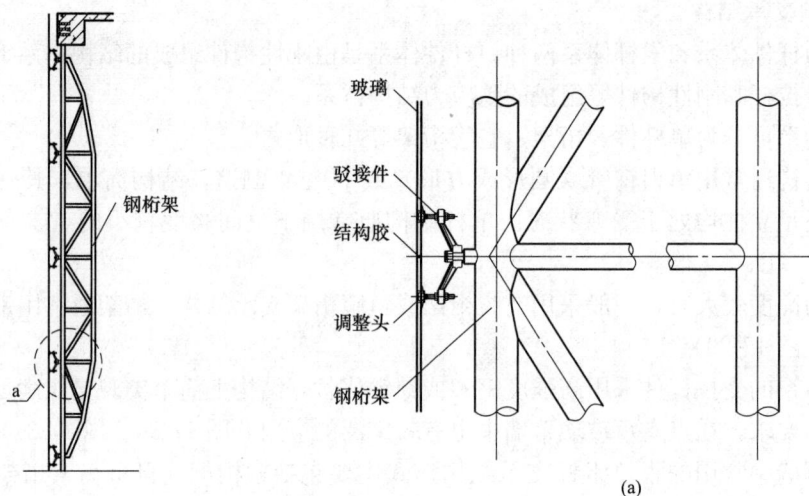

图 17-29　钢桁架支撑结构

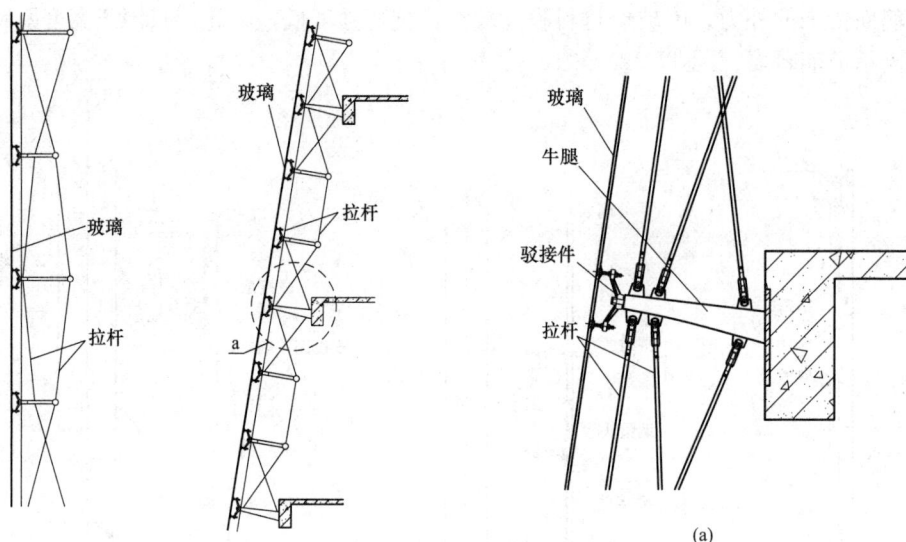

图 17-30　预应力拉杆支撑体系

（1）落地式全玻幕墙

落地式全玻幕墙玻璃高度不能超过表 17-1 的规定，其支承点在下端（楼地面）支座上。根据工程实际经验，当某厚度的玻璃高度小于表格限值时，自重引起的玻璃的平面挠度不大，采用下端支承结构比较经济、合理。

落地式全玻幕墙构造做法主要在于玻璃落地处、两侧端部及顶部，这四个部位需设置不锈钢压型凹槽，槽内设置氯丁橡胶定位垫块，缝隙用泡沫棒嵌实后再用结构硅酮密封胶封口（图 17-33）。全玻幕墙玻璃肋与玻璃面板之间的连接采用透明结构硅酮密封胶粘接。

全玻璃幕墙的玻璃肋宜采用夹层玻璃。采用金属件连接的玻璃肋应采用钢化或半钢化夹层玻璃。玻璃肋的布置形式分为单肋、双肋及通肋三种（图 17-34）。选择何种形式应

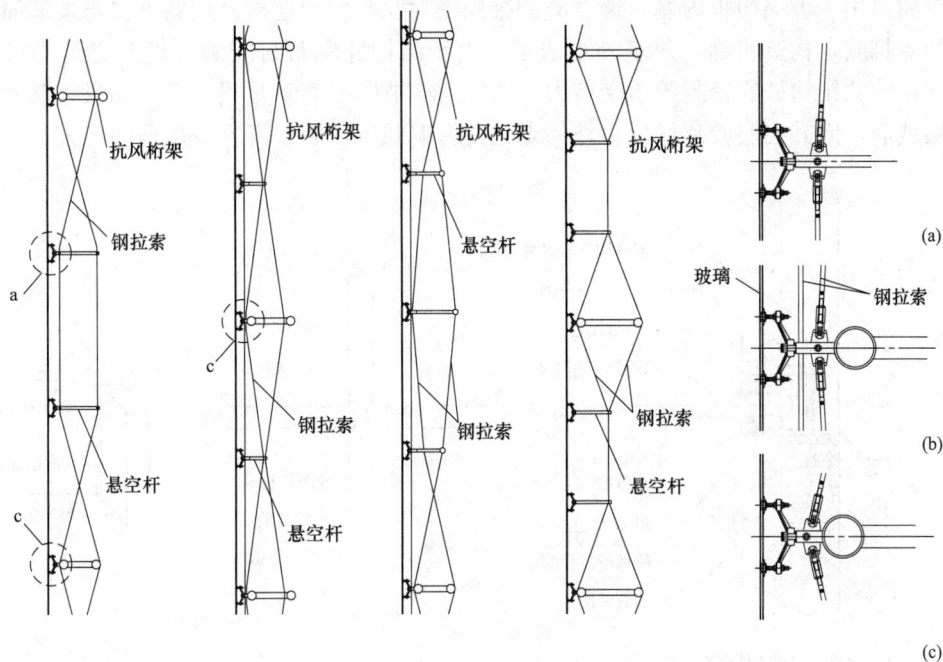

图 17-31 预应力拉索支撑体系

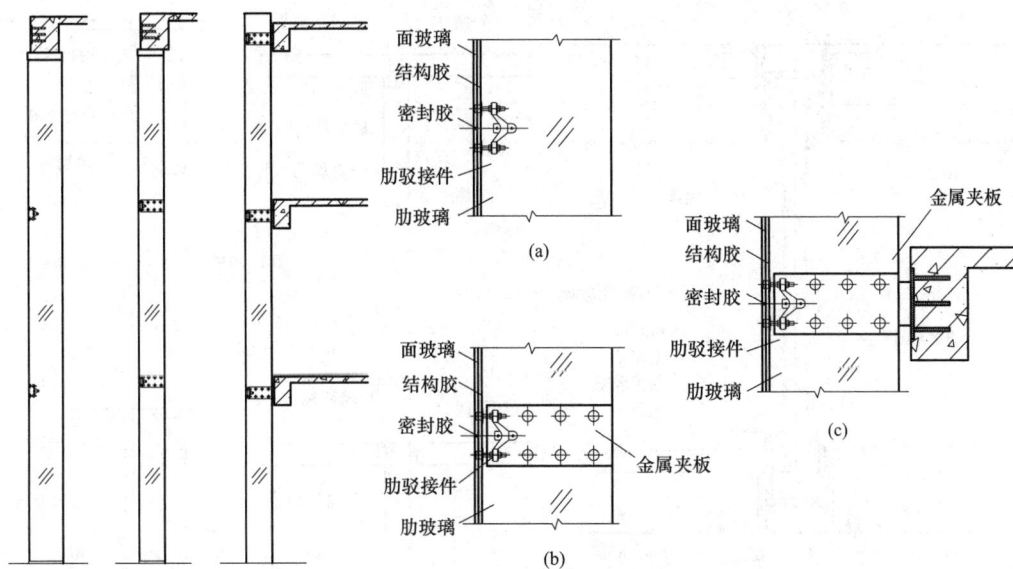

图 17-32 玻璃肋支撑结构

根据建筑的造型及使用空间功能确定。对于玻璃肋与玻璃面板的厚度、间距和尺寸，应根据立面设计和结构计算而定。

下端支承全玻璃幕墙的最大高度   表 17-1

玻璃厚度(mm)	10,12	15	19
最大高度(m)	4.0	5.0	6.0

　　单肋多用于玻璃面板内侧，通过硅酮结构密封胶与面板连接。通肋外口与玻璃面板平齐，两侧打胶，构造明确，建筑外观清晰。由于结构硅酮密封胶的合理受力是受拉与受压，而通肋的结构硅酮密封胶承受剪力，所以此构造胶受力不是很合理。如果玻璃肋板采用夹层玻璃，因其夹层胶片切口对外易老化并影响观感，所以不宜采用通肋形式。

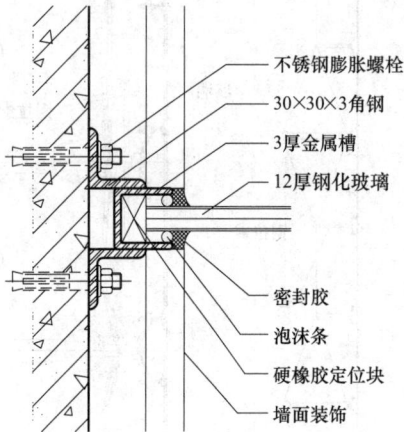

(a) 全玻幕墙边与墙连接节点

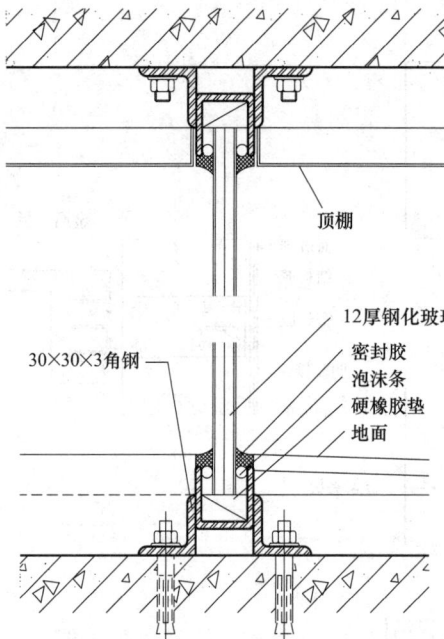

(a) 双肋

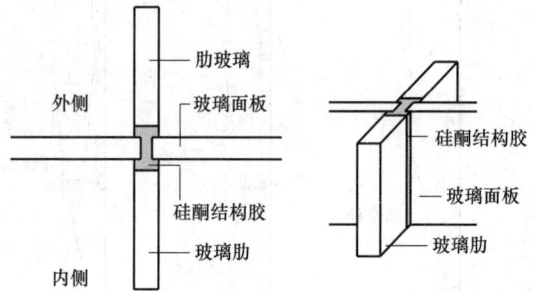

(b) 全玻幕墙上、下节点

图 17-33　落地式全玻幕墙构造详

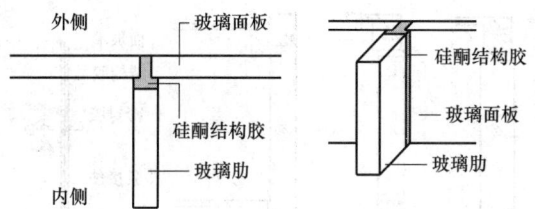

(b) 单肋

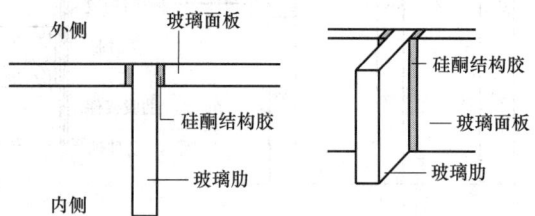

(c) 通肋

图 17-34　玻璃肋布置方式

（2）吊挂式全玻幕墙

　　当某厚度的玻璃高度大于表格限值时，全玻幕墙玻璃应悬挂在主体结构上（图 17-35），因为单片玻璃高度大于限值时，玻璃由于自重而处于受压状态，易受破坏。

将大型板面玻璃用特殊的金属器具吊夹悬挂起来，上部吊挂结构承担全部自重荷载，玻璃在吊挂作用下自然伸直，可充分发挥玻璃本身的强度和刚度，并且使全玻幕墙对建筑的变形和振动有一定的适应性，从而提高结构抗震性能。支承装置吊夹的形式见图 17-36。

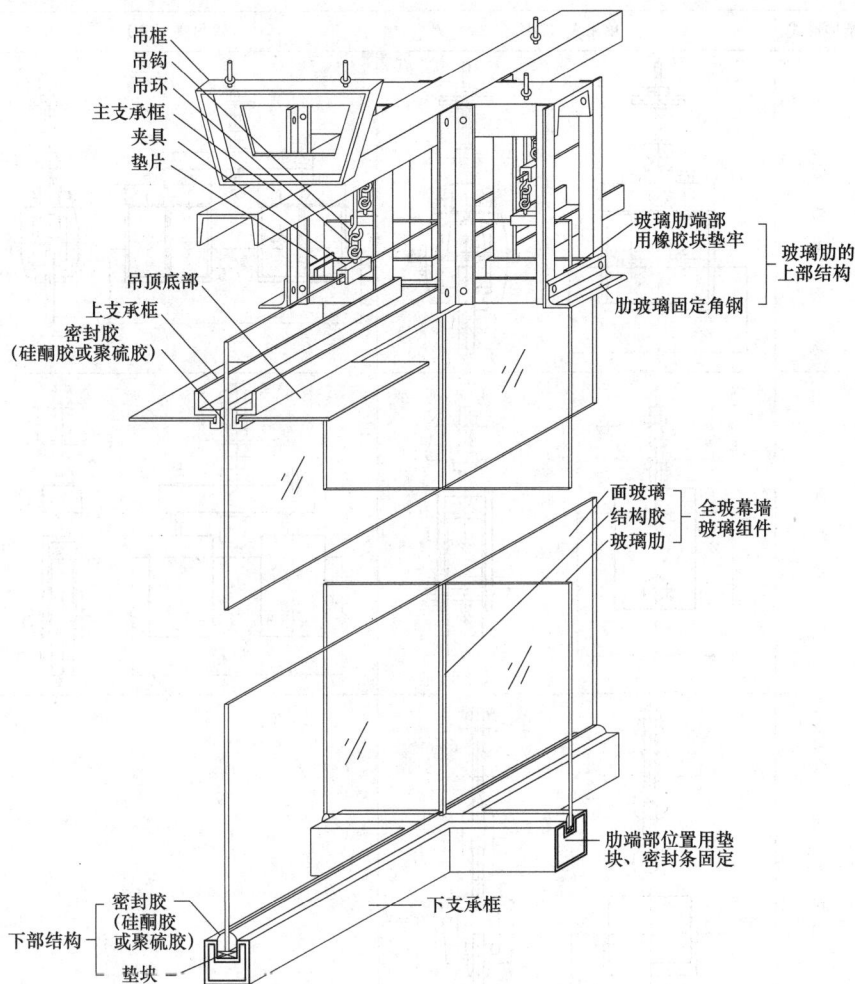

图 17-35 吊挂式全玻幕墙示意图

吊挂式全玻幕墙的单片玻璃高度超过限值时，比如十几米，其宽度分割一般小于 2m，厚度通常在 12～25mm 之间，单片玻璃的自重较大，因此运输、安装的安全要求很高。

5）U 形玻璃幕墙

（1）特点

U 形玻璃垂直放置时可作为墙体，斜向放置时可作为屋面材料，装配方便。U 形玻璃长度可满足楼层高度要求，甚至可以达到两个楼层的高度。U 形玻璃按造型及建筑使用功能要求的不同，通常有如下单排或双排的组合方式（图 17-37）。

（2）设计应注意的问题

① U 形玻璃隔墙长度大于 6000mm，高度超过 4500mm 时，应核算墙身的稳定性，采取相应的措施。

② U 形玻璃用于湿度较大的房间且室内外温差较大时，应处理好玻璃表面凝结露水的排泄及下滴问题。

③ U 形玻璃用于圆形墙及屋面时，曲率半径不宜太小，一般不应小于 1500mm。

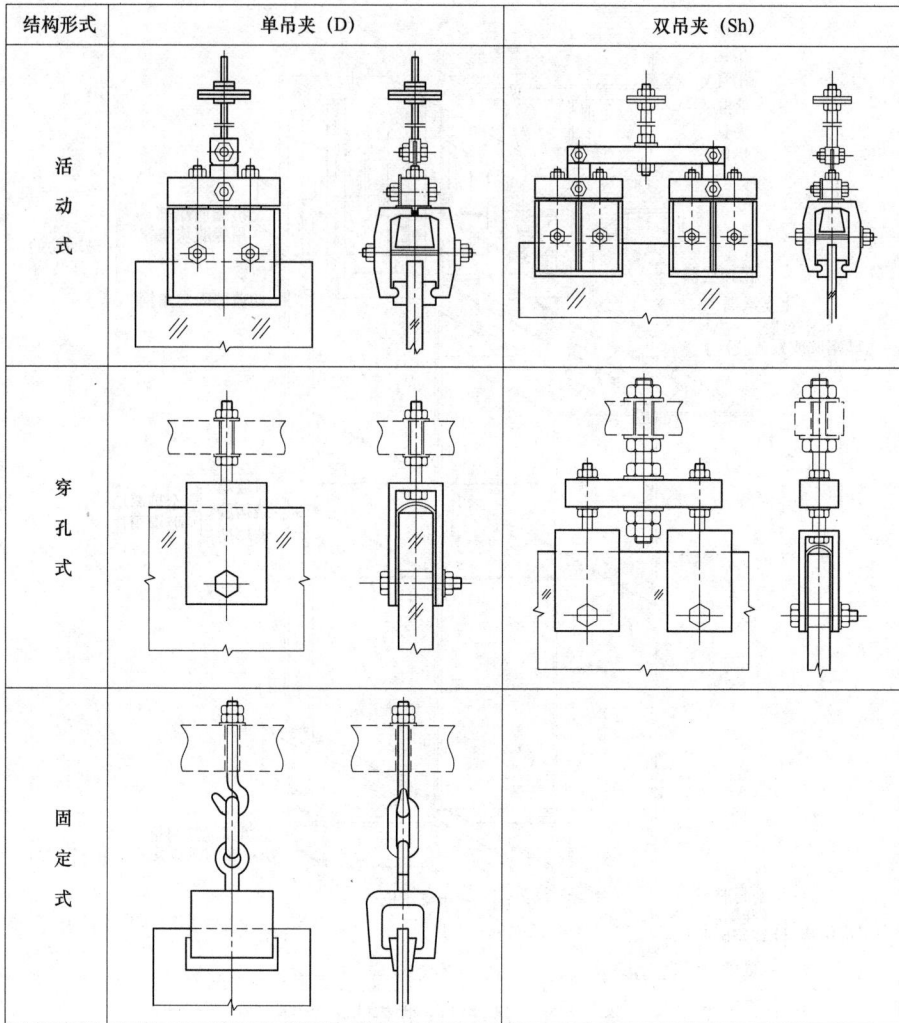

图 17-36　支撑装置吊夹的形式

④ U 形玻璃的安装通常用专用的铝型材边框材料，当采用金属型材时，要有良好的防腐防锈处理。边框材料及墙面或建筑洞口应有可靠的固定，每延米应不少于 2 个固定点。

（3）构造措施

U 形玻璃幕墙构造做法是在周边布置槽形边框，U 形玻璃的周边收口槽壁与玻璃的间隙为 4~6mm，玻璃上端与槽底的间隙应满足玻璃热胀冷缩变形的要求。玻璃与槽底壁之间应加设 PVC 缓冲垫，玻璃与槽壁之间应采用硅酮密封胶填充（图 17-38）。

6）双层通风幕墙

双层通风幕墙构造对提高幕墙的保温、隔热、隔声性能可起到很大的作用。

常用安装模式		示意图
单排	翼朝外(或内)	
	楔形结构,互相咬合	
	楔形结构,互相贴合	
双排	翼在接缝处成对排列	
	弧形	
	翼对翼	

图 17-37　U 形玻璃排列组合方式

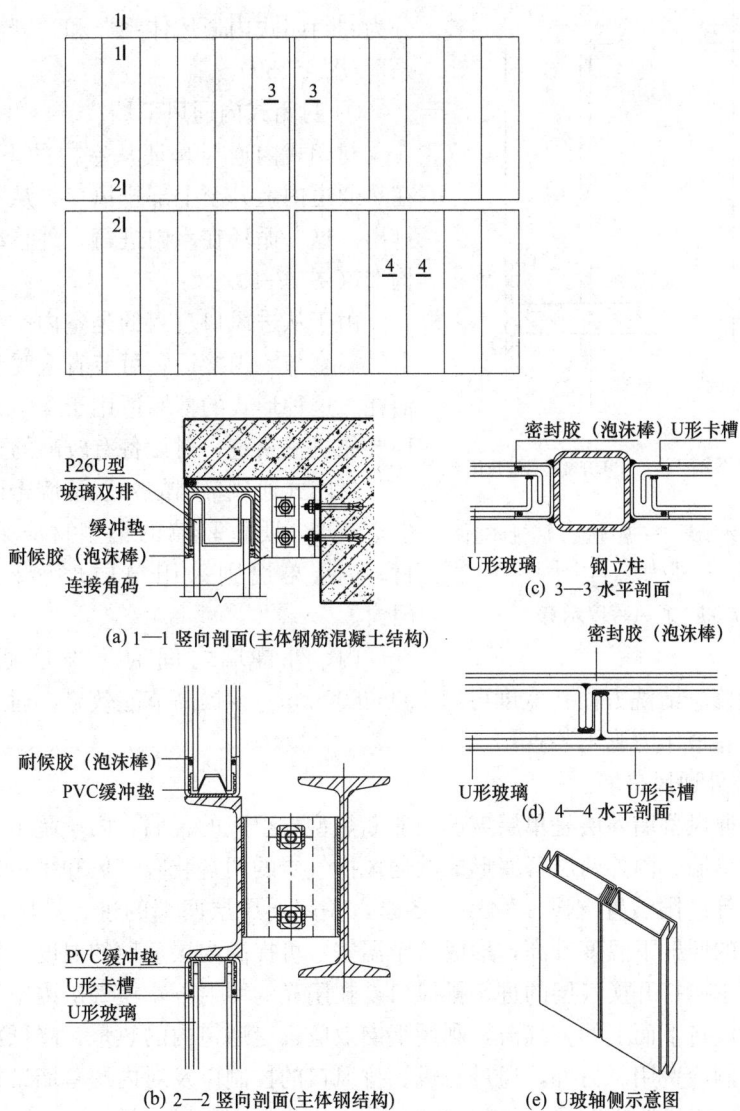

(a) 1—1 竖向剖面(主体钢筋混凝土结构)
P26U型玻璃双排
缓冲垫
耐候胶(泡沫棒)
连接角码

(c) 3—3 水平剖面
密封胶(泡沫棒) U形卡槽
U形玻璃 钢立柱

(d) 4—4 水平剖面
密封胶(泡沫棒)
U形玻璃 U形卡槽

(b) 2—2 竖向剖面(主体钢结构)
耐候胶(泡沫棒)
PVC缓冲垫
PVC缓冲垫
U形卡槽
U形玻璃

(e) U玻轴侧示意图

图 17-38　U 形玻璃幕墙节点构造

（1）组成与原理

双层通风幕墙由内、外两道幕墙组成。内层幕墙一般采用明框幕墙，有活动窗或检修门，便于维护、清洁；外层幕墙可采用有框幕墙或点支玻璃幕墙。

内、外幕墙之间形成一个相对封闭的通风换气层，空气可以从下部进风口进入，又从上部排风口排出，这一空间经常处于空气流动状态，称之为热通道，热量在这个空间内流动。因此，双层通风幕墙又称热通道幕墙或呼吸式幕墙。

由于换气层中空气的流通或循环的作用，使内层幕墙的温度接近室内温度，减小温差。

（2）类型

双层通风幕墙的特征是：双层幕墙和空气流动、交换。根据空气层通风组织形式的不同，可分为"封闭式内通风体系"和"开敞式外通风体系"（图 17-39）。

① 封闭式内通风幕墙

封闭式内通风幕墙从室内的下部吸入空气，在热通道内上升至上部排风口，从吊顶内的风管排出。这一循环在室内进行，外幕墙采用全封闭构造（图 17-40）。

由于从进风口进入的是室内空气，热通道中空气温度与室内接近，可节省取暖和制冷的能源消耗。这种形式的幕墙适用于采暖地区。由于循环要靠机械系统，对设备有较高的要求。

封闭式通风幕墙的外层幕墙密闭，通常采用中空玻璃，明框幕墙的铝型材应采用断热铝型材。内层幕墙则采用单层玻璃幕墙或单层铝门窗。

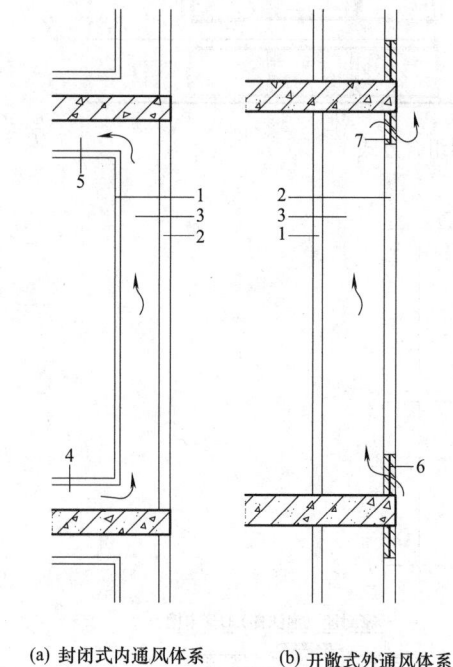

(a) 封闭式内通风体系　(b) 开敞式外通风体系

1—内幕墙；2—外幕墙；3—热通道；4—进风道；
5—排风道；6—进风口；7—排风口

图 17-39　通风幕墙示意

内、外幕墙之间通道宽度通常为 150～300mm。为检修、清洗方便，宽度可取 500～600mm。为提高节能效果，通道内还可设电动百叶或电动卷帘作为遮阳装置。

② 开敞式外通风幕墙

开敞式外通风幕墙外层是单层玻璃与非断热型材组成的幕墙，内层是由中空玻璃与断热型材组成的幕墙。内外两层幕墙形成的通风换气层的两端装有进风和排风装置，通道内也可设置百叶等遮阳装置（图 17-41）。冬季，关闭通风层两端的进、排风口，换气层中的空气在阳光的照射下温度升高，形成一个温室，可提高内层玻璃的温度，减少建筑物的采暖费用。夏季，打开换气层的进、排风口，在阳光的照射下，换气层内空气温度升高而自然上浮，形成自下而上的空气流，利用烟囱效应带走通道内的热量，降低内层玻璃表面的温度，减少制冷费用。另外，通过对进、排风口的控制以及对内层幕墙结构的设计，可达到由通风层向室内输送新鲜空气的目的，从而优化建筑通风质量。

"开敞式外循环体系"通风幕墙不仅具有"封闭内循环式体系"通风幕墙在遮阳、隔声等方面的优点，在舒适节能方面更为突出，提供了高层和超高层建筑自然通风的可能。

（3）特点

① 双层通风幕墙有如下突出的优点：

在原理上，利用"烟囱效应"与"温室效应"，是从幕墙的功能上解决节能问题，通过材料本身的特性来达到一定的节能效果。

在环保上，双层通风幕墙外层玻璃选用无色透明玻璃或低反射玻璃，可最大限度地减少镀膜玻璃反射带来的"光污染"；在单层玻璃幕墙中，为保证室内外效果与节能，玻璃一般选用有一定反射功能的镀膜玻璃。

在节能上，双层通风幕墙由于换气层的作用，相比单层幕墙，在采暖时节约能源 42%～52%，在制冷时节约能源 38%～60%，是解决建筑节能问题的一个新的方向。

在使用上，换气层的出现，使双层通风幕墙在夏季可节省制冷费用，冬季可节省采暖费用。同时，遮阳百叶置于换气层内，能有效地防止日晒又不影响立面效果。

在舒适度方面，双层通风幕墙具有很好的隔声性能，让室内生活与工作的人们有一个清静的环境；无论天气好坏，换气层都可将新鲜空气传至室内，从而提高室内的舒适度，并有效地降低高层建筑单纯依赖暖通设备机械通风带来的弊病。

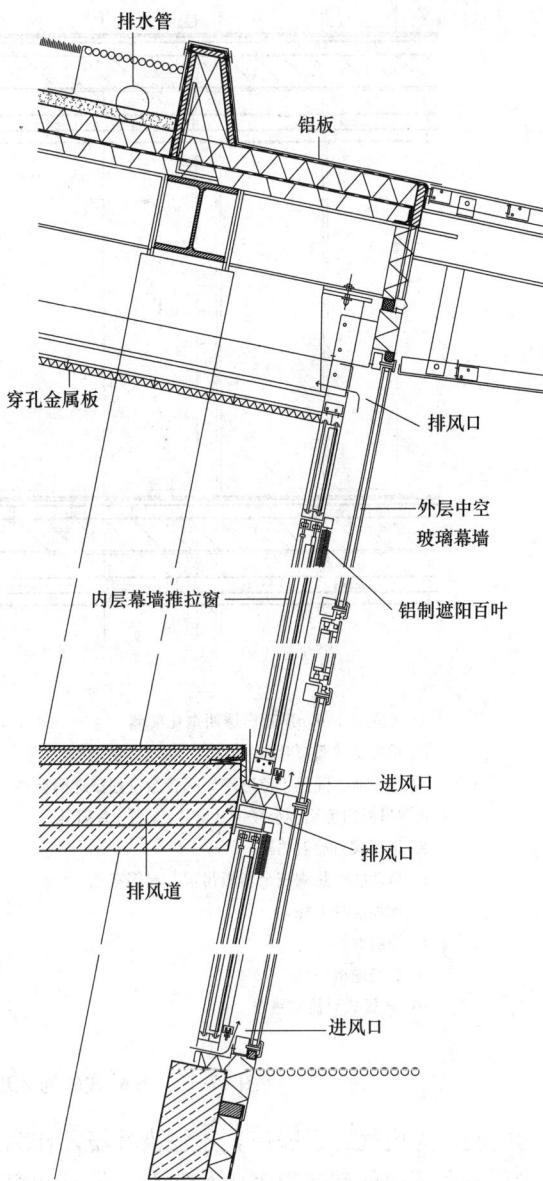

图 17-40 封闭式内通风玻璃幕墙构造示意图

② 主要问题

双层通风幕墙的推广应用主要有两大问题：一是造价问题，由于双层通风幕墙具有双层结构，技术含量高，一次性投资较单层幕墙高。二是面积问题，采用双层通风幕墙，实际有效建筑面积要损失 2.5%～3.5%，这也是影响推广使用的一个重要因素。另外，双层通风幕墙层间防火设计也是一个关键。

7）光伏幕墙

光伏幕墙是将普通玻璃幕墙（屋顶）与光电原理相结合的建筑幕墙形式。光伏幕墙集发电、隔声、隔热及装饰功能于一体，采用光电池、光电板技术，将太阳能转换为人们利

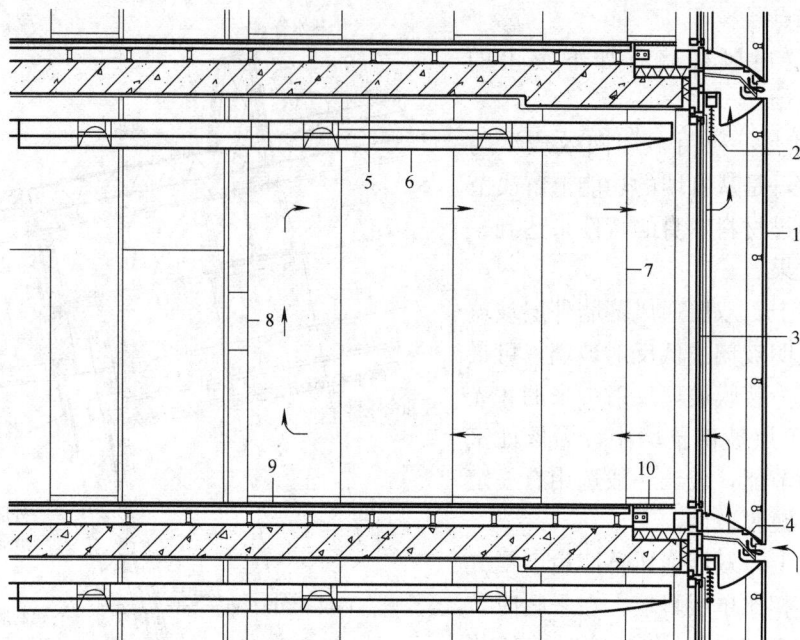

1. 外立面:10mm厚超白透明钢化玻璃
2. 铝合金遮阳百叶
3. 内立面：隔热中空玻璃：铝合金框超白透明玻璃
4. 4厚银白色铝合金铰接式薄片(每隔一片打孔)
5. 地板式对流散热器
6. 多功能耐热陶瓷金属板吊顶，局部穿孔
7. 加强混凝土柱
8. 控制面板
9. 架空地板
10. 地板式对流散热器

图 17-41 开敞式外通风玻璃幕墙节点构造

用的电能，无废气，无噪声，不污染环境。作为绿色能源技术与幕墙技术相结合的产物，光伏幕墙在国内外都有很多工程实践。但是建筑的初装成本高，一次性投资较大。

光伏幕墙设计应综合考虑地理环境、建筑功能、气候及太阳能资源等因素，确定建筑的布局、朝向、间距、群体组合和空间环境，满足光伏系统技术和安装要求。

（1）光电板的组成

光伏幕墙（屋顶）的基本单元为光电板，光电板是由若干光电电池（即太阳能电池）进行串、并联组合而成的电池阵列。结合幕墙设计，将光电板安装在玻璃幕墙建筑物相应的结构上即构成光伏幕墙，如图 17-42 所示。

光电板的组成如图 17-43 所示。光电板玻璃分透明和不透明两种，设计时可根据具体情况进行排列布置。用于光伏幕墙的外片玻璃应为超白玻璃、自洁净玻璃或低反射玻璃，透明夹层胶片宜采用 PVB（聚乙烯醇缩丁醛），胶片厚度应不小于 0.76mm。

光伏组件可采用单晶硅、多晶硅及薄膜电池。立面宜采用薄膜电池组件或间隔布置的晶硅组件。

（2）构造及安装

立柱和横梁应有布置电气系统管线的可拆卸的构造，光伏玻璃组件的接线盒宜隐蔽。

在风荷载标准值作用下，光伏组件的挠度宜不大于短边的 1/120。

光伏系统应防止漏电，防雷措施应符合规范规定。

4厚清玻
粘结材料
光电池组
粘结材料
4厚清玻

电线

图 17-42　光电幕墙　　　　　图 17-43　光电板的组成

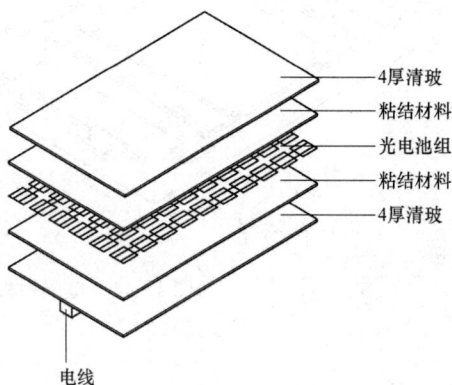

（来源：Christian Schittich（Ed.）. in DETAIL Building skin
Concepts·Layers·Materials. Birkhäuser
Edition Detail，2003：61.）

17.4.2　金属幕墙

金属幕墙系由各类金属面板与支承骨架组合而成的幕墙。金属幕墙的面板材料以铝合金板使用最为广泛，此外，不锈钢板、耐候钢板、搪瓷涂层钢板、铜板、钛锌板、钛合金板等亦有应用。

金属面板应沿周边用螺钉或挂钩固定在支承构件上。挂钩应设置防噪声垫片并采取防脱措施。板缝宽度应根据面板的温度变形、荷载作用下变形和地震变形等计算确定，且不小于 10mm。面板板缝类型通常有注胶式板缝与开放式板缝两种。开放式板缝，面板背部空间应保持通风，排水顺畅。面板背面的保温材料应有防水措施。支承结构和金属连接件要求采取有效的防腐蚀措施。

1）铝合金幕墙

（1）单层铝板幕墙

幕墙常用的铝合金面板为单层铝合金板（简称单层铝板）。

规范规定，幕墙用单层铝板厚度不小于 2.5mm。单层铝板四边折弯成直角，角边均焊接在一起，避免雨水从铝板的焊接缝隙进水。为加强单层铝板的板面强度，按需要在铝板背面设置边肋和中肋等加劲肋。加劲肋用同样铝合金材质的铝带或角铝制成，打孔后以铝合金螺栓与单板相连，铝合金螺栓则以电栓焊焊接在单层铝板背面，使单块单层铝板能够做到较大的尺寸，并保持足够的刚度和平整度（图 17-44）。

铝板与铝型材骨架之间，应沿周边采用铆接、螺栓连接或胶粘与机械连接相结合的形式固定。除开缝式幕墙构造体系外，铝板之间缝隙一般选用聚乙烯泡沫棒垫衬空隙，然后再用硅酮密封胶嵌缝，如图 17-45、图 17-46 所示。

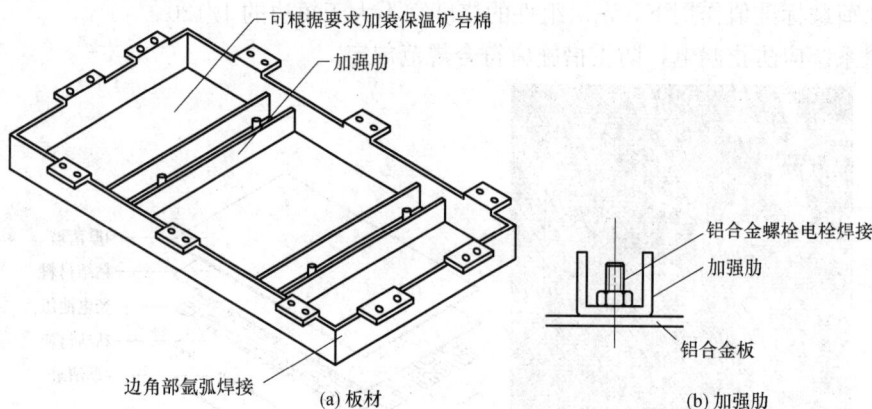

图 17-44 单层铝板板材构件

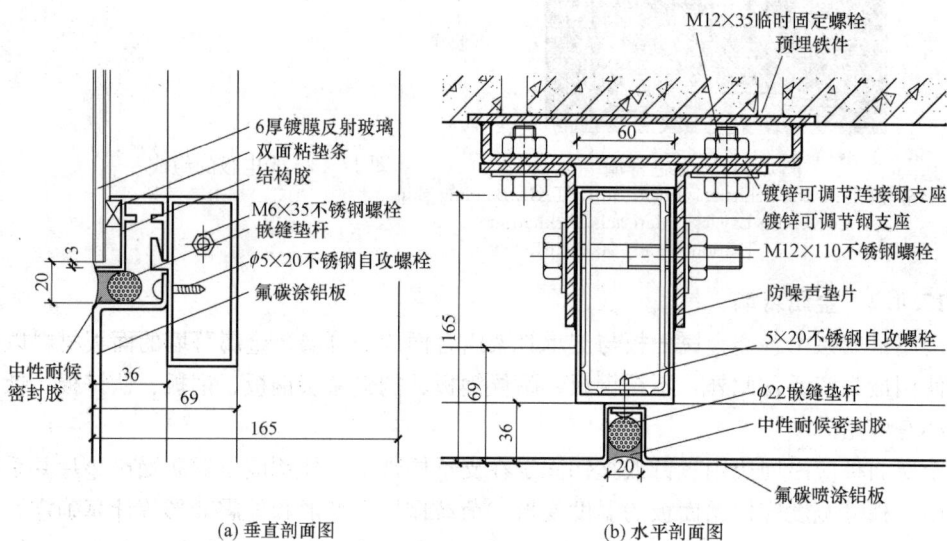

图 17-45 单层铝板幕墙节点（无副框）

（2）厚铝板、铸铝板幕墙

在国外尚有单层厚铝板幕墙以及铸铝板幕墙的建筑案例，厚铝板常用厚度为 3～5mm。铸铝板因采用铸造工艺，可在面板表面形成富有特色的肌理纹样。

此类面板因为厚度大，故材料消耗大，造价较高。但由于厚板刚性好、平整度高，所以板块可以设计成较大规格尺寸。因不需要折边，面板板缝采用开放式构造，如图 17-47。

2）耐候钢板幕墙

耐候钢板在建筑外饰面中的常见形式为平板，构造方法有背焊肋板挂贴法、明露螺栓（或铆钉）固定法等。考虑到钢板的平整度和耐久性，耐候钢板常用设计厚度为 3～5mm，

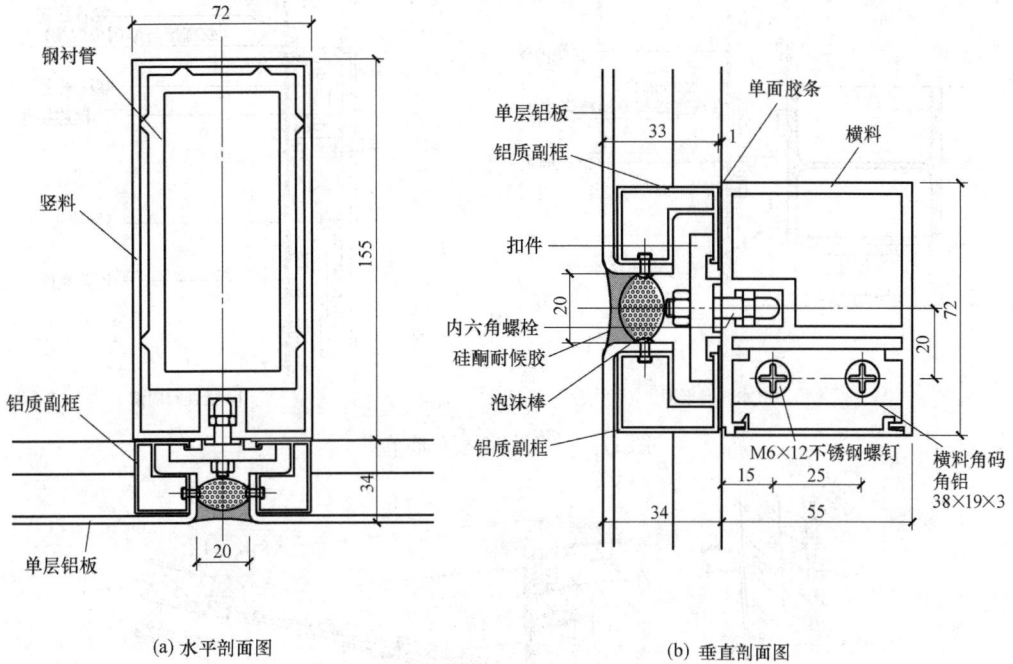

(a) 水平剖面图　　　　　　　　　　(b) 垂直剖面图

图 17-46　单层铝板幕墙节点（带副框）

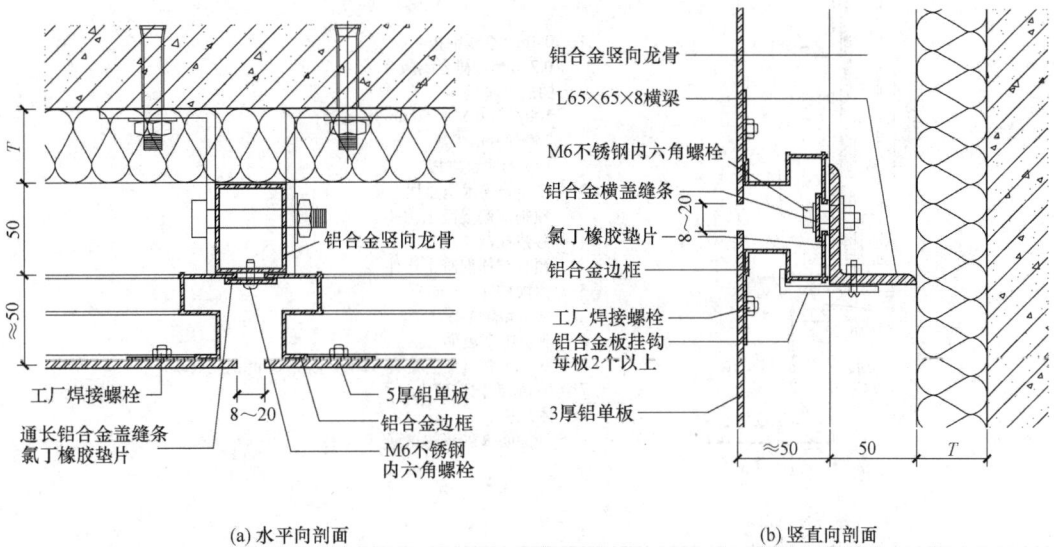

(a) 水平向剖面　　　　　　　　　　(b) 竖直向剖面

图 17-47　厚铝板幕墙构造节点

在重要建筑中可适当增加厚度。为避免钢板长期处于水汽环境中，其板缝通常处理为开缝构造并且板后设通风间层以保证钢板快速干燥，同时提高墙体热工性能，如图 17-48 所示。

　　3) 不锈钢和铜板幕墙

　　面板厚度为 2～3mm 的不锈钢板幕墙和铜板幕墙，其构造方式与单层铝板幕墙类似。由于造价较高，不锈钢板与铜板幕墙通常不会采用厚型板材。厚度为 0.4～0.8mm

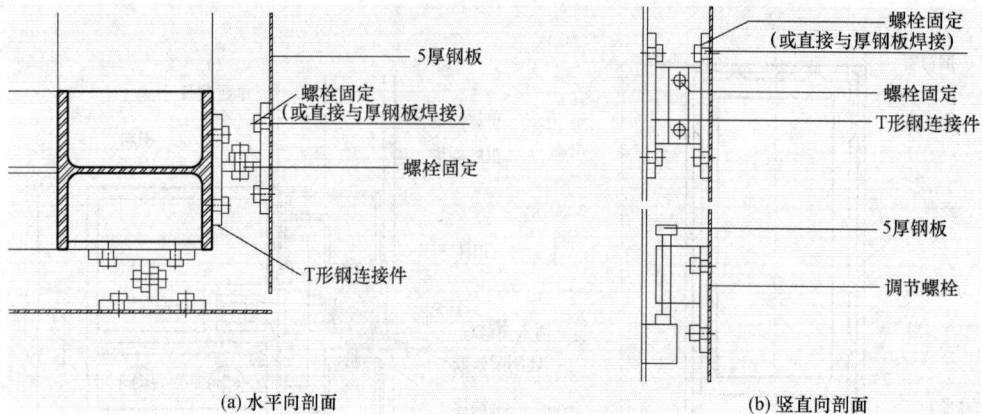

(a) 水平向剖面　　　　　　　　　　　(b) 竖直向剖面

图 17-48　耐候钢板幕墙节点

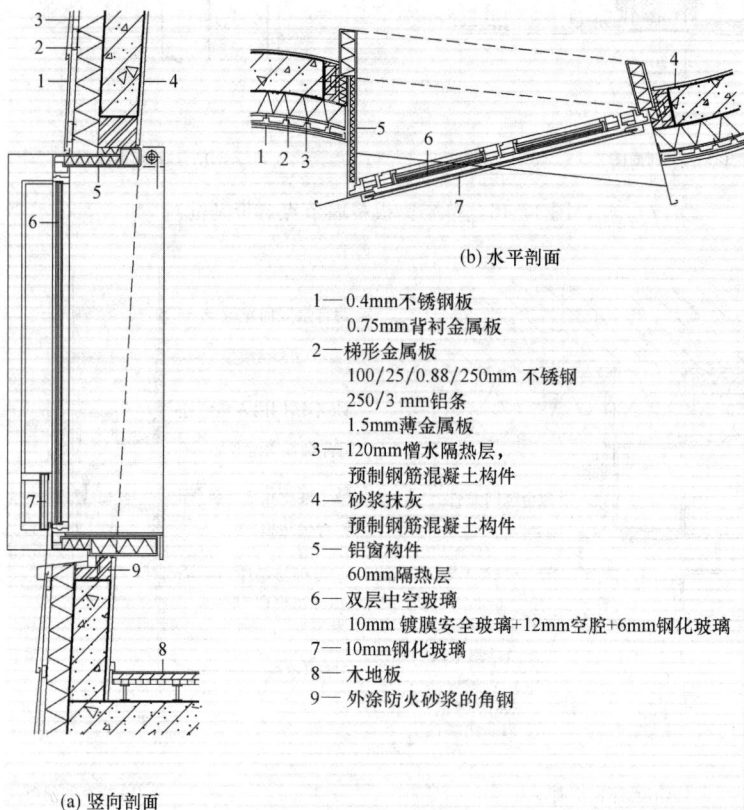

(b) 水平剖面

1—0.4mm不锈钢板
　0.75mm背衬金属板
2—梯形金属板
　100/25/0.88/250mm 不锈钢
　250/3 mm铝条
　1.5mm薄金属板
3—120mm憎水隔热层,
　预制钢筋混凝土构件
4—砂浆抹灰
　预制钢筋混凝土构件
5—铝窗构件
　60mm隔热层
6—双层中空玻璃
　10mm 镀膜安全玻璃+12mm空腔+6mm钢化玻璃
7—10mm钢化玻璃
8—木地板
9—外涂防火砂浆的角钢

(a) 竖向剖面

图 17-49　某建筑超薄不锈钢板幕墙节点构造

的超薄型不锈钢板和铜板板材,适用于平锁扣式系统、立边咬合系统等与金属屋面构造相同的构造工艺。其面板较窄小,以金属扣件及小螺钉铺钉在基层木板或金属件上(图17-49)。这也是金属超薄型板材幕墙的常用构造措施。

当制作成复合面板的时候,其构造可采用单层铝板幕墙构造或者单元墙体板块系统。

4)钛锌板幕墙

钛锌板构造与不锈钢和铜板材料相似,在实践中亦常采用超薄型板材,如德国柏林犹太人博物馆。小规格钛锌板材适用构造有平锁扣式系统、立边咬合系统，也有为表现建筑划分线产生的变异构造（图 17-50）。大规格钛锌板材则需要制成复合板材使用。

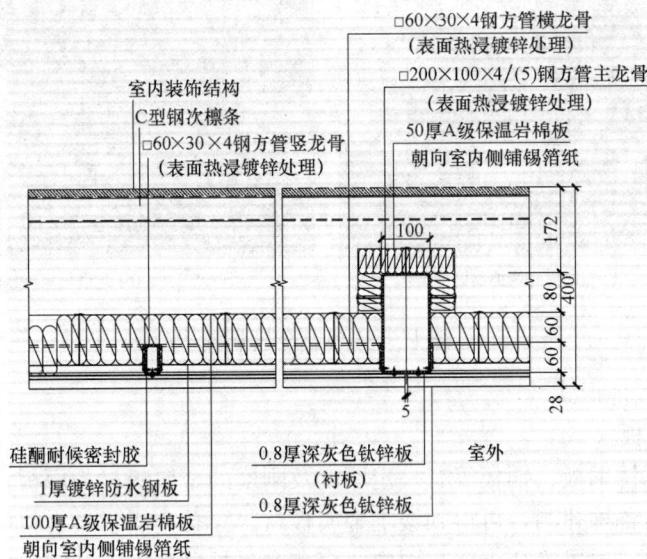

(a) 钛锌板标准横剖节点图(接缝处)

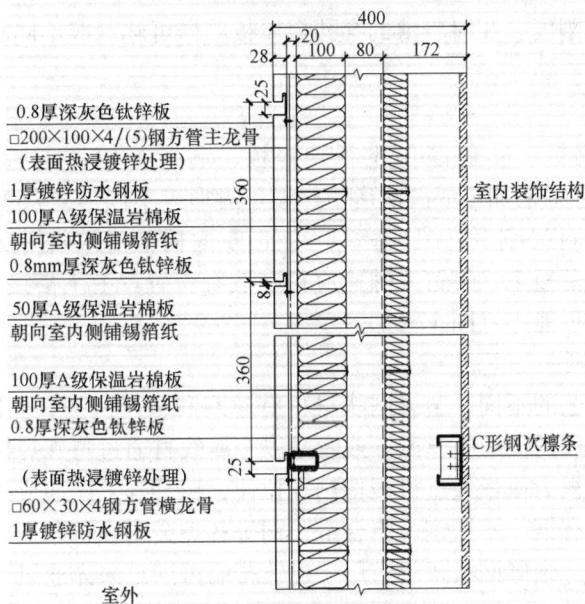

(b) 钛锌板标准竖剖节点图

图 17-50　某建筑超薄钛锌板幕墙节点构造

5）钛合金板幕墙

由于钛合金成本高昂，所以在实践中亦常采用钛合金超薄型板材或者钛合金复合板材。钛合金超薄面板表面不平整，适用于平锁扣系统的构造；钛合金复合板材平整度高，适用的构造措施较多。西班牙毕尔巴鄂古根海姆博物馆与中国北京国家大剧院即分别是这两种面板应用的经典，如图 17-51 所示。

(a) 毕尔巴鄂古根海姆博物馆　　　　　　　　　(b) 北京国家大剧院

图 17-51　钛合金板幕墙

6）金属幕墙其他形式

（1）穿孔金属板

选用铝板、不锈钢板、铜板等有一定厚度及刚度的金属板材为原板，利用冲孔设备将板材规律地加工出各种孔洞，可得到镂空金属板材。穿孔金属板具有特殊的质感肌理，并且具有透光不透视、通风等特点，在国内，穿孔金属板幕墙以穿孔铝板应用最多。

穿孔金属板幕墙的构造类似于金属单层平板，当穿孔空洞尺寸与密度较大时，需采用加强肋以增强板材整体刚度。相对较薄的穿孔金属板同样可轧制成不同断面形式的面板以提高面板刚度。

（2）波形面板

将铝板、热镀锌钢板、彩色涂层钢板、锌板、铜板等较薄的板材（厚度 0.6～1.2mm），通过冷、热轧工艺加工成波浪形、梯形、齿形等不同形式及规格的压型钢板断面，有利于提高板材的自身刚度（图 17-52）。波形断面板幕墙常采用露明铆钉、自攻螺钉等直接固定在龙骨或基板上。铆钉或螺栓应打在波谷位置，上下搭接应考虑顺水方向，长向搭接兼顾面板的变形能力（图 17-53）。

（3）金属丝网及板网

根据材料与加工工艺的不同，金属网状材料有丝网和板网两类。丝网是以金属丝线、绞线等通过编织工艺形成的编织类丝网，或者是以金属线材通过特殊焊接工艺形成的焊接类丝网。板网是以金属板为原板经过机械切割、拉伸、压平等工序而成的拉伸型板网。金属网状材料所用原材料有钢、不锈钢、铝合金、铜等各类金属线材与板材，在加工后也可再进行喷涂等着色处理。金属网状材料应用于建筑幕墙可满足采光通风要求，同时具有遮阳作用。

因类型差异，金属丝网及板网幕墙的构造形式多样，常用的方法有采用挂钩拉接的张拉法以及边缘夹具固定法。

17.4.3　石材幕墙

石材幕墙系由石材面板与金属骨架组合的幕墙。传统石材饰面采用湿作业施工工艺，首先在石板边缘钻孔，再用铜丝将石板固定在金属骨架上，最后在石板背后灌注水泥砂浆。现在已不再用传统的湿作业做法，石材幕墙施工安装采用干作业施工工艺，即利用金属配件将板材牢固悬挂在主体结构上形成饰面。金属配件通常包括起幕墙支承作

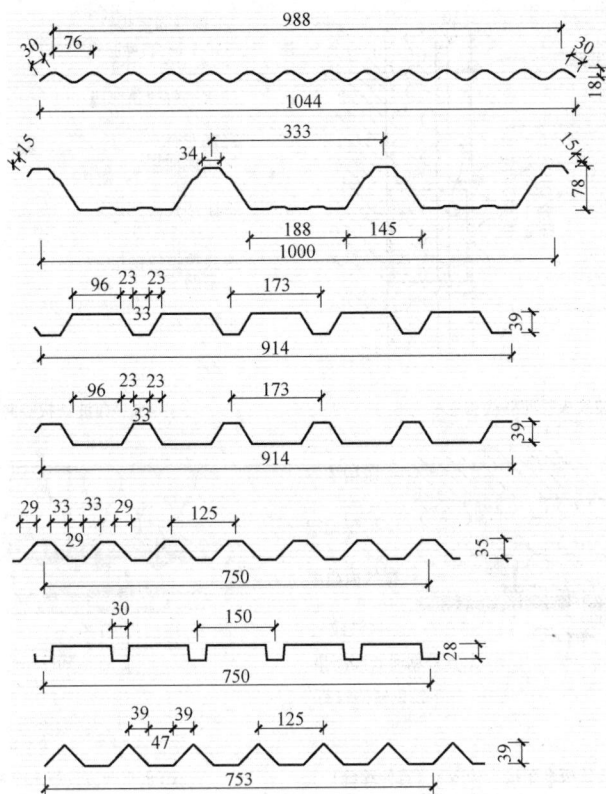

图 17-52　不同断面的波形板

用的金属骨架以及起连接作用的连接挂件。因此，以干挂法施工的石材幕墙又称为干挂石材幕墙。

　　干挂天然花岗石幕墙根据其工艺通常有如下较典型的节点构造设计：短槽式干挂法、通槽式干挂法、结构装配式干挂法、背栓式干挂法。在设计时，应针对具体的工程特点，使造型经济、科学、合理，同时满足规范要求。表 17-2 为各种不同节点设计的技术性能与经济指标的概括比较分析。

石材幕墙各种节点设计比较　　　　　　　　　　表 17-2

比较 干挂法	适用范围	优点	缺陷	经济性
单肢短槽式	建筑高度不大于 100m，设防烈度不大于 8 度	工艺简单，无需特殊工具	现场作业、精度低、石材面板共同作用、不能拆换	成本低
结构装配式		工厂加工，现场作业量少，精度高，各板块独立作用，可拆换	开槽工艺非常复杂	成本较高
背栓式		工厂加工，现场作业量少，各板块独立作用，可拆换	开孔工艺非常复杂，需专用设备，对石材材质要求高	成本高

263

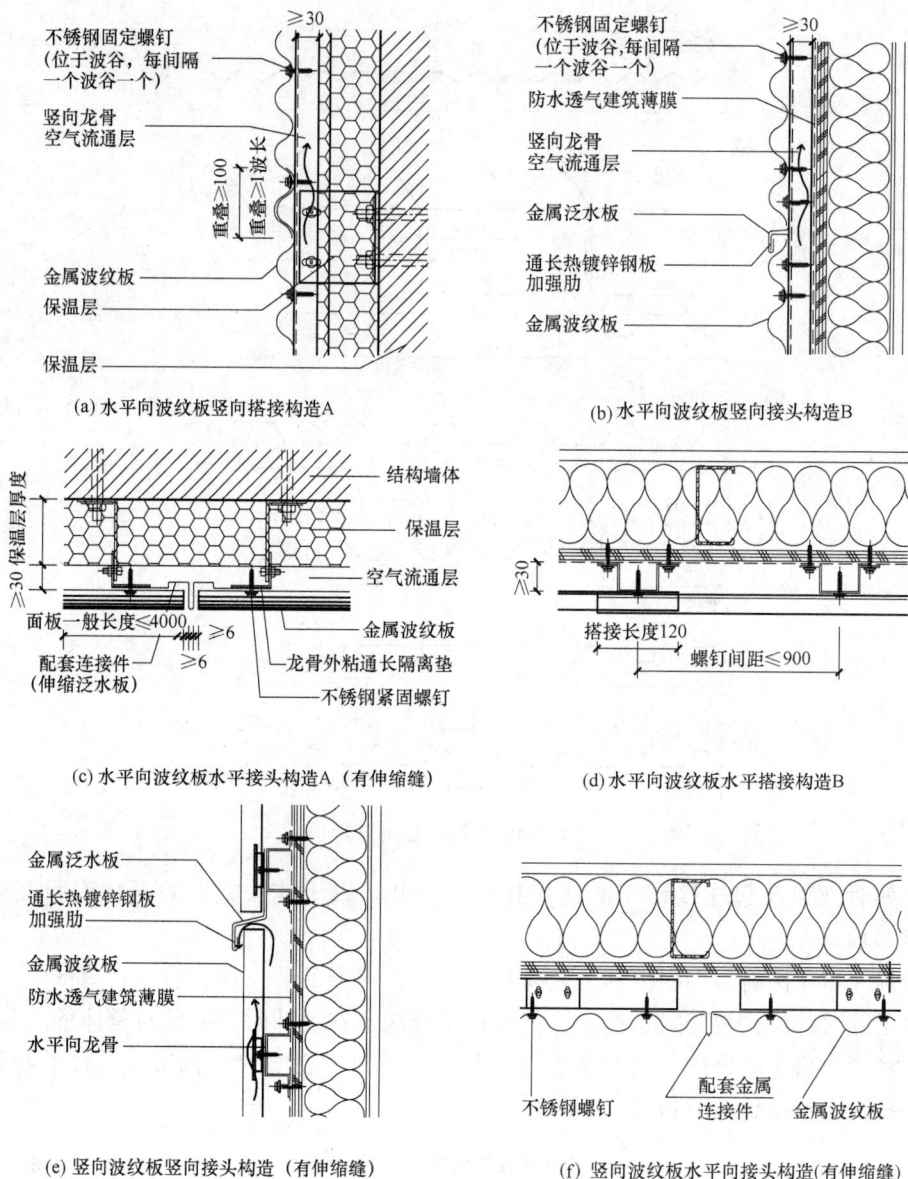

(a) 水平向波纹板竖向搭接构造A

(b) 水平向波纹板竖向接头构造B

(c) 水平向波纹板水平接头构造A（有伸缩缝）

(d) 水平向波纹板水平搭接构造B

(e) 竖向波纹板竖向接头构造（有伸缩缝）

(f) 竖向波纹板水平向接头构造(有伸缩缝)

图 17-53　典型波形段面板节点构造

1) 干挂石材幕墙的技术要求

用于干挂石材幕墙的饰面石板在规格尺寸方面，厚度不应小于 25mm，常用板厚为 30mm，当采用烧毛面石板等粗面板材时，其厚度应比抛光板厚 3mm。因石材较重，故立面分格不宜过大，单块板材面积不宜大于 1.5m²，短边长度不宜大于 1.0m。

在外观质量上，板材的色调花纹应基本调和，不得有明显色差，不允许有裂纹存在。干挂石材的物理性能应满足规范的有关规定。石板加工制作时，其连接部位应无崩坏、暗裂等缺陷。

固定石板的金属连接挂件为不锈钢或铝合金材料，其规格尺寸应根据结构计算确定，同时还应考虑到干挂石板拆装更换的方便。

2）干挂石材幕墙构造设计

（1）短槽式干挂石材幕墙

短槽式连接构造由钢销式干挂法发展而来。钢销式干挂法又称为插针法，在石板上、下边钻孔，而后将钢销固定在连接板上，连接板再与金属骨架连接固定（图17-54a）。这是最早、最简洁的石材干挂构造，但由于安全性较低，目前已不采用。

短槽式干挂构造是先在石板上、下边各开两个短槽，然后将"T"形或"L"形连接件一端插入上、下相邻两块石板的槽内，另一端与幕墙骨架相连接。"T"形、"L"形连接件可以采用铝合金或不锈钢件（图17-54b）。另一种燕尾形不锈钢连接件也可起相同作用（图17-54c）。

上述构造法称为单肢短槽式干挂法。图17-54（d）所示连接件呈"干"形，一般采用铝合金挤压型材。采用"干"形连接件的构造方法称为双肢短槽式干挂法，它是单肢短槽的改进型做法，上下相邻两块石板共同固定在"干"形连接件上，连接件再与幕墙骨架相连接。

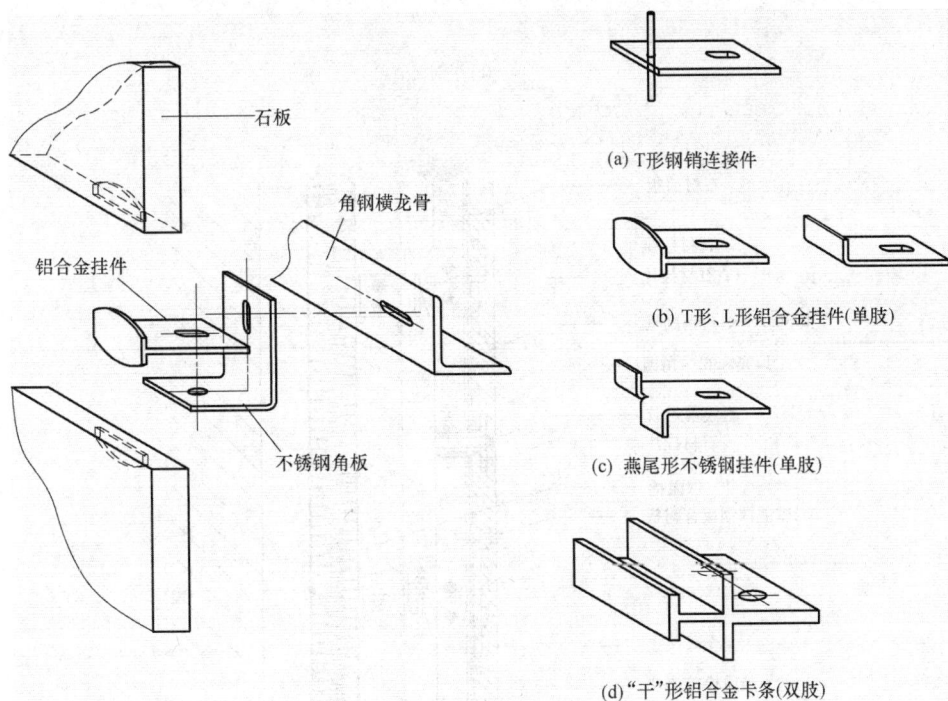

图 17-54 短槽连接示意图

短槽的石板槽口开在板厚靠外侧1/3处。

（2）结构装配式干挂石材幕墙

结构装配式的石板类似于隐框玻璃板的构造，两边（或四边）用结构胶粘贴副框（铝框或钢框），副框带有挂钩板，形成隐框小单元板材，再挂到横梁、立柱上（图17-55）。石板形成两边或四边支承，受力较合理，由于有结构胶粘连，所以比较安全。

（3）背栓式干挂石材幕墙

背栓式干挂法是采用专用钻孔设备在石板的背面钻孔，然后安装不锈钢锥形螺杆、扩

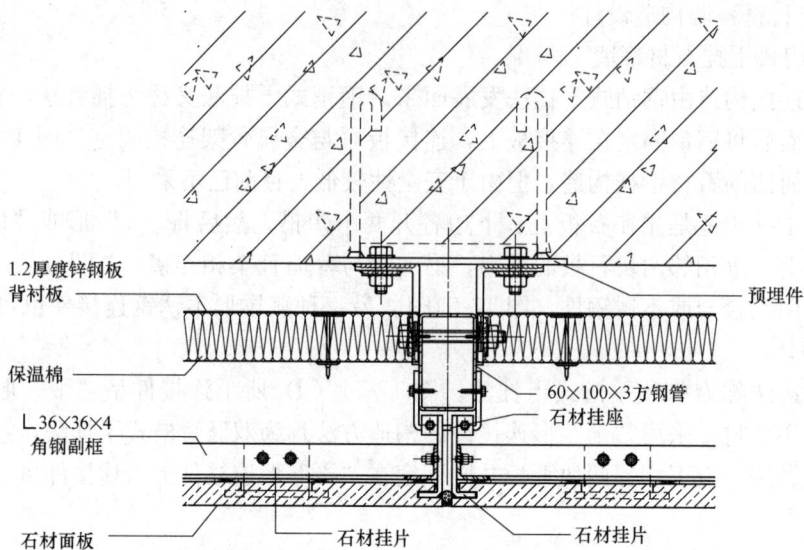

(a) 平剖面节点

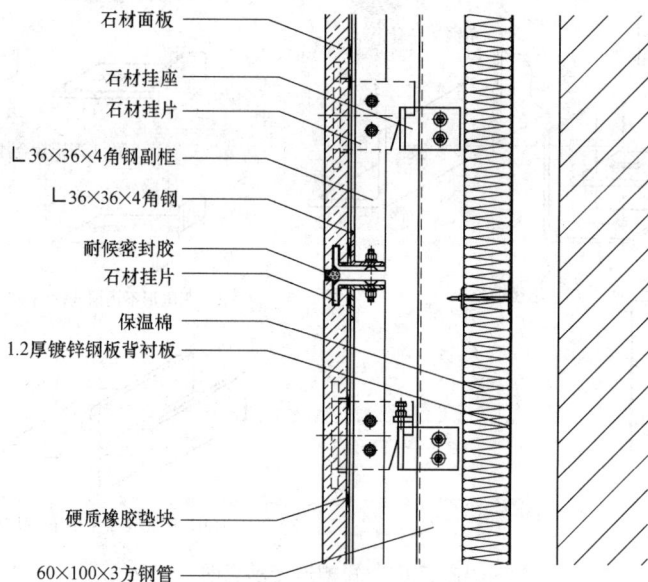

(b) 竖剖面节点

图 17-55　结构装配式节点构造

压环及间隔套管（图 17-56），再由铝合金连接件与幕墙骨架相连（图 17-57）。背挂体系适用多种幕墙板材，如天然石材、微晶玻璃、瓷板、高压热固化木纤维板等。

　　背栓式干挂石材幕墙与传统干挂工艺相比，具有结构体系与施工安装两个方面的优势：

　　在结构体系方面，一是板材之间独立安装，独立受力，避免了因相互连接而产生的不

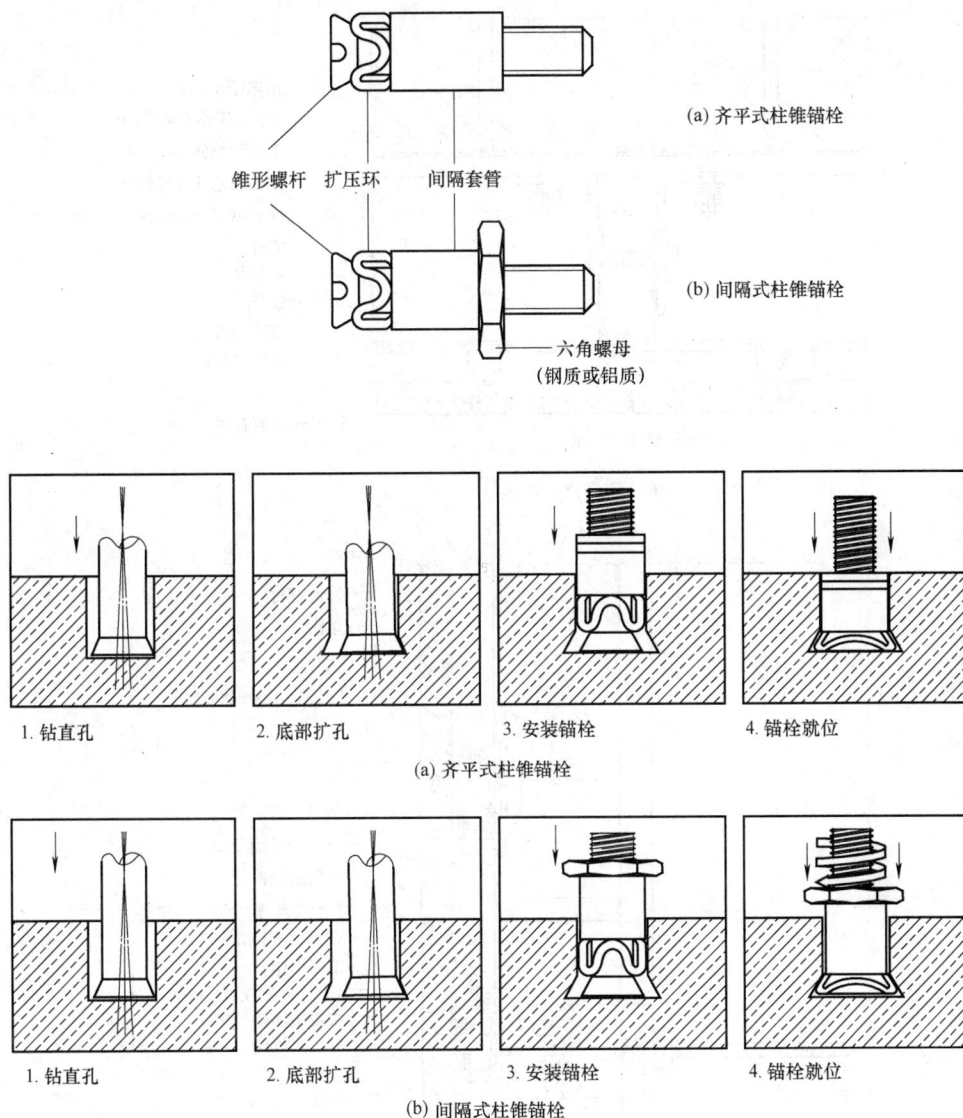

(a) 齐平式柱锥锚栓

锥形螺杆　扩压环　间隔套管

(b) 间隔式柱锥锚栓

六角螺母
(钢质或铝质)

1. 钻直孔　　2. 底部扩孔　　3. 安装锚栓　　4. 锚栓就位

(a) 齐平式柱锥锚栓

1. 钻直孔　　2. 底部扩孔　　3. 安装锚栓　　4. 锚栓就位

(b) 间隔式柱锥锚栓

图 17-56　锚栓及其安装过程示意

利影响；二是通过对比性试验证明，背挂体系与传统的销钉板体系相比，在同等受力状态下，板材规格尺寸相同，背挂体系的承载性能高于后者 3～4 倍，而相应的板材变形不及后者的一半，故而具有更高的安全性能及安全储备，相应板材厚度可减少 1/3。

在施工安装方面，工厂化施工程度高，可有效地利用机械化施工，建筑细部构造灵活。利用幕墙内外等压对流开缝原理，板缝不打胶，可提高结构的防水抗渗及保温节能功效，降低成本，减少维护费用，板材拆换便捷。

3）干挂石材幕墙防水

为满足建筑抗震及石材自由伸缩的要求，干挂石材幕墙在每块石板之间均应留有 5～10mm 的缝隙。按构造接缝处理的不同分开缝和填缝两种。

开缝形式对石材间留出的接缝不作处理，雨水可沿缝口直接流入石材背面的空气层。

267

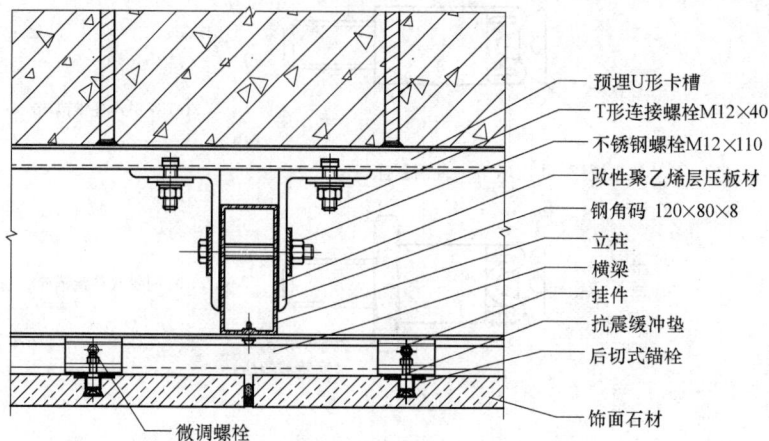

(a) 平剖节点详图

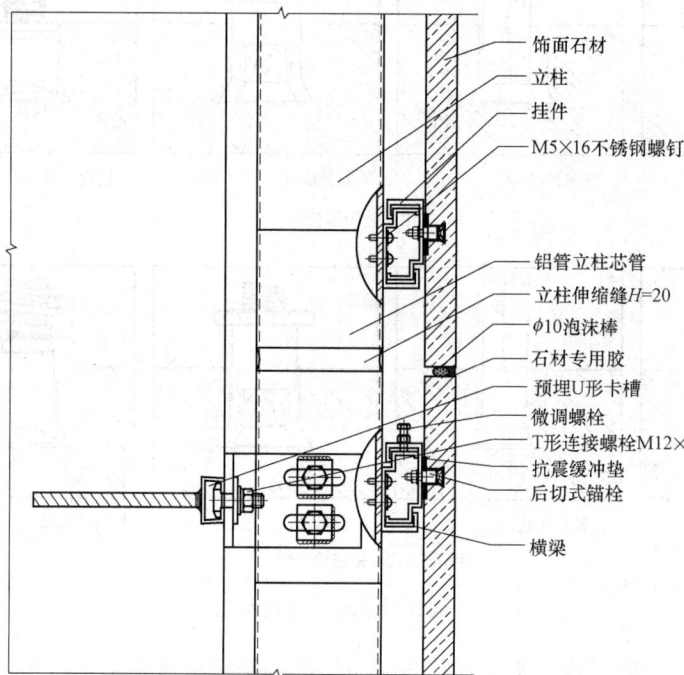

预埋U形卡槽
T形连接螺栓M12×40
不锈钢螺栓M12×110
改性聚乙烯层压板材
钢角码 120×80×8
立柱
横梁
挂件
抗震缓冲垫
后切式锚栓
饰面石材
微调螺栓

(b) 竖剖节点详图

饰面石材
立柱
挂件
M5×16不锈钢螺钉
铝管立柱芯管
立柱伸缩缝H=20
φ10泡沫棒
石材专用胶
预埋U形卡槽
微调螺栓
T形连接螺栓M12×40
抗震缓冲垫
后切式锚栓
横梁

图 17-57 背栓式干挂石材幕墙节点构造

开放式板缝应在面板的背面空间设置防水构造或在主体结构与墙面上设置防水层。防水构造可采用镀锌钢板、铝板作为防水衬板，并且应设置可靠的导排水系统。开缝式干挂石材的形式，较适合南方气候炎热地区，石板背面的空气层可起到散热通风的作用。

填缝形式的构造处理一般选用聚乙烯泡沫棒嵌入石材接缝内，外表面再用耐候硅酮密封胶封缝。

干挂石材幕墙需要考虑石材落地处的排水构造。开缝式石材幕墙面板背后渗水直接顺披水板落至地面散水，再排出幕墙外侧。为防止干挂石材幕墙空腔内冷凝水或渗水积水，填缝式石材幕墙落地面缝隙不能打密封胶，通常做法是每块石材面板落地缝两端各填一小段水泥砂浆，以留出排水缝隙（图 17-58）。

干挂石材幕墙转角拼缝是石材幕墙建筑设计的重要节点，常见方式有 45°切角拼缝与直角拼缝两种（图 17-59）。前者适用于较大尺度的建筑部位，对于较小建筑部件，相对建筑整体而言，切角拼缝则显得线脚过多。后者以正面板遮挡侧面板或者底面板为原则，亦可以两侧面板交错遮挡。

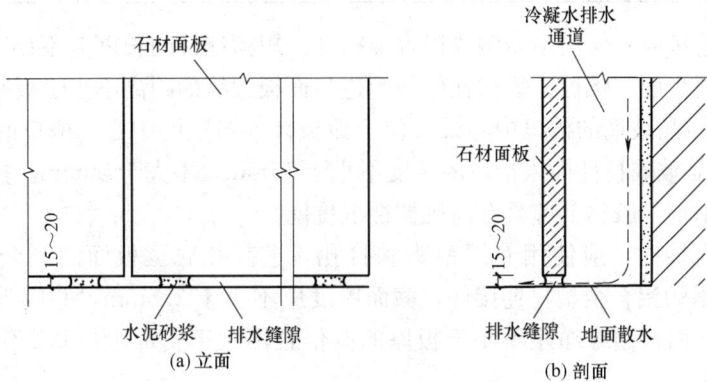

图 17-58　干挂石材幕墙落地排水沟造示意

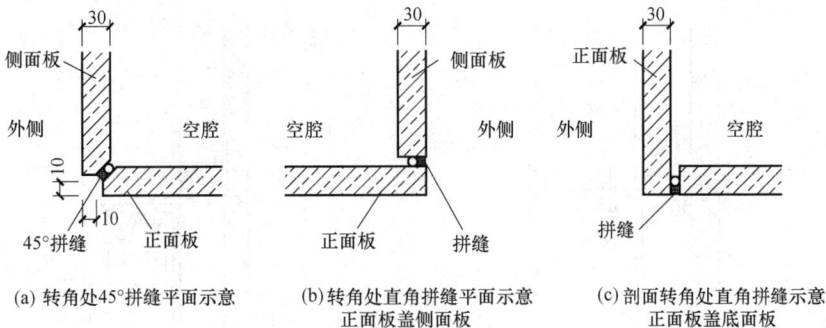

图 17-59　干挂石材幕墙转角石材拼接示意

17.4.4　人造板材幕墙

人造面板可选用微晶玻璃、瓷板、陶板、高压热固化木纤维板（千思板）、玻璃纤维增强水泥外墙板（GRC）等多种材料。大面积使用人造面板时，对其适用高度有限定，见表 17-3。而人造面板的面积、厚度则应符合表 17-4 的规定。

建筑幕墙人造面板适用高度（m）　　　　　　　　　　　　表 17-3

材质	陶板	瓷板	微晶玻璃	GRC板	高压热固化木纤维板
高度(≤)	80	60	70	60	30

1）微晶玻璃幕墙

微晶玻璃板的厚度应由计算确定。采用明框或隐框构造时，厚度应不小于 12mm。选择短槽、通槽和背栓连接时，厚度应不小于 20mm（图 17-60）。

人造面板面积、厚度　　　　　　　　　表 17-4

板材类别	厚度(mm)		单片面积(m²)
瓷板	背栓式	其他连接方式	≤1.5
	≥12	≥13	
陶板	≥15		—
微晶玻璃板	≥12		≤1.5
GRC 板	≥10		—

采用槽式连接时，使用不锈钢或铝合金挂件。短槽挂件的长度应不小于 60mm，每个挂件宜不少于两个固定螺栓。短槽挂件外侧边与面板边缘的距离不小于板厚的 3 倍，且不小于 100mm。微晶玻璃的槽口中心线宜位于面板计算厚度的中心，槽口两侧板厚度均不小于 8mm。微晶玻璃挂件插入槽口的深度不小于 15mm，不大于 20mm。挂件与面板间的空隙应填充胶粘剂，胶粘剂应具有高机械性抵抗能力。

采用背栓连接时，应使用专用钻头和打孔工艺。孔底至板面的剩余厚度应不小于 6mm。背栓支承的铝合金型材连接件，截面厚度应不小于 2.5mm，并应满足强度和刚度要求。背栓孔与面板边缘净距不小于板厚的 5 倍且不大于支承边长 0.2 倍，并应有防脱落、防滑移措施。

微晶玻璃是高温烧制的吸水率低、耐候性好的匀质材料，采用开放式和封闭式均可。

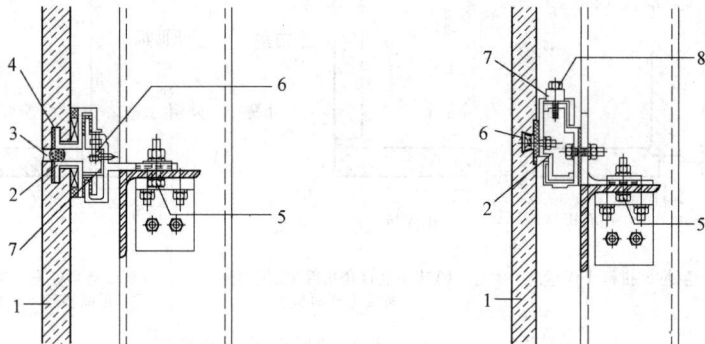

(a) 短(通)槽式　　　　　　　　　　　　(b) 背栓式连接

1—微晶玻璃；2—铝合金挂件；3—密封胶；4—胶粘剂；5—螺栓；
6—紧固背栓；7—限位块；8—调节螺栓

图 17-60　微晶玻璃连接构造图

2) 瓷板幕墙

瓷板幕墙可选择短槽、通槽或背栓连接（图 17-61）。安装瓷板应使用专用挂件。

采用槽式连接时，使用不锈钢或铝合金挂件。短槽挂件的长度应不小于 50mm，每个挂件宜有 2 个螺栓固定。短槽挂件外侧边与面板边缘的距离不小于板厚的 3 倍，且不小于 50mm。通槽挂件外侧面与面板边缘的距离不小于板厚，且不大于 20mm。瓷板的槽口中心线宜位于面板计算厚度的中心，槽口两侧板厚均不小于 5mm。瓷板挂件插入槽口的深度不小于 10mm，不大于 15mm，槽宽应大于挂件厚度 2～3mm。挂件与面板间的空隙应填充胶粘剂，胶粘剂应具有高机械性抵抗能力。

背栓连接时，背栓支承铝合金型材连接件的截面厚度应不小于 2.5mm，且应有防脱落措施。连接处瓷板有效厚度应不小于 15mm，背栓孔底与板面的净距离应不小于 5mm；背栓孔与面板边缘净距应不小于 50mm，且不大于支承边长的 0.2 倍。

与微晶玻璃相同，瓷板幕墙可采用开放式或封闭式构造。

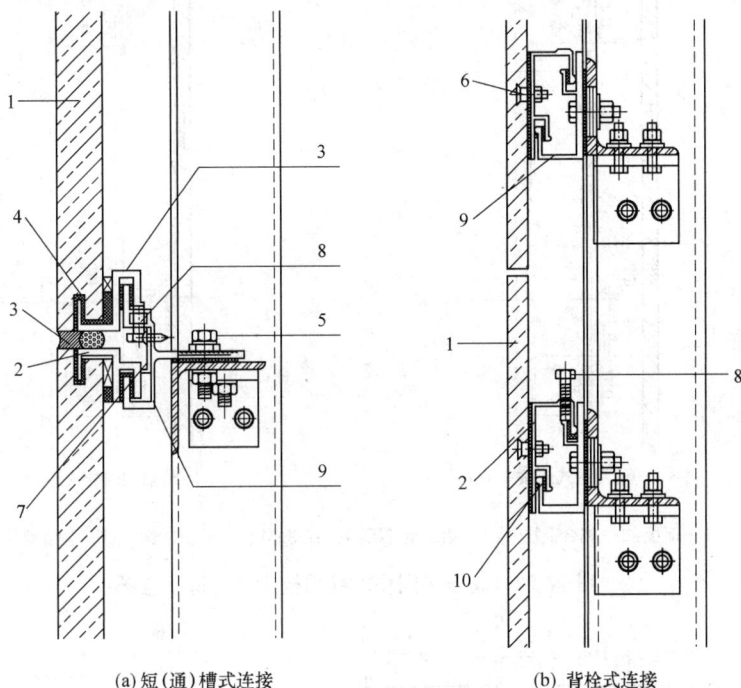

(a) 短(通)槽式连接　　　　　(b) 背栓式连接

1—瓷板；2—铝合金挂件；3—密封胶；4—胶粘剂；5—紧固螺栓；
6—背栓；7—限位块；8—调节螺栓；9—铝合金托板；10—柔性垫片

图 17-61　瓷板连接构造示意图

3) 高压热固化木纤维板幕墙

高压热固化木纤维板（如千思板）幕墙可选择穿透式连接或后切螺栓连接（图 17-62）。两种构造方式因板厚不同，形式观感也不同。穿透式连接的高压热固化木纤维板厚度应不小于 6mm，固定系统露明。背栓连接的千思板厚度不小于 10mm，固定系统隐藏于板后。

穿透式连接方式应采用不锈钢螺栓、螺钉固定。连接点到板边缘的距离不小于 30mm，不大于 80mm 或板厚的 10 倍。

后切螺栓连接时，应采用不锈钢螺栓，直径不小于 5mm。孔的深度宜比板厚小 3.5～4.0mm。

高压热固化木纤维板的安装缝应满足板材变形要求，通常竖向缝采用插片式插接，水平缝采用企口式搭接，如图 17-63 所示。

高压热固化木纤维板是含有机合成纤维的材料，吸水率高，应利用幕墙开缝内外等压对流原理，优先采用开放式构造系统。

4) 玻璃纤维增强水泥板幕墙

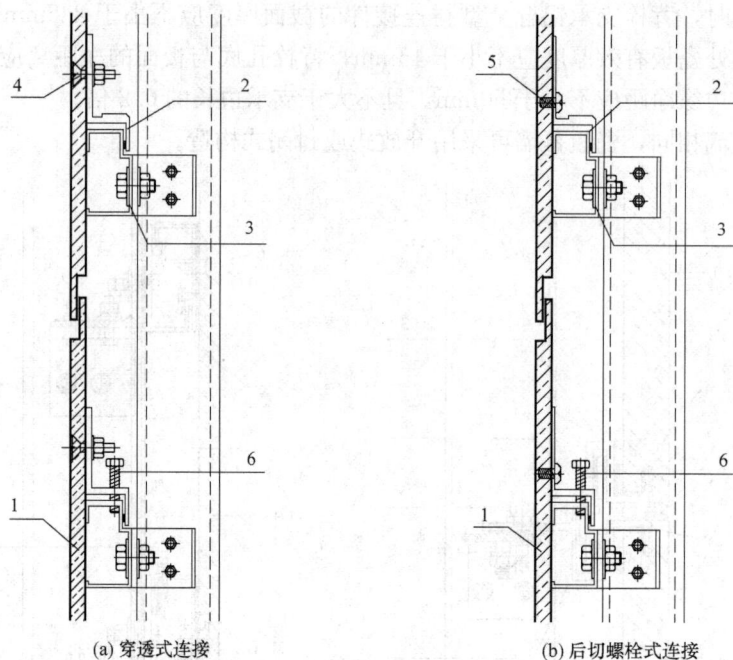

(a) 穿透式连接　　　　　　　　　　　(b) 后切螺栓式连接

1—面板；2—铝合金挂件；3—铝合金托板；4—穿透螺栓；5—切口螺栓；6—调节螺栓

图 17-62　高压热固化木纤维板连接构造示意图

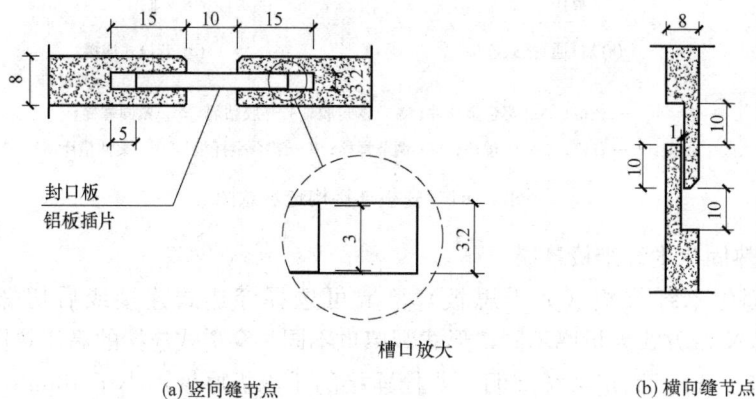

封口板
铝板插片

槽口放大

(a) 竖向缝节点　　　　　　　　　　　(b) 横向缝节点

图 17-63　高压热固化木纤维板板缝节点

玻璃纤维增强水泥板（GRC 板）幕墙面板单元由面板、锚固件和板后钢架组成，面板的规格、形状等可按设计要求制作，其面板构造如图 17-64 所示。

根据受力要求设计锚固构造。锚固件应为圆钢或扁钢，制作时预埋，与板后钢架焊接，锚固件和板后钢架应作防腐蚀处理。板后钢架可制成井格式，井格间距宜为 600～800mm。

玻璃纤维增强水泥板有效厚度应不小于 10mm。面板与主体结构采用拴接或挂接，连接应满足构造和强度设计要求。面板间接缝宽度宜不小于 8mm。面板的强度设计应考虑运输过程的受力状况，运输过程中应保护板块。

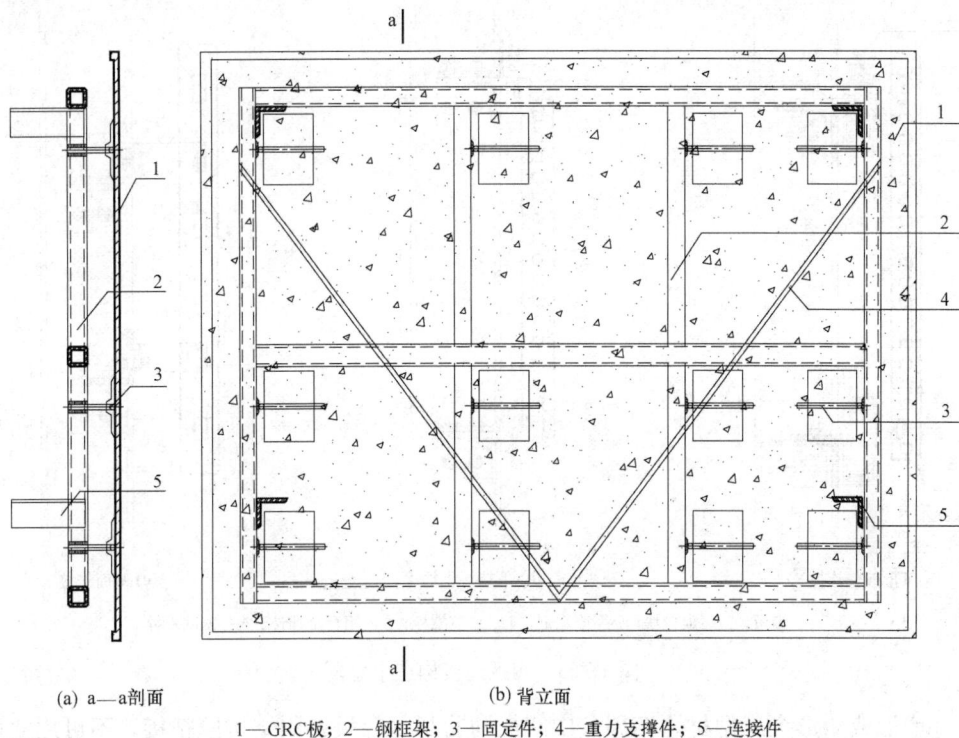

(a) a—a剖面　　　　　　　　　　(b) 背立面

1—GRC板；2—钢框架；3—固定件；4—重力支撑件；5—连接件

图 17-64　玻璃纤维增强水泥板连接构造示意

5）陶板幕墙

陶板的连接构造可选择短槽、通槽和背栓连接（图 17-65）。安装陶板应使用配套的专用挂件，挂件的强度和刚度经计算确定，挂件连接处宜设置弹性垫片。

采用上下槽式连接时，陶板长度宜不大于 1.5m。采用侧面连接时，陶板长度宜不大于 0.9 m。挂件插入陶板槽口的深度应不小于 6mm，挂件中心线与面板边缘的距离宜为板长的 1/5，且应不小于 50mm。挂件与陶板的前后、上下间隙应根据连接方式设置弹性垫片或填充胶粘剂，胶粘剂应具有高机械性抵抗能力。挂件与支承构件的连接经计算确定。每块陶板的连接点应不少于 4 处，除侧面连接外，连接点间距宜不大于 600mm。

采用背栓支承时，陶板实际厚度应不小于 15mm。

陶板的横向接缝处宜留有 6～10mm 的安装缝隙，上下陶板不能直接相碰；竖向接缝处宜留有 4～8 mm 的安装缝隙，内置胶条防止侧移。

陶板幕墙工程在施工和使用过程中，因安装、风荷载、温度变化以及主体结构位移等作用的影响，需采用胶粘剂和弹性垫片填充挂件和面板之间的缝隙。

17.4.5　复合板材幕墙

复合面板可选择铝塑复合板、铝蜂窝复合板、超薄石材铝蜂窝复合板等。

1）铝塑复合板幕墙

铝塑复合板的加工要求严格，难度也大。为提高强度而进行折边时，必须在板的背面开槽，切去一定宽度的内层铝板和胶层，仅留 0.5mm 厚外层铝板，再把 0.5mm 厚铝板弯成直角。铝塑复合板弯成直角后，用铝材制成同样尺寸副框作加劲肋。加劲肋可采用方

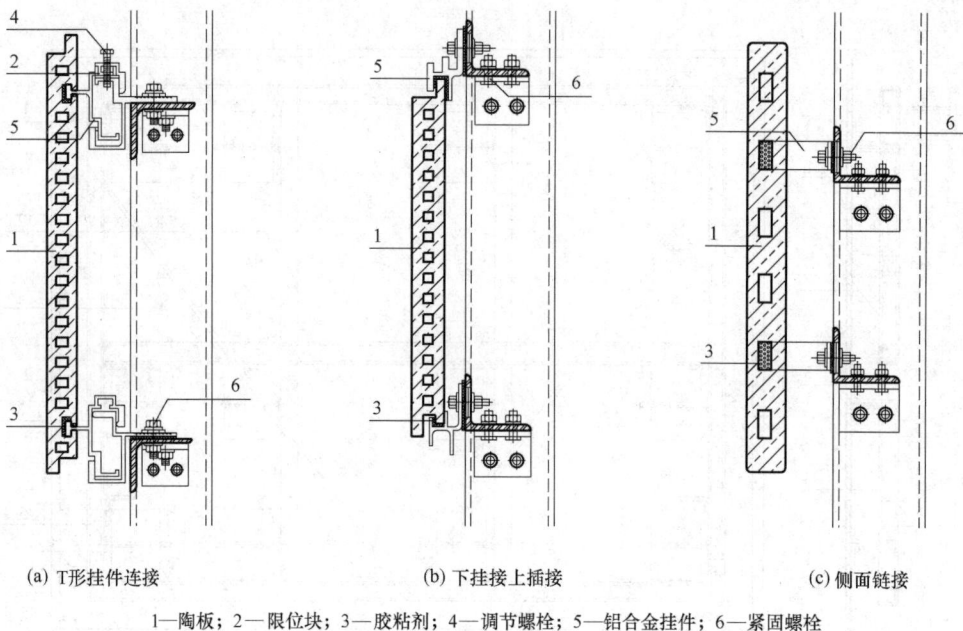

(a) T形挂件连接　　　　　(b) 下挂接上插接　　　　　(c) 侧面链接

1—陶板；2—限位块；3—胶粘剂；4—调节螺栓；5—铝合金挂件；6—紧固螺栓

图 17-65　陶板连接构造示意图

管形、槽形或角形金属型材，四周及中间加劲肋与复合板要用结构胶粘接，不可用双面强力胶代替结构胶（图 17-66）。

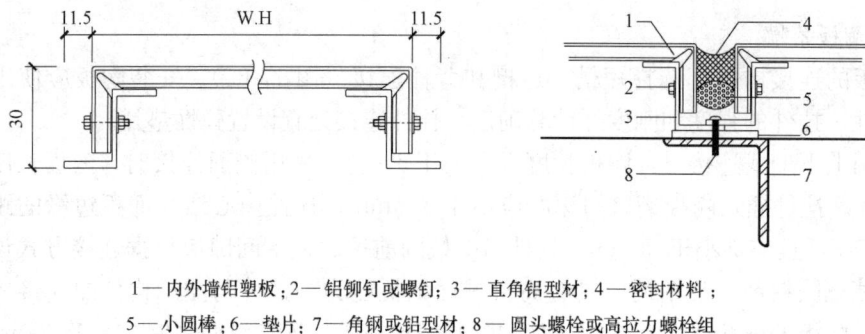

1—内外墙铝塑板；2—铝铆钉或螺钉；3—直角铝型材；4—密封材料；

5—小圆棒；6—垫片；7—角钢或铝型材；8—圆头螺栓或高拉力螺栓组

图 17-66　铝塑复合板幕墙节点构造

面板周边宜设置加强边框并封缝。铝塑复合板的连接采用挂件挂接、压板固定方式（图 17-67）。铝塑复合板与支承结构间的连接，可采用螺栓、螺钉固定。

铝塑复合板接缝宽度宜不小于 10 mm。板缝注硅酮密封胶嵌缝时，底部填充泡沫条。板缝为开放式时，铝塑复合板宜采用压条封边或板边镶框。

2）铝蜂窝复合板幕墙

铝蜂窝面板的面层厚度应不小于 1mm，背层厚度不小于 0.7mm。铝蜂窝复合板加工也需采用专用机械刻槽。加工最重要的内容是封边，采用四周自然折边或镶框的方式，蜂窝不应外露。安装在转角处的板边外露的蜂窝板应作封边处理或用密封胶将外露蜂窝填嵌平整，蜂窝芯材同样不得外露。铝蜂窝复合板背面不用加劲肋，其强度和刚度亦可满足需要（图 17-68）。

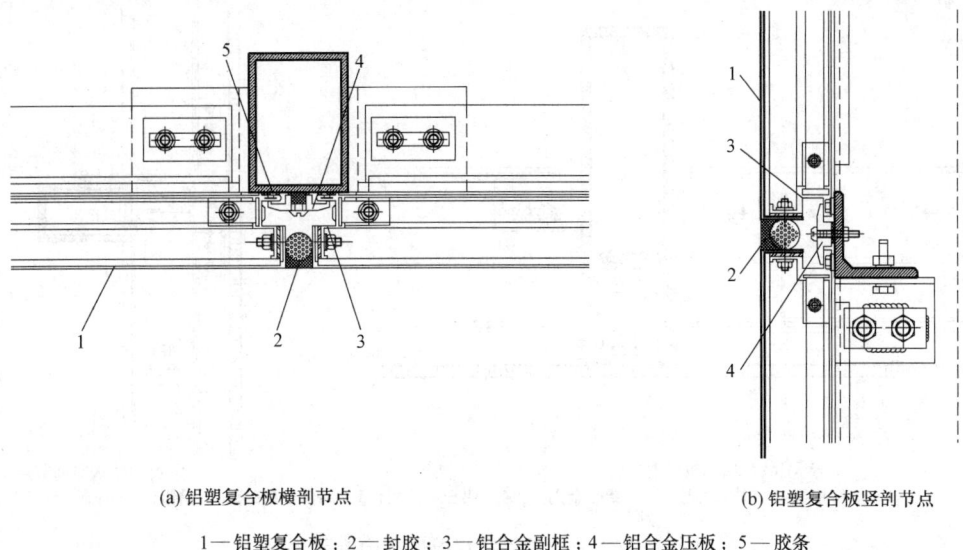

(a) 铝塑复合板横剖节点　　　　　　　　　　　　(b) 铝塑复合板竖剖节点

1—铝塑复合板；2—封胶；3—铝合金副框；4—铝合金压板；5—胶条

图 17-67　铝塑板连接构造示意图

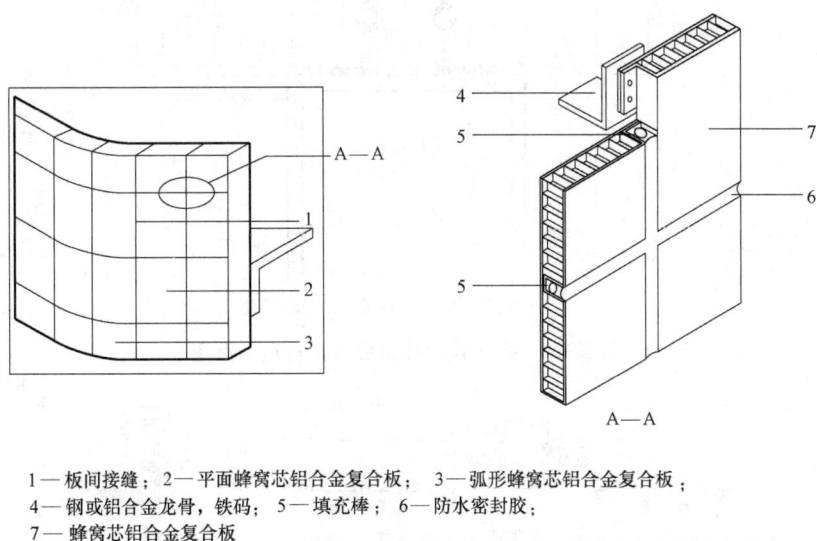

1—板间接缝；2—平面蜂窝芯铝合金复合板；　3—弧形蜂窝芯铝合金复合板；
4—钢或铝合金龙骨，铁码；5—填充棒；6—防水密封胶；
7—蜂窝芯铝合金复合板

图 17-68　铝蜂窝复合板幕墙

　　铝蜂窝板可选用吊挂式、扣压式等连接方式（图 17-69、图 17-70）。吊挂式蜂窝铝板板缝宽度宜不小于 10mm，扣压式蜂窝铝板板缝宽度不小于 25mm。

　　3）超薄石材铝蜂窝复合板幕墙

　　超薄石材铝蜂窝复合板应背层自然折边或镶框后封边，锚固螺栓应在工厂制作板材时埋入，不应现场埋设。粘结填嵌的材料必须与粘结体相容。接缝应注硅酮密封胶。超薄石材铝蜂窝复合板应采用专用金属挂件固定在支承结构上，节点构造见图 17-71。

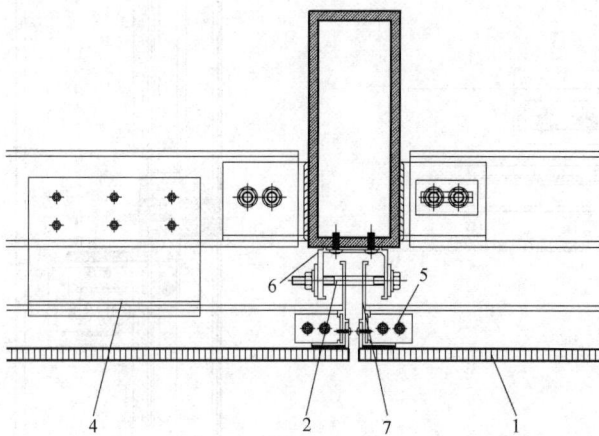

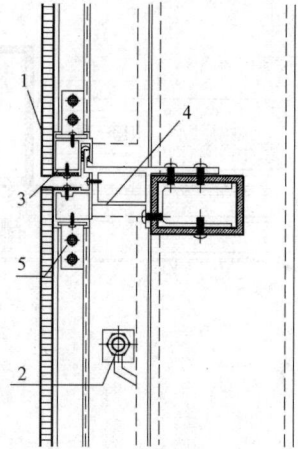

(a) 蜂窝铝板横剖节点　　　　　　　　　　　　　　　(b) 蜂窝铝板竖剖节点

1—蜂窝铝板；2—挂接螺栓；3—铝合金副框；4—铝合金托板；5—铝合金角码；6—槽铝；7—挂码

图 17-69　吊挂式铝蜂窝板连接构造示意图

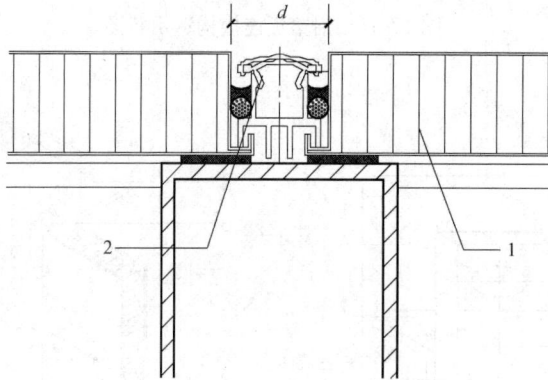

1—蜂窝铝板；2—扣板；d—板缝宽度

图 17-70　扣压式铝蜂窝板连接构造示意图

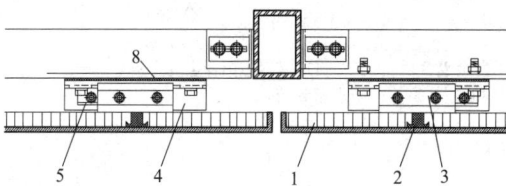

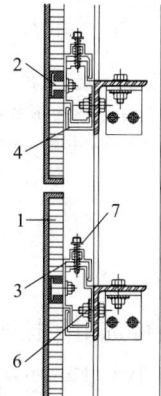

(a) 石材蜂窝板横剖节点　　　　　　　　　　　　　　(b) 石材蜂窝板竖剖节点

1—石材蜂窝板；2—预制连接件；3—挂件；4—托件；5—限位块；
6—防滑垫；7—调节螺栓；8—隔离垫片

图 17-71　超薄石材蜂窝板连接构造示意图

第18章 大跨度建筑及构造

18.1 大跨度建筑结构类型及其造型、技术特点

随着社会的不断发展，除了传统的公共建筑如体育馆、展览馆、影剧院、火车站及航站楼等要求大跨无柱的空间外，酒店、商场、学校甚至公园、住宅区等也有着大空间的需

求，这些导致了大跨度建筑的蓬勃发展。在《网架结构设计与施工规程》JGJ 7—91 中，将 60m 以上定为大跨度。实现大跨度的施工取决于两个条件：足够强度的材料和运用这样的材料来建造的技术。我国自 20 世纪 80 年代以来，大跨结构特别是先进、经济的大跨度空间结构有了巨大发展，技术上取得了举世瞩目的进步。大跨度的空间结构在发达国家也是成果丰硕，建筑物的跨度和规模越来越大，跨度达 150m 以上的超大规模建筑已非个例，结构形式多样并

图 18-1 英国伦敦的千禧穹顶

采用了许多新材料和新技术。由于经济和文化发展的需要，人们还在不断追求覆盖更大的空间，例如英国伦敦的千禧穹顶直径达 365m，最大跨度约为 255m，它的聚四氟乙烯玻璃纤维屋面表面积为 10 万 m^2，厚度却仅为 1m，而且十分坚韧，据说可承受波音 747 飞机的重量（图 18-1）。

18.1.1 大跨度建筑设计中的结构专业整合

密斯将"巨型空间"（Great Space）视为文明成就的试金石。在技术日趋复杂和精密的建筑潮流中，体形巨大的大跨建筑越来越依靠结构的轻质化与工业产品的快速组装。这种工业化的思考方式正是以系统为基础的整合设计的来源之一。建筑师应该了解相关建筑技术发展、革新的概况，与其他专业工程师就技术环节开展富有建设性的交流、讨论，各工种相互配合，积极创新，依托现有技术力量，以"高完成度"实现设计方案。由于大跨度结构，自重轻，专业性强，独特的形式往往受人关注，建筑师需要和结构工程师、设备工程师以及专业厂家密切配合才能创作出优秀的作品。在这诸多的影响因素中，结构因素占有最为重要的地位。

结构的内在规律往往制约着建筑空间的形态，而优秀的大跨度建筑可展示出结构的成

就与造型魅力。结构的合理性在设计中处于核心地位，结构体系是大跨度建筑创作之本。例如集工程师与建筑师于一体的奈尔维（Pier Luigi Nervi）的代表作罗马小体育馆，体育馆穹顶由现浇梁将 1600 多块菱形的预制钢筋混凝土槽板联系在一起，拱肋交错，构成的辐射图案宛如盛开的花朵，具有强烈的韵律美和节奏感，形成了具有强烈视觉冲击力的建筑形态（图 18-2）。同时，该穹顶由 36 根倾斜的 Y 形支柱支撑，支柱与穹顶的连接处形成波浪形屋檐。从结构角度看，这种技术处理防止了不利弯矩的产生，保证了侧向稳定性，增强了穹顶边缘的刚度；从建筑设计角度看，Y 形支座体现了体育馆力量的特征，而屋顶的波形构成了优美的曲线，两者形成了刚柔对比（图 18-3）。其特殊的结构形式在建筑外观上留下了明显的印记，世人盛赞该作品证明了蕴含在结构逻辑中的建筑诗意之美。

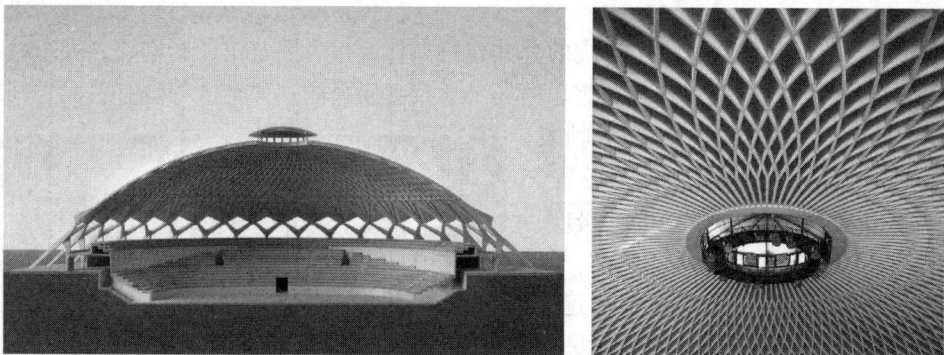

图 18-2　罗马小体育馆

图 18-3　罗马小体育馆外观

可以说，要了解大跨建筑的构造，就需要建筑师将建筑构思与结构构思同步进行，需要专业知识间的渗透与交融。以 2008 年奥运会国家体育馆项目——"鸟巢"为例，建筑师在设计阶段提出钢结构形式的原则，利用计算机写出相应算法模拟实际建造，由结构工程师配合优化。然而，由于预算的限制，建设方不得不各方协调，使设计方案与施工方及厂商达成一致。大量的非标准构件又促使材料厂商与设计方进行配合，在满足建筑形式与结构承载力等的前提下进行二次优化。施工方则以实际施工精度与速度为出发点，对上述环节查漏补缺，多次修正，才使得该项目在有限的工期内最终建成（图18-4）。

图 18-4　国家体育馆——"鸟巢"

18.1.2　大跨度建筑的结构类型

大跨度建筑的结构可以当作覆盖着无柱空间的结构来理解，其类型和形式丰富多样，可按不同的分类方法来阐述。本文按照所用材料及建造方式将其分类为网架结构、网壳结构、管桁架结构、弦支结构、门式钢架轻型房屋钢结构、索膜结构等，下面将逐一介绍。

1）网架结构

网架结构是将杆件按一定的规律布置，通过节点连接而成的一种空间杆系结构。关于网架的形式、特点和选型的设计要求以及节点构造等，本书的第21章作了详细介绍，这里不再赘述。

2）网壳结构

网壳结构是曲面型的网格结构，兼有杆系结构和薄壳结构的特性，受力合理，覆盖跨度大，是一种在国内外都颇受关注、有广阔发展前景的空间结构。网壳结构在新中国成立初期曾有所应用。当时主要是联方型的网状筒壳，材料一般为钢材，也可用木材制作网架，跨度在30m左右，如扬州苏北农学院体育馆、南京展览中心（551厂）、上海长宁电影院屋顶结构等。我国第一幢大跨度网壳结构是天津体育馆屋盖，它采用带拉杆的联方型圆柱面网壳，平面尺寸为52m×68m，矢高为8.7m。1989年建成的北京奥林匹克体育中心综合体育馆，平面尺寸为70.0m×83.2m，采用人字形截面双层圆柱面斜拉网壳，为当时国内跨度最大的网壳结构。同年建成的濮阳中原化肥尿素散装库，平面尺寸为58m×135m，采用双层正放四角锥圆柱面网壳，为国内覆盖建筑面积最大的网壳结构。1967年建成的郑州体育馆，采用肋环形穹顶网壳，平面直径64m，矢高9.14m，为国内跨度最大的单层球面网壳。1988年建成的北京体院体育馆，采用带斜撑的四块组合型双层扭网壳，平面尺寸为59.2m×59.2m，矢高3.5m，挑檐3.5m，为我国跨度最大的四块组合型扭网壳。建成于 2007 年的国家大剧院，总建筑面积 219400m²，东西长轴 212m，南北短轴 144m，也采用了双向网壳结构（图 18-5）。

（1）网壳结构的特点

① 网壳结构具有如下优点：

a. 具有优美的建筑造型，在平面上可以适应多种形状，如圆形、多边形、三角形、扇形及各种不规则平面。在建筑外形上，可以形成多种曲面，如球面、椭圆面、旋转抛物面、多种截面形状的柱状面等，亦可通过曲面的切割和组合得到。

图 18-5　国家大剧院

b. 受力合理，可以跨越较大的跨度，节约钢材。通过曲面设计可使网壳受力均匀，大部分杆件主要承受压力，增大刚度，减少变形，达到节约钢材的目的。

c. 用小的构件组成大的空间，这些构件在工厂预制，实现工业化生产，安装简便快捷，不需要大型设备，因此综合经济指标较好。

d. 结构计算方面的优点与网架结构相同。

② 网壳结构也有一些不足之处：

a. 杆件和节点几何尺寸的偏差以及曲面的偏离对网壳的内力、整体稳定性和施工精确度影响较大，结构设计难度大，杆件和节点加工精度要求高。

b. 矢高大，网壳结构建筑空间高，建筑材料和能源的消耗增加。

（2）壳的形式和分类

网壳的分类方式有多种：

按层数划分，有单层网壳和双层网壳。

按曲面的曲率分，有正高斯曲率网壳、零高斯曲率网壳和负高斯曲率网壳等三类。正高斯曲率的网壳有球面网壳、双曲扁网壳、椭圆抛物面网壳等；零高斯曲率的网壳有柱面网壳、圆锥形网壳等；负高斯曲率的网壳有双曲抛物面网壳、单块扭网壳等。

按曲面的外形分，主要有球面网壳（图 18-6）、柱面网壳（图 18-7、图 18-8）、椭圆抛物面网壳、双曲扁网壳（图 18-9）、扭网壳（包括双曲抛物面鞍形网壳、单块扭网壳、四块组合形扭网壳）（图 18-10、图 18-11）等四类。

按网壳网格划分，主要分为球面网壳和圆柱面网壳两类。

对于网壳结构，我国已颁布《网壳结构技术规程》JGJ 61—2003。

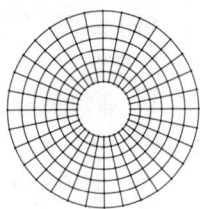

图 18-6 球面网壳

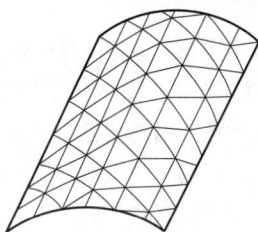

图 18-7 柱面网壳

图 18-8 柱面网壳

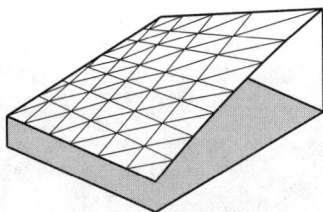

图 18-9 双曲扁网壳

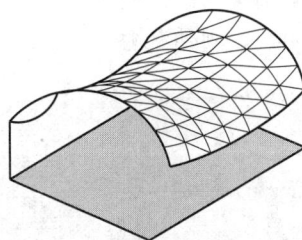

图 18-10 扭网壳

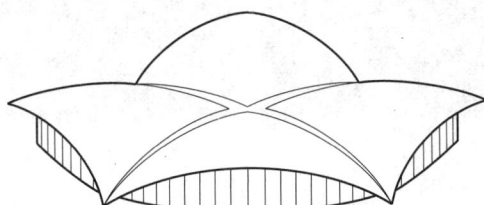

透视

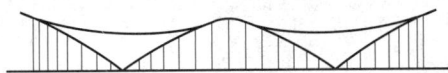

立面

四块鞍形壳体覆盖在正方形或圆形平面上

透视

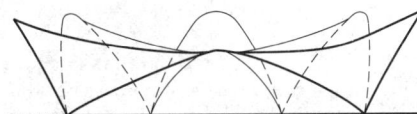

立面

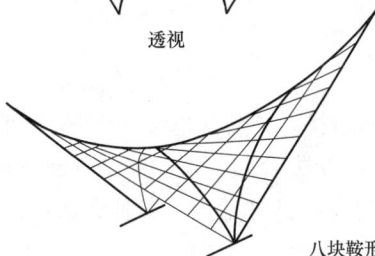

八块鞍形壳体在圆形平面上

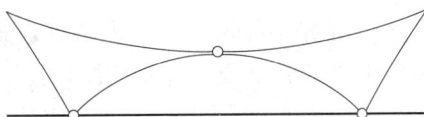

剖面

图 18-11 扭网壳

3）空心管结构（管桁架）

空心管结构，也就是以管材作为建筑材料，目前具有高承载力的空心管如钢结构管已在世界各地得到较为广泛的应用。空心管结构可以形成优美的结构形式，多用于航站楼、体育馆、展览建筑，还可用于学校、楼亭、电视塔、信号支架、人行过街桥、医院、工业建筑等。有关空心管结构的构造原则和构造措施，在本书 21.3 章节中已有阐述，这里介绍几个实例：

（1）南京国际展览中心（图 18-12、图 18-13），建筑南北总长 293.m，东西总宽 174.5m，建筑总高为 43.05m，无柱展示空间达 81m×75m。大跨屋面采用了三角形圆钢管空间拱架结构，桁架之间为三角形空间檩架，钢管之间采用相贯线焊接，构件连接清晰，简洁明快，刚劲有力。

图 18-12　南京国际展览中心

图 18-13　南京国际展览中心内景

图 18-14　新加坡国际会展中心

（2）新加坡国际会展中心（图18-14），跨度为99m的管桁架，扇形分布。

结构造型美观，抗风力强。较高的强度与较大的截面使得空心管结构自重轻，可以减少运输与安装费用。

（3）广州（新）白云国际机场（图 18-15、图 18-16）是我国首个按国际枢纽机场标准进行规划设计的机场，总建筑面积约为 200000m²。采用大跨度空间巨型钢管桁架屋盖结构，桁架最大高度 10m，最大跨度 180m，节点部位最多由 11 根钢管相贯汇集，桁架两端支撑在人字形斜柱上。

4）弦支结构

"弦支结构"是刚柔相济的复合大跨度建筑钢结构，"弦"指结构下部犹如弓弦的拉索，"支"指结构中部起到支撑作用的压杆。由于其受力合理，造型简洁新颖又经济省材，在各种大跨建筑中得到广泛应用。目前，弦支结构体系已被运用在各种大型民用工程如体育场馆、会展文化中心、重大交通枢纽、大型厂房等建设工程中。

从结构的概念上来看，弦支结构可以分为平面弦支结构和空间弦支结构。平面弦支结构中以单向梁为上弦，和连接上下弦的撑杆与下弦拉索组成的结构称弦支梁结构，也称张弦梁结构（图 18-17～图 18-19）。以单向桁架为上弦，和连接桁架节点与下弦拉索组成的结构称弦支桁架结构（图 18-20），其代表性工程为黑龙江国际会议展览体育中心（图 18-21、图 18-22）。空间弦支结构是指在弦支结构中，弦支梁或弦支桁架，包括下弦拉索及撑杆，可做成双向、多向或辐射状，从而使得结构的受力和形变都不是平面的，而是空间整体的，典型工程如国家体育馆（图 18-23、图 18-24）。

图 18-15 广州（新）白云机场鸟瞰

图 18-16 广州（新）白云机场入口

图 18-17 张弦梁

图 18-18 上海浦东国际机场

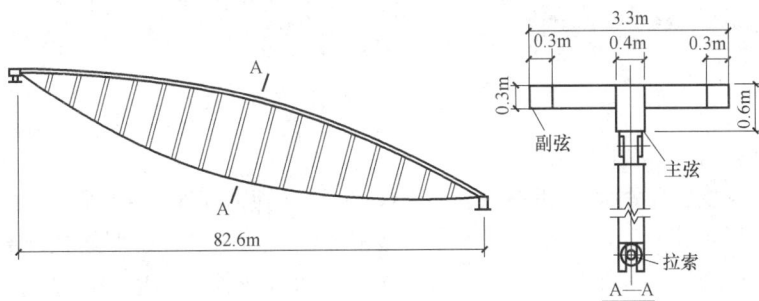

图 18-19 上海浦东国际机场张弦梁屋盖结构

图 18-20　张弦桁架

图 18-21　黑龙江国际会展体育中心

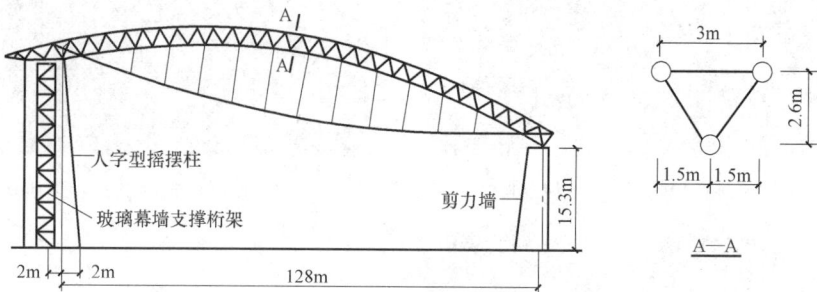

人字型摇摆柱

玻璃幕墙支撑桁架

剪力墙

15.3m

3m

2.6m

1.5m　1.5m

A—A

2m　2m　128m

图 18-22　黑龙江国际会展体育中心张弦桁架结构

图 18-23　中国国家体育馆

5）门式钢架轻型房屋钢结构

门式钢架轻型房屋钢结构指主要由圆钢、小角钢和薄壁型钢组成的结构，采用轻型
H形钢做成门形钢架，C形、Z形冷弯薄壁型钢做檩条和墙梁，压型钢板或轻质夹芯板做
屋面、墙面围护结构，采用高强螺栓、普通螺栓及自攻螺栓等连接件和密封材料组装起来
的预制装配式钢结构房屋体系（图 18-25）。相对普通钢结构，具有取材方便、用料较省、
自重更轻等优点。

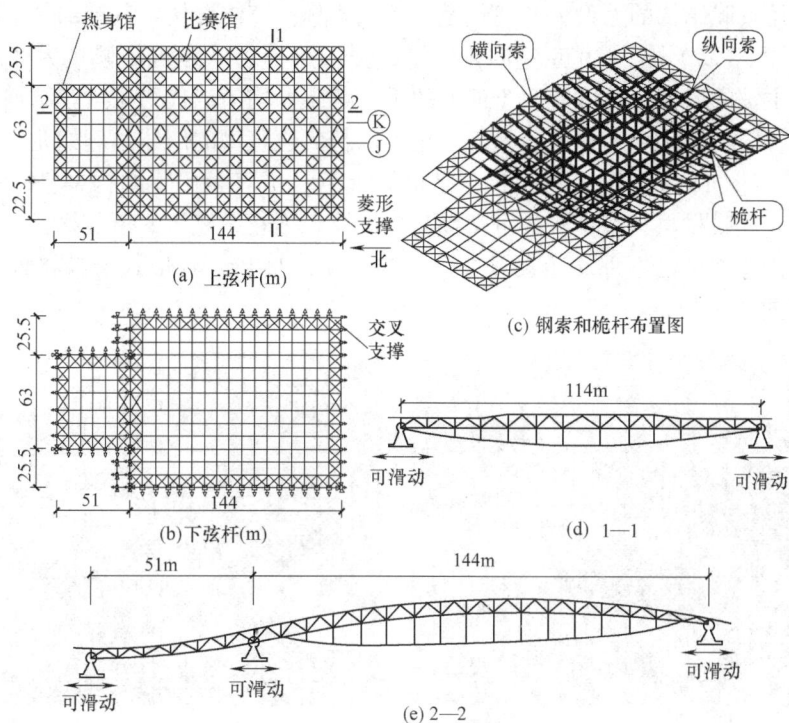

图 18-24 中国国家体育馆屋面杆件

门式钢架轻型房屋钢结构按构件体系分，有实腹式与格构式；按截面形式分，有等截面和变截面；按结构选材分，有普通型钢、薄壁型钢和钢管。实腹式钢架的截面一般为工字形；格构式钢架的截面为矩形或三角形。关于门式钢架的形式、特点和选型的设计要求以及节点构造等，本书的 21.2 章节作了详细介绍，这里不再赘述。

6）索膜结构

图 18-25 门式钢架厂房

索膜建筑源于古代人类居住的帐篷，20 世纪 70 年代以后，随着高强、防水、透光并且表面光洁、易清洗、抗老化的建筑用膜材料的生产以及工程科学的飞速发展，索膜建筑已大量用于滨海旅游、博览会、文艺、体育和需要有超大使用空间的公共建筑或有特殊建筑表现要求的中小型建筑上。

索膜结构与传统结构相比，其自重大大减轻，以屋面为例，仅为一般屋面重量的 $1/30\sim1/10$。其优点还有易建、易拆、易搬迁、易更新、充分利用阳光和空气以及与自然环境融合等。不仅如此，索膜建筑的造型与形态也和传统的建筑有很大的不同，由曲线、曲面塑造的形态较之矩形建筑而言，十分生动活泼。索膜结构是一种空间整体结构，它是由骨架与覆盖于其上的膜体共同组成的，作为一个整体全部被施加预张应力。"空间整体结构"与"预张应力"是索膜结构的两大特点。

　　最早采用索膜结构的大型公共建筑是慕尼黑奥林匹克体育场，其膜部分采用树脂材料（图 18-26、图 18-27）。日本东京室内棒球馆、美国丹佛新国际机场候机大厅屋顶、亚特兰大奥运会主馆的屋面、英国泰晤士河畔的千禧穹顶，均为当代采用索膜结构体系建成的代表性建筑。膜材料除用于建筑屋面外，也可以替代建筑物的墙体，例如北京奥运会游泳馆"水立方"（图 18-28、图 18-29），它是世界上第一个完全用膜结构来进行全封闭的大型公共建筑。索膜材料具有良好的可塑性与连续性，用它做建筑的覆盖材料，使得传统的屋顶与墙壁概念之分已不那么重要了，如布拉加市政球场，其形式取自秘鲁古印加的桥（图 18-30、图 18-31）。

图 18-26　慕尼黑奥林匹克体育场

图 18-27　慕尼黑奥林匹克体育场内景

图 18-28　北京奥运会游泳馆"水立方"

图 18-29　北京奥运会游泳馆"水立方"内景

图 18-30　布拉加市政球场

图 18-31　布拉加市政球场鸟瞰

索膜建筑可分为以下几大体系：

图 18-32　充气式索膜结构

（1）充气式索膜结构体系（图 18-32）

充气式索膜建筑按其结构可分为气撑式索膜结构体系和气肋式索膜结构体系。

气撑式索膜结构体系是依靠空压和送风系统向室内充气（超压）顶升和成型建筑物的膜面屋面。气撑式索膜体系的覆盖膜面处于张力状态时，合理的体形应是圆筒与割球弧面、椭圆筒与割椭圆球弧面或变异的底部圆角矩形筒与割球弧面的形体组合。气撑式膜面上应有交叉的缆索约束其变形，缆索与膜面的底边嵌固在环形或矩形墙梁上。日本东京室内棒球馆的屋顶就是充气式的索膜结构（图 18-33～图 18-35）。

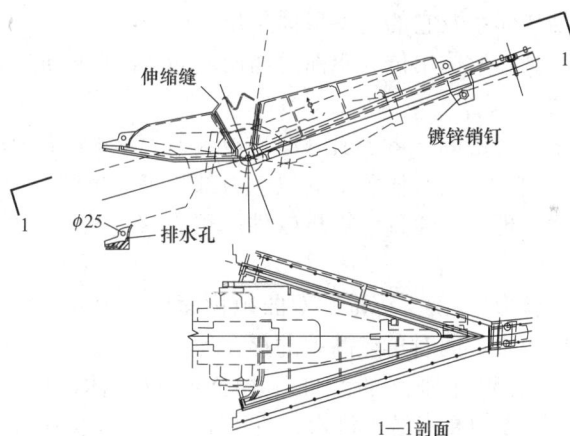

图 18-33　充气式索膜结构

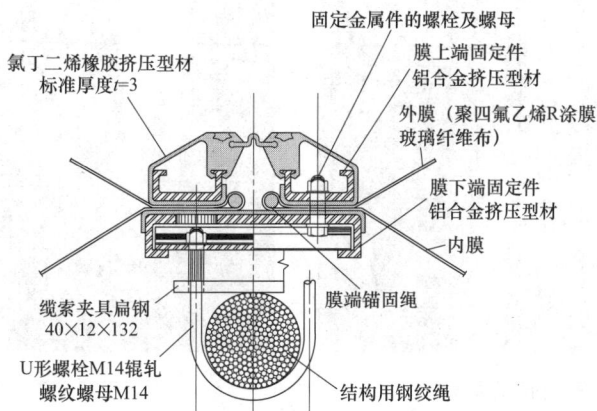

图 18-34　充气式索膜结构

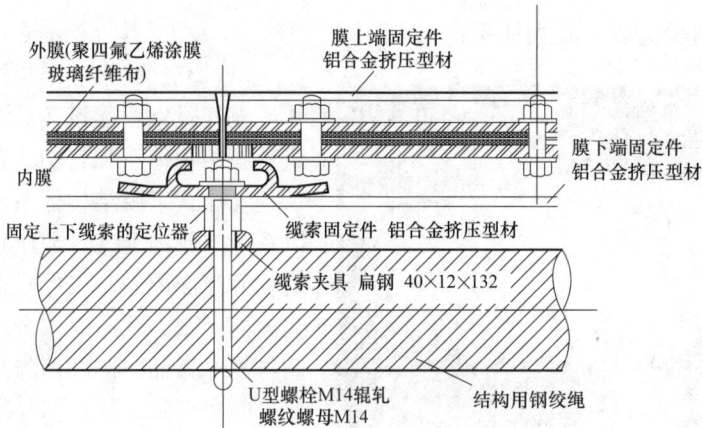

图 18-35　充气式索膜结构

气肋式膜结构体系是指由充气后具有拱形支撑能力并用膜肋分隔的独立密闭仓构成的屋顶体系。气肋式与气撑式相比的优越性是室内为常压气体环境。拱形的气肋密闭仓的跨度与刚度取决于充气压力和仓体的厚度，跨度超过 30m 的气肋式结构制作困难且不经济。

（2）空间张力膜结构体系及它的基本形体单位

空间张力膜结构的基本形体单位为双曲抛物面单元（鞍形单元）（图 18-36）和类锥形悬链面单元（帐篷单元）。

现代膜工程的开拓者是德国学者奥托（Frei Otto），他将皂泡膜原理应用到膜面结构的形态分析中：皂泡膜中任一点对任意轴的拉应力都相等，也就是说，皂泡膜构成的空间曲面是等应力极小曲面。现在，通过计算机软件已可直接完成空间曲面结构的形态分析，而无须借助于试验。

双曲抛物面单元（鞍形单元）。标准的双曲抛物面单元膜面的水平投影为正方形或菱形，膜面周边设置约束边索，两对角点高差的存在使曲面稳定。对膜面的两对角进行张拉（施加预应力），构成具有整体刚度的双曲抛物面空间形体，俗称鞍形膜面单元（图 18-37）。鞍形膜面单元构成的屋面易于排水，投影下的建筑空间可充分利用，用鞍形膜单元的组合可设计出丰富多彩的建筑形体与空间。

图 18-36　澳大利亚悉尼某
办公楼广场处的玻璃索膜结构

图 18-37　双曲抛物面单元

类锥形悬链面单元（帐篷膜单元）。类锥形悬链面单元是由悬链线绕中心轴旋转围合而构成的空间曲面，俗称帐篷膜单元（图18-38）。

图18-38　帐篷膜单元

现代索膜结构沿用了古代帐篷并发展了它的构筑模式。中心支撑杆挂起吊环，膜布嵌固于环上，帐篷膜周边形状可以是圆形也可以是矩形，用定位杆和地锚索固定于地面或建筑的环梁上。与鞍形膜面相比，帐篷膜易筑成封闭的空间，帐篷膜单元可以组合构成群峰帐篷膜建筑，使室内空间高低变化有序。帐篷膜顶的吊环如用悬挂在室外桅杆上的钢索吊起，室内则成为无柱的空间。

图18-39　佐治亚穹顶

（3）索膜穹顶结构体系

20世纪50年代，美国建筑师富勒（B. Fuller）受自然现象启发构筑了富勒球结构，即由不连续的系列压杆与连续的系列拉索构成的整体空间球结构。美国著名结构专家盖格（D. Geiger）认为，富勒球属于张力结构体系，并依此设计了索穹顶大跨空间结构体系。而后，建筑膜材用于索穹顶结构中，出现了为国际空间结构工程界所瞩目的索膜穹顶结构。从首尔（原汉城）奥运会体操馆开始，世界上百米跨度（最大跨度可达400m）以上的体育馆多数采用索膜穹顶结构设计与建造，1995年建成的美国亚特兰大奥运会主馆的椭圆形的佐治亚穹顶就是这种结构，长轴为240m，短轴192m，并由涂有聚四氟乙烯的玻璃纤维覆盖（图18-39）。

（4）桅杆斜拉式索膜结构体系

从竖起的高耸桅杆顶部用钢索拉起膜面支撑架或直接由外部拉起膜面（类似斜拉桥结

构体系），可称为桅杆斜拉式索膜结构体系。这个体系的特点是室内为无柱的大空间，但室外立起的桅杆和拉索占据了大面积的场地，例如英国伦敦泰晤士河边格林尼治半岛上的千禧穹顶（图 18-1），就是典型的桅杆斜拉式索膜结构体系建筑。其结构做法为：将 12 根百米高的桅杆立于环形的钢筋混凝土地梁上；桅杆顶部向内分布的钢索拉起直径 364m 的圆弧面穹顶；桅杆顶部外向的结构钢索嵌固在地锚上，以此构成了整体稳定的结构体系。圆弧面穹顶由弧形骨架和扇形膜面组成，穹顶中心高 50m。

（5）蒙皮膜建筑

蒙皮膜建筑中膜的主体作用为建筑的围护构件，它的结构作用仅是替代传统建筑中的墙板和屋面板，蒙皮膜建筑的隔热与保温可以通过增设内层膜后形成的封闭空气层的隔绝性能来实现。蒙皮膜建筑的造型取决于支撑构架的造型，与传统建筑相比，其丰富的曲面造型为现代人所喜爱，它的室内空间可更为有效地使用。此外，蒙皮膜构成的屋盖因其质量小的优势，常用来建造可开启建筑物。

18.1.3　从建筑师的角度看大跨度建筑技术

1）专业分工的高度细化与建筑师的高度整合职能

大跨度建筑凝聚着当代最先进的结构技术和丰富的艺术情感，而"技术与艺术"的相互制约与融合是其创作永恒的主题。大跨建筑具有无可辩驳的技术特性，分工较普通工程更细。为了提高经济效益与工程效率，建筑师、结构工程师、材料厂商、施工方需要紧密配合。建筑师需要懂得各方的利益诉求，协调各种矛盾，保证设计的合理性。建筑师必须考虑建筑设计中的空间与功能，也要将自身专业与结构、设备、施工技术进行有机整合。

2）挖掘现有大跨度建筑技术在结构造型方面的潜力

合理的建筑形式应当体现其建构逻辑，大跨度建筑设计也不例外。在设计过程中，建筑师只有深入了解了各种基本形式的优缺点与适用范围，才能自由地创作。对于大跨建筑而言，当代结构技术的发展已经使各种建筑技术日趋成熟，几十米乃至几百米的建筑跨度都可从容应对，涌现出许多令人过目不忘，突出形态表现性的大跨度建筑。例如北京奥运会主体育场的中标方案——"鸟巢"（图 18-4）、北京奥运会游泳馆的中标方案——"水立方"（图 18-28）等，这些方案的中标，很大程度上归功于建筑师在结构表现方面做出的努力。因此，在技术问题解决之后，如何突出大跨度建筑应有的个性，创造具有生命力和地域特征的独特建筑形象，对于大跨度建筑设计至关重要。

3）在工程实践中积极参与大跨度建筑技术创新试验

近年来，我国的各种体育场馆、展览馆、影剧院、航站楼等对空间有大跨度要求的建筑建设量巨大，大跨建筑技术也发展迅速。作为建筑师，应当充分了解新材料、新技术的发展，在此基础上进行合理的创新设计。但国内的现实是绝大多数建筑师由于缺乏相关的设计热情或设计周期，从而影响了设计水平的发挥。同时，许多建筑师往往将大跨度建筑视为畏途，在设计过程中被迫处于结构工程师等相关专业的从属地位，无法对建筑形态的设计进行真正有效的控制和引导，而结构等相关专业的工程师本身也不可能通过对形态进行灵活的变化来实现大跨度技术深层次的表现。因此，建筑师应当负担起大跨度建筑这种复杂的建筑类型中各子系统的协调工作，积极参与到大跨度建筑的技术创新中去。

18.2　大跨度建筑节点构造设计

日本著名建筑师矶崎新说："建筑在于细部。"精美的建筑艺术效果，常常取决于一些设计细节。优秀的建筑作品不仅有良好的比例而且有着精美的细部。随着建筑技术的发展，建筑节点与构造在建筑整体效果中起到越来越重要的作用。整体造型与细部设计的完美统一是衡量好建筑的重要标准之一。中国的建筑师有时会过于看重空间与形式的创作，而忽略节点与构造的设计，使得很多建筑"没有细部，不耐看，不能近看，粗糙"。现代大跨度建筑多采用暴露结构构件的手法来展示技术美，而其在微观层面上就是细部、节点的精致美。富于表现力的结构构件暴露在外，构造节点自然成了建筑形象的有机组成部分。于是，构造节点的设计也被赋予特殊的意义，成为大跨度建筑表现的重要一环。

18.2.1　大跨度建筑节点构造设计的一般规律

1）节点构造设计与总体设计的关系

从建筑学方面考虑，建筑节点包含着形式和技术两方面的因素。建筑形式与建筑构造密不可分，不同的构造方式显示着不同的外在形式。尽管其表现形式多种多样，但建筑师必须作出选择，确定服从整体构思的构造方式。节点设计应该是对大跨度建筑整体结构构思的"强化"或"反映"，因而应注重设计的连贯性与整体性，否则将会使建筑整体落入夸张或者混乱之中。大跨度建筑由于体形巨大，其工业化的特征也非常明显，构件生产和施工的可行性往往起着决定性的作用。节点的设计应当遵循利于整体结构的安全可靠、受力合理、传力明确等原则，做到易于安装、构造明晰、制作简便、材料经济，以兼具艺术效果和经济性。

2）节点构造设计的技术性与艺术性

大跨度建筑节点构造设计的关键是将技术的合理性与艺术的表现性有机融合在一起。当人们看到体形庞大的结构体系连接精美、富有韵律感，就会产生欣喜或崇高的情绪，这就是技术的精确带给人们的感受。准确的数理关系可以给人以非常强烈的秩序感，体现人类控制环境的能力。这种构造技术的精确性既是经济或力学的需要，也是一种设计精神的表达，一种时代的技术特征。例如1889年巴黎世界博览会机械馆主体结构采用了格构式三铰拱钢架（图18-40，图18-41），跨度达111m。其拱脚落地部分由宽渐窄，近支座处

图 18-40　巴黎世界博览会机械馆

图 18-41　巴黎世界博览会机械馆内景

收缩为一三角形，使得主体结构与点支承基座之间形成合乎逻辑的转换。三铰拱支座的视觉冲击力就在于它以如此渺小的接地点构件支撑起跨度那样巨大的钢铁身躯。正是当时的建筑师与工程师充分认识了钢材的高强度与钢结构的传力原理而取得的成果。

另外，呈现出复杂和有机形式的中国国家游泳馆"水立方"，其表皮的组成单元建立在高度重复的基础上，无论是 ETFE 材料还是金属构件都可以由若干种相同规格的基本单元相组合，最终简化为 3 种不同的表面和 3 种不同的节点。

18.2.2　大跨度建筑节点构造设计的技术要领

路斯在 1898 年《表皮的定义》一文中指出，每种材料都拥有其内在的形式语言，建筑师应大胆地表现材料，以材料本身的表现力作为装饰。材料的构造设计通常有三个要求：第一个，也是最基本的要求，是材料的构造要能够真实地体现建筑的空间逻辑和结构逻辑；第二个要求是材料的构造要能够表现建筑所处的历史、传统和气候条件等文脉关系；第三个要求是材料构造要能够触动人的精神，具有诗意的表达。在建筑空间中，材料主要通过肌理、明暗、色彩以及质感、温度、湿度、气味等与人的视觉、触觉、嗅觉产生互动，而多样的设计就在这些不同的感受中产生出来，可以说，材料之间的连接方式是构造设计的关键。

目前大跨度建筑主体结构常用的建筑材料主要有三种：钢材、钢筋混凝土和木材。

（1）钢材

钢材之间的基本连接方式主要有焊缝连接（又可分为对接、搭接、T 形、角接）、螺栓连接（又可分为普通螺栓和高强度螺栓）以及铆钉连接（图 18-42）。在此基础之上，支点处尚有铰接、刚接、节点板连接、插接件连接以及球节点连接等（图 18-43～图 18-47）。

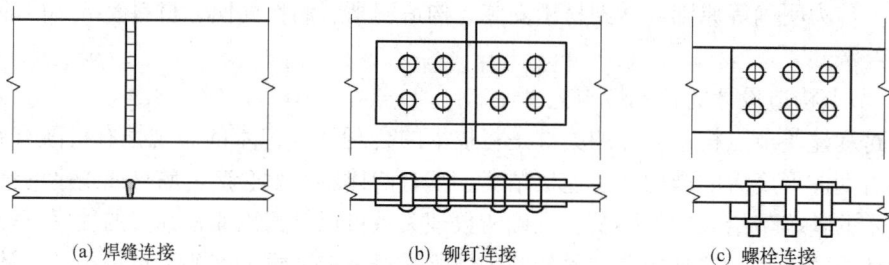

|(a) 焊缝连接|(b) 铆钉连接|(c) 螺栓连接|

图 18-42　钢材之间的基本连接方式

钢材与钢筋混凝土之间的连接可以在钢筋混凝土构件上安置钢网架或钢桁架支座，在钢筋混凝土构件上焊接预埋钢板，再将网架支座与该钢板焊接，也可采用开脚螺栓锚固或膨胀螺栓现场安装等。

钢材与木材之间的连接主要使用各种螺栓以及连接件。

铸钢节点也较常用，在多杆件汇合的节点，如采用其他方式接合会显得冗杂、凌乱，加工难度增加，此时可采用铸钢节点。

（2）钢筋混凝土

钢筋混凝土与木材之间的连接主要采用钉、销以及螺栓连接。在大跨度建筑中，钢筋混凝土常与钢结构结合使用 。

上述连接方式中，无论是同类材料之间还是异类材料之间，铰接连接都是最佳的连接方式（图 18-48），在施工上装配化程度较高，属干法作业，利于环保。刚性节点连接采用焊接连接或现浇混凝土连接。

图 18-43 铰接

图 18-44 钢接

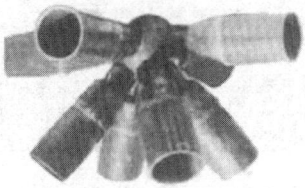

(a) 螺栓球节点透视图

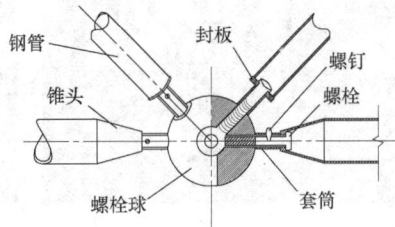

(b) 螺栓球节点

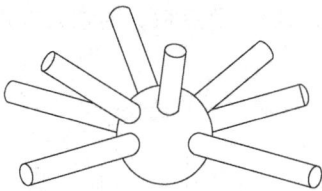

(c) 焊接球节点透视图

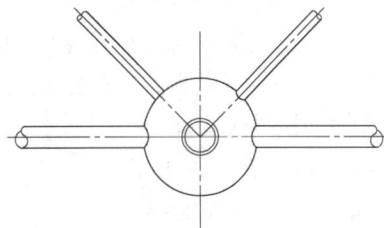

(d) 焊接球节点

图 18-45 球节点连接方式

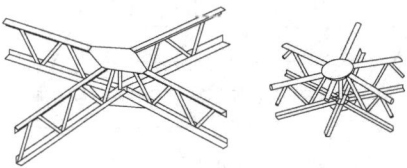

图 18-46 钢板节点

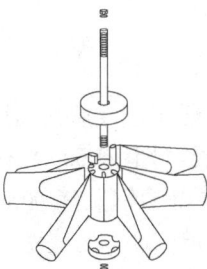

图 18-47 Triodetic 节点（加拿大体系）

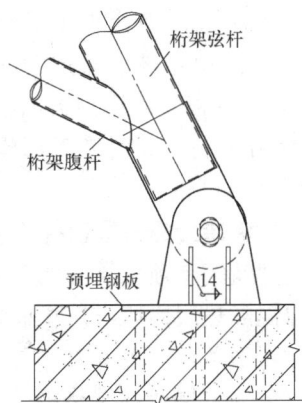

图 18-48 铰接连接

（3）木材

木材能够使严肃的钢材显得优雅与从容，同时赋予建筑人情味。钢结构的一个缺点便是过于冷峻，而木材可能是缘于其"出身"，无不散发着一种自然的气息，这将中和钢材根植于"工业化"的缺少人情味的特征。西班牙建筑师艾瑞克·米拉莱斯（Enric Miralles）设计的苏格兰议会大厦会议厅的屋面结构（图 18-49、图 18-50），就是将受压的木材和受拉的钢索相组合，形成了受力合理、细部精美的钢木复合结构，既具有传统的品质，又具有现代的精神。

图 18-49　苏格兰议会大厦的会议厅入口

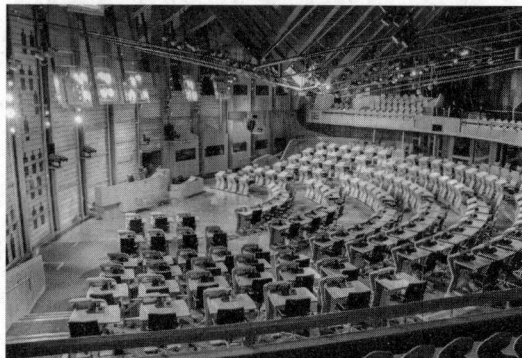

图 18-50　苏格兰议会大厦的会议厅内景

大跨度建筑的主体部分经常采用钢结构、钢筋混凝土结构与基础连接。基础部分伸出地表，成为钢筋混凝土支座，再与结构主体构件以铰接、节点板、缆索方式连接起来，相应的支座节点有铰接式、节点板式、缆索式等。

（1）铰接式钢筋混凝土支座

即钢支柱与底板焊接，底板再依靠螺栓与混凝土支座锚固连接。也有在混凝土支座上凸出一块钢板，由主体的钢柱脚末端两片钢板夹住，并用螺栓连接。

（2）节点板式钢筋混凝土支座

混凝土支座表面埋置水平的钢板，主体的钢柱脚末端也通过角撑（加劲肋）设置底板，两块钢板以相同角度紧紧贴合在一起，最后用螺栓固定（图 18-51）。

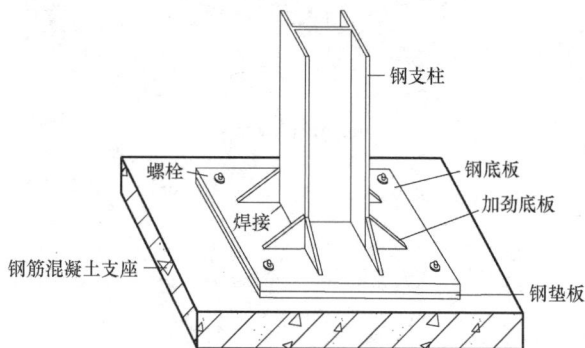

图 18-51　铰接式钢筋混凝土支座

18.2.3　大跨度建筑屋顶构造设计的主要技术环节

大跨度建筑的屋顶主要由承重结构、屋面基层、保温隔热层以及屋面面层组成，屋面基层搁置保温隔热层构造，其基本做法分为有檩和无檩两类（图 18-52）。有檩做法为承重结构上搁置檩条，檩距多为 1.5～3m，檩条宜采用冷弯薄壁型钢及高频焊接轻型 H 型钢，然后再放置单层或多层格栅，之上再搁置屋面板（图 18-53）。无檩做法是指屋顶承重结构上直接搁置屋面板。

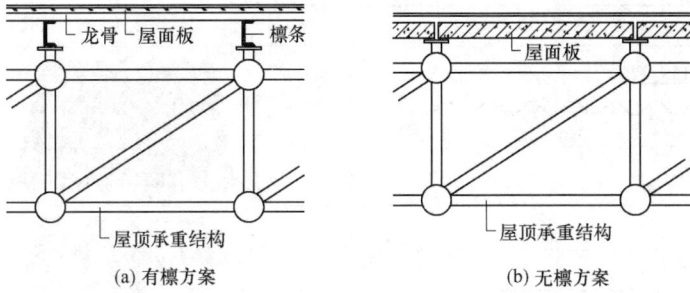

图 18-52　屋面基层搁置保温隔热层做法

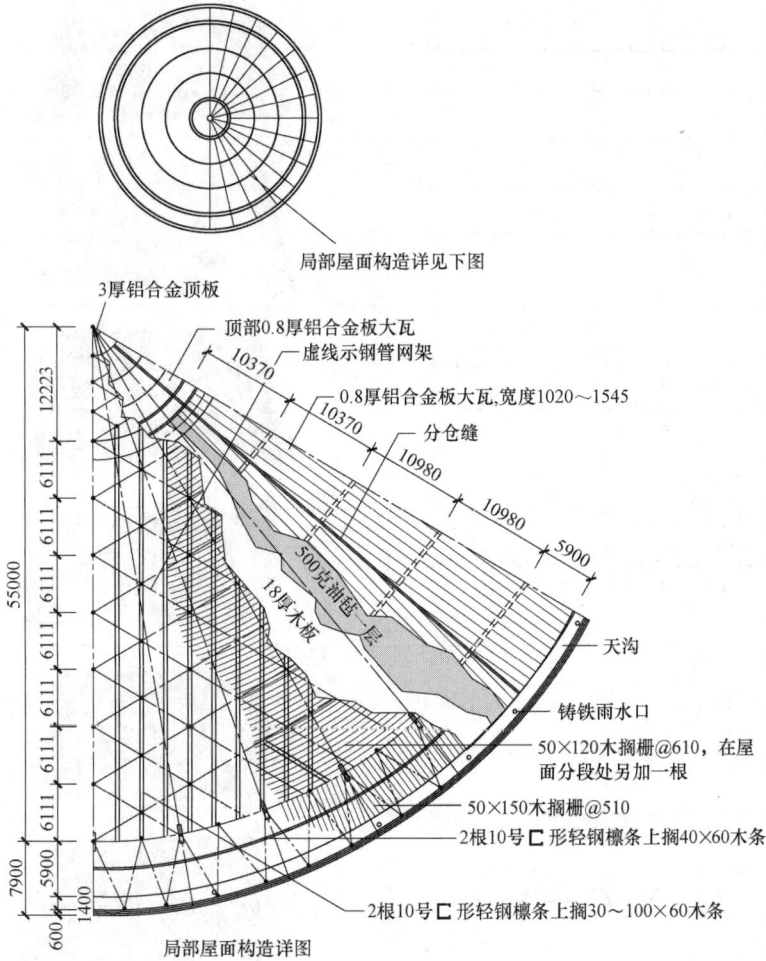

(a) 有檩方案　　　　(b) 无檩方案

图 18-53　铝合金屋面构造局部

保温隔热层设置于屋面面层之下，可以悬挂于格栅之下，也可以放在吊顶层之上。大跨屋面的面层材料一般选用具有轻质、高强、耐久、耐火、保温、隔热及防水等性能的建筑材料，同时要求材料构造简单、施工方便并能工业化生产。目前常用的有彩色压型钢板、铝塑复合板、纯铝板、阳光板太空板（由水泥发泡芯材及水泥面层组成的轻板）、石棉水泥瓦等。其中，应用最广泛的是彩色压型钢板屋面。

断面形式	彩色压型钢板样式

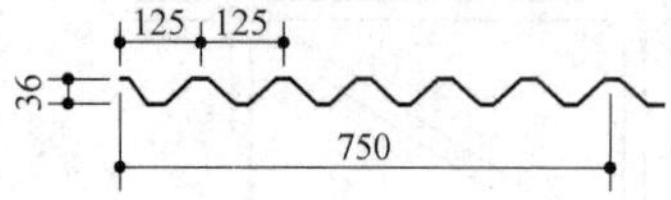

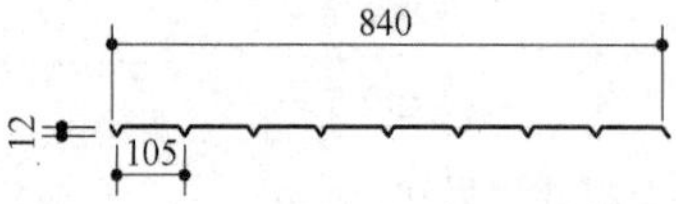

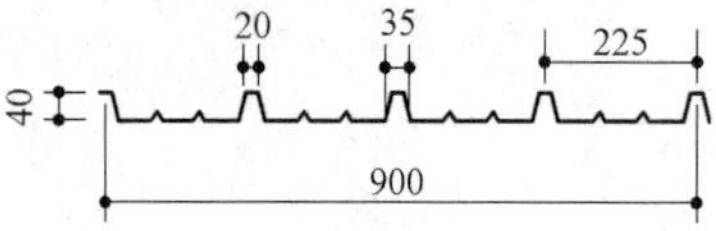

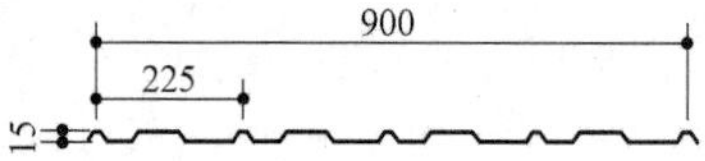

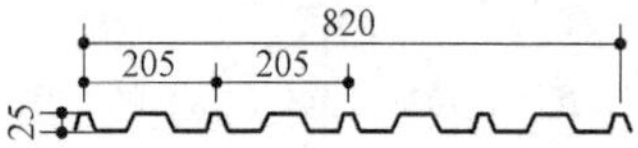

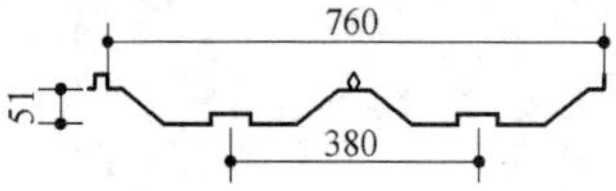

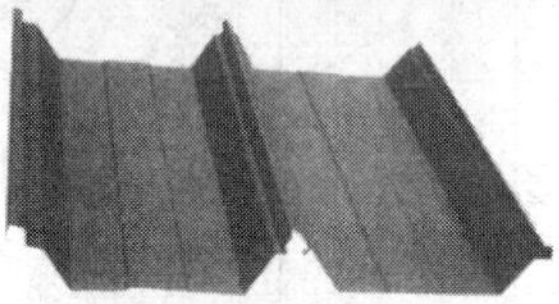

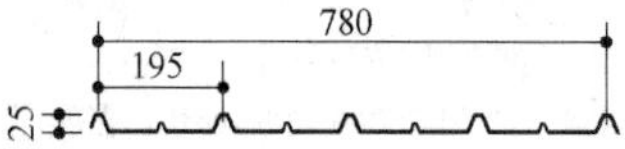

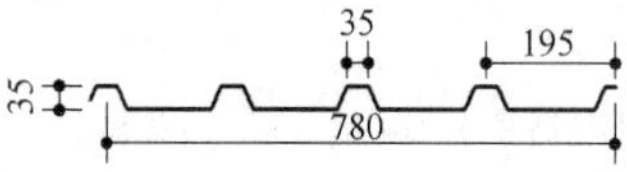

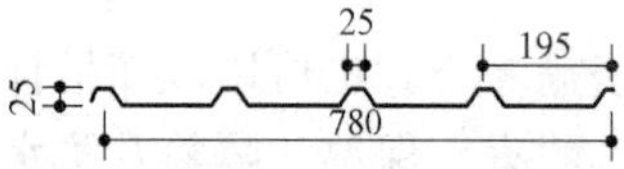

图 18-54　彩钢板断面形式

1) 不同材料体系的屋面构造

彩色压型钢板（简称彩板），为大型公共建筑，尤其是大跨度建筑经常采用的屋面材料。彩板的基层材料为厚度仅 0.4~1.0mm 的薄钢板或铝板，其表面经过镀锌或镀镍的防腐处理，并辊压成为各种连续的、断面凹凸不平的板材（图 18-54）。根据饰面涂料的不同档次，彩板的使用寿命也分为 10 年左右到 30 年不等。彩板屋面的特点在于轻质高强、施工便捷、色彩丰富，但造价较高。彩板根据其不同的材料组成可分为单层压型钢板和夹芯保温彩板。单层薄钢板用于屋面上须另加保温层；而夹芯彩板则是在两层薄钢板之间填充聚氨酯硬质泡沫塑料板，三层板材复合成型后具有防水、保温、饰面等多种功能。彩板断面形式可分为波形板、梯形板以及带肋梯形板。彩板屋面一般是将彩板用各种螺钉、螺栓直接固定于檩条上。

连接彩板的拼缝形式可分为搭接、卡扣以及卷边（图 18-55、图 18-56）。为防水起见，屋面纵长方向（即排水水流方向）最好不要出现接缝。若长度较长，屋面板之间可采用搭接连接。在施工现场直接辊压成型，可用于纵向长度达数十米的屋面。

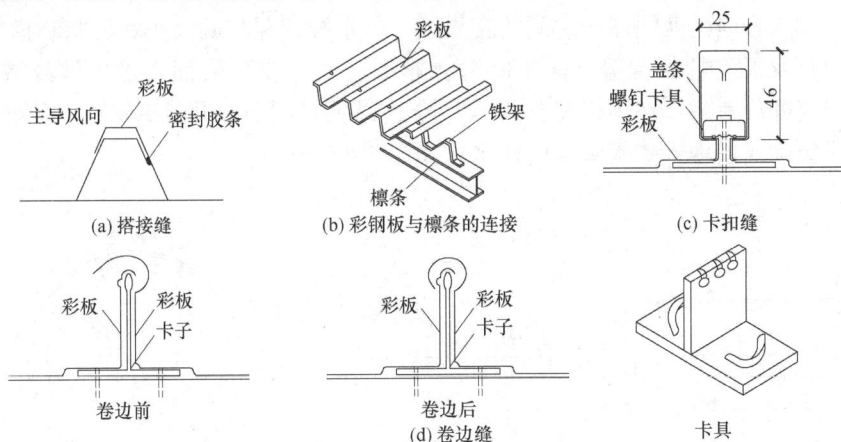

图 18-55 连接彩板之间的拼缝形式

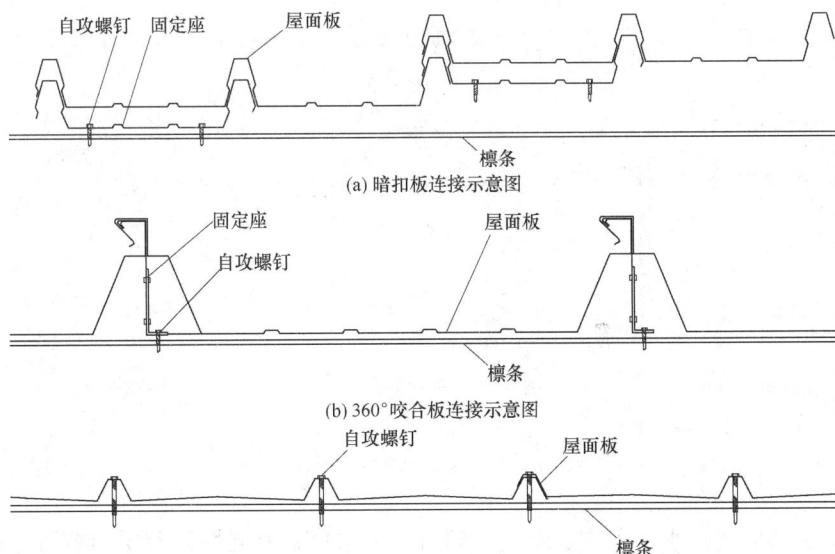

图 18-56 连接彩板之间的拼缝形式

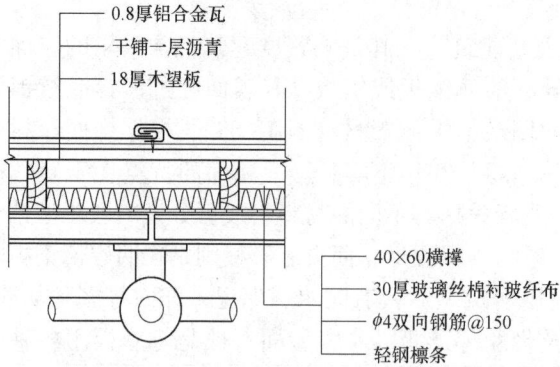

图 18-57　金属板屋面的构造层

金属板屋面是用薄的镀锌钢板、镀铝锌板、铝合金瓦或铜材等作防水层（厚度小于 1mm），优点在于自重轻，利于减轻屋顶荷载，防水性能好，使用寿命可达 30 年以上，缺点是拼缝多，施工工作量大，造价较高，用于要求较高的大型公共建筑。金属板屋面的构造层次一般是先在檩条上固定木望板，再于木望板上钉牢金属板屋面，为防水起见，应在瓦材下铺设防水卷材（图 18-57）。

2）屋面排水

大跨度建筑屋面尺度大，做到迅速地有组织地排水很重要。设计时需要明确表达以下内容：不同排水方向的两块屋面之间的交界线、分水线；瓦材的大小和形状；横缝及竖缝的位置；屋脊及天沟的位置等（图 18-58）。彩钢板或金属板表面常做成波纹或折线形，檐沟结合建筑外形考虑，在薄壳屋顶中常结合边沿构件设计（图 18-59）。落水管可置于墙内，做成包砌式或埋入式暗管等内排水方式（图 18-60）。

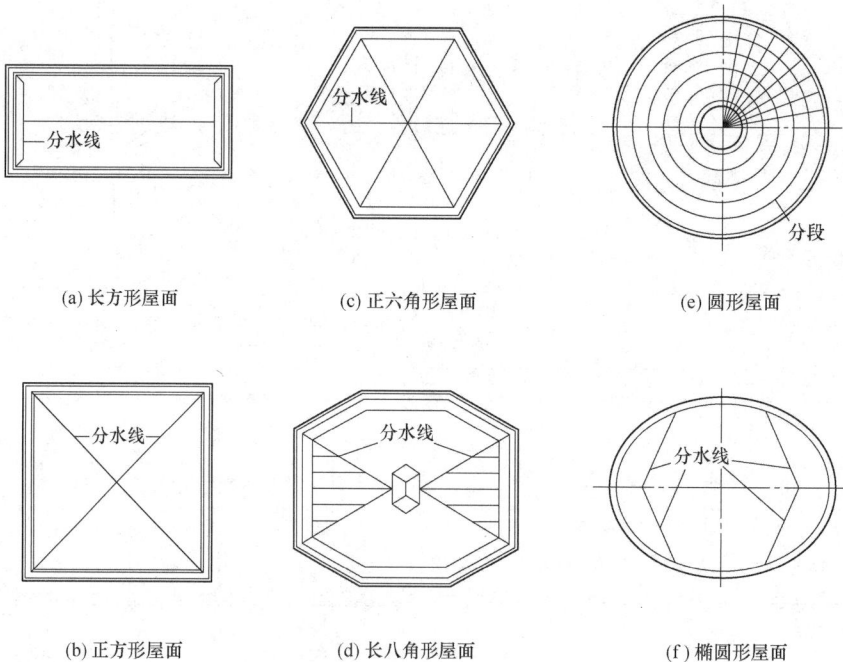

(a) 长方形屋面　　(c) 正六角形屋面　　(e) 圆形屋面

(b) 正方形屋面　　(d) 长八角形屋面　　(f) 椭圆形屋面

图 18-58　屋脊及天沟的位置

屋面特殊部位如泛水、天沟、斜沟、檐口、雨水口、女儿墙以及屋面防雷等均应做好构造设计（图 18-61～图 18-64）。

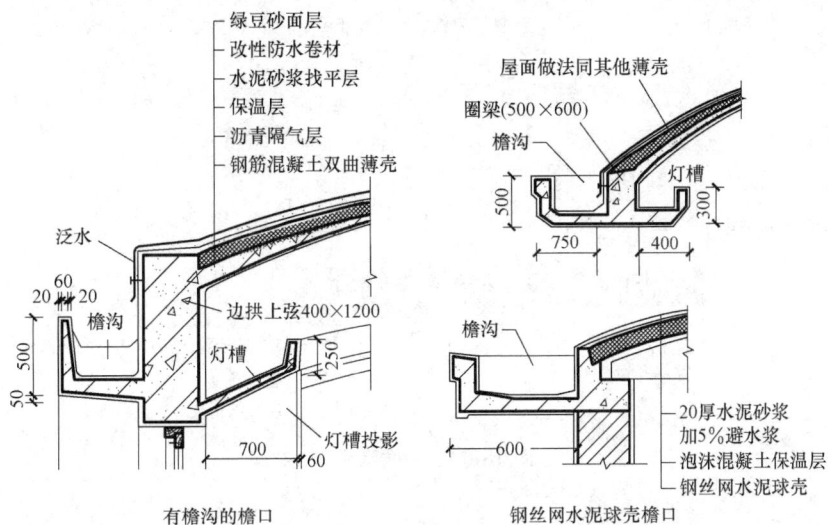

图 18-59 薄壳檐口天沟构造

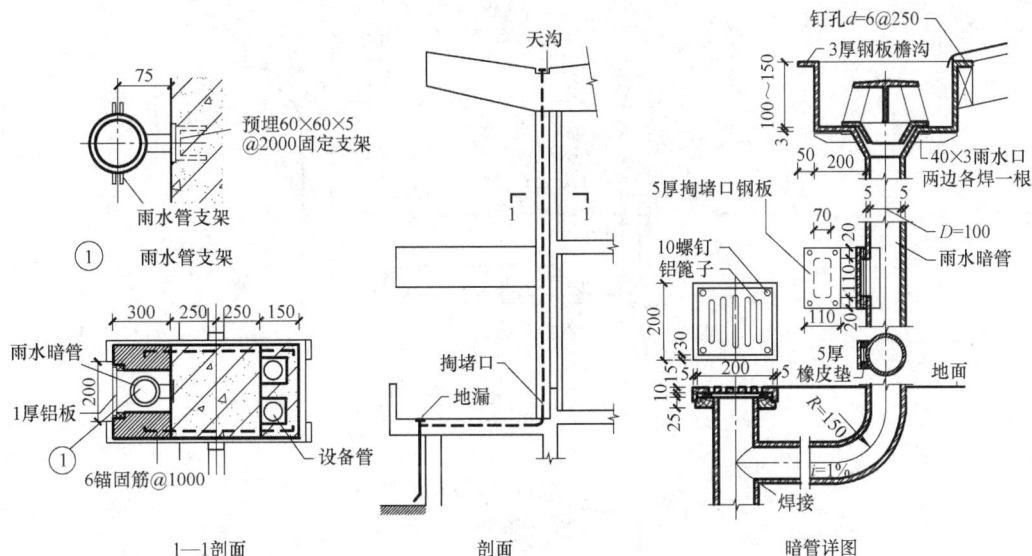

图 18-60 包砌式暗管系统示意

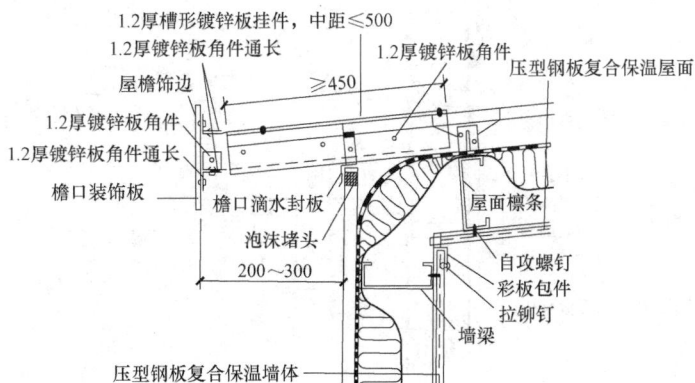

图 18-61 檐口构造

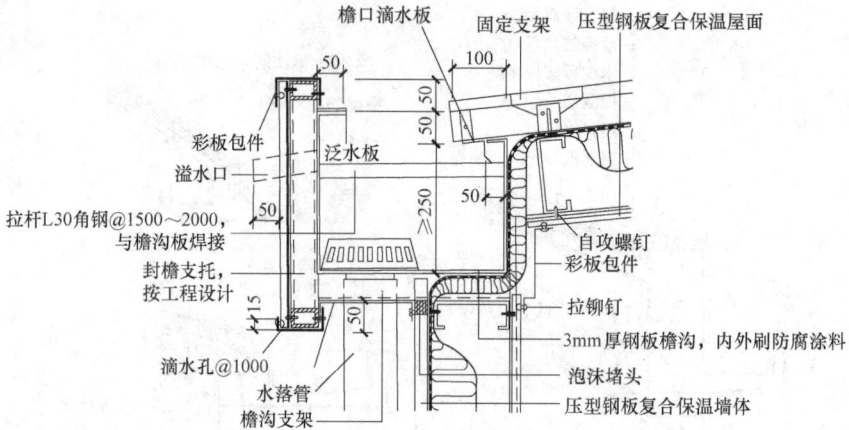

檐口滴水板　固定支架　压型钢板复合保温屋面

彩板包件
溢水口
拉杆L30角钢@1500～2000，与檐沟板焊接
封檐支托，按工程设计
滴水孔@1000
泛水板
水落管
檐沟支架

50
50
50
50
50
≥250
15
100
50

自攻螺钉
彩板包件
拉铆钉
3mm厚钢板檐沟，内外刷防腐涂料
泡沫堵头
压型钢板复合保温墙体

图 18-62　外檐沟构造

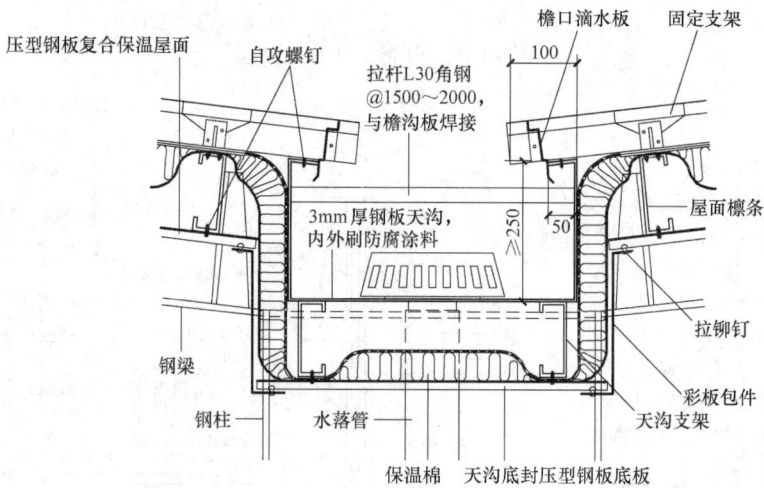

压型钢板复合保温屋面　自攻螺钉　檐口滴水板　固定支架

拉杆L30角钢@1500～2000，与檐沟板焊接
3mm厚钢板天沟，内外刷防腐涂料
钢梁
钢柱
水落管
保温棉　天沟底封压型钢板底板

100
≥250
50

屋面檩条
拉铆钉
彩板包件
天沟支架

图 18-63　内天沟构造

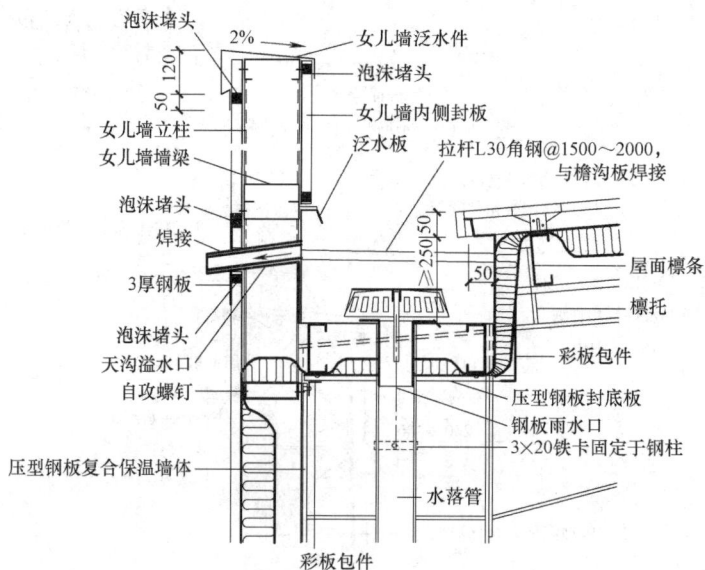

泡沫堵头　2%　女儿墙泛水件
泡沫堵头
女儿墙内侧封板
女儿墙立柱
女儿墙墙梁
泡沫堵头
焊接
3厚钢板
泡沫堵头
天沟溢水口
自攻螺钉
压型钢板复合保温墙体
彩板包件

50　120
50
≥250　50
50

泛水板
拉杆L30角钢@1500～2000，与檐沟板焊接
屋面檩条
檩托
彩板包件
压型钢板封底板
钢板雨水口
3×20铁卡固定于钢柱
水落管

图 18-64　女儿墙构造

18.3　技术前沿：大跨度建筑技术新的发展方向

我国早在 20 世纪二三十年代就在不少建筑中采用了现代意义上的、多种结构形式的大跨度建筑技术，建于 1926~1931 年的广州中山纪念堂（图 18-65、图 18-66）（组合芬克式钢屋架，跨度 30m）、1934~1935 年的上海市体育馆（图 18-67）（格构式三铰拱钢架，跨度 43.7m）以及 1936 年的上海龙华飞机库（梯形钢桁架，跨度 32m）都在中国建筑史上创造了纪录。最近二十多年来，中国的大跨度建筑技术又借着对外开放的机遇获得了长足的进展。中国大跨度建筑创作蓬勃发展，出现了一系列非常有影响的作品，如北京奥运会主体育场——"鸟巢"（图 18-4）、国家游泳馆——"水立方"（图 18-28）、国家大剧院（图 18-5）、广州新剧院（图 18-68）等，它们的设计理念和设计手法为大跨度建筑创作带来了许多启发和思考。在可以预见的未来，大跨度建筑技术将朝着更多的新方向发展，建筑师必须对此加以关注。

图 18-65　广州中山纪念堂

图 18-66　广州中山纪念堂内景

图 18-67　1934~1935 年的上海市体育馆

图 18-68　广州新剧院

18.3.1　创新形式的出现

大跨建筑首先呈现给人们的就是其大体量的建筑外形，所以其建筑形态往往不仅承担了表达自身内涵与美学价值的任务，同时也象征着所处时代的技术水平和时代精神。因此，建筑形态始终是大跨建筑设计中非常关注的问题，而建筑技术的发展也成为推动建筑

301

形态创新不可或缺的重要动力。当今，科学技术的进步与文化艺术的多元不但拓宽了人们的视野，也赋予了建筑形态多样与开放的创新契机。

1996 年落成的东京国际会展中心是当代结构表现的经典作品，由建筑师拉斐尔·维诺里和结构工程师渡边邦夫共同完成，建筑空间造型丰富，具有理性的秩序感。全长 207m、中央宽度 32m、高约 50m 的中央梭形玻璃大厅（图 18-69）是建筑突出的亮点。两根高达 52m 的支柱的造型设计忠实地再现了柱子的结构应力分布，并由此产生了富有变化的梭形形象。屋顶结构根据受力原则设计成下悬拱形，既符合结构逻辑，又具有强烈的形体效果。

里斯本世界博览会葡萄牙馆由两个独立的部分结合而成。其一为南部，实际上是一个大型广场，坐落于北侧，南侧由两个大的门廊连接，用各色瓷砖镶嵌而成。两部分中间为曲线型混凝土顶棚（图 18-70）。

图 18-69　东京国际
会展中心

图 18-70　里斯本世界博览会葡萄牙馆

18.3.2　多种材料的运用

2003 年中国的钢产量已达到 2.5 亿吨，很明显，钢结构仍将越来越多地运用到大跨度建筑活动中，钢材制品的种类、型号也有了快速增长，能够生产多种型号的建筑用低合金钢、H 型钢以及厚钢板等，中国的钢结构部件加工能力已达到相当高的水平，钢材已不再像数十年前那样是物以稀为贵的高档建筑材料了。轻型钢结构的土建造价已与较传统的砖混结构、钢筋混凝土结构接近。钢结构具有装配化施工的优点，速度快，污染少，而且回收重复利用率很高，环境综合效益好，造型独特，富有技术美感。所以，以各种建筑专用钢材为代表的新型建材将会得到广泛使用。

与此同时，材料科学技术的日新月异也必然会给建筑师、工程师提供更多轻质高强的新型建材或者将传统材料加以创新利用。例如国家游泳中心，国际上，建筑采用膜结构时，多用 PTFE 膜，这是一种纤维材料，特点是不透明，使用技术比较成熟，而"水立方"使用的是 ETFE 膜，这是一种透明膜，能为场馆内带来更多的自然光（图 18-29）。塞维利亚大都会太阳伞，采用钢木结构形成大跨度，其造型犹如撑开的巨型伞，屋顶上还建有全方位的观景露台（图 18-71）。

18.3.3　结构体系的发展

与材料同步并行的是结构体系的发展，随着大跨度网架结构、拉索结构、索膜结构等结构类型在建筑工程领域的运用越来越成熟，综合了钢筋混凝土结构、钢结构、张拉膜结构等结构形式于一身的"组合"结构将有进一步的发展。同时，随着信息技术在建筑领域的不断深入发展，建筑智能化水平的不断提高，各种可折叠、开闭的大跨度建筑结构也已经开始使用。

图 18-71　塞维利亚大都会太阳伞

苏州火车站，采用菱形交叉桁架，将大体量的屋顶分解成高低起伏、纵横交错的屋面肌理与采光井，解决了候车站台的采光通风问题，形式与结构高度统一（图 18-72、图 18-73）。

图 18-72　苏州火车站

图 18-73　苏州火车站

西班牙建筑师圣地亚哥·卡拉特拉瓦善于"通过结构解析建筑造型的方式来进行设计"，代表作有葡萄牙里斯本东方车站（图 18-74、图 18-75）、法国里昂机场铁路客运站（图 18-76、图 18-77）等。在其作品中经常运用可变性元素来丰富建筑形态，他设计的密尔沃基艺术馆（图 18-78、图 18-79）不但模仿了动物的骨骼系统，而且其创造的可变性建筑遮阳系统也体现了结构与建筑的交融。里斯本东方车站高架铁轨上由白色钢结构和透明玻璃组成的雨篷是类似四分肋骨拱的结构体系，支撑结构优美流畅的线条同时体现了力流传递的内在逻辑，色彩高雅洁白，展现了勃勃生机。这些作品无不体现出结构的力度感与优美，充满诗意的魅力空间和精致典雅的技术美学。

18.3.4　新的施工方法和设备的应用

大跨度建筑往往因为结构构件尺度大、重量大而施工困难，所以结构工程师会把很多精力投入到施工方案的设计中，而新的施工方法与设备的使用往往又会促进大跨度建筑形式的创新。如奈尔维（Pier Luigi Nervi）设计的英国汉诺威达特茅茨学院田径馆（Field House at Dartmouth Colledge，Pier Luiqi Nervi）采用跨度达 79m、长度为 109m 的巨大

图 18-74　葡萄牙里斯本东方车站

图 18-75　葡萄牙里斯本东方车站内景

图 18-76　法国里昂机场铁路客运站

图 18-77　法国里昂机场铁路客运站内景

图 18-78　密尔沃基艺术馆

图 18-79　密尔沃基艺术馆内景

拱结构，以预制混凝土构件建成，为施工简便而专门设计了一种活动金属拱脚手架，预制构件可以很方便地就位；待到一跨施工完毕，活动鹰架又可移至下一跨，来承受新的预制构件的荷载。预制构件的尺度、重量往往取决于当时的起重设备的最大起吊荷载，其建筑形式也会因为细部尺度而受到限制，如果采用起重能力更强的吊装设备，也许预制装配化程度会更高一些。随着各种高新技术在建筑领域的应用，新的施工方法与施工设备不断产生，大跨度建筑创作与实施的技术含量会越来越高。

　　中国国家体育馆施工中，为了给屋顶架上钢屋架，首次采用了 9 个"机器人"进行的滑移施工技术。施工人员先在地面对钢屋架进行组装，然后把组装好的每部分钢屋架吊上屋顶进行拼装，并严格控制钢屋架焊接点位置。安装在钢屋架与轨道之间的 9 个"机器人"用一台电脑进行控制，统一编成行进程序，控制滑移的时间和行程（图 18-80，图 18-81）。

图 18-80　中国国家体育馆

图 18-81　中国国家体育馆鸟瞰

　　大跨度建筑体现一种"时代精神"，是高技术的体现，兼具传统与创新。大跨建筑与传统建筑相比，存在的时间短暂，但随着社会的发展，建筑功能越来越复杂，大跨度建筑的数量与质量都今非昔比。在中国改革开放和经济全球化的背景下，大量个性张扬的大跨建筑作品往往备受青睐，而这类建筑常常是片面追求新奇、独特、夸张的视觉效果，在满足人们"视觉消费"的同时忽视了结构的合理性、造价的经济性以及文化的传承性等现实问题。近年来，我国在大跨度建筑建造及设计领域都取得了重大发展，但与国际先进水平相比还有一定距离，要想更进一步，还需要广大建筑师及相关人员的共同努力。

参 考 文 献

[1] 沈祖炎，陈扬骥 . 网架与网壳 . 北京：同济大学出版社，1997.

[2] （英）Z·S·马柯夫斯基 . 穹顶网壳分析设计与施工 . 赵惠麟等译 . 南京：江苏科学技术出版社，1992.

[3] 尹德钰，刘善维，钱若军 . 网壳结构设计 . 北京：中国建筑工业出版社，1996.

[4] 沈祖炎，严慧，陈扬骥 . 空间网架结构 . 贵阳：贵州人民出版社，1987.

[5] 沈世钊，徐崇宝，赵臣 . 悬索结构设计 . 北京：中国建筑工业出版社，1997.

[6] 陈绍藩 . 钢结构（第二版）. 北京：中国建筑工业出版社，1994.

[7] 完海鹰，黄炳生 . 大跨度空间结构 . 北京：中国建筑工业出版社，2000.

[8] 刘建荣 . 建筑构造 . 北京：中国建筑工业出版社 .

[9] 建设部工程质量安全监督与行业发展司，中国建筑标准设计研究院 . 全国民用建筑工程设计技术措施 .

[10] 浙江大学建筑工程学院，浙江大学建筑设计研究院 . 空间结构 .

[11] 梅季魁，刘德明，姚亚雄 . 大跨建筑结构构思与结构选型 . 北京：中国建筑工业出版社，2002.

[12] 中国土木工程学会 . 建筑结构 .2011（4，11，12）.

第 19 章　天 窗 构 造

19.1　概　述

　　天窗在建筑设计中一直是改善空间品质的重要部件，其多样的形态和天光引入，往往成为空间中的视觉焦点，随着各类建筑在功能与空间上设计要求的提高以及构造技术与建筑材料的不断进步，它在建筑中的应用越来越广泛。

　　在公共建筑的门厅、通廊及共享中庭，通过设置不同形式的屋顶采光天窗（采光顶），不仅可以创造出独特的艺术空间效果，同时可起到自然采光、通风以及火灾时及时排烟的作用，优化了室内空间的使用效能。在居住建筑顶层的坡屋顶阁楼设置采光天窗可以改善和创造可居住的坡屋顶空间，同时可丰富建筑的顶部造型。

　　在工业建筑厂房中，利用屋顶设置相应形式和需求的天窗，达到自然通风和采光的使用要求，改善了生产条件和环境，对于生产工艺要求较高的厂房，可采用电动控制启闭的可调天窗（图 19-1）。

图 19-1　天窗在建筑中的运用

19.2　天窗的形式及材料

19.2.1　天窗的功能与形式

天窗是指在屋面（平屋顶或坡屋顶）上设置的采光口，用各类透光板材和结构材料制作成固定或可开启的采光窗，以满足室内采光、通风等要求。设置天窗不仅提高了室内空间的使用舒适性，而且丰富的光影变化可以创造生动的艺术效果，成为建筑内部空间的亮点。屋顶采光天窗具有采光效率高、光线均匀、布置灵活、构造简单、施工方便等特点，是现代建筑设计中常见的组成部分。

天窗在各类建筑中的运用已非常广泛，新的构造形式也不断出现，呈现出功能与艺术结合的多样性。屋顶采光天窗的设置可采用"点"状布置、平行或垂直于建筑屋面结构的"线"状布置、局部或全部屋面的"面"状布置、凸出（高于）屋面或下沉于屋面设置，设计时应根据具体使用功能及要求来选择确定天窗的形式。常见的屋顶天窗形式有平天窗、立式天窗、下沉式天窗、通风天窗等几种，在民用建筑中平天窗运用较多，其他形式主要适用于工业厂房。

平天窗主要有采光罩（板）、采光带、采光顶等几种构造形式（图 19-2）。采光罩和采光板一般尺寸较小，根据洞口形状，可制作成圆形、方形、矩形、三角形等平面形状，

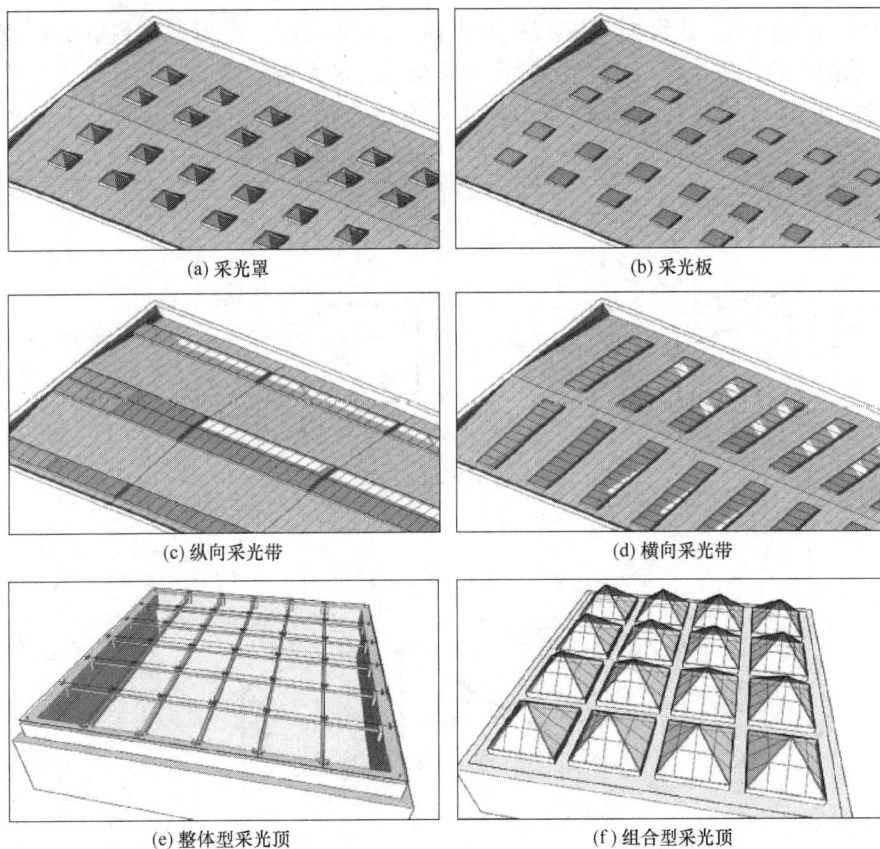

(a) 采光罩　　　　　　　　　　　　(b) 采光板

(c) 纵向采光带　　　　　　　　　　(d) 横向采光带

(e) 整体型采光顶　　　　　　　　　(f) 组合型采光顶

图 19-2　平天窗

采光罩可为拱形、锥体和穹体等样式，采光板可平行屋面或倾斜屋面设置，在使用类型上有固定型、通风型、开启型及组合型等；采光带因洞口的变化形式较多，其大小位置和造型应按设计要求，通常由采光罩或采光板组合制作，有一字形、L 形、T 形、十字交叉形和几何形等布置形式；采光顶适用于较大采光面积的空间，一般对其造型要求较高，可以用多种结构类型来实现，形式上有整体型和组合型，在安全与节能等构造要求上相对较高。在天窗设置上应结合功能和造型要求，一般较小室内空间的天窗采用点式或条式布置，大厅、中庭等较大空间天窗采用采光顶和组合顶等（图 19-3）。

图 19-3　不同空间的天窗应用

工业厂房常用的立式纵向天窗有矩形天窗、M 形天窗、锯齿形天窗、纵向避风天窗等形式（图 19-4）；下沉式天窗主要有纵向两侧下沉式天窗、横向下沉式天窗、中井式天窗和边井式天窗等（图 19-5）；通风天窗主要有屋脊通风天窗、横向通风天窗和风帽等（图 19-6）。

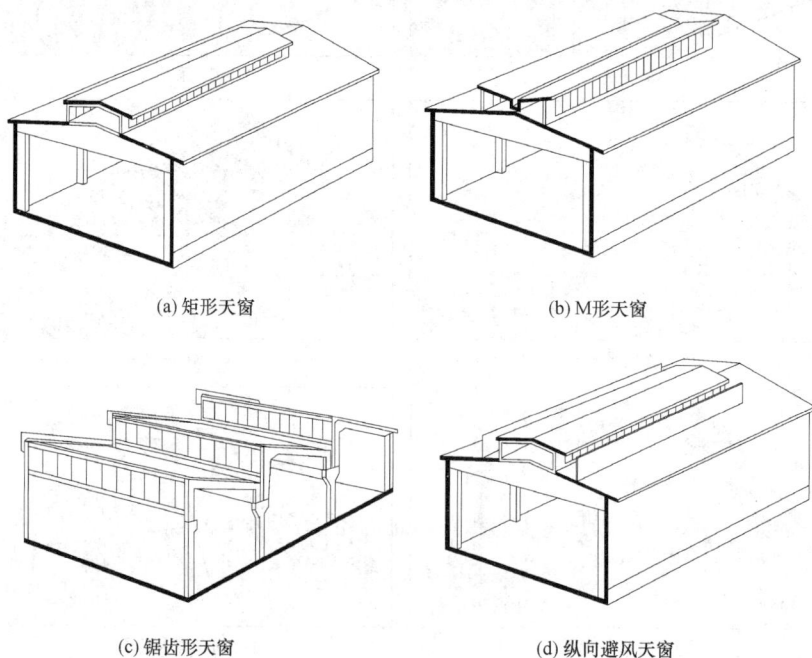

(a) 矩形天窗　　　　　　　　　　　　　(b) M 形天窗

(c) 锯齿形天窗　　　　　　　　　　　　(d) 纵向避风天窗

图 19-4　立式纵向天窗形式

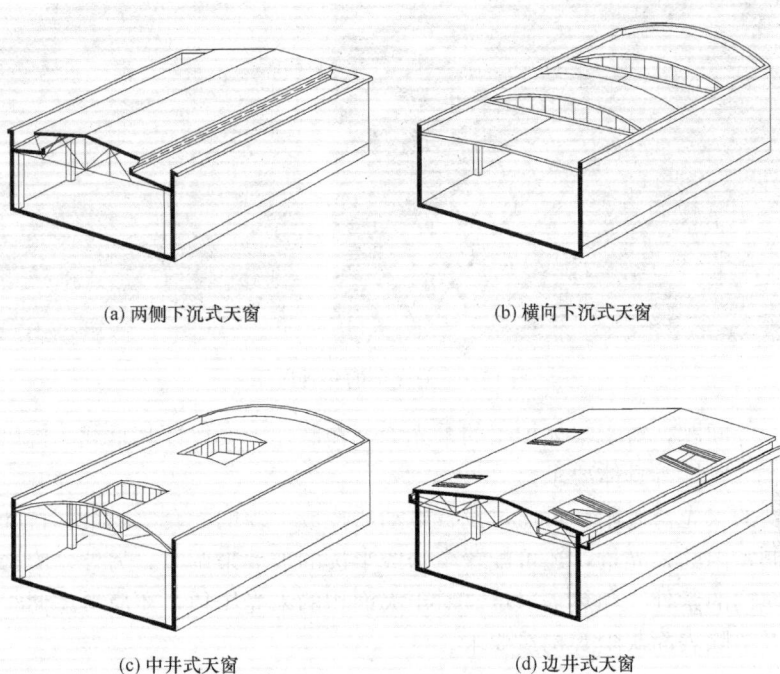

(a) 两侧下沉式天窗　　　　(b) 横向下沉式天窗

(c) 中井式天窗　　　　(d) 边井式天窗

图 19-5　下沉式与井式天窗形式

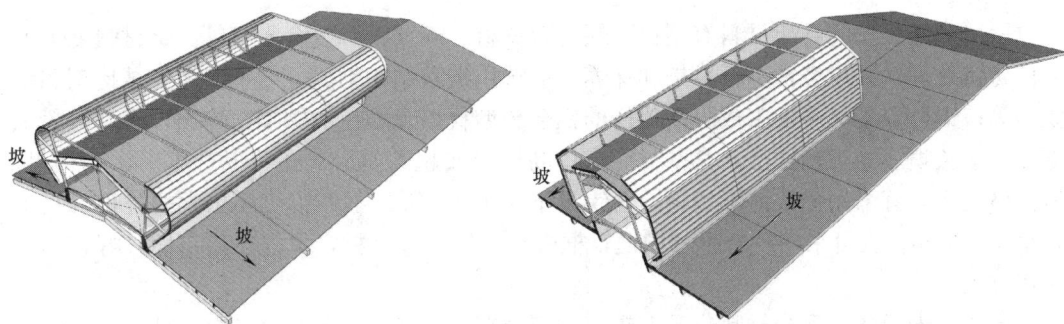

图 19-6　屋脊通风天窗和横向通风天窗

　　随着现代建筑设计对空间与造型的新要求的不断出现，天窗的形式也呈现多样化，如将屋面采光顶和墙面采光合二为一，成为全部由金属（铝合金或钢结构骨架）和玻璃构成的玻璃房，步行道、人行天桥的天棚和建筑物入口的雨篷等，也有类似于采光天窗（顶）的构造形式。这类采光顶形式多样，均以安全玻璃或其他透光板材覆盖于金属骨架之上，构造上类同于玻璃幕墙的结构形式，轻盈透光、造型美观（图 19-7）。

19.2.2　天窗的设计要求与材料选择

1）设计要求

　　天窗的设置在满足建筑的功能使用要求与空间造型美观的基础上，对采光、通风、节能、安全、耐久、防火排烟、防雷等方面应统一考虑，尽可能利用自然采光和通风，起到调节温度和节能的作用，在构造设计上应考虑防水、排水、保温、结露、积雪、遮阳、通

309

图 19-7　采光顶的多种应用

风及使用安全等问题，对于整体加工的采光罩，在制作上要保证其承载、抗风、隔热、隔声、水密性、气密性等具体要求。

对于天窗的采光与遮阳，可通过设置电动遥控或手控的配套遮阳帘、百叶，以此有效地调整和控制室内的采光量，还可配置全透或半透的玻璃来调节。另外，应选用节能玻璃来减少进入室内的紫外线和热辐射量。对于大面积的采光屋顶，还应考虑便于排除冷凝水和屋面雨水及清除表面灰尘等构造要求。

2）材料选择

天窗的材料主要有骨架材料、透光材料、连接件、胶结密封材料等。这里主要介绍骨架材料和透光材料。

屋顶采光天窗的骨架材料有型钢、铝合金型材、不锈钢和复合木材等。钢材强度大但需作防锈处理，并需经常进行维护和保养，应选用碳素结构钢、低合金高强度结构钢和耐候钢等；铝合金型材可加工成隔断热桥的铝合金型材以及彩色的铝型材饰面，有静电粉末喷涂、氟碳喷涂等工艺做法，其基材应采用高精级或超高精级；还可以选用不锈钢材料，但价格较高，宜采用奥氏体不锈钢，含镍量不应小于 8％，不锈钢绞线拉索的公称直径不宜小于 12mm。也可采用复合木材做框，框外包以铝合金材料，木框热稳定性较好，加工制作方便。

屋顶采光天窗的透光材料应具有较好的安全性、透光性、耐久性和热工性能，在设计中应选用安全玻璃，如钢化玻璃、夹层玻璃、中空玻璃等，也可采用透光率较高、安全可靠和具有保温隔热功能的阳光板，如双层有机玻璃、聚碳酸酯（PC）透光板、UPVC 塑料透光板等。这些透光材料本身色彩丰富，并可加工成各种造型，以此满足建筑的使用功能和立面造型设计的需求。

建筑玻璃制品已由过去的单一采光功能向装饰、噪声控制、降低建筑物的自重、控制光线、调节热量、安全防爆、防辐射、改善室内光环境等多种功能方向发展，是建筑工程中常采用的重要装饰材料。

用采光罩作玻璃面时，采光罩本身具有足够的强度和刚度，透光材料和骨架材料合为一体，直接将采光罩安装在玻璃屋顶的承重结构上即可。随着透光材料的不断进步，透光材料往往可取代部分骨架材料，如玻璃拱、玻璃梁构造，使得天窗更加简洁、轻盈，建筑空间更加通透、开放。

玻璃的透光率是影响天窗采光量的重要因素之一，随玻璃厚度的增大而减小，当光线射向玻璃时，一部分光能被反射，一部分光能被玻璃吸收，从而使透过玻璃的光线强度降低。光线透过玻璃或透光板材的多少用透光率表示，它是确定玻璃性能的主要指标（表 19-1）。

常用透光材料比较 表 19-1

透光材料名称	厚度(mm)	透光率(%)
钢化玻璃	6	78
夹层玻璃(PVB)	3＋3	78
夹丝玻璃	6	66
透明有机玻璃	2~6	92
玻璃钢(本色)	3~4	70~75
普通玻璃加铁丝网	5~6	69
磨砂玻璃加铁丝网	6	49
压花玻璃加铁丝网	3	63
塑料(UPVC)透光板	3	85
聚碳酸酯(PC)透光板	1~12	75~91

采光天窗常用的透光材料有以下几种：

（1）PVB 夹层玻璃

这种玻璃就是在两片或两片以上的无机玻璃之间夹进以聚乙烯醇缩丁醛为主要成分的 PVB 薄膜，粘合成为一个整体，具有安全、保温、控制噪声和隔离紫外线等多种功能，它在重击受损破裂的情况下，因中间膜的粘合作用，仍保持一体，不会脱落散开，安全性较高，在建筑采光天窗中有着广泛的运用。在节能要求较高的情况下，也可选用在原夹层玻璃上增加一层玻璃的中空夹层玻璃，但必须是夹层玻璃在下的安装，其综合性能最优（图 19-8）。

（2）有机玻璃（PMMA）

这种高分子透明材料是一种叫聚甲基丙烯酸甲酯的热塑性塑料，具有透明度高、机械强度高、重量轻、易于加工成型等特性。有机玻璃俗称明胶玻璃、亚克力等，其表面光滑、色彩多样，有良好的视觉美观性，具有比重小、重量轻、强度较大、耐腐蚀、耐晒、绝缘性能好、隔声性好等优点。有机玻璃的强度比较高，抗拉伸和抗冲击的能力比普通玻璃高 7~8 倍，经特殊拉伸处理的有机玻璃可用作防弹玻璃，可采用热压成型或压延工艺将其制成弯形、拱形或方锥形等标准单元的采光罩。

（3）聚碳酸酯 PC 透光板（阳光板）

聚碳酸酯 PC 透光板，俗称阳光板，是一种强韧的热塑性树脂，具有高透光性，可与玻璃相媲美，有高抗撞击性，撞击强度是玻璃的 250~300 倍，是钢化玻璃的 2~20 倍，具有防紫外线、阻燃、隔声、节能、耐候、重量轻以及可弯曲等特性，可依设计图在工地现场采用冷弯法制成拱形、半圆形顶和窗，最小弯曲半径为板厚度的 175 倍，亦可热弯。按形态分类，通常有普通两层阳光板、田字形三层阳光板、矩形四层阳光板、米字形阳光板、蜂窝阳光板、U 形锁扣阳光板等（图 19-9）。

天窗材料中的连接件一般为不锈钢、型钢和铝合金型材等，与玻璃之间宜设置衬垫、衬套，起到保护和密封作用。胶结密封材料应具有较好的相容性和耐久性，一般选用三元乙丙橡胶、氯丁橡胶、硅橡胶和硅酮结构密封胶等。

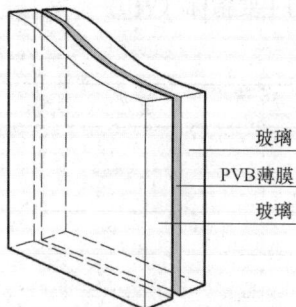

图 19-8　PVB 夹层玻璃

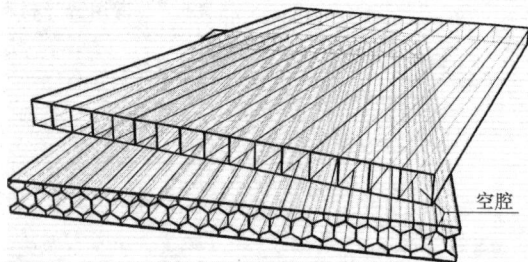

图 19-9　PC 透光板（阳光板）

19.3　民用建筑的天窗构造

19.3.1　屋顶天窗形式的确定

民用建筑天窗在公共建筑中运用较多，居住建筑相对较少，但随着住宅对使用空间拓展及个性化设计的要求的提出，天窗在住宅坡屋顶和地下空间也广泛运用。

图 19-10　公共建筑的天窗应用

公共建筑的天窗具有形式的多样性和美观性，设计时须结合其空间规模、使用功能、结构形式和造型要求，采用相应的天窗形式和尺度来实现良好的光环境和热环境。在空间使用要求上，选择合适的天窗大小、材料和开启方式，获得良好的自然采光和通风，保持适宜的温度和湿度；在屋顶结构的选择上主要有钢筋混凝土结构和钢结构两类，应根据建筑的跨度、形状和天窗选型来确定（图 19-10）。

常用的天窗形式有锥形天窗、坡形天窗、拱形天窗、穹形天窗、锯齿形天窗等（图 19-11）。另外，在玻璃选择上采用安全可靠、热工性能好的玻璃，如夹层安全玻璃、中空反射隔热玻璃等。

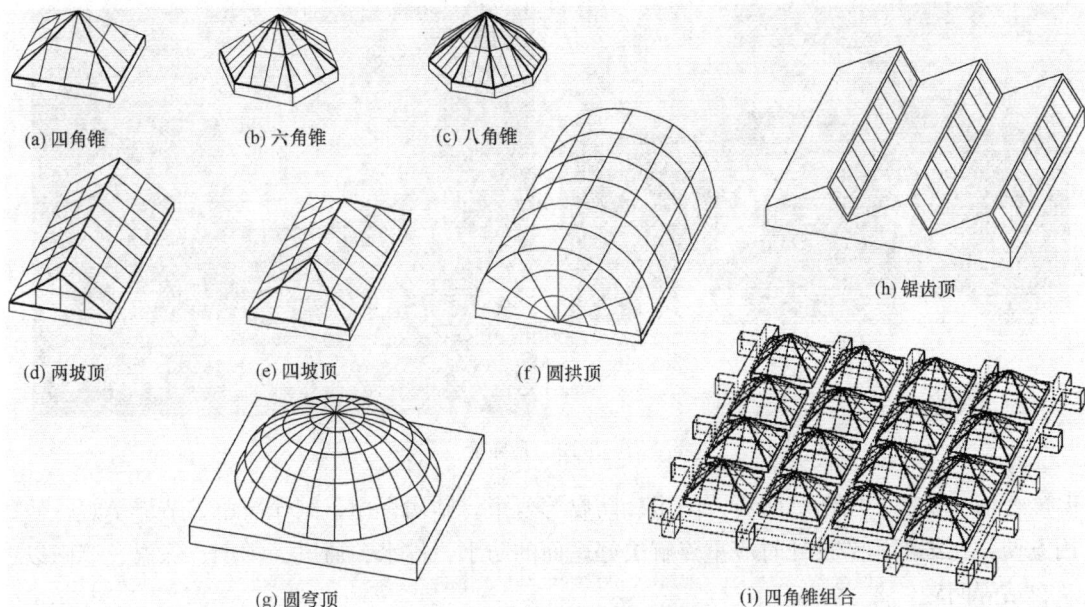

(a) 四角锥　　(b) 六角锥　　(c) 八角锥

(d) 两坡顶　　(e) 四坡顶　　(f) 圆拱顶

(h) 锯齿顶

(g) 圆穹顶　　(i) 四角锥组合

图 19-11　天窗的多种形式

　　锥形天窗有方锥形、六角锥形、八角锥形等，小型锥形天窗（2m 以内）可采用有机玻璃热压成型采光罩，可选定型成品，也可按设计定制，它具有良好的强度和刚度，不需要金属骨架，外形光洁美观，透光率高，可以单独设置，也可将若干个组合安装在井字梁上形成大片玻璃顶，构造简单，安装方便。

　　坡形天窗分单坡、双坡、多坡等形式，玻璃面的坡度一般为 15°～30°，每一坡面的长度不宜过大，一般控制在 15m 以内，用钢或铝合金作天窗骨架。

　　拱形天窗的外轮廓一般为半圆形或圆拱形，用金属型材作拱形骨架，根据空间尺度和屋顶结构形式，可布置成单拱或连续拱，透光材料一般选择有机玻璃或玻璃钢，也可用拱形有机玻璃采光罩组成大片玻璃顶。

　　穹形天窗的直径和矢高应根据空间造型和使用功能确定，天窗曲面可为球形面或抛物形曲面，直径较大的穹形天窗用金属作穹形骨架，在骨架间嵌入定制玻璃，必要时可在天窗顶部留有圆孔作为通气孔。

　　锯齿形天窗由一倾斜的不透光屋面和一竖直或倾斜玻璃窗组成。当玻璃面背阳布置时，可以避免阳光直射室内，由于屋面是倾斜的，射向屋面的阳光会透过玻璃射到倾斜的内顶棚，再反射到室内地面，可见采用锯齿形天窗既可避免阳光直射，又能提高室内照度。倾斜玻璃比竖直玻璃面采光效率高，因此，在高纬度地区宜采用倾斜玻璃，而在低纬度地区，有可能从斜玻璃面射进阳光时，宜改为竖直的玻璃面。

　　随着新的采光技术和新材料的运用，出现了很多利用自然光的方法，如平面镜反射法、棱镜组多次反射法、光导管法，其中光导管法运用得最广泛。光导管采光就是将太阳集光器设置在屋顶，利用光纤管将自然光传递到室内需要采光的地方（图 19-12）。

19.3.2　采光天窗构造设计

在民用建筑采光天窗的构造设计中应首先考虑保证使用安全，满足设计荷载、刚度、

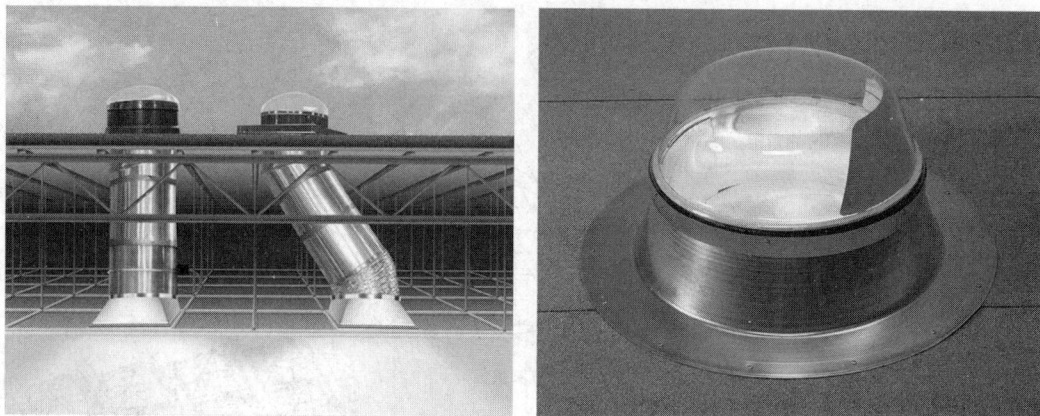

图 19-12　光导管

温度变形、抗震、防坠、防火、防雷、防腐等要求，结构合理，制作简单，节能美观，使用方便，在细部构造设计时应重点解决好屋面的防水、排水、通风、排烟、保温、遮阳以及自洁等问题。

采光天窗构造类型按其在屋面设置的形式分为平屋顶天窗、坡屋顶天窗和中庭采光顶三种。

1）平屋顶采光天窗构造

平屋顶采光天窗是一种在平屋顶上设置洞口，采用采光罩（板）或采光带天窗形式的构造类型，适用于跨度和面积相对较小的采光天窗。当采用以独立采光天窗为单元的点状布置时，可采用采光罩或采光板成品天窗，有固定型、通风型和开启型（图 19-13），这种布置形式的采光口多为分散且有规律的，其屋顶结构一般为钢筋混凝土井字梁的形式，或现浇钢筋混凝土屋面板预留洞的形式，在孔洞四周做出井壁，井壁一般应高出屋面面层 150mm 以上，并应设置预埋铁件，将相应形式的采光罩覆盖于采光口之上（图 19-14）。以采光罩为玻璃面时，采光罩本身具有足够的强度和刚度，不需要用骨架加强，直接将采光罩安装在玻璃屋顶的承重结构上即可。对于带形洞口的采光天窗，可以采用密肋梁的形式，选用坡形采光板或拱形采光罩等。对于有通风和排烟要求的天窗，可选用手动或电动启闭控制的可调节天窗；对于有保温节能要求的，可选用双层玻璃采光罩或中空玻璃采光板。

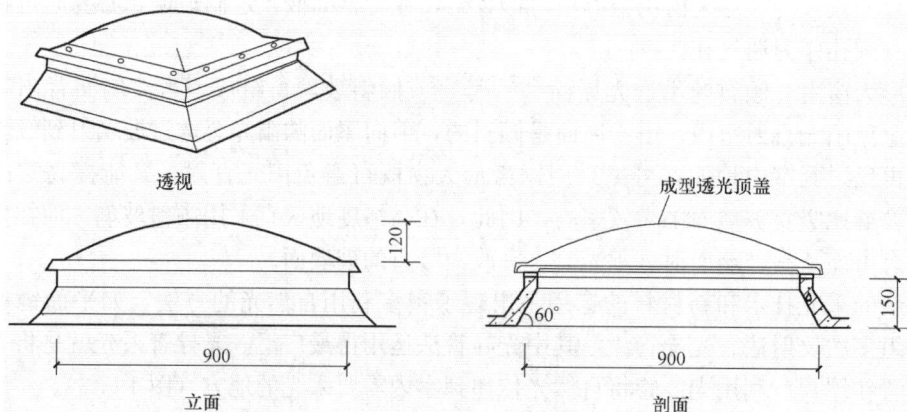

(a)固定型

图 19-13　采光罩天窗

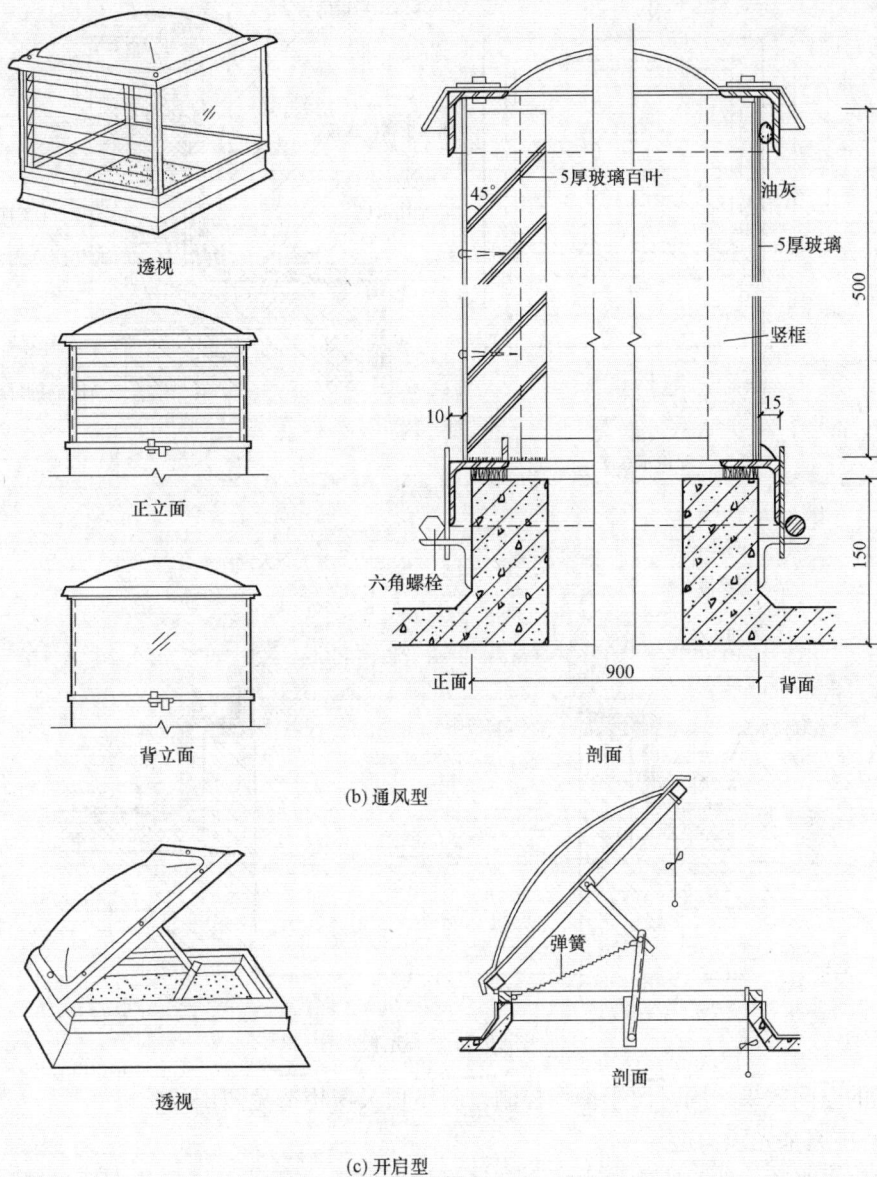

透视

正立面

背立面

5厚玻璃百叶

油灰

5厚玻璃

竖框

45°

10

15

500

150

六角螺栓

正面

背面

900

剖面

(b) 通风型

弹簧

透视

剖面

(c) 开启型

图 19-13　采光罩天窗（续）

2）坡屋顶采光天窗构造

坡屋顶采光天窗一般采用传统的老虎天窗（图 19-15）或顺坡式成品斜屋顶天窗（图 19-17），在居住建筑的顶层运用较多。坡屋顶上开设的老虎天窗，窗台一般距地 900～1100mm，而且为防止溅水及保证铺瓦构造层次所需的高度，窗台还必须高出斜屋顶洞口之上 300mm，并做好四周泛水部位的防水处理，以满足使用要求（图 19-16）。

从采光通风方面来讲，斜屋顶天窗比老虎天窗采光效果好，一樘相同玻璃面积的安装在 45°斜屋顶上的天窗，其采光量要比普通老虎天窗多 40% 左右，而且使室内外空气形成对流。斜屋顶天窗的窗台距地 900～1100mm，窗框顶部距地 1850～2200mm，这样可获

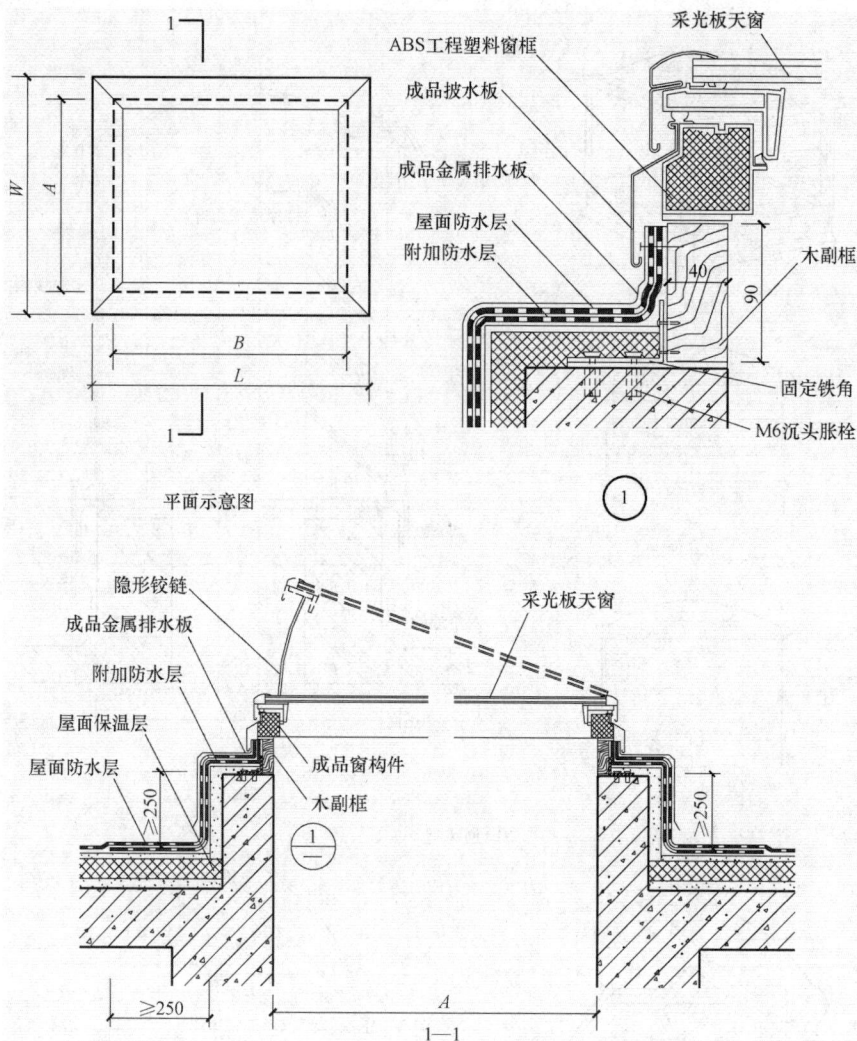

平面示意图

（标注：1、ABS工程塑料窗框、成品拔水板、成品金属排水板、屋面防水层、附加防水层、采光板天窗、木副框、固定铁角、M6沉头胀栓、40、90）

（1—1 剖面标注：隐形铰链、成品金属排水板、附加防水层、屋面保温层、屋面防水层、采光板天窗、成品窗构件、木副框、≥250、A）

图 19-14　采光板天窗

得较佳的空间效果，同时便于操作控制。斜屋顶天窗构造见图 19-18。

　　3）中庭采光顶构造

　　中庭采光顶一般为跨度较大或全部屋面的玻璃采光顶，它不仅具有采光通风的功能，而且其艺术造型往往是整个中庭空间的视觉重点。由于玻璃围护面积较大，所以其安全和节能要求更高。随着造型审美要求和结构技术的提高，出现了多种结构形式的采光天窗，按其结构形式分类，主要有平面结构、空间结构、悬索结构、组合结构等类型；按其支承方式分类，主要有钢结构支承玻璃采光顶、钢拉索（拉杆）结构支承玻璃采光顶、铝合金结构支承玻璃采光顶等类型，而以钢结构支承玻璃采光顶为最常用。

　　（1）钢结构支承玻璃采光顶

　　钢梁系点式玻璃采光顶：主承重梁为型钢梁，适用于荷载较小、跨度较小的结构，一般跨度 L 为 10m 左右，玻璃面板采用点式驳接组件固定，通透性好。这种形式的采光顶平面适用性强，应用范围广（图 19-19）。

图 19-15　老虎天窗多种形式

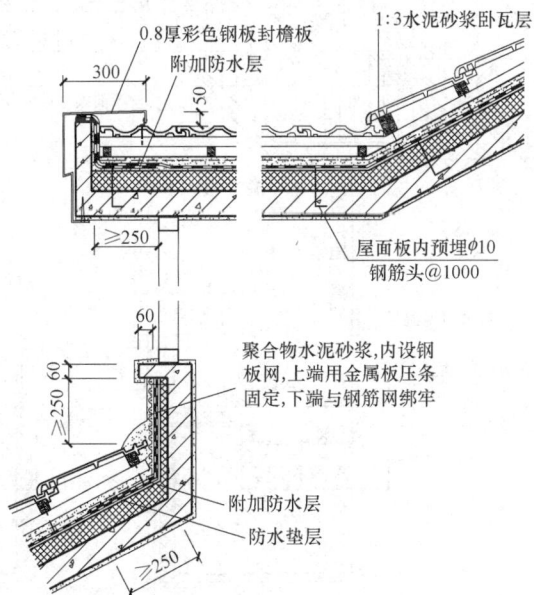

图 19-16　老虎天窗剖面构造

固定窗　　　　　　　　　中悬窗　　　　　　　　　上悬窗

斜加立窗　　　　　　　　阳台窗　　　　　　　　　露台窗

图 19-17　斜屋顶成品天窗

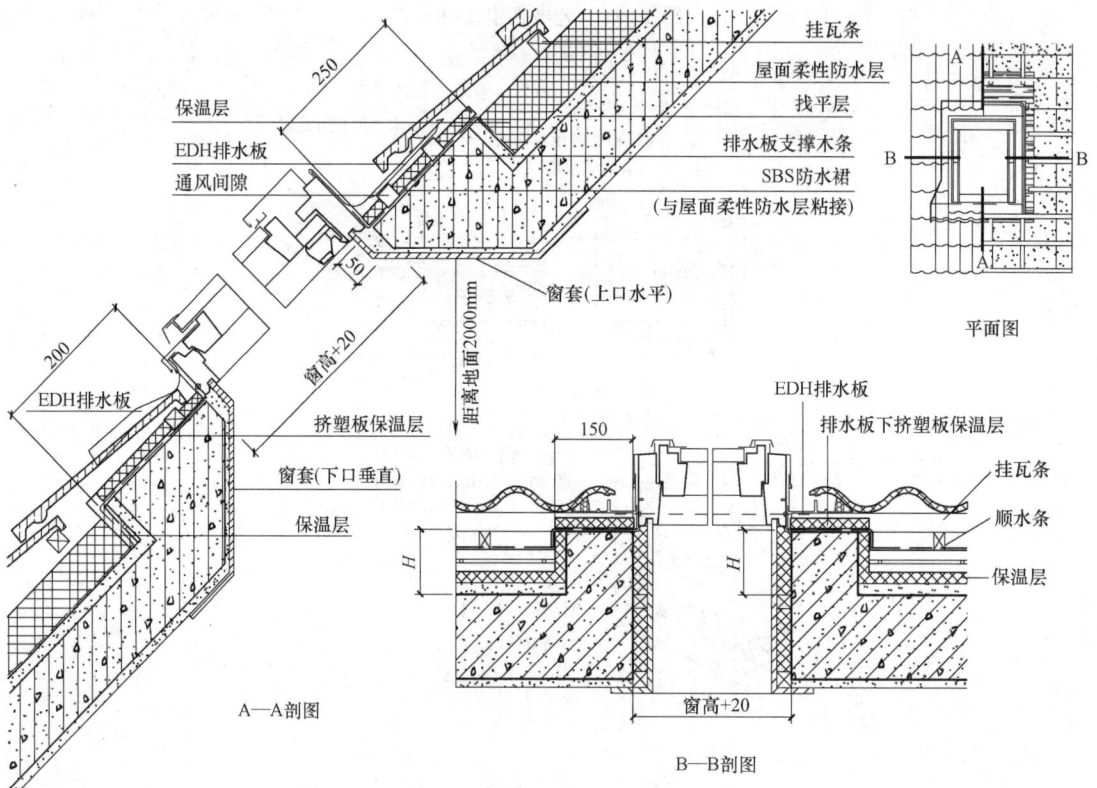

250

保温层

EDH排水板

通风间隙

50

200

EDH排水板

窗高+20

挤塑板保温层

窗套(下口垂直)

保温层

A—A剖图

距离地面2000mm

窗套(上口水平)

挂瓦条

屋面柔性防水层

找平层

排水板支撑木条

SBS防水裙
(与屋面柔性防水层粘接)

A

A

B　　　　　　B

A

平面图

150

H

H

窗高+20

EDH排水板

排水板下挤塑板保温层

挂瓦条

顺水条

保温层

B—B剖图

图 19-18　斜屋顶成品天窗构造

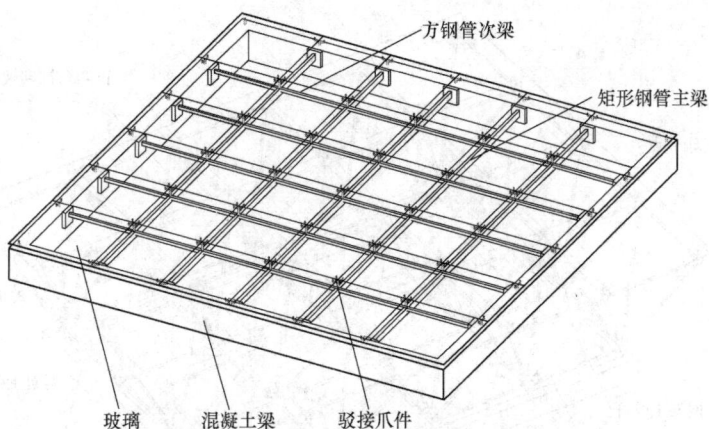

图 19-19 钢梁系点支式玻璃采光顶结构示意

钢平面桁架点支式玻璃采光顶：平面桁架是以腹杆承受轴力为主，通过拉杆解决稳定问题，两端铰连接，结构平面内承载力大，对主体结构附加荷载小，适用的跨度范围 L 为 6～60m。平面桁架受力合理，能充分发挥材料性能，具有良好的经济效益，其中多边形和弧形桁架，在荷载条件相同的情况下，受力最合理，节点构造简单，用料经济，自重轻，适用于中、大跨度，跨度大于 18m；三角形桁架构造与制作简单，受力不均匀，适用于中、小跨度，跨度不大于 18m（图 19-20）。

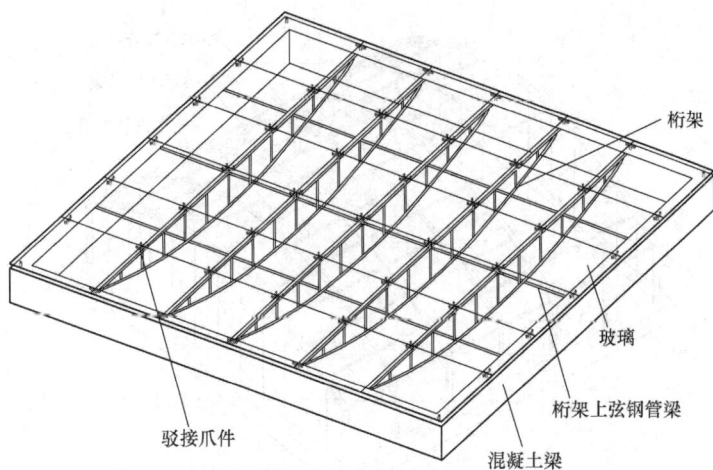

图 19-20 钢平面桁架点支式玻璃采光顶结构示意

钢网架点支式玻璃采光顶：外形丰富，结构轻巧，传力简洁，安装方便，适用于大跨度结构，适用范围 L 为 30～60m，是当前应用较多的一种结构体系。网架结构能发挥超静定空间结构的优势，自重轻，制作符合标准化、系列化，装配方便、经济，平面适应性和造型表现力强。网架分为交叉平面桁架和交叉立体桁架。交叉平面桁架包括正方格网架、斜方格网架、菱形格网架和三角形网架；交叉立体桁架包括正四角锥网架、斜四角锥网架和三角锥网架（图 19-21）。

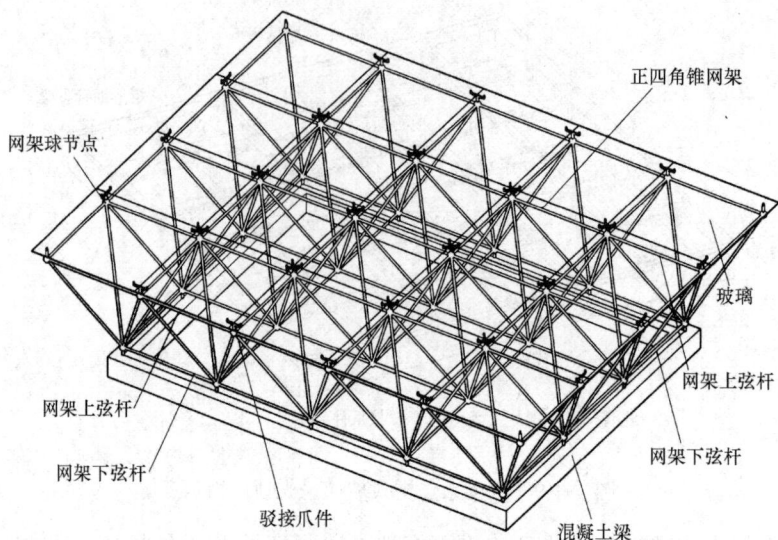

图 19-21　钢网架点支式玻璃采光顶结构示意

钢拱形隐框玻璃采光顶：这种拱形结构属于单曲面壳体空间结构，拱形的特点是能将向下的力分解为竖向力和水平推力，因而可以承受较大的压力，通常采用拱形钢梁，平面适应性强，应用广泛。隐框玻璃是在玻璃的外表面没有凸出玻璃表面的铝合金构件，采光顶上表面光滑，简洁美观，雨水可无阻挡畅流（图 19-22）。

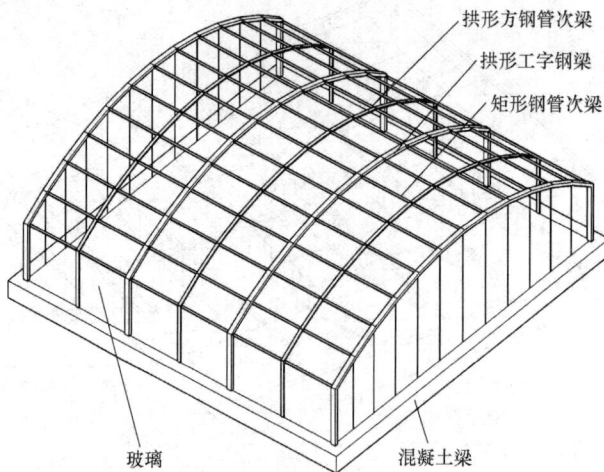

图 19-22　钢拱形隐框玻璃采光顶结构示意

点支式钢圆穹玻璃采光顶：圆穹结构轻盈、纤细、强度高，能实现较大跨度（最大跨度可达百米之上），外形可以是半球、球冠、球缺等，平面可以是圆形、椭圆形等（图19-23）。

（2）钢拉索（拉杆）结构支承玻璃采光顶

钢拉索（拉杆）结构是将不锈钢拉索（钢绞线）或拉杆作为结构受拉杆件，与其他支承构件形成平衡结构体系。拉索和拉杆结构具有轻盈、纤细、强度高等优点，可实现较大

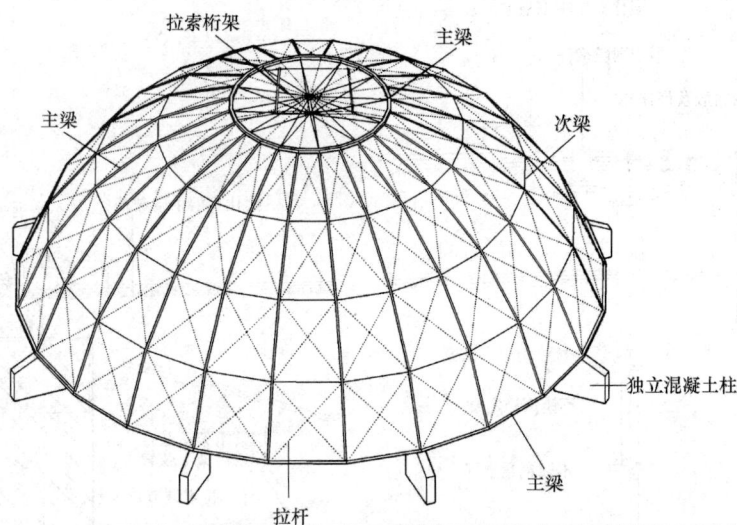

图 19-23　点支式钢圆穹玻璃采光顶结构示意

跨度，造型上简洁美观，观赏性强。主要采光顶形式有轮辐式拉索（拉杆）点支式采光顶、拱形拉杆点支式采光顶、拉索桁架点支式采光顶、自平衡拉索桁架点支式采光顶、张拉弦桁架采光顶（图 19-24）。

（3）铝合金结构支承玻璃采光顶

铝合金结构玻璃采光顶包括明框玻璃采光顶和隐框玻璃采光顶，为便于排水而采用横向隐缝处理的半隐框构造形式也归入明框玻璃采光顶。按建筑形式分为单坡、双坡、锥体、圆穹等类型。

铝合金玻璃采光顶以铝合金型材作为相对独立的支承系统，其杆件跨度较小（2～4m）。当安装跨度较大时，可采用钢构件对铝合金构件进行加强，或者增设钢结构或钢筋

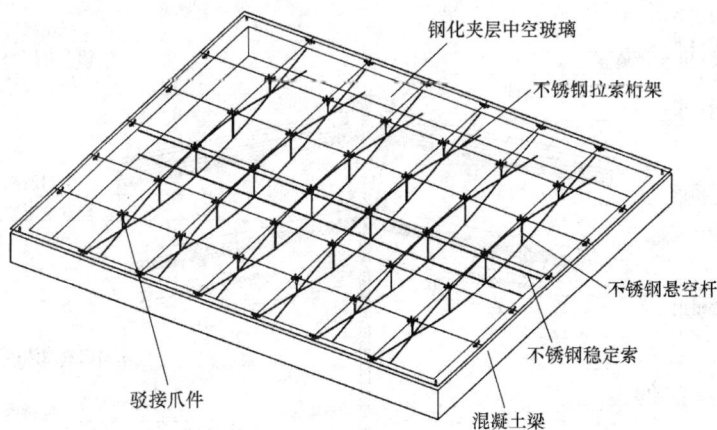

(a) 钢拉索桁架采光顶结构示意

图 19-24　钢拉索拉杆结构支承玻璃采光顶构造

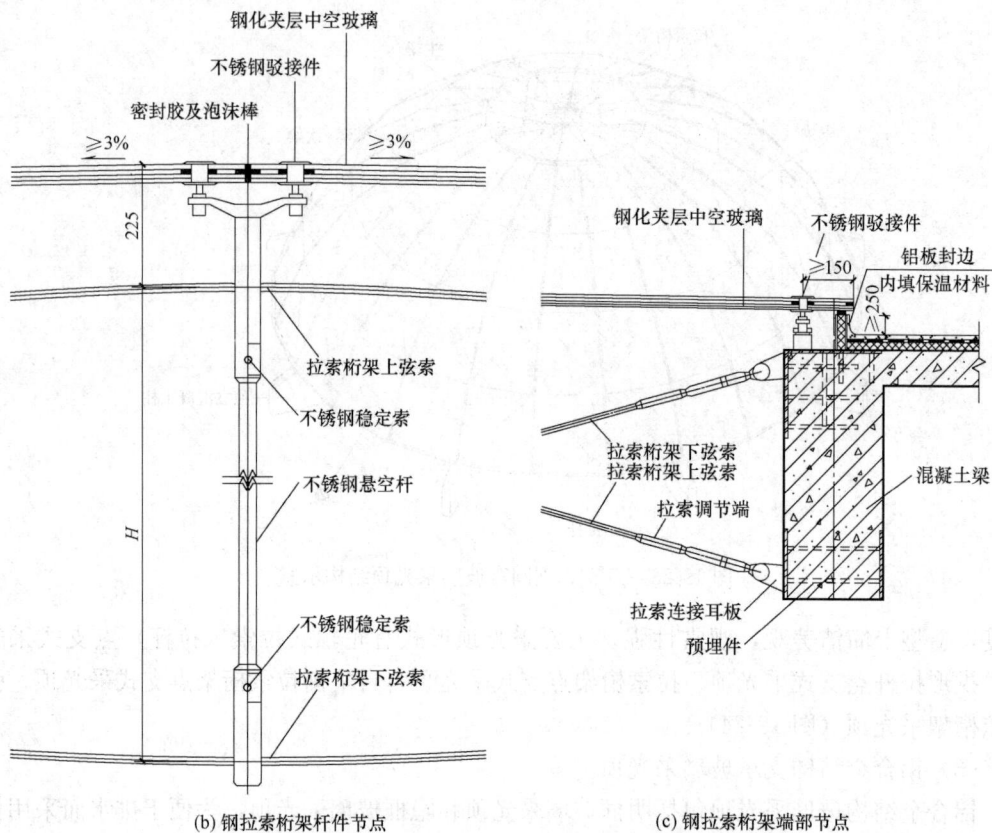

(b) 钢拉索桁架杆件节点　　　　　(c) 钢拉索桁架端部节点

图 19-24　钢拉索拉杆结构支承玻璃采光顶构造（续）

混凝土结构以减小铝合金构件的跨度。铝合金明框玻璃装配采用镶嵌的方式，隐框玻璃装配采用结构粘结的方式，采用隐框构造形式时，应特别注意接缝密封胶材料的选用并考虑其有效的防水性能和耐久性（图 19-25）。

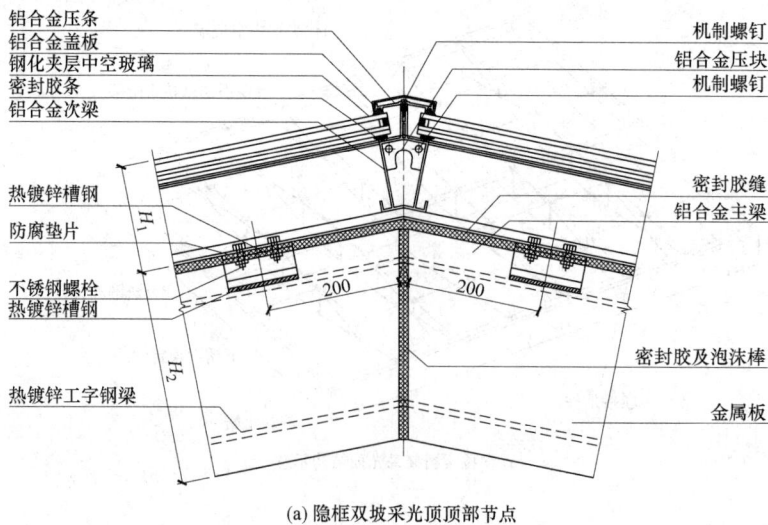

(a) 隐框双坡采光顶顶部节点

图 19-25　铝合金结构支承玻璃采光顶构造

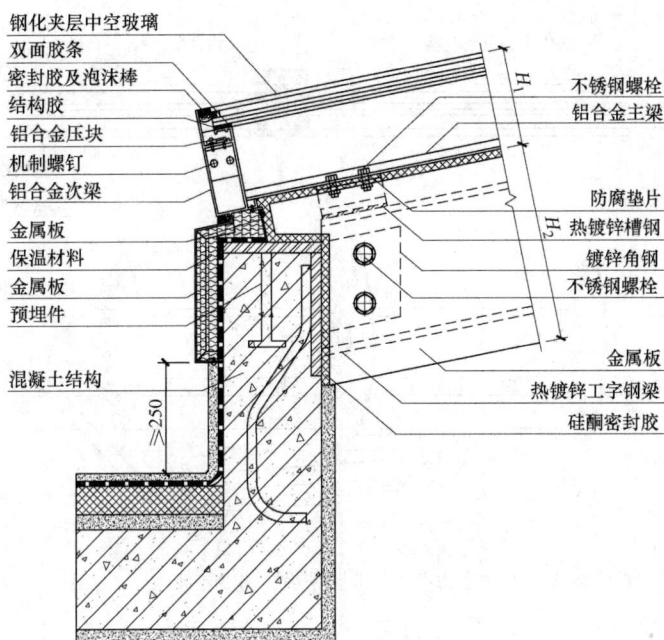

（b）隐框双坡采光顶端部节点

图 19-25 铝合金结构支承玻璃采光顶构造（续）

（4）其他节点构造

采光顶遮阳节点构造（图 19-26）；

采光顶保温节点构造（图 19-27）；

采光顶排水节点构造（图 19-28）。

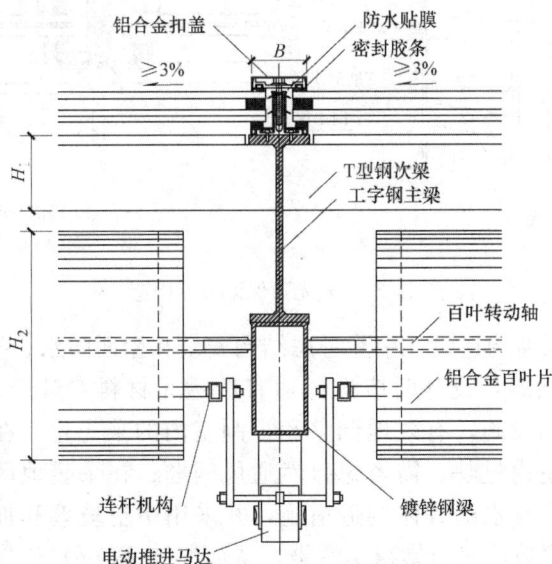

图 19-26 采光顶遮阳节点构造

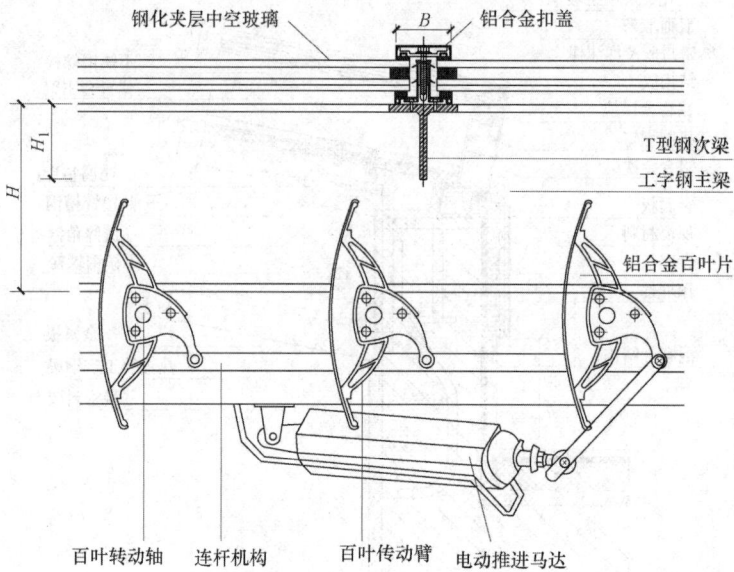

图 19-26 采光顶遮阳节点构造（续）

钢化夹层中空玻璃　铝合金扣盖
T型钢次梁
工字钢主梁
铝合金百叶片
百叶转动轴　连杆机构　百叶传动臂　电动推进马达

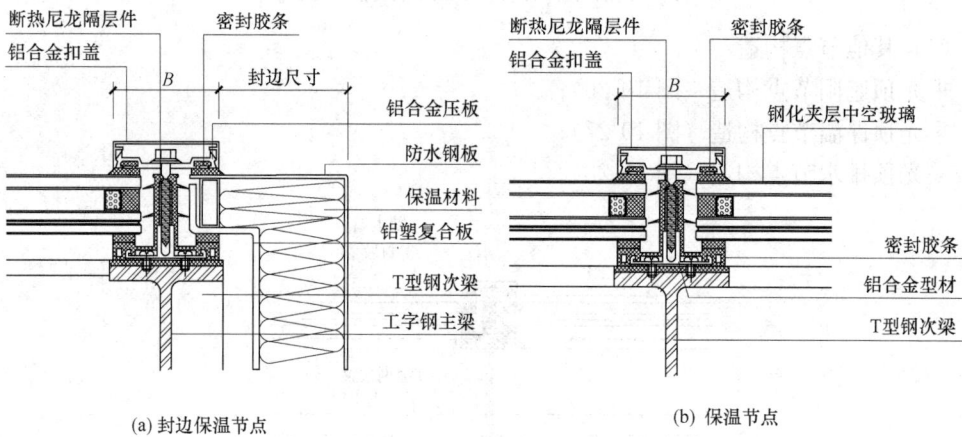

断热尼龙隔层件　密封胶条
铝合金扣盖
封边尺寸
铝合金压板
防水钢板
保温材料
铝塑复合板
T型钢次梁
工字钢主梁

（a）封边保温节点

断热尼龙隔层件　密封胶条
铝合金扣盖
钢化夹层中空玻璃
密封胶条
铝合金型材
T型钢次梁

（b）保温节点

图 19-27 采光顶保温节点构造

　　总之，屋顶采光天窗构造设计中除考虑结构安全和屋面防水、排水之外，还需考虑眩光、遮阳、清洁等问题，设计时应选择适宜的透光材料，对于大面积的采光天窗，应设置可控的配套遮阳设施，有效地调整和控制室内的采光量。在炎热地区，大面积的采光玻璃顶易造成室内过热，需考虑自然通风问题；在采暖地区，玻璃下表面易形成结露，需采取排除冷凝水的具体构造措施，并采用中空玻璃和加强屋顶保温；在少雨多尘地区，采光天窗玻璃表面易积尘污染，从而影响采光效率，所以应考虑为清洗、擦窗提供便利条件；另外，有排烟要求的天窗须与火灾报警系统联动，保证在火灾突发时将烟气排出。

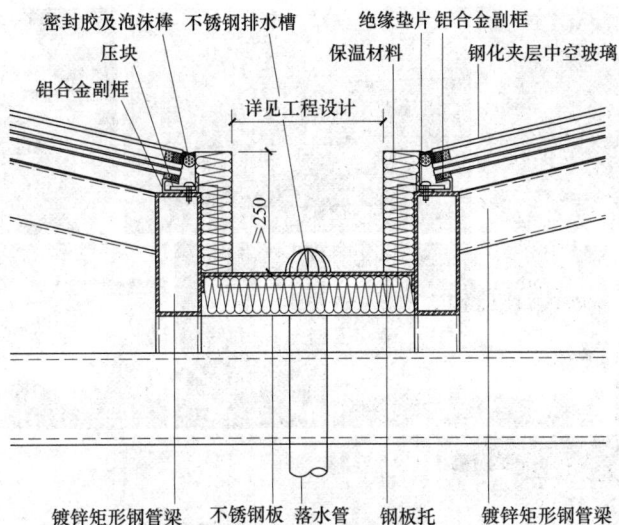

图 19-28　采光顶排水节点构造

19.4　工业建筑的天窗构造

19.4.1　工业厂房天窗形式的确定

为了满足工业厂房对天然采光和自然通风的不同要求，在屋顶上常设置各种形式的天窗。根据天窗的作用，分为采光天窗和通风天窗两类，采光天窗通常兼具通风或排烟的作用，而通风天窗往往主要考虑通风要求，可以不考虑采光。天窗的选型设置应满足厂房生产条件的要求，采光兼通风的天窗常用于通风要求不很高的冷加工车间，通风天窗排气性稳定，通风效率高，故多用于热加工车间。

一般单层工业厂房屋顶结构跨度大、空间高，结构形式多为钢筋混凝土屋架和钢结构屋架，对于生产条件要求较高的厂房，如热加工生产车间，或有大散热量生产设备的厂房，应主要解决自然通风问题，而大跨度车间往往结合通风要求争取一定的自然采光，在构造上应避免阳光直射、飘雨、疾风等对室内的影响（图 19-29）。

工业厂房采光天窗相对屋面关系，可分为上凸型、下沉型、平顶型、锯齿型等类型。上凸型天窗包括矩形天窗、梯形天窗、M 形天窗等形式（图 19-5）；下沉型天窗包括纵向下沉式天窗、横向下沉式天窗、井式天窗等形式（图 19-6）；平顶型包括采光罩、采光板、采光带等形式的平天窗（图 19-3）；锯齿型为各种形式的锯齿形天窗（图 19-5）。通风天窗的常用形式一般有屋脊通风天窗、横向通风天窗和风帽（图 19-7）。

上凸型天窗中矩形天窗最常用。矩形天窗横断面呈矩形，两侧采光面与水平面垂直，具有中等的照度，光线均匀，防雨较好，窗扇可开启以兼作通风，故在冷加工车间中广泛应用，缺点是构件类型多、自重大、造价高；当矩形天窗有通风要求时，可将窗扇开敞，并加上挡风板，即为矩形通风天窗，它以通风为主，采光为辅，适用于通风要求较高的热加工车间，高温车间往往将窗口做成敞开式以加大通气量，必须注意挡疾风、防飘雨，其缺点是构件类型多、构造复杂、造价高。

图 19-29 天窗在工业厂房的应用

下沉型天窗以通风为主，是在屋架上下弦分别布置屋面板，利用上下屋面板的高差作通风和采光口，从而取消了天窗架和挡风板，但增加了构造和施工的复杂程度，适用于通风要求较高的热加工车间。

平顶型天窗主要是各种形式的平天窗，以采光为主，通风为辅，兼具排烟的功能，分可开启型和固定型，构造简单，适用于有照度要求的厂房，其缺点是太阳辐射强，通风差，防雨雪能力弱，容易产生眩光，室内温度高，天窗易积灰等，另外，须重视其玻璃的安全防护问题。

锯齿型天窗采光均匀，通风顺畅，适合于要求光线均匀明亮的厂房，但须注意防水、防风、防雨等问题。其与屋盖结构有机组合成为整体，美观且富有韵律。

通风天窗是利用室内外温度差所形成的热压及风力作用所造成的风压来实现自然通风换气的一种通风装置，通常设于屋脊和横向屋面，分为敞开式和启闭式，具有通风效率高、防雨雪和避风性能好的优点。

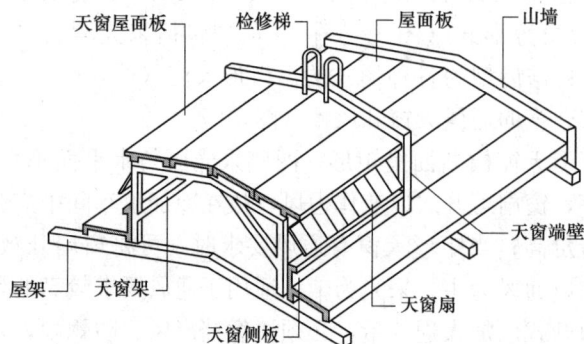

图 19-30 矩形天窗的组成

19.4.2 工业厂房天窗的构造设计

1) 矩形天窗

矩形天窗主要由天窗架、天窗扇、天窗屋面板、天窗侧板及天窗端壁等组成（图 19-30）。

矩形天窗沿厂房纵向布置，在厂房屋面两端和变形缝两侧的第一柱间可不设天窗，一方面可简化构造，另一方面还可作为屋面检修和消防的应急通道，在每段天窗的端壁应设置上天窗屋面的检修梯。

为了获得良好的采光效率,矩形天窗的宽度一般取厂房跨度的 $1/3\sim1/2$,天窗的高宽比为 0.3 左右,相邻两天窗的轴线间距不宜大于工作面至天窗下缘距离的 4 倍。

(1) 天窗架

天窗架是矩形天窗的承重构件,常用钢筋混凝土天窗架或钢天窗架。钢筋混凝土天窗架一般由两榀或三榀预制构件拼接而成,各榀之间采用螺栓连接,支脚与屋架采用焊接,支承在屋架上弦节点上,宽度一般为 3m 的倍数,高度为宽度的 $0.3\sim0.5$ 倍。钢筋混凝土天窗架与钢筋混凝土屋架配合使用,一般为 Π 形或 W 形,也可做成双 Y 形(图 19-31a)。

常用的 Π 形和 W 形钢筋混凝土天窗架的尺寸如表 19-2。

常用的 Π 形和 W 形钢筋混凝土天窗架的尺寸(mm)　　　　　表 19-2

天窗架形式	Π 形							W 形	
天窗架跨度 (标志尺寸)	6000				9000			6000	
天窗扇高度	1200	1500	2×900	2×1200	2×900	2×1200	2×1500	1200	1500
天窗架高度	2070	2370	2670	3270	2670	3270	3870	1950	2250

钢天窗架重量轻,制作及吊装方便,适用于钢屋架和钢筋混凝土屋架。钢天窗架常用的形式有桁架式和多压杆式两种(图 19-31b)。

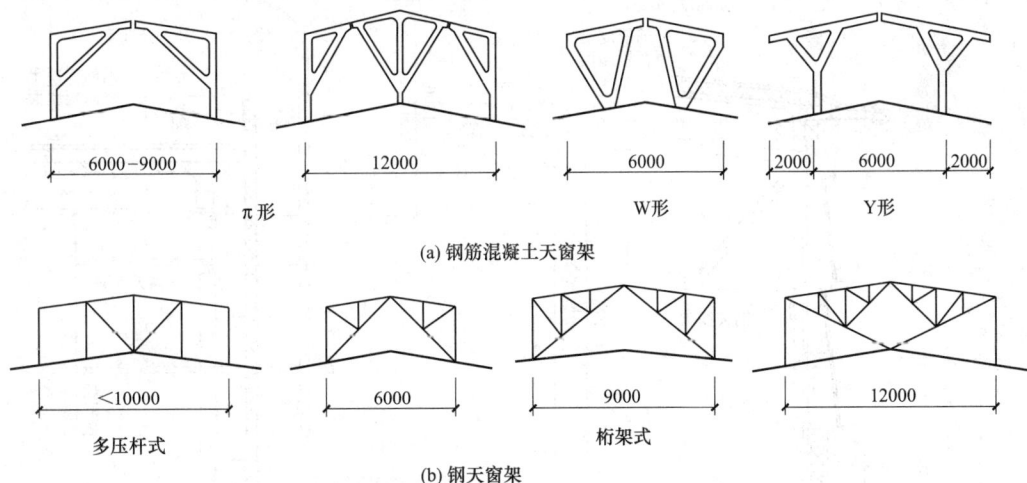

6000~9000　　π 形　　　　12000　　　　6000　　W 形　　　2000 6000 2000　　Y 形

(a) 钢筋混凝土天窗架

<10000　　多压杆式　　　6000　　　9000　　桁架式　　12000

(b) 钢天窗架

图 19-31　天窗架形式示例

(2) 天窗扇

天窗扇的主要作用是采光、通风和挡雨,常用钢材制作。它的开启方式有两种:上悬式和中悬式。前者防雨性能较好,但开启角度不能大于 45°,故通风较差;后者开启角度可达 $60°\sim80°$,故通风流畅,但防雨性能欠佳。上悬式钢天窗扇有通长式和分段式两种布置方式,开启扇与天窗端壁以及扇与扇之间均须设置固定扇,以起竖框的作用;中悬式钢天窗扇因受天窗架的阻挡,只能分段设置,一个柱距内仅设一榀窗扇(图 19-32、图 19-33)。

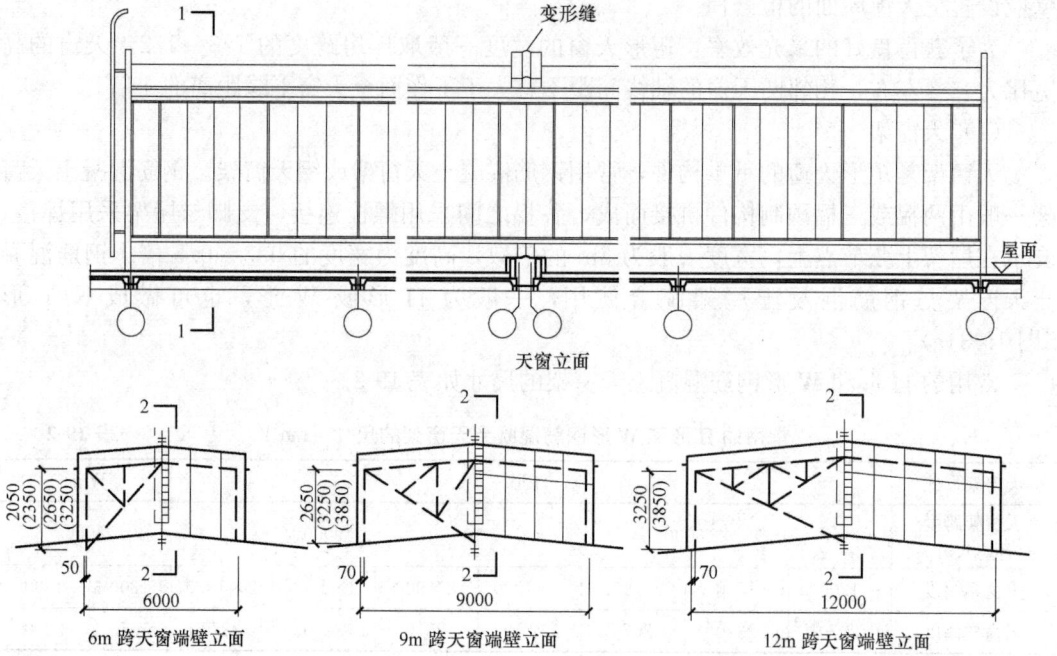

图 19-32　上悬式钢天窗立面

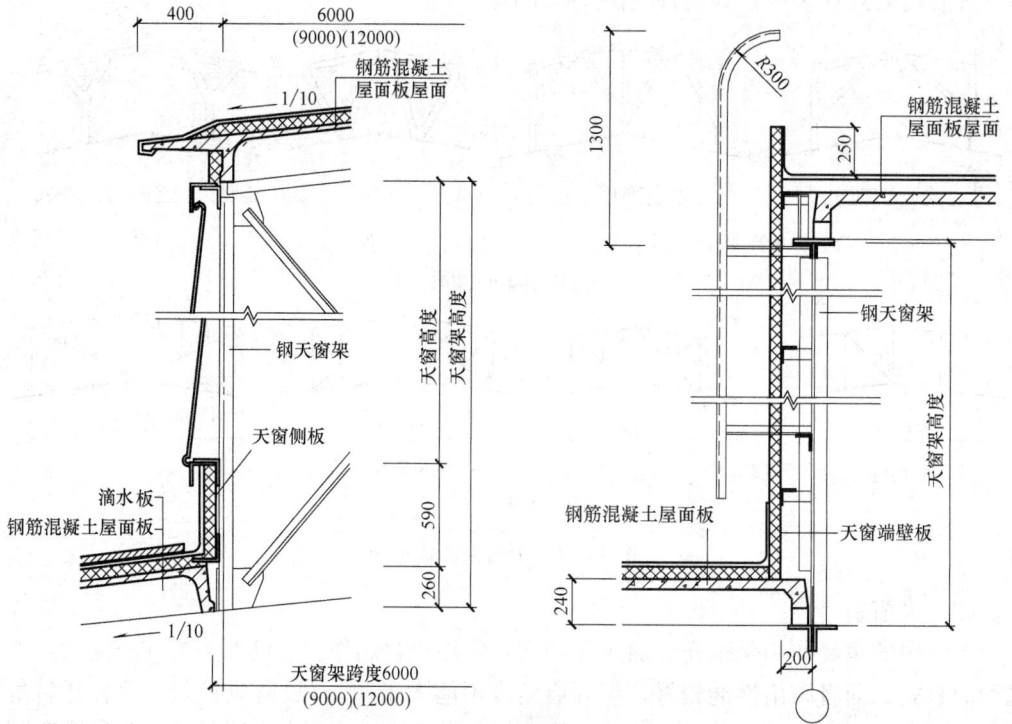

图 19-33　上悬式钢天窗构造剖面

（3）天窗侧板

在天窗扇下部需设置天窗侧板，侧板的作用是防止雨水溅入车间及防止因屋面积雪挡住天窗扇。从屋面至侧板上缘的距离一般为 300mm，积雪较深的地区，可采用 500mm。侧板的形式应与屋面板构造相适应（图 19-34）。

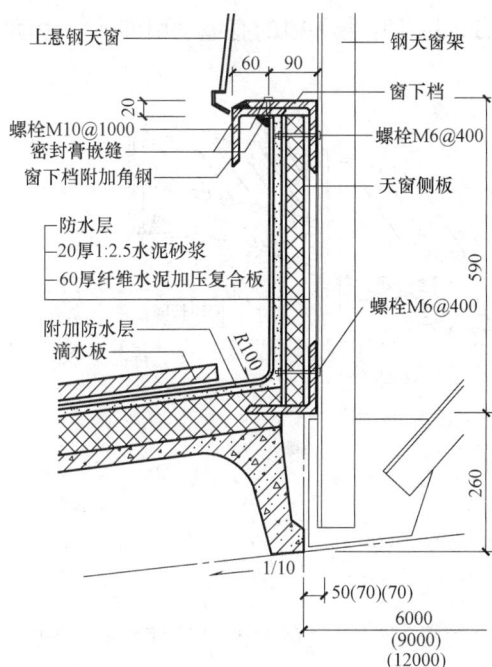

图 19-34 天窗侧板构造

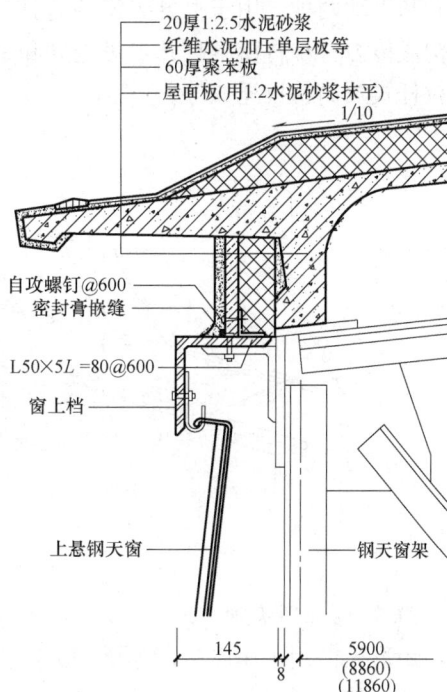

图 19-35 天窗檐口构造

（4）天窗端壁

天窗两端的承重围护构件称为天窗端壁。通常采用预制钢筋混凝土端壁板或钢天窗架压型钢板等端壁板，前者用于钢筋混凝土屋架，后者多用于钢屋架（图 19-33）。

（5）天窗屋顶和檐口

天窗的屋顶构造一般与厂房屋顶构造相同。当采用钢筋混凝土天窗架、无檩体系大型屋面板时，其檐口构造有两类：

① 带挑檐的屋面板：无组织排水的挑檐出挑长度一般为 500mm（图 19-35）。

② 设檐沟板：有组织排水可采用带檐沟屋面板，或者在天窗架端部预埋铁件焊接钢牛腿，支承天沟（图 19-36）。

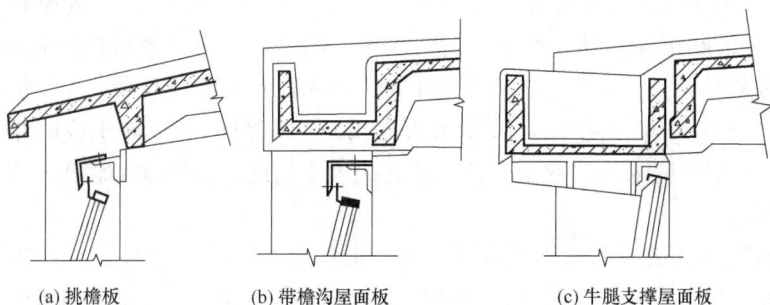

(a) 挑檐板   (b) 带檐沟屋面板   (c) 牛腿支撑屋面板

图 19-36 钢筋混凝土天窗檐口构造

（6）天窗开关器

由于天窗位置较高，需要经常开关的天窗应设置开关器，天窗开关器的类型很多，有电动和手动两种。用于上悬天窗的有撑臂式开关器（图 19-37），是由联动钢管和传动螺杆构成传力杆件将窗扇打开，可电动和手动开启；用于中悬天窗的有电动引伸式、手动水平拉杆式及简易拉绳式等。

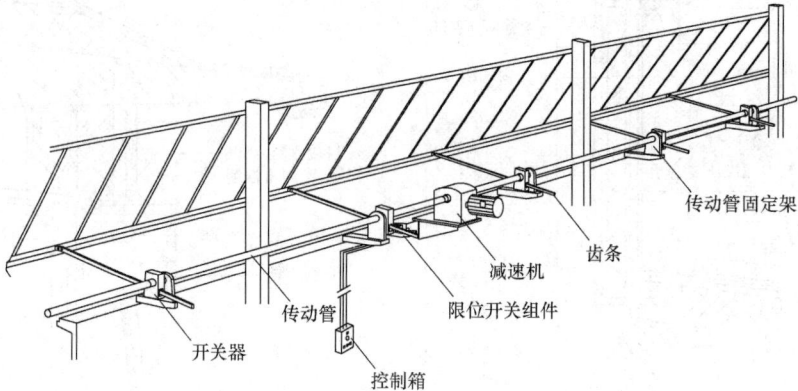

传动管固定架

齿条

减速机

限位开关组件

传动管

开关器

控制箱

图 19-37　撑臂式电动开关器

2）矩形通风天窗

矩形天窗用于通风时，为增加天窗排风气流的稳定性，应在天窗口外加设挡风板，除寒冷地区的采暖车间外，天窗口应可开敞，不装设窗扇，为了防止飘雨，须设置挡雨设施。

矩形通风天窗由矩形天窗及其两侧的挡风板构成（图 19-40）。

（1）挡风板的形式及构造

挡风板可做成垂直的、倾斜的、折线形和曲线形等多种形式，挡风板支架有两种支承方式：

① 立柱式：这种构造形式结构受力合理，但挡风板与天窗之间的距离受屋面板排列限制，防水处理较复杂（图 19-38）。

② 悬挑式：这种构造形式布置灵活，但增加了天窗架的荷载，对抗震不利（图19-39）。

（2）挡雨片的形式

① 通风天窗的挡雨方式可分为水平口、垂直口设挡雨片以及大挑檐挡雨三种（图19-42）。挡雨片的间距和数量，可用作图法求出。图 19-41 为水平口挡雨片的作图法：先定出挡雨片的宽度与水平夹角，画出高度范围 h，然后以天窗口下缘"A"点为作图基点，按图中的 1、2、3……各点作图，顺序求出挡雨片的间距，直至等于或略小于挡雨角为止，即可定出挡雨片应采用的数量。挡雨角 α 的大小，应根据当地的飘雨角及生产工艺对防雨的要求确定。

② 挡雨片所采用的材料有钢筋混凝土板、钢丝网水泥板、薄钢板、瓦楞钢板等。

当天窗有采光要求时，可改用夹丝玻璃、钢化玻璃、塑料透光板、玻璃钢波形瓦等透光材料。

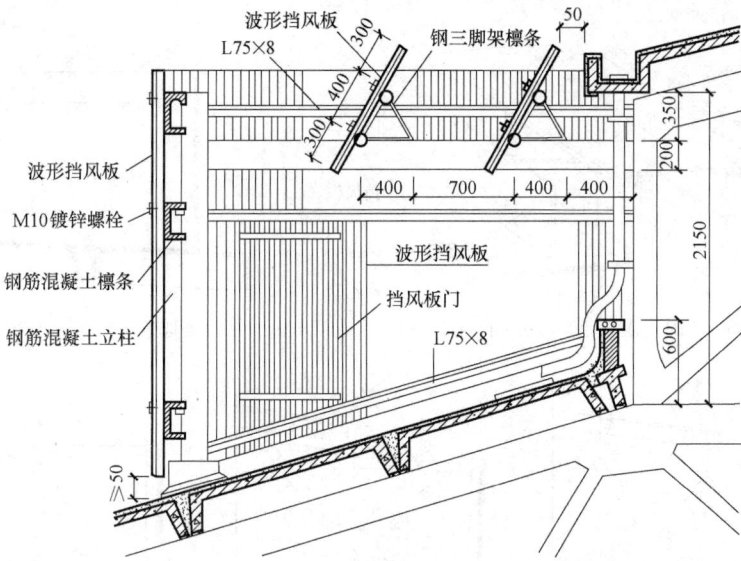

图 19-38 立柱式矩形通风天窗构造

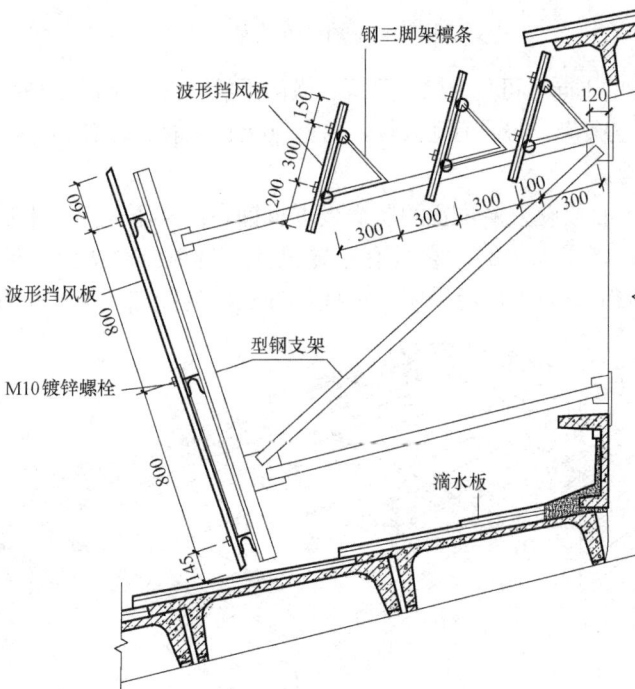

图 19-39 悬挑式矩形通风天窗构造

3）下沉式天窗

下沉式天窗是在拟设置天窗的部位，把屋面板下移铺在屋架的下弦上，从而利用屋架上下弦之间的空间构成天窗。与矩形通风天窗相比，省去了天窗架和挡风板，降低了高度、减轻了荷载，但增加了构造和施工的复杂程度。

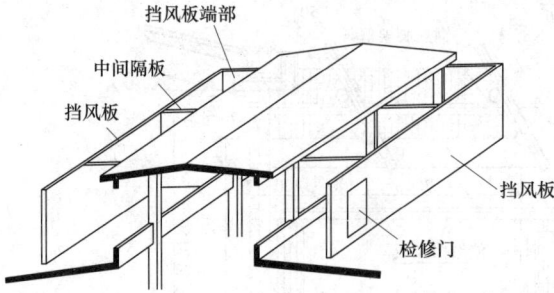

图 19-40　矩形通风天窗示意

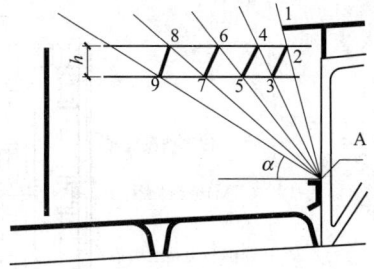

图 19-41　水平口挡雨片的作图

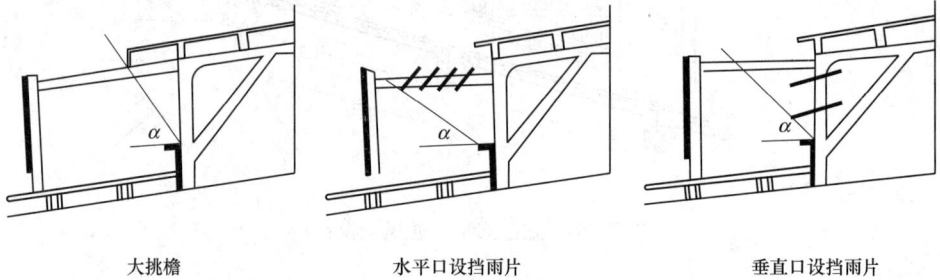

大挑檐　　　　　　　　　　水平口设挡雨片　　　　　　　　垂直口设挡雨片

图 19-42　挡雨方式示意

　　根据其下沉部位的不同,可分为纵向下沉、横向下沉和井式下沉三种类型(图 19-6)。其中井式天窗的构造最为复杂,最具有代表性,以它为例主要介绍下沉式天窗的构造做法。

　　(1)井式天窗构造

　　井式天窗是将屋面拟设天窗位置的屋面板下沉铺在屋架下弦上,形成一个个凹嵌在屋架空间内的井状天窗(图 19-43)。它具有布置灵活、排风路径短捷、通风性能好、采光均匀等特点,在热加工车间中广泛采用,一些局部热源的冷加工车间也有应用。

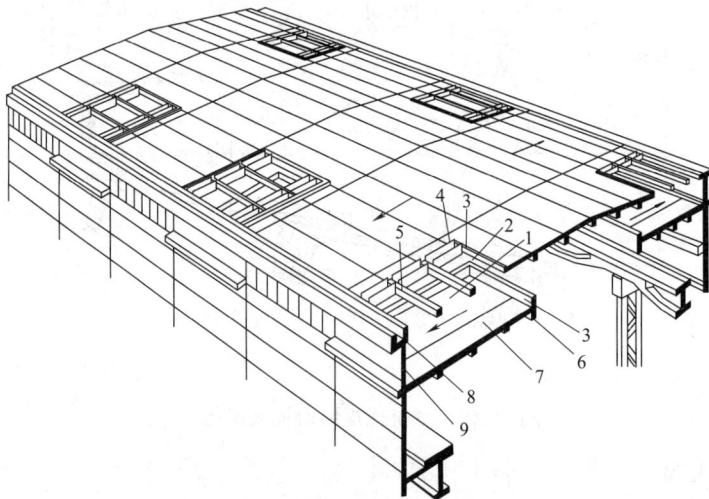

1—水平口;2—垂直口;3—泛水口;4—挡雨片;
5—空格板;6—檩条;7—井底板;8—天沟;9—挡风侧墙;

图 19-43　井式天窗的组成

① 井式天窗的基本布置形式可分为：一侧布置、两侧对称布置、两侧错开布置和跨中布置等几种（图 19-44）。前三种称为边井式天窗，后一种称为中井式天窗。

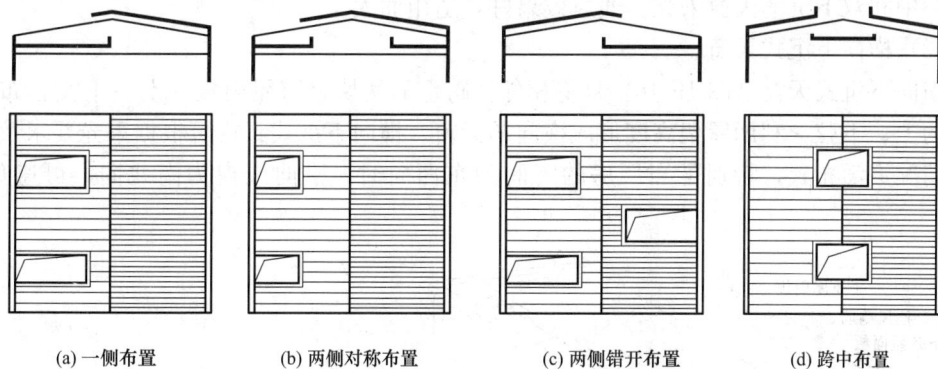

(a) 一侧布置　　(b) 两侧对称布置　　(c) 两侧错开布置　　(d) 跨中布置

图 19-44　井式天窗的布置形式

② 井底板的布置有两种：一种是横向布置（图 19-45），井底板平行于屋架，一端支承在天沟板上，另一端支承在檩条上（边井式），或两端均支承在檩条上（中井式），檩条均支承在屋架的下弦节点上。另一种是纵向布置（图 19-46），井底板垂直于屋架，它的两端支承在屋架的下弦上。

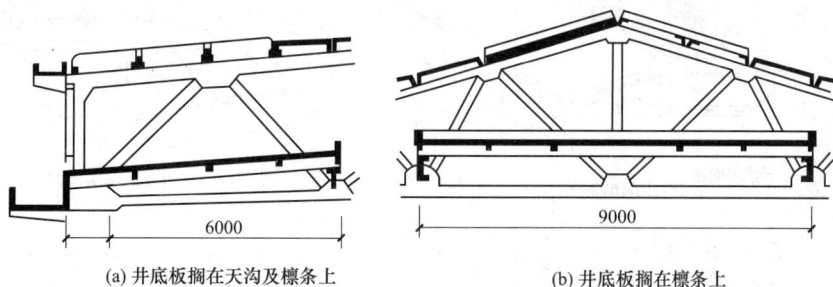

(a) 井底板搁在天沟及檩条上　　　　(b) 井底板搁在檩条上

图 19-45　井底板横向布置

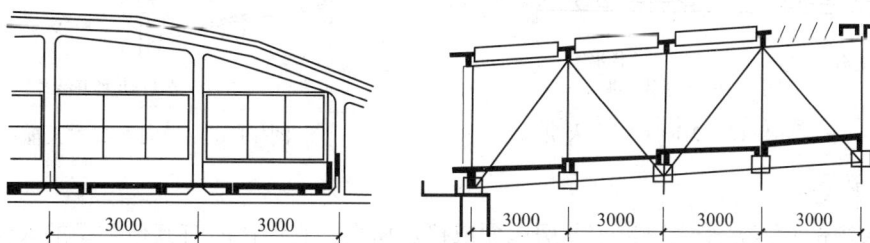

图 19-46　井底板纵向布置

③ 屋架形式影响井式天窗的布置和构造。梯形屋架适用于跨边布置井式天窗；拱形或折线形屋架因端部较低，只适于跨中布置井式天窗。屋架下弦要搁置井底檩条或井底板，宜采用双竖杆屋架、无竖杆屋架或全竖杆屋架。

（2）纵向下沉式天窗

纵向下沉式天窗（图 19-47）是将下沉的屋面板沿厂房纵轴方向通长地搁置在屋架下

弦上，根据其下沉位置的不同分为两侧下沉、中间下沉和中间双下沉三种形式。两侧下沉的天窗通风、采光效果均较好；中间下沉的天窗采光、通风均不如两侧下沉的天窗，较少采用；中间双下沉的天窗采光、通风效果好，适用面大。

（3）横向下沉式天窗

横向下沉式天窗（图 19-48）是将相邻柱跨上的两块整跨屋面板一上一下交替布置在屋架的上、下弦，利用屋架高度形成横向的天窗。横向下沉式天窗可根据采光要求及热源布置情况灵活布置，特别是当厂房的跨间为东西向时，横向天窗为南北向，可避免东、西晒。

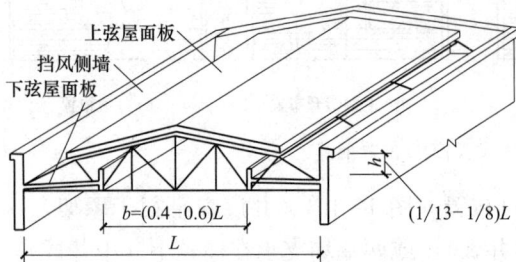

(a) 两侧下沉

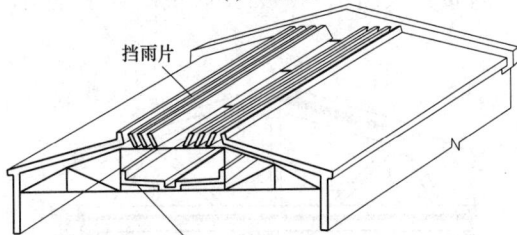

(b) 中间单下沉

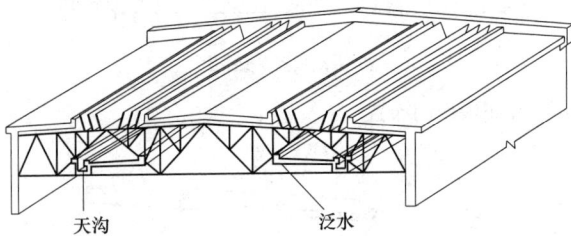

(c) 中间双下沉

图 19-47 纵向下沉式天窗示意

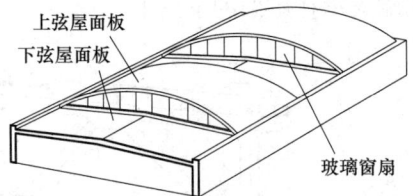

(a) 带玻璃窗扇

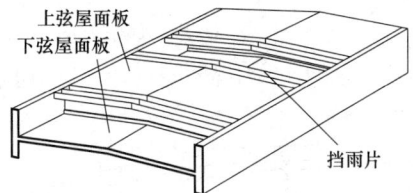

(b) 带挡雨片的开敞式

图 19-48 横向下沉式天窗示意

4）平天窗

平天窗的特点是采光口位于厂房屋面或接近屋面，它们比所有其他类型的天窗采光效率都高，为矩形天窗的 2～2.5 倍。小型采光罩更有布置灵活、构造简单、防水可靠等优点。平天窗采用透明玻璃材料时，自然光长时间照进室内，容易产生眩光，在夏季，强烈的辐射会造成室内过热，应采取一定的措施遮蔽直射自然光，同时可加强通风降温措施（图 19-49）。

（1）平天窗类型

平天窗在厂房屋顶上运用的类型主要有采光罩、采光板和采光带三种（图 19-3）。

① 采光罩是在屋面板的孔洞上设置锥形、弧形透光材料的采光窗。

图 19-49 平天窗在厂房中的应用

② 采光板是在屋面板的孔洞上设置平板透光材料的采光窗。

③ 采光带是在屋面板的横向或纵向留出的通长孔洞上设置采光罩或采光板的组合窗。

（2）平天窗的构造

平天窗类型虽然很多，但其构造要点是基本相同的，即井壁、透光材料的选择、防眩光、安全保护、通风措施等。

① 井壁构造

平天窗采光口的边框称为井壁。它主要采用钢筋混凝土制作，可整体浇筑也可预制装配。井壁高度一般大于 250mm，且应大于积雪深度（图 19-50、图 19-51）。

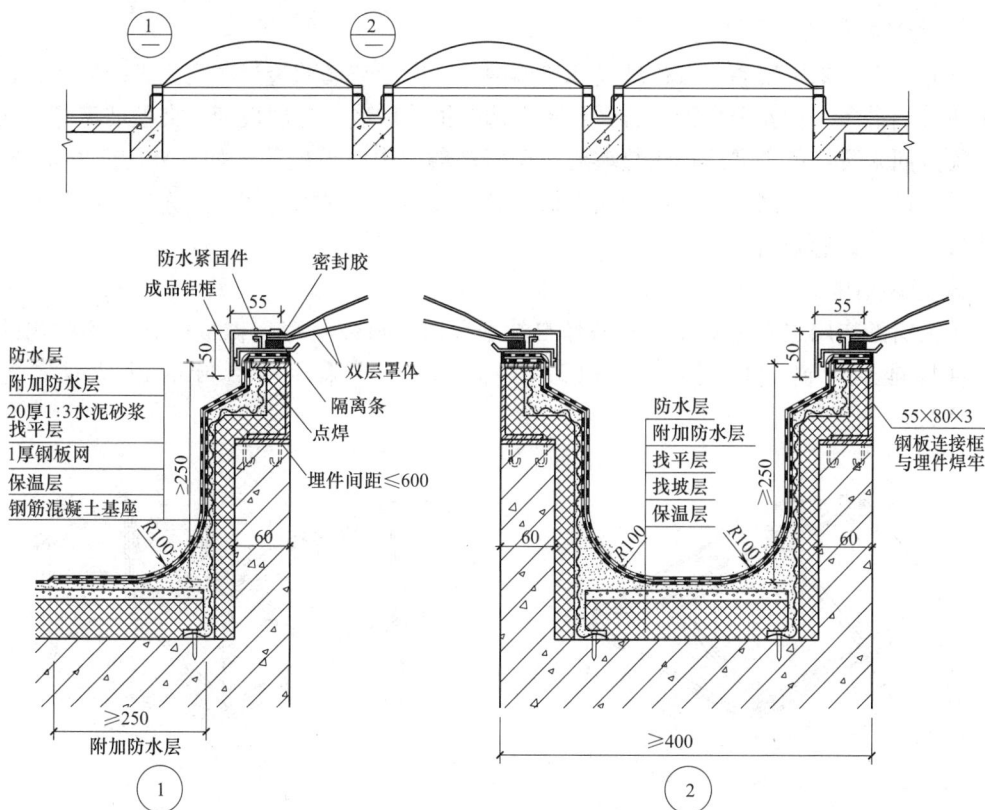

图 19-50 采光罩的井壁构造

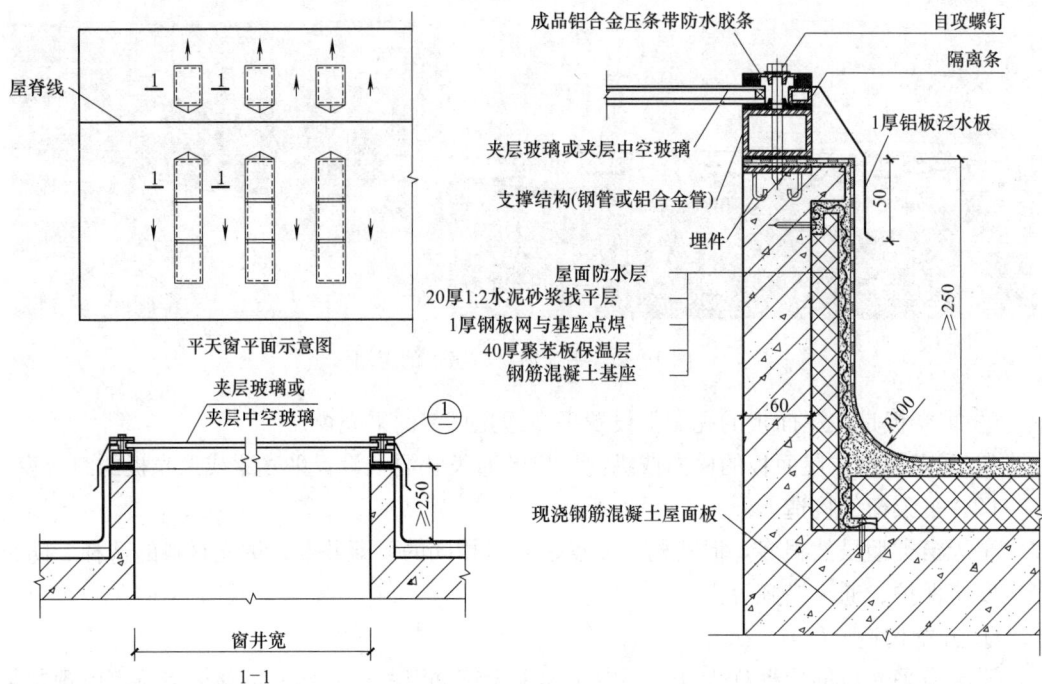

屋脊线

平天窗平面示意图

夹层玻璃或
夹层中空玻璃

≥250

窗井宽

1—1

成品铝合金压条带防水胶条
自攻螺钉
隔离条
夹层玻璃或夹层中空玻璃
1厚铝板泛水板
支撑结构(钢管或铝合金管)
埋件
屋面防水层
20厚1:2水泥砂浆找平层
1厚钢板网与基座点焊
40厚聚苯板保温层
钢筋混凝土基座
现浇钢筋混凝土屋面板

50
≥250
60
R100

图 19-51　平天窗采光板及采光带的构造

② 透光材料及安全措施

透光材料可采用玻璃、有机玻璃和玻璃钢等。由于玻璃的透光率高，光线质量好，所以采用玻璃最多。从安全性能上看，可考虑选择钢化玻璃、夹层玻璃、夹丝玻璃等。从热工性能方面来看，可考虑选择吸热玻璃、反射玻璃、中空玻璃等。如果采用非安全玻璃，应在其下设金属安全网。若采用普通平板玻璃，应避免直射阳光产生眩光及辐射热，可在平板玻璃下方设遮阳格片。

③ 通风措施

平天窗的作用主要是采光，需兼作自然通风时，可以将窗扇做成能开启和关闭的形式，兼具排烟天窗的作用（图 19-52、图 19-53），或采用带百叶的通风型采光罩（图 19-13）。

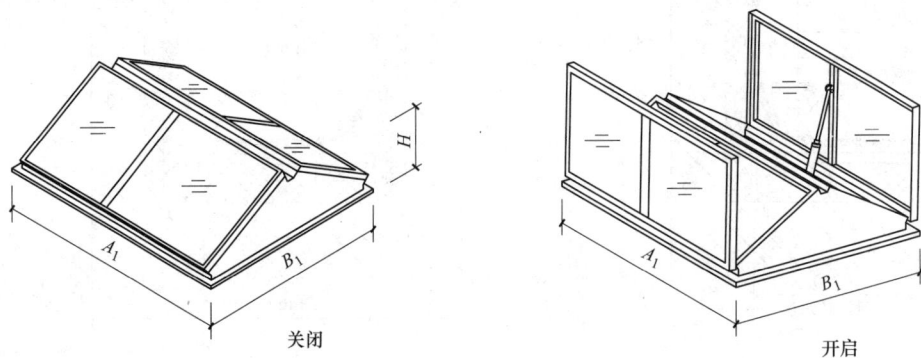

关闭

开启

图 19-52　起坡排烟平天窗示意

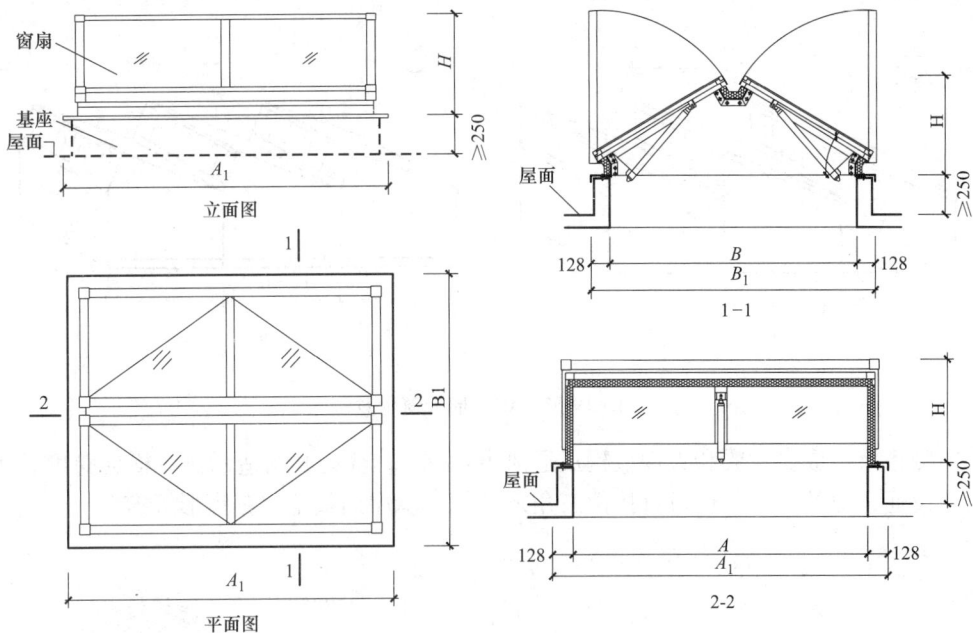

图 19-53 起坡排烟平天窗构造

5）锯齿形天窗

锯齿形天窗的特点是屋顶倾斜，可以充分利用顶棚的反射光，采光效率比矩形天窗高15%～20%。当窗口朝北布置时，完全接受北向天空漫射光，光线稳定，直射日光不会照进室内，因此减少了室内温度的波动及眩光，适于纺织车间、仪表机械加工等厂房（图19-54）。

图 19-54 锯齿形天窗的应用

为了保证采光均匀，锯齿形天窗的轴线间距不宜超过工作面至天窗下缘距离的2倍。因此，在跨度较大的厂房中设锯齿形天窗时，可在屋架上设多排天窗（图19-55）。

锯齿形天窗的构成与屋盖结构有密切的关系，种类较多，以下介绍常见的两种。

（1）纵向双梁及横向三脚架承重的锯齿形天窗

该类天窗是由两根搁置在T形柱上的纵向大梁、天沟板、三脚架、屋面板和天窗扇

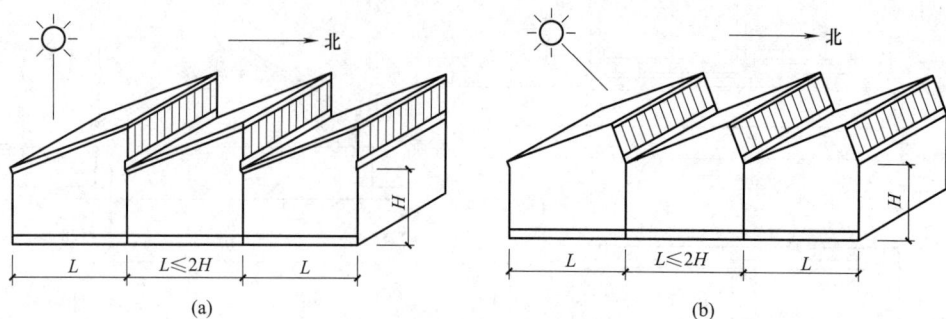

图 19-55　锯齿形天窗示意

及天窗侧板所组成。大梁和天沟板构成通风道，图 19-56 为其构造示例。横向跨度较大和不需要设通风道的厂房，也可直接由三角形屋架支承屋面板组成锯齿形天窗。

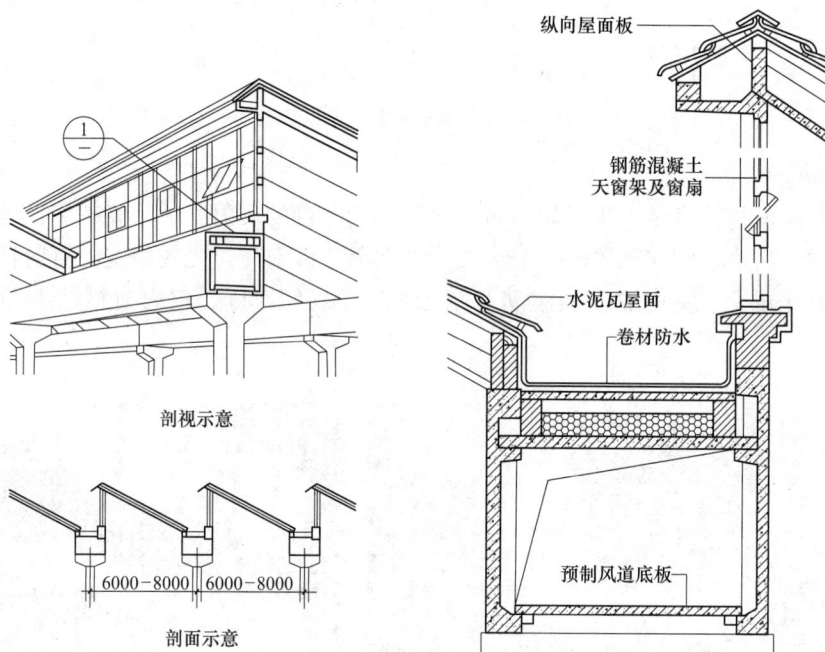

图 19-56　纵向双梁及横向三脚架承重的锯齿形天窗构造

（2）纵向双梁及纵向天窗框承重的锯齿形天窗

此类天窗也是由两根纵向大梁及天沟板组成通风道，但取消了横向三脚架，屋面板上端直接搁置在钢筋混凝土天窗框上，下端搁置在另一大梁上，与上一种相比，简化了构件类型和施工工序，图 19-57 为其构造示例。也可采用箱形梁替代两根纵向大梁，它既是承重构件，又是通风道，构件的类型进一步减少，但由于箱形梁构件较大，施工时需用大型吊装设备。

6）通风天窗

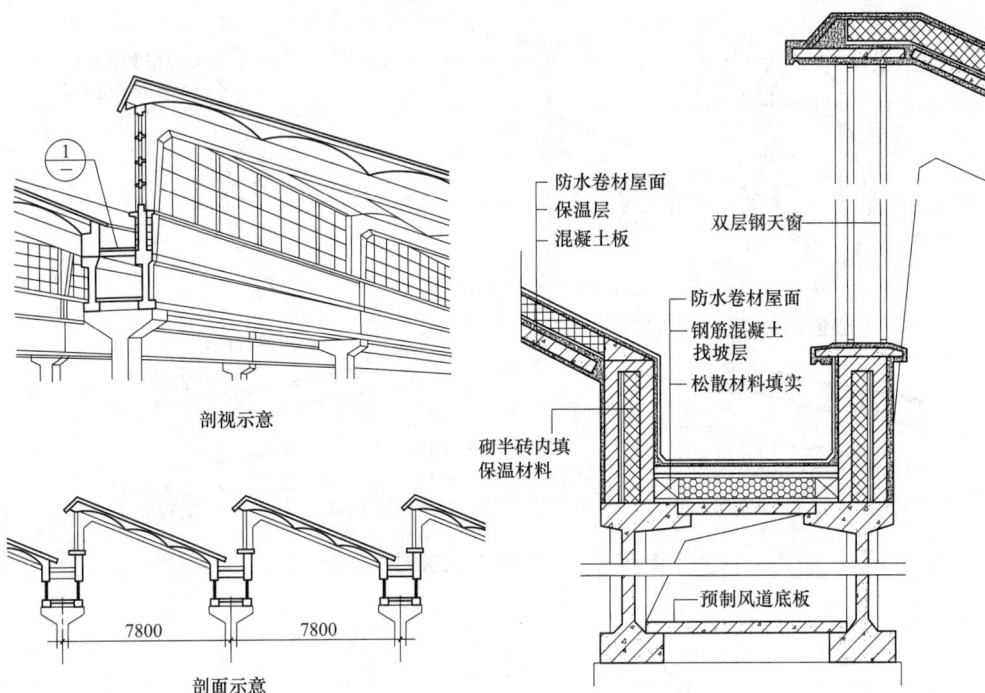

剖视示意

剖面示意

图 19-57　纵向双梁及纵向天窗框承重的锯齿形天窗构造

通风天窗适用于有较高通风要求的工业厂房，它是利用室内外温度差所形成的热压及风力作用所造成的风压来实现自然通风换气的一种通风装置，通常设于屋脊和横向屋面，分为敞开式和启闭式，具有通风效率高、防雨雪和避风性能好的优点（图 19-58）。

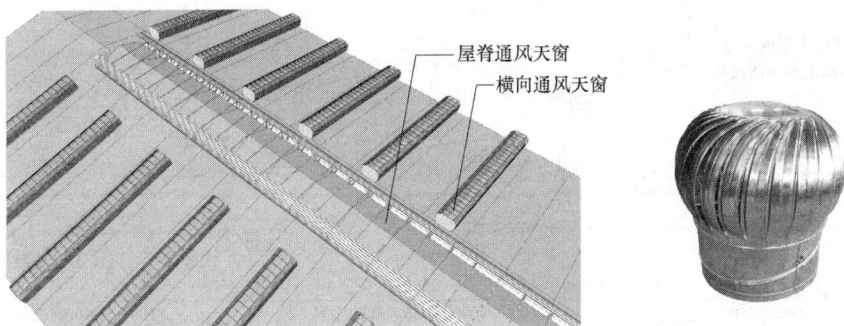

图 19-58　通风天窗和通风帽

常用的弧线（折线）形通风天窗主要由外围护板、天窗架、挡雨板、排水槽、阀板、启闭机构、泛水板等组成，具有重量轻、外形美观、通风效率高、防雨雪和避风性能好、安装方便等特点。图 19-59 为屋脊通风天窗，图 19-60 为横向通风天窗。

通风帽利用风力推动叶片旋转，达到通风换气的效果，其特点是结构轻巧、安装方便。

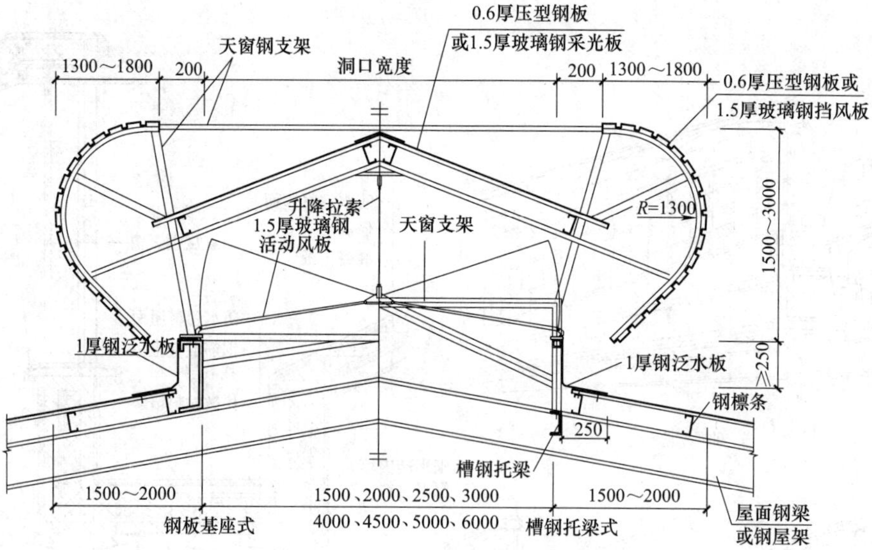

图 19-59　屋脊通风天窗剖面构造

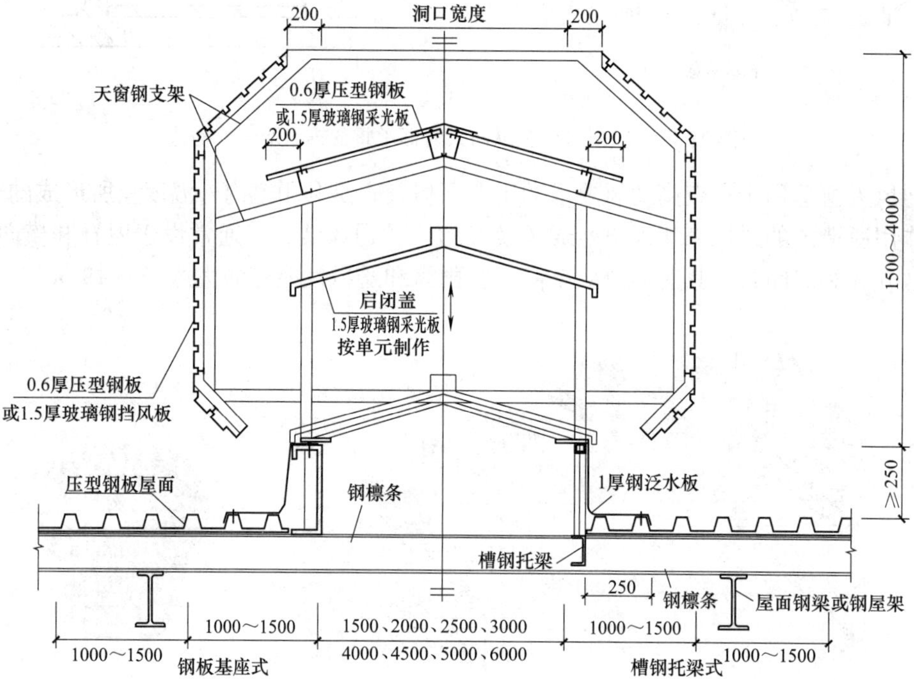

图 19-60　横向通风天窗剖面构造

参 考 文 献

[1]　杨维菊. 建筑构造设计（下册）. 北京：中国建筑工业出版社，2005.

[2]　刘建荣，翁季，孙雁. 建筑构造（下册）. 北京：中国建筑工业出版社，2013.

[3]　童英姿，王丽方. 天窗设计——艺术与技术. 北京：中国建筑工业出版社，2008.

[4]　中国建筑标准设计研究院. 07J205 玻璃采光顶. 2008.

［5］ 中国建筑标准设计研究院. 12J201 平屋面建筑构造. 2012.

［6］ 中国建筑标准设计研究院. 05J621-1 天窗——上悬钢天窗、中悬钢天窗、平天窗. 2005.

［7］ 中国建筑标准设计研究院. 12J201 平屋面建筑构造. 2012.

［8］ 中国建筑标准设计研究院. 09J202-1 坡屋面建筑构造（一）. 2009.

［9］ 中国京冶工程技术有限公司. 08J925-3 压型钢板、夹芯板屋面及墙体建筑构造（三）. 2007.

［10］ 中国建筑标准设计研究院. 05G516 轻型屋面钢天窗架. 2005.

［11］ 中国建筑标准设计研究院. 05G512 钢天窗架. 2005.

［12］ 中国建筑标准设计研究院. 05J621-3 通风天窗. 2005.

［13］ 中国建筑标准设计研究院. 11CJ33 通风采光天窗. 2012.

［14］ 中国建筑标准设计研究院. 09SG117-1 单层工业厂房设计示例（一）. 2009.

［15］ 中国建筑标准设计研究院. 05J623-1 钢天窗架建筑构造. 2005.

［16］ 中国建筑标准设计研究院. 09J621-2 电动采光排烟天窗. 2009.

［17］ 中国建筑标准设计研究院. 07J623-3 天窗挡风板及挡雨片. 2007.

［18］ 中国建筑标准设计研究院. 11J508 建筑玻璃应用构造. 2011.

［19］ 中国建筑标准设计研究院. 06CJ06-1 开窗机. 2006.

［20］ 中国建筑标准设计研究院. 13CJ06-2 开窗机（二）. 2013.

［21］ 中国建筑标准设计研究院. 99J622-1 钢天窗电动开窗机. 1999.

［22］ 中国建筑标准设计研究院. 99J622-1 钢天窗电动开窗机. 2002.

［23］ 中国建筑标准设计研究院. 98J622-2 平开窗电动开窗机. 1998.

第20章　建筑工业化

20.1　概　述

20.1.1　建筑工业化的含义

工业化，以社会化大生产为特征，是现代社会经济发展的必经之路。建筑业的工业化是社会生产力发展的必然产物，它与传统建造方式的根本区别在于把社会生产力从手工业的小生产方式向社会化的大生产方式的转化，它是采用现代工业生产方式来建造建筑物，运用现代技术，先进的生产方式推动建筑业发展的文明。我国在《工业化建筑评价标准》GB/T 51129—2015 中对工业化建筑的定义是：采用以标准化设计、工厂化生产、装配化施工、一体化装修和信息化管理等为主要特征的工业化生产方式建造的建筑。

20.1.2　建筑工业化的起源与发展

发达国家的建筑工业化主要是在第二次世界大战后发展起来的。我国建筑工业化的起步更晚，新中国刚刚成立，20 世纪 50~60 年代，面对国内工业建设任务越来越大、技术要求越来越高的情况，原建工部借鉴苏联经验，第一次提出要实行建筑工业化。在建筑科学研究、建筑施工技术装备及建筑工业生产布局等方面采取了一系列措施，有力地推动了建筑工业化的发展。经过努力，初步建立了工厂化和机械化的物质技术基础。

20 世纪 70 年代，随着技术水平的不断完善，我国的建筑工业化逐步实现从手工转向机械化的过程，初步形成了装配化和机械化施工的技术政策，即机械化、半机械化和改良工具相结合，逐步提高机械化水平。采用工厂化、半工厂化、现场预制和现场浇灌相结合，以提高预制装配程度。混凝土装配式预制构件的应用与研究更加普遍，对民用建筑如何实现建筑工业化也进行了探索，并研究开发了混凝土大板建筑体系、框架轻板建筑体系等，钢结构网架在大跨度空间结构中也开始使用，当时我国建筑工业化得到了进一步的发展。

20 世纪 80 年代，随着垂直运输机械化和混凝土泵的使用，现浇混凝土技术的应用更为广泛，利用大模板和滑升模板的现浇混凝土的建筑结构被大量应用。预制装配式混凝土构件建筑由于结构的整体性、抗震性和墙体防水问题未能很好地解决，以及经济性问题等诸多原因，至 20 世纪 80 年代末，仅北方局部地区还在使用。

20 世纪 90 年代后，建筑工程中以现浇混凝土结构较多，此时建筑工业化的研究与发展几乎处于停滞甚至倒退状态，曾经在全国推广的"大板建筑"也出现了各种问题。而预制装配式混凝土构件仅用于单层工业厂房和民用建筑的局部构件。轻钢结构、钢结构在工业厂房、仓库、住宅、商场等民用建筑中开始得到应用。钢结构自重轻、整体抗震性好，施工速度快,大大减轻了工人的劳动强度,又具有环保、经济和美观的优点,建筑工业化开始向轻钢结构、钢结构方向发展。

近年来,由于经济适用房的建设、房地产业的发展以及对建筑节能环保的重视,并且随着新材料、新技术的产生,建筑工业化有了新的发展契机。

20.1.3 建筑业的现状和建筑工业化的必要性

改革开放以来,走遍全国,从南到北,从东到西,各大城市甚至县城都高楼林立。这么多高楼大厦怎么建起来的?到建筑工地一看,看到的是挖土机、泵车、塔吊等大型机械,但每个工地现场,大量的施工人员,从挖土、运土,到砌墙抹灰以及管道安装,可以说基本上以农民工为主。我国建筑业仍然是一个劳动密集型、建造方式相对落后的传统产业。在房屋建造的整个过程中,高耗能、高污染、低效率、粗放型经营成为普遍性。我国现阶段建筑产业中的主要问题是:

(1) 设计、生产、施工脱节——生产过程的连续性差;

(2) 在新技术应用推广上以单一技术为主——建筑技术的系列化、集成化水平低;

(3) 施工手段上以现场为主、湿作业为主——生产的机械化水平低;

(4) 管理上基本以包代管、管施分离——工程的组织管理水平低;

(5) 施工人员以农民工为主——操作工人技能水平低。

由此造成我国房屋的整体质量较低,劳动生产率低和产值利润率、综合效益低,但我国正进入信息化、智能化时代,国外的许多建筑已经使建筑、生产、施工一体化,英、美、法、日等国已可做到整个设计、生产、施工过程的可视化。

建筑传统生产方式与建筑工业化比较　　　　　　　　　　　　　　　表 20-1

对比内容	传统生产方式	工业化生产方式
设计阶段	不注重一体化设计,设计与施工脱节	标准化、一体化设计,信息化技术协调设计,设计与施工紧密结合
施工阶段	标准化程度低,以现场手工作业为主,工人综合素质低,流动性大	设计施工一体化,构件生产工厂化,现场装配施工,施工队伍专业
装修阶段	以毛坯房为主,采用二次装修	装修与建筑设计同步,装修与主体结构一体化
验收阶段	分部竣工,分项抽检	全过程质量检验,验收
管理阶段	以包代管,专业协调性弱,依赖农民工劳务市场分工	工程总承包管理方式,全过程信息化管理
生产技术	相对独立单一	标准化、集约化、成套集成技术
生产手段	以低价劳动力、现场手工作业为主	工厂化、装配化、信息化为主
生产要素	自行投入	统一、协调、有机整体
生产效率	低	高
生产目标	追求企业各自效益	追求项目整体效益最大化
社会服务	单独、有限	社会化服务体系
企业管理	产业链分散、各自经营	集约化、一体化经营

通过对建筑工业化与传统建筑生产方式的对比(表 20-1),可以看到建筑工业化在建筑全生命周期中体现的优势。具体来说,集中工厂化生产,综合能耗低、建造过程节能(图 20-1);工厂制造,现场干法装配,大量节约施工用水;工厂规模化生产,质量、精

度可控，最大限度减少材料损耗；工业化大幅提高劳动生产率，进度可控；尽量减少现场作业，无粉尘、噪声、污水污染（图 20-2）；减少手工作业，提高施工安全性（图 20-3）；提高工业设备环保技术水平，可集中装修，无二次装修产生大量建筑垃圾造成的污染。

图 20-1　建筑工业化生产流水线

图 20-2　建筑工业化施工现场与传统施工现场对比

图 20-3　建筑工业化施工与传统施工人数对比

20.1.4　建筑工业化的内容

建筑工业化是指以构件预制化生产、装配式施工为生产方式，以设计标准化、构件部品化、施工机械化为特征，能够整合设计、生产、施工等整个产业链，实现建筑产品节能、环保、全生命周期价值最大化的可持续发展的新型的建筑生产方式。建筑工业化并不局限在设计标准化、生产工厂化、施工机械化和管理科学化等涉及建筑企业及行业的工业化生产和经济效益方面，更涉及经济标准、环境标准和社会标准的可持续发展方面。

1) 建筑设计的标准化与体系化

建筑设计标准化，是将建筑构件的类型、规格、质量、材料、尺度等规定统一标准，将其中建造量大、使用面广、共性多、通用性强的建筑构配件、零部件、设备装置或建筑单元，经过综合研究编制成配套的标准设计图，进而汇编成建筑设计标准图集。标准化设计的基础是采用统一的建筑模数，减少建筑构配件的类型和规格，提高通用性[1]。

体系化是根据各地区的自然特点、材料供应和设计标准的不同要求，设计出多样化和系列化的定型构件与节点设计，建筑师在此基础上灵活选择不同的定型产品，组合出多样化的建筑体系。"建筑工业化体系"，是按照各种标准设计和定型构件类型，在工厂内大量生产构件，然后运到工地进行机械化装配。

2) 建筑构配件生产的工厂化

将建筑中量大面广、易于标准化设计的建筑构配件，由工厂进行集中批量生产，采用机械化手段，提高劳动生产率和产品质量、缩短了生产周期。批量生产出来的建筑构配件进入流通领域成为社会化的商品，促进了建筑产品质量的提高，使生产成本的降低。最终，推动了建筑工业化的发展。建筑构配件生产的工厂化又称"部品化"，即直接构成成品的最基本组成部分。以住宅为例，是指按照一定的边界条件和配套技术，由两个或两个以上的住宅单一产品或复合产品在现场组装而成，构成住宅某一部位中的一个功能单元，能满足该部位一项或者几项功能要求的产品。构件部品化，即将建筑构件或部件按一定原则进行分类，进行工厂大规模预制生产[2]。

3) 建筑施工的装配化和机械化

建筑设计的标准化、构配件生产的工厂化和产品的商品化，使建筑机械设备和专用设备得以充分开发应用。机械化，即建筑施工过程机械化，是指建筑工程中各工种（如土方、起重、运输、混凝土、装修等）施工的机械化乃至各工序（如土方工程中的挖掘、装载、运输、回填、开挖等）施工的机械化，而最终指建筑施工综合机械化，即有机地把各工序、各工种的施工机械，统一地、科学地组织起来，使之先后衔接，互相配合，达到多快好省地完成建筑施工任务的目的。专业性强、技术性高的工程，如桩基、钢结构、张拉膜结构、预应力混凝土等项目，可由具有专用设备和技术的施工队伍承担，使建筑生产进一步走向专业化和社会化[3]。

4) 组织管理科学化

组织管理科学化，指的是生产要素的合理组织，即按照建筑产品的技术经济规律组织建筑产品的生产。提高建筑施工和构配件生产的社会化程度，也是建筑生产组织管理科学

---

① 龙玉峰，丁宏，焦杨. 建筑工业化的标准化设计研究 [J]. 混凝土世界，2012，04：48-52.

② 范玉，徐华，黄新，黄继战，马北京. 新型装配式建筑构件生产及其施工技术的研究与应用 [J]. 混凝土与水泥制品，2015，12：87-89.

③ 肖绪文，冯大阔. 基于绿色建造的施工现场装配化思考 [J]. 施工技术，2016，04：1-4.

化的重要方面。针对建筑业的特点，一是设计与产品生产、产品生产与施工方面的综合协调，使产业结构布局和生产资源合理化。二是生产与经营管理方法的科学化，要运用现代科学技术和计算机技术促进建筑工业化的快速发展。

20.1.5 建筑工业化的主要技术路线

1）预制装配技术

预制装配式建筑的主要特点是构件在工厂制作，然后运送到现场，用机械或人工进行安装。该施工方法相比传统方法可节省人工 25％～30％、降低造价 10％～15％、缩短工期 50％左右。由于构件是在有较好设备、一定的工艺流水线上加工生产，因而有利于广泛地采用预应力等技术，既节约生产原料，质量又稳定。还可以大量利用工业废料，如采用粉煤灰矿渣混凝土，选用轻骨料混凝土[①]。

2）现浇工艺与预制装配相结合的技术

这种技术是梁、柱等框架构件均为现场浇筑，也有采取现浇柱、预制梁节点二次浇注的方法，楼板，墙体及小构件采用预制，其优点是建筑物整体性强，平面布置灵活，简化大型构件的运输工作，例如：高层建筑中剪力墙、电梯井筒等采用滑模现浇工艺或大模板现浇工艺，楼板采用预制装配或装配整体式、叠合式楼板等[②]。

3）大模板和泵送混凝土技术

自 20 世纪 80 年代以来，我国的建筑事业飞速发展，房屋跨度越来越大，高度越来越高，对建筑结构的抗风抗震要求越来越高。建筑企业既要缩短工期，又要不影响房屋结构整体性，促使建筑技术和建筑装备不断更新，出现了钢管支撑、悬挑式和外挂式脚手板、钢模板、组合模板、大型的木工板和泵送混凝土等施工技术。特别是全国大中城市中木工板和泵送混凝土的推广应用，全面满足了建筑发展的要求[③]。它的缺点是，现场还有大量的支模、绑扎钢筋和内外粉刷等繁重的人工操作工作。

4）多、高层建筑的钢结构技术

在 20 世纪五六十年代，钢结构一般用于单层大跨的厂房，更多用作钢结构屋架和桁架；20 世纪 70 年代以后在大跨度的民用建筑中钢结构网架逐渐得到应用；20 世纪 90 年代后随着我国钢铁业的迅猛发展，轻钢结构在钢结构多层厂房、仓库、住宅、办公、商场等民用多高层建筑中逐渐广泛运用。

钢结构多高层结构的优点是自重轻，构配件工厂制作，便于运输和拼装，可较大地节省基础费用，增加使用面积，减轻工人劳动强度，缩短工期，抗震性能好，还可重复使用等；缺点是防火和保温性能差，要增加防腐防火材料和保温隔热材料的费用[④]。

5）大跨空间钢结构建造技术

空间结构是一种具有三维空间的形体，具有三维受力特性的结构。大跨空间结构包括网架结构、网壳结构、薄壳结构、桁架结构、弦支结构、悬索结构和膜结构等，它广泛应用于体育馆、影剧院、展览馆、航站楼、大跨度桥梁等大型公共建筑中。有关大跨空间结构特点和一般构造要求在"第 18 章大跨度建筑及构造设计"中作专门介绍。

---

① 严薇，曹永红，李国荣. 装配式结构体系的发展与建筑工业化 [J]. 重庆建筑大学学报，2004，05：131-136.

② 王军强. 新型装配整体式混凝土结构施工技术 [J]. 四川建筑科学研究，2015，01：31-34.

③ 左海坤. 大模板技术的应用 [J]. 混凝土，2005，08：87-89.

④ 冯瑞，罗严，李克让. 多高层钢结构体系概述 [J]. 工业建筑，2007，S1：612-616＋678.

20.1.6 工业化建筑体系

"体系"是应用工业化的系统组织方法，以设计、制作、运输、施工、管理、评价等各方面完整配套地完成建设目标，以取得快速、经济和适用的效果。它的内容有：建筑法规，建筑设计规范，建筑标准，定额与技术经济指标，标准设计，标准构配件等等。

1) 工业化建筑体系的基本原理

建筑构件有受力构件和非受力构件两类，通常将受力构件称之为标准构件，如：楼板、梁、楼梯、墙板等；而门、窗以及装饰装修等配件称之为建筑物的非受力构件，归结为标准配件。

工业化建筑体系基本原理为标准构件与标准配件便于产品的互换、产品的定型与批量生产，必须遵循模数，按照统一模数进制的原则进行系统设计。

工业化建筑体系有通用建筑体系和专用建筑体系两类。通用型以构配件定型为主，各体系之间可以互换，比较灵活；专用型以建筑物定型为主，构配件不能互换，但应以工厂化生产。

2) 工业化建筑体系的主要形式

工业化建筑体系有：砌块建筑、装配式大板建筑、框架建筑、盒子结构、大模板建筑、滑升模板、大跨度网架、轻型钢结构和木结构等各种建筑。

20.2 大模板现浇建筑、滑升模板建筑和盒式建筑

20.2.1 大模板现浇建筑

大模板现浇建筑就是用钢扣件和必要的钢骨架将钢板或木工板组装成柱、剪力墙、梁和楼板等的模板，然后浇筑混凝土，在组装中使用的模板就叫大模板，适用于多、高层剪力墙结构体系、框架结构体系。

这种工业化体系，技术简单，便于工人掌握，大大减轻了劳动强度，工效高，施工进度快；内纵横墙全部贯通、形成整体，具有很强的抗震能力。大模板是根据某一类建造量大的建筑物通用设计参数设计制定的，它专用性较好，要求模板尺寸和类型要少，拆装方便，便于流水作业。拼装式模板，即按一定模数和补充尺寸做出各种类型的中小型模板，根据建筑不同的尺度进行组装。灵活性和适用性较好，但组装较为麻烦。

现浇承重内墙的材料为混凝土、钢筋混凝土，其厚度一般为140~180mm。在现浇承重内墙的建筑中，其楼板和外墙可采用预制楼板、预制外墙板（图20-4）；现浇墙体（图20-5）；隔墙、楼板、外墙都预制，内纵墙现浇（俗称"一模三板"）（图20-6）等三种方法。

20.2.2 滑动模板建筑

滑动模板简称滑模，属于现浇钢筋混凝土内外墙体的结构体系。滑模施工时模板一次组装完成，上面设置有施工人员的操作平台。它是利用墙体内和框架柱中的钢筋作导杆和框架柱中的细筋，由液压或其他提升装置沿现在混凝土表面，自下而上边浇筑混凝土边进行同步滑动提升和连续作业。在施工过程中无须拆模，墙体逐段滑升。这类建筑适用于多、高层剪力墙结构和框架—核心筒结构中的核心筒，尤其是简单垂直形体的建（构）筑物。如高层建筑的内外墙以及烟囱、水塔、筒仓等（图20-7）。

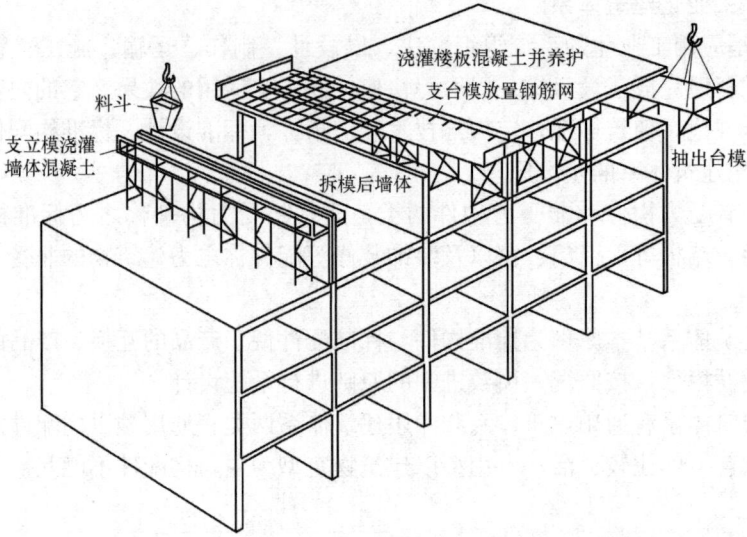

图 20-4　墙用大模板，楼板用台模流水作业示意图

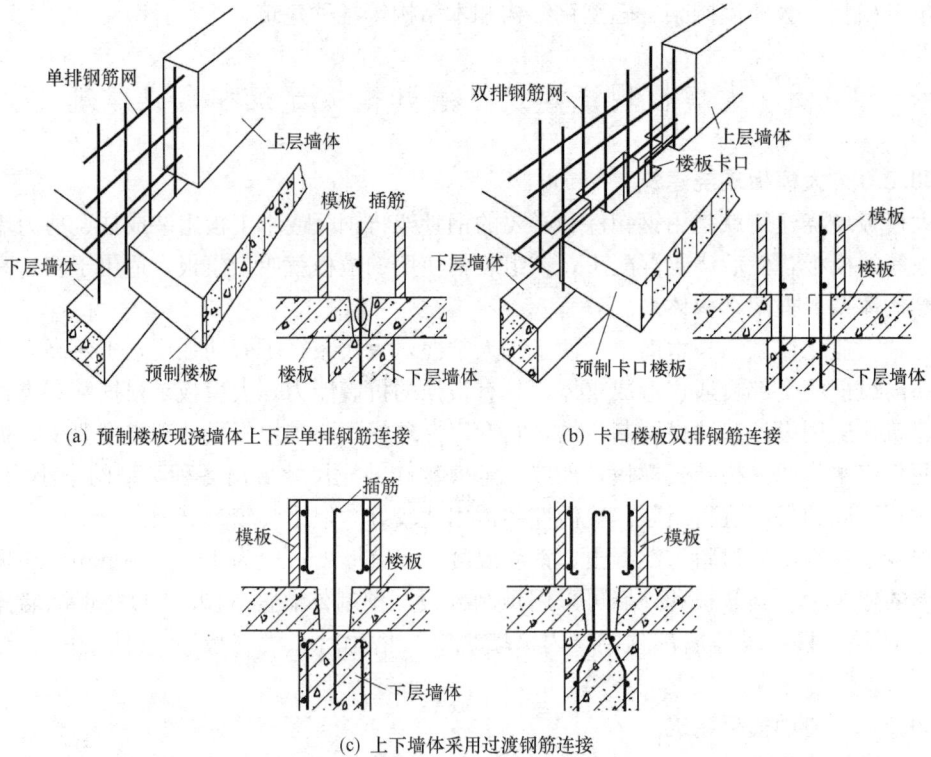

(a) 预制楼板现浇墙体上下层单排钢筋连接　　　　(b) 卡口楼板双排钢筋连接

(c) 上下墙体采用过渡钢筋连接

图 20-5　预制楼板在现浇墙体搁置处的节点构造

　　为了适应滑模施工的特点，建筑表面应简单整齐，开间要适当大些，不能有凹凸的横线条。为抵抗模板滑升时的摩擦力，墙体要适当加厚。待墙体做好后再浇楼板，滑模施工，结构整体性好，墙体施工速度快，机械化程度高。建筑物垂直度是施工中的重要环节。它的缺点：一是所施工的该部分建筑平立面应十分规整；二是滑模设备的工艺要求很

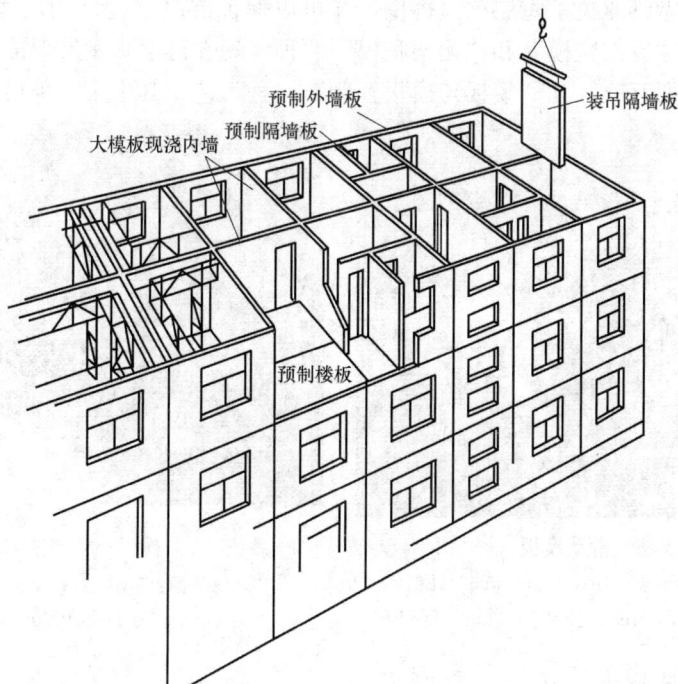

图 20-6 一模三板建筑示意

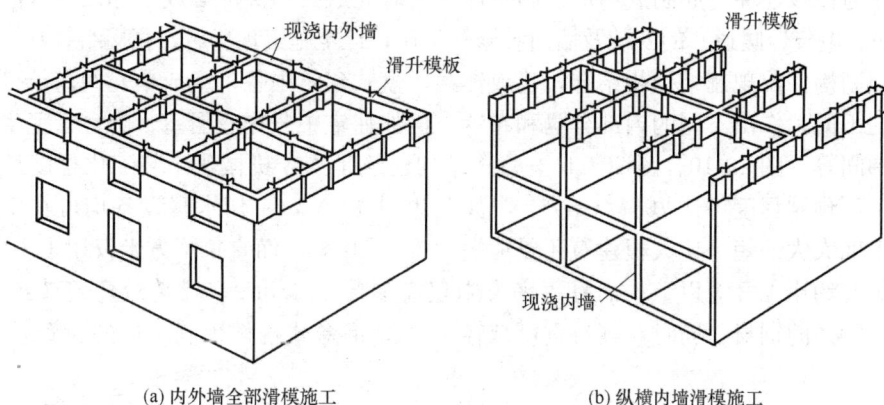

(a) 内外墙全部滑模施工　　　　　(b) 纵横内墙滑模施工

图 20-7 建筑物滑模部位的不同形式

高，一定要做到各点同步；三是施工组织施工技术要求很高，必须严格控制好滑升速度和各点上浇筑的混凝土质量（图 20-8）。

　　20 世纪 90 年代后，由于大模板技术的发展和泵送混凝土技术涌现，普通意义上的大模板现浇建筑和滑模建筑逐渐淡出了市场。

20.2.3　爬升模板建筑

　　爬升模板（图 20-9）是一种以混凝土竖向结构为支撑，利用爬升设备自下而上逐层施工的工具型混凝土模板。这种模板工艺结合了大模板和滑动模板的优点，适用于现浇钢筋混凝土竖直或倾斜结构施工，尤其适用于超高层建筑施工。爬升模板采用整层高度的大模板，以一层楼层为施工单元，一次组装，自下而上逐层竖向施工，直到完成全部混凝土后再拆模。这样做既避免了每层频繁拆模，又可以保证混凝土构件的尺寸和表面的平整。爬升模板可分为"有架爬模"和"无架爬模"两种。现在已逐步发展形成"模板与爬架互爬"、"爬架与爬架互爬"和"模板与模板互爬"三种工艺，其中第一种最为普遍。

图 20-8　滑动模板

（来源：http：//www. baike. com/wiki/%E6%BB%91%E5%8A%A8%E6%A8%A1%E6%9D%BF）

图 20-9　爬升模板

（来源：http：//product. ebdoor. com/Products/9260623. aspx）

20.2.4　盒式建筑

盒式建筑是将一个房间或几个房间组合成一个六面体的空间结构整体，在工厂中将房间的墙体与楼板连在一起制成箱形预制整体，同时完成其内部部分或全部设备（门窗、卫洁、厨房、电气、暖通）的安装及墙面装修等工作，运至施工现场后，直接组装在一起，或与其他预制构件及现制结构相结合，建成体系。盒式建筑中各个组成单元的盒子可根据使用功能的不同，作出不同的内部分隔和布置。例如住宅中分作起居室、卧室、卫生间、厨房和楼梯间等（图 20-10、图 20-11）。盒式结构建筑是当今机械化、装配化程度最高的建筑，其工厂预制程度可达 70%～80%，甚至达到 90%，一切水暖设备均可在工厂预制完成，工期大大缩短，比大板建筑还要缩短 50%～70%。而它每平方米仅用工 10 人，比传统建筑节约用工 2/3 以上；而且每平方米仅需混凝土 0.3m³，比传统建筑节约了 22%的水泥，20%的钢材；同时，其自重可减轻 55%。但盒式构件预制工厂的投资较大，如

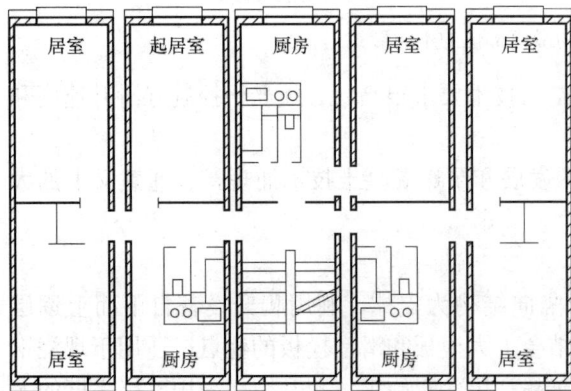

图 20-10　使用功能分类的盒子

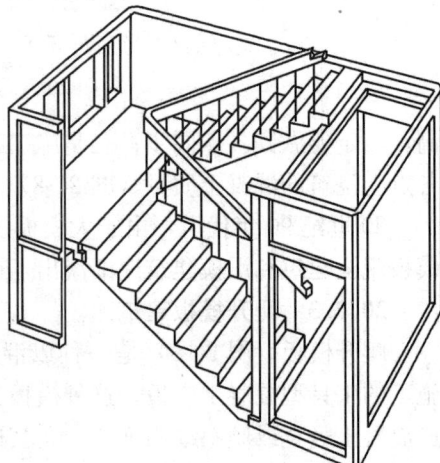

图 20-11　楼梯间盒形构件

果生产达到一定规模，就可以明显地降低成本。盒式结构的运输是制约其发展的重要因素，盒子的高度受到公路运输限高的限制，而且一辆车一次一般只能运一个盒子，效率较低，成本较大。由于它是工厂组装生产，能确保整体质量，在国家和政府的大力倡导下，目前在多高层预制装配住宅建筑中应用逐渐增多。

20.3　大模板和泵送混凝土技术

建筑的工业化，离不开建筑材料、建筑构配件、建筑设备标准化。20 世纪 90 年代后，随着大模板技术、泵送混凝土技术的使用，极大地推动了建筑业的蓬勃发展。

20.3.1　大模板技术

人工制作钢筋混凝土结构需经扎筋、制模、浇捣、养护，既费工，又费时，周期又长；20 世纪 80 年代，大模板施工工艺开始应用，简单且工程进度快，现场装备湿作业减少，可全现浇施工，结构的整体刚性抗震性能好。

大模板的分类和构造：

1) 按材料种类分：有全钢大模板、胶合板大模板、钢化玻璃大模板和热塑性塑料模板等，其中以全钢大模板和胶合板大模板应用最多。

（1）全钢大模板

全钢大模板是采用专业设计和按照墙体尺寸加工制作而成的一种工具式模板，用型钢或方钢作为骨架，钢板作为面板，一般与支架连为一体。由于它自重大，施工时需要配以相应的吊装和运输机械，用于浇筑现浇混凝土墙体。它具有安装和拆除简便、尺寸准确，另外由于选用钢板作为板面材料，钢板厚度一般为 5～6mm，因而避免了钢框木（竹）胶合板的刚度差、易变形、板面易损坏的弱点，钢材板面耐磨、耐久，一般可周转使用次数在 200 次以上。同时，钢材板面平整光洁且容易清理，有利于提高混凝土的质量。优点是：周转次数多，便于改制，整体刚度好，表面清洁方便等；缺点是：一次性钢材消耗量大，板面局部刚度小，易变形，改制费用高，折旧报销时间长，保养费用高，自重大，受起重设备制约等。

（2）胶合板大模板

20 世纪 90 年代，我国开始引进胶合板大模板，使之成为模板更新换代的重要产品，它具有重量轻、省钢材、表面平整、构造简单、组合吊装方便等优点，尤其是酚醛树脂胶合板，具有防水性能好，强度高和多次使用等特性。胶合板大模板是用型钢或方钢通过螺栓连接组装成装配式骨架，改变了过去用电焊连接的方法，可灵活变换大模板的规格。面板用厚 12～18mm 涂塑多层或不涂塑的多层板用螺栓与钢骨架固定。这类模板的最大优点是规格灵活，面板损坏后可以更换，对非标准的大模板工程尤为适用，用完后可在其他非标准的大模板工程或标准大模板工程中重新组装使用。

2) 大模板的组拼方式：有整体式、拼装式和模数式组合大模板。

整体式大模板就是一间（甚至两间）或一开间墙（甚至两开间墙）做成一块模板，目前国内多数属于此种。

拼装式——多用承重桁架或竖肋现场拼装。

模数式组合——是用多个小钢模组合成大模板。

3）大模板的构造分类

（1）平模。主要由板面系统、支撑系统和操作平台三部分组成（图 20-12）。

（2）小角模。为适应纵横墙同时浇筑，在纵横相交处附加的一种模板，与平模套使用（图 20-13）。

（3）隧道模。由两块横墙模板和一块纵墙模板整体组成，三块大模板固定在一个钢骨架上，一个房间一个隧道模（图 20-14）。

这种纵横墙同时浇筑整体性和模板的稳定性好，缺点是自重大，需要大吨位的起重设备，制造安装复杂，通用性差，但目前已可做成折叠的筒模，效果较好。大模板体系虽然工业化程度和技术水平并不先进，但与各地的现实条件比较适应，因而显示了很强的生命力和广泛的适应性。

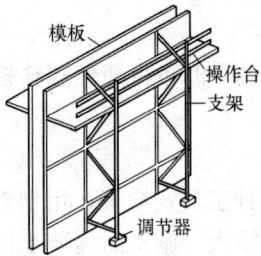

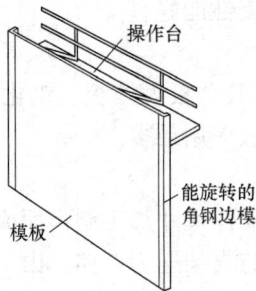

图 20-12　平模　　　　图 20-13　小角模　　　　图 20-14　隧道模

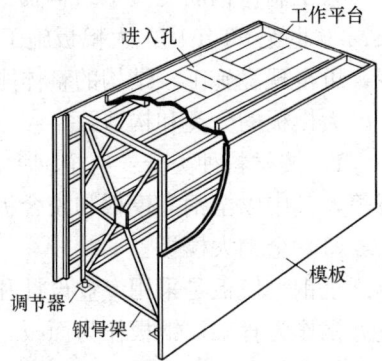

20.3.2　泵送混凝土技术

泵送混凝土系指泵压作用下通过刚性或柔性管道将混凝土输送到所需的浇筑地点。混凝土泵送时，在泵压的推动下，混凝土以等速、柱塞状向前运动，混凝土内部的水泥浆或水泥砂浆在压力作用下被挤向外围，在泵芯柱与管壁之间形成一薄层水泥浆和水泥砂浆，在泵送时管壁处形成水膜层，成为管道内混凝土芯柱的润滑层。泵送混凝土几乎可用于所有的混凝土工程，下至桩基和水下工程，上至几百米高的摩天大楼，如上海杨浦大桥主塔的泵送高度为 208m，西班牙水电站的最高泵送高度达 435m。

泵送混凝土的优点是：

（1）效率高：按混凝土泵的不同型号，泵送效率约为每小时 8~70m³。

（2）现场文明，减少污染：节约施工场地和劳力，只要合理组织好商品混凝土车子的路线、管线布置即可。

（3）减少人为因素，确保混凝土质量：泵送混凝土由专门的混凝土站或工厂生产，根据施工图对混凝土的要求，做好各种配比试验，统一来料质量把关，因此混凝土质量容易保证。

（4）大大减轻了工人的劳动强度，无论垂直运输和水平运输都可直接由泵送到指定地点。

（5）它适用于各种施工现场，以及大体积混凝土结构和高层建筑。

（6）构件间刚性连接，抗震性好。

缺点：因为混凝土是流态的，对混凝土构件的支模要求比较高，并且现浇需要大量的模板、支撑以及粉刷工作，另外对整个工程的施工组织要求也高。

总之，大模板和泵送商品混凝土技术辅以钢管支撑，钢管脚手架、外挂脚手架、悬挑脚手架技术，很容易实现多高层建筑全现浇施工，大大加强了混凝土结构的整体刚度和抗震性能，加上混凝土中添加了早强剂、微膨胀剂，大大缩短了施工周期，由解放初期现浇混凝土结构要 20 多天至一个月一层，缩短到现在的 5～7 天一层。而且对大面积的地下工程能够连续浇筑，不留施工缝。

20.4 预制混凝土构件装配建筑

20.4.1 全预制混凝土构件成型技术

建筑工业化改变了原有的建筑模式，由传统现浇工法改为预制构件工厂加工后到现场组装的装配工法。建筑构件预制成型，工业化装配施工，具有节约成本与劳动力、提高生产效率、克服季节影响、便于常年施工等优点。在预制构件生产过程中，模具的摊销费用约占 5%～7%，模具设计合理与否直接影响了预制构件自动化生产线中拆模、组模的效率和构件尺寸的精度。所以无论是从成本角度、生产效率还是构件质量方面考虑，模具是关系到构件成型质量和工业化建造成败的关键性因素。在经过制备、组装、清理并涂刷过隔离剂的模板内安装钢筋和预埋件后，即可进行构件的成型。成型工艺主要有以下几种：

（1）平模机组流水工艺。生产线一般建在厂房内，适合生产板类构件，如民用建筑的楼板、墙板、阳台板、楼梯段，工业建筑的屋面板等。在模内布筋后，用吊车将模板吊至指定工位，利用浇灌机往模内灌筑混凝土，经振动工具（或振动台）振动成型后，再用吊车将模板连同成型好的构件送去养护。这种工艺的特点是主要机械设备相对固定，模板借助吊车的吊运，在移动过程中完成构件的成型。

（2）平模传送流水工艺。生产线一般建在厂房内，适合生产较大型的板类构件，如大楼板，内外墙板等。在生产线上，按工艺要求依次设置若干操作工位。模板自身装有行走轮或借助辊道传送，不需吊车即可移动，在沿生产线行走过程中完成各道工序，然后将已成型的构件连同钢模送进养护窑。这种工艺机械化程度较高，生产效率也高，可连续循环作业，便于实现自动化生产。平模传送流水有两种布局，一是将养护窑建在和作业线平行的一侧，构成平面循环；一是将作业线设在养护窑的顶部，形成立体循环。

（3）固定平模工艺。特点是模板固定不动，在一个位置上完成构件成型的各道工序。较先进的生产线设置有各种机械如混凝土浇灌机、振捣器、抹面机等。这种工艺一般采用振动成型、热模养护。当构件达到起吊强度时脱模，也可借助专用机械使模板倾斜，然后用吊车将构件脱模。

（4）立模工艺。特点是模板垂直使用，并具有多种功能。模板是箱体，腔内可通入蒸汽，侧模装有振动设备：从模板上方分层灌筑混凝土后，即可分层振动成型。与平模工艺比较，可节约生产用地、提高生产效率，而且构件的两个表面同样平整，通常用于生产外形比较简单义要求两面平整的构件，如内墙板、楼梯段等。立模通常成组组合使用，称成组立模，可同时生产多块构件。每块立模板均装有行走轮。能以上悬或下行方式作水平移动，以满足拆模、清模、布筋、支模等工序的操作需要。

（5）长线台座工艺。适用于露天生产厚度较小的构件和先张法预应力钢筋混凝土构件，如空心楼板、槽形板、T 形板、双 T 板、工形板、小桩、小柱等。台座一般长 100～180m，用混凝土或钢筋混凝土灌筑而成。在台座上，传统的做法是按构件的种类和规格现支模板进行构件的单层或叠层生产，或采用快速脱模的方法生产较大的梁、柱类构件。20世纪70年代中期，长线台座工艺发展了两种新设备——拉模和挤压机。辅助设备有张拉钢丝的卷扬机、龙门式起重机、混凝土输送车、混凝土切割机等。钢丝经张拉后，使用拉模在台座上生产空心楼板、桩、桁条等构件。拉模装配简易，可减轻工人劳动强度，并节约木材。拉模因无需昂贵的切割锯片，在中国已广泛采用。挤压机的类型很多，主要用于生产空心楼板、小梁、柱等构件。挤压机安放在预应力钢丝上，以每分钟1～2m的速度沿台座纵向行进，边滑行边灌筑边振动加压。形成一条混凝土板带，然后按构件要求的长度切割成材。这种工艺具有投资少、设备简单、生产效率高等优点，已在中国部分省市采用。

（6）压力成型法。是预制混凝土构件工艺的新发展。特点是不用振动成型，可以消除噪声。如荷兰、德国、美国采用的滚压法，混凝土用浇灌机灌入钢模后，用滚压机碾实，经过压缩的板材进入隧道窑内养护。又如英国采用大型滚压机生产墙板的压轧法等。

全预制混凝土构件所构成的建筑体系，如装配式框架结构、装配式剪力墙结构，在施工现场拼装后采用构件间竖向连接缝现浇、上下墙板间主要竖向受力钢筋浆锚连接以及楼面梁板叠合现浇形成整体的结构形式。由于预制混凝土构件尺寸过大，重量过重，一般的吊装设备难以满足其安装条件，所以高层建筑中很难做到全装配式结构。

20.4.2 现浇—预制混凝土构件成型技术

1）叠合板

我国现行规范对装配式混凝土框架结构的抗震等级及高度限制要求比较严格，为了保证建筑的整体性和提高抗震强度，我国的装配式混凝土建筑多采用现浇与预制相结合的方式，预制构件也多采用叠合板。

叠合板结构体系是由叠合楼板、叠合墙板辅以必要的现浇混凝土连接构件共同形成的复合混凝土剪力墙结构。叠合板结合了预制和现浇混凝土的工艺和优点，为半预制式体系，实现了板式构件的分步成型。叠合板由预制部分和现浇部分组成，其安装施工采用工业化生产方式，预制部分多为薄板，在预制构件加工厂完成后运到项目现场，使用起重机械将叠合式预制板构配件吊装到设计部位，然后浇筑叠合层及加强部位混凝土，将叠合式预制板构配件及节点连为有机整体。预制薄板作为现浇部分的模板，二者共同承担荷载。

叠合楼板整体性好，刚度大，抗震能力好，可节省模板，简化施工工序，加快施工速度，集合了工业化生产和传统现浇混凝土的优点，具有良好的市场前景（图20-15）。

叠合式墙板为预制混凝土墙板，由两层预制板与格构钢筋制作而成，现场安装就位后，在两层板中间浇注混凝土，采取规定的构造措施，提高整体性，共同承受竖向荷载与水平力作用。与传统混凝土墙体相比，叠合式墙板工序复杂，施工难度大，施工质量不易保证，成本较高，推广难度较大（图20-16）。

2）CL结构墙板

CL建筑结构体系（Composition Light-weight Building System）（图20-17）是一种复合混凝土剪力墙体系，是由CL墙板（CL网架板为内外两侧浇筑混凝土后构成的一种钢筋焊接混凝土复合墙体）、实体剪力墙组成的剪力墙结构。其核心构件CL复合墙板是由两层冷拔低碳钢丝网用斜插丝连接的空间骨架，中间夹聚苯乙烯泡沫形成CL网架板，内外侧浇筑混凝土后形成的兼成长、保温、隔音为一体的剪力墙。CL网架板为主要承重构件的骨架，以高压高强石膏板作为施工浇筑混凝土的永久性模板；同时内隔墙采用高压高强石膏空心砌块砌筑而成。CL 网架板由大型自动化生产线生产整体加工而成，最大尺寸可达 6m×3.3m，无须现场二次剪裁加工，实现标准化、工业化的复合性能（集墙体受力钢筋和保温层于一体）。

图 20-15　叠合式楼板

（来源：网络 http：//www. precast. com. cn/index. php/subject _ detail-id-28. html）

图 20-16　叠合式墙板

（来源：网络 http：//www. jiancai365. cn/cp _ 440868. htm）

CL 结构体系具有以下特点：

（1）可靠的结构形式。CL 网架板是一种立体空间桁架。除了作为剪力墙配筋外，还将两层混凝土有机连接，使其可以很好地协同工作来承受竖向力、水平力和剪力。由于 4 个方向斜插的钢丝形成了桁架，增加了网架板的刚度，能承受各种施工荷载。

（2）更强的抗震性。CL 结构体自重轻，比砖混结构减轻 50%。抗震性能好，同级设防的 CL 建筑体系比砖混结构提高了 2~3 个地震烈度，优于框架结构。

图 20-17　CL 结构墙板

（来源：网络 https：//baike. so. com/doc/2121611-2244717. html）

（3）良好的保温性能。CL 墙板由两层混凝土和保温层组成，室内混凝土厚度至少为100mm，室外一侧 50mm 的混凝土可以对保温层起到保护作用。这种保温做到剪力墙里的方法加大了有效使用面积，提高了保温效果，保温隔热性能达到了国家规定的 50% 的节能要求。同时保温层具有良好的耐久性，可以达到与建筑主体基本同寿命。

（4）快速生产，文明施工。在 CL 结构体系中 CL 模板为永久性模板，不用拆卸，结构整体性好，可缩短施工工期。CL 体系中 70% 的构件在工程预制完成，实现工业化生产，减少了现场的工作量。

（5）节能环保。CL 建筑结构体系同其他结构相比，可不用黏土制品，节约耕地、能源，减少大气污染。

20.5　钢结构建筑工业化

20.5.1　概述

1）钢结构建筑的发展概况

钢结构建筑通常由型钢、钢管、钢板等制成的钢梁、钢柱、钢桁架等构件组成。住宅钢结构体系主要分为冷弯薄壁型钢结构体系和型钢结构体系。冷弯薄壁型钢结构体系主要用于低层住宅（图 20-18），型钢结构体系用于多层、小高层和高层住宅。型钢结构体系用于高层住宅时，其抗侧力结构可以为钢结构支撑、钢板剪力墙。钢结构建筑一般分为两大类，第一类为全钢结构，其柱、梁和支撑全由型钢组成，梁柱节点的连接用高强螺栓（或焊接）刚性连接。

第二类为钢与混凝土混合结构形式。柱为钢结构（或钢骨混凝土和钢管混凝土），而梁采用型钢或与混凝土的组合梁，楼板采用压型钢板混凝土。特点是防火性能好。

混合结构形式中，还有框架部分采用型钢结构，而抗侧的结构核心筒或剪力墙采用钢筋混凝土，形成框架—核心筒或框架剪力墙的高层建筑。

近年来，结构工程师们纷纷将钢结构技术运用到工厂化住宅制造模式中。钢结构住宅采用高强度的钢柱、钢梁作为承重框架，用高强螺栓或焊接连接，杆件均由工厂化生产，配以标准化的内外墙板、楼板、屋面板和水、电等设施，构成一种新型工业化建筑体系。

图 20-18　使用蒸压轻质加气混凝土板的钢结构住宅

2）钢结构住宅的特点

钢结构住宅的技术优点：（1）可减轻建筑结构自重，节约基础造价，提高住宅的抗震性能。（2）可以增大住宅的使用面积，户内空间分隔较为灵活。（3）可采用工业化生产方式，实现构件的工厂预制和现场装配化施工，实现技术集成化，提高住宅建设的科技含量。（4）大大节省施工时间，不受季节影响，提高劳动生产率和现场文明施工水平。（5）减少建筑垃圾和环境污染，建筑材料可重复使用，综合效益好。（6）使用中易于改造，灵活方便，便于拉动其他建材行业的发展等等。

钢结构应用于住宅建筑中存在以下不足：（1）耐火性差，当温度为 400℃时，钢材的强度将降至原强度的一半，达到 600℃时，钢材基本丧失全部强度，结构失去承载力；

（2）耐腐蚀性差，如果没有有效的保护，钢材暴露在空气中，容易生锈腐蚀，导致材料脆性，强度急剧下降，造成结构脆性破坏；（3）造价高，钢材比混凝土贵是显然的；（4）钢结构建筑由于自重小，抗侧刚度不足，若没有有效的抗侧力构件，如混凝土剪力墙或核心筒，则导致结构侧向刚度太差。因此，抗风设计中要防止振幅过大，从而引起人体舒适度问题；（5）钢构件的热阻小、传热快，在金属构件的连接处易产生热桥冷桥效应，不利于住宅在使用过程中的保温隔热，这也阻碍了其在住宅市场的推广。

相比于砖混结构，钢结构体系在材料回收、预制化生产等方面具有优势；与钢筋混凝土结构相比，钢结构质量轻，更能实现超高度和超跨度要求，同时钢结构具有强度高、塑性、韧性好、结构延性及抗震性能好、材质均匀且符合力学假定、绿色环保等优势。

20.5.2　钢结构住宅的结构体系

钢结构住宅根据高度或层数的不同，采用不同的结构体系。三层及三层以下钢结构住宅宜采用轻钢结构体系；4～6层的多层住宅，一般可采用：钢框架体系、钢框架—剪力墙体系、钢框架支撑体系；7～12层中高层住宅可采用钢框架—混凝土核心筒（剪力墙）体系及钢框架—支撑体系，也可采用钢管混凝土柱组合框架—混凝土核心筒体系；13～30层高层住宅可采用钢管混凝土柱组合框架—混凝土核心筒体系或钢框架—支撑体系、钢框架—钢板剪力墙体系、钢框架—内置钢板支撑的剪力墙体系等。框架体系轻钢住宅自重轻，结构较柔，自震周期长，对地震力作用不敏感，但框架体系抗侧移刚度小，在风荷载、地震作用下，其层间侧移和总位移较大，故需设置各种侧向抗力体系。

1）钢框架—核心筒结构体系

钢框架—核心筒结构对于多高层住宅而言是一种较好的结构形式（图 20-19）。其优点是结构受力分工明确，核心筒抗侧移刚度强，竖向交通及卫生间等常布置在核心筒内，防水性能佳，可有效避免其他结构形式因施工不当容易渗水造成的钢构件锈蚀，而且可采用滑模施工，进度快。

高层住宅框架可采用型钢结构，也可采用钢管混凝土框架，后者承载能力高，抗震性能好，而钢筋混凝土核心筒（剪力墙）作为抗侧力结构的抗侧承载力高，刚度大，延性好。该体系不影响住宅单元内部隔墙的灵活布置，因此是钢结构住宅中较好的建筑结构体系之一，最适宜于7～12层小高层住宅。框架—混凝土核心筒结构节点构造示意见图20-20。

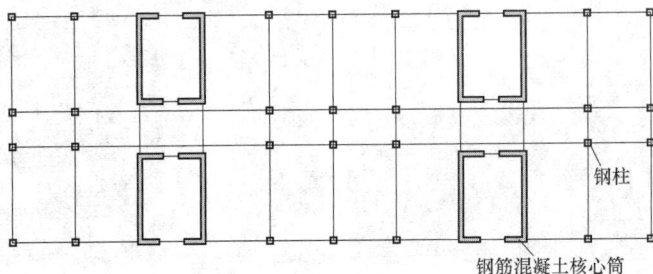

图 20-19　某公寓框架核心筒结构平面图

2）钢框架—钢支撑结构体系

(a) 钢柱与基础的连接　　　　　　　　　(a) 钢管柱与钢梁的连接

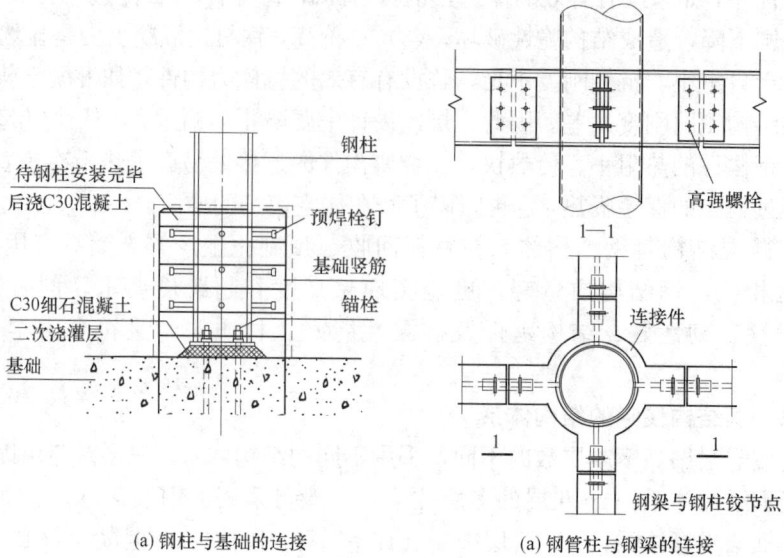

图 20-20　钢框架核心筒结构节点示意

　　在高层钢框架—钢支撑结构中，按支撑的形式，有中心支撑、偏心支撑和内藏钢板支撑等（图 20-21、图 20-22）。

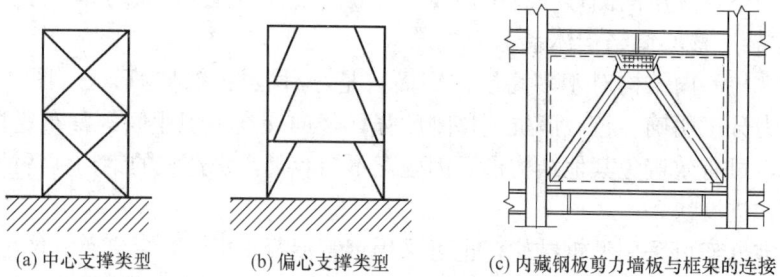

(a) 中心支撑类型　　　　　(b) 偏心支撑类型　　　　(c) 内藏钢板剪力墙板与框架的连接

图 20-21　钢结构各种支撑体系

图 20-22　带支撑体系的钢结构建筑

（来源：http://www. broad. com/Products-5. aspx）

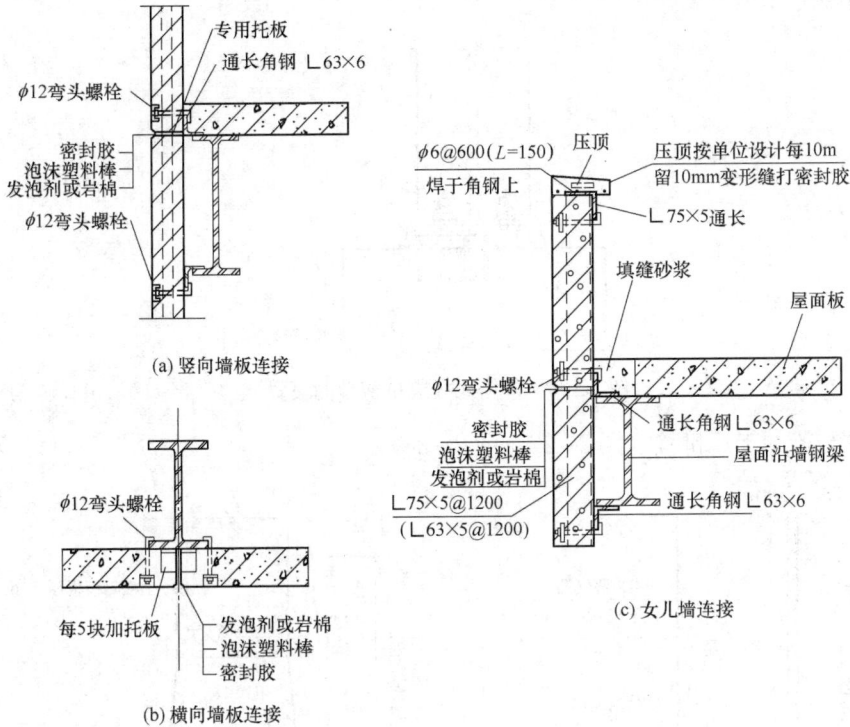

(a) 竖向墙板连接

(b) 横向墙板连接

(c) 女儿墙连接

图 20-23　钢结构各构件的连接

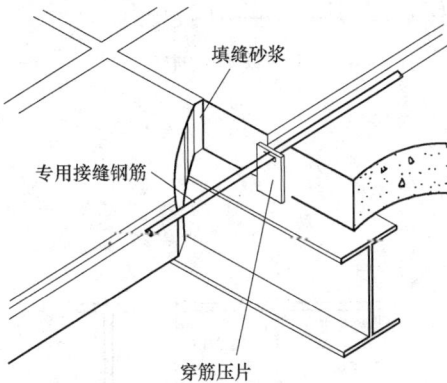

图 20-24　屋面板的安装

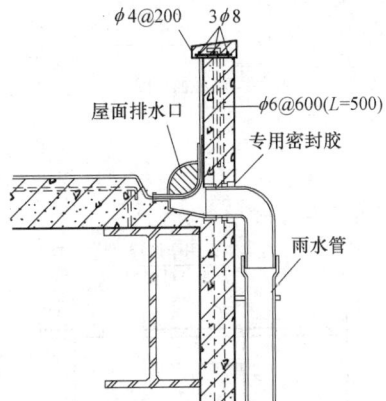

图 20-25　水落管及排水漏斗

　　钢结构住宅的屋面板可选用普通钢筋混凝土板，也可采用蒸压轻质加气混凝土板，而后者具有自重轻、保温隔热性能好等优点，只是在将板安装在钢梁（或檩条）时要配筋，它通过每块板板端接合处焊在梁上的穿筋压片限定板位，且通过板缝灌浆固定板材的拉接钢筋，从而可靠地将板安装在钢梁或檩条上（图 20-23）。蒸压轻质加气混凝土板屋面的防水构造、女儿墙的连接构造以及屋面排水口的构造详见图 20-24、图 20-25。

20.5.3　预制钢结构建筑主要构造节点

预制钢结构框架建筑

（1）钢柱与基础的连接（图 20-26）

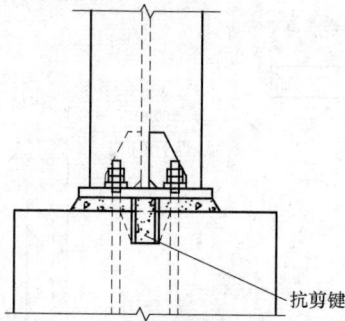

图 20-26　外露式柱脚抗剪键的设置

（2）柱与梁的工厂拼接（图 20-27、图 20-28）

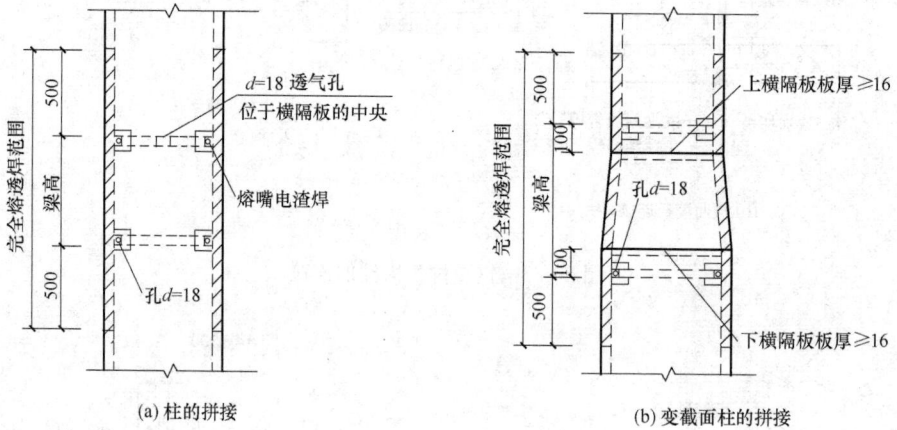

(a) 柱的拼接

(b) 变截面柱的拼接

图 20-27　柱的工厂拼接

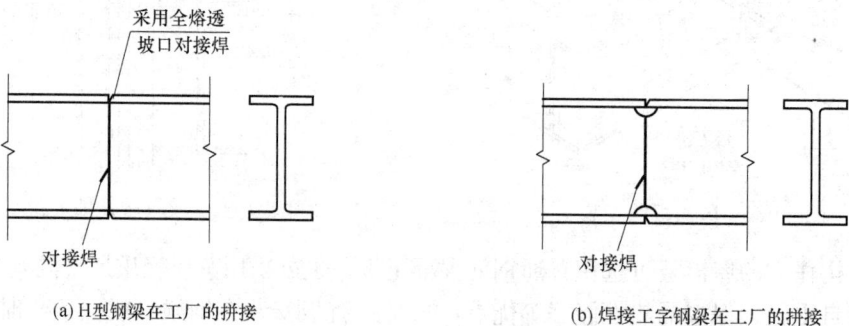

(a) H型钢梁在工厂的拼接

(b) 焊接工字钢梁在工厂的拼接

图 20-28　梁的工厂拼接

（3）梁与框架柱的连接

刚性连接节点（图 20-29）

铰接节点（图 20-30）

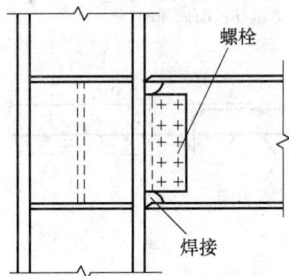

图 20-29　框架横梁与工字型截面柱的刚性连接

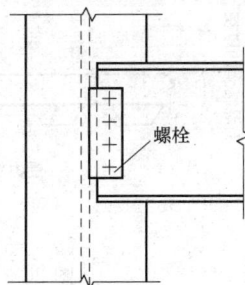

图 20-30　梁与柱用高强度螺栓铰接节点

（4）主次梁的连接节点（图 20-31、图 20-32）

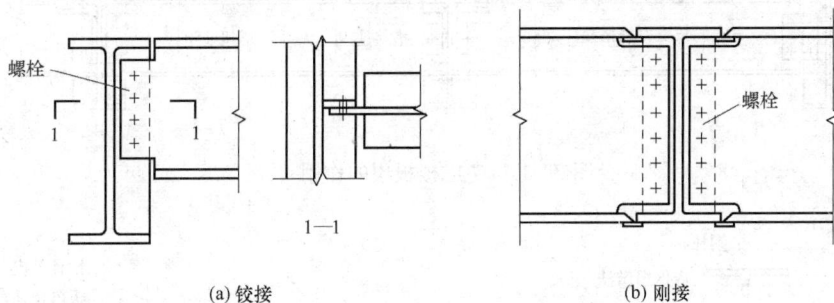

(a) 铰接　　　　　(b) 刚接

图 20-31　主次梁的连接节点

（5）钢结构的支撑（图 20-33）

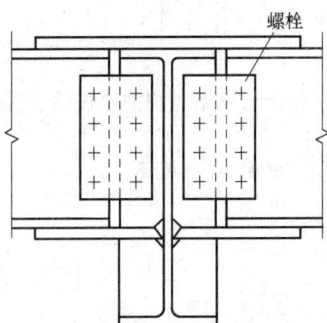

图 20-32　次梁与主梁的连续连接

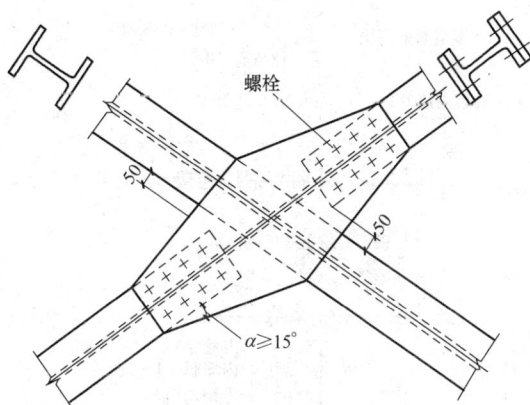

图 20-33　十字形交叉支撑的中间连接节点

（6）预制钢结构建筑的楼板构造（图 20-34、图 20-35）

（7）围护墙与预制钢构件的连接节点和围护墙间的构造节点（图 20-36～图 20-38）

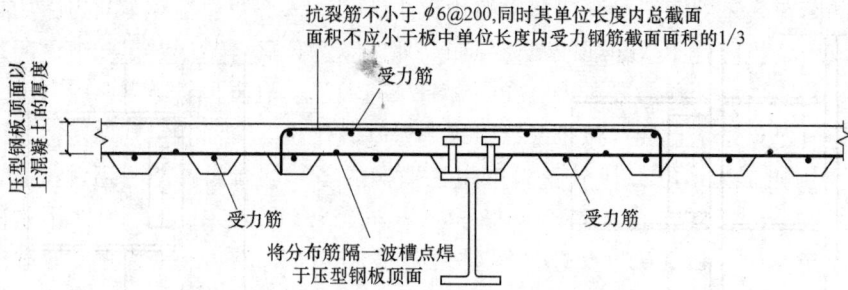

图 20-34　压型钢板仅作模板的连续非组合板

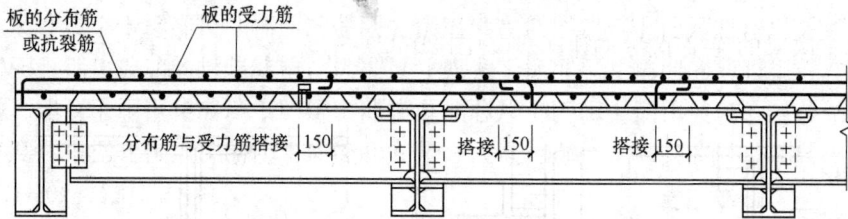

图 20-35　考虑楼板层的作用

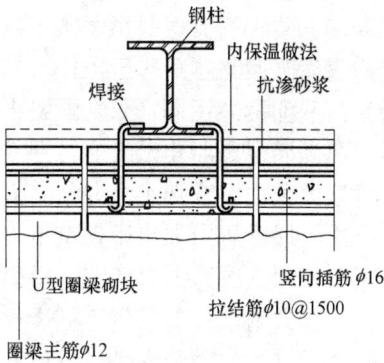

图 20-36　外墙与钢柱连接

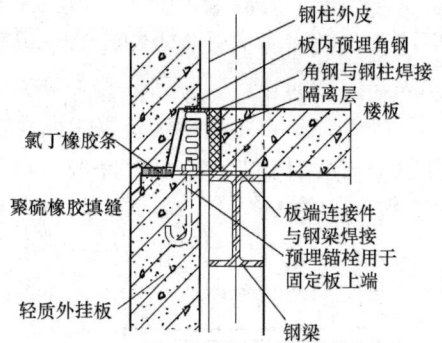

图 20-37　楼板、钢梁与围护墙板的连接

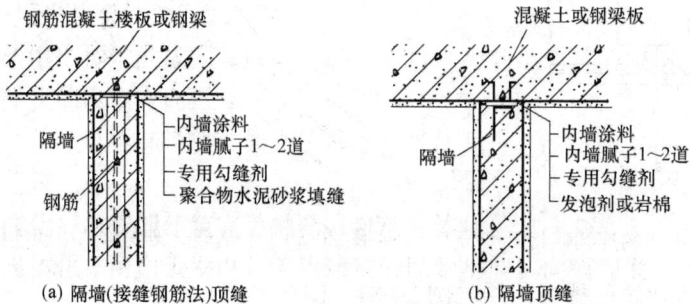

(a) 隔墙(接缝钢筋法)顶缝　　　(b) 隔墙顶缝

图 20-38　墙板接缝构造处理

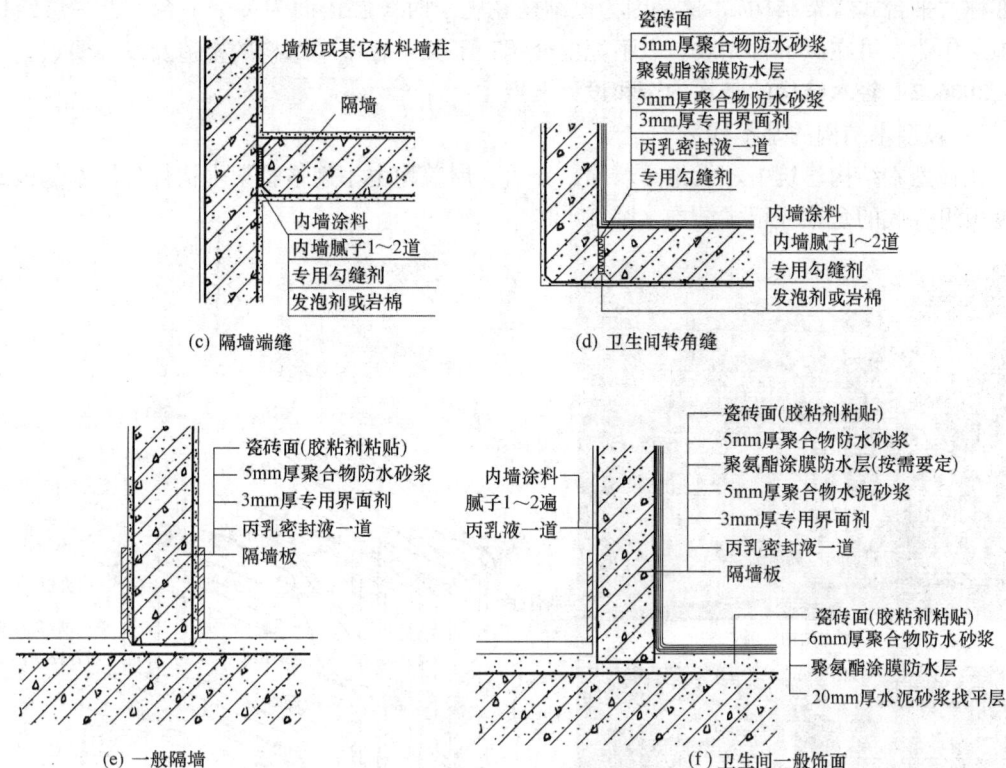

图 20-38　墙板接缝构造处理（续）

20.6　轻型木结构建筑

20.6.1　概述

木结构建筑有普通木结构建筑、胶合木结构建筑和轻型木结构建筑三种。普通木结构是指采用方木或圆木制作的单层或多层木结构建筑，其方木和圆木型材可以由原木或胶合木锯切而成。

胶合木结构是指用 30～45mm 的锯材胶合而成的层板胶合木构件建成的房屋结构。胶合木构件具有构造简单、制作方便、强度较高及耐火极限较好的优点，且能以短小的材料制成几十米、上百米跨度的形式多样、造型美观大方的各种构件，因而国际上较早将胶合木大量用于大体量、大跨度和对防火要求较高的各种大型公共建筑、体育建筑、会堂、游泳场馆、工厂车间及桥梁等民用与工业建筑或构筑物。胶合木结构、技术和经验也已成熟，在我国有广泛的应用前景和市场，特别在中小跨度建筑中，胶合木构件可取代实木构件，能节省大径木材。

轻型木结构是指用规格材为骨架与木基结构板材或石膏板材组合制作成墙体、楼板和屋盖系统，构成单层或多层建筑结构。换言之，它是一种将小尺寸木构件按不大于600mm 的中心间距密置成的结构形式。结构的承载力、刚度和整体性是通过主要结构构件（骨架构件）和次要结构构件（墙面板、楼面板和屋面板）共同作用得到的。轻型木结构亦称"平台式骨架结构",这是因为该结构在施工时每层楼面为一个平台,上一层结构的施工作业,可在该平台完成。以下扼要介绍一下关于轻型木结构的构造及设计要点。

20.6.2 轻木结构的基本构造和设计要点

1) 轻型木结构的基本构造

在轻型木结构建筑中,无论是墙面、楼盖、屋盖均由小规格骨架木构件外铺木基板或石膏板组合成的盒式或箱式结构(图20-39)。

(a) 轻型木结构实例

(b) 轻型木结构建造中

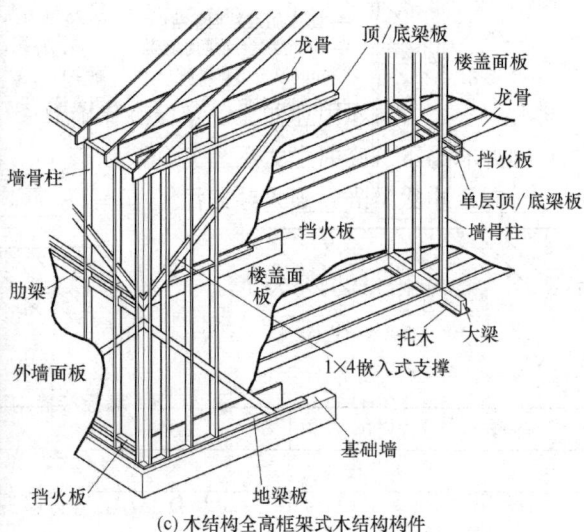

(c) 木结构全高框架式木结构构件

图 20-39 轻型木结构体系

2) 轻型木结构设计要点

(1) 当轻型木结构符合下述要求时,轻型木结构的抗侧力设计可按构造要求进行。

① 轻木结构的平面布置要求可见图20-40及表20-2。

② 适用于三层及以下平面比较规则、质量和刚度较均匀,每层面积≤600m²,层高不大于3.6m的民用建筑。

③ 抗震设防烈度6度、7度(0.10g)时,建筑的高宽比不大于1.2。

建筑的设防烈度7度(0.15g)和8度(0.20g)时,建筑的高宽比不大于1.0。

④ 楼面活荷载不大于2.5kN/m²,屋面的活荷载不大于0.5kN/m²,雪荷载按国家标准取值。

⑤ 构件的净跨度不大于12m。

⑥ 除专门设置的梁、柱外,轻型木结构的承重构件的水平中心距不大于600mm。

⑦ 建筑的屋面坡度不小于1:12,与不大于1:1,纵墙檐的挑出长度不大于1.2m,

山墙挑出长度不大于 0.4m。

⑧ 楼板格栅的搁置长度不小于 40mm，板与墙间的留缝不小于 3mm，梁在支座上的搁置长度不得小于 90mm。

⑨ 楼面板与屋面板厚度要求分别见表 20-3 和表 20-4。

轻型木结构按构造要求设计时剪力墙的最小长度　　　　　　　　　表 20-2

抗震设防烈度	基本风压(kN/m²)					剪力墙最大间距(m)	最大允许层数	每道剪力墙的最小长度					
	地面粗糙度							单层二层或三层的顶层		二层的底层三层的二层		三层的底层	
	A	B	C	D				面板用木基结构板材	面板用石膏板	面板用木基结构板材	面板用石膏板	面板用木基结构板材	面板用石膏板
6	—	—	0.3	0.4	0.5	7.6	3	0.25L	0.50L	0.40L	0.75L	0.55L	—
7	0.10g	—	0.35	0.5	0.6	7.6	3	0.30L	0.6L	0.455L	0.90L	0.70L	—
	0.15g	0.35	0.45	0.6	0.7	5.3	3	0.30L	0.60L	0.45L	0.90L	0.70L	—
8	0.20g	0.40	0.55	0.75	0.8	5.3	2	0.45L	0.90L	0.7L	—	—	—

注：1. 表中建筑物长度 L 指平行于该剪力墙方向的建筑物长度；

2. 当墙体用石膏板作面板时，墙体两侧均应采用；当用木基结构板材作面板时，至少墙体一侧采用；

3. 位于基础顶面和底层之间的架空层剪力墙的最小长度应与底层要求相同；

4. —表示当楼面有混凝土面层时，面板不允许采用石膏板；

5. 采用木基结构板材的剪力墙之间最大间距：抗震设防烈度为 6 度和 7 度（0.10g）时，不得大于 10.6m；抗震设防烈度为 7 度（0.15g）和 8 度（0.20g）时，不得大于 7.6m；

6. 所有外墙均应采用木基结构板作面板，当建筑物为三层、平面长宽比大于 2.5：1 时，所有的横墙的面板应采用两面木基结构板；当建筑物为二层、平面长宽比大于 2.5：1 时，至少横向外墙的面板应采用两面木基结构板；

7. 图 20-40 和表 20-2 中的剪力墙是指用承重墙骨架和木基板或石膏板组合成的墙体。

资料来源：《木结构设计规范》GB 50005—2003。

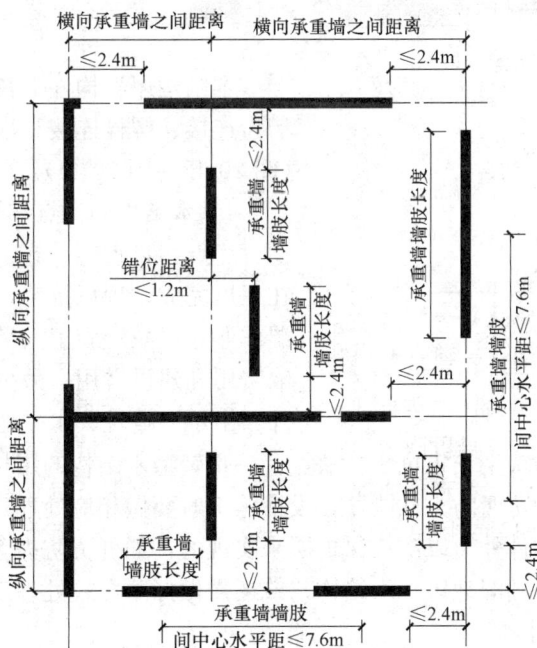

图 20-40　剪力墙平面布置要求示意图

楼面板厚度及允许楼面活荷载标准值　　　　　　　　表 20-3

最大搁栅间距（m）	木基结构板的最小厚度（mm）	
	$Q_k \leqslant 2.5 kN/m^2$	$2.5 kN/m^2 < Q_k < 5.0 kN/m^2$
400	15	15
500	15	18
600	18	22

资料来源：《木结构设计规范》GB 50005—2003。

（2）轻型木结构设计一般水平地震作用可用底部剪力法，结构基本用振动周期经验公式 $T = 0.05 H^{0.75}$，阻尼比 0.05，承载力抗震调整系数 $\gamma_{RE} = 0.80$。

屋面板厚度　　　　　　　　表 20-4

支撑板的间距（mm）	木基结构板的最小厚度（mm）	
	$G_k \leqslant 0.3 kN/m^2$ $S_k \leqslant 2.0 kN/m^2$	$0.3 kN/m^2 < G_k \leqslant 1.3 kN/m^2$ $S_k \leqslant 2.0 kN/m^2$
400	9	11
500	9	11
600	12	12

注：当恒荷载标准值 $G_k > 1.3 kN/m^2$ 或 $S_k \geqslant 2.0 kN/m^2$ 时，轻型木结构的构件及连接不能按构造设计，而应通过计算进行设计。

资料来源：《木结构设计规范》GB 50005—2003。

3）轻型木结构的连接和节点

轻型木结构的连接主要用钉连接，有抗震要求的轻型木结构的关键部分用螺栓连接。

轻型木结构的基础一般采用地下室筏板基础、钢筋混凝土条形基础，上部结构与基础间用锚栓连接（图 20-41）。

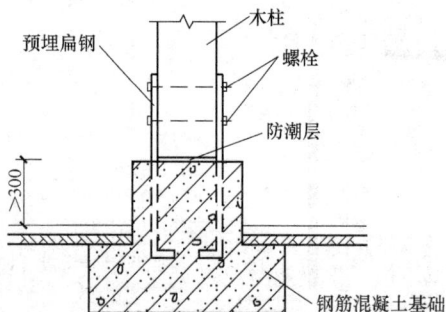

图 20-41　木柱与基础锚固和柱脚防潮

木结构屋架构件上弦与下弦连接通常采用槽齿连接、螺栓连接和木结构端部的斜撑连接（图 20-42～图 20-44）。

4）木结构的优点和缺点

优点：自重轻、施工简便，构件一般均可在工厂完成，现场拼装，施工速度快，基本无湿作业，可减轻施工人员的劳动强度，节省运输费用和建设费用，减少施工场地的污染。另外，由于自重轻、水平地震力小，结构的抗震性能好，由地震引发的次生灾害也小。缺点：一是轻型木结构的用材全是木材，受生态资源限制；二是木结构的防腐防火性能差，设计施工时要做相应处理。一般轻型木结构的耐火极限是通过在承重构件外覆以防火保护层来实现的，如外覆防火涂料等办法以满足规范要求。另外，对于南方潮湿地区，木结构建筑还需做好防白蚁处理工作。

5）木结构防火要求

（1）层数、长度、面积要求见表 20-5。

木结构建筑的层数、长度和面积　　　　　　　　　　**表 20-5**

层数	最大允许长度(m)	每层最大允许面积(m²)
单层	100	1200
二层	80	900
三层	60	600

注：安装有自动喷水灭火系统的木结构建筑，每层楼最大允许长度、面积应允许在本表基础上扩大一倍，局部设置时，应按局部面积计算。

资料来源：《木结构设计规范》GB 50005—2003。

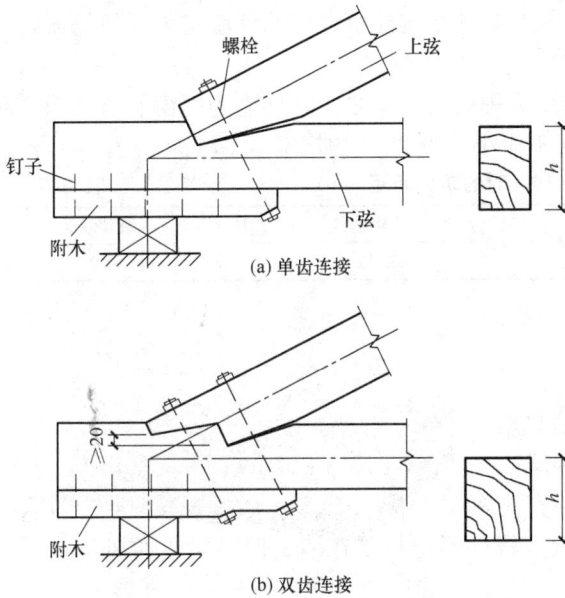

图 20-42　木屋架单齿、双齿连接

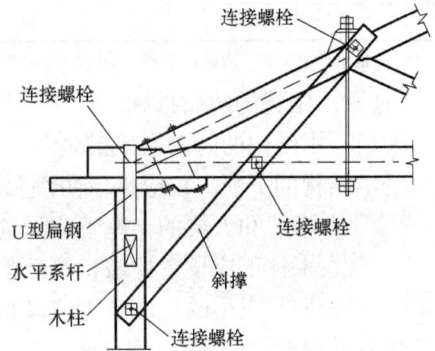

图 20-43　木构架端部斜撑连接

图 20-44　螺栓连接实例

木结构建筑的防火间距（m）

表 20-6

建筑种类	一、二级建筑	三级建筑	木结构建筑	四级建筑
木结构建筑	8.00	9.00	10.00	11.00

注：防火间距应按相邻建筑外墙的最近距离计算，当外墙有突出的可燃构件时，应从突出部分的外缘算起。

资料来源：《木结构设计规范》GB 50005—2003。

（2）防火间距要求

木结构建筑之间、木结构建筑与其他耐火等级的建筑之间的防火间距不应小于表20-6的规定。两座木结构建筑之间、木结构建筑与其他结构建筑之间的外墙均无任何门窗洞口时，其防火间距不应小于 4.00m。

两座木结构之间、木结构建筑与其他耐火等级的建筑之间，外墙的门窗洞口面积之和不超过该外墙面积的 10% 时，其防火间距不应小于表 20-7 的规定。

外墙开口率小于 10% 时的防火间距（m）

表 20-7

建筑种类	一、二、三级建筑	木结构建筑	四级建筑
木结构建筑	5.00	6.00	7.00

资料来源：《木结构设计规范》GB 50005—2003。

6）木结构的防腐措施

（1）木结构的防潮通风措施

木结构的下列部位应采取防潮和通风措施：

① 在桁架和大梁的支座下应设置防潮层；

② 在木柱下应设置柱墩，严禁将木柱直接埋入土中；

③ 桁架、大梁的支座节点或其他承重木构件不得封闭在墙、保温层或通风不良的环境中；

④ 处于房屋隐蔽部分的木结构，应设通风孔洞；

⑤ 露天结构在构造上应避免任何部分有积水的可能，并应在构件之间留有空隙（连接部分除外）；

⑥ 当室内外温差很大时，房屋的围护结构（包括保温吊顶），应采取有效的保温和隔气措施。

（2）木结构防腐防虫措施

下列情况，除从结构上采取通风防潮措施外，尚应进行药剂处理：

① 露天结构；

② 内排水桁架的支座节点处；

③ 檩条、搁栅、柱等木构件直接与砌体、混凝土接触的部分；

④ 白蚁容易繁殖的潮湿环境中使用的木构件；

⑤ 承重结构中使用马尾松、云南松、湿地松、桦木以及新利用树种中易腐朽或易遭虫害的木材。

注：1. 虫害主要指白蚁、长蠹虫、粉蠹虫及天牛等的蛀蚀。

2. 实践证明，沥青只能防潮，防腐效果很差，不宜单独使用。

3. 防腐、防虫药剂均不得使用未经鉴定合格的药剂。

参 考 文 献

[1]　多、高层民用建筑钢结构节点构造详图 01（04）SG19 [Z]. 北京：中国建筑标准设计研究院，

2001. 07.

［2］ 张宏，朱宏宇，吴京等. 构件成型·定位·连接与空间和形式生成：新型建筑工业化设计与建造示例［M］. 南京：东南大学出版社，2016. 03.

［3］ 蒋勤俭. 国内外装配式混凝土建筑发展综述［J］. 建筑技术，2003，32（2）：26-27.

［4］ 李云峰. CL 结构体系应用技术研究与探讨［J］. 建设科技，2008（22）：59-61.

［5］ 李云峰，李军，张亚琴. CL 结构体系特点及其应用［J］. 建设科技，2008（08）：79-81.

第 21 章　轻型钢结构建筑

21.1　概　述

钢结构建筑结构体系，在 20 世纪 30 年代就已得到快速发展，40 年代后期出现轻型钢门式刚架结构，60 年代开始大量涌现冷弯薄壁型钢结构体系，20 世纪 70 年代后高层钢结构和大跨度钢结构已成欧、美、日发达国家的主要结构形式。

解放初期，我国仅在部分工业厂房中应用钢结构。20 世纪 70 年代，我国的钢结构设计规范首次将圆钢和小角钢作轻型钢结构专列一章来阐述，对推动轻型钢的应用和发展起了很大的作用；20 世纪 80 年代，随着改革开放我国的钢产量快速增加，钢结构建筑进一步发展，如今钢结构的高层、超高层建筑，以及大型公共钢结构建筑，如新的航站楼、大型体育场馆以及歌舞剧院等在香港、广州、深圳、北京、上海、天津等各大、中城市如雨后春笋般崛起。

轻型钢结构与普通的钢结构其实并无明确的分界线和设计上的差异，只是冷轧轻型钢结构和普通钢结构钢材的加工方法不同（前者为冷轧，后者为热轧），轻型钢结构的截面尺寸较小，壁厚较薄而已。实际上，目前轻型钢结构的应用范围日益扩展，已可取代部分普通钢结构的应用。

轻型钢结构，从全球范围看，应用最多的就是门式钢架、轻钢屋架和网架。现在，已越来越多地采用轻型钢作梁、柱和外墙骨架来建造低层和多层住宅，将住宅建筑真正推向工业化、工厂化、集成化的商品成为可能。它们的屋面材料多为轻质材料，如压型钢板、太空板、石棉水泥波形瓦、瓦楞块和加气混凝土屋面板等，屋面材料的主要特性是自重轻，如单层压型钢板的自重标准值为 $0.10\sim0.18kN/m^2$，太空板为 $0.45\sim0.85kN/m^2$，石棉瓦为 $0.2kN/m^2$，瓦楞块为 $0.05kN/m^2$，加气混凝土屋面板为 $0.75\sim1.0kN/m^2$。对轻钢住宅的楼板、屋顶都是采用冷轧轻钢托梁，上铺木望板，墙板则用轻钢骨架外敷彩钢板、石膏板、纤维板、加气混凝土板或者各种幕墙材料等。有关轻型屋面要求可见相关章节，围护墙和内隔墙构造也可见相关章节。

轻型钢建筑，由于其结构的截面尺寸小，楼板、屋面板和墙体材料比传统的混凝土和普通砌体材料轻得多，因此，它不仅节约本身钢材的用量，还较大地减少了基础的费用。更引人注目的是它本身具有较强的抗震能力，还利于工厂化、规模化生产，大大节省工期和减轻劳动强度，但也正是由于轻型钢结构的截面尺寸小，在制作、运输、安装的过程中应该注意加强保护，同时对钢结构防腐、隔热、防火方面要引起足够重视。

21.2 门式刚架

21.2.1 门式刚架的种类和形式

门式刚架结构是梁柱单元构件的组合体,即梁柱间刚接连接,柱与基础间则可做成铰接,也可做成刚接。由于它看起来整体感强,线条简洁,而且形式多种多样,可以单跨、双跨或多跨(图 21-1、图 21-2)。根据通风、采光的需要,屋面上可设置通风口、采光带或天窗架等。因此,国内外工业及民用的较大跨度的单层建筑中采用较多(如办公建筑、会议厅、多功能厅、餐厅、体育场等处)。

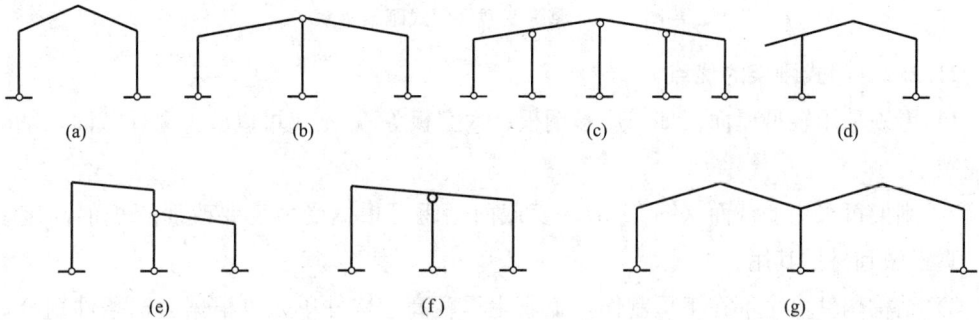

图 21-1 门式刚架形式

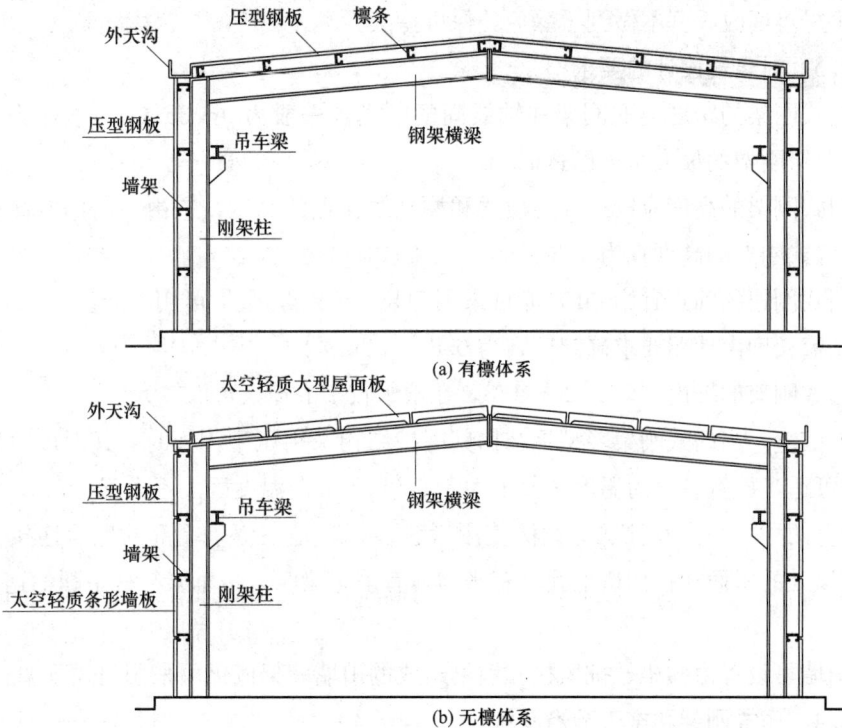

图 21-2 典型的单层门式刚架结构

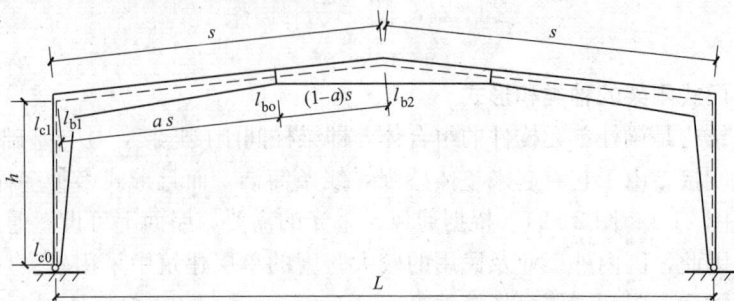

图 21-3 单跨变截面门式刚架示意

21.2.2 门式刚架的优点

1）屋顶采用轻型屋面（如采用彩钢板、太空板等），不仅可以减少梁柱截面，基础也相应减小。

2）刚架可采用变截面（图 21-3）。变截面型钢可根据受力需要改变腹板的高度与厚度，真正做到材尽其用。

3）结构构件可全部在工厂制作，工业化程度高。构件单元可根据运输条件划分，单元间在现场用螺栓相连，安装方便快捷，土建施工量小，减轻工人的劳动强度，对环境影响小。

4）主材可回收，基本做到了绿色环保可持续。

21.2.3 对建筑设计的要求

1）门式刚架的跨度应取刚架柱轴线间的距离，一般为 9～36m，以 3M 为模数。目前，国内单跨刚架的最大跨度已达 72m。

2）门式刚架的高度应取地坪与横梁和柱轴线交点的高度，它由室内净空高度的要求定。一般门式刚架的高度宜为 4.5～9m。

3）门式刚架的间距宜为 6m，亦可采用 7.5m 或 9m，最大可用 12m。

4）挑檐长度由使用要求确定，宜为 0.5～1.2m。

5）门式刚架的坡度宜取 1/20～1/8，在雨水较多的地区可取较大值。

6）伸缩缝，当门式刚架轻型钢结构其围护结构采用压型钢板时，其温度分区与传统建筑相比可适当放宽，纵向温度区段不大于 300m，横向温度区段不大于 150m。伸缩缝的设置办法有两种：一为双柱法，此法使用者较多；二是在檩条端部的螺栓连接使用长圆孔，并使该处的屋面板在构造上允许有胀缩。有吊车梁时，吊车梁与柱牛腿的连接也使用长圆孔。

7）山墙可设置由横梁、抗风柱和墙梁组成的山墙墙架或仍可采用门式刚架。

21.2.4 门式刚架和施工节点图例

图 21-4 为单跨、双坡柱脚铰接门式刚架节点，柱脚铰接。

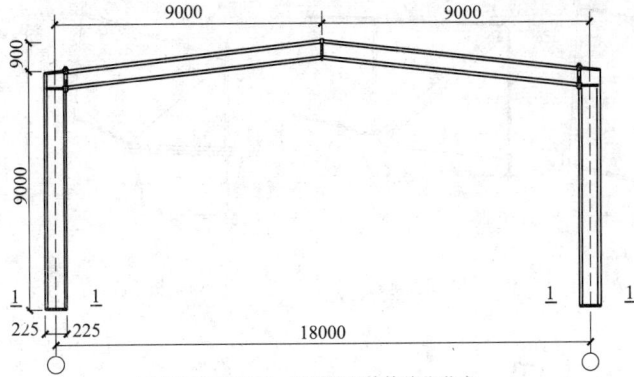

(a) 单跨门式刚架一对锚栓的铰接柱脚节点

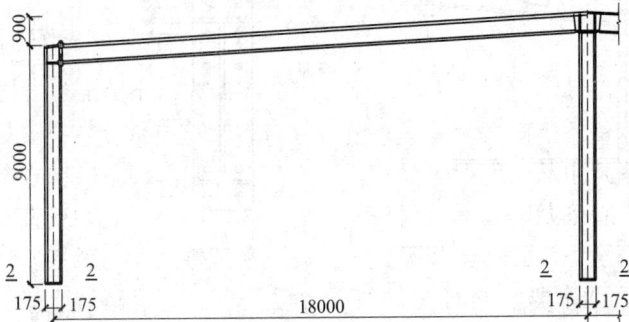

(b) 双跨门式刚架两对锚栓的铰接柱脚节点

1—1

2—2

图 21-4 铰接点

图 21-5 为双跨 18m 柱脚刚接门式刚架节点。横梁与柱、横梁跨中的拼接均采用端板连接，端板连接应采用摩擦型高强螺栓，螺栓应成对称布置，柱脚刚接（图 21-6）。

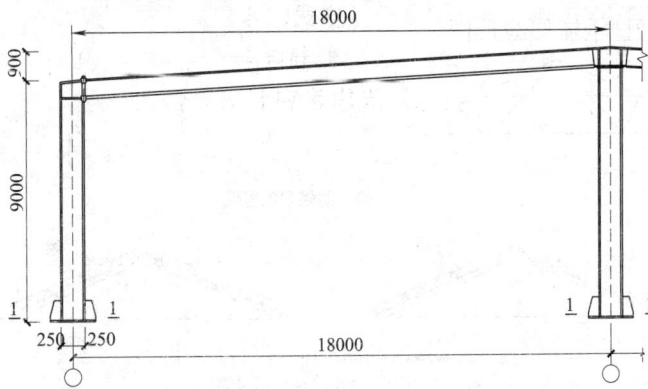

(a) 带加劲肋的刚接柱脚

1—1

(b) 带靴梁的刚接柱脚

1—1

图 21-5 双跨 18m 柱脚刚接门式刚架节点

373

(a) 端板竖放　　　(b) 端板斜放　　　(c) 端板平放　　　(d) 横梁拼接

(e) 端板竖放时构造　　　　　　　(f) 端板支承构造

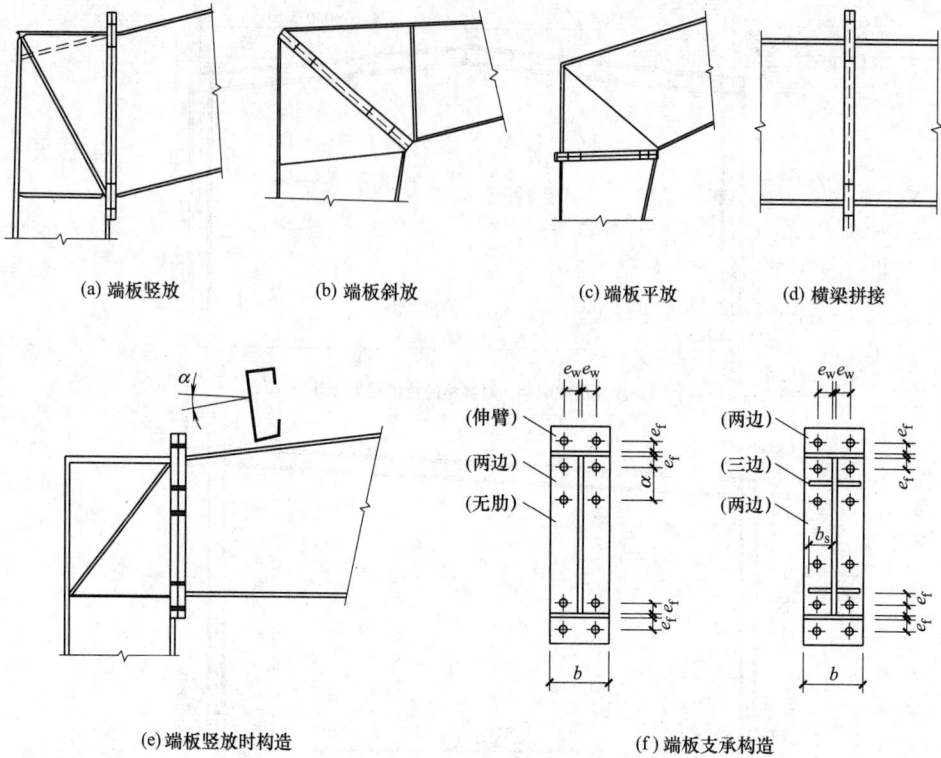

图 21-6　钢架横梁与柱的连接及横梁间的拼接

21.3　轻型钢屋架（管桁架）

早期轻型钢屋架主要以三角形屋架、三铰拱屋架和梭形屋架为主，近年来随着压型钢板和轻型太空板等大量应用，现在广泛采用平坡梯形屋架。

21.3.1　轻钢屋架形式

图 21-7 主要轻型钢屋架线形图

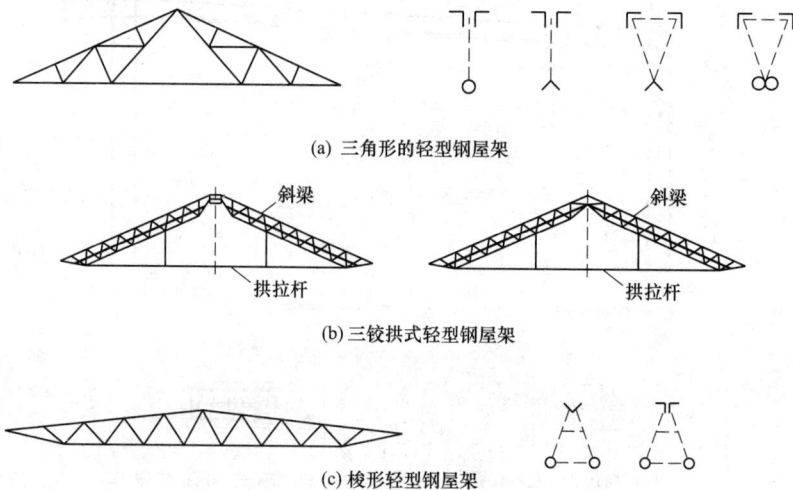

(a) 三角形的轻型钢屋架

(b) 三铰拱式轻型钢屋架

(c) 梭形轻型钢屋架

图 21-7　主要轻型钢屋架线形图

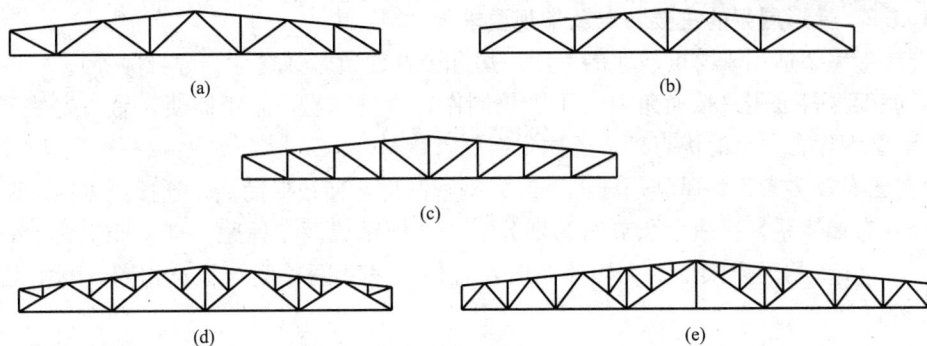

图 21-8　轻型梯形钢屋架的主要形式
（注：钢屋架的线性多数也适用于管桁架）

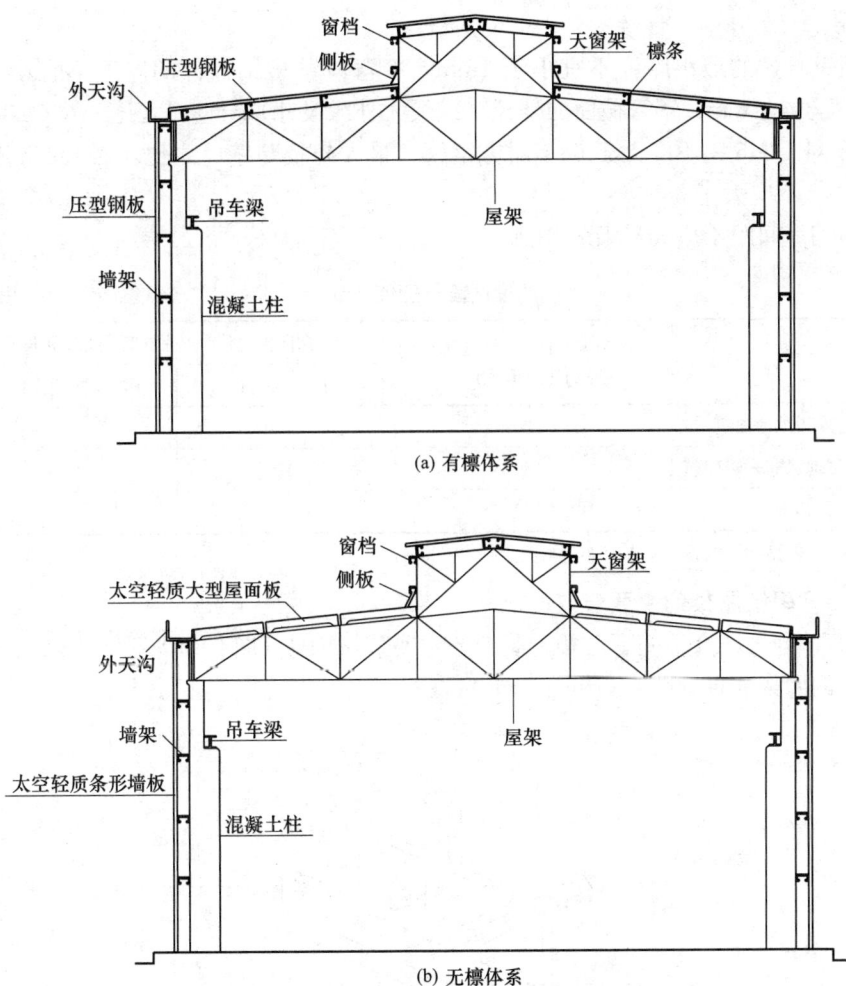

图 21-9　典型单跨梯形带天窗的轻钢屋架构造

　　三角形屋架和梭形屋架一般用于跨度较小、坡度较陡的有檩体系屋面坡度 1/3～1/2.5，柱距一般 6m，适用于中小跨度的工业与民用建筑。屋面材料一般采用平瓦、油毡瓦和木望板等。

21.3.2　梯形屋架的主要特点及常规要求

1）梯形屋架适用于跨度较大的单层厂房和公共建筑（如餐厅、健身房等）。

2）屋架材料可用最普通角钢或 T 形钢制作，取材容易，施工简便，易与支撑等构件连接，T 型钢除有角钢的优点外，还比角钢更省钢材。

现在已有较多大跨的屋架用圆钢管或方钢管制作，使线形简洁，连接更方便。

3）对有檩体系，一般上弦节间的划分取一个檩距或两个檩距（即 1.5m 或 3m）；当采用 1.5m×6m 的轻质太空板无檩体系时，宜使上弦节间长度与板宽相同，即上弦节间应取 1.5m。

4）梯形屋架的斜腹杆一般采用人字形，其倾角宜为 35°～55°。

5）梯形屋架的上弦坡度宜采用 1/20～1/8，多数取 1/10。

6）屋架的起拱方法一般是使下弦或中间弯曲而将整个屋架抬高，即上、下弦同时起拱，要求拱度 $L/500$。

7）角钢杆件的最小厚度不宜小于 4mm，冷弯薄壁型钢杆件的厚度不宜小于 2mm，一般也不大于 4.5mm，钢管截面的外径（或最大外缘尺寸）与壁厚之比，对 Q235 钢不应大于 100，对 Q345 钢不应大于 68；对方钢管，最大外径与壁厚之比，对 Q235 不应大于 40，对 Q345 不应大于 33。

8）伸缩缝间距不应大于下表 21-1。

温度区段长度值（m）　　　　　　　　　　　　　　表 21-1

结构情况	纵向温度区段（垂直屋架或构架跨度方向）	横向温度区段（沿屋架或构架跨度方向）	
		柱顶为刚接	柱顶为铰接
采暖和非采暖地区建筑	220	120	150
热车间和采暖地区非采暖建筑	180	100	125
露天结构	120	—	—

资料来源：《轻型钢结构设计指南（实例与图集）》表 2.5-4。

21.3.3　轻钢屋架的主要节点

下面简单地用图介绍一下各相关屋架的主要节点构造（图 21-10～图 21-22）

1）角钢屋架节点（图 21-10～图 21-14）

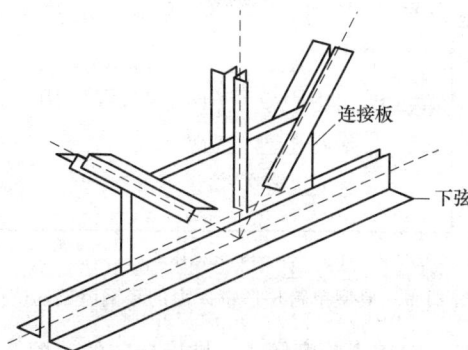

图 21-10　角钢屋架下弦典型节点
（利用连接板又称节点板焊接）

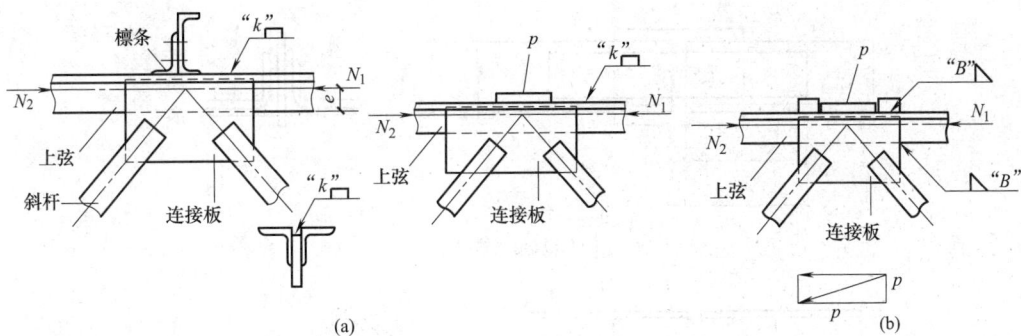

图 21-11　角钢屋架上弦节点的两种做法

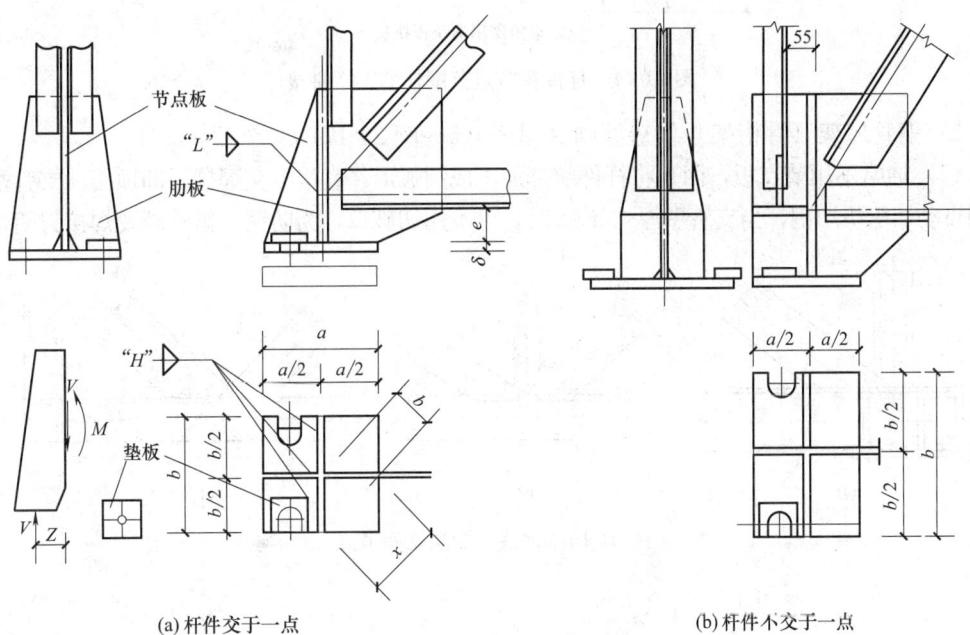

(a) 杆件交于一点　　　　　　　　(b) 杆件不交于一点

图 21-12　梯形屋架铰接支座节点

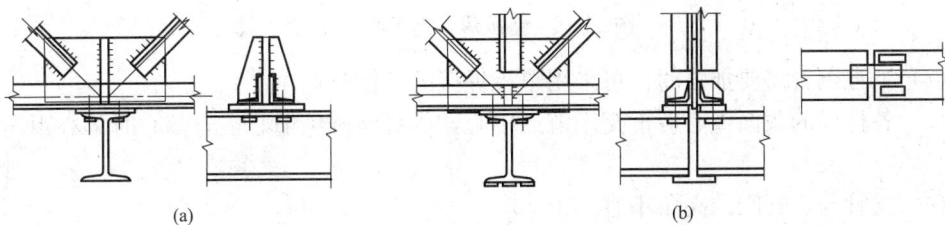

(a)　　　　　　　　　　(b)

图 21-13　有悬挂吊车下弦节点

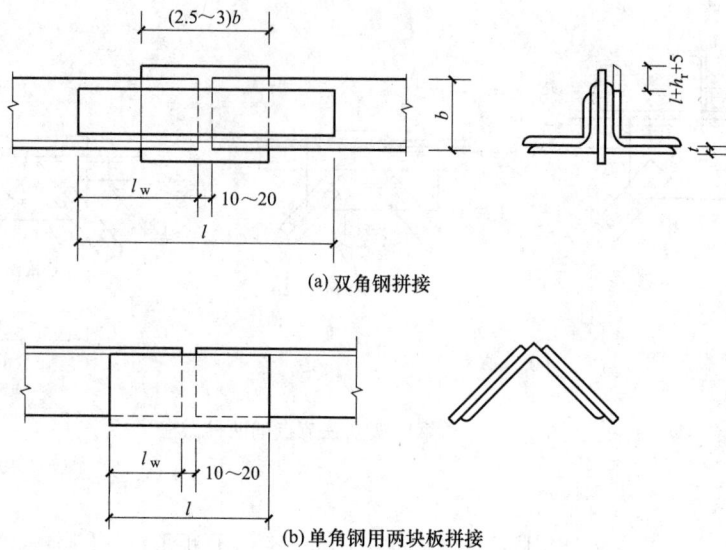

图 21-14　杆件在节点范围外的工厂拼接

2）钢管屋架（管桁架）构造原则（图 21-15～图 21-17）

（1）通常不用节点板，而是将杆件端部加工成圆弧形，直接汇交焊接，即顶接。支管端部宜用自动切割机切割，当支管壁厚＜6mm 时，可不用切破口，为防锈，钢管端要焊接封闭。

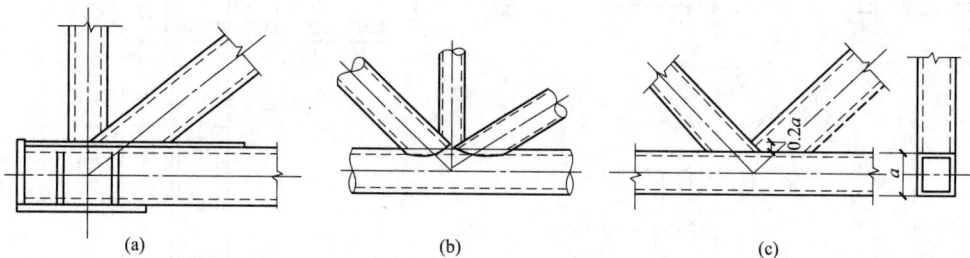

图 21-15　顶接钢屋架支座节点

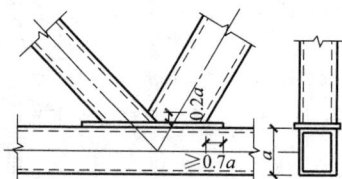

图 21-16　垫板焊接钢屋架节点

（2）当方钢管需要加强时，可采用垫板焊接的连接节点。

（3）各杆件的截面重心应汇交于节点中心，尽可能避免偏心，有偏心时偏心距离要满足要求。

（4）支管与主管间的夹角不宜小于 30°。

（5）对有间隙的 K 型、N 型节点支管间隙 a 不应小于两支管壁厚之和。

（6）加强垫板的厚度不宜小于 8mm，要求如图 21-18。

（7）其他钢管屋架节点构造见图 21-19～图 21-22。

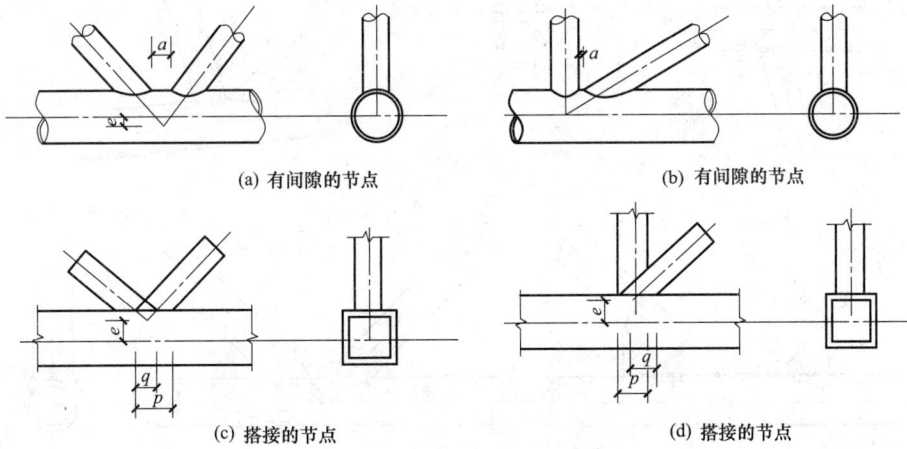

(a) 有间隙的节点   (b) 有间隙的节点

(c) 搭接的节点   (d) 搭接的节点

图 21-17　K 型和 N 型管节点的偏心和间隙

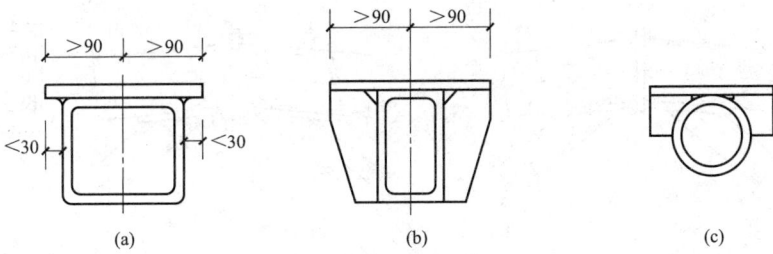

(a)　　　　　　　(b)　　　　　　　(c)

图 21-18　屋架上弦垫板示意图

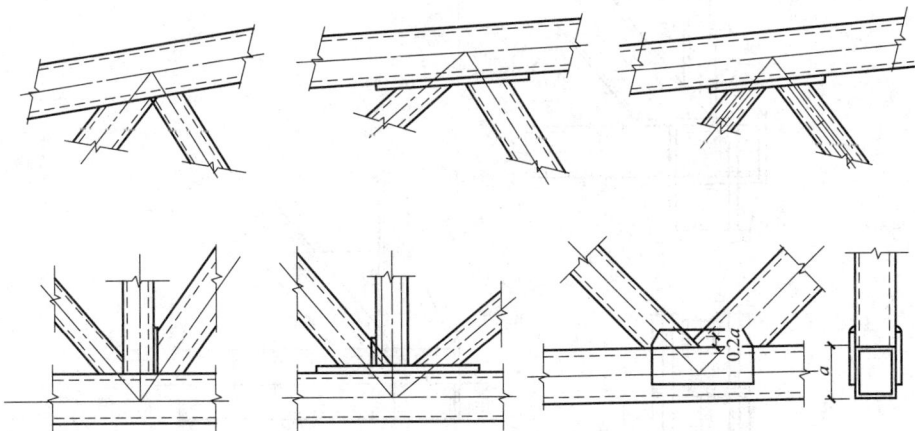

(a) 方钢管屋架中间节点

图 21-19　方、圆钢管屋架中间节点

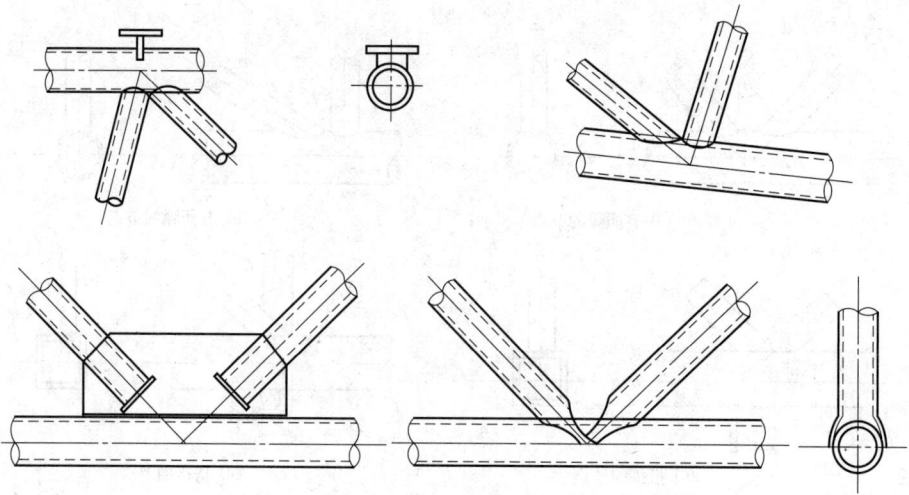

(b) 圆钢管屋架中间节点

图 21-19　方、圆钢管屋架中间节点（续）

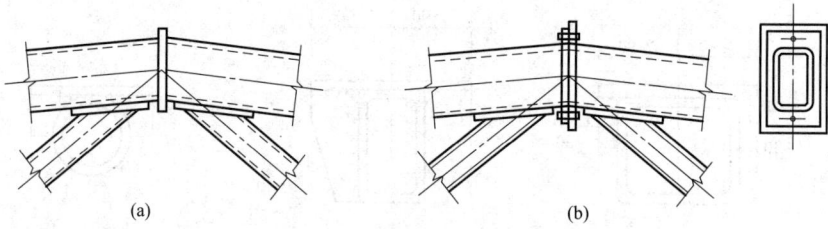

(a)　　　　　　　　　　　　　(b)

图 21-20　屋脊节点

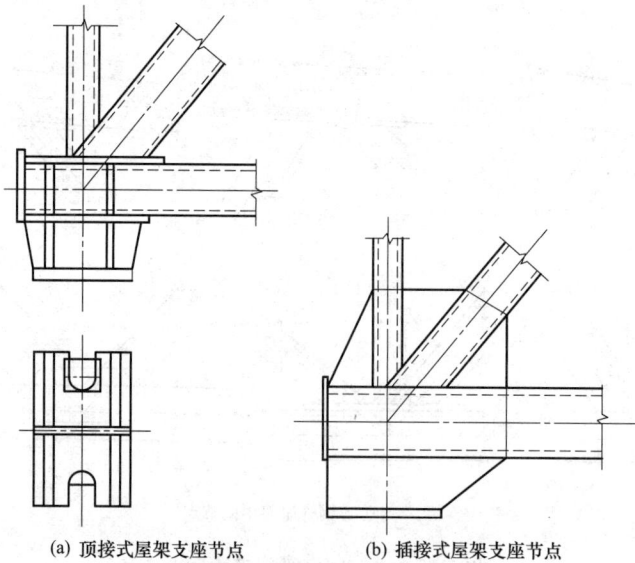

(a) 顶接式屋架支座节点　　　(b) 插接式屋架支座节点

图 21-21　屋架支座节点

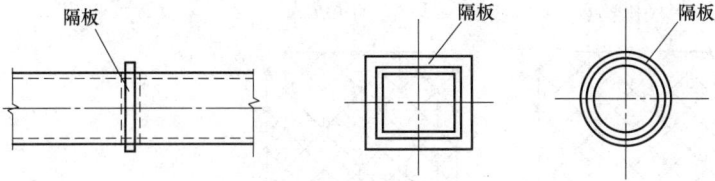

图 21-22　钢板的隔板焊接接头

21.4　网　架

21.4.1　概述

当建筑平面在两个方向的跨度均要求大，且平面尺寸长短边之比接近于 1 或不超过 2 时，宜采用网架结构，它可提供多种平面形式和宽敞高大的空间，也便于各种管线穿越，内部简洁明快，外形美观，抗震性能较好，是较为理想的大空间屋顶结构体系。

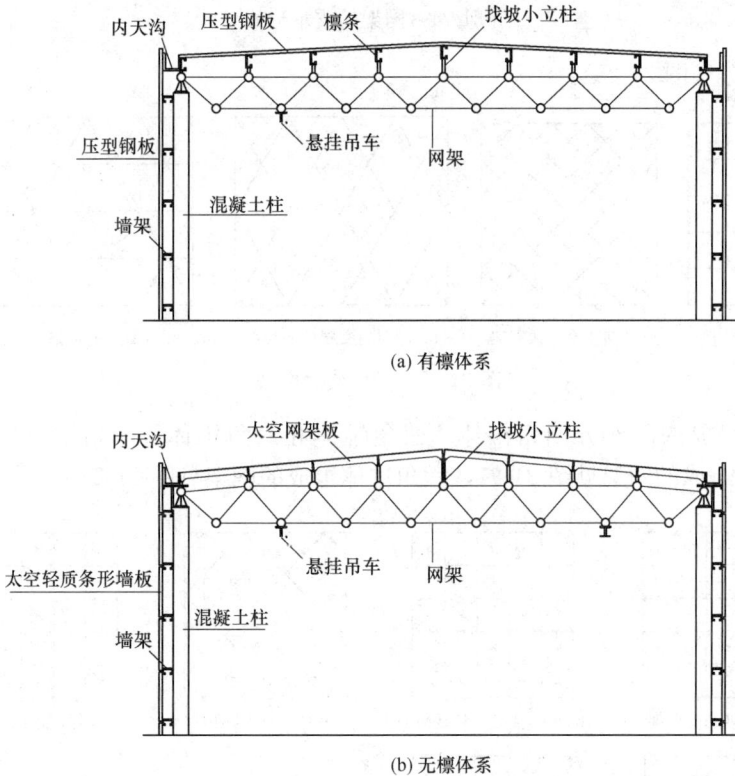

(a) 有檩体系

(b) 无檩体系

图 21-23　典型的网架形式

21.4.2　网架的形式

按网架的支承情况，可有周边支承网架、三边支承网架、对边支承网架、四点支承网架和多点支承网架等（图 21-24）。

按平面桁架系组成的网架分两向正交正放网架、两向正交斜放网架、两向斜交斜放网

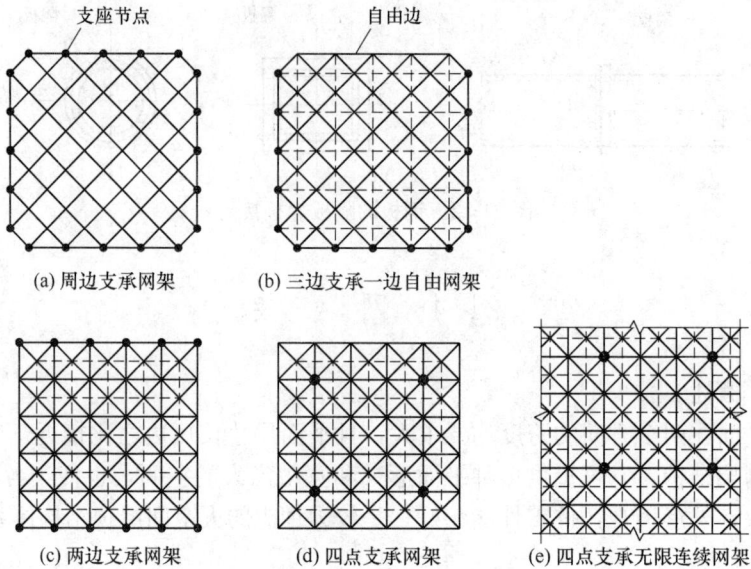

图 21-24　网架的支承形式

架和三向网架等（图 21-25）。

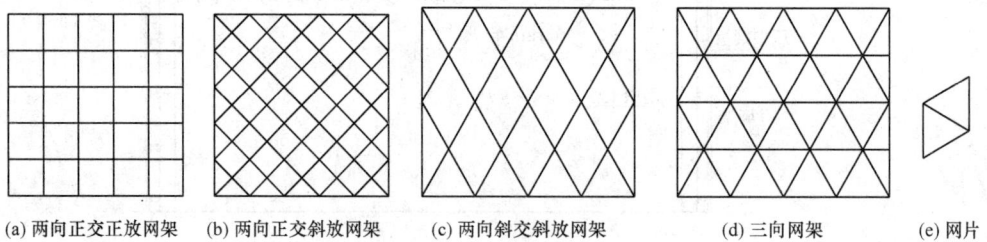

图 21-25　平面桁架网架

　　由角锥体组成的网架分四角锥体、三角锥体和六角锥体。四角锥组成的网架见图 21-26，三角锥组成的网架见图 21-27，六角锥体组成的网架见图 21-28。

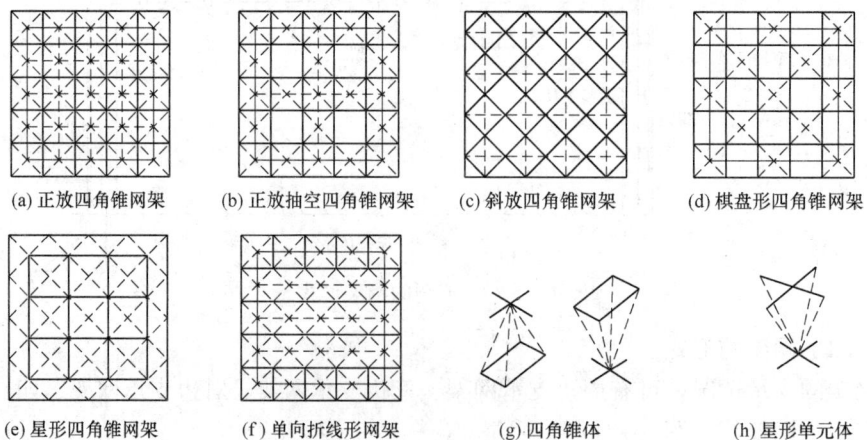

图 21-26　四角锥组成的网架

(a) 三角锥网架   (b) 抽空三角锥网架I型   (c) 抽空三角锥网架IT型

(d) 蜂窝形三角锥网架   (e) 三角锥体

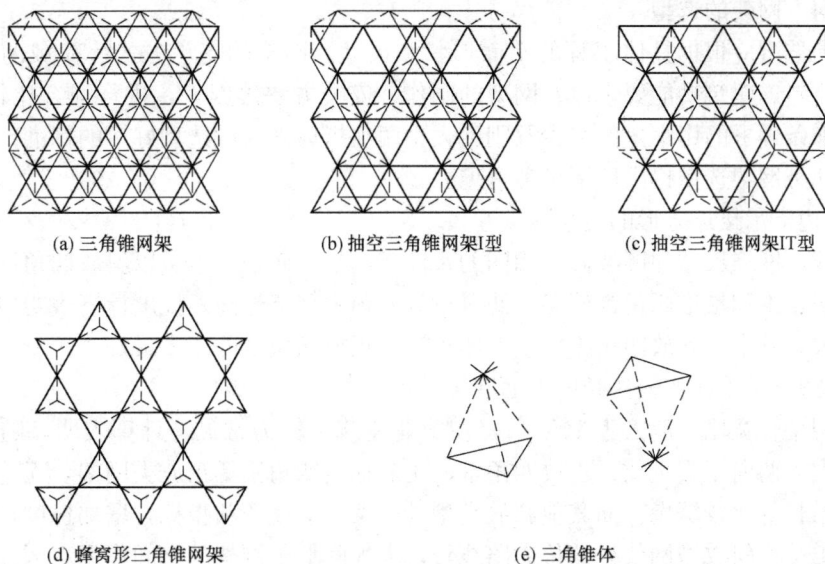

图 21-27 三角锥体组成的网架

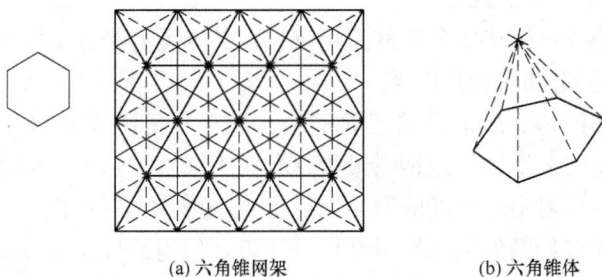

(a) 六角锥网架   (b) 六角锥体

图 21-28 六角锥体组成的网架

21.4.3 网架的特点

1) 网架是由诸多杆件按照一定规律组成的高次超静定空间结构体系，能承受来自各方向的荷载，不像刚架或屋架，它不需要设平面或垂直支撑。由于各杆件间的相互支撑作用，使得空间刚度大，整体性好，抗震能力强，而且能承受一定的由于地基变形产生的不均匀沉降影响。即使在隔壁构件受损的情况下，它会在网架构件间自动调节杆件内力，也不会像屋架和桁架那样个别构件失效发生整体垮塌事故。

2) 网架结构取材方便，规格统一，适宜工厂化生产。

3) 网架结构自重轻，用钢量省。一般≤30m 时，节省 5%～10%；＞30m 时，可节省 10%～30%。跨度越大，节省越多。

4) 网架不仅适用于单层大空间工业民用建筑，如工业建筑的整装车间，民用公建的大型体育馆、展览馆、剧场、俱乐部等建筑，也适用于顶层需要大空间的多层、高层建筑。

5) 网架结构，杆件和节点便于定型化、工厂化制作，易于确保质量，减小劳动强度，符合绿色环保要求。

6) 和其他轻钢结构一样，要特别注意防腐、防锈、隔热和防火的要求。

21.4.4　网架的选型

网架的选型应根据具体工程的平面形状和尺寸、网架的支承方式、荷载的种类和大小、屋面材料、建筑功能要求以及网架的制作、安装方法等因素，进行综合比较来确定。通常以同样条件下的用钢量的多少及刚度大小两项指标来衡量选型好坏的标准。根据国内外资料对几种网架选型提出以下参考意见。

1）周边支承接近方形的网架

在荷载、网格尺寸和网架高度相同的条件下，单位面积用钢量以斜放四角锥最小，其次是棋盘四角锥和星形四角锥网架，而以正放四角锥网架最高。挠度计算表明他们的挠度值相差不大，其中以斜放四角锥、星形四角锥、正放四角锥的刚度最好。

2）周边支承平面比较狭长的平面网架

这种网架长宽比一般大于 1.5∶1，在工业建筑中较为常见。计算表明，随着网架长宽比的增大，两向正交正放、正放四角锥、正放抽空四角锥等正放类网架，无论用钢量还是挠度的增长都比较缓慢，而其他斜放类型的网架，上述两项指标，增加速度均较快，这是由于此类平面斜放型网架杆的传力路线长，大大降低了网架的空间作用，因此对平面狭长的网架应尽量选用正放类网架。

3）三边支承的矩形平面网架

计算表明，三边支承网架中各类网架用钢量及其刚度的指标基本同四边支承网架。

4）周边支承的圆形和多边形网架

圆形及多边形网架，一般适合选三向网架、抽空三角锥和蜂窝三角锥网架等三种形式，计算表明以蜂窝三角锥网架用钢量最少，其次为抽空三角锥。因为他们的节点数量杆件数量相对较少，所以对中小跨度的网架，应优先采用蜂窝三角锥或抽空三角锥网架。对大跨度的网架，上述四种网架的用钢量都比较接近，但当跨度接近 100m 时，由于刚度的要求，三向网架和三角锥网架的用钢量反而较前两种少。因此对大跨度或荷载大的网架，应选用刚度较好的三向网架或三角锥网架。

21.4.5　网架的建筑设计要求

1）网架杆件的截面形式一般采用钢管，对中小型网架也可采用角钢，钢材用 Q235，跨度大荷载大时用 Q345 钢材。

2）网格尺寸 a，当网架跨度<30m，则 $a=(1/12\sim1/6)L_2$（L_2 为网架平面短向跨度，下同）。

当 $30\leqslant L_2\leqslant 60$m 时，$a=(1/16\sim1/10)L_2$，

当 $L_2>60$m 时，$a=(1/20\sim1/12)L_2$。

3）腹杆与弦杆的夹角为 35°～60°

4）网架的高度

当网架跨度<30m，$(1/14\sim1/10)L_2$，

当网架跨度 30m～60m，$(1/16\sim1/12)L_2$，

当网架跨度>60m，$(1/20\sim1/14)L_2$。

5）网架的起拱

对中小跨度网架，一般可不起拱，对大跨网架和有特殊要求的中心跨度网架取短向跨度的 1/300。

6）容许挠度≤$L_2/200$

7）网架杆件的允许长细比

压杆：使用阶段 180，施工阶段 200；拉杆：一般杆件 400；支座附近 300。

8）杆件最小尺寸

普通型钢一般不宜小于 $L45×3$ 或 $L56×36×3$；薄壁型钢厚度不应小于 2mm。

21.4.6 网架的支座和节点构造

网架结构的节点起着连接交汇杆件、传递内力的作用，同时也是网架与屋面结构、顶棚吊顶、管道设备、悬挂吊车等连接之处，起着传递荷载的作用。因此，网架结构的节点设计是网架结构设计中的重要内容。网架结构的节点分为内部节点和支座节点两类。

1）焊接空心球节点

焊接空心球节点是我国应用较早也是应用最为广泛的节点形式之一，它分为加肋和不加肋两种。

（1）不加肋空心球和加肋空心球两个半球的焊接以及两个半球与加肋圆环的焊接构造见图 21-29。

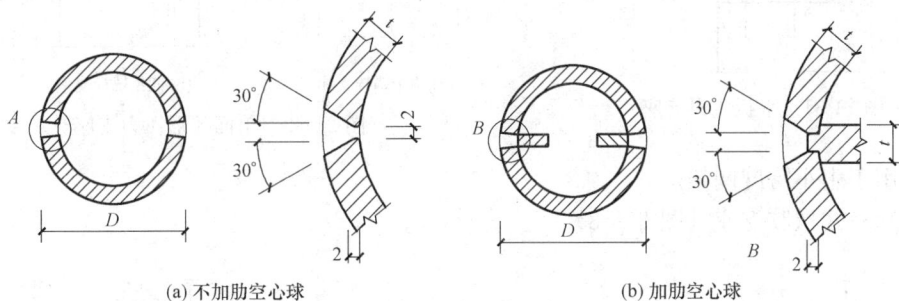

图 21-29 焊接空心球构造

（2）空心球球径的大小应该能在球表面排列所连接的全部钢管，为了便于施焊及母材不致过热，连接于同一节点上的各杆件之间的空隙不宜小于 10mm，如图 21-30。

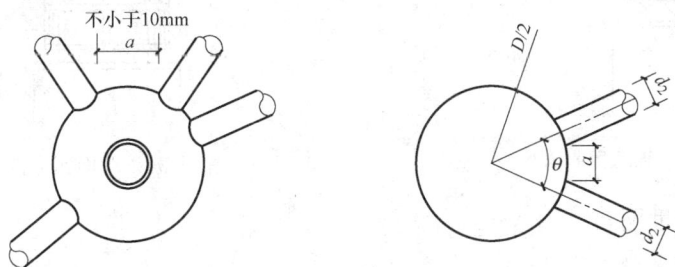

图 21-30 空心球节点表面杆件的间隙及空心球外径的确定

（3）空心球外径与壁厚的比值可按设计要求在 25～45 范围内选用，同时空心球壁厚与钢管最大壁厚的比值宜选用 1.2～2.0，空心球壁厚不宜小于 4mm。

（4）当空心球外径不小于 300mm，且杆件内力较大需要提高承载力时，球内可加环肋。

（5）钢管杆件与空心球连接，钢管应开坡口。

2）螺栓球节点

螺栓球节点由以下部件构成：实心球体、高强度螺栓、六角形套筒、销子（或螺钉）、锥头或封板（图 18-45b）。

3）支座节点

根据受力状态，支座节点一般分为压力支座节点和拉力支座节点。

（1）平板压力支座（图 21-31）

适用于较小跨度网架。

（2）单面弧形压力支座（图 21-32）

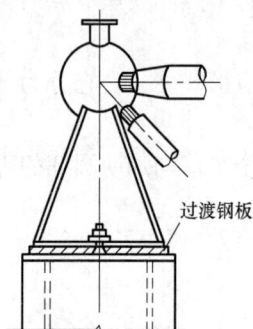

图 21-31　平板压力支座

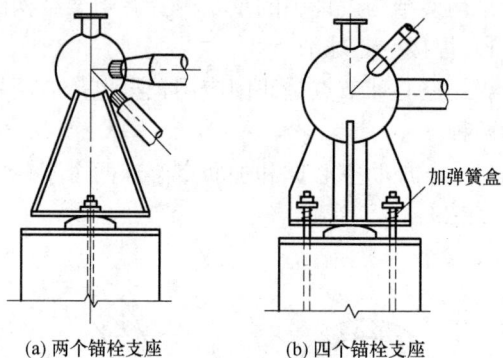

(a) 两个锚栓支座　　(b) 四个锚栓支座

图 21-32　单面弧形压力支座

适用于中小跨度网架。

（3）板式橡胶支座（图 21-33）

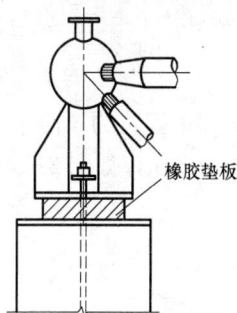

图 21-33　板式橡胶支座

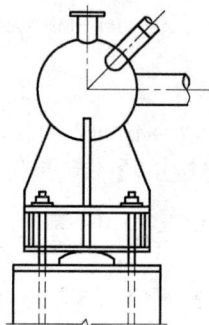

图 21-34　单面弧形拉力支座

适用于中大跨度网架。

（4）平板拉力支座

适用于较小跨度网架，可采用与平板压力支座节点相同的构造，但此时锚栓承受拉力。

（5）单面弧形拉力支座（图 21-34）

适用于大、中跨度网架。

4）屋顶节点

网架结构的屋顶节点，为形成屋面排水坡度，一般均采用加钢管小立柱的方法（图 21-35）。

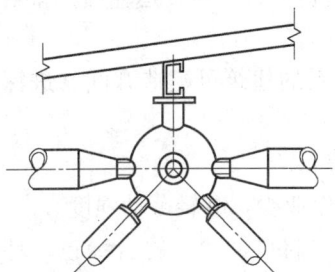

图 21-35　屋顶钢管小立柱节点

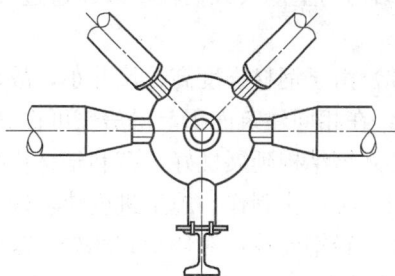

图 21-36　工业厂房悬挂吊车节点

5）悬挂吊车节点

在工业厂房中当设有悬挂吊车时，其连接节点见图 21-36。

21.5　轻型钢住宅体系

21.5.1　概述

轻型钢住宅体系是由围护墙体及隔断结构与轻钢支承钢骨架共同组成的居住类建筑（图 21-37）。

(a)多层轻钢住宅

(b)低层轻钢住宅

图 21-37　典型冷轧轻钢住宅

冷轧轻钢住宅早在 20 世纪五六十年代在欧、美、日本、澳洲等国家流行，现在已经成为欧美等国住宅市场的主打产品，并日益向发展中国家推广。

改革开放以来，随着我国经济的发展，钢产量的日益增长，人民生活水平提高和人们对居住要求不断改善的渴望，以及对居住环境绿色生态的追求，冷轧轻钢住宅优越性逐渐接受并在许多大中城市试点和逐步推广。

21.5.2　冷轧轻钢住宅的优越性

1）由于采用了轻钢屋顶和楼层轻钢梁和轻钢骨架，且钢结构的材料强度高，体型小，使得结构的重量大大减轻，故建造过程的基础费、机械费、人工费、运输费用都有一定的减少。

2）由于钢材强度高、尺寸小，故以钢骨作支承体系的建筑可建造开间、进深较大的建筑，在相同建筑面积，得房率可提高 5％～7％左右。

3）钢结构延展性好，有利于结构抗震。

4）工厂化制作，施工进度快，确保质量，现场湿作业少，减轻劳动强度。

5）轻钢建筑，对环境破坏少，改建、拆迁容易，主材可回收，符合绿色、环保可持续建筑理念。

21.5.3　轻钢轻龙骨各杆件间的连接及组装

1）轻钢住宅中轻钢龙骨构件间的连接方式

一般采用自钻自攻螺钉的连接方式（图 21-38）

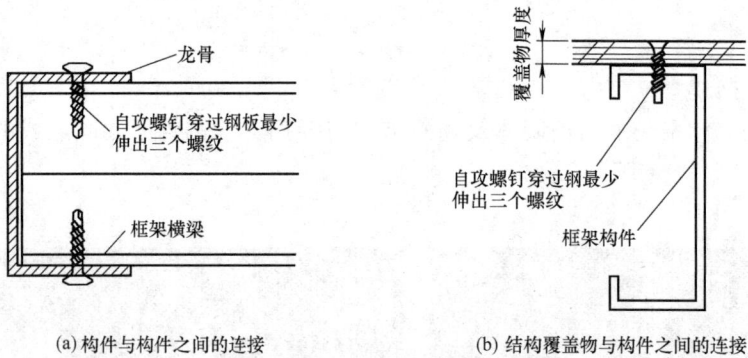

(a) 构件与构件之间的连接　　　(b) 结构覆盖物与构件之间的连接

图 21-38　自钻自攻螺钉的连接方式

2）轻钢龙骨构件与基础的连接（图 21-39）

3）轻钢龙骨楼层建造及其主要节点（图 21-40～图 21-44）

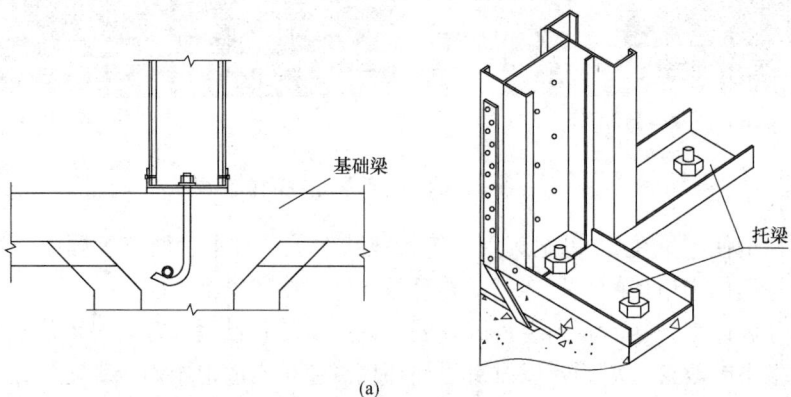

(a)

图 21-39　轻钢龙骨构件与基础的连接

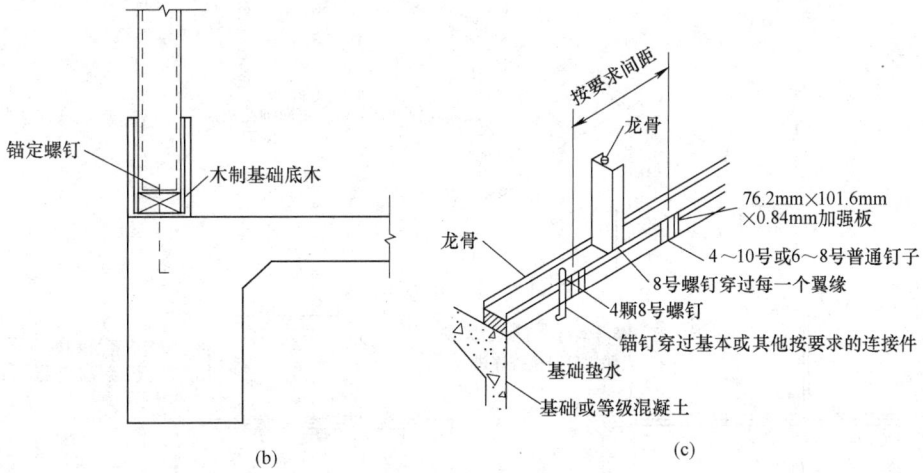

(b)

(c)

图 21-39 轻钢龙骨构件与基础的连接（续）

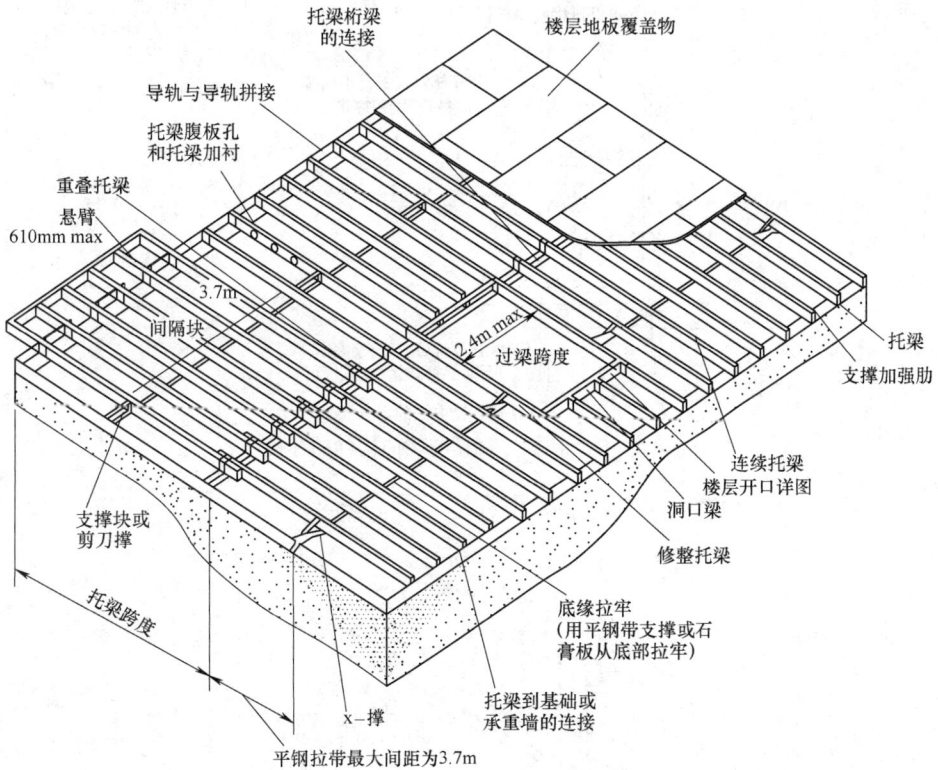

图 21-40 轻钢骨架楼板层

螺钉连接

楼面地板（OSB板：定向刨花板）

(a) 楼板节点的示意图

用8号螺钉，于此根据墙
上部螺钉拼接程序进行

用8号螺钉，于此根据墙
上部螺钉拼接程序进行

连续垫块
的连接

连续垫块
的连接

1.1mm的扣角钢

螺钉

用8号螺钉，于此根据墙
下部螺钉拼接程序进行

交错

用8号螺钉，于此根
据墙下部螺钉拼接
程序进行

用8号螺钉，于此根据墙
上部螺钉拼接程序进行

螺钉

用8号螺钉，于此根据墙
下部螺钉拼接程序进行

(b) 楼板连接方法的垂直剖面图

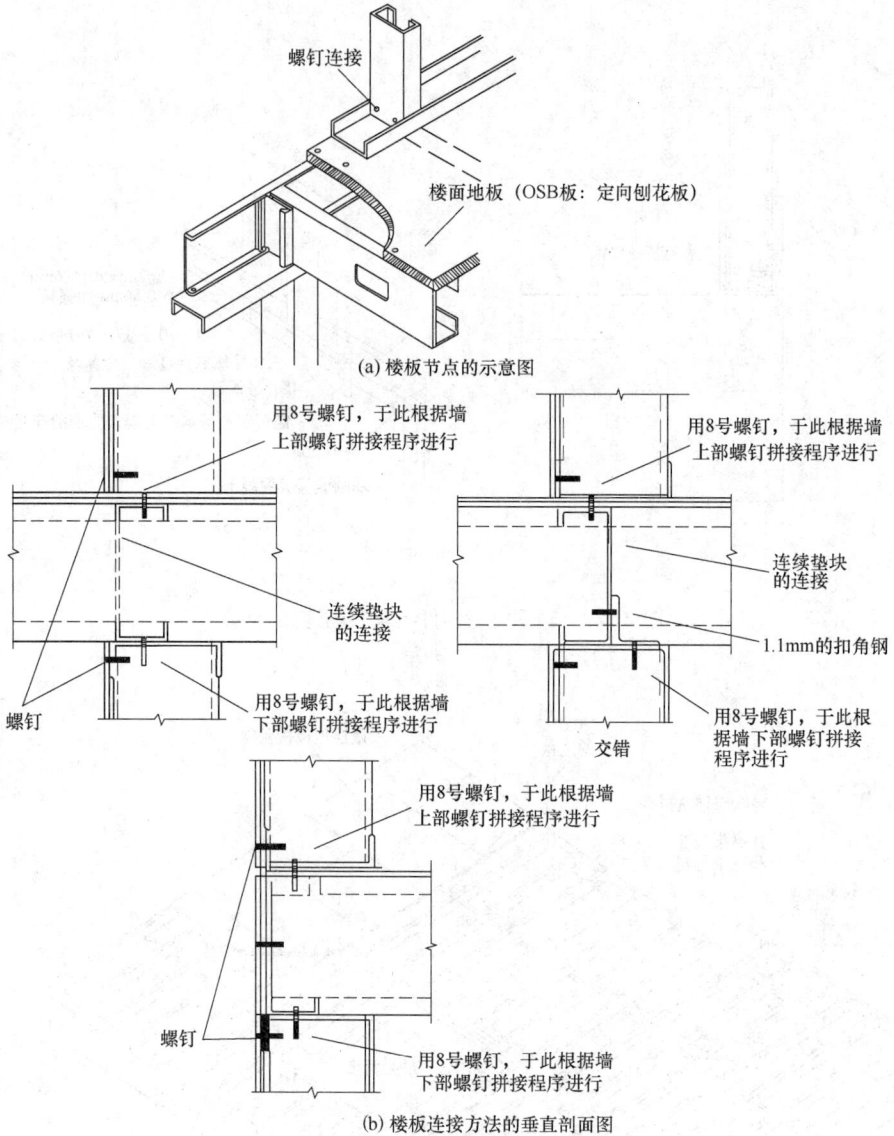

图 21-41　楼板层搁栅与竖向构件的连接

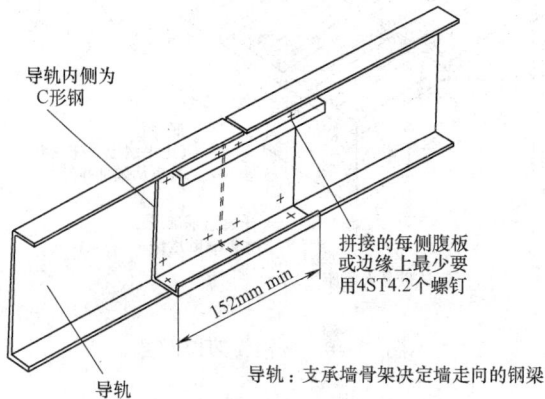

导轨内侧为
C形钢

拼接的每侧腹板
或边缘上最少要
用4ST4.2个螺钉

152mm min

导轨

导轨：支承墙骨架决定墙走向的钢梁

图 21-42　导轨对接接头详图

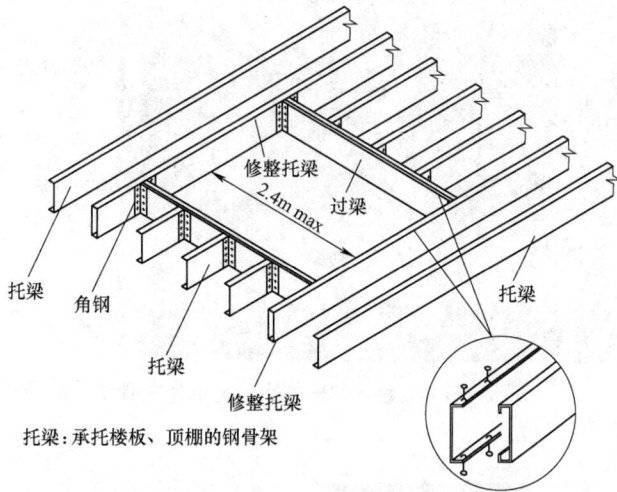

图 21-43　楼层开口详图

图中标注：修整托梁、过梁、2.4m max、托梁、角钢、托梁、修整托梁、托梁

托梁：承托楼板、顶棚的钢骨架

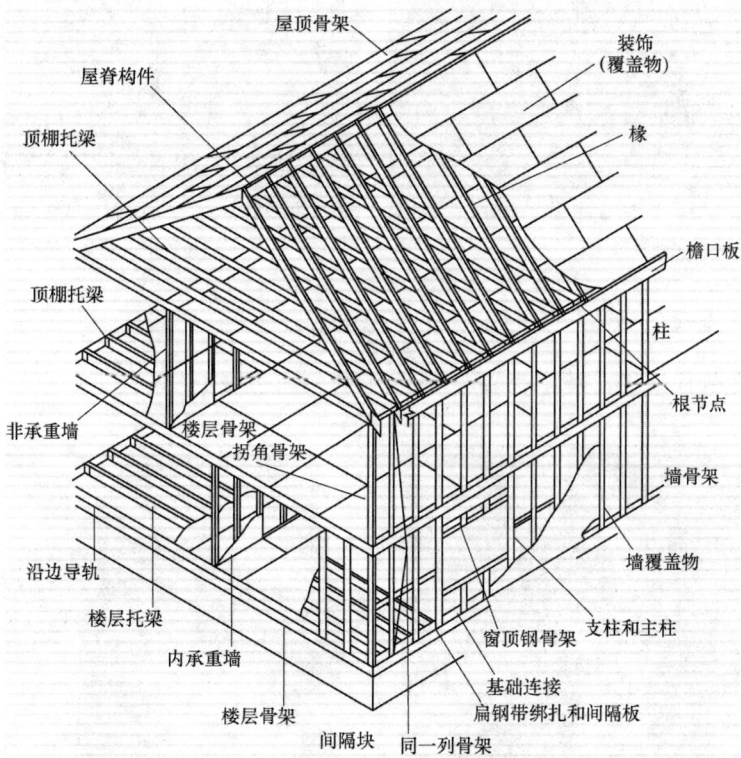

图 21-44　典型的冷轧轻钢住宅骨架示意图

图中标注：屋顶骨架、装饰（覆盖物）、屋脊构件、顶棚托梁、椽、顶棚托梁、檐口板、柱、根节点、非承重墙、楼层骨架、拐角骨架、墙骨架、沿边导轨、墙覆盖物、楼层托梁、内承重墙、支柱和主柱、窗顶钢骨架、基础连接、楼层骨架、扁钢带绑扎和间隔板、间隔块、同一列骨架

4）建造中的轻钢龙骨骨架（图 21-45、图 21-46）

一般有四五个人就可将整片的冷轧轻钢墙体骨架扶起成垂直状态,然后用预埋螺栓将其固定,楼层未安装前需要加辅助支撑。

图 21-45　竖起预制好的冷轧轻钢住宅骨架

(a) 固定外墙OSB板

(b) 在房屋骨架上铺设OSB板

图 21-46　OSB 板的安装

5）轻钢龙骨住宅檐口及屋脊节点（图 21-47～图 21-50）

图 21-47　承重 C 型钢骨架屋檐处节点

图 21-48　承重 C 型钢骨架屋脊处节点

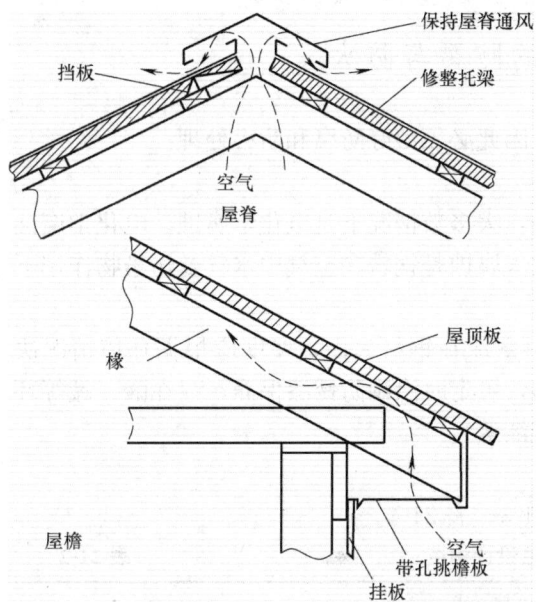

图 21-49 屋檐与屋脊处的通风透气与防水处理

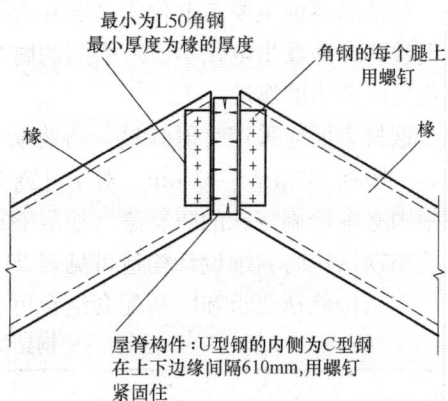

图 21-50 屋脊部分连接

6）建造中和组装成型轻钢住宅骨架（图 21-51～图 21-54）

图 21-51 冷轧轻钢骨架

图 21-52 轻钢结构住宅内部填充玻璃纤维保温隔声材料

图 21-53 安装好的楼层骨架

图 21-54 铺设中的楼层地板

21.6　钢结构的防腐与防火

钢结构的缺点就是易腐蚀和防火性能差，因此必须做好防腐和防火处理。

21.6.1　钢结构的腐蚀与防腐措施

钢铁的腐蚀主要是电化学腐蚀和大气腐蚀，大多数情况下是电化学腐蚀。电化学腐蚀是钢铁和介质发生电化学反应引起的腐蚀。大气腐蚀是钢铁在空气中水气及污染物作用下氧化反应产生的腐蚀。

钢材表面应采用喷射除锈，再将防腐涂料敷涂在钢材表面，厚度应根据环境情况决定，一般在 $125\mu m \sim 200\mu m$。对于外露钢结构，可定时涂刷防锈漆保养，存在酸、碱等环境中则必须涂刷特殊的防腐漆（如耐酸或耐碱漆等）。

钢铁结构防腐蚀设计构造可见表 21-2；

钢结构除锈要求和除锈配套组合可见表 21-3、表 21-4。

<table>
<tr><td colspan="2" align="center">钢结构防腐蚀设计构造</td><td align="right">表 21-2</td></tr>
<tr><td>序号</td><td colspan="2">构　造　要　求</td></tr>
<tr><td>1</td><td colspan="2">主梁、柱及桁架等重要构件的传力焊缝，应采用连续焊缝。角焊缝的焊脚尺寸不应小于 8mm 及所焊板件的厚度（当板件厚度小于 8mm 时）。在室外或室内湿度较大的侵蚀环境中，构件的螺栓连接处，应增设防水垫圈、防水帽或以防水油膏封闭连接处缝隙</td></tr>
<tr><td>2</td><td colspan="2">中等侵蚀环境中的承重结构，不宜采用拉杆式悬索结构，格构式结构及薄壁型钢构件，应该尽量采用表面积与重量比较小的管形封闭截面，以及较规则、简单、便于涂装和维修的实腹式（工字形、H 型和 T 型）截面</td></tr>
<tr><td>3</td><td colspan="2">钢构件直接与铝合金金属制品接触时，会引起接触电偶腐蚀，应在构件接触面涂 1～2 道铬酸锌底漆及配套面漆阻隔，或设置绝缘层隔离，相互间的连接紧固件应采用热镀锌的紧固件</td></tr>
<tr><td>4</td><td colspan="2">钢柱脚埋入地下部分，应以 C10 混凝土包覆（厚度不小于 50mm），并包出地面 120～150mm。所埋入部分表面应做除锈处理，但是不用做涂装处理。当地下有侵蚀作用时柱脚不应埋入地下</td></tr>
<tr><td>5</td><td colspan="2">钢结构所处室内环境的湿度不宜过高，一般控制长期环境湿度在 75% 以下。当在高湿度环境下作业时，应采取有效的通风排湿措施</td></tr>
<tr><td>6</td><td colspan="2">钢结构节点及连接构造应避免易于积灰和积湿的角、槽等，连接零件之间应有可供检查和维修的空间（净空不宜小于 120mm）</td></tr>
<tr><td>7</td><td colspan="2">由角钢组合的承重桁架，其弦杆、端斜杆等重要构件及节点板的厚度不应小于 8mm，其他杆件的厚度不应小于 6mm。由钢板组合的杆件厚度不应小于 6mm，闭口截面的板件厚度不应小于 4mm</td></tr>
<tr><td>8</td><td colspan="2">网架和网壳结构的防腐设计不适宜考虑增加杆件的截面和厚度来增加腐蚀裕量，而只能采用其他防腐蚀手段</td></tr>
</table>

资料来源：《轻型钢结构设计数据资料一本全》表 11-18。

<table>
<tr><td colspan="2" align="center">钢结构的防锈和涂装</td><td align="right">表 21-3</td></tr>
<tr><td>序号</td><td colspan="2">步　骤　及　规　律</td></tr>
<tr><td rowspan="1">1</td><td colspan="2">（1）防锈涂层一般应由底漆、中间漆及面漆组成，选择涂料时应考虑漆与除锈等级的匹配，以及底漆与面漆的匹配组合。钢结构工程中所用的防锈底漆、中间漆与面漆的配套组合见表 11-20。
（2）对一般涂装要求的构件，并采用手工及动力工具除锈时，可采用两道底漆、两道面漆的做法。对涂装要求较高的构件，并采用喷射除锈时，宜采用 2 遍底漆，1～2 遍中间漆及 2 遍面漆的做法。漆膜总厚度不宜小于 120μm（弱侵蚀）及 150μm（中等侵蚀）、200μm（较强侵蚀的重要构件）。需加重防腐的部位，可适当增加涂层厚度 20～60μm。
（3）对涂层的耐磨、耐久和抗渗性能有较高要求时，宜选用玻璃鳞片面漆的配套涂料，如环氧富锌底漆（1 遍）＋环氧玻璃鳞片涂料（1～2 遍）＋环氧清漆（1～2 遍）的配套组合，或环氧富锌底漆（1 遍）＋聚氨酯玻璃鳞片涂料（1～2 遍）＋聚氨酯清漆（1 遍）的配套组合。
（4）新建钢结构工程一般不采用带锈涂料（有化学除锈作用）作防腐涂料。
（5）需作防火涂层的钢材表面，可除锈后只作底漆涂层。当要求底漆为耐高温漆（400℃）时，宜选用有机硅富锌底漆或溶剂型无机富锌底漆</td></tr>
</table>

序号	步 骤 及 规 律
2	在较强侵蚀环境中的重要承重构件，或表面需特别加强防护防锈的重要承重构件，当有技术经济合理依据时，也可采用钢材表面热喷涂锌（铝或锌、铝复合）涂层，并外加封闭涂料的长效复合涂层的防护做法，其工艺应符合《热喷涂锌及试验方法》GB 9793—9794、《热喷涂铝及试验方法》GB 9795—9796 的要求。热喷涂层总厚度可为 $120\sim150\mu m$，其面层封闭涂料可按环境条件分别选用乙烯树脂类、聚氨酯类、氧化橡胶或环氧树脂涂料
3	（1）钢柱脚埋入地下部分，应以 C10 级混凝土包覆（厚度不小于 50mm），并包出地面 $120\sim150mm$。所埋入部分表面应做除锈处理，但不做涂料涂装，当地下有侵蚀作用时柱脚不应埋入地下。 （2）钢构件直接与铝金属制品等接触，会引起接触腐蚀时，应在构件接触表面涂 $1\sim2$ 遍铬酸锌底漆及配套面漆阻隔，或设置镀锌层、绝缘层隔离，其相互间的连接紧固件应采用热镀锌的紧固件。 （3）钢结构所在室内环境的湿度不宜过高，一般宜控制使长期环境湿度≤75%。当为高温作业环境时，应采取有效的通风排湿措施
4	冷弯构件中应满足： （1）中等侵蚀环境中的承重构件不宜采用壁厚 $t\leqslant3mm$（封闭截面）或 $t\leqslant5mm$（非封闭截面）的厚度。 （2）薄壁型钢构件所用钢材表面的原始锈蚀等级不应低于 B 级。当壁厚 $t\leqslant4mm$ 时，其表面除锈宜采用钢丝刷清除浮锈的方法。 （3）对除锈防护要求较高时，冷弯型钢檩条等构件，可采用热浸镀锌薄板直接加工成型（一般不外加其他涂层）。当镀锌面层外尚需再加防护涂层时，应按《冷弯薄壁型钢结构技术规范》GB 50018 附录选用锌黄类底漆及配套面漆
5	压型钢板中应满足： （1）非临时工程用压型钢板均应采用热浸镀锌板作基板。 （2）镀锌压型钢板可用于无侵蚀或弱侵蚀环境，其镀锌量分别不小于 $220kg/m^2$（双面）及 $275kg/m^2$（双面）；带彩涂层的镀锌压型钢板可用于无侵蚀、弱侵蚀和中等侵蚀环境，其镀锌量分别不小于 $180kg/m^2$、$220kg/m^2$ 及 $275kg/m^2$（均为双面）。 （3）用于屋面压型钢板的钢基板厚度不应小于 0.6mm，用于墙面的钢基板厚度不应小于 0.5mm。 （4）压型钢板配套使用的钢质连接件及固定支架必须进行镀锌防护。 兹将常用的防锈底漆、面漆和防腐蚀漆的性能、用途、涂施方法等要求列于表

资料来源：《轻型钢结构设计数据资料一本全》表 11-19。

钢结构用底漆、中间漆与面漆的配套组合　　　　　　　　表 21-4

序号	底漆与中间漆	面 漆	最低除锈等级	适用环境构件
1	红丹系列（油性防锈漆、醇酸或酚醛防锈漆）底漆两遍。 铁红系列（油性防锈漆、醇酸底漆、酚醛防锈漆）底漆两遍。 云铁醇酸防锈底漆两遍	各色醇酸磁漆 $2\sim3$ 遍	St2	无侵蚀作用构件

续表

序号	底漆与中间漆	面　漆	最低除锈等级	适用环境构件
2	氯化橡胶底漆1遍	氯化橡胶面漆2～4遍		
3	氯磺化聚乙烯底漆2遍＋氯磺化聚乙烯中间漆1～2遍	氯磺化聚乙烯面漆2～3遍		
4	铁红环氧酯底漆1遍＋环氧防腐漆2～3遍	环氧清(彩)漆1～2遍	Sa2	1. 室内外弱侵蚀作用的重要构件； 2. 中等侵蚀环境的各类承重结构
5	铁红环氧底漆1遍＋环氧云铁中间漆1～2遍	氯化橡胶漆2遍		
6	聚氨酯底漆1遍＋聚氨酯磁漆2～3遍	聚氨酯清漆1～3遍		
7	环氧富锌底漆环氧云铁中间漆2遍	氯化橡胶面漆2遍		
8	无机富锌底漆1遍＋环氧云铁中间漆1遍	氯化橡胶面漆2遍	Sa2 $\frac{1}{2}$	需特别加强防锈蚀的重要结构
9	无机富锌底漆2遍＋环氧中间漆2-3遍(75～100μm)＋(75～125μm)	脂肪族聚氨酯面漆2遍(50μm)		

注：1. 第4项匹配组合（环氧清漆面漆）不适用于室外曝晒环境。
　　2. 当要求较厚的涂层厚度（总厚度＞150μm）时，第2、5及6项组合的中间漆或面漆宜采用后浆型涂料。
　　3. 第8、9项无机富锌底漆要求除锈等级及施工条件更为严格，一般较少采用。
资料来源：《轻型钢结构设计数据资料一本全》表11-20。

21.6.2　钢结构的防火及防火构造

实验表明，无保护的钢铁构件，当温度超过350℃时强度会降低；当超过400℃时，强度和弹性模量会急剧降低；当温度到500℃时，其强度下降到50％左右；当温度到600℃时，强度将降低70％。而对于无保护层的钢构件的截面系数为150，火灾时经过10min钢构件的表面温度就达到416℃，经过15min温度达到609℃，钢构件会失去承载能力，因此钢构件耐火极限较低。

上述所谓截面系数就是钢构件单位长度的面积与单位长度体积之比即F/V。

对于钢结构建筑，首先根据建筑的功能规模等明确该建筑的耐火等级，然后根据使用要求、经济条件采取对应的防火措施。

钢结构的防火有以下几种方法：

1）防火涂料法

钢结构的外露部分采用厚涂型或薄涂型防火涂料（图21-55）。

2）钢结构表面外敷保护层

钢结构外边外敷保护层一般采用包现浇混凝土（图21-56）；用金属网抹砂浆或灰胶泥（图21-57）；用矿物纤维做耐火保护层（图21-58）。

3）采用新型耐火钢材

在钢材中添加某种合金，使钢材的防腐和防火性能得到较大提高。目前，我国上海宝钢已研究开发成功，并有少量生产，因价格较贵，目前推广普及有一定困难。

(a) 工字形柱的保护　　　(b) 方形柱的保护　　　(c) 管形构件的保护

(d) 工字梁的保护　　　　　(e) 楼板的保护

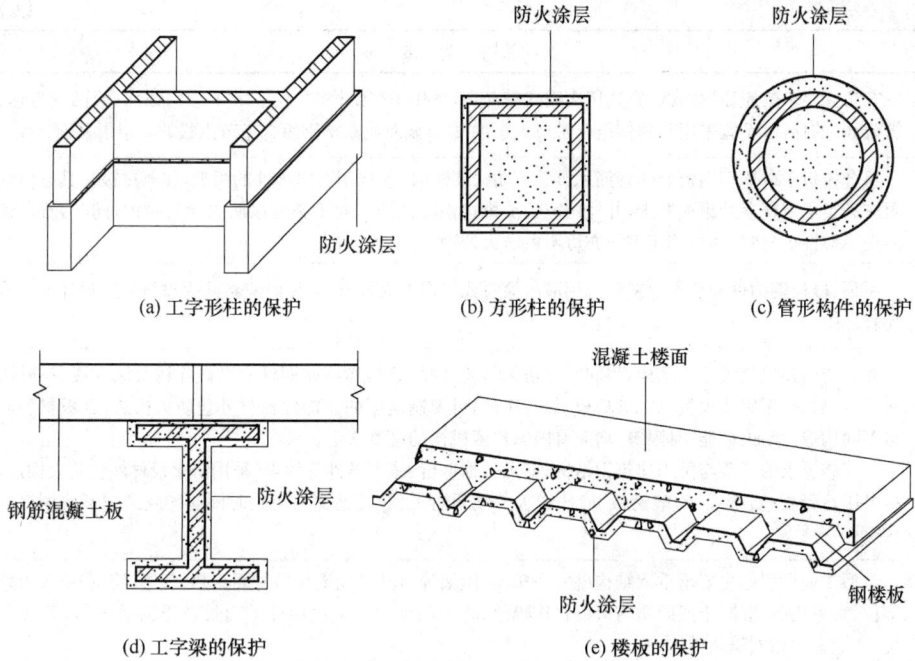

图 21-55　钢结构防火方式（防火涂料法）

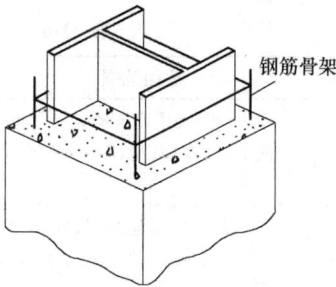

图 21-56　用现浇混凝土
做耐火保护层

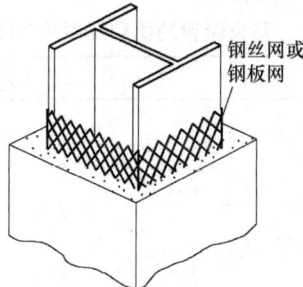

图 21-57　用砂浆或灰胶泥
做耐火保护层

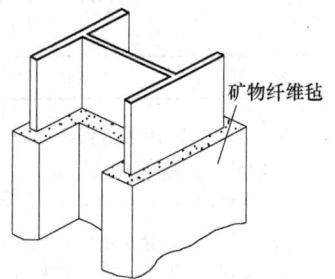

图 21-58　用钢矿物纤维
做耐火保护层

钢结构的防火构造见表 21-5。

钢结构防火构造　　　　　　　　　　　　　　　　　表 21-5

序号	构 造 要 求
1	重要的钢柱构件采用防火涂料保护时,一般应采用厚涂型防火涂料,且节点部位宜做加厚处理。当所用防火涂料的粘接强度小于或等于 0.05MPa 时,涂层内应设置与钢构件相连的钢丝网。当采用防火板材外包防火时,应采用硬质防火板材,当包覆层数等于或大于 12 层时,各层板应分别固定,其板缝应相互错开不小于 400mm
2	承重钢梁构件采用厚涂型防火涂料时,其重要节点部位宜加厚处理。当为下列任一种情况时,涂层内应设与钢梁相连的钢丝网。 (1)受震动作用的梁; (2)涂层厚度大于或等于 40mm 的梁; (3)梁用防火涂料粘接强度小于或等于 0.05MPa 时; (4)梁腹板高度超过 1.5m 时

续表

序号	构 造 要 求
3	有防火要求的屋顶钢结构,宜选用实腹式截面,若采用桁架结构时,宜采用 T 型钢截面(或圆管方形、矩形管截面)的杆件,不宜采用双角钢组合带节点板的 T 形截面或双槽钢组合带节点板的工字形截面
4	组合楼板中以压型钢板兼作钢筋承重并有防火要求时,应选用有耐火性的板型(如燕尾板),其整体耐火时限应满足承重楼盖的耐火要求(并经国家检测机构检验认证),而不必再以防火涂料防护,同时,若楼盖下空间用不燃性板材封闭时,该压型板亦可不做防火处理
5	屋顶、楼板钢构件的防火材料宜采用薄涂涂料或轻质防火板材,必要时应将防火材料的质量计入结构计算荷载之中
6	办公与居住建筑等的钢结构,当同时有防火与装饰要求时,亦可在钢材表面做除锈及涂底漆(粘贴面可不涂底漆)后,采用以防火板(如 ALC 板)等专用的,可模制定型的装饰性板材外包防火构造,其板材不同厚度与不同构造的耐火性能、时限等,均应有国家检测机构的检测认定。 无装修要求的工业与民用建筑钢结构,亦可根据造价、施工条件等因素,采用防火板材外包防火构造,其板材可用石膏板、石棉板、硅酸钙板、珍珠岩板等硬质防火板,其性能及耐火时限亦均应经国家检测机构检测认定
7	重型工业厂房的主要承重钢结构(柱、吊车架、屋架等),其可能受到短时间炽热(气体、溶液)或大火作用的部位,宜采用砖、混凝土或硬质防火板材作隔热、防火的保护。金属构件表面长期受辐射热 150℃ 以上的部位,亦应采取相同隔热措施

资料来源:《轻型钢结构设计数据资料一本全》表 11-28。

防火涂料的类别及适用范围见表 21-6。

防火涂料的类别及适用范围　　　　　　　　表 21-6

类 别	特 性	厚度(mm)	耐火极限(h)	适用范围
薄涂型防火涂料	附着力强,可以配色,一般不需外保护层	2~7	1.5	工业与民用建筑楼盖与屋盖钢结构,如 LB 型、SG-1 型、SS-1 型
超薄型防火涂料	附着力强,干燥快,可配色,有装饰效果,不需外保护层	3~5	2.0~2.5	工业与民用建筑梁、柱等钢结构,如 SB-2 型、BTCB-1 型、ST1-A 型
厚涂型防火涂料	喷涂施工,密度小,物理强度及附着力低,需装饰面层隔护	8~50	1.5~3.0	有装饰面层的民用建筑钢结构柱、梁,如 LG 型、ST-1 型、SG-1 型
露天用防火涂料	喷涂施工,有良好的耐候性	薄涂 3~10 厚涂 25~40	0.5~2.0 3.0	露天环境中的框架、构架等钢结构,如 ST1-B 型、SWH 型、SWB 型(薄涂)

资料来源:《轻型钢结构设计数据资料一本全》表 11-26。

参 考 文 献

[1] 钢结构设计规范 GB 50017—2003 [Z]. 北京:中国计划出版社,2003. 10.

[2] 建筑设计防火规范 GB 50016—2014 [Z]. 北京:中国计划出版社,2015. 03.

[3] 建筑钢结构防火技术规范 CECS200:2006 [Z]. 北京:中国计划出版社,2006. 08.

[4] 门式刚架轻型房屋钢结构技术规程(2012 年版)CECS102:2002 [Z]. 北京:中国计划出版社,2012. 07.

[5] 《轻型钢结构设计指南(实例与图集)》编辑委员会. 轻型钢结构设计指南(实例与图集)[M].

北京：中国建筑工业出版社，2000. 12.

[6] 《轻型钢结构设计数据资料一本全》编委会. 轻型钢结构设计数据资料一本全 [M]. 北京：中国建材工业出版社，2007. 05.

[7] 丁成章. 低层轻钢骨架住宅设计制造与装配 [M]. 北京：机械工业出版社，2003. 08.

[8] 建设部科技发展促进中心. 钢结构住宅设计与施工技术 [M]. 北京：中国建筑工业出版社，2003. 11.

[9] 住房城乡建设部科技发展促进中心. 空间结构 [M]. 北京：中国建筑工业出版社，2003. 11.

第 22 章　地下人防工程的设计与构造

人民防空为国防的组成部分。人防工程全称"人民防空工程"，是社会公众在战争状态下应对空袭或其他武器袭击时有防护能力的特殊工程。人民防空工程属于战备工程。一般情况下，人防工程都是隐蔽性很强的工程，要么建在地下，要么建在山体岩石里，由此可见，人防工程是地下工程的一个组成部分。

22.1　概　　述

人防工程建设，是指人防工程及人防工程配套的地面附属设施的新建、续建、加固改造及相关的工作，是人民防空防护体系建设的重要内容，是城市人民保障自身安全的可靠手段，也是大多数国家主要的、耗资最大的民防准备活动。

22.1.1　人防工程分类

1）按构筑方式分类

按工程的构筑方式，人防工程主要分为明挖工程与暗挖工程。

明挖工程是指工程上部自然防护层在施工中被扰动的工程。它受地质条件影响小，使用方便，作业面大，土方量大，与地面建筑及地下管线的关系较为密切，主要适用于抗力要求不高或不宜暗挖的条件下使用。明挖工程主要建在土壤为介质的环境中，在地面上开挖基坑，然后进行建筑施工，主体完成后再用厚土掩盖，施工条件比较好，施工技术也相对简便。明挖工程中按上部有无地面建筑又可分为单建式和附建式工程。上部无固定地面建筑物的称为单建式工程；上部有地面建筑的称为附建式工程，也称为防空地下室。

暗挖工程是指上部自然防护层在施工中未被扰动的工程。施工中受地面建筑及地下管线的影响小，工程的抗力随防护层厚度的增加有不同程度的提高。结构断面尺寸因有岩土起承重作用而可减少，但施工受地质条件影响较大。暗挖工程以洞库或隧道工程为主，介质环境主要为岩石，但也有以土质为介质的，如在黄土地里修建窑洞和隧道。在以土质为介质环境的地下建筑施工方式，可用人工和机械掘进，比较先进的机械设备如盾构机等。在以岩石为介质环境的地下建筑，其施工方式主要以爆破作业为主，施工难度大，进度比较慢，也有一定危险。暗挖工程按照是否在山体或平原地区的修建方式由可分为地道式和坑道式工程。

2）按战时使用功能分类

按战时用途，国防工程可分为指挥工事、通信工事、射击工事、观察工事、救护工事、屯兵工事和装备掩蔽工事等，其中射击工事包括机火炮工事和导弹发射工事等。

人防工程按战时的使用功能可分为指挥通信工程、医疗救护工程、防空专业队工程、人员掩蔽工程和配套工程五大类。

（1）指挥通信工程：即各级人防指挥所。人防指挥所是保障人防指挥机关战时能够不间断工作的人防工程。

（2）医疗救护工程：医疗救护工程是战时为抢救伤员而修建的医疗救护设施。医疗救护工程根据作用和规模的不同可分为三等：一等为中心医院，二等为急救医院，三等为救护站。

（3）防空专业队工程：防空专业队工程是战时为保障各类专业队掩蔽和执行勤务而修建的人防工程。根据《中华人民共和国人民防空法》的规定，防空专业队伍包括抢险抢修、医疗救护、消防、治安、防化防疫、通信、运输七种，其主要任务是：战时担负抢险抢修、医疗救护、防火灭火、防疫灭菌、消毒和消除沾染、保障通信联络、抢救人员和抢运物资、维护社会治安等任务，平时协助防汛、防震等部门担负抢险救灾任务。

（4）人员掩蔽工程：人员掩蔽工程是战时主要用于保障人员掩蔽的人防工程。根据使用对象的不同，人员掩蔽工程分为两等：一等人员掩蔽所，指战时坚持工作的政府机关、城市生活重要保障部门（电信、供电、供气、供水、食品等）、重要厂矿企业和其他战时有人员进出要求的人员掩蔽工程；二等人员掩蔽所，指战时留城的普通居民掩蔽工程。

（5）配套工程：配套工程是战时用于协调防空作业的保障性人防工程，主要包括：区域电站、区域供水站、人防物资库、人防汽车库、食品站、生产车间、疏散干（通）道、警报站、核生化监测中心等工程。

22.1.2 几种常见工程的主要特点

防护工程中常见的坑道式、地道式、掘开式和附建式工程，下面简要介绍其主要特点（图 22-1）。

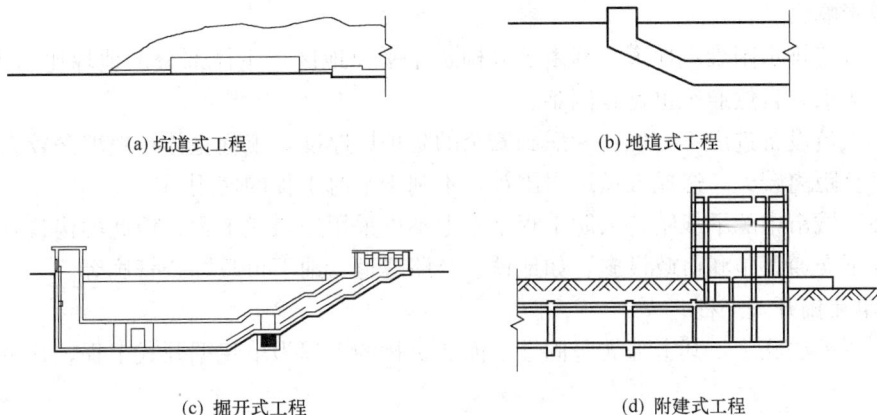

(a) 坑道式工程   (b) 地道式工程

(c) 掘开式工程   (d) 附建式工程

图 22-1 按工程构筑方式分类的主要人防工程

1）坑道式工程

在山体中采用暗挖方法构筑的工程称为坑道工程。坑道工程易于掩蔽伪装，防护能力强，容量大，并便于组织对炮、炸弹、原子弹、化学和生物武器的防护，它是现代防护工程的基本形式之一，其主要特点包括：

（1）防护力强：在施工中坑道上部未被扰动的很厚自然地层，对冲击波、早期核辐射以及炮、炸弹都有较强的防护能力。一般 10m 厚的中等岩石，可有效地防护美军 750lb 和原苏军 500kg 普通爆破弹的破坏作用。坑道毛洞垮度 5m，厚约 4m 的中等岩层，便可达到抗地面冲击波超压 1.2MPa 的安全防护层要求。因此，对于坑道工程只要做好孔口部位的防护，便可使工程获得较高的防护能力。

（2）节约材料和资金：坑道工程上部较厚的自然地层本身就是十分坚固的结构。在石质条件较好时，有可能直接使用毛洞或只对毛洞做喷射混凝土支护即可，因此，修建同样抗力和规模的防护工程，坑道工程较之其他类型工程可节约大量材料和资金。

（3）便于实现自然通风和自流排水：坑道工程口部通常较之坑道内部地坪低。山体中的地下水、施工用水、工程使用中的生活废水，均可沿排水管道自流排出。通常坑道工程的几个出入口设置在山体的不同方向，因此可较好地组织自然气流通风。

（4）施工受地质条件影响大：在石质较差的地方，因施工困难，自然防护能力弱，不宜构筑坑道工程。

坑道工程的优点是显而易见的，凡具有条件的地区应考虑多构筑坑道工程，特别是防护要求较高的指挥所工程等。

2）地道式工程

在平原或丘陵地区采用暗挖方法构筑的工程，其主要特点包括：

（1）防护力强：和坑道工程一样，工程埋深一定深度后，能充分发挥自然地层的作用，使工程获得较好的抗力。

（2）受地面建筑和地下管线影响小：地道工程与地面建筑和地下管线的关系是随着工程埋深的增加，其影响程度减小。

（3）受地质条件影响大：通常地道工程作业断面小，施工困难，地质条件好坏对工程施工构筑影响大。

（4）自流排水困难：地道工程由于多构筑于平原地区，主体部分的地坪比出入口低，不能自流排水，自然通风也比较困难。

（5）人员设备进出不方便：考虑到安全的防护层厚度，工程主体一般埋深较大，其与口部的垂直距离较大，造成人员进出困难，不利于平时工程的使用。

现在，城市中的平战结合人防工程基本上不再采用地道式工程，但此类构筑方式多用于城市地下交通设施和市政设施，如地铁、公路隧道、地下市政综合管廊等。

3）单建掘开式工程

采用明挖法施工，其上部无坚固性地面建筑物的工程为单建掘开式工程，其主要特点包括：

（1）便于平时使用：单建掘开式工程由于埋深浅，出入通路较短，因此便于平时利用，是现在平战结合人防工程常采用的构筑方式。

（2）施工便捷：由于单建掘开式工程可以采用大作业面机械开挖，便于快速施工。

（3）受地面建筑和地下管线影响大：由于单建掘开式工程是地面浅表层开挖，需要的作业场地较大，因此对地面建筑和地下管线影响大。

（4）造价较高：由于单建掘开式工程上部无可利用的自然地层，工程抗力几乎全部由结构自身承担，因此需要耗费较多的建筑材料。

单建掘开式工程是近几年来平战结合人防工程建设的基本形式之一，多建在火车站、汽车站以及城市中心的广场下，平时用于过街或地下商业设施，战时转换为人防工程（图22-2）。

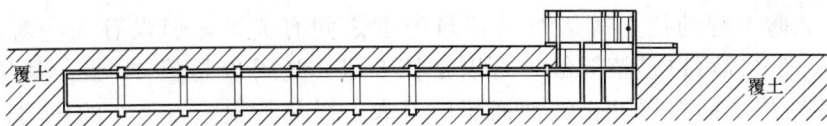

图 22-2　单建式地下建筑图

4）附建式工程（防空地下室）

采用明挖法施工，其上部有坚固性地面建筑物的工程为附建式工程，也称为防空地下室。此类人防工程是本书所主要讲述的，主要特点包括：

（1）节约资金：防空地下室与上部建筑同时构筑，便于实现平战结合，节约总造价。构筑防空地下室可减少上部建筑基础投资，同时地下室的面积又是地面建筑面积的有效补充。

（2）上下部建筑互为加强：下部防空地下室使上部建筑的稳定性及刚度有较大的提高，而上部建筑有利于削弱冲击波、早期核辐射以及炸弹的破坏作用。

（3）不单独占用土地：构筑防空地下室可不单独占用土地，这对现代城市发展以及我国人多地少的国情有着特殊的意义。

（4）便于战时人员快速掩蔽：由于人员可以直接从上部建筑物内部直接进入人防工程，因此便于人员在战时快速掩蔽。

（5）工程结构形式与尺寸受上部建筑制约：由于防空地下室的结构形式和尺寸与上部建筑联系密切，因此受到上部建筑的影响，其结构形式与尺寸的排布受制约较大，有时工程的利用率较低。

防空地下室是城市人防工程体系的主干力量，在我国按其建筑面积计算，占人防工程总量的 80% 以上。西方多数国家也将防空地下室作为城市防护防灾体系的主干力量（图 22-3）。

22.1.3　人防工程的分级

1）抗力分级

（1）人防工程的抗力等级主要用以反映人防工程能够抵御敌人核袭击以及常规武器破坏能力的强弱，其性

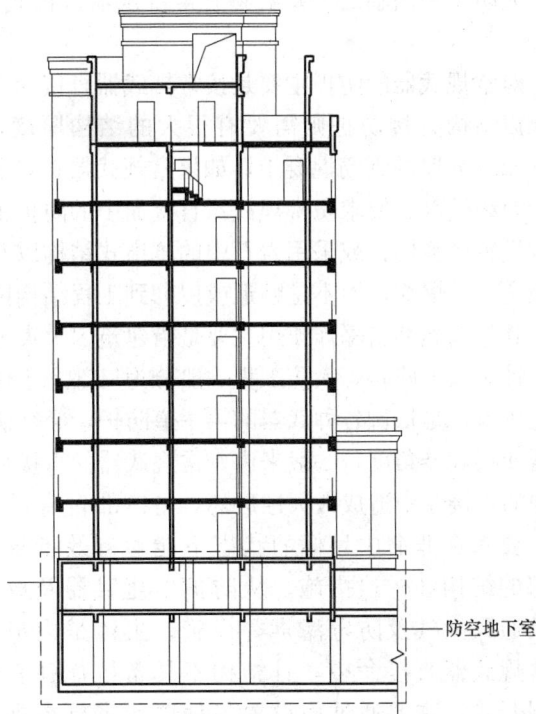

图 22-3　附建式地下建筑

质与地面建筑的抗震烈度有些类似，是一种国家设防能力的体现，我国人防工程的抗力等级主要按防核爆炸冲击波地面超压以及常规武器破坏作用的大小划分。因此人防工程的抗力指标往往是双重的，如某人防工程抗常规武器级别为 5 级（简称常 5 级），抗核武器级别为 6 级（简称核 6 级）。

（2）人防工程的抗力等级与其建筑类型之间有关系，但没有一一对应的关系。如人员掩蔽工程可以是核 5 级，可以是核 6 级，还可以是核 4B 级。某抗力等级的人防工程对应的防核爆冲击波地面超压值大小以及常规武器破坏的作用，是根据国家制定的《人民防空工程战术技术要求》的规定确定。目前常见的面广量大的人防工程一般为防常规武器抗力级别 5 级和 6 级；防核武器级别 4 级、4B 级、5 级、6 级和 6B 级。

2）防化分级

（1）防化分级是以人防工程对化学武器的不同防护标准和防护要求划分的等级，防化等级也反映了对生物武器和放射性沾染等相应武器（或杀伤破坏因素）的防护。防化等级是依据工程的使用功能确定的，防化等级与其抗力等级没有直接关系。

（2）现行《人民防空地下室设计规范》GB 50038—2005 包括了除甲级防化以外的各类防化等级有关防护标准和防护要求。

22.2　人防工程防护构造设计

人防工程面临的主要威胁有常规武器、核武器、生化武器以及其他偶然冲击爆炸作用等。

对常规武器的防护主要是按常规武器直接命中并且要求不产生局部震塌破坏的工程，如果以结构直接防护则需要有很大的结构厚度，例如抗 750lb 的普通爆破弹，就需要 2.0～2.5m 厚的钢筋混凝土，如果常规武器口径越大，需要的结构厚度也就越大。因此，对于等级较高、要求防常规武器直接命中的防护工程，宜采用成层式结构，即在工程结构上方设置遮弹层；或采用岩石中的坑道式结构以及深埋结构，使常规武器离开工程结构一定距离以外爆炸，而不是贴近或侵彻到工程结构内爆炸。

其他偶然冲击爆炸作用主要是指建筑因火灾等发生的爆炸作用等情况。

针对以上威胁，人防工程一般分为口部和主体两大部分来进行防护，口部包括出入口和通风口，是抵御各种武器的第一道防护，必须满足相关的战术技术的要求。从防护常规武器和核武器角度，一般来讲，常规武器的直接命中，不应对口部造成毁灭性破坏，重型航弹的直接命中造成毁灭性破坏，是口部自身的防护力量所无法抵御的。核武器的袭击，要求在非命中目标的状态下能够有效抵御冲击波的破坏，在这些前提之下考虑口部的结构和构造措施。从防护生化武器及放射性核沾染角度，口部需要具有密闭性及通风换气及防毒滤毒等设施。主体是人员主要的使用空间，有的人防工程不考虑常规武器直接命中，且结构不具备抗炸弹直接命中的能力。此类人防工程（主要指掘开式）主要通过用设置各种单元来抗击常规武器打击，以提高工程抗破坏能力和掩蔽人员、物资的安全。主体构造相对简单，本章不予以详细介绍。本节主要以口部为例，对人防防护进行初步介绍。

22.2.1　出入口类型构造

明挖人防工程主要出入口口部形式有四种，即穿廊式、直通式、竖井式和单向式，如图 22-4 所示。

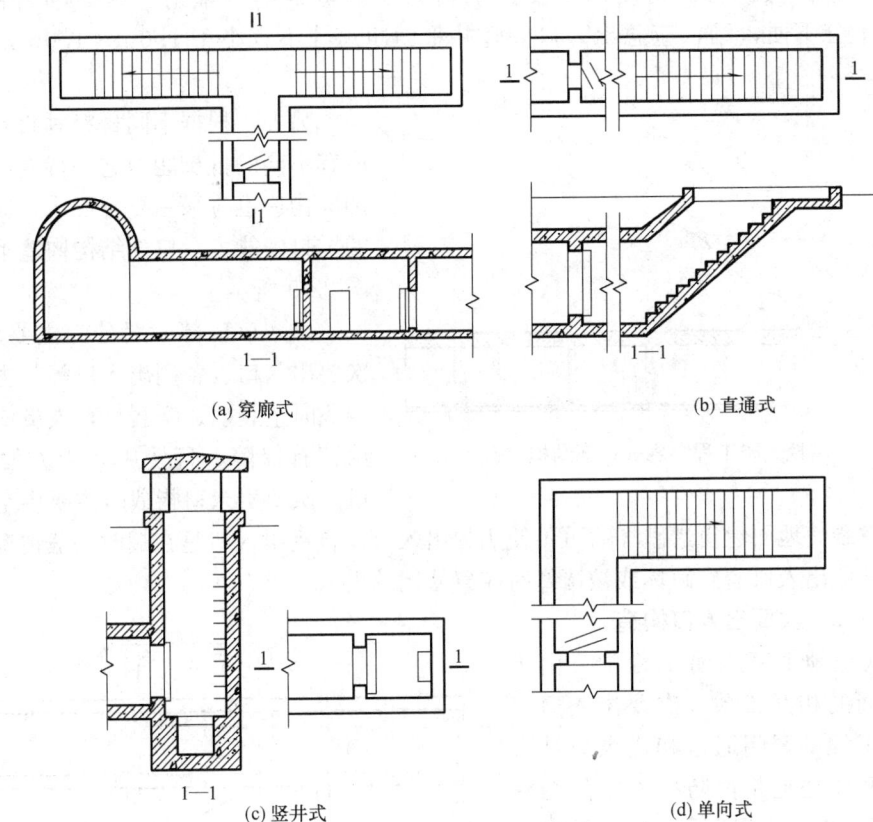

图 22-4　明挖人防工程口部形式

1）穿廊式口部类型

穿廊式口部除能够有效消减冲击波，外还能够有效保护口部免遭炮弹、航空弹的破坏，不宜被堵塞，对防早期核辐射、防热辐射均有利。穿廊部分的混凝土的受力情况根据不同等级的战技要求进行结构计算确定。

2）直通式口部类型

直通式出入口：防护密闭门外的通道在水平方向上无转折的称为直通式出入口。直通式出入口形式简单，出入方便，造价较低，但对防炸弹射入和防早期核辐射及防热辐射不利，特别是遭核袭击后，大量的抛掷物可能会从地面进入通道内，并直接堆积在防护密闭门外，从而影响防护密闭门的开启。

3）单向式口部类型

单向式出入口（亦称拐弯式）：防护密闭门外的通道在水平方向上有 90° 左右转折，而从一侧通至地表的称为单向式出入口。单向式出入口结构形式简单，人员出入较方便，同时可以避免直通式出入口的诸多缺点，但大型设备进出不便，其造价也略高于直通式。人防工程经常采用此种出入口形式。

4）竖井式口部类型

小型竖井式出入口主要是指结合通风竖井设置的应急出入口。竖井式出入口占地面积小，造价低，防护密闭门上受到的荷载小，防早期核辐射、防热辐射性能好，但进出十分不便，结合应急出入口的竖井平面净尺寸不宜小于 1.0m×1.0m，并应设置爬梯。

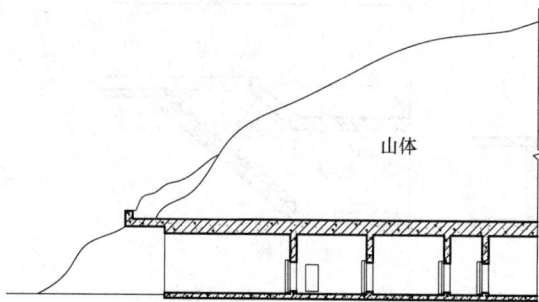

图 22-5 暗挖人防工程穿廊式口部结构构造示意图

另外，根据不同材料对武器破坏效应有不同的抵御能力这一特点，口部的加固构造也应采用复合形式，提高口部的抗打击能力。口部结构构造示意图如图 22-5 所示。

出入口口部一般分为主要出入口、次要出入口、备用出入口等。主要出入口为战时空袭前、空袭后，人员或车辆进出较有保障，且使用较为方便的出入口。次要出入口指战时主要供空袭前使用，当空袭使地面建筑遭破坏后可不使用的出入口。备用出入口是在战时一般情况下不使用，当其他出入口遭到破坏或被堵塞时应急使用的出入口。

22.2.2 次要出入口构造

在防空地下室人防工程中，由于功能之间的相互关系，次要出入口多与人防工程的密闭通道和进风口结合设计。密闭通道是由防护密闭门与密闭门之间或两道密闭门之间所构成的，并仅依靠该空间的密闭隔绝作用阻挡毒剂侵入室内的密闭空间。当室外染毒时，密闭通道的防护密闭门和密闭门始终是关闭的，不允许有人员出入。进风口主要包括竖井及扩散室、滤毒室和进风机房等。滤毒室的功能是过滤通风系统中外部进入工程内的自然风中有毒物质，达到通风标准后进入工程内部（图22-6）。战时，室外空气通过进风竖井进入扩散室，风管再从扩散室接到除尘滤毒室，经过处理后进入进风机房。平时，室外空气只经过油网滤尘器，直接接入进风机房。

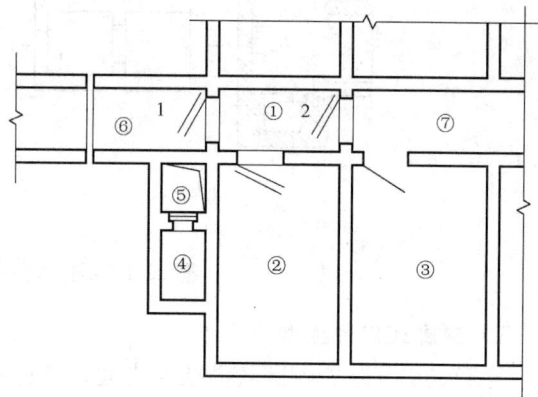

图 22-6 次要出入口结合滤毒室平面示意图
1—防护密闭门；2—密闭门
①—密闭通道；②—滤毒室；③—进风机室；④—扩散室；
⑤—进风竖井；⑥—出入口通道；⑦—室内清洁区
（来源：《人民防空地下室设计规范》GB 50038—2005）

22.2.3 主要出入口构造

主要出入口是战时人员或车辆进出的主要通道，由于功能之间的相互关系，主要出入口多与人防工程的防毒通道和排风口结合设计。防毒通道是防护密闭门与密闭门之间或两道密闭门之间所构成的，具有通风换气条件，依靠超压排气阻挡毒剂侵入室内的空间。在室外染毒情况下，通道允许人员出入。防毒通道一般附设洗消间或简易洗消间等。洗消间由脱衣间、淋浴间、穿衣间组成，其功能为避免外部污染有害物质由进入工程内部的人员带入，通过洗消系统进行处理（图22-7）。

　　脱衣间在防护门和防护密闭门之间，这个空间属于半污染区，从穿衣间进入室内，属于清洁区。

22.2.4 通风口竖井构造

　　在防护工程中，竖井有两种：一种是如前所述的泄冲击波竖井，另一种是排风竖井。

　　竖井是在防护区之外，自身不具备防护能力。设置风井的目的是确保工程内部通风需要（图22-8）。

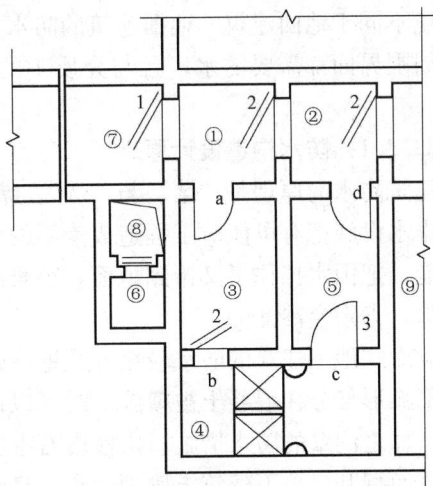

图22-7 主要出入口结合洗消间平面示意图
1—防护密闭门；2—密闭门；3—普通门
a—脱衣室入口；b—淋浴室入口；c—淋浴室出口；
d—检查穿衣室出口
①—第一防毒通道；②—第二防毒通道；③—脱衣室；
④—淋浴室；⑤—检查穿衣室；⑥—扩散室；
⑦—室外通道；⑧—排风竖井；⑨—室内清洁区
（来源：《人民防空地下室设计规范》GB 50038—2005）

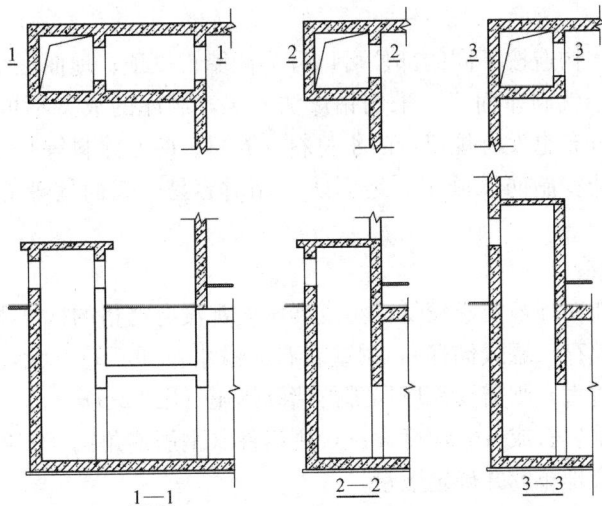

图22-8 明挖人防工程通风口与室外关系示意

22.3 洞库式人防工程防水构造设计

　　人防工程分为明挖人防工程（如人防地下室）和暗挖人防工程（如洞库工程）两种，人防地下室工程的防水构造设计可参见第11章，本节主要讲解洞库工程的防水构造设计。防水构造是防护工程中极为重要的技术问题。现实中有许多案例，洞库工程的防护工程由于防水出现问题而影响工程的正常使用，甚至武器不能使用而不得不废弃。防护工程的介质环境不同于地面建筑，地面建筑的防水主要在屋面、地面和用水设备的房间，而防护工程的周围界面都需要防水，且与介质中的水长时间接触，防水的要求很高，构造也相对复杂。

22.3.1　防水构造设计原理

建筑防水的原理是"堵"与"导"。堵，即通过防水材料把水堵在工程之外；导，即利用排水设施把有可能对工程造成渗漏的水排出威胁范围之外。这原理类似雨水打伞，伞的功能，把雨水挡住了又排到地面，很难想象如果把伞做成平顶的，雨水可以挡住，不利于排除，肯定会渗漏的。

洞库式地下建筑的防水较掘开式地下建筑的防水相对简单，这是由于洞库建筑的立壁和顶部弧形部分在混凝土被覆施工时可以设置导水管沟，将山体岩石中的水有组织地导出洞外，加之洞壁的防水措施，山体岩石中的水很难进入洞内，故不至于影响到建筑内部的使用。而掘开式地下建筑土壤中的水一旦渗透到建筑内部就必然影响建筑的使用，掘开式地下建筑无法主动排水，只能被动防护，所以防水的难度要大得多。

洞库式地下建筑应对雨水倒灌方面比较有利，如果此类建筑是在山体中修建，洞口的选择在标高上有较大的调整余地，可以有效地避开低洼地带，避免雨水倒灌。当然，城市中的地下隧道，想避开暴雨时候的倒灌有一定的难度，因为隧道必须与城市道路衔接，是城市交通系统的一个环节，不可能把洞库无限制的抬高。2011 年 8 月中旬的大暴雨，就造成了某市内某隧道的雨水倒灌。雨水倒灌隧道是在特殊气候中发生的，应对的措施是采取必要的手段把隧道口部的雨水及时排掉，不使雨水滞留，同时隧道口部的断水系统也要科学合理。

防护工程的防水构造按不同的部位可以分为侧墙、拱顶、地面三个部分。侧墙和拱顶的防水比地面复杂。就洞库而言，采用钻爆法施工，洞库的成型不可能有非常光滑的表面，岩体中的水系分布也没有规律，防水材料（卷材、防水涂料等）无法直接以岩体为基面，必须处理后才能实施防水施工。地面防水相对容易，基面处理简单，排水系统容易建造。

1）毛洞防水构造

毛洞的使用功能对环境要求较低，温度和湿度都没有严格的标准限制，这种毛洞地下建筑主要用作油料储存（罐式储存），洞壁岩石的溢水量如不是很大，采用导水管槽排水即可，如果渗水量过大，则需要采取局部的堵漏措施（图 22-9）。

导水管槽沿洞壁岩石成一定坡度设置，用钢件（钢筋或角钢，需做防锈处理）固定在岩石上，根据需要合理布置并确定数量。

对岩隙水流太大，实施局部堵漏措施，可以使用水泥砂浆加防水剂（如渗透结晶型防水材料）进行堵漏，堵漏的时间选在少雨或无雨的季节。

2）洞库喷锚支护的防水构造

喷锚支护在功能上有两层作用：一是对洞壁岩石进行加固，防止岩石塌落；二是有一定的防水作用。加固作用主要靠植入岩体内的钢筋与表面挂网再喷射细石混凝土形成完整的保护层，使破裂的岩石固化为一个整体。而防水作用主要靠喷浆中添加的结晶防水剂，堵塞喷射混凝土中的微细孔，达到止水作用。需要注意的是，当洞库中的渗水太严重时，不能立即施工，否则岩石中的渗水会冲掉喷射的混凝土浆，达不到预期效果，此时可以避开雨季并进行必要的堵漏和导水措施，然后再进行施工。植入岩体中的钢筋一般选用Φ20，网筋选用Φ16（图 22-10）。

22.3.2　围岩防水构造大样

1）围岩中水的防护原理

山体围岩中的水通过岩石缝隙进入洞库内，洞库施工时掘进开挖，把岩石中的水系截断，使岩体中的水渗入工程体内，作防水时必须堵防与导排同步进行。堵防常使用的材料是无纺布、卷材等，导排采用透水管收集岩石水再排到洞库外面。

2）围岩渗水封堵构造

防围岩中防水的技术，如前面提到的，堵与导同步进行，由于岩体中水的压力比较大，单靠堵的办法常常不能解决问题，故在堵的同时还要做好导排。洞库工程围岩防水构造如图 22-11 所示。采用无纺布以衬砌为基而实施"堵"的防水措施，导排采用透水管的方法。

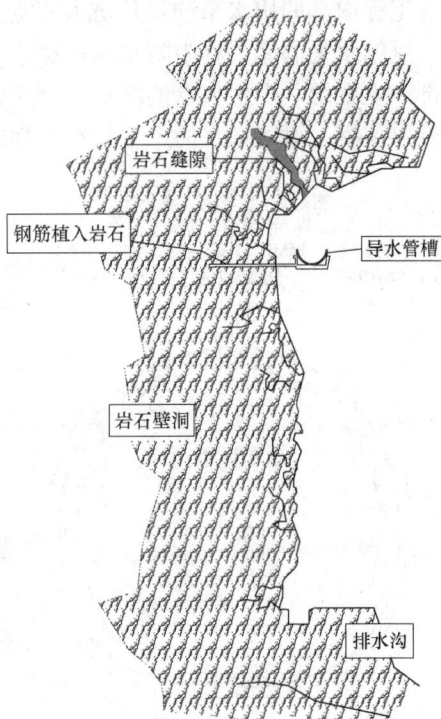

图 22-9　毛洞倒水管槽示意图

图 22-10　洞库喷锚支护

3）围岩导水构造

如图 22-12 所示节点大样，十分清楚地表达了堵与导的关系，洞库成型后进行混凝土喷射作为无纺布的基层，透水管固定在混凝土喷射层中，通过管子上部钻孔收集围岩中的水，再导入工程内部的排水沟排到工程外部。

22.3.3　内部防水构造大样

围岩中的水防护问题解决了，洞库防水的主要矛盾基本上解决了，内部其他防水相对要容易得多。

洞库内部的水，主要来自工程内部用水和凝结水。内部用水的部位有水库系统、生活用水（洗消室、卫生间）以及设备（柴油机电站等）用水。

工程内部的用水系统，其防水的重点在给水排水管道的施工质量，防止设备渗漏。

凝结水是洞库工程中防水的一道难题。由于工程内外温湿度差别，外部空气进入工程内部产生凝结，产生大量的水珠，直接影响工程的使用，对内部设备的影响也很大，故必须予以重视。对凝结水的产生可在工程内部安装除湿系统。

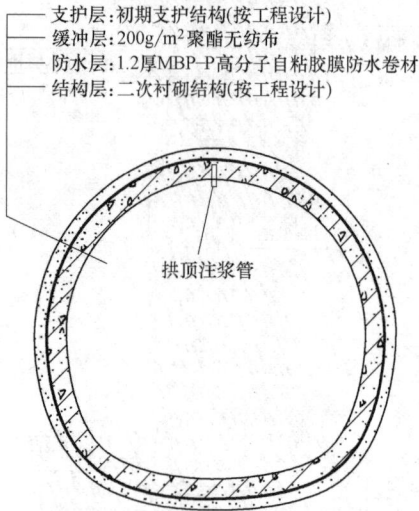

图 22-11　洞库工程围岩防水构造

（来源：《建筑防水系统构造（三）参考图集》13CJ 40-3）

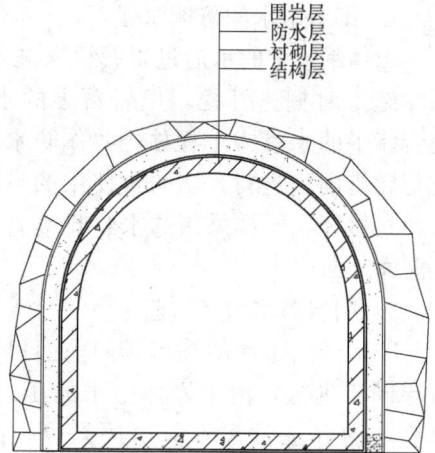

图 22-12　洞库工程围岩防水构造

（来源：《建筑防水系统构造（三）参考图集》13CJ 40-3）

1）出现渗漏现象分析

洞库工程出现渗漏归纳起来有以下几个原因：

（1）混凝土墙、板出现裂缝，附加材料防水施工不到位，主要原因是混凝土等级太高（C40 以上），养护不及时，或振捣不密实等原因，造成混凝土墙板裂缝，地下水多的时候出现渗漏。地下建筑墙板连接部渗漏如图 22-13 所示。

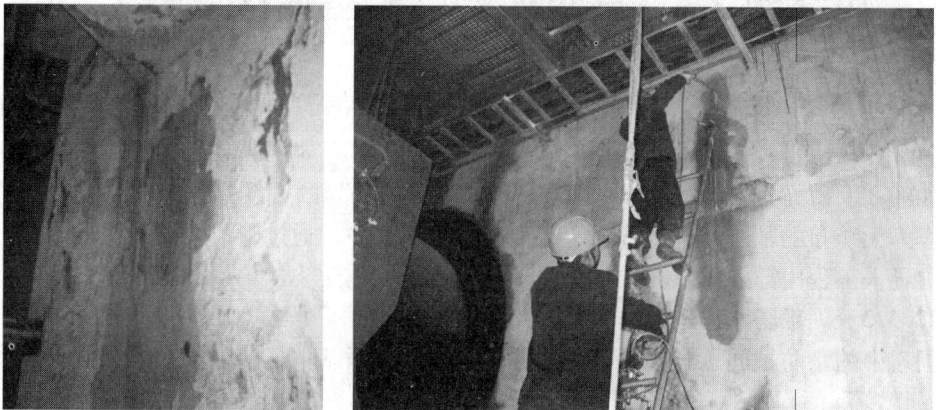

图 22-13　混凝土裂缝造成渗漏

（2）人为因素破坏造成墙板开裂

这种情况比较常见，地下建筑投入使用后，由于改建装修等原因，造成的混凝土开裂或穿透，出现渗漏现象。人为原因造成的混凝土开裂如图 22-14 所示。

图 22-14　人为原因造成混凝土开裂

（3）后浇带没有设置止水钢板这种情况时有发生，常常是施工队在浇筑混凝土墙、板时疏忽，没有设置止水钢板，造成交接缝隙，出现渗漏。后浇带设置止水钢板图片（墙体部位）如图 22-15 所示。

图 22-15　墙体放置止水带　　　　　　图 22-16　变形缝（沉降缝）放置止水钢板

（4）变形缝（沉降缝）部位防水没有做好。

变形缝（沉降缝）是地下建筑防水的重点部位。如图 22-16 所示，在绑扎钢筋时应在该部位放置止水钢板，混凝土浇筑结束后在后续施工中做好防水，如有疏忽则容易出现渗漏。

（5）穿过墙、板的管道与墙、板交接部位的防水没有做好

这种现象比较常见，2011 年 8 月 18 日的一场暴雨使某市市区许多地下建筑受淹。地铁站出现了管道与顶板交接处漏水情况。顶板通风管漏水如图 22-17 所示。卫生间穿墙管渗水如图 22-18 所示。

（6）其他意外情况

某人防地下工程，施工中出现地下室积水很严重，一些房间的积水达到 300～400mm，查找原因是进地下室电缆线的钢套管（穿过外墙）开裂，外部土壤中的水通过

411

开裂的管套进入室内。穿墙管渗水如图 22-19 所示。

图 22-17　通风管处

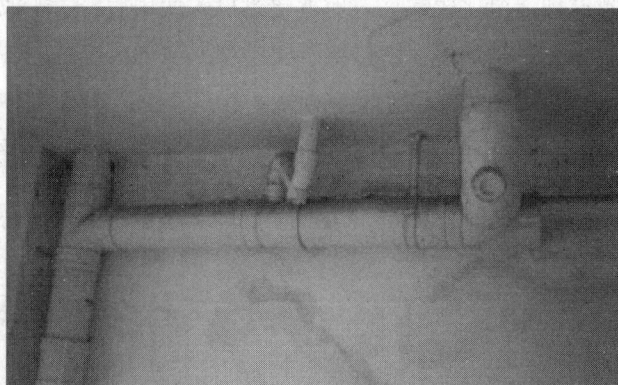

图 22-18　卫生间穿墙管渗水

图 22-19　穿墙管渗水

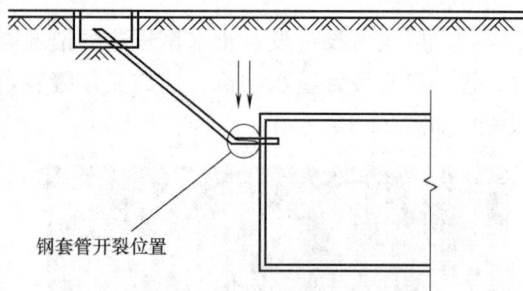

钢套管开裂位置

图 22-20　钢套管开裂造成渗漏

造成电缆线管开裂的原因，是在施工过程中地下室外部的回填土没有夯实，出现较大的下沉，压裂了钢套管，如图 22-20 所示。

（7）地下建筑的凝结水由于地下建筑与地面空气之间温差较大，当地面空气湿度较大时，进入地下建筑内部温度突然降低，就会产生凝结水，这在我国潮湿高温的南方地区非常普遍（图 22-21）。

（8）地下建筑的抗倾浮

地下水过大时，对地下建筑有一个向上的作用力，严重时会把整个建筑或局部拱起来，对建筑的破坏很大。

2011 年 8 月 22 日，某市地铁某站曾发生铁轨拱起 100mm 的现象，究其原因，为连续的大暴雨造成地下水充盈，水位上升，引起铁轨混凝土底板拱起，致使地铁停运。后经过抢修恢复通车。地下水作用于建筑原理图如图 22-22 所示，受地下水影响铁轨拱起示意图如图 22-23 所示。

2）内部防水构造大样简述

内部防水构造大样包括排水沟、排水盲沟以及有水房间的防水构造。

（1）排水沟大样

工程内部渗排水层构造做法如图 22-24 所示。排水沟一般做在洞库地面靠侧墙的位置，也有做在地面中间的。排水沟所排的水主要来自围岩和工程内部的凝结水，生活和设备产生的废水则通过专门的排水管引出洞体，当污水含有有害物质时，还必须进行净化处理，污水处理可在工程外部建造相关设施。

图 22-21　地下建筑的凝结水

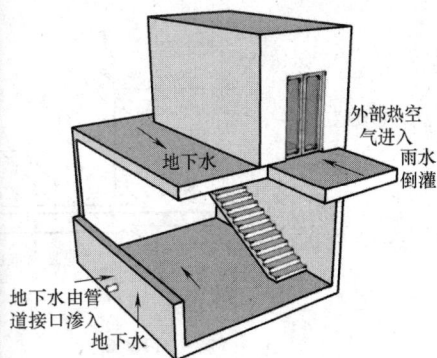

外部热空气进入
地下水
雨水倒灌
地下水由管道接口渗入
地下水

图 22-22　地下水作用于建筑原理图

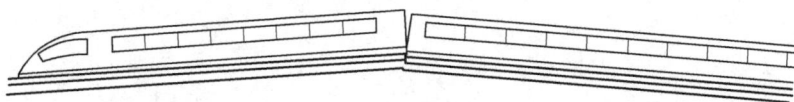

图 22-23　受地下水影响铁轨拱起示意图

（2）排水盲沟大样

排水盲沟与排水沟不同，承接的排水量相对较小，主要功能是解决内部少量渗水的收集和导排。

排水盲沟大样如图 22-25 所示。盲沟的做法，用混凝土浇筑，沟中填充清洗干净的鹅卵石，排水管与盲沟相连，沟的周边用无纺布做衬砌防水。贴壁式衬砌排水构造如图 22-26 所示。

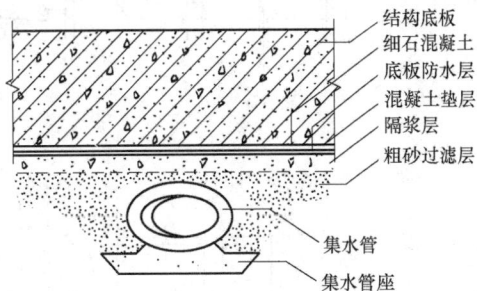

结构底板
细石混凝土
底板防水层
混凝土垫层
隔浆层
粗砂过滤层

集水管
集水管座

图 22-24　渗排水层构造

（来源：《地下工程防水技术规范》GB 50108—2008）

（3）内部渗水的封堵技术

由于地下环境的特殊性和复杂性，出现渗漏的现象似乎是地下建筑的通病，故对渗漏的补救技术显得尤为重要，有如下补救技术：

① 混凝土墙、顶板出现裂缝时的补救技术

混凝土墙、顶板出现裂缝，多数情况下可能是施工时振捣不密实或养护不到位产生的，也有混凝土收缩出现龟裂，这是混凝土本身的特性所致。不管是什么原因引起的裂缝，都可能造成渗漏，影响建筑的使用，故必须进行处理。

样板裂缝有两大类：一类是缝隙比较大且是通缝；二类是混凝土龟裂引起的缝隙比较浅的表面开裂。对于通缝，处理起来比较复杂，需要在裂缝处凿开，用防水细石混凝土或

413

防水水泥浆进行堵塞，施工时必须选在天气干旱渗漏不严重的时候进行，渗漏太严重时要先导水再堵漏。用细石混凝土加防水剂还要加一定的膨胀剂，可以很好地与原混凝土结合在一起。

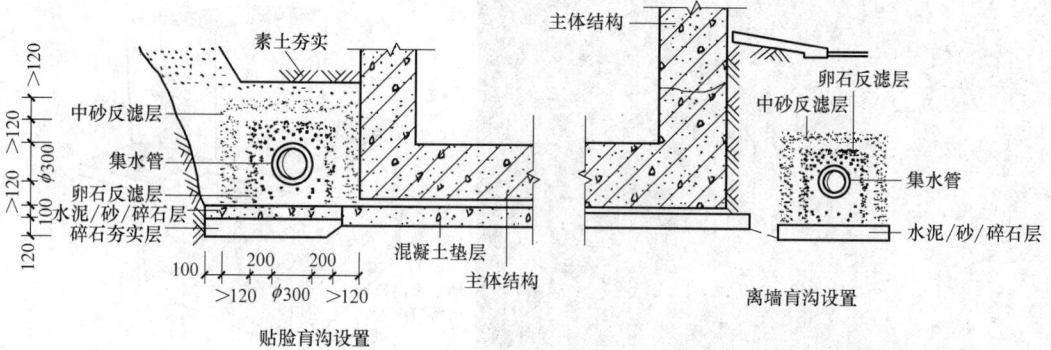

图 22-25　排水盲沟大样
（来源：《地下工程防水技术规范》GB 50108—2008）

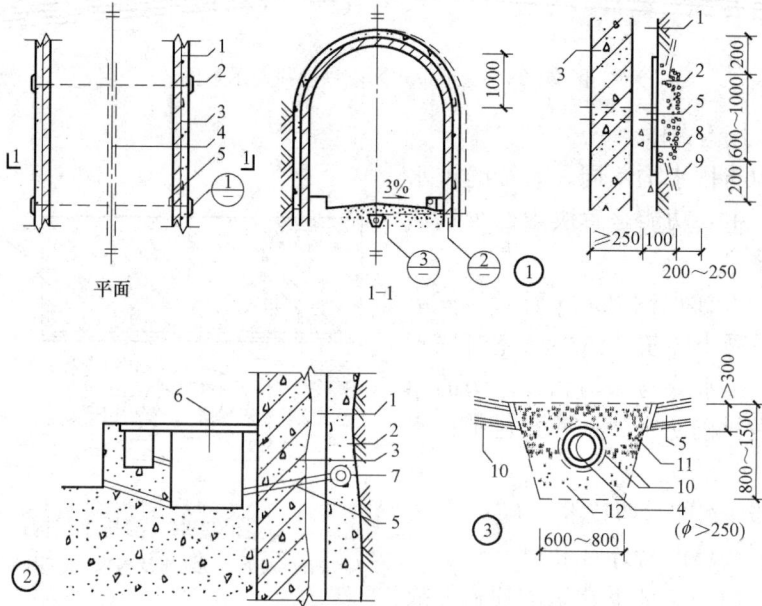

图 22-26　贴壁式衬砌排水构造
1—初期支护；2—盲沟；3—主体结构；4—中心排水盲管；
5—横向排水管；6—排水明沟；7—纵向集水盲管；8—隔浆层；
9—引流孔；10—无纺布；11—无砂混凝土；12—管座混凝土
（来源：《地下工程防水技术规范》GB 50108—2008）

对于第二类裂缝，在水泥浆中加水泥基渗透结晶型防水涂料，然后在裂缝处直接涂刷。

②　人为破坏造成墙板开裂的补救措施

相关的技术规范有明确的规定，建筑装饰或维修时严禁破坏建筑的结构构件，地下建筑的结构墙体和顶板除了结构作用外还承担着防水的功能，更不能随意穿管打洞。但在现实中还是时有发生，出现这种情况，必须及时采取补救措施。可根据破坏的程度进行处理，如果伤及结构安全，则必须加固，如果防水遭到破坏，则可以采取裂缝堵漏的方式进行处理。

③　后浇带没有放置止水钢板的补救技术

由于施工时的疏忽，后浇带没有放置止水钢板。相接处会产生微小的缝隙，造成渗漏。处理此类问题，以水泥基渗透结晶型防水涂料刷裂缝处 $1\sim2$ 遍，效果比较好。

④　变形缝（沉降缝）渗漏的补救措施

地下建筑的变形缝部位防水非常重要，有时施工中出现偏差做不到位，极易出现渗漏现象，出现这种情况，如果渗漏位置在底板上，可以局部凿开用高强度细石混凝土加防水剂浇注。如在墙体上渗漏，不严重时使用防水结晶涂刷，水量过大，则要大范围凿除，用高强度防水细石混凝土加固。如果渗漏出现在顶板上，有条件的话可在渗漏点挖竖井，在顶板外部进行防水处理。渗漏不严重则可使用防水结晶处理。

⑤　穿墙、板管道结合部渗漏补救措施

处理此类问题，有三种方法：一是渗漏不严重时用防水结晶涂料堵漏；第二，如果渗漏严重，则需要局部凿除，以防水细石混凝土加固；第三，如果渗水过于严重，无法堵漏时可以采用导水管槽把水排入集水井，使用这种方法应以不影响建筑使用和观感为前提条件。

⑥　建筑外部管道压裂的补救措施

对于前述电缆钢套管被下沉土壤压裂造成建筑内部大量进水的情况，其补救措施必须更换套管。由于套管埋入地下数米深，更换时难度很大，不可能全面开挖，实际操作中采用了挖竖井的办法，将套管进入建筑内部的交接部挖出来，将原来倾斜状的套管废除掉，用竖直的套管替代。施工中的竖井如图 22-27 所示，替换原套管原理图如图 22-28 所示。

⑦　地下建筑处理凝结水的技术措施

地下建筑处理凝结水，多使用专用的除湿设备降低建筑内部空气的湿度，避免凝结水的产生。除湿设备的渗透功率大小取决于地下建筑空间的大小，常见的除湿设备有地下工程除湿机等。

如上所述，对洞库内部的凝结水应以防为主，设置除湿系统，避免凝结水的出现。同时还要做好凝结水的集导排，防为主，排为辅。

图 22-27　施工中的竖井

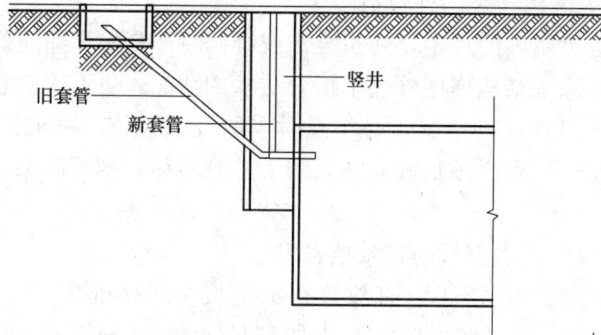

图 22-28　替换原套管原理图

⑧ 地下建筑的因抗浮破坏而采取的技术措施

应对地下水对建筑的浮力破坏，其技术措施有两个方面：一是结构设计时要充分考虑建筑对地下水浮作用力的反作用，利用建筑自身向下作用力克服地下水的浮力；二是采取必要的技术措施进行排水，降低地下水位，以减轻对建筑的上浮压力。

如果发生了地下水位倾浮所产生的损害，补救措施第一步要先将地下水位降下去，可以在建筑底板的合适位置打孔，集水抽水，降低水位，然后对遭受破坏的部分进行修复。如果出现建筑的整体倾斜，则需要进行纠偏，纠偏的技术比较复杂，基本原理是在下沉的部位底板处钻孔并以压力注浆的方式注入水泥浆，使基础承载力提高，控制建筑的继续下沉。在拱起的部位钻孔抽水，降低水位，建筑的自重会产生下沉，恢复部分拱起量，完全恢复不易做到，此时可以在底板上加载（如堆沙包），促使该部位的下沉，达到复原之目的。

22.3.4　水库构造大样

洞库内的水库根据工程内部的用水量设计水库的容量。水库的位置一般要高出其他房间，称之为高位水库。利用存水与用水的高差实现自流供水，如果没有高差，则需设置加压力泵。

水库侧墙和底板是防水的重点部位，其做法是在水库混凝土中加防水剂，形成第一道防水工艺，水库的底板需做防水卷材，内部墙壁刷防水结晶涂料，多个防水措施并用，达到完全防水的目的，水库底板防水防电子脉冲构造如图 22-29 所示。

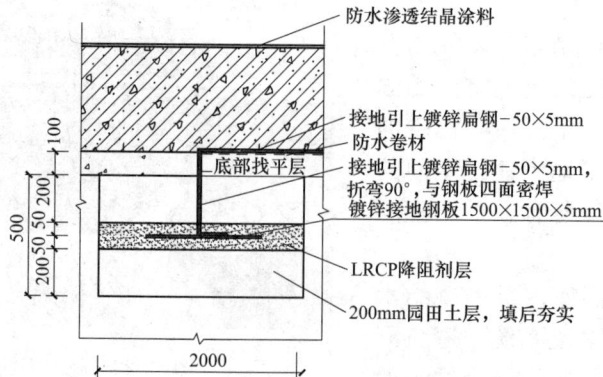

图 22-29　水库底板防水防电子脉冲构造

22.4　明挖人防工程防水构造设计

明挖人防工程的防水构造

掘开式地下建筑的防水可归纳为六个面——四个墙面、一个地面一个顶板，一个节点——管道进入建筑内部与六个面的交接点和出入口。六个面和管道节点防范的都是地下土壤中的水，出入口要防的是雨水倒灌和空气对流形成的凝结水。

单建式地下建筑防水比附建式地下建筑多一个顶板防水界面。附建式是建在地面建筑下面的，故顶板防水比较简单，其他五个面防水做法两者没有区别。

在地下水丰富的南方地区，单建式建筑还必须考虑抗浮问题。附建式建筑根据实际情况也须考虑。

地下建筑的防水技术措施一般采用混凝土自防水和附加防水材料两者相结合的形式。混凝土自防水的做法，是指利用混凝土自身的防水特点作为一道防水层。附加防水材料有卷材和涂料，附加材料要设在迎水面，才能起到好的防水效果。

1) 明挖人防工程防雨水倒灌的技术措施

雨水倒灌是影响地下建筑正常使用的主要隐患。这几年城市地下建筑的建设量越来越大，全国各大城市如北京、上海、南京等，夏季遇大暴雨都有地下建筑雨水倒灌的事故发生，地下车库灌水，车辆受损严重。如 2011 年 8 月 14 日江南一带大暴雨，江苏省某医院的地下车库被彻底淹没，水深 2m，内存 200 辆电动车被淹，图 22-30、图 22-31 所示造成严重的经济损失。

图 22-30　某处地下车库被淹　　　　图 22-31　暴雨冲过断水槽进入地下室

(1) 现代大城市遭受雨水洪水淹没的原因分析

现代大城市遭受雨水洪水的危害，其原因有三大类：

① 城市的选址有先天性不足，如地势低洼，与山丘相邻，一旦发生大暴雨，山洪暴发，直受其害，像 2010 年 4 月 14 日发生的青海玉树大地震，引发山洪暴发，将玉树县城淹埋十分严重。

② 城市在多年的建设过程中忽视了地下排水系统的长远建设，雨水排泄系统严重滞后。一旦发生水灾，大量雨水不能及时排泄，甚至出现地下雨水管道通过雨水口向上冒水的情况。

③ 现代城市修筑大量的道路、广场等硬地面，雨水渗透能力几乎为零，雨水不能经过土壤渗透到地下，造成雨水必须经过雨水排泄系统流入江河湖泊，对城市的雨水系统带来巨大的压力，这是人为破坏生态系统的一个典型实例。大城市的大广场，缺少雨水向地下渗透的地表层如图22-32所示。

（2）城市地下建筑雨水倒灌的原因分析

暴雨和洪水淹没城市，来得迅速凶猛，很少有防范的时间和措施。雨水洪水铺天盖地，地下建筑成了天然的蓄水池。有时候雨水并没有达到大暴雨的程度，地下建筑也出现了倒灌的现象，这是设计考虑不周全造成的。地下建筑的口部是防止雨水倒灌的主要部位，设计上的缺陷可能有以下三个方面：

① 口部地势低洼，下雨时易出现积水，引起雨水倒灌；

② 地下建筑口部周围城市排水系统有缺陷，雨水口设置不能满足暴雨时的排水要求，出现严重积水的情况；

③ 地下建筑口部的断水设施不能有效阻止雨水涌入建筑内部、地下车库这种情况最常见。地下车库的断水设施主要是断水槽沟，上面铺金属盖板，靠镂空盖板的孔洞阻断地面水的进入，如图22-33所示。这种盖板，断水效果不理想，盖板孔洞开设平行进水方向，没有孔洞的部分形成水桥，雨水很顺畅地越过断水槽沟进入地下建筑内部。

图22-32　大城市大广场，缺少雨水向地下渗透的条件

图22-33　地下建筑口部断水槽沟

（3）明挖人防工程防止雨水倒灌的技术措施

① 防止城市遭雨水洪水淹没的技术措施

使整个城市免遭雨水洪水的淹没，这是一个大议题，涉及地理地质、气象及历史等多门学科，我们仅从工程技术的角度来分析研究。

城市的选址必须慎之又慎做大量的调查研究，选择能避开自然灾害的地区作为城市的建设用地。从工程技术方面而言，市政建设必须科学合理，有超前理念，建设城市地下共同沟。雨水污水的分开排放不仅是生态环境保护的要求，同时也是城市抵御洪水灾害的重要措施。一般的做法，污水需要经过处理达到排放标准时方能流入江河湖泊，而雨水可以直接排放。城市雨水向河流排放，多为利用地势的高差自然排入，如果城市处于低洼地带，自然排放就会有困难，可能要借助机械设备进行排放，不仅成本高，也存在隐患，一旦遇到大暴雨，就会来不及排放而造成淹没。

　　自然排放也存在隐患，城市雨水管道必须与接受排放的河流或湖泊有足够的高差，否则河流湖泊水位暴涨时会通过雨水管道对城市倒灌，使城市的雨水排放系统瘫痪，不仅雨水无法排放，反而使城市遭受河流湖泊的淹没。

　　上述分析的问题，在市政建设中必须予以重视，这不是地理地质问题，也不是气象问题，而是纯粹的工程技术问题。

　　② 防止地下建筑雨水倒灌的技术措施

　　根据前面对地下建筑出现雨水倒灌的原因的分析，提出防范的技术措施。

　　a. 地下建筑的口部在设计时就要谨慎处之，设计人员应到现场调查，了解 10 年一遇的降雨对该区域的淹没情况，使口部的标高有足够的防雨水倒灌的高度，保证口部的安全使用。

　　b. 改善地下建筑口部周边城市雨水排放系统的使用功能，应有目的地增加雨水排水口的数量，加大雨水管道的排水量，使之雨水排放功能明显高于城市其他区域，使该区域在遭受大暴雨时不出现积水现象。

　　c. 地下建筑口部断水设施应科学合理。地下建筑口部从交通形式来讲可分为两种形式：一种是人行，另一种是车行。人行口部如过街地下通道、地下商场、地铁等。车行的有隧道、地下车库等。对于人行入口，防止雨水倒灌不是难事。如图 22-34 所示，只要在口部处设置几阶踏步，就可以有效地阻止雨水倒灌。

图 22-34　地铁入口处台阶，防止雨水倒灌

　　对于车行入口，设置台阶的方法显然是不可行的，为了保障车辆驶入驶出的畅顺，口部不能有明显的凸出物，防止雨水倒灌的技术措施主要靠断水槽沟，如图 22-35、图 22-36所示，断水槽构造大样如图 22-37 所示。除了前述提高口部的标高外，断水槽沟设计是否科学合理就是主要的技术措施了。依据以往的经验教训，断水槽沟需要改进之处有二：一是把单一的槽沟改为复式的，即在合适的位置再加建一条槽沟，加大防倒灌的力度；二是改进槽沟盖板，把盖板上的孔洞由常见顺着流水方向改为垂直于流水方向或开成梅花形的孔洞，可以有效地阻断雨水进入建筑内部。盖板孔洞新做法示意图如图 22-38 所示。断水沟内的水排入集水井，由井中水泵排至城市雨水排放系统。

　　2）明挖人防工程防凝结水的技术措施

　　地下建筑凝结水主要发生在夏季，室外空气潮湿温度高，进入地下室后遇低温产生凝结水。地下室出现大量凝结水如图 22-39 所示。

图 22-35　地下车库断水沟槽

图 22-36　建筑内部断水槽

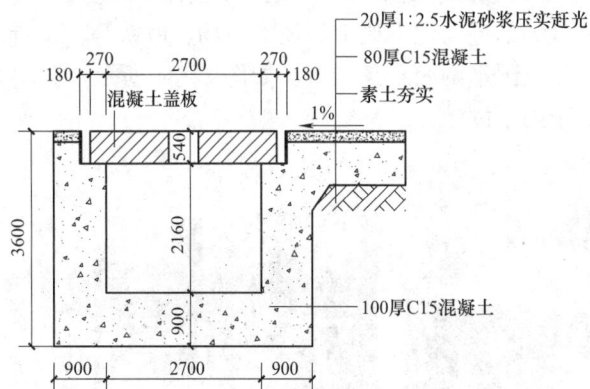

图 22-37　洞库排水沟构造大样

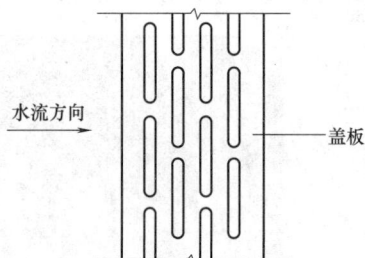

图 22-38　盖板孔洞新做法

图 22-39　地下室出现大量凝结水

　　凝结水对地下建筑的正常使用影响很大，人在内部工作会很不舒服，对地下建筑的设备也会产生破坏作用。解决凝结水的问题，需要借助专门的除湿设备，用设备对地下建筑进行除湿，可以有效消除凝结水现象。

　　（1）侧墙防水大样

　　掘开式地下建筑侧墙的防水，与底板方法类似，地下建筑侧墙施工场景如图 22-40 所示。照片中可以看出侧墙的防水采用了防水卷材，使用胶粘剂贴于墙外侧，为了保护防水卷材不被破坏，卷材敷设完成后又做砖砌护墙，详见第 11 章。

图 22-40　侧墙防水施工场景

　　（2）顶板防水大样

　　顶板防水技术与底板类似，所不同的是工序与底板正相反，先做好混凝土结构层，然后再做防水层。防水层上部用细石混凝土按 1‰ 找坡，其作用是避免土壤中的水在顶底上部积存滞留，保证顶板的防水效果（图 22-41），详见第 11 章。

　　在实际工程中经常会遇到地下建筑的上部做水景的情况，此时不能只靠地下建筑的顶板承受上部水池的防水，而应该在做水池时做好自身的防水。

图 22-41　顶板做法详图

　　（3）底板防水大样

　　地下建筑的底板，是掘开式地下建筑中结构受力的重要部分，对人防地下室更是如此。一方面，要承受一部分建筑的部分结构荷载和地下水的反作用力；另一方面，在战时遭炸弹攻击时还要承受爆炸的冲击力，故一般地下建筑的地板都比较厚，规范要求钢筋混凝土板厚不小于 250mm。底板比较厚对防水比较有利。

　　底板的防水，一般构造做法，在浇注底板混凝土之前先要把附加防水材料这道工序做好，在此基础上再进行混凝土底板施工。地下建筑底板防水卷材施工如图 22-42 所示，地下建筑底板在防水完成后浇筑混凝土，如图 22-43 所示。

　　底板防水使用防水涂料的例子也比较常见，如使用水泥基渗透结晶型防水涂料，防水涂料渗透到水泥基层，堵塞水泥基中的微细孔，形成完整的防水层。底板做法详见第 11

章。图中侧墙与地板交接处需设加强层，加强层使用同样的材料制作，即把水泥基渗透法结晶型防水涂料各做一遍。

图 22-42　地下建筑底板防水卷材施工

图 22-43　地下建筑底板在
防水完成后浇筑混凝土

对面积大的地下建筑，底板在施工时需要设施工缝或变形缝。施工缝是底板防水的重要部位，通常的做法是在设施工缝处放置钢板止水带或橡胶止水带，并辅以聚合物防水砂浆，能达到很好的防水效果。施工缝防水做法详见第 11 章。

（4）内部防水构造大样

雨水进入建筑内部或建筑内部产生积水，要用排水设施进行排除，最常用的方法是利用集水井收集排出内部积水。集水井内壁采用防水砂浆粉刷，如图 22-44 所示。

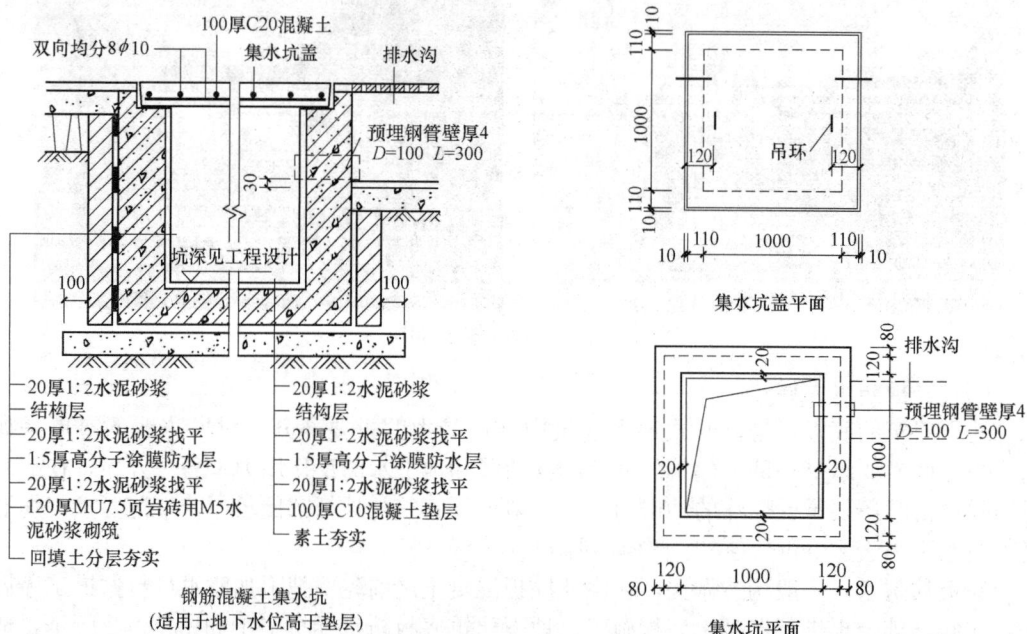

图 22-44　集水井结构大样

（来源：《窗井、设备吊装口、排水沟、集水坑》07J306）

22.5 人防工程构造节点

22.5.1 穿过防护墙的各种管道构造大样

掘开式地下建筑管道穿过墙壁、顶板、底板的节点处,是防水的重点部位。

1)管道穿过侧墙

给排水管道穿过墙壁时的施工场景如图 22-45 所示。在所有地下建筑的设计与施工中,都必须严格遵守管道(水管、电管、风管)穿过墙壁及顶板、底板时要预埋套管的规范。严格禁止事后在壁板上凿孔洞,其原因是事后凿孔洞一则破坏建筑的结构;二则不利于防水。套管的大小取决于管道的大小,套管在中间部位焊有止水钢板,钢板呈圆形状。套管以焊接的方式固定在墙体钢筋上。

图 22-45 管道穿墙壁

管道穿墙节点有一套比较完整的防水系统,除了穿墙处需要做套管外,还要在建筑外部设置检修窨井,窨井内设集水井,及时排除窨井内的积水。套管穿墙在安装管道时,要在套管与管道之间填充防水材料,可以使用油膏麻丝或防水泡沫膨胀剂填充,以避免外部水的渗入。

2)管道穿过顶板

如图 22-46 所示,管道穿过地下建筑的顶板,与穿过侧墙的做法相同,必须预埋套管,套管与穿管之间做好防水密封措施。

3)管道穿过底板

在掘开式地下建筑所有管道从外部进入建筑内部,穿过侧墙和顶板的情况比较多,穿过底板的比较少,这是因为各种管道的敷设高度都在底板的高度以上,只有排水管道是由底板部位引出建筑外部的,如建筑内部的地漏,其管道是穿过底板的(图 22-47)。

4)洗消间管道节点大样

洗消间管道有三种:风管、水管和电气管道。如前所述,洗消间位于防护门与防护密闭门之间,属于半防护半污染区,故各种管道进入洗消间时所设墙体属于防护墙,管道与墙体的结合部必须进行加固密封处理。

送风排风管道的组成和安装,由两大部分组合而成:风管和构配件。风管是成品件,用不锈钢或镀锌铁皮制作,断面有圆形和矩形;构配件有管接头、风机基础、穿墙套管和吊挂件等。风管节点大样如图 22-48 所示。风管穿防护墙节点如图 22-49 所示。

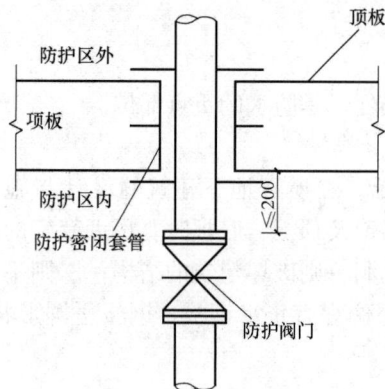

图 22-46　水管穿顶板构造大样

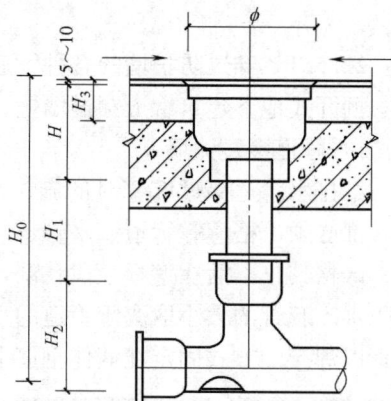

图 22-47　地漏大样图

水管穿防护墙节点如图 22-50 所示,防爆水排水检查井如图 22-51 所示,洗消污水集水坑结构大样如图 22-52 所示。电缆管穿防护墙节点如图 22-53 所示,防爆波电缆井如图 22-54 所示。

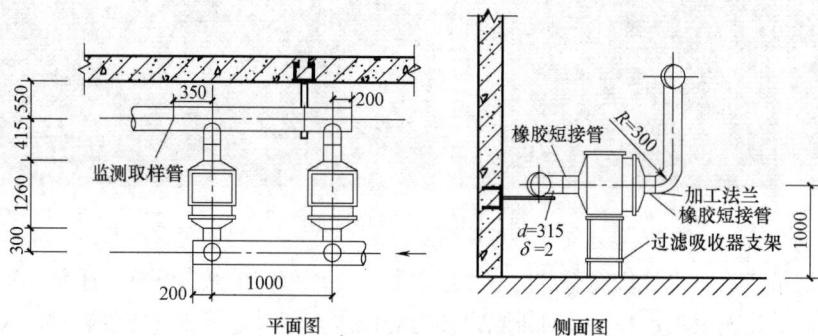

图 22-48　风管节点大样

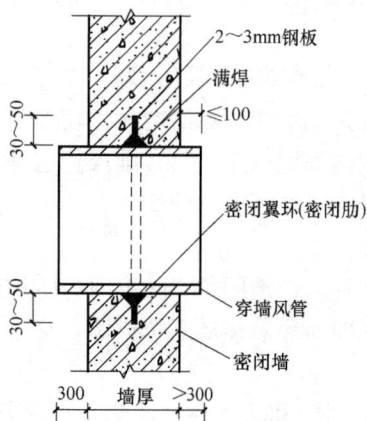

图 22-49　风管穿墙节点大样

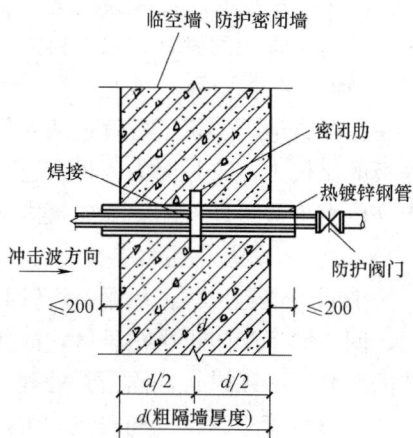

图 22-50　水管穿墙节点大样

平面图   剖面图

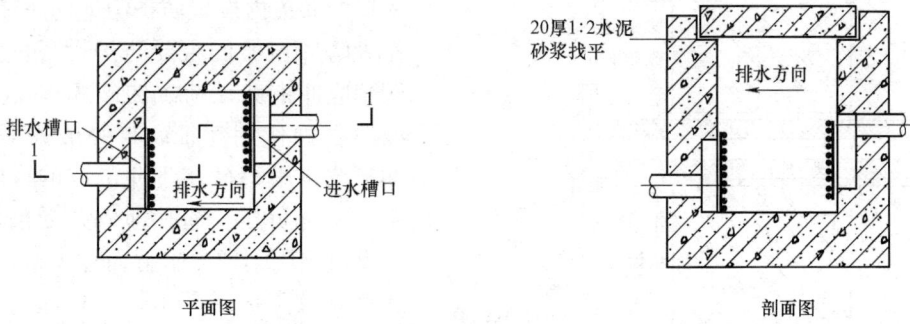

图 22-51   防爆水排水检查井

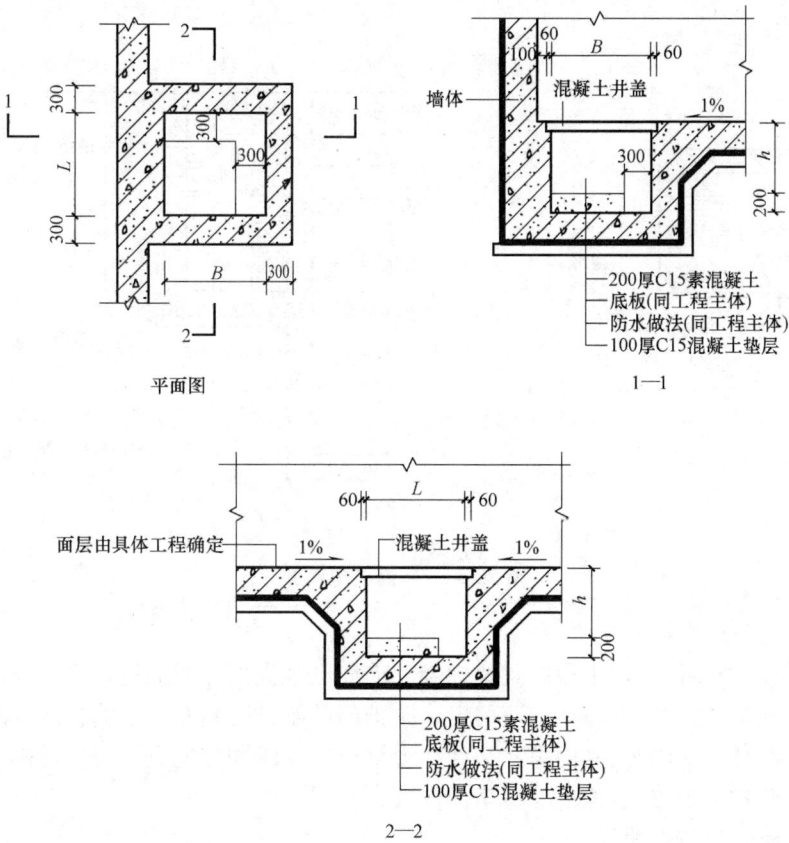

平面图   1—1

2—2

图 22-52   洗消污水集水坑结构大样

（来源：《窗井、设备吊装口、排水沟、集水坑》07J306）

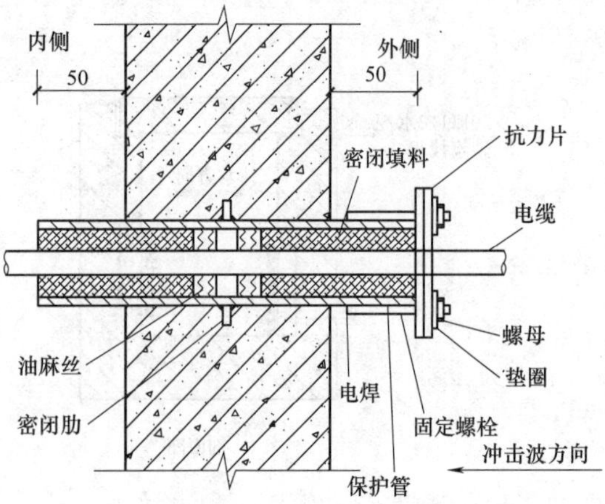

图 22-53 电管穿墙节点大样

22.5.2 防护设施构造设计

出入口防冲击波的主要措施是在出入口的通道内设置防护门或防护密闭门,作为防冲击波的主要防护设备,应能抵御相应冲击波动荷载的破坏作用及冲击波的各种作用特征。与一般荷载相比,冲击波作用特征在于冲击波的影响既有超压又有负压,遇孔即入并受削弱,遇障反射超压剧增,平行而过可避反射等,这就要求防护工程出入口处通道内,以及对防护门(防护密闭门)防护门(防护密闭门)既要抵抗冲击波的正压,同时又能抵抗负压。防护门(防护密闭门)

除了设置坚固的门扇和门框用于抵抗冲击波的正压外,其铰页和闭锁也必须能够抵抗冲击波的负压作用。

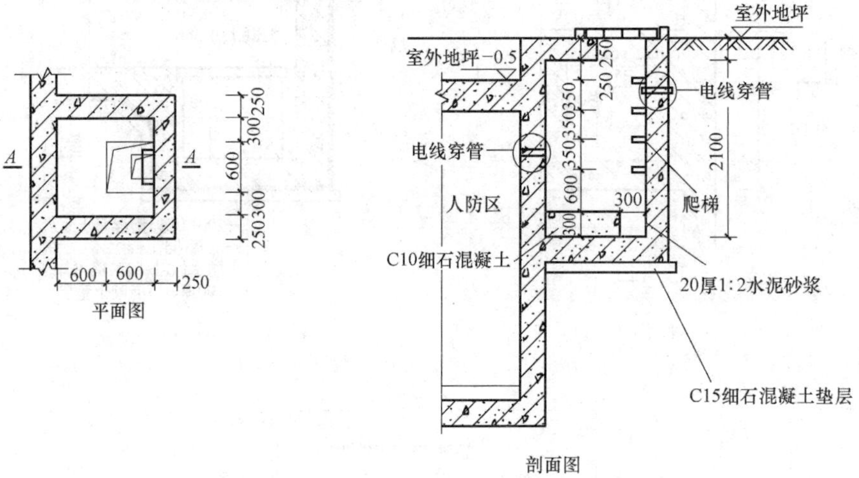

图 22-54 防爆波电缆井

1)防护门节点大样

防护门是防护工程防护手段的重要内容。前面已经提到,我们把口部的加固措施作为第一道防护关卡,防护门则是第二道关卡。防护门的制作安装有严格的技术规范。防护门与混凝土连接的部件(如钢制门窗)必须在混凝土浇筑时预埋混凝土内。口部平面图如图 22-55 所示,防护门节点大样如图 22-56 所示。

2)防护密闭门节点大样

防护密闭门的位置接在防护门的后面,其功能是防护加密闭。防护能力不如防护门的能力强,但密闭性能好,可以有效地隔断有害气体进入工程内部。与防护门一样,防护密闭门的固定部件和门框必须与混凝土结构体同时施工。防护密闭门节点大样如图 22-57 所示。

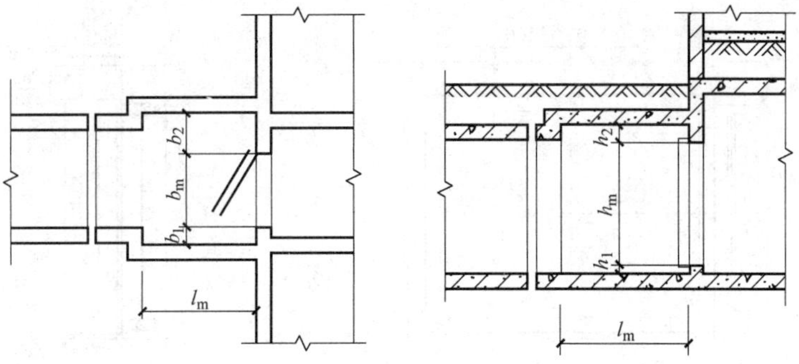

(a) 平面图　　　　　　(b) 剖面图

图 22-55　口部平面图

b_1—闭锁侧墙宽；b_2—铰页侧墙宽；b_m—洞口宽；l_m—门扇开启最小长度；

h_1—门槛高度；h_2—门楣高度；h_m—洞口高

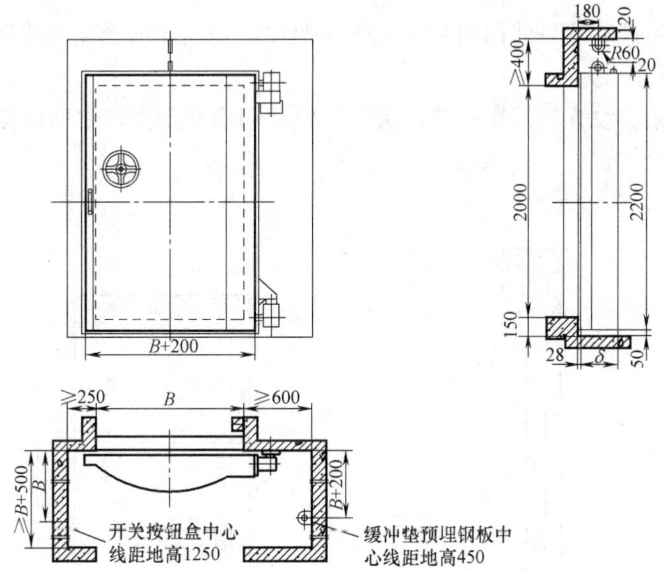

图 22-56　防护门节点大样

3）防护门密闭门构造

防护门由门扇、门框、铰页、闭锁等组成，大型防护门通常还设有动力和传动装置。防护密闭门的组成与防护门基本相同，只是增设了防毒剂措施——密闭胶条。图 22-58 所示为人防工程中常用的活门槛防护密闭门示意图，其组成如下：

（1）门扇：门扇开启能保障人员、车辆的进出，关闭时能阻挡冲击波和毒剂，其尺寸比门洞略大，主要材料采用钢筋混凝土，当抗力要求较高或门扇宽度较大时，可采用钢材或球墨铸铁材料等。

（2）门框与门框墙：门框将门扇传来的压力传给门框墙。门扇与门框接触处需要有一定的宽度，以保证抗压强度。门框主要采用钢材，而门框墙主要运用钢筋混凝土整体浇筑。

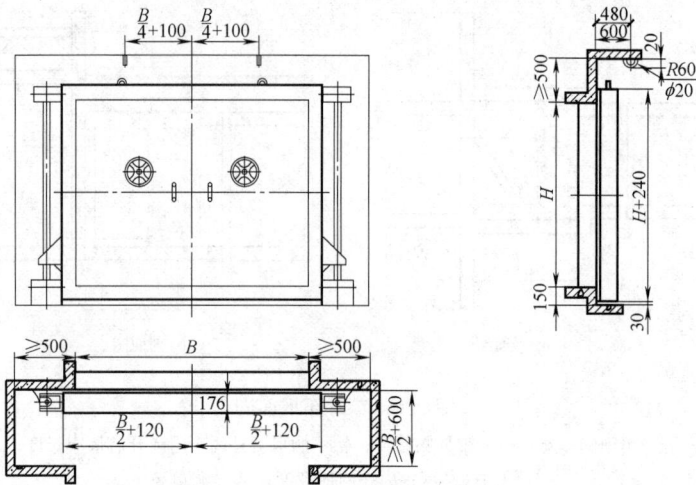

图 22-57　防护密闭门节点大样

（3）闭锁：闭锁装置是使门扇紧密关闭的部件，它主要承受冲击波负压和结构反弹等门扇传来的反向压力。

（4）密闭胶条：设置在门扇内侧，关门时位于门扇和门框墙之间，使门扇与门框墙之间形成密封。

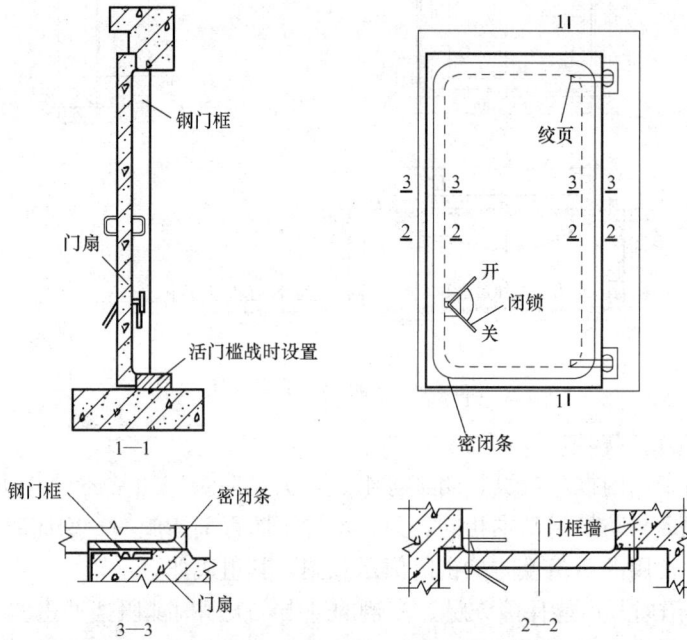

图 22-58　活门槛防护密闭门示意图

防护门的门孔通常为矩形，特殊情况下如大型飞机库的防护门门孔可为"品"字形等。门孔宽在 2m 以下时，门扇常采用单扇，大于 2m 时常采用双扇。

门扇的开启方式有平开、推拉、升降、翻转和它们的组合式。门扇旋转轴呈铅垂状态的称平开式，亦称立转式。它与生活中常见门的开启方式相同，安装与使用均方便，是工事中最常用的，但当门孔很大时，则不便使用。门扇旋转轴呈水平状态的称翻转式。翻转、推拉、升降和组合式只适用于大型门，且均需设有动力装置，例如，门孔宽 40m、高 8m 的飞机库防护门扇可做成三扇的"品"字形门，下面两扇为推拉式，上面一扇为升降式或平开式。

门扇材料可用钢筋混凝土、钢等。钢筋混凝土造价低、耐久、易维护，故使用范围最广，既可用于 500mm×800mm 的小型门扇，又可用于数十米宽高的大型门扇。钢材可用于各种门扇，但造价高、维护难，故只在必要时采用。钢丝网水泥门扇只适用于小型门扇。

4）防倒塌架构造

核武器爆炸所造成的地面建筑破坏范围很大，因此防护工程，特别是城市中的人防工程，应重视地面建筑倒塌的影响。作为直通地面的战时主要出入口，其口部建筑的设置方式与结构形式主要取决于与地面建筑相关联的倒塌范围值。倒塌范围的取值主要依据防护工程的抗力等级和地面建筑的结构形式。

战时主要出入口，其通道出地面段（无顶盖段）宜布置在地面建筑的倒塌范围以外，其口部建筑应满足下列要求：

当室外出入口的通道出地面段设置在地面建筑倒塌范围以外时，可根据平时使用要求不设置口部建筑，但要设置相应的安全围护设施，也可根据平时使用需求设置单层的轻型口部建筑，轻型口部建筑是指采用轻质薄壁材料建造，且容易被冲击波吹散的建筑物。

因受条件限制，室外出入口的通道出地面段设置在地面建筑倒塌范围以内时，口部建筑应采用防倒塌棚架。防倒塌棚架是在预定的冲击波压力和建筑物倒塌荷载的分别作用下，使口部建筑不致坍塌而采取的一种结构做法，如图 22-59 所示。

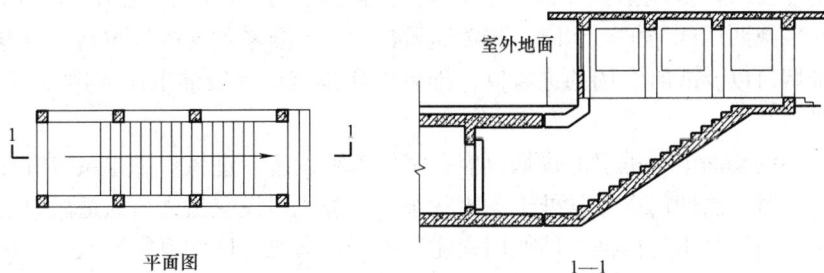

图 22-59　室外出入口的防倒塌棚架

22.5.3　通风井构造

为满足防护工程一定的使用功能，必须设置相应的通风、给排水、电气以及通信等系统，因此防护工程除了设置必要的人员、车辆、设备进出口以外，还应设置各种内部设备系统的专用孔口。这些孔口也是工程防护的重点，主要涉及工程通风换气需要的一定数量具有防护措施的通风口，给排水及电气等系统的进出管线穿越防护结构时需要设置各种防护措施或相关设施等。

1）通风方式

防护工程通风口主要包括进风口、排风口以及工程内部电站的排烟口。根据通风设备的工作状态，其通风方式可分为三种：

(1) 清洁式通风：工程外无毒剂等沾染时的通风称为清洁式通风。自然通风只能在清洁式通风时使用。

(2) 滤毒式通风：工程外部染毒（沾染）条件下仍需要进行通风的工程，在进风系统上需安装滤毒设施，以使毒剂等不通过进风系统进入工程内部。此种通风方式称为滤毒式通风。滤毒式通风只能采用机械通风，此时除正在进行通风的进排风口外，其余孔口均应关闭。

(3) 隔绝防护：工程外染毒时，所有孔口均关闭，人员靠工程内部空间储存的空气维持工作和生活，称为隔绝防护。这种措施适用于下述情况：工程内无滤毒通风设施，如人防物资库；工程内虽有滤毒通风设施，但工程外毒剂性质未查明或滤毒器不能过滤某种毒剂时；因火灾工程周围空气温度剧烈上升或严重缺氧时。所有有防毒要求的工程，均能够采取隔绝防护措施。

除此之外，通风方式还按动力通风分为自然通风和机械通风。自然通风无需设备和动力，但一般难以全面实现，特别是难以持续按计划实现通风。即使在理想条件下，自然风压不过数十帕。机械通风是利用通风机实现的通风。它的动力通常为电力，亦可为手摇或脚踏，它可持续按需要通风和在密闭区形成需要的超压。按时期通风方式又分为平时通风和战时通风。平时通风风量较大，无须考虑防护，已安装的防护设备可全部打开。战时通风风量较小，必须全面考虑防护，通风口防护设备要经常处于工作状态，防护门等也应经常处于关闭状态。

2) 通风井出地面部分构造

对平时开发利用的防护工程，由于其平时的通风量往往与战时的通风量相差较大，有的工程平时和战时通风方式也有所不同，因此，平时进风口宜单独设置；同时考虑到工程平时消防设计要求，排风排烟口的风量要求也比较大，因此也可单独设置。由于上述原因，在设计平战两用的防护工程时，相关通风口的设计要考虑的内容包括平时专用的进风口、排风排烟口以及战时专用的进风口、排风口和排烟口（柴油电站专用），还有平战两用的通风口。

通风口中的柴油电站机组的排烟口应在室外单独设置，进风口和排风口宜在室外单独设置。由于平时无法使门扇经常处于关闭状态，若进风口设在出入口通道内，容易形成通风短路，室内新风量不易保证。即使门扇能够关闭，南方地区的夏季通风会使出入口通道产生结露，而北方地区的冬季通风又会使出入口通道（或楼梯间）的温度明显降低，因此，平时进风口宜单独设置。另外，平时排风口如果设在出入口通道内，将会严重影响出入口通道的空气质量。

通风口一般采用位于上部建筑投影范围之外，并与其具有一段距离的独立式通风口。当不具备设置独立式室外通风口时，可采用设在防护工程外墙外侧的附壁式室外通风口，或者采用设置在外墙内侧，上端风口朝向室外的附壁式通风口。所有通风口应采取防雨及防地表水等措施。供战时使用以和平战两用的通风口，当设置在倒塌范围以内时，应采取防倒塌、防堵塞措施。

3) 通风口防冲击波构造

(1) 悬板活门

防爆波活门是工程进排风口、排烟口设置的具有一定的抵抗冲击波并能削弱冲击波超压的防护设备，简称活门。防爆波活门可以分为悬板式防爆波活门、胶管式防爆波活门和防爆超压排气活门。由于悬板式防爆波活门（简称悬板活门）的结构简单、工作可靠，是目前防护工程采用较多的防护设施。

悬板活门由悬板、悬板铰座、限位座、活门门扇、活门门框等组成。悬板在重力作用下将张开一定角度，风可从板侧通过。冲击波到来时，悬板在冲击波作用下迅速关闭，从而使绝大部分冲击波被挡住而起到消波作用。如图 22-60 所示的门扇处于关闭，即活门处于工作状态。门扇开启后门框上 50cm×80cm 的门洞便露出。此种状态可解决人员通过和满足平时通风量较大的要求。若按 8m/s 的风速计算，该活门的平时通风量可达 11520m³/h。这种门扇能开启的活门称门式活门。门式活门的主要优点是可以解决平时战时通风量相差悬殊的矛盾。活门抗力取决于悬板等受力部件的尺寸。悬板活门的主要优点是适用范围广，主要缺点是消波率不高。

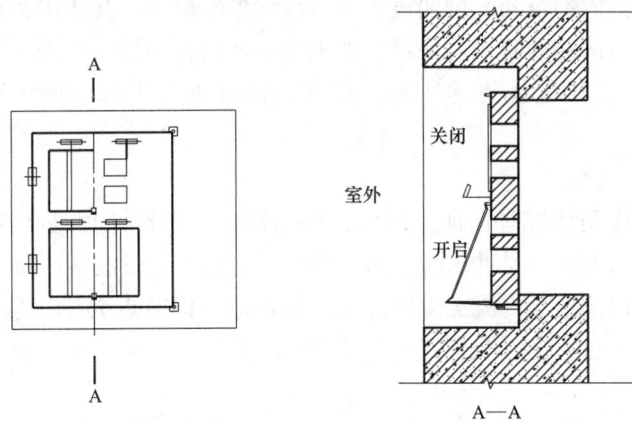

图 22-60 悬板式活门示意图

在防护工程设计中，主要通过防护设备选用图集的防爆波活门具体编号来选择设计。悬板活门的设置，除了类似于防护门，注意铰页边、闭锁边和周边四周的安装尺寸外，特别要注意悬板活门应嵌入墙体不小于 300mm，具体嵌入尺寸还要具体参照相关的防护设备选用图集。这是因为悬板是在冲击波压力的作用下关闭的，冲击波的传播方向会影响悬板能否及时关闭。为了保证在冲击波到达之时，使活门的悬板能够迅速关闭，要求活门必须嵌入墙内设置，而保证冲击波的正向作用而避免侧向入射的冲击波作用，以增强悬板活门的消波率。

(2) 扩散室

悬板活门的作用只能削弱冲击波压力，在悬板活门后面还会有冲击波的剩余压力，即余压的存在。由于通风设备的允许压力一般不大，如进风系统中的过滤吸收器，允许压力只为 0.03MPa，因此剩余压力往往大于通风允许压力。当防护工程仅设活门而余压仍不满足要求时，可以在活门后面设置扩散室，以便进一步削弱剩余压力，使之满足设备允许压力。

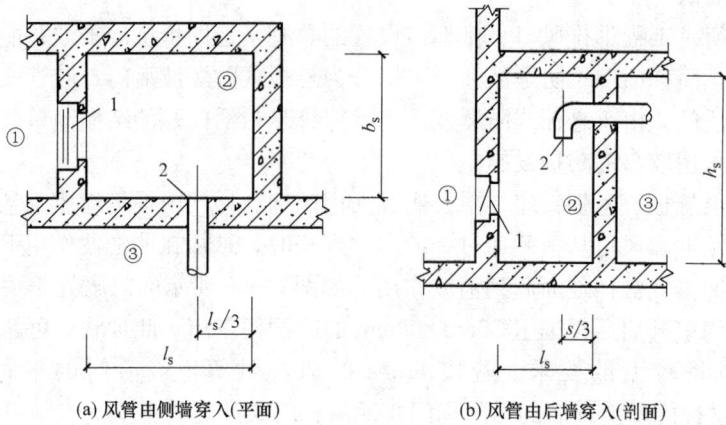

(a) 风管由侧墙穿入(平面)　　　　(b) 风管由后墙穿入(剖面)

图 22-61　扩散室风管位置

1—悬板活门；2—通风管；①通风竖井；②扩散室；③室内

　　扩散室是利用其内部空间来削弱进入冲击波能量的房间，其作用特点是使冲击波的高压气流突然扩散，从而达到降压的要求。冲击波由断面较小的入口进入断面较大并有一定体积的扩散室时，高压气体迅速扩散、膨胀，使其密度下降，压力降低，如图 22-61 所示。

　　4）波活门节点大样

　　防爆波活门的作用是战时保证工程内部的通风，其工作原理是在没有冲击波的情况下，波活门是开启状态，一旦冲击波袭击，借助冲击波的力量波活门自动关闭，达到防护的目的。波活门的门框应与混凝土整体施工。防爆波活门节点大样（悬板式）如图 22-62 所示，防爆波活门节点大样（胶管式）如图 22-63 所示。

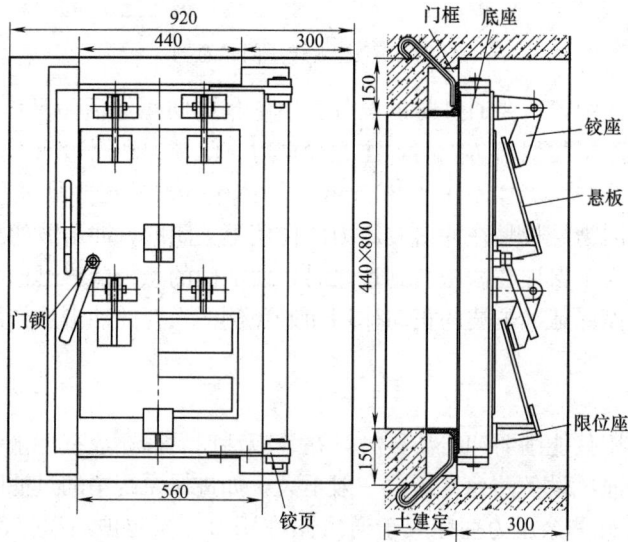

图 22-62　防爆波活门大样图（悬板式）

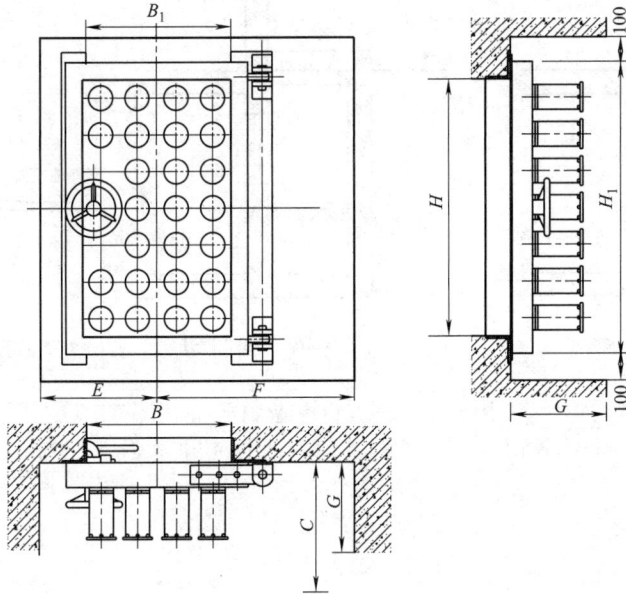

图 22-63　防爆波活门大样图（胶管式）

22.5.4　掘开式地下建筑采光窗构造

掘开式地下建筑的自然采光与通风最常见的做法是开采光窗，如图 22-64 所示，采光窗的形式有天窗式的和侧墙上开窗两种。天窗的防水与地面建筑的做法一样，不再详述。侧墙上开窗，必须有采光井配套，如图 22-65 所示，采光井为通常形式。由于雨水能直接进入采光井内，故井内需设排水沟槽，如图 22-66 所示，采光井为战时形式。

采光井可以加透光遮雨棚，也可以是开敞式的。

图 22-64　地下建筑采光井

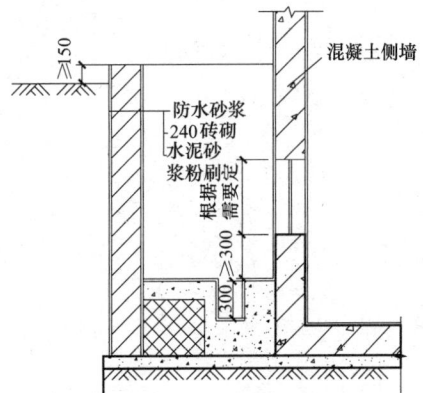

图 22-65　采光井及侧窗构造大样（平时）

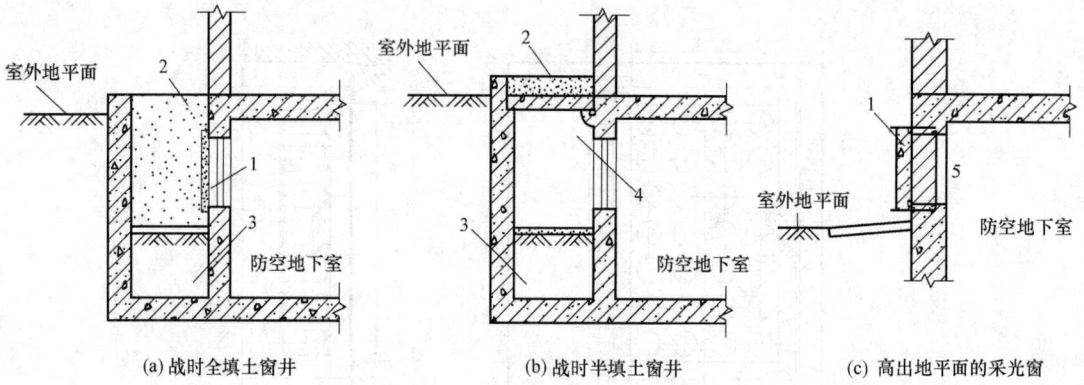

(a) 战时全填土窗井　　　　　　　(b) 战时半填土窗井　　　　　　(c) 高出地平面的采光窗

图 22-66　采光窗构造大样（战时）

1—悬板活门；2—通风管；3—通风竖井；4—扩散室；5—室内